战略性新兴领域“十四五”高等教育系列教材

高端装备构造原理

杨善林　梁　樑　李霄剑　蔡正阳　主编
庄松林　向　巧　王树新　王振常　主审

全书知识图谱

机 械 工 业 出 版 社

智能复杂产品融合了多学科、多领域前沿技术，是带动产业升级的重要引擎。本教材介绍了智能互联产品、智能网联汽车、航空发动机、光刻机、计算机断层扫描仪（CT）、磁共振成像（MRI）装备、手术机器人等典型高端装备的发展历程、构造原理、最新成果和未来发展趋势，揭示了智能复杂产品学科交叉、集成创新的鲜明特性，即在智能复杂产品的发展过程中，往往一方面牵引相关技术和基础理论的发展，另一方面逐步集成更多领域的新技术，从而推动相关产业及其生态的发展。本教材内容广泛，突出核心原理和关键技术的阐述，特别是研发过程中的多学科集成创新方法，可作为高等院校高端装备智能制造及相关专业的本科生、研究生的教材，也可作为高端装备制造与相关核心技术研发的研究人员、技术人员与管理人员的专业参考书籍。

图书在版编目（CIP）数据

高端装备构造原理 / 杨善林等主编. -- 北京 : 机械工业出版社, 2024. 12. -- (战略性新兴领域“十四五”高等教育系列教材). -- ISBN 978-7-111-77668-0

Ⅰ. TH166

中国国家版本馆 CIP 数据核字第 2024VU5098 号

机械工业出版社（北京市百万庄大街 22 号　邮政编码 100037）

策划编辑：丁昕祯　　责任编辑：丁昕祯　王　良

责任校对：薄萌钰　张　薇　　封面设计：王　旭

责任印制：李　昂

河北泓景印刷有限公司印刷

2024 年 12 月第 1 版第 1 次印刷

184mm×260mm · 23.25 印张 · 574 千字

标准书号：ISBN 978-7-111-77668-0

定价：78.00 元

电话服务

客服电话：010-88361066

010-88379833

010-68326294

网络服务

机　工　官　网：www.cmpbook.com

机　工　官　博：weibo.com/cmp1952

金　　书　　网：www.golden-book.com

机工教育服务网：www.cmpedu.com

序

为了深入贯彻教育、科技、人才一体化推进的战略思想，加快发展新质生产力，高质量培养卓越工程师，教育部在新一代信息技术、绿色环保、新材料、国土空间规划、智能网联和新能源汽车、航空航天、高端装备制造、重型燃气轮机、新能源、生物产业、生物育种、未来产业等领域组织编写了一批战略性新兴领域“十四五”高等教育系列教材。本套教材属于高端装备制造领域。

高端装备技术含量高，涉及学科多，资金投入大，风险控制难，服役寿命长，其研发与制造一般需要组织跨部门、跨行业、跨地域的力量才能完成。它可分为基础装备、专用装备和成套装备，例如：高端数控机床、高端成形装备和大规模集成电路制造装备等是基础装备；航空航天装备、高速动车组、海洋工程装备和医疗健康装备等是专用装备；大型冶金装备、石油化工装备等是成套装备。复杂产品的产品构成、产品技术、开发过程、生产过程、管理过程都十分复杂，例如人形机器人、智能网联汽车、生成式人工智能等都是复杂产品。现代高端装备和复杂产品一般都是智能互联产品，既具有用户需求的特异性、产品技术的创新性、产品构成的集成性和开发过程的协同性等产品特征，又具有时代性和永恒性、区域性和全球性、相对性和普遍性等时空特征。高端装备和复杂产品制造业是发展新质生产力的关键，是事关国家经济安全和国防安全的战略性产业，其发展水平是国家科技水平和综合实力的重要标志。

高端装备一般都是复杂产品，而复杂产品并不都是高端装备。高端装备和复杂产品在研发生产运维全生命周期过程中具有很多共性特征。本套教材围绕这些特征，以多类高端装备为主要案例，从培养卓越工程师的战略性思维能力、系统性思维能力、引领性思维能力、创造性思维能力的目标出发，重点论述高端装备智能制造的基础理论、关键技术和创新实践。在论述过程中，力图体现思想性、系统性、科学性、先进性、前瞻性、生动性相统一。通过相关课程学习，希望学生能够掌握高端装备的构造原理、数字化网络化智能化技术、系统工程方法、智能研发生产运维技术、智能工程管理技术、智能工厂设计与运行技术、智能信息平台技术和工程实验技术，更重要的是希望学生能够深刻感悟和认识高端装备智能制造的原生动因、发展规律和思想方法。

1. 高端装备智能制造的原生动因

所有的高端装备都有原始创造的过程。原始创造的动力有的是基于现实需求，有的来自潜在需求，有的是顺势而为，有的则是梦想驱动。下面以光刻机、计算机断层扫描仪(CT)、汽车、飞机为例，分别加以说明。

光刻机的原生创造是由现实需求驱动的。1952 年，美国军方指派杰伊·拉斯罗普（Jay W. Lathrop）和詹姆斯·纳尔（James R. Nall）研究减小电子电路尺寸的技术，以便为炸弹、炮弹设计小型化近炸引信电路。他们创造性地应用摄影和光敏树脂技术，在一片陶瓷基板上沉积了约为 200μm 宽的薄膜金属线条，制作了含有晶体管的平面集成电路，并率先提出了“光刻”概念和原始工艺。在原始光刻技术的基础上，又不断地吸纳更先进的光源技术、高精度自动控制技术、新材料技术、精密制造技术等，推动着光刻机快速演进发展，为实现半导体先进制程节点奠定了基础。

CT 的创造是由潜在需求驱动的。利用伦琴（Wilhelm C. Röntgen）发现的 X 射线可以获得人体内部结构的二维图像，但三维图像更令人期待。塔夫茨大学教授科马克（Allan M. Cormack）在研究辐射治疗时，通过射线的出射强度求解出了组织对射线的吸收系数，解决了 CT 成像的数学问题。英国电子与音乐工业公司工程师豪斯费尔德（Godfrey N. Hounsfield）在几乎没有任何实验设备的情况下，创造条件研制出了世界上第一台 CT 原型机，并于 1971 年成功应用于疾病诊断。他们也因此获得了 1979 年诺贝尔生理学或医学奖。时至今日，新材料技术、图像处理技术、人工智能技术等诸多先进技术已经广泛地融入 CT 之中，显著提升了 CT 的性能，扩展了 CT 的功能，对保障人民生命健康发挥了重要作用。

汽车的发明是顺势而为的。1765 年瓦特（James Watt）制造出了第一台有实用价值的蒸汽机原型，人们自然想到如何把蒸汽机和马力车融合到一起，制造出用机械力取代畜力的交通工具。1769 年法国工程师居纽（Nicolas-Joseph Cugnot）成功地创造出世界上第一辆由蒸汽机驱动的汽车。这一时期的汽车虽然效率低下、速度缓慢，但它展示了人类对机械动力的追求和变革传统交通方式的渴望。19 世纪末卡尔·本茨（Karl Benz）在蒸汽汽车的基础上又发明了以内燃机为动力源的现代意义上的汽车。经过一个多世纪的技术进步和管理创新，特别是新能源技术和新一代信息技术在汽车产品中的成功应用，汽车的安全性、可靠性、舒适性、环保性以及智能化水平都产生了质的跃升。

飞机的发明是梦想驱动的。飞行很早就是人类的梦想，然而由于未能掌握升力产生及飞行控制的机理，工业革命之前的飞行尝试都是以失败告终。1799 年乔治·凯利（George Cayley）从空气动力学的角度分析了飞行器产生升力的规律，并提出了现代飞机“固定翼+机身+尾翼”的设计布局。1848 年斯特林费罗（John Stringfellow）使用蒸汽动力无人飞机第一次实现了动力飞行。1903 年莱特兄弟（Orville Wright 和 Wilbur Wright）制造出“飞行者一号”飞机，并首次实现由机械力驱动的持续且受控的载人飞行。随着航空发动机和航空产业的快速发展，飞机已经成为一类既安全又舒适的现代交通工具。

数字化网络化智能化技术的快速发展为高端装备的原始创造和智能制造的升级换代创造了历史性机遇。智能人形机器人、通用人工智能、智能卫星通信网络、各类无人驾驶的交通工具、无人值守的全自动化工厂，以及取之不尽的清洁能源的生产装备等都是人类科学精神和聪明才智的迸发，它们也是由于现实需求、潜在需求、情怀梦想和集成创造的驱动而初步形成和快速发展的。这些星星点点的新装备、新产品、新设施及其制造模式一定会深入发展和快速拓展，在不远的将来一定会融合成为一个完整的有机体，从而颠覆人类现有的生产方式和生活方式。

2. 高端装备智能制造的发展规律

在高端装备智能制造的发展过程中，原始科学发现和颠覆性技术创新是最具影响力的科技创新活动。原始科学发现侧重于对自然现象和基本原理的探索，它致力于揭示未知世界，拓展人类的认知边界，这些发现通常来自基础科学领域，如物理学、化学、生物学等，它们为新技术和新装备的研发提供了理论基础和指导原则。颠覆性技术创新则侧重于将科学发现的新理论新方法转化为现实生产力，它致力于创造新产品、新工艺、新模式，是推动高端装备领域高速发展的引擎，它能够打破现有技术路径的桎梏，创造出全新的产品和市场，引领高端装备制造业的转型升级。

高端装备智能制造的发展进化过程有很多共性规律，例如：①通过工程构想拉动新理论构建、新技术发明和集成融合创造，从而推动高端装备智能制造的转型升级，同时还会产生技术溢出效应；②通过不断地吸纳、改进、融合其他领域的新理论新技术，实现高端装备及其制造过程的升级换代，同时还会促进技术再创新；③高端装备进化过程中各供给侧和各需求侧都是互动发展的。

以医学核磁共振成像（MRI）装备为例，这项技术的诞生和发展，正是源于一系列重要的原始科学发现和重大技术创新。MRI 技术的根基在于核磁共振现象，其本质是原子核的自旋特性与外磁场之间的相互作用。1946 年美国科学家布洛赫（Felix Bloch）和珀塞尔（Edward M. Purcell）分别独立发现了核磁共振现象，并因此获得了 1952 年的诺贝尔物理学奖。传统的 MRI 装备使用永磁体或电磁体，磁场强度有限，扫描时间较长，成像质量不高，而超导磁体的应用是 MRI 技术发展史上的一次重大突破，它能够产生强大的磁场，显著提升了 MRI 的成像分辨率和诊断精度，将 MRI 技术推向一个新的高度。快速成像技术的出现，例如回波平面成像（EPI）技术，大大缩短了 MRI 扫描时间，提高了患者的舒适度，拓展了 MRI 技术的应用场景。功能性 MRI（fMRI）的兴起打破了传统的 MRI 主要用于观察人体组织结构的功能制约，它能够检测脑部血氧水平的变化，反映大脑的活动情况，为认知神经科学研究提供了强大的工具，开辟了全新的应用领域。MRI 装备的成功，不仅说明了原始科学发现和颠覆性技术创新是高端装备和智能制造发展的巨大推动力，而且阐释了高端装备智能制造进化过程往往遵循着“实践探索、理论突破、技术创新、工程集成、代际跃升”循环演进的一般发展规律。

高端装备智能制造正处于一个机遇与挑战并存的关键时期。数字化网络化智能化是高端装备智能制造发展的时代要求，它既蕴藏着巨大的发展潜力，又充满着难以预测的安全风险。高端装备智能制造已经呈现出“数据驱动、平台赋能、智能协同和绿色化、服务化、高端化”的诸多发展规律，我们既要向强者学习，与智者并行，吸纳人类先进的科学技术成果，更要持续创新前瞻思维，积极探索前沿技术，不断提升创新能力，着力创造高端产品，走出一条具有特色的高质量发展之路。

3. 高端装备智能制造的思想方法

高端装备智能制造是一类具有高度综合性的现代高技术工程。它的鲜明特点是以高新技术为基础，以创新为动力，将各种资源、新兴技术与创意相融合，向技术密集型、知识密集型方向发展。面对系统性、复杂性不断加强的知识性、技术性造物活动，必须以辩证的思维方式审视工程活动中的问题，从而在工程理论与工程实践的循环推进中，厘清与推动工程理念与工程技术深度融合、工程体系与工程细节协调统一、工程规范与工程创新互相促进、工程队伍与工程制度共同提升，只有这样才能促进和实现工程活动与自然经济社会的和谐发展。

高端装备智能制造是一类十分复杂的系统性实践过程。在制造过程中需要协调人与资源、人与人、人与组织、组织与组织之间的关系，所以系统思维是指导高端装备智能制造发展的重要方法论。系统思维具有研究思路的整体性、研究方法的多样性、运用知识的综合性和应用领域的广泛性等特点，因此在运用系统思维来研究与解决现实问题时，需要从整体出发，充分考虑整体与局部的关系，按照一定的系统目的进行整体设计、合理开发、科学管理与协调控制，以期达到总体效果最优或显著改善系统性能的目标。

高端装备智能制造具有巨大的包容性和与时俱进的创新性。近几年，数字化、网络化、智能化的浪潮席卷全球，为高端装备智能制造的发展注入了前所未有的新动能，以人工智能为典型代表的新一代信息技术在高端装备智能制造中具有极其广阔的应用前景。它不仅可以成为高端装备智能制造的一类新技术工具，还有可能成为指导高端装备智能制造发展的一种新的思想方法。作为一种强调数据驱动和智能驱动的思想方法，它能够促进企业更好地利用机器学习、深度学习等技术来分析海量数据、揭示隐藏规律、创造新型制造范式，指导制造过程和决策过程，推动制造业从经验型向预测型转变，从被动式向主动式转变，从根本上提高制造业的效率和效益。

生成式人工智能（AIGC）已初步显现通用人工智能的“星星之火”，正在日新月异地发展，对高端装备智能制造的全生命周期过程以及制造供应链和企业生态系统的构建与演化都会产生极其深刻的影响，并有可能成为一种新的思想启迪和指导原则。例如：①AIGC能够赋予企业更强大的市场洞察力，通过海量数据分析，精准识别用户偏好，预测市场需求趋势，从而指导企业研发出用户未曾预料到的创新产品，提高企业的核心竞争力；②AIGC能够通过分析生产、销售、库存、物流等数据，提出制造流程和资源配置的优化方案，并通过预测市场风险，指导建设高效灵活稳健的运营体系；③AIGC能够将企业与供应商和客户连接起来，实现信息实时共享，提升业务流程协同效率，并实时监测供应链状态，预测潜在风险，指导企业及时调整协同策略，优化合作共赢的生态系统。

高端装备智能制造的原始创造和发展进化过程都是在“科学、技术、工程、产业”四维空间中进行的，特别是近年来从新科学发现、到新技术发明、再到新产品研发和新产业形成的循环发展速度越来越快，科学、技术、工程、产业之间的供求关系明显地表现出供应链的特征。我们称由科学-技术-工程-产业交互发展所构成的供应链为科技战略供应链。深入研究科技战略供应链的形成与发展过程，能够更好地指导我们发展新质生产力，能够帮助我们回答高端装备是如何从无到有的、如何发展演进的、根本动力是什么、有哪些基本规律等核心科学问题，从而促进高端装备的原始创造和创新发展。

本套由合肥工业大学负责的高端装备类教材共有12本，涵盖了高端装备的构造原理和智能制造的相关技术方法。《智能制造概论》对高端装备智能制造过程进行了简要系统的论述，是本套教材的总论。《工业大数据与人工智能》《工业互联网技术》《智能制造的系统工程技术》论述了高端装备智能制造领域的数字化网络化智能化和系统工程技术，是高端装备智能制造的技术与方法基础。《高端装备构造原理》《智能网联汽车构造原理》《智能装备设计生产与运维》《智能制造工程管理》论述了高端装备（复杂产品）的构造原理和智能制造的关键技术，是高端装备智能制造的技术本体。《离散型制造智能工厂设计与运行》《流程型制造智能工厂设计与运行：制造循环工业系统》论述了智能工厂和工业循环经济系统的主要理论和技术，是高端装备智能制造的工程载体。《智能制造信息平台技术》论述了产品、制造、工厂、供应链和企业生态的信息系统，是支撑高端装备智能制造过程的信息系统技术。《智能制造实践训练》论述了智能制造实训的基本内容，是培育创新实践能力的关键要素。

编者在教材编写过程中，坚持把培养卓越工程师的创新意识和创新能力的要求贯穿到教材内容之中，着力培养学生的辩证思维、系统思维、科技思维和工程思维。教材中选用了光刻机、航空发动机、智能网联汽车、CT、MRI、高端智能机器人等多种典型装备作为研究对象，围绕其工作原理和制造过程阐述高端装备及其制造的核心理论和关键技术，力图扩大学生的视野，使学生通过学习掌握高端装备及其智能制造的本质规律，激发学生投身高端装备智能制造的热情。在教材编写过程中，一方面紧跟国际科技和产业发展前沿，选择典型高端装备智能制造案例，论述国际智能制造的最新研究成果和最先进的应用实践，充分反映国际前沿科技的最新进展；另一方面，注重从我国高端装备智能制造的产业发展实际出发，以我国自主知识产权的可控技术、产业案例和典型解决方案为基础，重点论述我国高端装备智能制造的科技发展和创新实践，引导学生深入探索高端装备智能制造的中国道路，积极创造高端装备智能制造发展的中国特色，使学生将来能够为我国高端装备智能制造产业的高质量发展做出颠覆性创造性贡献。

在本套教材整体方案设计、知识图谱构建和撰稿审稿直至编审出版的全过程中，有很多令人钦佩的人和事，我要表示最真诚的敬意和由衷的感谢！首先要感谢各位主编和参编学者们，他们倾注心力、废寝忘食，用智慧和汗水挖掘思想深度、拓展知识广度，展现出严谨求实的科学精神，他们是教材的创造者！接着要感谢审稿专家们，他们用深邃的科学眼光指出书稿中的问题，并耐心指导修改，他们认真负责的工作态度和学者风范为我们树立了榜样！再者，要感谢机械工业出版社的领导和编辑团队，他们的辛勤付出和专业指导，为教材的顺利出版提供了坚实的基础！最后，特别要感谢教育部高教司和各主编单位领导以及部门负责人，他们给予的指导和对我们的支持，让我们有了强大的动力和信心去完成这项艰巨任务！

由于编者水平所限和撰稿时间紧迫，教材中一定有不妥之处，敬请读者不吝赐教！

合肥工业大学教授

中国工程院院士

杨善林

2024 年 5 月

前言

为了加强卓越工程师培养，教育部组织成立了69支战略性新兴领域“十四五”高等教育系列教材体系建设团队，并开展相关教材编写工作。我们有幸承担了《高端装备构造原理》的编写任务。本教材首先介绍了高端装备产品研发迭代过程中的一般规律和相关基础理论技术，随后以光刻机、航空发动机、高端手术机器人、计算机断层扫描仪、磁共振成像装备等五类高端装备为案例，阐述高端装备的发展过程和构造原理，最后对高端装备的未来发展进行展望。

高端装备是人类科技文明发展最珍贵的人造物，是人类认识自然规律、利用自然规律最极致的体现，是拓展人类能力边界的重要工具。高端装备的种类繁多，其核心理论与关键技术也各不相同，但无一不蕴含着人类科技最尖端的理论技术成果，是某个具体领域尖端科技的集大成者。高端装备的研发制造过程涉及材料、机械、电子、计算机、控制、管理等诸多学科，需要制造业各领域的共同支撑，拉动着尖端制造领域的不断进步，其最终产品又成了人类生产生活的重要基石，推动着人类经济社会的发展。

高端装备的功能形态多种多样，满足着人类不同领域的重大需求，但抛开技术形态的差异，不同领域的高端装备却有着相似的发展演化规律，例如重大需求的牵引、基础理论的支撑、颠覆性创新的跃进、跨领域知识的融合等。深刻认识高端装备的发展演化规律，明晰高端装备的构造原理，是每一位从事高端装备智能制造的卓越工程师应当具备的重要素质，更是孕育世界领先的高端装备必不可少的基础能力。为了培养高端装备智能制造领域的卓越工程师，本教材通过多类高端装备构造原理的案例学习与相互印证，剖析典型高端装备的技术构成，带领学生认识高端装备构想酝酿、雏形发明、产业应用、迭代升级、淘汰消亡等全过程，指导学生感悟理解高端装备构造的基本原理、发展规律与思想方法。

本教材共分7章。第1章主要介绍高端装备的基本属性特征、一般发展过程、常见分类原则、基本系统架构以及典型案例，为高端装备及其构造原理建立基本的认知框架。第2章主要介绍高端装备构建与制造过程的共性基础技术，为理解高端装备建立基础理论技术知识架构。第3章到第7章分别介绍光刻机、航空发动机、高端手术机器人、计算机断层扫描仪、磁共振成像装备等高端装备的发展演化过程、系统构造原理与分系统结构，为学习高端装备的基本原理、发展规律与思想方法提供核心知识与教学案例。最后，对整部教材进行总结与展望，启发学生对高端装备未来发展的思考与创新。

本教材在编写过程中首先构思设计了整部教材的知识图谱，而后根据知识图谱中的知识点进行内容撰写，在撰写过程中不断依据实际撰写情况对知识图谱进行调整，最终完成知识图谱和教材的定稿。对于教材中介绍的每一类高端装备，均是以点面结合的方式进行知识图谱与核心内容的设计。在面上，力图覆盖该类高端装备的诞生和发展历程与已有技术形态，全面呈现高端装备发展的一般规律；在点上，深入剖析典型高端装备系统的底层技术及其集成方案，进而阐述高端装备系统的设计理念与知识体系。通过本教材的学习，期望学生能够掌握高端装备相关的知识体系，更重要的是领悟高端装备诞生演化的一般规律和思想方法。

本教材由合肥工业大学杨善林教授、梁樑教授、李霄剑研究员、蔡正阳副研究员担任主编，由国家自然科学基金基础科学中心项目“智能互联系统的系统工程理论及应用”（72188101）资助。杨善林教授和梁樑教授共同拟定了本教材的学术思路，主持了本教材的结构体系与知识图谱设计，组织并指导了各章节的撰写。各章编写分工如下：第 1 章、第 5 章和总结与展望部分由李霄剑编写；第 2 章由向念文负责，参加编写的有向念文、许水清、还献华、王岩、张莹莹、陈薇、陈顺华、李奇越；第 3 章和第 4 章由蔡正阳负责，参与第 3 章编写的有蔡正阳、杨敏、丁晶晶、董骏峰、冯晨鹏，参与第 4 章编写的有蔡正阳、赵爽耀、郑汉东；第 6 章由欧阳波负责并编写；第 7 章由丁帅负责，参与第 7 章编写的有丁帅和宋程。全书由李霄剑统稿。本教材由庄松林院士、向巧院士、王树新院士、王振常院士主审，感谢众院士对本教材提出的宝贵意见。

本教材可以作为高等院校机械工程、智能制造及相关专业的本科生、研究生的专业课教材，也可以作为高端装备制造与相关核心技术研发的研究人员、技术人员与管理人员的专业参考书籍，期望通过本教材的学习能够有力支持高端装备领域卓越工程师的培养，牵引未来科技领军人才与战略性科学家的诞生。

本教材在保证知识结构完整性与系统性的基础上，始终紧扣数字化、网络化、智能化的时代发展特征，着力体现时代精神、反映最新进展。但由于编者水平与编写时间限制，书中难免存在不妥之处，恳请广大读者不吝批评赐教！

编　者

目 录

第1章 绪论

1

章知识图谱

1.1 什么是高端装备

1.1.1 高端装备定义

高端装备是指技术含量高、涉及学科多、资金投入大、风险控制难、服役寿命长，其研制一般需要组织跨学科、跨行业、跨地域的力量才能完成的一类装备。例如，航空航天装备、高端成套装备、高端医疗装备、高端数控机床、高端成形装备等。高端装备处于装备制造价值链高端和产业链核心环节，是国家科技水平和综合实力的重要标志。

要理解什么是高端装备，首先要明确什么是装备。常说的装备往往是指一类设备、器械或装置，它具备一定的功能性，最终目的是为了提升使用者在某方面的能力，使得使用者能够开展或者更便于开展某种特定活动。装备通常具备以下属性：

（1）装备的目的性　装备的设计和制造总是围绕着特定的使用目的进行的。无论是军事装备、运动装备还是日常使用的工具，它们都是为了满足某种特定的需求或解决特定的问题而创造出来的，本质上是提升人们完成某项特定任务的能力。例如，军事装备旨在提供保护和增强战斗力，运动装备则为了提高运动员的表现和舒适度，而日常工具则是为了简化和优化人们的工作流程。

（2）装备的功能性　装备在设计的时候就需要明确定义其使用方式，通过特定方式方法对装备进行操作，能够帮助人们完成某类任务。与此同时，在装备的发展过程中，其使用方式与功能并非一成不变的，人们会不断简化其使用操作难度，同时在实际使用过程中拓展装备的应用范围，同时细化装备的使用场景。

（3）装备的人造性　装备和工具的本质区别就在于装备一定是人造的。从地上捡起一块石头可以作为一个工具砸核桃，但不能作为一个装备去制造商品。为了保障装备能够更好地具备某项特定功能，装备的每一个细节，从材料选择到结构设计，再到功能特性，都是有人精心设计与制造出来的，如此才能确保装备能够在其预期的使用场景中发挥最大的效用。

（4）装备的价值性　装备作为人类生产和生活不可或缺的工具，可以显著减少人力需求、缩短生产周期、提高产品精度和一致性，进而降低成本并增加产出。此外，随着技术的进步，现代装备往往集成了先进的自动化和智能化技术，使得它们在提高工作效率的同时，也为操作者提供更为安全和舒适的工作环境。因此，从产品的角度来说，装备是人劳动的产物，自身具备价值；从生产工具的角度来说，装备具备转移价值的功能，能够在人们生产劳动中发挥作用。

高端装备本质上是一类装备，具备装备应有的一般特性。但相较于一般装备而言，高端装备制造产业的“高端”高在哪里？主要体现在装备制造的高技术和高附加值。其中，高技术体现在知识、技术的密集，体现了多学科、多领域高精尖技术的集合和继承；高附加值体现在高端装备制造处于价值链的高端、产业链的核心环节，对于全产业链相关行业影响和价值提升，远远高于产品本身的价值。因此，高端装备在一般装备属性基础上，还具备以下特性：

（1）高端装备在功能或性能上不可替代　功能和性能上的不可替代性是高端装备的一种特征，意味着人类如果要开展某项活动或者制造某件事物，必须使用某种高端装备，或者对于某些要求，必须使用某种高端装备才能达到。换句话说，高端装备的功能与性能本身代表着人类现阶段的某种能力的极限。例如，光刻机的性能极限就代表着人类能够量产的芯片集成度的极限，航空发动机的性能极限就代表着人类大气层内飞行动力的能力极限。

（2）高端装备的技术更加复杂　高端装备的诞生和发展过程就是人类不断突破技术极限的过程，高端装备的技术复杂性是在人类不断突破极限过程中积累的结果，是为了达到某种技术目标运用人类已有技术和开发人类未有技术的综合展现。正是因为这一探索过程的漫长和曲折，人们往往无法在已有确定可行技术方案的前提下，重新开辟一条不一样的技术路径来获取相同的能力，因此高端装备技术的复杂性也造就了高端装备的不可替代性。

（3）高端装备的供应链条更长　由于高端装备技术的复杂性，高端装备的所有技术细节已经庞大到无法被一个人类个体甚至一个组织所独立掌握，必须通过分工合作来简化高端装备的生产制造难度。越是接近人类能力极限的高端装备，其各个部件的质量性能要求就越苛刻，其制造难度也相应提升，这就导致对制造各个部件的人员能力要求也相应提高，这就需要更加细致的分工来保障其质量，在分工的不断细化下，高端装备的供应链条也被不断拉长。

（4）高端装备的成本更加高昂　由于供应链被拉长，参与到高端装备制造过程中的人力物力也不断增长，整个制造过程中涉及的人才团队、生产设备、材料消耗、运输保障等都需要庞大的成本来支撑。并且由于高端装备往往不是汽车、手机这种大众生活所需的产品，其生产批量较小因而个性化、定制化特征更为凸显，因此难以通过规模效应降低其生产成本，这就决定了高端装备的高成本属性。

（5）高端装备的附加值更高　高端装备的高附加值属性本质上是在市场机制驱动下的必然结果，由于高端装备本身技术复杂、成本高昂，只有高端装备产生的附加值能够有效支撑庞大的供应链体系，高端装备才有其核心生命力。高端装备的附加值是由人们使用高端装备从事生产所产生的价值决定的，也只有高价值的生产活动需求才能支撑高端装备的诞生，驱动人们创造出突破人类能力极限的高端装备。

1.1.2　高端装备对经济社会的影响

高端装备处于装备制造价值链高端和产业链核心环节，是国家科技水平和综合实力的重要标志。高端装备制造涵盖设计、生产、运维等制造的全过程，是高端装备产业可持续发展和创新的基石，从根本上决定了高端装备核心技术突破的路径和效率。

高端装备制造产业不是一个简单的行业概念或者企业范畴，其产业链长且复杂，集制造业之大成，集中反映一个国家科技和工业的发展、管理、规划和实施水平。在高端装备的生产制造过程中，尤其对高精密度、高安全性、高稳定度、长寿命等方面均有苛刻的要求，涉及的支持配套性行业和企业较多，需要具备极高的产业协同度。

从产业链的角度，高端装备制造产业的上游主要涉及装备制造相关原材料，中游涉及零部件和整机制造，下游主要涉及高端装备制造相关应用客户。

上游的原材料，分为基础原材料（钢铁、铝材、橡胶、塑料等）和新材料（高强度特种钢、碳纤维复合材料、纳米材料、特种陶瓷等）。以航空装备为例，航空装备领域，涉及的高端装备制造相关原材料包括但不限于钢铁、铝合金材料、高温合金等，新材料为碳纤维复合材料、钛材料、高性能特种陶瓷、高性能聚合物纤维等。

中游的零部件和整机制造，还是以航空装备领域为例。航空装备产业，所需核心零部件主要有发动机、飞控系统、起落架、航电系统等。中游零部件和整机制造受两方面影响，一方面是原材料，原材料对于中游零部件性能、寿命起到了直接影响作用；另一方面是加工工艺、制造技术，以航空发动机叶片为例，淬火、加工、表面处理等加工技术，一定程度上和原材料一起决定了航空发动机叶片耐高温、耐高压、使用寿命的临界值。

下游应用场景涉及的高端装备相关应用客户，一方面和国民经济的基础领域息息相关，具有客户相对集中、客户企业体量大、订单金额高的特点。另一方面，高端装备主要应用的航空、铁路、海运等物流运输领域，对国民经济和产业发展的优化布局具有非常重要的战略意义。

由此可见，高端装备制造业依托高端装备自身的高成本、高附加值特性串联起了一大批制造企业。由于高端装备自身的技术需求，这些企业自身的科技水平必须达到一定水平才能融入高端装备产业链条之中，并在高端装备迭代升级过程中不断发展，进而带动制造业整体的转型升级，对经济社会的发展具有重要意义。

1.2 高端装备的发展过程

每个高端装备都有其独特的诞生故事与发展脉络，其中充满了科学家和工程师的巧思与心血。但仍然能够从其中提取出这些高端装备诞生和发展的一些共性规律，进而指导高端装备的创新与发展。总的来说，可以将高端装备从诞生之初到彻底退出历史舞台的全过程分为五个阶段：构想酝酿、雏形发明、产业应用、迭代升级、淘汰消亡。本节将从这五个阶段分别阐述高端装备发展的一般规律。

1.2.1 高端装备的构想

高端装备的诞生必须要有工程构想的牵引，才能在海量已有技术中筛选抽取相关技术并加以应用，有目的的构筑高端装备的核心功能。但工程的构想提出往往需要经过较长时间的酝酿与研究，才能形成工程可行的解决方案。高端装备工程构想的提出可以分为以下几种类型：

(1) 人类梦想驱动的工程构想提出　许多高端装备的诞生都是基于人类由来已久的梦想，例如飞机的诞生源于飞行的梦想、火箭的诞生源于探索宇宙的梦想、潜水艇的诞生源于探索海洋的梦想等。这些工程构想概念的提出往往并非科学家或工程师提出的，而是科幻小说作家等文学创作者提出的，甚至许多概念在传说、神话中就有体现，这些工程构想经过漫长的历史沉淀，在不同时期不断有人尝试和完善，积累了许多失败的经验，直到科技条件成熟，才能真正将幻想变为现实。

(2) 实际需求牵引的工程构想提出　实际需求包含现实需求和潜在需求两类，在需求牵引下诞生的高端装备构想往往都有着明确的目的性，例如光刻机、数控机床等。实际需求多是一些科学界的研究需求或是工业界、产业界实际的生产制造需求，因此提出满足需求的工程构想的科学家或工程师往往具有较为深入的工业、产业实践经验，对工业产业界的现实状况有着较为全面深入的了解，他们在现有技术的理解基础上，通过对已有技术的创新运用与集成，提出满足这些现实需求的高端装备工程构想。

(3) 核心科技挖掘的工程构想提出　当新现象被发现、新理论被提出、新技术被发明之后，人们就自然而然会去探索如何去应用这些新的现象、理论、技术，挖掘这些新科技的应用潜力，使其能够服务于人类的生产生活。在此过程中许多高端装备的构想被提出，例如量子计算机、质子刀等。这些工程构想的提出者往往是对该领域有着深入研究的科学家，在深入理解这些科学技术核心特性的基础上，寻找实际可用的应用场景，进而提出高端装备的工程构想。

需要注意的是，上述工程构想提出的模式并非相互互斥的，相反绝大多数高端装备构成构想的提出往往是几种模式共同作用的结果。总的来说，高端装备工程构想的提出需要站在现实的基础上、需要站在前人的肩膀上、需要时间的积累和沉淀，才能逐步从一个想法、一个概念转化为可以实现的工程构想。

1.2.2 高端装备的发明

高端装备的发明过程需要在工程构想的牵引下，集成一批关键技术、突破一批核心技术，从而形成验证工程构想的原理样机。值得注意的是，由于高端装备在正式形成工程样机之前，从构想到样机的发展路径尚不明晰，样机的诞生时间也难以确定，因此高端装备发明的过程就是一个科技探索的过程。

从资源角度来看，高端装备的发明阶段其价值创造的路径尚未闭环，此阶段的资源投入往往难以获得稳定的价值回报，风险较高。因此，需要通过投入科研经费的形式支撑该阶段的研究。作为科研人员，在该阶段的研究目标应重点放在关键原理的验证和核心技术的突破，将相对有限的研究资源集中投入到制约高端装备发明的核心瓶颈，助力高端装备的创新发展。

从技术角度来看，高端装备发明往往呈现三种技术发展形态。

一是关键理论的突破。关键核心理论的突破往往会牵引整体技术路线的重构，通过理论推演找到实现目标的最优解。在人类的早期探索过程中，关键理论的突破与高端装备的诞生并没有必然的因果关系，相反有许多案例其实践探索是领先于科学研究的，有许多高端装备是在关键理论突破前通过大量实践探索发明出来的。但是，随着科学发展的前沿领域逐渐超出人类日常认知边界，理论突破正在逐步成为相关高端装备诞生的必备条件，例如空气动力学与飞机的发明、轨道动力学的发展与航天器的发明、相对论提出与原子弹的诞生、量子理论的发展与量子计算机的发明等等。

二是核心技术的成熟。关键技术在高端装备诞生过程中起到的是核心支撑作用，当关键技术尚未达到高端装备的性能要求，即便高端装备所有技术路径都已经确立，高端装备仍然无法诞生。例如，在计算机算力未达到要求时，即便神经网络和反向传播算法已经被提出，但是该技术仍然无法应用于实际当中，具备通用人工智能特性的生成式人工智能也就无法诞生。

三是已有技术的创造性集成。已有技术的创造性集成是通过一套颠覆式的技术路径重组已有技术，使得构建高端装备的技术难度大幅降低，在人类已有的技术体系内就能够实现该类高端装备的发明。这一高端装备的发明过程核心创新点在于已有技术的合理集成。

1.2.3 高端装备的产业应用

高端装备被正式发明之后，往往需要经过一个较长的时间才能真正实现产业应用。高端装备能否被市场所接受才是衡量一个高端装备是否成功产业化的唯一标准。对于用户而言，是否愿意采购一款高端装备产品的影响因素有很多，一般需要满足以下条件：

（1）高端装备的价格与价值相匹配　高端装备在原型构建过程中往往是不计成本的，因为此时的高端装备构建本质上是新理论、新技术发明的成本。但当高端装备成为产品后，其定价就会受到市场机制的制约，当产品价格远超人们心理预期时，装备的产品化也必然无法成功。如何将高昂的原型机成本减低至价值所能覆盖的范围内，是高端装备产业化过程的关键，合理分工、批量化生产、优化工艺设计、优化供应链等都是降低装备成本的常用手段。

（2）高端装备的性能与需求相匹配　高端装备在诞生初期往往只是完成其原理的可行性验证，此时的高端装备往往并没有实用层面的意义。例如，莱特兄弟发明的第一架飞机“飞行者一号”只飞了12s，飞行距离约36.6m，显然这种飞行距离并不符合飞机的实际需求，无法达到产品的要求。因此，高端装备自诞生到实践能够使用，还有较长时间的技术迭代过程，但由于其基本原理已经被验证，产品结构已经初步定型，研发目标会更加明确。并且高端装备在被发明后，其能够满足的实际需求会更加清晰，从而吸引大量社会资源融入，加速高端装备性能指标的改进，使其快速迈向产业化应用。

1.2.4 高端装备的迭代升级

高端装备在实现产业应用后，人们的需求和潜在需求会在一定程度上被满足，但新需求也会被挖掘出来，向高端装备提出新的性能要求，推动高端装备的迭代升级。因此，相比发明创造和产业应用过程，迭代升级过程中高端装备的研发需求和方向会更加明确。例如光刻机需要减小光刻的最小特征尺寸、航空发动机需要增大推重比、CT与磁共振需要提升其空间分辨率与时间分辨率。

在明确的迭代升级需求驱动下，高端装备迭代升级会呈现出以下两类典型模式：

（1）高端装备性能的线性提升　线性提升是指高端装备平稳匀速地提升其性能水平的一种模式。高端装备在使用的过程中会产生海量的使用数据，对这些数据加以分析能够反映高端装备的各种设计缺陷，以此为基础对高端装备进行反复迭代优化，能够有效提高高端装备的性能指标。这种迭代风险较小，能够确保高端装备的性能有所提升，但性能提升幅度有限。同时，高端装备的各个零部件随着科技的发展，其性能也会逐步提升，使用新的零部件也会以较低风险提升高端装备的性能。此类性能提升模式具有持续稳定风险小的特点，能够有效支撑高端装备的逐步成熟，但难以产生颠覆式创新，在科技竞争中相对被动。

（2）高端装备性能的阶跃提升　阶跃提升是指高端装备因各类原因在短时间内性能有大幅飞跃式提升。高端装备的构型及其技术路径一般都存在性能极限，当逼近这个极限时高端装备的发展就会出现瓶颈，就需要探索当前构型与技术路径之外的可能性。因此，高端装备性能的阶跃提升往往是通过核心技术的颠覆式创新或是系统整体重构完成的，这种提升往往涉及高端装备技术路线的重大调整，是高端装备代际变迁的核心特征。

光刻机的发展过程就很好体现了上述两种发展模式，如图 1-1 所示，每次光源波长的减小都标志着光刻机的一次代际跃升，需要光刻机从光源、透镜组、光刻材料等方面进行全方位重构，从而造就了光刻工艺性能的阶跃提升。而当光源波长不变时，光刻机也始终在进行持续的小幅度改进，面向光刻机的光路系统、控制系统等进行局部改进，推动着光刻工艺性能的线性提升。

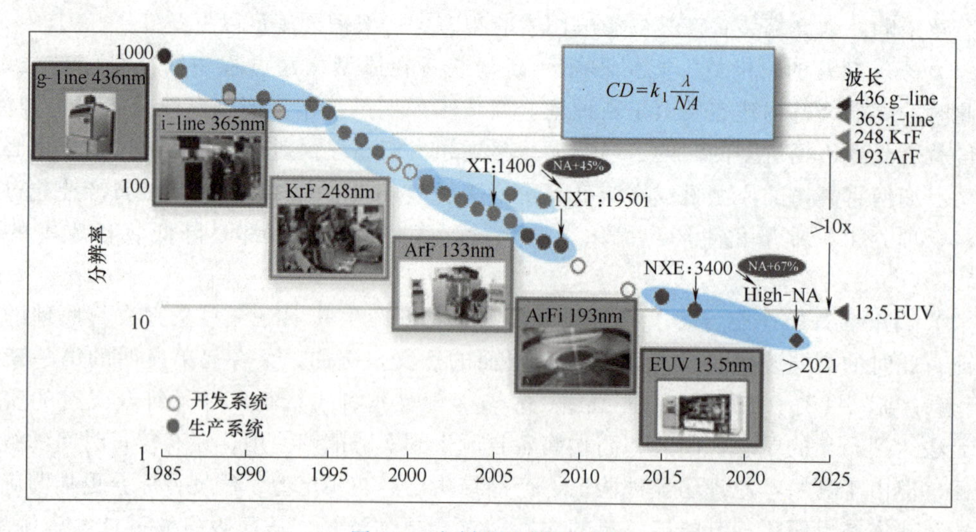

图 1-1　光刻机的发展过程

1.2.5　高端装备的淘汰

高端装备往往代表着人类在某个领域技术的巅峰形态，是人类投入大量资源和精力研发出的高端科技产物，并且高端装备也会不断随着科技的进步而不断发展进化，拥有着强大的市场生命力。但是，人类历史上仍存在着高端装备淘汰消亡的案例，例如 1822 年由英国科学家查尔斯．巴贝奇研制出差分机和分析机，可以通过纯机械的技术手段完成不同函数的自动处理与计算，可以说是机械版的计算机，但因为工艺复杂、成本高昂，最终被人类所淘汰。

高端装备的淘汰消亡一般存在以下几种情况：

（1）产业应用过程中无法实现商业闭环　高端装备从研发出来到真正实现商业落地是一个九死一生的过程，此时高端装备实际仍没有走向成熟，但在某些场景中已经可以取得一定应用，因此也将这一过程中高端装备的淘汰消亡看作是一种典型模式。此时，高端装备技术方案与商业模式均不成熟，从市场中获取资源的能力差，往往需要持续投入资源才能保证其发展，一旦创新主体切断资源供给，该类高端装备就面临着消亡的风险。

（2）在不同科技路径上技术竞争的失败　每一类型的高端装备往往尊崇着相对固定的技术体系，并在该技术体系下持续投入资源反复研究迭代，因此在市场竞争中获得优胜的高端装备往往逼近当前技术路径乃至相近技术路径下的局部最优解。但是，完全不同的技术路径却依然有可能造就超越当前技术路径的高端装备，而这就是常说的“另辟蹊径”“弯道超车”。此种情况下，新的高端装备和原有的高端装备之间可能各有优劣相互并存，也可能完全超越原有的高端装备，致使原有的技术路径被淘汰。

（3）高端装备所面向的应用需求的消失　高端装备的功能往往相对单一，仅能应用于特定的场景完成特定的任务，因此当该类任务需求不再存在时，高端装备也将面临消失的风险。当然需求消失的原因多种多样，生产生活方式的变化、政策法规的修改、国际环境的改变乃至人类生活环境的变迁等，都会造成需求的变化，进而导致强烈依附于某种特定需求的高端装备的消亡。

还有一种特殊的情况，随着科技进步，高端装备制造难度不断降低，原本的高端装备成为一种常规装备，不再具有高端装备的一般特性。高端装备被称为高端并没有一个明确的界限，但一般来说需要符合高技术、高成本、高附加值的特点，但是人类科技始终在进步，制造能力也在不断提升。因此，高端装备的制造成本往往会在波动中不断降低，特别是在某种高端装备需求旺盛时，规模效应会推动高端装备降本增效，使之原本高端的装备逐渐转变为普通的装备。最典型的例子就是计算机。在计算机诞生初期，其体积庞大、制造工艺复杂、成本高昂，是典型的高端装备，但是随着半导体技术的发展，现在的计算机已经成为每家每户的常用设备，已经不再是高端装备，当然也并没有淘汰消亡。

高端装备是人类工业高度发展的产物，是21世纪的新生概念，因此尚不存在被明确认定为高端装备后被彻底淘汰的高端装备。但以现在对高端装备的定义回溯，人类历史上还存在许多人造物可以被称为是高端装备，却因为人类技术的进步、核心工艺的丢失等诸多因素消亡在历史的长河中，但新的装备也在不断地诞生发展，人类的科技就在此过程中不断发展。

1.3 高端装备的分类

高端装备的形态功能多种多样，应用场景也各不相同。可以按照产业应用领域的不同对高端装备进行分类，也可以按照功能形态的不同对其进行分类，还可以按照高端装备核心理论技术的差异对其进行分类。

1.3.1 高端装备的产业应用分类

高端装备的产业应用分类本质上是对高端装备制造业的分类，而对于行业的产业分类国家有着明确的标准。

国家统计局会按照社会经济发展状况对国民经济行业分类标准进行制定与更新。2017年10月1日，(GB/T 4754—2017)《国民经济行业分类》正式实施。该分类标准明确指出，我国目前采用线分类法与分层次编码方法，用代码将国民经济行业划为门类、大类、中类、小类四级。其中，共有20个门类、97个大类、473个中类、1381个小类。但在（GB/T 4754—2017)《国民经济行业分类》中，并没有划分高端装备制造业这一类别。

高端装备制造业首次具有明确的产业划分是在2012年国家统计局公布的《战略性新兴产业分类（2012)》中，首次将高端装备制造业作为七大战略性新兴产业之一，给出了明确的分类依据。2018年11月7日，国家统计局又对《战略性新兴产业分类（2012)》进行了进一步修正更新，公布并实施了《战略性新兴产业分类（2018)》，将原先的七大战略性新兴产业拓展至八个，并拓展了战略性新兴产业相关服务业，高端装备制造业仍在其中。这些战略性新兴产业分类是以GB/T 4754—2017《国民经济行业分类》为基础，对其中符合“战略性新兴产业”特征的有关活动进行再分类。

根据《战略性新兴产业分类（2018）》的分类标准，高端装备制造业包括智能制造装备产业、航空装备产业、卫星及应用产业、轨道交通装备产业、海洋工程装备产业等五大类。

智能制造装备产业主要面向为制造产业赋能的高端装备，具体包括机器人与增材设备制造、重大成套设备制造、智能测控装备制造、其他智能设备制造、智能关键基础零部件制造、智能制造相关服务。

航空装备产业主要面向飞机等在大气层内飞行的高端装备，具体包括航空器装备制造、其他航空装备制造及相关服务。

卫星及应用产业主要面向大气层外飞行的航天器以及运载火箭等高端装备，具体包括卫星装备制造、卫星应用技术设备制造、卫星应用服务、其他航天器及运载火箭制造。

轨道交通装备产业主要面向轨道交通运载装备及其配套的高端装备，具体包括铁路高端装备制造、城市轨道装备制造、其他轨道交通装备制造、轨道交通相关服务。

海洋工程装备产业主要面向在海洋环境下行驶、运作的高端装备，具体包括海洋工程装备制造、深海石油钻探设备制造、其他海洋相关设备与产品制造、海洋环境监测与探测装备制造、海洋工程建筑及相关服务。

1.3.2 高端装备的功能形态分类

高端装备按照功能形态分类则是基于高端装备的外观形态和实际应用场景进行的分类，可以分为基础装备、专用装备和成套装备三类。

基础装备主要是为制造业提供能力供给的高端装备，是制造其他装备设备的工业母机，决定了一个国家的制造水平和能力，例如高端数控机床、高端成形装备和大规模集成电路制造装备等。基础装备一般是面向确定工序环节的单体装备，其制造能力具有一定的通用性，可以通过编程、更换部件等方式满足不同产品的加工需求。

专用装备主要是面向确定领域功能需求的高端装备，其设计功能与领域需求密切相关，例如航空航天装备、高速动车组、海洋工程装备和医疗健康装备等。专用装备是在确定领域需求的基础上研发出来的，需要满足特定的工作环境要求与专用领域的标准要求，具有高度专业化的特点。

成套装备主要是为了构建特定环境、特定流程的由多类型装备共同组成的系统，系统中的各子系统与各模块间往往在空间上是分离的，但通过信息通信技术相互连接，由系统统一管控，共同完成某项特定任务，例如大型冶金装备、石油化工装备、大科学装置等。成套装备往往需要精准控制到工作空间内温度、磁场强度、物质浓度等一系列物理化学参数，在较大的空间中完成其特定任务或者完成一系列特定流程的任务。

1.3.3 高端装备的核心理论技术分类

任何一款高端装备都是多学科交叉融合的产物，但其最核心最复杂的功能相对单一，可以被认为是由某套理论或某类技术所主导。高端装备可按照主导理论或主导技术分为以下类别：

1）精密光学装备是由光学为主导理论构建出的高端装备，以光的采集、测量、生成、控制为核心功能，利用光来完成某项特定任务，例如光刻机、空间望远镜等。

2）精密操控装备是以机械、传感与控制为核心技术体系构建出的以物理操控为核心任务的高端装备，以物理加工或物理操控精度为核心指标，例如高端数控机床、原子力显微镜等。

3）动力装备是以动力输出为核心任务，利用热力学、电磁学原理产生动力并驱动装备运动的高端装备，例如运载火箭、航空发动机、高速列车等。

4）反应装备是以建立化学反应环境为核心任务，通过对温度场、压力场、物质浓度场的精准测控保证反应的稳定进行，有时会根据反应需要人为打造高温、高压等极端环境，例如大型冶金装备、石油化工装备等。

5）强磁场与超导装备是以构建并控制磁场为核心任务或是利用超导材料特性完成某类功能的高端装备，例如磁共振成像装备、磁悬浮列车等。需要注意的是，强磁场装备的核心理论是电磁学，超导装备的核心是材料技术与制冷技术，但是由于超导是生成强磁场的关键技术，在许多领域无法分割，因此将两类装备并为一类。

6）核与放射性装备是利用核反应、核衰变及其产生的放射线等自然现象完成某类任务的高端装备，例如 CT、质子刀、核反应堆等。如何检测并稳定控制其核反应、核衰变过程，并防止放射性对人体、环境造成伤害是该类高端装备的核心技术。

7）极端环境防护装备是在太空、深海、极寒等极端环境中构建能够保障人类生存环境的高端装备，例如潜艇、空间站、极地科考船等。这类高端装备的核心功能是如何隔离极端环境对人体产生伤害，并维持氧气、水、温度、压力等人类生存所需的环境因素。

8）高性能计算装备是以计算算力为核心能力，通过各种技术手段打造更快、更强的算力平台，例如超级计算机、量子计算机等。

上述分类能够更加清晰明确辨析高端装备的核心技术需求，同一类装备拥有更多的共性技术需求，能够起到相互借鉴的作用。

1.4 高端装备的基本结构

高端装备具备生产制造技术含量高、符合战略性产业发展需求的特性，占据着产业链的核心地位，是现代工业体系的重要组成部分。高端装备的基本结构影响着其功能的可靠性、环境适应性、性能稳定性及技术可扩展性，高端装备的基本结构是智能制造相关专业学生的必修内容，将有助于其深入理解智能制造原理，提升专业技能和实践能力，促进技术研发和科研创新。

1.4.1 系统论视角下的高端装备

高端装备往往是多学科融合研制的尖端技术密集型产品，是一个高度复杂的系统，往往由多个相互依赖、相互作用的子系统构成。高端装备作为一个整体，具有明确的功能和目标，并通过协调内部各部分来实现这些目标。例如：中国商飞 C919 的主要目标就是制造首款国产大型客机。高端装备系统具备如下特性：

（1）整体性　高端装备的功能和性质不仅取决于各子系统的独立功能，还取决于各子系统间的相互作用。高端装备各子系统集成和协同工作能够实现比单独运作时更高效、更强大的功能。

（2）复杂性　高端装备系统内部结构复杂、技术复杂、操作复杂、维护复杂、标准复杂，这些复杂性要求在设计、开发、制造和使用过程中进行全面、系统的考虑和管理，以确保高端装备的性能、可靠性和安全性。

（3）目标导向性　高端装备系统的设计和运转都是为了实现特定的目标，具有明确的功能需求，严格的性能指标。此外，还需要考虑任务适应性、环境法规、成本效益等。

子系统是高端装备系统内部的次级结构，每个子系统具有相对独立的功能和结构，但同时又与其他子系统紧密联系，共同实现系统的整体功能。例如，著名的达芬奇手术机器人的子系统包括：医生操控台、床旁机械臂手术系统和三维成像系统。子系统具备如下特点：

（1）功能独立性　每个子系统采用模块化设计，能够独立完成特定的功能。例如：三维成像系统主要作用是为手术医生提供腔镜视野画面。

（2）相互依赖性　每个子系统间可以通过接口进行数据传输通信，进行任务协作与信息反馈，确保整个高端装备系统高效安全运行。例如：三维成像系统将腔镜视野实时画面提供给医生操控台，医生操控台可以发出腔镜位姿调整指令，更新三维成像系统呈现的场景。

（3）层次性　每个子系统由更小的模块或组件构成。例如：床旁机械臂手术系统由机械臂模块、手术器械模块、控制模块等构成。

模块是高端装备子系统内部的功能单元，具有明确的功能界限和接口，便于设计、测试、维护和升级。模块化设计可以提高高端装备系统的灵活性和可维护性。具备以下特性：

（1）功能明确　每个模块承担具体的功能，如数据处理、信号接收等。

（2）接口标准化　模块之间通过标准化的接口进行通信和数据交换，便于互换和升级。

（3）独立性和可替代性　模块设计独立，可以独立开发和测试，且容易替换和升级。

组件是模块内的基本构成单元，通常是具体的硬件或软件部件，直接实现模块的功能。例如：三维成像系统中的图像处理芯片。

高端装备系统的结构与功能是紧密联系的，系统的独特结构决定了高端装备的功能，高端装备的功能需求又反过来影响着结构设计，推动着结构的优化和改进。例如：达芬奇手术机器人的机械臂拥有 7 个自由度，使其可以在狭窄腔体内进行精细化手术操作。执行复杂微创手术操作功能的需求，要求机械臂具备灵巧性和精确性。这种结构与功能之间的相互作用，确保了高端装备系统能够满足复杂、多样的操作要求，提供高效、可靠的性能。通过优化结构设计，进一步提升其功能，是高端装备系统不断发展的关键。

1.4.2 高端装备主要架构

高端装备的架构是装备设计和功能实现的基础，它决定了装备的性能、效率和可靠性。高端装备主要架构包括机械系统、驱动系统、感控系统、电子计算系统、软件操作系统、网络通信与云端系统、其他专用系统等。

1. 机械系统

机械系统是高端装备的骨架和肌肉，它以结构支撑、传动为核心功能，是高端装备正常运作的基础。机械系统的设计涉及力学、运动学和结构形态的深入考量，这些要素共同决定了机械系统的性能和装备的外观形态。

在高端装备中，机械系统由各种机械元件和机构组成，包括但不限于齿轮、轴承、杠杆、传动带、丝杠、曲柄、连杆、凸轮等。每一个元件和机构都经过精密的设计和精心的加工，以确保它们能够协同工作，实现装备的稳定运行和精确运动。这些元件和机构的配合关系，如齿轮的啮合、轴承的支承、杠杆的放大和传动带的传动，都是机械系统设计中必须精心考虑的。

力学特性是指机械系统在受力时的行为表现，包括刚度、强度、稳定性、韧性等。这些特性直接影响装备的可靠性和寿命。例如，一个高刚度的机械系统可以减少在载荷作用下的形变，从而提高装备的精度和重复定位精度。

运动学特性关注的是机械系统各部分的相对运动，包括速度、加速度、位移等。运动学设计确保了装备能够按照预定的轨迹和速度进行精确运动，这对于自动化设备和精密仪器尤为重要。

结构形态是指机械系统的整体布局和外观设计，它不仅影响到装备的美观，还直接关联到装备的实用性和操作性。结构形态设计需要考虑到装备的使用环境、维护便捷性、操作人员的使用习惯等因素。

2. 驱动系统

驱动系统是高端装备的动力源泉，它负责将各种形式的能量转换为装备运行所需的动能。驱动系统通常包括电动机、发动机、液压系统、气动系统等，它们能够将电能、化学能、内能等转换为机械能，推动装备的运动。驱动系统的设计和选型直接影响到装备的运行效率、响应速度和能源消耗。

在现代高端装备中，驱动系统趋向于高效率、低能耗和智能化，以提升装备的整体性能。往往通过先进的传感器、执行器和控制器，实现对装备运行状态的实时监测，然后精确控制驱动系统，既保证能量精准高质量输出，也考虑智能控制和能量回收与循环利用。通过设计和优化智能驱动系统可以提高高端装备的运行效率、响应速度和安全性，降低能耗和维护成本。

3. 感控系统

感控系统是高端装备中的神经系统，它负责采集装备运行状态的数据，并根据这些数据对装备的运行进行调节和控制。感控系统的设计和性能直接关系到装备能否按照既定的工作任务进行精准运作，是保障装备高效、稳定运行的关键。

感控系统主要包括传感器、执行器和控制器三部分。传感器是感控系统的“感觉器官”，负责感知装备运行过程中的各种参数，如温度、压力、位移、速度、加速度等。传感器将物理量转换为电信号，为控制系统提供实时数据。在高端装备中，传感器的设计需要满足高精度、高灵敏度、高稳定性和长寿命的要求。执行器是感控系统的“肌肉”，负责根据控制器的指令对装备进行实时调节和控制。执行器包括电动机、液压缸、气缸等，它们通过将电能、液压能或气压能转换为机械能，实现对装备的精准控制。在高端装备中，执行器的设计需要满足高速度、高精度、高稳定性和长寿命的要求。控制器是感控系统的“大脑”，负责根据传感器采集的数据和预设的程序对执行器进行控制，确保装备按照既定的工作任务进行精准运作。控制器包括可编程序逻辑控制器、分散控制系统等，它们通过算法和程序实现对装备的实时控制。在高端装备中，控制器的设计需要满足高速度、高精度、高稳定性和易操作性的要求。

感控系统是高端装备中不可或缺的一部分，它的设计直接关系到装备能否按照既定的工作任务进行精准运作。通过对感控系统的设计和优化，可以使装备在复杂多变的工作环境中保持高性能和可靠性，从而提升装备的整体性能。

4. 电子计算系统

电子计算系统是高端装备的大脑和指挥中心，它以半导体工艺为基础构建，具备高速的数据分析和运算能力。电子计算系统由电力驱动，可以在不改变结构特性的情况下进行高速的数据分析与运算，是高端装备数字化、网络化、智能化的基础支撑系统。

电子计算系统主要包括中央处理器、图形处理器、存储器等关键硬件。这些硬件通过半导体工艺制造，具有高性能、低功耗、高稳定性和长寿命的特点。它们共同工作，为高端装备提供强大的数据处理能力，使得高端装备能够执行复杂的算法和任务。此外，电子计算系统还包括各种软件和算法，以实现对高端装备的实时监控、数据分析和智能决策。

电子计算系统的设计和优化直接关系到装备的智能化、网络化运行能力。通过采用先进的半导体工艺、高性能的硬件和优化的软件算法，可以提升装备的运行效率、响应速度和智能化水平。此外，电子计算系统还需要具备良好的抗干扰能力和可靠性，以确保装备在复杂多变的工作环境中稳定运行。

5. 软件操作系统

软件操作系统是高端装备的灵魂，它在电子计算系统之上构建，为装备提供了强大的人机交互界面和智能管理功能。软件操作系统不仅负责用户与装备之间的交互，还对装备中的各个电控部件进行有效的管理和控制，确保装备能够按照预定的任务和指令进行精准运作。软件操作系统的设计和开发需要考虑到以下几个方面：

（1）用户界面　软件操作系统需要提供一个直观、易用的用户界面，使用户能够轻松地操作和控制装备。界面设计应符合用户的使用习惯和操作逻辑，提供清晰的菜单、图标和提示信息，以便用户能够快速理解和掌握操作方法。

（2）资源管理　软件操作系统需要高效地管理装备的硬件资源，包括 CPU、内存、存储器等。通过合理的资源分配和调度，确保装备在运行过程中能够充分利用硬件资源，提高运行效率和响应速度。

（3）安全保护　软件操作系统需要提供可靠的安全保护机制，防止恶意软件攻击和数据泄露。系统应具备用户身份验证、访问控制、数据加密和系统监控等功能，确保装备在运行过程中的安全性和稳定性。

（4）应用程序和驱动程序　软件操作系统提供各种应用程序和驱动程序，为装备提供定制化的功能和服务。应用程序包括操作界面、数据处理、通信控制等，驱动程序则负责硬件设备的驱动和控制。通过应用程序和驱动程序的集成，装备可以实现更加丰富和复杂的功能。

在实际应用中，软件操作系统需要根据装备的具体需求进行定制化开发。通过对软件操作系统的设计和优化，可以实现装备在复杂多变的工作环境中保持高性能和智能化，从而提升装备的整体性能。

6. 网络通信与云端系统

网络通信与云端系统是高端装备的神经系统，它负责将装备内部的数据进行编码传输，并与远端进行交互。这一系统使得高端装备的功能不再局限于装备本身，而是能够通过网络实现远程监控、远程诊断、远程维护等功能，从而大幅拓展了装备的数字化和智能化能力。高端装备网络通信与云端系统的设计和实现需要考虑以下几个方面：

（1）网络协议　网络通信与云端系统需要遵循一定的网络协议，如 TCP/IP、HTTP、MQTT 等，以确保数据的可靠传输和高效通信。协议的选择需要根据装备的应用场景和网络环境进行综合考虑。

（2）数据编码与传输　网络通信与云端系统需要对装备内部的数据进行编码，将其转换为适合网络传输的格式。同时，系统还需要具备数据压缩、加密等手段，以提高数据传输的效率和安全性。

（3）云端服务　云端服务是网络通信与云端系统的重要组成部分，它负责存储、处理和分析装备传输的数据。云端服务提供强大的计算能力、存储空间和数据处理能力，使得装备能够实现更加复杂和智能化的功能。

（4）远程交互　网络通信与云端系统使得装备能够与远端进行交互，包括远程监控、远程诊断和远程维护等功能。通过网络通信与云端系统，装备可以实现远程操作和远程管理，提高装备的使用效率和安全性。

网络通信与云端系统是高端装备的重要组成部分，它通过网络将装备的功能延伸到远端，实现了装备的数字化和智能化。通过对网络通信与云端系统的设计和优化，可以提升装备的使用效率、安全性和智能化水平，从而为用户提供更加便捷和高效的服务。

7. 其他专用系统

不同类别的高端装备往往会应用一些独特的技术原理，构成其特有的专用系统结构，这些系统结构往往是高端装备最为核心的模块，是装备最为关键的部分。以下是一些典型的高端装备及其特有的专用系统结构：

光刻机的光源系统：光刻机是半导体制造过程中至关重要的设备，用于将电路图案转移到硅片上。其光源系统采用紫外光源，如 ArF 激光、KrF 激光等，以实现高精度的光刻工艺。光源系统的设计需要考虑光源的稳定性、波长控制、光束质量等因素，以确保光刻工艺的准确性。

核磁共振的磁场发生系统：核磁共振是一种广泛应用于生物医学、化学和材料科学领域的技术。其磁场发生系统负责产生高强度的磁场，以实现核磁共振信号的产生。磁场发生系统的设计需要考虑磁场的均匀性、稳定性、频率控制等因素，以确保核磁共振实验的准确性和可靠性。

专用系统结构的设计和优化是高端装备研发中的关键环节。它们通过独特的技术原理和结构设计，实现了装备的核心功能和性能。通过对这些系统的设计和优化，可以提升装备的性能、效率和可靠性，从而为用户带来更好的使用体验和更高的价值。

综上所述，高端装备的主要架构涵盖了机械系统、驱动系统、感控系统、电子计算系统、软件操作系统、网络通信与云端系统以及其他专用系统。这些系统相互协作，共同构成了高端装备的完整体系，确保了装备的高性能、高效率和可靠性。通过对这些架构的深入理解和研究，可以更好地设计和制造出满足现代工业和国防需求的高端装备。

1.5 本书基本结构

1.5.1 典型高端装备案例

本书重点讲述高端装备构造原理的核心目的是带领学生初步了解高端装备诞生发展过程及其工作原理。由于每种高端装备都是人类智慧的结晶，是人类科技金字塔顶端的成果，通过一本书尽述各类高端装备的构造原理是做不到的，一本书的体量甚至很难说清楚任何一种高端装备的全部构造原理与技术细节。因此，本书以光刻机、航空发动机、高端手术机器人、电子计算机断层扫描装备、磁共振成像装备等五种高端装备为典型案例，讲述这些高端装备构造的基本逻辑与共性规律，希望通过对这些高端装备案例的学习，能够明晰各种不同领域的方法、技术如何有机地结合在一起，共同构成一套完整的具备特定功能的高端装备。下面初步认识一下这五类高端装备。

1. 光刻机

光刻机是半导体工业中的关键设备，主要用于制造芯片中的微小结构。它通过在基底表面覆盖一层具有高度光敏感性的光刻胶，再用特定光（一般是紫外光、深紫外光、极紫外光）透过包含目标图案信息的掩模版照射在基底表面，被光线照射到的光刻胶会发生反应，再通过蚀刻等后续工艺，将掩模上的图形刻印到基底之上，形成微小的结构。

在复杂的集成电路中，一块晶圆可能要经历多达 50 次的光刻周期。它也是一般微加工的一项重要技术，例如微机电系统的制造。然而，光刻法不能用于在不完全平坦的表面上生产掩模。而且，与所有芯片制造工艺一样，它需要极其清洁的操作条件。

2. 航空发动机

航空发动机有时也被称为飞机发动机，是飞机推进系统的动力部件。从高端装备功能与性能的不可替代性来看，航空发动机最核心的性能指标是推重比，即发动机推力与发动机重力或飞机重力之比。目前，大多数飞机发动机都是活塞发动机或燃气涡轮发动机，也有少数发动机采用火箭驱动，近年来一些小型无人机也使用了电动机。从推力输出形式来看，航空发动机又可分为轴发动机和反作用发动机两类。

轴发动机主要是提供转矩动力的发动机，要配合螺旋桨使用才能提供飞机需要的动力，有活塞发动机、涡轴发动机和电动机三类。活塞发动机，又称往复式发动机，通常是使用一个或多个往复式活塞将高温高压转化为旋转运动的热机。活塞发动机并非只存在于航空发动机领域，汽车、轮船的发动机往往是活塞发动机。在航空发动机领域常见的活塞发动机有直列发动机、V形发动机、水平对置发动机、星形发动机、转子发动机、汪克尔发动机等，因为体积、重量、动力等诸多因素，这些活塞发动机在航空领域正逐步被淘汰，只有少数民用小型飞机仍在使用。涡轴发动机是一种燃气涡轮发动机，它从排气中提取热能并将其转化为输出轴功率，与活塞发动机相比轴向输出动力更高更稳定，多被用于直升机、辅助动力装置等。电动机则是基于电动机驱动原理将电力通过磁场转化为轴向动力，多被用于无人机。

反作用发动机通过从发动机中高速喷出废气产生推力来推动飞机。最常见的反作用推进发动机是涡轮喷气（涡喷）发动机、涡轮风扇（涡扇）发动机和火箭发动机。涡轮喷气发动机是一种燃气涡轮发动机，最初是在第二次世界大战期间为军用战斗机开发的，是所有飞机燃气涡轮发动机中最简单的。它由一个用于吸入并压缩空气的压缩机、一个用于添加和点燃燃料的燃烧室、一个或多个用于从膨胀的废气中提取动力以驱动压缩机的涡轮和一个用于加速发动机后部的废气以产生推力的尾喷管组成。涡扇发动机与涡喷发动机非常相似，但前部有一个加大的风扇，其推力与涵道螺旋桨非常相似，从而提高了燃油效率。

本书介绍的航空发动机主要以燃气涡轮发动机为主，包括涡轮喷气发动机、涡轮风扇发动机、涡轮轴发动机、涡轮螺旋桨发动机等多种类型。

3. 高端手术机器人

高端手术机器人是多学科融合的创新型医疗器械，是实现手术智能化的关键技术，代表了未来手术术式的发展方向，正逐步改变和颠覆传统手术方式。高端手术机器人的本质是通过机器人技术延伸医生的手和眼，可以在尽量减小损伤的情况下到达患者体内患处，进行侵入式医疗操作。

相比于前面几类高端装备，高端手术机器人的最典型特点就是与功能需求的紧密相连，其研发是以场景驱动而非技术驱动的。手术机器人的研发多是由临床需求驱动下诞生的，是为了辅助医生或是增强医生的操作能力，因此，高端手术机器人在开发前必须明确定义其面对的病种和手术操作类型，以此为基础确定手术机器人的形态功能和人机交互模式。

临床需求驱动的特点也体现在了手术机器人系统的分类上，一般被广泛认可的手术机器人分类是按照科室来进行分类的，例如腹腔镜手术机器人、神外手术机器人、骨科手术机器人、眼科手术机器人等，或者按照手术术式来进行分类，例如单孔\多孔腔镜手术机器人、介入手术机器人、关节置换手术机器人、穿刺手术机器人等。正是由于临床需求的多种多样，为了满足不同科室不同手术功能要求的机器人系统，其外形也百花齐放各有特色。

无论手术机器人的产品形态如何复杂多变，其技术内核仍是以机械、传感、驱动、控制以及智能化为核心的机器人技术。作为一款高端装备，高端手术机器人的独特性主要体现在其对操纵性能的极致追求。由于手术对精准性、灵巧性的要求极高，手术功能和操作性是手术机器人性能的核心指标，也是手术安全的重要保证。

本书介绍的高端手术机器人以多孔微创腔镜手术机器人为主，主要用于开展泌尿外科、普外科、妇科等多科室的腔镜微创手术。

4. 计算机断层扫描装备

计算机断层扫描（Computed Tomography，CT）装备，是利用精确准直的X射线、γ射线、超声波等能量射线穿透被扫描物体，利用高灵敏度探测器测量不同角度下被扫描物体对射线的吸收率，进而计算出被扫描物体切面的物质密度分布，常被用于人体疾病检查、工业零部件检测。CT的核心性能指标是其成像的分辨率，可分为时间分辨率、位置分辨率和密度分辨率三种。本教材介绍的CT主要是指医用CT，也就是面向人体组织成像的CT装备，可用于多种疾病的检查，是医院检查不可或缺的高端医疗装备。

由于CT成像的基本原理相对固定，CT的发展主要是通过增加传感器数量、改变射线类型、优化整体构型等方式发展，因此CT的分类主要是按照其构型与射线类别来区分，包括序贯CT、螺旋CT、电子束CT、双能CT、PET-CT等。

序贯CT，又称步进式CT，通过台面的步进式运动逐步获取人体不同切面的扫描图像。螺旋CT是将射线发射源和探测器围绕人体轴线旋转并按照螺旋形路径前进。电子束断层扫描简称EBCT，是一种特殊形式的CT，它并不通过机械旋转射线发射源和探测器，而是通过改变电子束焦点使其绕身体旋转，进而生成绕身体旋转的X射线源。电子束CT的扫描速度快、时间分辨率高，能够对跳动心脏进行清晰成像。双能CT，又称光谱CT，使用两种能量的射线来创建两组数据，可以测得组织对两种不同能量的吸收率，进而更加精准地分辨组织结构，可通过双射线源、单射线源双探测器、单放射源能量切换等方式实现。从成像效果来看，传统CT与双能CT之间的差异类似于黑白电视与彩色电视之间的差异。PET-CT的中文全称为正电子发射断层扫描-计算机断层扫描，是将PET仪与CT仪融合在一起的医疗装备，用PET扫描组织内部代谢生化活动情况，用CT扫描组织结构分布，然后利用算法将两者的扫描图像进行融合呈现。

本书主要是以序贯CT和螺旋CT为核心介绍CT仪的构造原理，其他类型CT也会在CT发展过程中简要介绍。

5. 磁共振成像装备

磁共振成像装备是利用核磁共振原理，依据所释放的能量在物质内部不同结构环境中不同的衰减，通过外加梯度磁场检测所发射出的电磁波，即可得知构成这一物体原子核的位置和种类，据此可以绘制人体组织的结构图像。

作为高端医疗成像装备，MRI的核心性能指标是其空间分辨率和对软组织的对比度，这使得MRI在诊断软组织，如脑、肌肉、心脏和肿瘤等方面具有不可替代的优势。MRI装备主要分为封闭式MRI和开放式MRI两种类型。

封闭式MRI，通常具有较高的磁场强度，从1.5T到3T不等，提供更高的成像质量和更细致的解析能力，这种设备通常用于需要高分辨率成像的复杂诊断。开放式MRI则设计得更加开放，以适应更广泛的患者群体，特别是那些因为恐闭症或体型较大而无法接受封闭式MRI扫描的患者。

此外，MRI技术的发展也衍生出多种特殊形式，如功能性磁共振成像（fMRI）用于监测脑活动，通过观察脑部血流变化来分析神经活动；弥散张量成像（DTI）则能够详细描绘脑内神经纤维的路径。这些技术不仅提高了对疾病的诊断能力，也极大地促进了对人类大脑功能的理解。

本书主要以封闭式和开放式 MRI 的构造原理为核心介绍 MRI 设备，其他类型 MRI 也会在 MRI 发展过程中简要介绍。

1.5.2 本书章节安排

本书以光刻机、航空发动机、CT、MRI、高端手术机器人为案例，重点探讨高端装备是如何从无到有创造出来的？是如何发展演进的？其根本动力是什么？有哪些基本规律等问题。后续章节安排如下：第 2 章主要讲述高端装备构造的基础理论，详细介绍高端装备构造的关键基础技术；第 3 章以光刻机为核心，介绍光刻机的发展历程及光刻机与各关键子系统的工作原理；第 4 章主要讲述航空发动机的作用与特点、发展历程、以及系统的构造原理；第 5 章解析了高端手术机器人技术的核心原理及实现方式；第 6 章主要介绍 CT 的诞生基础、发展历程，以及核心零部件的构造原理，总结其创造规律；第 7 章深入剖析了 MRI 及其子系统的构造原理；最后，对全书进行了总结，展望了高端装备制造的未来。

本章小结

本章主要介绍了高端装备的基本概念、发展历程、分类、基本结构以及全书的基本结构。高端装备是指技术含量高、涉及学科多、资金投入大、风险控制难、服役寿命长，其研制一般需要组织跨学科、跨行业、跨地域的力量才能完成的一类装备。高端装备的发展历程可以分为构想酝酿、雏形发明、产业应用、迭代升级和淘汰消亡五个阶段。高端装备的分类方式有多种，按照产业应用领域可以分为智能制造装备产业、航空装备产业、卫星及应用产业、轨道交通装备产业、海洋工程装备产业等五大类；按照功能形态可以分为基础装备、专用装备和成套装备三类；按照核心理论技术可以分为精密光学装备、精密操控装备、动力装备、反应装备、强磁场与超导装备、核与放射性装备、极端环境防护装备和高性能计算装备等八类。高端装备的基本结构包括系统论视角下的整体结构和主要架构，如机械、驱动、感控、电子计算、软件操作、网络通信与云端等系统。本章以光刻机、航空发动机、CT、MRI 和高端手术机器人为例，探讨高端装备的构造原理、发展规律和未来趋势，有助于学生深入了解高端装备，提升专业素养，促进工程管理理论的进一步发展和工程管理水平的进一步提高。

思考题

1. 请预测一下未来高端装备的发展趋势，讨论可能的新技术和新应用领域。

2. 以某个领域的高端装备为例，列举并分析高端装备在发展过程中面临的主要挑战和可能的解决方案。

3. 深入探讨全球高端装备产业链的现状，分析主要国家和地区在产业链中的角色与分工，探讨国际贸易政策、地缘政治等因素对高端装备产业发展的影响，以及如何应对全球化带来的机遇和挑战。

2

第2章 高端装备构造的基础理论

章知识图谱

导语

在当今世界，高端装备的发展已成为衡量国家科技实力和工业水平的重要标志。随着科技的飞速发展，传统的制造工艺和材料已无法满足现代高端装备对性能和精度的极高要求。因此，探究高端装备的构造基础，特别是先进材料技术、精密测量与控制技术、精密制造与装配技术、装备控制软件系统和可靠性技术，显得尤为重要。先进材料技术是高端装备构造的重要组成部分，复合材料、纳米材料、超导材料等新型材料的研发与应用，为高端装备的性能提升提供了坚实基础。精密测量与控制技术通过先进传感器和测量设备，实时监测装备运行状态，实现精密控制，提高装备的稳定性和可靠性。精密制造与装配技术是高端装备构造的核心环节，用于保障装备的各项功能实现，提升装备的可维护性和可操作性。装备控制软件系统是高端装备智能化发展的重要支撑，旨在提高装备的自动化水平和工作效率。可靠性技术是保障高端装备长期稳定运行的重要手段。这些理论的不断创新与应用，将进一步推动高端装备的发展和应用，助力各行各业实现科技创新和生产升级。本章旨在全面介绍这些关键技术的最新发展、应用现状及未来趋势，为读者提供一个系统的理论参考和技术展望。

2.1 先进材料技术

材料，作为人类文明的基石，承载着历史的沉淀和科技的发展。从石器时代、青铜器时代、铁器时代对材料的利用，到现在对各种新材料的应用，是人类文明一步步前行的过程。材料科学的发展为现代高端装备制造业的进步提供了坚实基础，诸如航空发动机和光刻机等领域的发展都离不开材料技术的支撑。在实现中国梦的伟大征程中，从制造大国到制造强国的转变必须以成为材料强国为基础。材料的研发、制备、测试和质量控制是实现这一目标的关键，材料科学与其他学科的紧密结合为技术创新和产业升级提供了重要保障。

2.1.1 材料结构的基本理论

材料的性能受多种外界因素影响，如温度、介质气氛、载荷形式、试样尺寸和形状等，而这些影响都归结于材料的内部结构。了解材料的结构及形成机理有助于通过制备和加工工艺改变内部结构，从而控制材料的性能，这是材料科学与工程领域的重要知识。

材料结构可从微观到宏观分为以下层次：

1）原子结构。原子由原子核和核外电子构成，其中原子核含有质子和中子。不同原子的性能差异主要源于电子的分布方式。

2）原子间的结合方式。原子通过金属键、离子键、共价键、氢键、范德华力等作用力相互结合。

3）原子的排列或凝聚态结构。包括晶体结构与非晶体结构。

4）显微组织结构。借助光学和电子显微镜观察到的晶粒或相的集合状态。

5）宏观组织结构。人眼可见的晶粒或相的集合状态。

1. 原子结构

在原子结构层面，电子的运动轨道和排列方式对原子的特性具有重要影响，因此本小节主要讨论电子的运动轨道和排列方式。根据量子力学的研究，电子的运动轨道是不确定的，其运动状态通过四个量子数描述，即主量子数、角量子数、磁量子数和自旋量子数。

主量子数（n）：描述电子离核远近和能量高低，主要决定电子所处的壳层，n 值越小，电子离核越近，能量越低。

角量子数（l）：反映电子轨道的形状，也决定了电子在同一主层内的亚壳层。不同的 l 值对应不同的轨道形状。

磁量子数（m）：确定电子轨道在空间中的伸展方向，取值与角量子数相关，决定了轨道的空间取向。

自旋量子数（m_s）：描述电子自旋运动的量子数，即电子自旋方向的量子数，每个状态下可存在两个自旋方向相反的电子。

电子分布遵循以下原则：

1）泡利不相容原理。每个原子的电子状态唯一，不同电子的四个量子数不能完全相同。

2）奥本堡原理。电子填充电子轨道时，会先填充能量较低的轨道。

3）洪特规则。当填充同一能级的不同轨道时，电子会尽可能保持单独分布，并且自旋方向相同。

这些有关电子运动轨道和排列方式的基本理论有助于理解原子结构及特性，对材料科学与工程的学习和研究具有重要意义。

2. 元素周期表及元素性质变化

元素周期表（图 2-1）是根据元素的原子序数排列，由门捷列夫于 1869 年提出。元素周期表展示了元素的周期性变化，反映了原子内部结构的规律性，包括电离能、亲和能及电负性等性质差异。

元素周期表的横行称为周期，共 7 个周期，每个周期的开始对应着新的主壳层的填充，而周期的结束对应着该主壳层的 s 和 p 亚壳层都填充满。竖列称为族，同一族元素具有相同的外层电子数，如 IA 族对应外层电子数为 1，ⅡA 族对应外层电子数为 2，依次类推。

元素性质的周期性变化本质上是受原子的结构影响，这些周期性变化的性质包括原子半径、电离能、电子亲和能和电负性等。

原子半径取决于原子核正电荷的数量和电子层的数量。同一族的元素从上到下，随电子层数增多，原子半径增大；同一周期内，从左到右，元素核外电子层数相同，核电荷数依次递增，原子半径递减。

元素周期表

原子序数——92 U——元素符号，红色指放射性元素
元素名称 注*的是人造元素——铀
238.0——相对原子质量(加括号的数据为该放射性元素半衰期最长同位素的质量数)

非金属　金属　过渡元素

族/周期	IA 1	IIA 2	IIIB 3	IVB 4	VB 5	VIB 6	VIIB 7	VIII 8	9	10	IB 11	IIB 12	IIIA 13	IVA 14	VA 15	VIA 16	VIIA 17	0 18	电子层	0族电子层
1	1 H 氢 1.008																	2 He 氦 4.003	K	2
2	3 Li 锂 6.941	4 Be 铍 9.012											5 B 硼 10.81	6 C 碳 12.01	7 N 氮 14.01	8 O 氧 16.00	9 F 氟 19.00	10 Ne 氖 20.18	L K	8 2
3	11 Na 钠 22.99	12 Mg 镁 24.31											13 Al 铝 26.98	14 Si 硅 28.09	15 P 磷 30.97	16 S 硫 32.06	17 Cl 氯 35.45	18 Ar 氩 39.95	M L K	8 8 2
4	19 K 钾 39.10	20 Ca 钙 40.08	21 Sc 钪 44.96	22 Ti 钛 47.87	23 V 钒 50.94	24 Cr 铬 52.00	25 Mn 锰 54.94	26 Fe 铁 55.85	27 Co 钴 58.93	28 Ni 镍 58.69	29 Cu 铜 63.55	30 Zn 锌 65.38	31 Ga 镓 69.72	32 Ge 锗 72.63	33 As 砷 74.92	34 Se 硒 78.96	35 Br 溴 79.90	36 Kr 氪 83.80	N M L K	8 18 8 2
5	37 Rb 铷 85.47	38 Sr 锶 87.62	39 Y 钇 88.91	40 Zr 锆 91.22	41 Nb 铌 92.91	42 Mo 钼 95.96	43 Tc 锝 [98]	44 Ru 钌 101.1	45 Rh 铑 102.9	46 Pd 钯 106.4	47 Ag 银 107.9	48 Cd 镉 112.4	49 In 铟 114.8	50 Sn 锡 118.7	51 Sb 锑 121.8	52 Te 碲 127.6	53 I 碘 126.9	54 Xe 氙 131.3	O N M L K	8 18 18 8 2
6	55 Cs 铯 132.9	56 Ba 钡 137.3	57-71 La-Lu 镧系	72 Hf 铪 178.5	73 Ta 钽 180.9	74 W 钨 183.8	75 Re 铼 186.2	76 Os 锇 190.2	77 Ir 铱 192.2	78 Pt 铂 195.1	79 Au 金 197.0	80 Hg 汞 200.6	81 Tl 铊 204.4	82 Pb 铅 207.2	83 Bi 铋 209.0	84 Po 钋 [209]	85 At 砹 [210]	86 Rn 氡 [222]	P O N M L K	8 18 32 18 8 2
7	87 Fr 钫 [223]	88 Ra 镭 [226]	89-103 Ac-Lr 锕系	104 Rf 𬬻* [265]	105 Db 𬭊* [268]	106 Sg 𬭳* [271]	107 Bh 𬭛* [270]	108 Hs 𬭶* [277]	109 Mt 鿏* [276]	110 Ds 𫟼* [281]	111 Rg 𬬭* [280]	112 Cn 鿔* [285]	113 Nh 鿭* [284]	114 Fl 𫓧* [289]	115 Mc 镆* [288]	116 Lv 𫟷* [293]	117 Ts 鿬* [294]	118 Uuo 鿫* [294]	Q P O N M L K	8 18 32 32 18 8 2

系															
镧系	57 La 镧 138.9	58 Ce 铈 140.1	59 Pr 镨 140.9	60 Nd 钕 144.2	61 Pm 钷* [145]	62 Sm 钐 150.4	63 Eu 铕 152.0	64 Gd 钆 157.3	65 Tb 铽 158.9	66 Dy 镝 162.5	67 Ho 钬 164.9	68 Er 铒 167.3	69 Tm 铥 168.9	70 Yb 镱 173.1	71 Lu 镥 175.0
锕系	89 Ac 锕 [227]	90 Th 钍 232.0	91 Pa 镤 231.0	92 U 铀 238.0	93 Np 镎 [237]	94 Pu 钚 [244]	95 Am 镅* [243]	96 Cm 锔* [247]	97 Bk 锫* [247]	98 Cf 锎* [251]	99 Es 锿* [252]	100 Fm 镄* [257]	101 Md 钔* [258]	102 No 锘* [259]	103 Lr 铹* [262]

图 2-1　元素周期表［此表版权归中国化学会所有］

电离能指气态原子失去最外层电子形成阳离子所需的能量，第一电离能定义为气态原子失去一个电子成为一价气态阳离子所需的最低能量。第一电离能越小的元素的原子越容易失去电子，金属性越强。通常来说，原子半径越小，原子核对外层的引力越大，第一电离能就越大。

电子亲和能指气态原子得到一个电子形成阴离子所释放的能量，大多数元素原子的电子亲和能为正数，即结合电子的过程是放热的。相似的，电子亲和能反映了元素的非金属性，原子半径越小，原子核对外层的引力越大，电子亲和能就越大，非金属性就越强。

元素在形成化合物时，元素的原子经常既不失去也不得到电子，如 CH_4，电子只是在两种元素间发生偏移，为了统合电离能和电子亲和能，电负性的概念被提出，以更全面地度量一种元素的金属性或非金属性。电负性是指元素在分子中吸引电子的能力，同一周期，从左到右，元素的电负性递增，同一主族，自上到下，元素的电负性递减。

这些周期性变化规律有助于理解元素的化学性质和行为，是材料研究的重要基础。

3. 原子的结合方式

原子之间的作用力导致它们结合形成化学键，从而影响材料的性能。根据结合力的强弱，可分为一次键和二次键两大类。一次键结合力较强，包括离子键、共价键和金属键。二次键结合力较弱，包括范德华力和氢键。

1）离子键。正负离子之间通过静电引力相互吸引而形成。通过离子键结合的材料具有高强度、高硬度、高熔点和脆性大等特点。由于离子难以移动、输送电荷，所以这类材料都是良好的绝缘体。但当处于高温熔融状态时，可呈现出离子导电性。

2）共价键。通过共用电子对形成，具有方向性和饱和性。通过共价键结合的材料同样具有强度高、熔点高、脆性大的特点，其导电性依共价键的强弱而不同。

3）金属键。由金属原子的正离子和自由电子形成，具有电子共有化的特点，金属键不具有方向性和饱和性。通过金属键结合的材料具有良好的延展性、导电性和导热性，呈不透明状并具有金属光泽。

4）范德华力。由分子间偶极吸引力形成，具无方向性和饱和性。范德华力较弱，由这种作用力结合的固体材料的熔点和硬度都比较低。同时，由于没有自由电子存在，所以这类材料都是良好的绝缘体。

5）氢键。是特殊的分子间作用力，存在于氢原子和电负性较强的原子间，具有方向性和饱和性。

4. 原子的排列

材料的性能与原子排列方式密切相关，而晶体和非晶体是两种典型的排列形态。

晶体中原子或分子排列有序，呈现出周期性的结构，如图 2-2a 所示。这种有序排列导致晶体在不同方向上具有各向异性，即沿不同方向测得的性能有所差异。晶体材料包括金属、合金、大多数陶瓷等。

非晶体中原子或分子排列无序，或仅存在局部短程规则排列，如图 2-2b 所示。由于无序排列，非晶体沿各方向的性能基本一致，表现为各向同性。非晶体材料包括玻璃、某些高分子材料等。

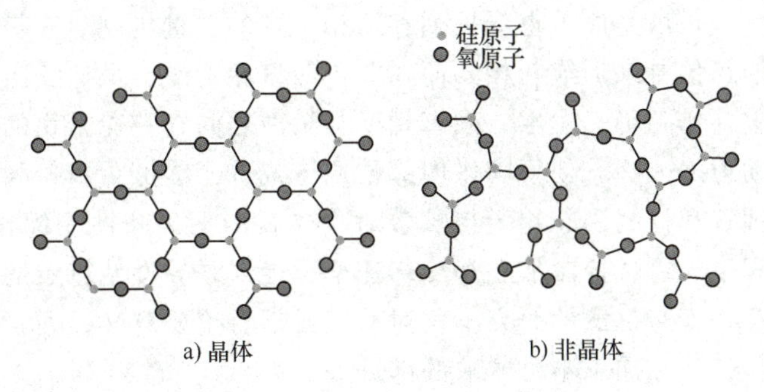

图 2-2　二氧化硅结构示意图

对于规则排列的晶体结构而言，其原子排列方式又具有多样性。如图 2-3 所示，金刚石采用六方密堆积结构，因而具有出色的硬度和抗磨损性，被广泛应用于磨具和切割工具；石墨以层状结构呈现，赋予了其良好的润滑性和导电性，在涂料、润滑剂和电极等领域有广泛

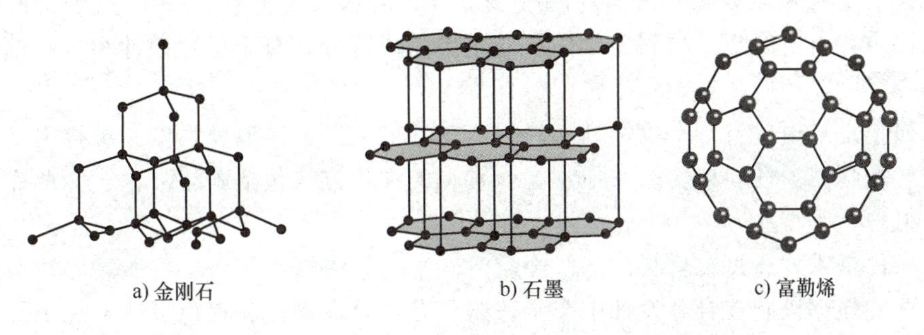

图 2-3　晶体结构示意图

应用；富勒烯则由球状结构组成，具备高度对称性和空腔结构，因而表现出出色的力学、光学和电学特性，有着广泛的应用前景。金刚石、石墨和富勒烯作为不同晶体结构的代表，展示了晶体结构如何影响材料的特性和应用。

2.1.2 材料组织结构与性能控制技术基础

1. 固态相变与扩散

固态相变是指物质在固态相中发生的结构或性质上的突变，这种突变可能涉及晶体结构的改变、新相的形成或晶体的析出，通常是由于温度、压力、化学成分或外部条件的改变引起的。在固态相变中，物质的基本化学组成不会发生改变，但是其结构、形态或性质会发生显著变化。固态相变在材料科学、地质学和物理学中都非常重要，因为它们影响着材料的物理性能，如硬度、弹性、电导率和热导率等。固态相变可以根据原子在晶体中的重新排列机制区分为扩散型、非扩散型和半扩散型。

扩散是物质中原子、分子或离子由于热运动而在空间中从高浓度区域向低浓度区域迁移的现象。扩散过程在固体、液体和气体中均可发生，但在固体材料科学中尤为重要，因为它构成了固态物质内部质点运动的主要机制。扩散对材料的微观结构和宏观性能有着重要影响，扩散主要包括空位扩散、间隙扩散、置换扩散。扩散现象可以通过菲克定律进行定量描述，该定律表明物质的扩散通量与浓度梯度成正比。扩散系数是描述扩散速率的关键参数，它受温度、原子键力、晶体结构、固溶体类型和浓度等因素的影响。

固态相变过程中，扩散是原子重新排列和新相形成的关键机制。在扩散型相变中，原子通过扩散到晶格中的新位置来形成新相。而在非扩散型相变中，虽然长距离扩散不是主要机制，但局部原子的重新排列仍然发生。固态相变与扩散之间存在着密切的相互关系。扩散是固态相变发生的驱动力之一，它使得固体内部的原子或分子能够重新排列，从而导致物质结构或性质的变化。理解和控制固态相变与扩散对于材料的加工和性能优化至关重要。例如，在金属的热处理过程中，通过控制加热和冷却速率，可以诱导发生特定的相变，从而获得所需的材料性能。固态相变与扩散的研究不仅对基础科学有重要意义，而且在工业应用中也极为关键，它们是材料设计和加工不可或缺的部分。

2. 材料变形与强化

材料变形与强化是材料科学与工程中的两个重要概念，它们描述了材料在受力后的行为和性能提升方式。

材料变形是指在外力作用下，材料的几何形状和尺寸发生的改变。这种改变可能是弹性的（去除外力后可恢复原状）或塑性的（去除外力后永久改变形状），取决于力的性质和材料本身的性质。材料变形是材料力学性质的重要组成部分，对于工程设计和材料选择具有重要意义。

材料强化是指通过各种手段提高材料的力学性能，尤其是屈服强度和抗拉强度，同时尽可能保持或提高其塑性、韧度等其他性能。常见的强化方法包括固溶强化、弥散强化、细晶强化和加工硬化等。

固溶强化是一种通过在材料的基体中溶解合金元素来提高其力学性能的方法，尤其是屈服强度。这种强化机制在合金设计中非常普遍，尤其是在钢铁和有色金属系统中。固溶强化的基本原理是溶质原子（合金元素）在溶剂晶格中的随机分布会引起晶格畸变，这些畸变对位错运动产生阻力。由于位错是塑性变形的主要载体，增加位错运动的难度可以增强材料的强度。

弥散强化是一种通过在材料基体中引入细小、均匀分布的第二相粒子来提高材料力学性能的方法，尤其是屈服强度和抗拉强度。这种强化机制在高温合金、金属陶瓷以及一些特殊合金中非常普遍。弥散强化的基本原理是第二相粒子的存在阻碍了位错的运动。当位错在基体中移动时，它们会遇到第二相粒子，这些粒子与基体之间的界面会产生应力场，从而阻碍位错的移动，这种效应导致材料的屈服强度和抗拉强度提高。

细晶强化，也称为晶粒细化强化，是一种通过减小材料晶粒尺寸来提高其力学性能的材料强化机制。这种强化手段在金属材料中尤为常见，因为它能有效提升材料的屈服强度和硬度，同时还能改善韧度。细晶强化基于霍尔-佩奇关系（Hall-Petch Relationship），该关系表明材料的屈服强度随着晶粒尺寸的减小而增加。这是由于细小的晶粒使得位错要穿越更多的晶界，增加了位错运动的难度，从而增强材料的强度。此外，由于细小的晶粒可以阻碍裂纹的扩展，因此细晶材料通常具有更好的韧度。

加工硬化是材料在经历塑性变形后，由于位错密度的增加而导致的硬化现象。这种硬化效果可以显著提高材料的屈服强度和硬度，但同时可能会降低其塑性。加工硬化的原理是在外力作用下，材料发生塑性变形，位错在晶体中繁殖和纠缠，导致位错密度增加，这使得位错之间的相互作用增强，增加了位错运动的阻力，从而提高了材料的屈服强度。

3. 材料制备与加工

绝大多数金属元素（除 Au、Ag、Pt 外）都以氧化物、碳化物等化合物的形式存在地壳之中。因此，要获得各种金属及其合金材料．必须首先通过各种方法将金属元素从矿物中提取出来，接着对粗炼金属产品进行精练提纯和合金化处理，然后浇注成锭，加工成形，才能得到所需成分、组织和规格的金属材料。金属的冶金工艺可以分为火法冶金、湿法冶金、电冶金以及真空冶金等。

金属材料的生产工艺是指将金属原料经过一系列加工和处理步骤，最终制成各种金属产品的过程。它是现代工业生产的重要组成部分，广泛应用于汽车制造、建筑工程、电子设备制造等领域。金属材料的加工工艺主要包括锻造、压力加工、链造、焊接和切削等。

4. 材料热处理

金属热处理是将固态金属（包括纯金属和合金）通过特定的加热和冷却方法，使之获得工程技术上所需性能的一种工艺过程的总称。常见热处理的 4 种方法：退火、正火、淬火、回火。

1）退火。退火是钢的热处理工艺中应用最广、种类最多的一种工艺。退火是将材料加热到适当的温度，经过保温后以适当的速率冷却，以降低硬度、改善组织、提高切削加工性的一种热处理工艺。

2）正火。正火是将工件加热至 Ac_3 或 A_{cm} 以上 30~50℃保温，从炉中取出在室温自然冷却的金属热处理工艺，其目的是使晶粒细化和碳化物分布均匀化。正火可以作为预备热处理，也可以作为最终热处理，对于一般中、高合金钢，空冷可导致完全或局部淬火，因此不能作为最后热处理工序。正火与退火的不同点是正火冷却速度比退火冷却速度稍快，因而正火组织要比退火组织更细一些，其力学性能也有所提高。

3）淬火。淬火是将钢加热到临界温度 Ac_3（亚共析钢）或 Ac_1（过共析钢）以上温度，保温一段时间，使之全部或部分奥氏体化，然后以大于临界冷却速度的冷速快冷到 *Ms* 以下（或 *Ms* 附近等温）进行马氏体（或贝氏体）转变的热处理工艺。通常也将铝合金、铜合金、钛合金、钢化玻璃等材料的固溶处理或带有快速冷却过程的热处理工艺称为淬火。

4）回火。将淬火后的钢在 A_1 以下的温度加热、保温，并以适当速率冷却的工艺过程称为回火。回火的基本目的是提高淬火钢的塑性和韧度，降低其脆性，但却往往不可避免地要降低其强度和硬度；回火的另一目的是降低或消除淬火引起的残余内应力，这对于稳定工具钢制品的尺寸特别重要。一般来说，保持钢在淬火后的高硬度和耐磨性时用低温回火（150~250℃，回火后得到回火马氏体）；在保持一定韧度的条件下提高钢的弹性和屈服强度时用中温回火（350~500℃，回火后得到回火屈氏体）；以保持高的冲击韧度和塑性为主，又有足够的强度时用高温回火（500~650℃，回火后得到回火索氏体）。

2.1.3 材料及应用

1. 金属材料及应用

人类文明的发展和社会的进步同金属材料关系十分密切。继石器时代之后出现的铜器时代、铁器时代，均以金属材料的应用为其时代的显著标志。在现代，种类繁多的金属材料已成为人类社会发展的重要物质基础。金属材料通常分为黑色金属、有色金属和特种金属材料。

黑色金属又称钢铁材料，包括铁含量 90%（质量分数，余同）以上的工业纯铁，碳含量 2%~4%的铸铁，碳含量小于 2%的碳钢，以及各种用途的结构钢、不锈钢、耐热钢、高温合金、不锈钢、精密合金等。广义的黑色金属还包括铬、锰及其合金。

有色金属是指除铁、铬、锰以外的所有金属及其合金，通常分为轻金属、重金属、贵金属、半金属、稀有金属和稀土金属等。有色合金的强度和硬度一般比纯金属高，并且电阻大、电阻温度系数小。

特种金属材料包括不同用途的结构金属材料和功能金属材料。其中有通过快速冷凝工艺获得的非晶态金属材料，以及准晶、微晶、纳米晶金属材料等；还有隐身、抗氢、超导、形状记忆、耐磨、减振阻尼等特殊功能合金以及金属基复合材料等。

金属材料在材料科学与工程领域扮演着至关重要的角色，其广泛应用于各个领域，为现代社会的发展和进步提供了坚实的支撑。从建筑到交通运输，从电子通信到医疗生命科学，再到能源环境保护，金属材料无处不在，发挥着不可替代的作用。

在建筑领域，金属材料被广泛应用于建筑结构、装饰和基础设施中。钢铁材料是最常见的建筑材料之一，其强度高、耐久性好，被广泛应用于大型建筑和桥梁中。常见的钢铁材料包括 Q235B 等，其中，Q235B 钢板的化学成分主要由铁、碳、硅、锰、磷、硫等元素组成。其中，铁元素是最主要的成分，占到整个化学成分的 99%（质量分数）以上。碳含量较高，一般为 0.2%左右，保证钢材具有一定的硬度和韧度。硅、锰等元素的添加，增强了钢材的强度和韧度。磷、硫等元素的含量较低，以保证钢材具有良好的焊接性能和耐蚀性。

金属材料在交通运输领域发挥着重要作用，应用范围涵盖汽车制造、航空航天等多个方面。在汽车制造中，钢铁是主要的构造材料，用于制造车身、车架等部件。在航空航天领域，钛合金是常用的材料之一，常见的钛合金牌号有 Ti-6Al-4V，具有低密度、高强度的特点，含有 6%的 α 稳定元素 Al 和 4%的 β 稳定元素 V。Al 在 Ti-Al-V 系中通过固溶强化 α 相提高合金的室温强度和热强性能，而 V 是钛合金中既提高强度又改善塑性的少数合金元素之一。钛合金常被用于制造飞机结构和航天器零部件。

电子与通信领域对金属材料的要求非常严格，需要具有良好的导电性和力学性能。在电子设备制造中，铜是最常用的导电材料之一，常用的铜材牌号是 C11000。C11000 材料标准是指一种铜合金，其化学成分为 99.9%（质量分数）的铜和少量的磷。铜具有良好的导电性、导热性、焊接性和耐蚀性，因此被广泛用于电子元器件、电气设备、化工设备等领域。C11000 标准的纯铜合金具有优异的导电性能，其导电性能仅次于银。在电子元器件制造中，C11000 标准的纯铜合金常用于制作导线、电路板等部件，以确保电流的稳定传输和高效工作。铜具有良好的导电性和加工性。

在医疗与生命科学领域，金属材料被广泛用于制造医疗器械、人工关节等。不锈钢是常用的医疗器械材料，常见的不锈钢牌号有 316L，具有良好的生物相容性和耐蚀性。人工关节和植入物常使用钛合金制造，常见的钛合金牌号有 Ti-6Al-4V，具有良好的生物相容性和力学性能。

金属材料在能源与环境保护方面发挥着重要作用。铝和钢等材料被广泛用于制造风力涡轮机和太阳电池板，推动可再生能源的利用。同时，钛和镁合金等轻质金属被用于制造节能型汽车，降低了燃油消耗和排放。铜被用于制造高效能源传输线路，提高了电力输送效率。此外，金属材料还用于生产节能建筑材料，如铝合金窗框和钢结构，减少了能源浪费和环境污染。

2. 无机非金属材料及应用

无机非金属材料是以某些元素的氧化物、碳化物、氮化物、卤素化合物、硼化物以及硅酸盐、铝酸盐、磷酸盐、硼酸盐等物质组成的材料，是除有机高分子材料和金属材料以外的所有材料的统称。硅酸盐材料、水泥、陶瓷是无机非金属材料的主要分支。

无机非金属材料具有比金属键和纯共价键更强的离子键或离子键和共价键组成的混合键。其中离子键结合的实质是金属原子将自己最外层的价电子给予非金属原子，使自己成为带正电的正离子，而非金属原子得到价电子后使自己成为带负电的负离子，这样，正负离子依靠它们之间的静电引力结合在一起。共价键是由两个或多个电负性相差不大的原子间通过共用电子对而形成的化学键。根据共用电子对在两成键原子之间是否偏离或偏近某一个原子，共价键又分成非极性键和极性键两种。无机非金属的化学键所特有的高键能、高键强赋予这一大类材料以高熔点、高硬度、耐腐蚀、耐磨损、高强度和良好的抗氧化性等基本属性，以及宽广的导电性、隔热性、透光性及良好的铁电性、铁磁性和压电性。

在晶体结构上，无机非金属材料结构可以是由离子键构成的离子晶体，也可以是由共价键组成的共价晶体（如 SiC）。陶瓷材料属于无机非金属材料，是由金属与非金属元素通过离子键或兼有离子键和共价键的方式结合起来的。陶瓷的晶体结构大多属于离子晶体。典型的离子晶体是元素周期表中 IA 族的碱金属元素 Li、Na、K、Rb、Cs 和ⅦA 的卤族元素 F、Cl、Br、I 之间形成的化合物晶体。这种晶体是以正负离子为结合单元的。例如 NaCl 晶体是以 Na^+和 Cl^-为单元结合成晶体的。它们的结合是依靠离子键的作用，即依靠正、负离子间的库仑作用。为形成稳定的晶体还必须有某种近距的排斥作用以便与静电吸引作用相平衡。这种近距的排斥作用归因于泡利原理引起的斥力：当两个离子进一步靠近时，正负离子的电子云发生重叠，此时电子倾向于在离子之间做共有化运动。由于离子都是满壳层结构，共有化电子必倾向于占据能量较高的激发态能级，使系统的能量增高，即表现出很强的排斥作用。这种排斥作用与静电吸引作用相平衡就形成稳定的离子晶体。元素周期表中Ⅳ、Ⅴ、Ⅵ族元素，许多无机非金属材料和聚合物都是共价键结合。共价晶体的共同特点是配位数服从 8-*N* 法则，*N* 为原子的价电子数，这就是说结构中每个原子都有 8-*N* 个最近邻的原子，这一特点就造成共价键结构具有饱和性。

通常把无机非金属材料分为普通的和先进的无机非金属材料两大类。传统的无机非金属材料是工业和基本建设所必需的基础材料。普通无机非金属材料的特点是：耐压强度高、硬度大、耐高温、耐腐蚀。此外，水泥在胶凝性能上，玻璃在光学性能上，陶瓷在耐蚀、介电性能上，耐火材料在防热隔热性能上都有其优异的特性，为金属材料和高分子材料所不及。但与金属材料相比，无机非金属材料抗断强度低、缺少延展性，属于脆性材料；与高分子材料相比，密度较大，制造工艺较复杂。

新型无机非金属材料是 20 世纪中期以后发展起来的，具有特殊性能和用途的材料，它们是现代新技术、新产业、传统工业技术改造、现代国防和生物医学所不可缺少的物质基础，其中多数材料为陶瓷材料。传统陶瓷材料的主要成分是硅酸盐，自然界存在大量天然的硅酸盐，如岩石、土壤等，还有许多矿物如云母、滑石、石棉、高岭石等，它们都属于天然的硅酸盐。此外，人们为了满足生产和生活的需要，生产了大量人造硅酸盐，主要有玻璃、水泥、各种陶瓷、砖瓦、耐火砖、水玻璃以及某些分子筛等。特种无机非金属材料各具特色，例如：高温氧化物等的高温抗氧化特性；氧化铝、氧化铍陶瓷的高频绝缘特性；铁氧体的磁学性质；光导纤维的光传输性质等。特种无机非金属材料具有各种物理效应和功能转换现象。例如，光敏材料的光-电、热敏材料的热-电、压电材料的力-电、气敏材料的气体-电、湿敏材料的湿度-电等物理和化学参数间的功能转换特性。不同性质的材料经复合可构成复合材料。例如：金属陶瓷、高温无机涂层，以及用无机纤维、晶须等增强的材料。

3. 有机高分子材料及应用

（1）高分子的基本概念及结构特征　高分子是由成千上万个原子通过化学键连接而成的大分子化合物，通常具有相当大的相对分子质量，这些原子的排列和连接方式决定了高分子的性能。高分子材料通常由单体小分子通过聚合反应得到，以聚氯乙烯为例，其由单体聚合成高分子的过程如图 2-4 所示。

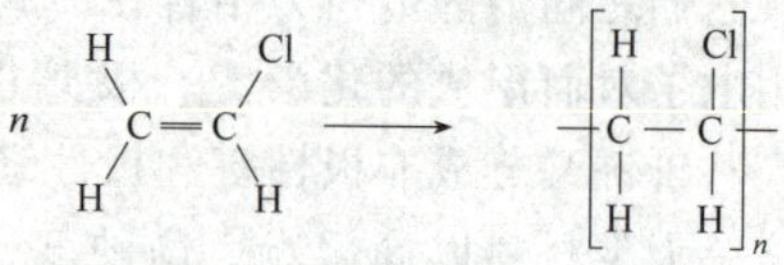

$$n\,\mathrm{H_2C{=}CHCl} \longrightarrow \mathrm{[\!-CH_2-CHCl-\!]}_n$$

图 2-4　单体聚合成高分子的过程

高分子材料具有多层次结构特征，包括分子链的近程结构和远程结构，以及分子链的凝聚态结构。

高分子链的近程结构是指其化学结构，由聚合反应决定。近程结构包括构成高分子主链的共价键的键长、键角和结构单元的化学组成，以及结构单元在高分子链中的连接方式。此外，近程结构还涵盖了高分子链的构型、支化和交联等特征，以及共聚物的序列结构，包括无规共聚物、交替共聚物、嵌段共聚物和接枝共聚物等类型的排列方式。

高分子链的远程结构指的是整个高分子链范围内的分子结构状态，主要包括高分子链的长度和内部的旋转运动。这意味着高分子链并非一根笔直的线，而是呈现出一种卷曲的状态，形成一种无规则的线团状结构。这种结构状态是由于高分子链中含有大量的单键，特别是 α-烯烃，使得每个单键都可以绕其相邻单键做不同程度的旋转，从而导致高分子链的构象不断变化，呈现出卷曲的状态。这种卷曲程度越大，构象数越多，高分子链的柔顺性就越好，这种柔顺性是高分子材料许多性能的重要影响因素之一。

高分子链的凝聚态结构是指高分子材料内部高分子链之间的几何排列，固体高分子的凝聚态可以分为结晶态和无定形态（非晶态）。在结晶态中，高分子链有序排列，形成具有规则结构的晶体；而在无定形态中，高分子链排列无序，形成无规则的非晶体。高分子的凝聚态结构直接影响着其性能表现，例如，结晶态的高分子材料通常具有较高的强度和硬度，而非晶态的高分子材料通常则具有较好的韧性和延展性。

（2）高分子材料的性能特点与应用　高分子材料具有质轻，易于加工成形，比强度高，密度轻，耐腐蚀等特点。对于人工合成的高分子材料而言，可以按照结构和性能特点分为塑料、橡胶、纤维等几大类。其中，塑料是一种广泛使用的合成高分子材料，具有轻质、耐用、易加工等特点，主要用于制造日常生活用品、包装材料、建筑材料等；橡胶是一种具有高弹性的高分子材料，具有良好的耐磨性、抗冲击性和隔声性，主要用于制造轮胎、密封件、减振器等；纤维则主要用于制造服装、家纺等纺织品。

高分子材料在高端装备制造中也扮演着至关重要的角色。在航空航天领域，高分子基材被广泛应用于飞机结构、航天器外壳等部件中，以提高轻量化、耐高温、耐腐蚀等性能，进而提升飞行性能和安全性。在汽车制造领域，高分子材料被用于制造车身、底盘等部件，以降低车辆质量、提高燃油效率和安全性能。此外，在微电子、医疗器械等领域，各类功能高分子和特种高分子材料也为高端装备的制造提供了关键支撑。

4. 复合材料及应用

（1）复合材料的基本概念及结构特征　现代高科技的发展对材料提出了更高、更苛刻的要求，尤其在航空、航天和海洋等领域的应用中。为满足这些需求，复合材料作为一种重要的材料类型应运而生。复合材料是由两种或两种以上化学或物理性质不同的材料组合而成的，通过各组分之间的协同作用，实现了综合性能的显著提升。

复合材料的构成主要包括基体和增强体。基体是复合材料的连续相，主要有聚合物、金属和陶瓷等类型，承担着将增强体粘结成一个整体的作用，起到均衡应力和传递载荷的作用。增强体则以独立的形态分布在整个基体中，主要包括各种纤维、晶须和颗粒等，其硬度、强度和弹性模量较基体更大，可以显著改善和增强复合材料的性能。此外，两者之间存在的界面相或界面层对于复合材料的性能也具有重要影响。

（2）复合材料的性能特点和应用　复合材料是由不同性能组分复合形成的新材料。相较于单一材料，复合材料具有多种特性：组分之间存在明显的界面，同时各组分保持各自的特性，并最大限度地发挥各自的优点，赋予材料独特的性能。按照材料用途可分为结构复合材料和功能复合材料。结构复合材料以其力学性能，如强度、刚度、形变等特性为工程所应用，主要用于结构承力或维持结构外形；功能复合材料则以其声、光、电、热、磁等物理特性为工程所应用，用于如绝热、透波、耐腐蚀、耐磨、减振或热变形等功能要求。

复合材料在高端装备制造中扮演着至关重要的角色，它们被广泛应用于航空航天、高端医疗装备等领域。以航空发动机为例，为满足旅客机在推重比、经济性、长航程、巡航燃油效率、噪声及排污方面的需求，民用航空发动机涵道比不断增大，导致发动机重量大幅增加，为严格控制重量，航空发动机上采用了大量的轻质、高强、耐高温的复合材料结构件，如发动机进气端压气机机匣、叶片、导向叶片、帽罩及框架组件等所采用的高分子基复合材料。

2.2 精密测量与控制技术

2.2.1 单一物理信息传感

在现代科学研究中，精密测量技术与传感器是工业生产、科研实验等众多领域中不可或缺的重要组成部分。精密测量技术是对电信号进行精确的测量、分析和处理，从而获得更精准的实验数据和结论。而传感器是一种检测装置或器件，能感受到被测量的信息，并能将感受到的信息，按一定规律变换成电信号或其他所需形式的信息输出，以满足信息的传输、处理、存储、显示、记录和控制等要求。

传感器一般由敏感元件、转换元件、转换电路组成，组成框图如图 2-5 所示。敏感元件是直接感受被测量，并输出与被测量成确定关系的某一物理量的元件。转换元件，敏感元件的输出就是它的输入，它把输入转换成电路参数。转换电路，将上述电路参数接入转换电路，便可转换成电量输出。

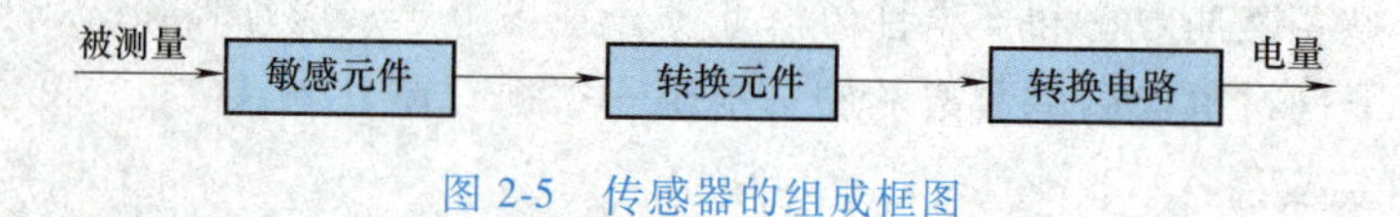

图 2-5 传感器的组成框图

实际上，有些传感器很简单，有些则较为复杂，但大多数是开环系统，也有些是带反馈的闭环系统。最简单的传感器是由一个敏感元件（兼转换元件）组成，它感受被测量时直接输出电量，如热电偶传感器。有些传感器由敏感元件和转换元件组成，没有转换电路，如压电式加速度传感器。有些传感器的转换元件不止一个，需要经过若干次转换。

传感器的种类繁多，功能各异，有不同的分类方法。按被测量分类，传感器可分为物理量传感器、化学量传感器和生物量传感器三大类。其中，力、热、光、电、磁、声等物理量都是单一物理信息传感关注的重点。

1. 力学传感

力学传感技术主要关注力的大小、方向和作用点等。力学传感器是指对力学量敏感的一类器件或装置。力学传感的核心原理是利用力学效应（如应变、压力、加速度等）引起传感器内部结构的改变，进而改变传感器的电阻、电容、电感等电学参数，从而实现对力学量的测量。这类传感器应用广泛、影响面宽，不仅可以测力，也可用于测量加速度、位移、振动、转矩、流量、负荷、密度、温度等其他物理量。

传统的测量力的方法是利用弹性元件的形变和位移来表示的，其特点是成本低、输出信号弱、存在非线性和温度误差。随着微电子技术和微机械加工技术的发展，利用半导体材料或电介质材料的压阻效应、压电效应和良好的弹性，研制出了不同种类的力传感器，主要有压阻式、电容式、压电式等。它们具有体积小、重量轻、灵敏度高等优点。同时，半导体压力传感器正向集成化、智能化和网络化方向发展。对力学量敏感的器件或装置种类繁多，如应变式传感器、电感式传感器、电容式传感器等。

应变式传感器基于材料的应变效应，将应变引起的电阻变化转换为电信号输出。电感式传感器是利用线圈自感或互感的变化实现非电量测量的一种装置，主要有自感式传感器和差动变压器两种。电容式传感器是将被测量的变化转换成电容量变化的一种装置，其实质上是一个具有可变参数的电容器。在实际应用中，力学传感器需要满足一定的精度、稳定性和可靠性要求。为提高传感器的性能，可以采取多种方法，如优化传感器结构、提高材料性能、采用先进的信号处理技术等。

总之，力学传感是实现力学量测量和控制的关键技术之一，它在各个领域都有着广泛的应用前景。随着科技的不断进步，力学传感器将不断提高性能，为工程和科学领域的发展提供有力支持。

2. 热学传感

热学传感技术主要用于温度、热量等物理量的测量。主要用于测量和监测与温度、热流量、热量等相关的物理量。这类传感器广泛应用于工业、医疗、环保等领域，对于提高生产率、保障安全以及推动科技进步具有重要意义。

温度传感器是最常见的热学传感器之一，用于测量物体的温度。根据测量原理的不同，温度传感器可分为接触式和非接触式两类。热流量传感器用于测量热能的传递速率，即热流量。这类传感器在能源管理、工业生产等领域具有广泛应用。除了以上两种传感器，还有热量传感器、热电阻传感器、热导率传感器等多种热学传感器。这些传感器各具特点，可根据具体应用场景选择合适的传感器类型。

在精密测量系统中，热学传感器通常与其他传感器和仪表配合使用，以实现对温度、热流量等物理量的精确测量和监测。通过数据采集、处理和分析，可以获得被测物体的温度分布、热传递特性等重要信息，为工业生产、环境监测、医疗诊断等领域提供有力支持。

总之，热学传感是精密测量系统中不可或缺的一部分，对于提高生产率、保障安全以及推动科技进步具有重要意义。随着科技的不断发展，热学传感器将在更多领域发挥重要作用。

3. 光学传感

光学传感技术主要关注光的强度、颜色、偏振等特性。光学传感器是将被测量的变化通过光信号变化转换为电信号的一类元器件，是在各种光电检测系统中实现光电转换的关键器件。光学传感器检测光参量，也可用来检测其他被测量。光学传感器具有高灵敏度、高精度、非接触性、体积小、质量轻、造价低等优点，广泛应用在工业自动化、环境监测、光通信、医疗诊断等领域。

光学传感器主要可以分为几大类：光电传感器、光栅传感器、光纤传感器和图像传感器等。光电传感器的物理基础是光电效应，即光照射在某一物体上，物体吸收了光子能量后转换为该物体中某些电子的能量。光电效应包含外光电效应和内光电效应。光栅传感器是利用计量光栅的莫尔条纹现象来进行测量，广泛应用于长度（位移）和角度（角位移）的精密测量，也可测量可转换成长度或角度的其他物理量，例如转速、重量、力、转矩、振动、速度和加速度等。光纤传感器则是利用光纤作为传感元件，通过测量光纤中光的强度、波长、频率、相位、偏振等参数来感知外界物理量的变化。图像传感器是利用光电器件的光电转换功能，用来摄取平面光学图像并将其转换为电子图像信号的器件。

在精密测量系统中，光学传感器通常与其他传感器和仪表配合使用，以实现对各种物理量的精确测量和监测。例如，在工业自动化中，光学传感器可以用于检测物体的位置、速度、形状等参数，从而实现自动化控制和精确操作。在环境监测中，光学传感器可以用于测量大气中的污染物浓度、水质中的有害物质含量等，为环境保护提供有力支持。在医疗诊断中，光学传感器则可以用于检测生物组织的光学特性，如血氧饱和度等，为疾病的早期发现和治疗提供重要依据。

总之，光学传感技术在精密测量系统中发挥着重要作用，为工业自动化、环境监测、医疗诊断等领域提供了高效、准确的测量手段。随着科技的不断发展，光学传感器将在更多领域展现出其独特的优势和潜力。

4. 电学传感

电学传感技术主要关注电流、电压、电阻、电容等电学量的测量，是一种利用电学原理来检测、测量和监测各种物理量的技术。电学传感器具有高灵敏度、快速响应、易于集成等优点，因此在工业控制、汽车电子、环境监测、医疗诊断等领域有着广泛应用。电学传感器主要有电流传感器、电压传感器、电场强度传感器等。

电流传感器是用于测量电流的装置，它能够将电流转化为可测量的信号，其工作原理基于安培定律和电磁感应定律。电压传感器是一种将非电物理量（如压力、温度、位移等）转换成电信号的装置，其输出信号为电压，主要有电阻式电压传感器、电感式电压传感器、电容式电压传感器等。电场强度传感器是一种用于测量电场强度的仪器，它可以将电场信号转换为可测信号输出，广泛应用于电气工程、物理实验、科研领域等。电场强度传感器利用电场感应的原理，通过测量电场中单位正电荷所受的力来确定电场强度的大小。

电学传感器在多个领域都发挥着关键作用。在工业自动化领域，电学传感器用于监测生产线的运行状态、控制机械臂的精确移动等。在汽车电子领域，电学传感器用于监测车辆的各种参数，如车速、发动机温度、燃油压力等，以确保汽车的安全和性能。在环境监测领域，电学传感器用于测量温度、湿度、空气质量等参数，为环境保护提供数据支持。在医疗诊断领域，电学传感器则用于监测患者的生理参数，如心电图、血压、体温等，为医疗诊断提供依据。

总之，电学传感技术以其独特的优势在多个领域得到广泛应用。随着科技的不断发展，电学传感器将在未来发挥更大的作用，为人们的生活和工作带来更多便利。

5. 磁学传感

磁学传感技术主要关注磁场的大小和方向等。磁学传感器是对磁场参量敏感的元器件或装置，具有把磁学物理量转换为电信号的功能。磁场参量主要包括磁场强度、磁感应强度、磁通、磁矩、磁化强度、磁导率等。常见的磁学传感器包括霍尔传感器、磁阻传感器、感应式磁传感器、磁通门式磁传感器、超导量子干涉仪（SQUID）等。

霍尔传感器是利用霍尔效应来测量磁场强度的传感器。霍尔传感器具有体积小、结构简单、可靠性高、频率范围宽、霍尔元件截流子惯性小，装置动态特性好等优点。磁阻传感器是一种电阻随磁场变化而变化的磁敏元件，也称 MR 元件，这是根据磁性材料的磁阻效应制成的。感应式磁传感器基于法拉第电磁感应原理研制而成，制造工艺简单，使用方便，性能稳定，可以用来测量交变或脉冲磁场。磁通门式传感器是利用某些高磁导率的软磁性材料（如坡莫合金）做磁心，以其在交流磁场作用下的磁饱和特性研制成的测磁装置。超导量子干涉仪（SQUID）是一种新型的灵敏度极高的磁传感器，它是以约瑟夫逊效应为理论基础，用超导材料制成的在超导状态下检测外磁场变化的一种新型测磁装置。

磁学传感器在多个领域都有重要的应用。在航空航天领域，磁学传感器用于导航、姿态控制和地球磁场测量。在工业自动化领域，磁学传感器用于检测物体的位置、速度和旋转角度等参数。在生物医学领域，磁学传感器用于磁共振成像（MRI）等医学诊断技术中。此外，磁学传感器还广泛应用于地质勘探、材料科学研究等领域。

总之，磁学传感技术以其独特的优势在多个领域得到广泛应用。随着科技的不断发展，磁学传感器将在未来发挥更大的作用，为人们的生活和工作带来更多便利。

6. 声学传感

声学传感技术主要关注声音的频率、振幅等特性，是一种利用声学原理来检测、测量和监测各种物理量的技术。声学传感器主要基于声波的产生、传播和接收原理来实现其功能。声学传感技术广泛应用于语音识别、声呐探测、环境监测等领域。常见的声学传感器包括超声波传感器、声敏传感器、声表面波传感器、次声波传感器等。

超声波传感器利用超声波的传播特性来进行测量和检测，按其工作原理可分为压电式、磁致伸缩式、电磁式等，而以压电式最为常用。声敏传感器是一种将在气体、液体或固体中传播的机械振动转换成电信号的器件或装置，它用接触或非接触的方法检测信号，按测量原理可分为电阻变换、光电变换、电磁感应、静电效应和磁致伸缩等。声表面波传感器则是利用声表面波在材料表面的传播特性来进行测量的。次声波传感器则用于检测次声波，即频率低于 20Hz 的声波。

声学传感器在多个领域都有重要的应用。在通信领域，送话器和扬声器是实现声音通信的关键元件。在医疗领域，声学传感器用于超声波检查、语音识别等医疗诊断和治疗技术中。在工业自动化领域，声学传感器用于监测设备的运行状态、检测产品质量等。此外，声学传感器还广泛应用于环境监测、地质勘探、军事侦察等领域。

总之，声学传感技术以其独特的优势在多个领域得到广泛应用。随着科技的不断进步，声学传感器将在未来发挥更大的作用，为人们的生活和工作带来更多便利和创新。

综上所述，单一物理信息传感技术在力、热、光、电、磁、声等领域都有广泛的应用。随着科技的进步，这些传感技术将不断得到优化和改进，为人们的生活和工作带来更多的便利和可能性。

2.2.2 精密测量系统

在精密测量系统中，空间信息、运动信息以及分布式信息的感知是至关重要的。这些感知内容不仅有助于提升测量精度，还能为系统提供更全面、更准确的数据支持。

1. 空间信息感知

空间信息感知技术是指利用各种空间传感器和探测手段，对空间环境中的物理量进行高精度、高灵敏度的监测和测量，以获取空间物体的位置、姿态、运动轨迹等空间环境信息，从而为空间控制和应用提供基础数据和支撑。这些信息对于许多领域如航空航天、导航定位、智能制造等都具有重要的意义。

现代空间信息感知技术主要包括：卫星遥感技术、空间声呐技术、光学成像技术、毫米波雷达技术和激光测距技术等。

1）卫星遥感技术的起源可以追溯到 20 世纪 60 年代。最初的遥感卫星是美国的 Landsat

卫星，主要用于地表遥感。2008 年，我国首颗自主研发的环境遥感卫星“环境一号”成功发射。目前，全球已经有多达几十颗的遥感卫星在运行，其覆盖的领域也涉及许多方面。卫星遥感技术具有广覆盖、高空间分辨率和高时间分辨率等优点，常被应用于气象、海洋、环境、地质勘探等领域。卫星遥感技术的未来发展主要在分辨率和时间性的提高、多源数据融合、智能化应用、实时服务等方面。

2）空间声呐技术可以在空间环境的一定深度内发现和监测目标物体，并能够确定目标物体的位置和运动状态，广泛应用于军事和民用领域。声呐技术至今已有 100 年历史，它是 1906 年由英国海军的刘易斯·尼克森所发明。他发明的第一部声呐仪是一种被动式的聆听装置，主要用来侦测冰山。

3）光学成像技术是一种利用光线传递的信息来对被测物体进行分析、检测、识别等操作的技术。可以用来获取物体的外观和空间形态信息，具有高精、高分辨率、便携、高速、无破坏性等优点，已经被广泛应用于医学、石油勘探、航空航天、安全监测等领域。

4）毫米波雷达利用毫米波作为其工作频段，运用射频雷达技术进行探测和测量。相比于传统的雷达技术，毫米波雷达具有更高的频率和更短的波长，因此具备更高的分辨率和精度。它可以探测到微小目标，并提供更详细的目标信息。此外，毫米波雷达受天气和大气条件的影响较小，适用于各种环境和气候条件下的应用，在安全监测、智能交通、无人驾驶和航空航天等领域有着广泛的应用前景。

5）激光测距技术是一种利用激光在空气或其他介质中传播的基本原理，通过测量激光在空气或其他介质中的传播时间或绕射变化量，进而推算出物体与激光源之间的距离的技术。激光测距技术在工业、制造、交通等领域中都有着广泛的应用，未来将更多地应用于移动服务、车联网等创新领域，以及驾驶员辅助、车辆行车安全检测、文物保存及数字化建档等方面，将逐步走向便捷化、智能化、无源化的发展方向。

此外，空间信息感知还需要结合其他技术，如全球定位系统（GPS）、地理信息系统（GIS）等，以实现更全面的空间信息获取和处理。在精密测量系统中，空间信息感知的应用非常广泛。例如，在航空航天领域，空间信息感知技术用于卫星导航、飞行控制、着陆导航等任务。在智能制造领域，空间信息感知技术可以用于机器人定位、工件识别、生产线监控等任务。此外，空间信息感知还在地形测绘、无人驾驶、增强现实等领域发挥着重要作用。

总之，空间信息感知是精密测量系统中的关键技术之一，它通过多种传感器和技术的综合应用，实现了对空间环境的高精度、高灵敏度测量和感知。随着科技的不断发展，空间信息感知技术将在未来发挥更大的作用，为人们的生活和工作带来更多便利和创新。

2. 运动信息感知

运动信息感知主要包括对物体速度、加速度、位移、姿态和轨迹等关键参数的测量和分析，为精确控制、导航、定位以及预测和决策提供基础数据。运动信息感知在实现动态测量、预测物体运动趋势等方面具有重要意义。

在精密测量系统中，运动信息感知是至关重要的一环，它涉及对物体运动状态的高精度、高灵敏度捕捉和解析。为实现精准的运动信息感知，精密测量系统通常依赖多种传感器和技术的融合应用。这些传感器包括加速度计、陀螺仪、位移传感器、光电编码器等。这些设备能够捕捉物体在运动过程中的图像和数据，进而通过算法处理得到物体的运动轨迹、速度和加速度等信息。

1）加速度计是一种用于测量物体加速度的传感器，它可以感知物体在静态或动态下受到的力，从而得到物体的加速度信息。常用的加速度计有：重锤式加速度计、液浮摆式加速度计、挠性加速度计和微机械加速度计。加速度计广泛应用于各种需要测量物体运动状态的场合，如汽车安全系统、航空航天、地震监测等。在各类飞行器的飞行试验中，加速度计是研究飞行器颤振和疲劳寿命的重要工具。

2）陀螺仪则是一种用于测量和维持方向的设备，它利用陀螺效应来确定方向和角度。陀螺仪可以分为机械陀螺仪和光学陀螺仪两种类型。在航空航天领域，陀螺仪被广泛应用于飞行器的导航系统中，它可以测量飞行器的姿态和角速度，帮助飞行器维持稳定飞行。在导弹制导系统中，陀螺仪可以帮助导弹保持稳定飞行并精确命中目标。在船舶和汽车中，陀螺仪可以用于导航和姿态控制，以提高船舶和车辆的稳定性和安全性。在工业和科学研究领域，陀螺仪也被广泛应用于测量和控制系统中，帮助实现精确的测量和控制。

3）位移传感器用于测量物体在某一方向上的位移量，通过实时监测物体的位置变化，可以推算出物体的运动轨迹和速度。按被测变量变换的形式不同，位移传感器可分为模拟式和数字式两种。位移传感器广泛应用于机器人、机床、测量仪器等领域，以确保设备的精确定位和稳定运行。

4）光电编码器是一种通过光电转换将输出轴上的机械几何位移量转换成脉冲或数字量的传感器。它具有高精度、高稳定性、快速响应等特点，常用于电动机控制、机器人定位、精密测量等领域。

在精密测量系统中，这些传感器通常不是孤立工作的，而是需要进行信息融合和数据处理，以获得更准确的运动信息。例如，通过融合加速度计和陀螺仪的数据，可以得到物体的完整运动状态，包括位置、速度和姿态等信息。同时，还需要借助高性能的数据处理算法和计算机视觉技术，对感知到的运动信息进行实时分析和处理，以实现对物体运动状态的精确感知和预测。

总之，运动信息感知是精密测量系统中的核心任务之一，它通过多种传感器和技术的综合应用，实现对物体运动状态的高精度、高灵敏度测量和感知。随着技术的不断进步和应用领域的拓展，运动信息感知将在未来发挥更加重要的作用，为人们的生活和工作带来更多便利和创新。

3. 分布式信息感知

分布式信息感知通常将传感器节点以随机播撒或某种特定拓扑构型策略部署在任务环境中，每个节点能够收集任务环境中的信息，自主对收集到的信息进行处理，并与其他传感器节点进行信息交互与协同决策。根据分布式信息感知系统中的各个传感器节点的传感器类型与节点性能是否相同，可以将分布式信息感知分为同构分布式感知与异构分布式感知。

分布式感知系统由若干部署灵活、传感功能多样的传感器节点构成，适用于多种无法人为参与或高危险性的任务中，如灾害监测、战场实时监测等。同时，由于传感器节点部署成本低、体积小，在民用领域也得到了广泛使用，如智能家居、医疗监测等。

在精密测量系统中，分布式信息感知有助于实现全局性的测量和分析。通过各个传感器之间的协同工作，系统可以获取更大范围内的信息，提高测量的全面性和准确性。同时，分布式信息感知还有助于实现系统的可靠性和稳定性，提高系统对复杂环境的适应能力。

分布式信息感知的核心在于传感器网络的构建和数据的协同处理。传感器网络由多个传感器节点组成，这些节点分布在整个测量区域或对象上，每个节点负责感知和采集特定位置的信息。传感器节点之间通过无线通信技术进行数据传输和协同工作，形成一个分布式的感知网络。

在分布式信息感知中，传感器节点的选择、部署和配置至关重要。需要根据测量需求和环境特点，选择合适的传感器类型和数量，并确定它们的最佳位置和布置方式。同时，还需要考虑传感器节点的通信协议、数据传输速率和能量消耗等因素，以确保传感器网络的稳定、可靠和高效运行。

除了传感器网络的建设，分布式信息感知还需要借助先进的数据处理和分析技术，对来自不同传感器的数据进行融合、校准。通过数据融合，可以将来自不同传感器的信息进行整合和优化，提高测量结果的准确性和可靠性。同时，还可以利用数据分析和挖掘技术，从海量数据中提取有用的信息，为决策和预测提供支持。

分布式信息感知在多个领域具有广泛的应用价值。例如，在工业自动化领域，可以利用分布式信息感知技术监测生产线的运行状态和产品质量；在智能交通系统领域，可以通过分布式传感器网络感知交通流量、路况和车辆行驶状态，以实现智能交通管理和优化；在环境监测领域，可以利用分布式信息感知技术监测大气、水质和土壤等环境参数的变化，为环境保护和可持续发展提供支持。

总之，分布式信息感知是精密测量系统中一种重要的技术，它通过构建传感器网络和数据协同处理，实现对整个测量区域或对象的全面、细致和实时的感知。随着传感器技术和数据处理技术的不断发展，分布式信息感知将在未来发挥更加重要的作用，为人们的生活和工作带来更多便利和创新。

综上所述，在精密测量系统中，空间信息、运动信息和分布式信息的感知是不可或缺的部分。通过对这些信息的获取和分析，系统可以实现更高精度的测量和更全面的数据分析，为各领域的科学研究和技术应用提供有力支持。

2.2.3 控制技术

1. 驱动系统及其物理特性

无论是简单的还是复杂的自动控制系统，都包括信息采集、信息处理和信息执行三个部分。传感器担当信息采集功能，控制器担当信息处理功能。而信息执行功能由驱动系统来承担，在自动控制系统中是三大支柱之一。

驱动系统通常又称为驱动器、执行器，是驱动、传动、拖动、操纵等装置、机构或元器件的总称。驱动系统是指能够使某个系统或某个物体发生运动或产生动力的系统，其作用就是接收控制器输出的控制信号，改变操纵变量，使生产过程按预设要求正常运行。

驱动系统由执行机构和调节机构组成。执行机构是指根据控制信号产生推力或者位移的装置，是驱动系统的推动部分；调节机构是根据执行机构输出的信号去改变能量或物料输送量的装置，是驱动系统的调节部分。驱动系统利用某种驱动能源，并在某种控制信号作用下实现精确控制，按其能源形式可分为电动执行器、液动执行器和气动执行器。

气动执行器是以压缩空气为能源的执行器，包含气动执行机构和调节机构（调节阀），它们通常是一个整体。气动执行机构根据控制器或者阀门定位器输出气压信号的大小，产生相应的输出力和推杆直线位移，推动调节机构的阀芯动作，主要有薄膜式和活塞式两类。其中，气动薄膜式执行机构使用弹性膜片将输入气压转变为推力，由于结构简单、价格低廉、运行可靠、维护方便而得到广泛使用；气动活塞式执行机构由气缸内的活塞输出推力，由于气缸允许的压力较高，所以该类执行机构的输出推力大、行程长，特别适用于高静压、高压差、大口径的场合，以及控制质量要求较高的系统。

电动执行器是以电为动力的执行器，其执行机构和调节机构是分开的。其工作原理是将输入信号和位置反馈信号比较后得到偏差信号，进行功率放大后，驱动伺服电动机转动，再经减速器减速，带动输出轴改变阀行程。电动执行机构用控制电动机作为动力装置，有多种类型，其输出形式有：

1）角行程。转换为相应的角位移。

2）直行程。转换为直线位移输出。

3）多转式。转角输出，功率比较大。

液动执行器是以液体为动力的执行器。其优点为：①由于液体具有不可压缩性，故液动执行器具有较强的抗偏离能力；②运动平稳、响应快，能实现高精度控制。缺点是体积庞大、笨重，管路结构复杂，适用于大型工程的特殊场合。

2. 系统建模

要控制一个系统，必须了解系统的特性，系统特性的数学描述就称为系统的数学模型。建立系统数学模型的目的是用于控制系统的分析和设计，以及用于控制策略的开发和研究。系统的数学模型是指用数学符号和表达式，对生产工艺流程、能量传递关系等进行定量描述，是系统输入输出变量以及内部各变量之间关系的数学表达式。

数学模型分为静态数学模型和动态数学模型。静态数学模型描述过程稳态时输入与输出的关系式。在控制系统的分析中，人们更关心系统动态条件下的行为，而研究系统的动态行为，需要描述输出变量与输入变量之间随时间变化的规律，这种数学关系称为动态数学模型。

控制系统的动态数学模型有多种形式。时域中的数学模型主要有微分方程、差分方程、状态空间方程。微分方程描述连续时间系统，差分方程描述离散时间系统，状态空间方程用于描述更为复杂的多输入多输出系统。复域中的数学模型有传递函数、动态结构图、信号流图。频域中的数学模型有频率特性。描述同一系统的不同数学模型之间是等价的，在一定条件下相互之间可以转换。对于不同形式的数学模型有不同的系统分析和设计方法。

建立控制系统数学模型的方法有三种：机理建模方法、测试建模方法和混合建模方法。

（1）机理建模方法（也称为分析法或解析法） 首先对系统各组成部分的机理进行分析，根据它们所依据的物理、化学等规律，列写相应的物质平衡方程、能量平衡方程、动量平衡方程、相平衡方程，以及流体流动、传热、化学反应等基本规律运动方程等，并经过相应的数学处理，获得输入输出的数学关系式。

用机理法建立模型，需要对系统的工作机理有深入的理解，并且可以比较准确地进行数学描述。对于那些机理比较复杂且不完全明确的系统，使用机理建模法就比较困难。

实际工程中，被控过程由于结构、工艺或物理、化学和生物反应等方面的原因，无法用数学语言加以具体描述，不能建立起相应的平衡方程或能量方程的，可以考虑用测试建模方法。

（2）测试建模方法（也称为实验法） 由于测试建模法可以不需要深入掌握系统内部机理，对于那些复杂装备的建模，使用测试建模法一般要比机理建模法简便。该方法是对系统施加某种典型激励信号，记录其输出响应，然后经过数学方法辨识模型的结构和参数，从而获得数学模型。通常用的激励信号有阶跃、脉冲、频率和伪随机信号等。相应的过程辨识与参数估计的方法有阶跃响应法、脉冲响应法、相关函数法、频率特性响应法、最小二乘法、递推最小二乘法等。

（3）混合建模方法 在很多情况下，机理建模法和测试建模法需要结合起来使用，这就是混合建模法。混合建模法建模有两种做法：一是先通过机理分析，确定模型的结构形式，然后通过实验数据确定模型中各相关参数的数值；二是对过程中比较熟悉的部分用机理法建立模型，对于过程中不熟悉的部分采用测试法建立模型，然后将两者合起来，构成整个数据模型。

不管运用哪种方法建立控制系统的数学模型，都要求模型必须尽可能符合实际物理系统的特性，并且准确可靠；在满足精度要求的情况下，建立的数学模型应尽可能简单，便于系统的分析与设计。实际过程系统的动态特性往往比较复杂，在建立其数学模型时，不得不突出主要因素，忽略次要因素，才能建立满足控制要求且不过于复杂的数学模型。

3. 开环控制与闭环控制

控制系统基本的控制方式有开环控制和闭环控制两种。

（1）开环控制 开环控制方式是指控制装置与被控对象之间只有顺向作用而没有反向联系的控制过程，按这种方式组成的系统称为开环控制系统。开环控制系统没有测量元件对输出量进行测量并反馈到输入端，系统的输出量对系统的控制作用没有影响。因为开环控制系统的结构简单、调整方便、成本较低，所以在控制精度要求不高或运行环境条件较好的情况下，有一定实用价值。然而，当系统元部件参数变化或外部扰动等因素引起输出量出现偏差时，系统不能自动调整，控制精度完全取决于系统中采用的元部件的特性和质量。为了改善开环控制系统性能，可采用基于补偿的控制方法。

其一是基于扰动补偿的开环控制。通过选择合适的补偿元件，减小或消除扰动信号对系统输出量的影响。不过，这种补偿控制只适合扰动信号可测量的场合。

其二是基于输入补偿的开环控制。通过选择合适的补偿元件结构和参数，可使系统输出接近输入。

（2）闭环控制 系统中有测量元件测量输出量，并将其反馈到系统输入端与输入量相减，形成误差信号，用以控制输出量，使其达到希望值，这样的系统称为闭环控制系统或负反馈控制系统。显然，这种系统的输出量对系统的控制作用有影响。

闭环控制系统有诸多的优点：负反馈可以减小前向通道元件参数变化对系统性能的影响。这样，对前向通道的元部件质量、特性的要求可以低一点；负反馈可以减小扰动信号对系统性能的影响。同时，对系统运行所处的环境条件要求也可以低一些；负反馈可以改善系统动态和稳态性能。

但是，闭环控制系统也有缺点：一是系统可能出现振荡或不稳定问题。不过，只要精心设计和调整，可以消除系统不稳定现象，并可得到优良的性能；另一个缺点是采用反馈需要测量元件、变换元件和比较元件，使得系统结构的复杂程度增加了。然而在绝大多数情况下，闭环控制系统的优点是主要的，因此，实际工程中闭环控制系统得到了广泛应用。

4. 控制器与观测器

（1）控制器　反馈控制器在抗扰动和抗参数变动等方面比无反馈控制具有明显的优势。经典控制理论的闭环控制系统，用微分方程或传递函数描述系统的输入、输出关系，利用系统的输出进行反馈，构成输出负反馈系统，得到较满意的系统性能。然而，微分方程或传递函数对系统内部的中间变量不便描述，不能包含系统的所有信息，无法完全揭示系统的全部运动状态。

现代控制理论的闭环控制系统，采用状态空间方程来描述系统，反映系统的全部内部变量的变化，确定系统的全部内部运动状态。为了达到期望的控制要求，也采用反馈控制方法来构成反馈系统。根据反馈信息不同分为状态反馈控制器和输出反馈控制器。输出反馈控制器是采用输出矢量构成反馈控制。状态反馈控制器是将系统的每个状态变量乘以相应的反馈系数，然后反馈到输入端，与参考输入相加形成控制。由于状态反馈控制器能提供更丰富的状态信息和更多的自由度，使系统在极点配置、解耦、跟踪控制、扰动抑制、最优控制等问题获得比输出反馈控制器更为优异的性能。

（2）观测器　实现状态反馈的前提是状态变量必须能用传感器测量得到。但是由于种种原因，状态变量并不是都可测量得到。例如，系统中的某些状态基于系统的结构特性或者状态变量本身无物理意义；有些状态变量虽然可以测量得到，但应用的传感器价格很贵；有些状态信号受到外界干扰，在测量点易混进噪声。因此，系统的状态一般不可能精确量测，有些状态变量甚至无法检测，从而使状态反馈控制器的物理实现成为不可能。状态反馈在性能上的不可取代性和物理上的不可实现性形成了一对矛盾。解决这一矛盾的途径之一就是通过重构系统的状态，并用这个重构的状态代替系统的真实状态，来实现所要求的状态反馈。这样，就存在着基于系统输出对系统状态进行估计（观测）的问题。

状态重构问题，就是重新构造一个系统，利用原系统中可直接测量的信息如输入和输出作为状态重构系统的输入信号，并使其输出信号在一定的条件下等价于原系统的状态。

针对确定性条件下系统的状态重构问题，可以通过构造状态观测器来解决。观测器按其功能可分为状态观测器和函数观测器。输出渐近等价于原系统状态的观测器，称为状态观测器。输出渐近等价于原系统状态的一个函数的观测器，称为函数观测器。一般来说，函数观测器的维数要低于状态观测器。对于状态观测器，还可按其结构分为全维观测器和降维观测器。维数等于原系统的观测器称为全维观测器，维数小于原系统的观测器称为降维观测器。显然，降维观测器在结构上要较全维观测器简单。

针对随机条件下系统的状态重构问题，即系统存在随机干扰（包括系统的输入噪声和测量噪声），通过概率统计、随机最优估计等理论，构造最小二乘估计器、线性最小方差估计器、卡尔曼滤波器等。

5. 控制性能分析

自动控制系统要完成控制任务，要求系统具有期望的性能。然而，期望的性能并不是很容易达到的，在系统输入端虽然加上输入信号，系统不可能立即从一个状态变化成另一种状态，而要经过一定时间，即有一个中间过程，这个过程称为过渡过程或瞬态过程、动态过程、暂态过程。为此，对自动控制系统的性能要求可以归纳为三点：稳、准、快。

（1）稳：稳定性、动态过程的平稳性　所谓系统稳定，是当系统受到扰动作用后，系统的被控制量虽然偏离了原来的平衡状态，但当扰动一撤离，经过一定的时间后，如果系统仍能回到原有的平衡状态，则称系统是稳定的。一个稳定的系统，当其内部参数稍有变化或初始条件改变时，仍能正常地进行工作。考虑到系统在工作过程中的环境和参数的变化，因而实际系统不仅要求能稳定，而且还要求留有一定的稳定裕量。

一个控制系统，如果被控量的实际值与期望值的偏差随时间增长逐渐减小并趋于零，那么系统就是稳定的。反之，若此偏差随时间增长而增大以致发散，则系统是不稳定的。要求系统稳定是保证系统能够正常工作的必要条件。控制系统在设计和调试过程中，有很多因素都会导致系统不稳定。对线性控制系统而言，系统的稳定性由系统的结构和参数决定，与外界因素无关。

动态过程的平稳性是指被控量围绕给定值振荡，振荡应逐渐减弱，而且振幅和频率都不能过大。

（2）快：动态过程的快速性　为了能够到达预期的控制目的，往往不仅要求系统能够稳定，而且还要求瞬态过程持续时间短，意味着系统输出跟随输入的快速性好，振荡小意味着平稳性好。因而，对自动控制系统瞬态过程的要求是响应速度快且平稳。

（3）准：指稳态过程的最终精度　稳态精度是指过渡过程结束后，被控量与希望值接近的程度。由于系统结构、外作用形式以及摩擦、间隙等非线性因素的影响，被控量的稳态值与期望值之间会有误差存在，称为稳态误差。稳态误差是评价系统稳态性能的重要指标。稳态误差越小，控制系统的准确度越高。若稳态误差为零，则系统称为无差系统；若稳态误差不为零，则称为有差系统。

应该指出，同一个系统，“稳”“快”“准”是互相制约的，三者对系统结构和参数的要求往往存在矛盾。因此在设计时，应该根据被控对象的具体情况和三个性能要求的侧重点折中处理。

2.2.4　智能传感与控制技术

1. 感知、理解、决策、控制

随着互联网、人工智能、云计算和大数据等技术的应用，自动控制系统融合了先进的传感器、控制器、执行器等装置，并融合现代通信与网络技术，实现智能信息交换、共享，具备复杂环境感知、智能决策、协同控制等功能，可实现“安全、高效、节能”控制。

根据拟人化实现思路，自动控制可以分为“感知-理解-决策-控制”四个部分。传感器发挥着类似于人体感官的感知作用，理解阶段则是依据感知信息完成处理融合的过程，形成全局信息。据此通过算法得出决策结果，传递给控制系统生成执行指令。

（1）感知　感知是物联网的核心特征之一，它指的是物联网系统通过各种传感器和感知设备，获取到环境中的各类信息和数据。这些传感器可以感知温度、湿度、光照、压力、声音等各种物理量，也可以感知人体、动物、车辆等各类对象的存在和动态。感知技术的广泛应用使得物联网系统能够实时地获得大量的感知数据。感知数据的获取为后续的数据处理和决策提供了基础。

（2）理解　理解是指物联网系统对感知到的数据进行处理和分析的能力。物联网系统通过数据处理算法和模型，对感知数据进行挖掘和分析，提取出有价值的信息和知识。这些信息和知识可以用于预测、决策和优化。理解的实现需要借助于各种数据处理算法和技术，如机器学习、数据挖掘、深度学习等。通过对感知数据的分析，物联网系统可以更好地理解和利用数据，为决策和控制提供有力支持。

(3) 决策　决策是指物联网系统对理解好的数据结合模型选择最优策略的能力。是在某些条件的约束下，从一切可能的策略中，按照某个准则选择最优策略的行为。决策由决策变量、目标函数、约束条件等因素构成，在等式或不等式约束条件下，通过对目标函数求极大或极小值来得到结果，一般可分为动态优化和静态优化。静态优化的目标函数是一个线性或非线性函数，约束条件是线性或非线性方程或不等式。动态优化的目标函数是一个线性或非线性泛函数，约束条件是线性或非线性微分方程（差分方程）或不等式。

(4) 控制　控制是指物联网系统通过远程操作实现对物理设备的控制能力。物联网系统可以通过网络远程控制各种物理设备，如家电、机器设备等。这种远程控制能力可以通过手机、平板计算机等移动终端实现，用户可以在任何时间、任何地点对物联网中的设备进行控制。控制的实现需要物联网系统具备良好的网络连接和安全机制，以确保远程控制的可靠性和安全性。远程控制的功能可以为用户提供便利和舒适，同时也带来了对网络安全和隐私保护的挑战。

2. 端到端自主控制

复杂系统的控制有分层方案和端到端自主控制方案。

分层方案将复杂系统分解为多个独立的部分，例如环境感知、路径规划、运动控制等，采用双层或多层规划控制系统，包括任务规划、行为规划、运动规划等。分层方案结构本质上非常复杂，容易出现错误，导致危险的规划和控制。

为了克服分层方案的缺点，业界正在探索端到端自主控制方案。端到端控制的典型例子是自主驾驶系统，其主要思想是直接从原始输入数据（如摄像头图像）到驾驶操作输出，通过深度学习和神经网络技术实现全自动驾驶。端到端学习的自主驾驶系统是一个完全的黑盒，不同于分层方案中可以轻易地更新系统中的部分组件，端到端学习的系统只能作为一个整体被使用，而后期不能进行部分的更改和调整。这种方法的优势在于简化了整个系统的设计和开发过程，但也面临着数据需求量大、可解释性差和系统安全性的挑战。

2.3 精密制造与装配技术

2.3.1 机床与夹具

高端数控机床代表了一个国家的技术水平和生产能力，担负着为国民经济各部门提供先进技术装备的任务，在生产中占有极其重要的位置。夹具作为高端数控机床精密制造中一种不可缺少的工艺装备，它直接影响着零件的加工精度、生产率和产品的制造成本等。精密夹具设计是一项重要技术工作，它是各机械制造企业新产品开发、老产品改进和工艺更新过程中的一项重要生产技术准备工作。

1. 机床夹具的基本组成与作用

工件在机床上的定位精度是影响其加工精度的重要因素。机床夹具是在机床加工工件时，用来装夹工件和引导刀具的一种装置。现代机床夹具的发展方向主要表现为标准化、精密化、高效化和柔性化四方面。机床夹具的标准化使得夹具的设计、制造和使用过程更加规范的同时提高了通用性，降低了生产成本。随着机械产品精度的持续提升，必然导致对夹具精度需求的相应增长。精密化夹具的结构类型很多，例如精密车削的高精度三爪自定心卡盘，其定心精度为5μm。高效化夹具是提升工件加工效率、减少工人操作强度的重要工具，其目的在于降低工件的基本和辅助加工时间，从而提升劳动生产率。机床夹具的柔性化与机床的柔性化相似，都体现在它们可以通过调整、组合等方式来应对工艺中不断变化的因素。

机床夹具的特点是结构紧凑，操作简单，可以保证较高的加工精度和生产率，但设计周期较长，制造费用较高。机床夹具一般由以下几部分组成：①定位元件，用于精确确定工件位置的零件，被加工工件的定位基面与夹具定位元件相接触或相配合实现定位；②夹紧装置用于夹紧工件，保证工件在加工过程中受到外力作用时能保证其所在位置不会偏移；③对刀或导向装置，用于确定或引导刀具相对于夹具定位元件具有正确位置关系的元件，如导向套、对刀块等；④连接元件，用于保证夹具在机床上具有正确位置并与之相连接的元件；如车床夹具安装到主轴上的过渡盘，铣床夹具安装到工作台T形槽上的定向键、紧固螺栓等；⑤夹具体，用于将夹具的各个组件和相关设备连接成一个统一的整体，保证各元件之间的相对位置，且通过它将夹具稳固地安装在机床上，它是机床夹具的基础件，具有较高的精度要求；⑥其他装置，用于满足其他特殊需求而设置的元件或装置，如分度装置、预定位装置、安全保护装置、吊装元件等。

2. 机床夹具的工作原理

精密夹具作为高端数控机床的重要零部件和高端减速器精密齿轮制造、批量生产的关键工艺装备，是航空、军工齿轮传动装置、高端装备精密减速器等产品的生产所需核心零部件。合理进行工装夹具设计，可以确保工件被夹紧，有效减少加工偏差。而伴随着加工中心、柔性制造系统等加工技术发展，机械加工精度和效率随之提升，对夹具提出了更高的要求，进一步推动了夹具的发展。机床夹具的作用是通过夹持工件以确保其在加工过程中的稳定性和精密性，它的工作原理主要包括定位与夹紧两个部分。

（1）定位原理

1）六点定位原理：工件在夹具中的正确加工位置是通过工件上的定位基面与夹具中的定位元件相接触（称为定位支承）实现的，要使工件在夹具中的位置完全确定，其充分必要条件是将工件靠置在按一定要求在空间布置的六个支承点上，使工件在空间的六个自由度全部被限制，其中每个支承点相应地限制一个自由度。

2）完全定位与不完全定位：工件在夹具中占据正确的加工位置并非六个自由度都需要限制，究竟应限制哪几个自由度，是根据具体的加工要求确定的。工件的六个自由度需要全部被限制的定位称为完全定位；限制工件的自由度数目少于六个且能满足加工要求的定位，称为不完全定位。

3）根据工件加工要求必须限制的自由度没有得到全部限制，这样的定位称为欠定位。欠定位由于不能保证加工要求，因此是不允许的。

（2）工件的夹紧　工件在定位元件上定位后，必须采用一定的装置将工件压紧夹牢，使其在加工过程中不会因受外力作用而发生振动或位移，从而保证加工质量和生产安全，这种装置称为夹紧装置。

1）力源装置是产生夹紧原始作用力的装置，对机动夹紧机构来说，其是指气动、液压、电力等动力装置。对于力源来自人力的，称为手动夹紧，它没有力源装置。

2）中间传力机构是介于力源和夹紧元件之间传递力的机构，应具有改变作用力的方向，增加作用力的作用；并具备夹紧自锁功能，保证力源提供的原始力消失后，仍能可靠地夹紧工件，这对手动夹紧尤为重要。

3. 夹具设计的要求、方法和设计步骤

（1）夹具设计的要求　机床夹具作为机床的辅助装置，其设计质量的好坏和设计精密程度对零件的加工质量、效率、成本以及工人的劳动强度均有直接的影响，因此，在进行机床夹具设计时，必须使加工质量、生产、劳动条件和经济性等几方面达到统一。具体的设计要求如下：①保证工件加工的各项技术要求；②具有较高的生产率和较低的制造成本；③尽量选用标准化零部件；④夹具操作方便、安全、省力；⑤夹具应具有良好的结构工艺性。

（2）夹具设计的方法和步骤　为能设计出高精密、高质量的夹具，在夹具设计时必须深入生产实际进行调查研究，吸收国内外有关的先进经验，在此基础上拟出初步设计方案，经过充分论证，然后定出合理的方案进行具体设计。夹具设计的基本步骤如下：①研究原始资料，明确设计任务；②确定夹具的结构方案，绘制结构草图；③绘制夹具装配图；④确定并标注有关尺寸和夹具技术要求；⑤绘制夹具零件图；在夹具设计图样全部绘制完毕后，设计人员还应关心夹具的制造和装配过程，参与鉴定工作，并了解使用过程，以便发现问题及时改进，使之达到正确设计的要求，只有夹具经过使用验证合格后，才能算完成设计任务。

2.3.2　机械加工工艺过程及其控制

高端数控机床精密制造中由于刀具和工件间存在相互作用而实现切削加工，找出切削过程中的规律，选择适宜的刀具材料和切削参数，可以在保证产品质量的情况下，不断提高生产率和降低生产成本。

1. 切削原理

金属切削过程是指刀具从工件表面切除多余材料形成切屑的过程。切削过程中刀具与工件之间的相互作用会产生的许多物理现象，都以切屑形成过程为基础。金属切削加工的发展史可以追溯到公元前3世纪左右。随着当代科学技术迅速发展，目前的金属切削加工技术已经得到了快速发展，例如：有限元分析、分子动力学、高速摄像、红外线检测、超精密加工和超声振动椭圆车削等。此外，由于航空航天领域广泛使用难加工材料，许多辅助加工方式应运而生，如：激光、电、磁、化学能辅助加工、高压流体辅助加工等。

金属切削运动可分为主运动和进给运动，其向量和称为合成切削运动。主运动使刀具的切削部分加工工件材料，使被切削金属层转变为切屑，从而形成新的加工表面。进给运动使切削层不断投入切削运动。金属切削加工中，以车削加工最为典型。在新表面的形成过程中，工件上有三个不断变化的表面：待加工表面、过渡表面（加工表面）和已加工表面。切削模型及切屑侧面形貌如图2-6所示。

刀具切入工件切削层，使被加工材料发生弹性、塑性变形并成为切屑所需的力，称为切削力，作用在刀具上的切削力有两个来源：①克服切削层材料和工件表面层材料的弹性变形、塑性变形的抗力；②克服切屑对前刀面的摩擦力和刀具后刀面与已加工表面之间的摩擦力。以外圆车削为例，上述各作用力在刀具上的合力 F 在刀具的正交平面内，为便于测量和应用，合力 F 可分解为与切削速度方向一致的 F_e（主切削力）、与进给方向垂直的 F_p

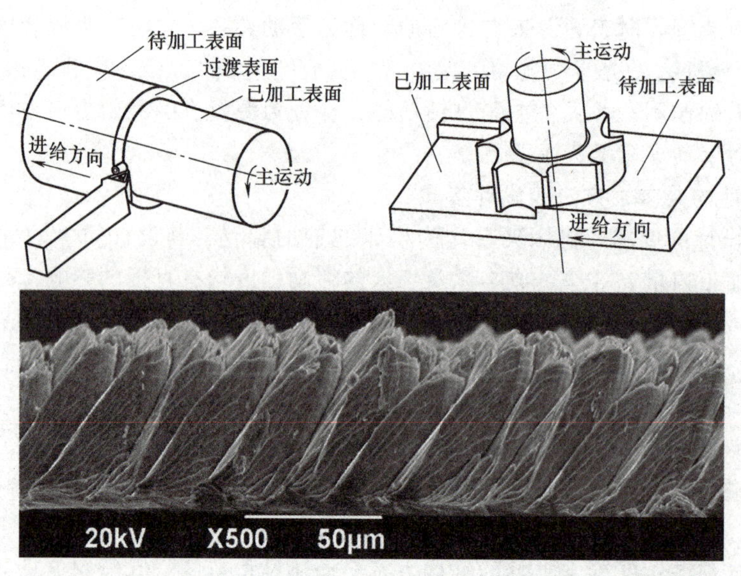

图 2-6 切削模型及切屑侧面形貌图（非晶合金车削）

（背向力）和与进给方向平行的 F_f（进给抗力）三个分力。切削力的影响因素有很多，其中包括但不仅限于刀具几何参数、刀具磨损情况、切削用量参数、材料性能、切削液的使用等。

切削过程中切削热的来源主要有两个。首先是在刀具的作用下，被切削的金属发生弹性和塑性变形耗功。其次是切屑与前刀面、工件与后刀面之间的摩擦也要耗功。切削热会影响高精度零部件的尺寸精度，采用超声振动辅助切削的加工方法，不但能提高加工表面质量，而且能降低切削热所带来的影响。

切削液浇注在切削区域后，通过热传导、渗透和吸附等作用，改变刀尖工况，起到冷却、润滑、洗涤和防锈等作用。在车削中合理使用冷却介质不但可以显著提高加工表面质量，同时可以延长刀具使用寿命。切削液配合超声振动辅助切削能显著提高加工表面质量并减缓刀具磨损，这将更有利于航空发动机中精密零部件的加工制造。浇注切削液能冲走在切削过程中留下的细屑或磨粒，从而能起到清洗、防止刮伤加工表面和机床导轨面的作用。

2. 刀具材料

刀具材料必须具有高于工件材料的硬度，常温硬度须在 62HRC 以上，并要求保持较高的高温硬度。耐磨性表示抵抗磨损的能力，它是刀具材料力学性能、组织结构和化学性能的综合反映。而抗冷焊磨损、抗扩散磨损和抗氧化磨损的能力还与刀具材料的化学稳定性有关。一般情况下，刀具材料硬度越高，耐磨性越好。但是对于硬度相同的刀具，其耐磨性还取决于它们的显微组织。

在切削加工中常用的刀具材料有：碳素工具钢、合金工具钢、高速钢、硬质合金、陶瓷、金刚石、立方氮化硼等。①硬质合金是由高硬度、高熔点的金属碳化物（WC、TiC 等）粉末和熔点较低的金属（Co 或 Ni 等）粉末作黏结剂经粉末冶金方法制成的。由于硬质合金成分中高硬度、高熔点的金属碳化物含量高，故其硬度、耐热性和耐磨性都高于高速钢。其常温硬度为 89~94HRA，耐热温度可达 800~1000℃。由于其切削性能优良，目前已成为主要刀具材料之一。②陶瓷刀具有很高的硬度和耐磨性，很高的热硬性。常温硬度为 91~

94HRA。在高温下不易氧化，与普通钢材不易发生黏结和扩散作用，可用于加工钢、铸铁，对冷硬铸铁、淬硬钢、大件高精度零件加工特别有效，不仅可用于车削，还可用于铣削。③金刚石是人类已知的最硬材料，其显微硬度达到10000HV，且热导率大，导热性好；线胀系数小；耐磨性极高。但它比陶瓷脆，热稳定性较低，切削温度在700～800℃时，其表面就会碳化。金刚石车、镗刀主要用于有色金属，如铝合金、铜合金加工；还可用于其他硬材料，如陶瓷、硬质合金、耐磨塑料等的加工。④立方氮化硼（CBN）的显微硬度为7300～9000HV，仅次于金刚石。其热稳定性比金刚石高很多，其耐热性可达1400～1500℃。CBN刀具可用于淬硬钢、冷硬铸铁、高温合金的半精加工和精加工。⑤涂层刀具是在韧性较好刀体上，涂覆一层或多层耐磨性好的难熔化合物，它将刀具基体与硬质涂层相结合，从而使刀具性能大大提高。涂层刀具可以提高加工效率与加工精度、延长刀具使用寿命、降低加工成本。

3. 切削参数

(1) 切削三要素　切削三要素（切削用量）是衡量切削运动大小的参数，包括背吃刀量 a_p、进给量 f、切削速度 v。

其中背吃刀量是刀具切削刃与工件的接触长度在同时垂直于主运动和进给运动的方向上的投影值。

$$a_p = \frac{d_w - d_m}{2} \tag{2-1}$$

式中，d_w 为工件待加工表面的直径（mm）；d_m 为工件已加工表面的直径（mm）。

工件每转一转时，车刀在进给运动方向上移动的距离叫进给量，用 f 表示，单位是mm/r。而切削速度是切削刃相对于工件的主运动速度。主运动为旋转运动时，切削速度由下式确定：

$$v = \pi d \frac{n}{1000} \tag{2-2}$$

式中，d 为工件（或刀具）的最大直径（mm）；n 为工件的转速（r/min）。

(2) 切削参数对加工效率和加工质量的影响　切削效率可以用金属切除率来表示，金属切除率是指刀具在单位时间内从工件上切除的金属的体积，金属切除率 Z_w 可由切削面积 A_D 和平均切削速度 v_{av} 求出，即：

$$Z_w = 1000 A_D v_{av} \tag{2-3}$$

切削参数的提高可以提高加工效率，但切削参数过高时会使表面质量变差。因此，在实际加工中，需要通过调整这些参数来找到提高加工效率和确保加工质量之间的平衡。

(3) 切削参数的选择　实际加工过程通常被分为粗加工阶段和精加工阶段，两个阶段分别优先考虑加工效率和加工质量，可以根据加工阶段适当调整切削参数。研究发现，在加工如金属基复合材料或高熵合金等难加工材料时，表面粗糙度值随进给量的增大而增大，随背吃刀量的增大变化不大，因此可以通过选择低进给量和高速度。背吃刀量对表面粗糙度影响不大，所以可以适当增加背吃刀量来提高效率。

在加工光刻机的精密齿轮、航空发动机的涡轮叶片以及磁共振成像装备中的金属框架等前沿产品部件时，为了获得镜面般的表面，可采用较高的切削速度、较低的进给量和极小的背吃刀量。

2.3.3 其他制造工艺技术

高端装备制造技术是一个国家整体水平和实力的重要体现，其在传统加工制造技术的基础上，吸收了前沿的各种技术装备和加工手段以及其他学科的最新技术而迅猛发展，在各种工程领域解决了很多技术难题，有力地支撑了制造业的发展，拓宽了高端装备制造的内涵和应用，使生产力获得了量的提升和质的飞跃。

1. 3D 打印技术

3D 打印技术是借助计算机软件对零件进行三维数字设计和分层离散，再通过数控成型系统，利用激光束、电子束等方法将金属粉末、陶瓷粉末、聚合物等材料进行逐层堆积粘结，最终叠加成型得到实体产品，也称为“增材制造”或“快速成型技术”。

3D 打印技术的发展可以追溯到 20 世纪 80 年代之前，分层制造法构造地形图、激光切割薄片等方法奠定了 3D 打印的思想起源；20 世纪 80 年代至 21 世纪期间，各种经典的 3D 打印技术（如叠层实体制造技术，粉末激光选区烧结技术等）被研发出来；近些年 3D 打印技术和打印材料得到进一步发展，应用领域也从工业制造扩展到医疗保健、航空航天、建筑等各个领域。

3D 打印材料包括金属及其合金、陶瓷、聚合物等，不同的打印材料具备不同的特性，适用于不同的领域。尽管 3D 打印技术种类较多，但其成型原理主要可以分为高分子聚合反应，烧结和熔化，熔融沉积、层压制造和叠层实体制造。图 2-7 所示为四种典型 3D 打印技

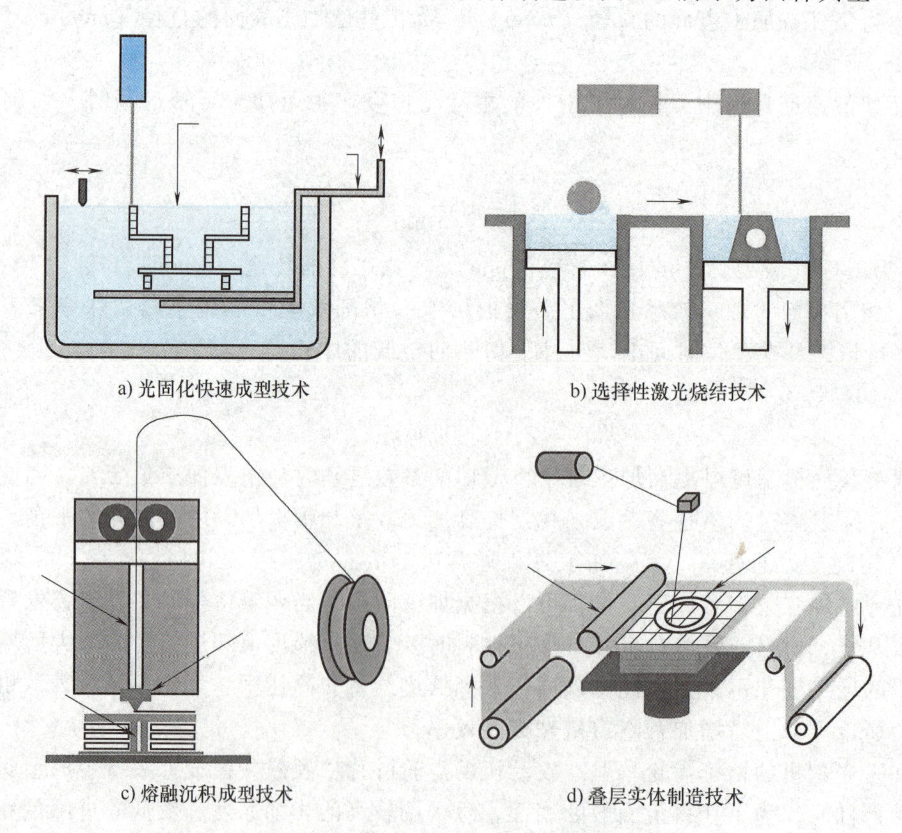

a) 光固化快速成型技术

b) 选择性激光烧结技术

c) 熔融沉积成型技术

d) 叠层实体制造技术

图 2-7 不同 3D 打印技术的原理示意

术的原理：①光固化快速成型技术，是基于液态光敏树脂的光聚合原理进行固化成型。这种材料在一定波长和强度的紫外线光照射下能迅速发生光聚合反应，相对分子质量急剧增大并交联形成空间网状结构，最后形成固态；②选择性激光烧结技术是以激光器为能源，利用计算机控制红外激光束对非金属粉末、金属粉末或复合物的粉末薄层进行扫描烧结，层层堆积，最后形成实体零件；③熔融沉积成型技术是将热塑性聚合物材料加热熔融成丝，采用热喷头，使半流动状态的材料按 CAD 分层数据控制的路径逐层挤压并沉积在指定位置凝固成型；④叠层实体制造技术通过热压滚筒滚压背面涂有热熔胶的纸材，将当前叠层与原先制作好的叠层或基底粘贴在一起，同时使用 CO_2 激光器按照计算机提取的横截面轮廓线在刚粘结的新层上切割出零件截面轮廓和工件外框，并将无轮廓区切割成小方网格以便在成型之后能剔除废料。

3D 打印技术的优势包括可制造复杂产品而不增加成本、设计空间无限、高效的生产率、节约材料与资源等，在高端装备制造、航空航天、医疗等领域得到了广泛的应用。在航空航天领域中，3D 打印技术可以用于直接零件制造（如喷嘴、发动机和燃烧室等）、快速模具制造、原型制作以及零件维修和恢复。在医疗领域，3D 打印技术的引入，使得组织、器官和植入物的制造以及药物建模的设计都取得了成功。

2. 塑性成形技术

塑性成形技术是指金属坯料在外力作用下产生塑性变形，以获得所需形状、尺寸及力学性能的原材料、毛坯或零件的加工方法，具有高产、优质、低耗等显著特点。塑性成形技术已从传统的自由锻、模锻、板料冲压、轧制、挤压、拉拔等发展到面向航空航天、新能源汽车、高铁、核电以及电子信息等国家重大科技工程高端装备领域，其为解决高精度、整体化、长寿命、轻量化、高可靠性发展的重大工程需求发挥着不可替代的作用。近十年来，先进塑性成形技术发展迅速，例如：①高速冲击液压成形技术，采用新型气-液复合动力源和新型驱动机构实现了高速、高能量冲击源的输出及精确控制，攻克了冲击体加速过程的动态减阻技术以及模具密封的动态锁模技术。采用新型高速冲击液压成形技术及装备，可实现飞机加强框、锥形罩、深腔回转体构件等多种航空用复杂薄壁钣金构件的高效成形。②管类零件先进柔性成形技术，其中包括脉动液压成形技术、柔性液压锻造技术、内外高压复合成形技术、颗粒介质辅助薄壁管推弯技术等，用于制造飞行器的不同材料规格、不同类型的管类零件，并显著提高了材料成形性能和零件的精度质量。③板式楔横轧精确成形技术，其中包括难变形合金叶片类零件的精确制坯技术等。其成形精度高、组织一致性好、材料利用率高、模具成本低、安装调试方便，面向高温合金、钛合金航空发动机锻造叶片对坯料加工高效、优质的迫切需求。④壁板柔性介质辅助滚弯成形技术。针对网格壁板在空弯时由于蒙皮与筋条的不协调变形问题，应用柔性介质压力对构件变形和回弹的作用进行辅助滚弯成形，可有效改善网格壁板弯曲时的受力状态，提高壁板筋条和蒙皮协调变形性，满足飞行器对制造精度、效率和可靠性的要求。⑤超声塑性成形技术，实现了块体非晶合金在室温下像传统金属一样进行焊接、挤出、冲压以及冲孔等加工成形，减少了非晶合金在加工过程中可能出现的晶化及氧化现象，为非晶合金的大尺寸化及复杂成形应用提供了新的思路及途径。

3. 电子束、激光焊接技术

焊接技术是指通过适当的手段使两个分离的固态物体产生原子或分子间结合而成为一体的连接方法，是一种不可拆连接。被连接的两个物体可以是同类或不同类材料。

焊接是一种新兴又古老的加工技术，其中在举世瞩目的秦始皇墓中出土的铜车马构件上就有了锻接和钎焊焊缝。焊接技术在20世纪迎来了快速发展，如20世纪50年代出现电渣焊、电子束焊；20世纪60年代出现等离子弧焊和激光焊接；20世纪70年代出现脉冲焊接；20世纪80年代开始太空焊接；20世纪末出现了搅拌摩擦焊和微波焊。对于诸多的焊接方法，大多根据不同的加热方式、工艺特点等进行分类。传统意义上是将焊接方法划分为三大类，即熔焊、压焊、钎焊。也有根据母材是否熔化分类为熔焊和固相焊。熔焊包括电弧焊、气焊、铝热剂焊、电渣焊、电阻焊、电子束焊、激光焊；固相焊包括冷压焊、热压焊、扩散焊、摩擦焊、超声波焊、爆炸焊。其中以电子束、激光为代表的高能束流焊接是航空、医疗等高端装备制造领域不可或缺的技术，也是当今先进制造技术发展的前沿领域。

电子束焊是在真空或非真空环境中，利用电子枪阴极产生的电子在加速电场的作用下，经过电磁透镜聚焦形成的高速电子束流，撞击焊件表面后，将电子动能转化成热能，使被焊金属熔化和蒸发，冷却结晶后形成焊缝的一种焊接方法。电子束焊相较于传统焊接工艺方法具有以下优势：①电子束穿透能力强、焊接速度快、焊缝热物理性能好、焊缝纯度高、接头质量好；②焊接变形小、精度高；真空电子束焊的真空度一般为5×10^{-4}Pa，适合钛合金等活性材料的焊接。电子束焊接在大厚度结构焊接方面具有独特优势，是航空发动机整体化制造必不可少的技术之一。例如，飞机上的钛合金中央翼盒就是典型的电子束焊接结构；大型客机的不锈钢及钛合金结构发动机吊架一般也采用电子束焊接技术；部分飞机厂商采用钛合金电子束焊接结构替代钢材制造起落架。

激光焊是利用能量密度极高的激光束作为热源实现材料熔化的一种高效精密的焊接方法。用激光焊接法焊接的工件厚度，可以从几微米到50mm，其生产率和焊接质量也优于传统焊接方法。与其他焊接方法相比，激光焊具有以下优点：①能量密度大（105~107W/cm^{2}或更高），加热速度快，适合于深熔焊和高速焊；②激光能发射、透射，能在空间传播相当距离而衰减很小，可通过光导纤维、棱镜等光学方法弯曲传输、偏转、聚焦，特别适于微型零件、难以接近的部位或远距离的焊接；③一般焊接方法难以焊接的材料，如高熔点金属、非金属材料（如陶瓷、有机玻璃等）、对热输入敏感的材料可以进行激光焊，焊后无须热处理。

目前常用的焊接激光器主要包括如下几种：碟片激光器、半导体激光器、光纤激光器和CO_2激光器等，在医疗、航空、汽车等诸多行业得到了成功的应用。例如，有源植入式医疗器械的外壳封装、耳垢防护器、球囊导管等均离不开激光焊接；航空发动机二级涡轮转子叶片等也可采用激光焊接。

4. 热处理、表面处理技术

近年来，随着科学技术的快速发展，许多传统的热处理和表面处理技术已经不适应新形势下工业发展的需要，这势必要对过去的一系列技术进行改进、复合和革新，因此热处理和表面处理技术领域的许多新工艺、新技术和新方法不断地涌现并得到了极大地创新和提高。

（1）热处理　热处理工艺是采用加热和冷却的方法改变材料的组织、性能及内应力状态的一种热加工工艺。金属热处理是通过加热速度、保温时间、保温温度和冷却速度等基本环节的有机配合，使金属或合金的内部组织结构发生转变，从而达到改善材料性能的工艺方法。根据目的、加热和冷却方法的不同，可以分为普通热处理、表面热处理及其他热处理。其中退火和正火往往作为预备热处理，消除前一道工序所造成的缺陷，并为随后工序做准备。淬火是热处理工艺中最重要的工序，它可以显著提高钢的强度和硬度，如果与不同温度的回火相结合，则可以得到不同的强度、塑性和韧度的配合，以适应不同的应用。

目前先进的热处理技术正朝着真空热处理发展。真空热处理可以使材料脱脂、脱气，有效避免表面污染和氢脆，具有无氧化、无脱碳、无元素贫化的特点，有效提高材料性能，这些优点使得真空热处理技术在航天发动机构件制造中广泛应用。真空高压气淬工艺是真空热处理技术研究的重点方向，既可以满足大尺寸关键齿轮制造的需求，又可以有效降低构件的变形，是取代齿轮真空油淬的有效方法，已应用于下一代航空轴承的制造。气体淬火工艺的目的是提高硬度，奥氏体化完成后，对零件进行热处理，使其组织由奥氏体转变为马氏体，从而获得所需的硬度增加。

（2）表面处理技术　金属表面处理技术是指通过一些物理、化学、机械或复合方法使金属表面具有与基体不同的组织结构、化学成分和物理状态，但是基体的化学成分和力学性能并未发生大的变化。金属材料经过处理后的表面具有与基体不同的特殊性能，如高的耐磨性及良好的导电性、电磁特性、光学性能等。表面处理技术主要通过两种途径改善金属材料的表面性能：一种是通过表面涂层技术在基体表面制备各种镀层、涂覆层，如电镀、化学镀、转化膜、气相沉积等；另一种是通过各种表面改性技术改变基体表面的组织和性能，如化学热处理、高能束表面改性等。目前先进的表面处理技术有激光冲击喷丸、激光重熔、激光表面合金化、激光熔覆和超声纳米表面改性技术等。

在航天材料中，应用阳极氧化技术，使得材料表面着色性增强、耐蚀性提高、耐磨性增强。此外，航天材料还应用碳氮共渗电镀、镉工艺脉冲电镀、电镀硬铬工艺热喷涂、气相沉积及其他表面处理技术。在航空轴承材料中，主要应用包括离子注入、喷丸强化、离子渗氮和氮化钛涂层等。在微电感元件中，利用电镀、化学镀、气相沉积技术等，可得到具有优良高频特性的非晶态软磁合金薄膜，用于制备绝缘膜、平面线圈，构成薄膜电感等元器件等。在梯度功能材料中，利用等离子喷涂、离子镀、离子束合成薄膜技术、化学气相沉积、电镀、电刷镀等表面处理技术可制备连续、平稳变化的非均质材料梯度功能镀覆层，获得耐热性好、强度高的新功能材料，广泛应用于航空航天、核工业、生物、传感器、发动机等行业。

5. 电火花、电解加工技术

电加工作为一种特种加工技术，在一些普通机械加工难以完成的场景有着广泛的应用。电加工经过长久发展，主要包括电火花加工和电解加工。

（1）电火花加工技术　电火花加工是利用工具和工件（正、负电极）之间脉冲性火花放电时的电腐蚀现象蚀除金属，以实现对零件尺寸、形状及表面预定的加工要求。电火花加工的微观过程是电场力、磁力、热力、流体动力学、电化学和胶体化学等综合作用的过程。如图 2-8 所示，这一过程大致可分为以下四个连续的阶段：极间工作液（介质）的电离、击穿，形成放电通道（图 2-8a）；工作液热分解，电极材料熔化、气化热膨胀（图 2-8b）；电极材料抛出（图 2-8c）；极间工作液的消电离（图 2-8d）。

由于其加工原理，电火花加工适合于任何难切削导电材料的加工；适宜加工低刚度工件及进行微细加工，可以加工特殊及复杂形状的表面和零件；主要用于加工金属等导电材料，只在一定条件下才可以加工半导体和非导体材料。

电火花加工已广泛应用于机械（特别是模具制造）、航空、航天、电子、电气、精密机

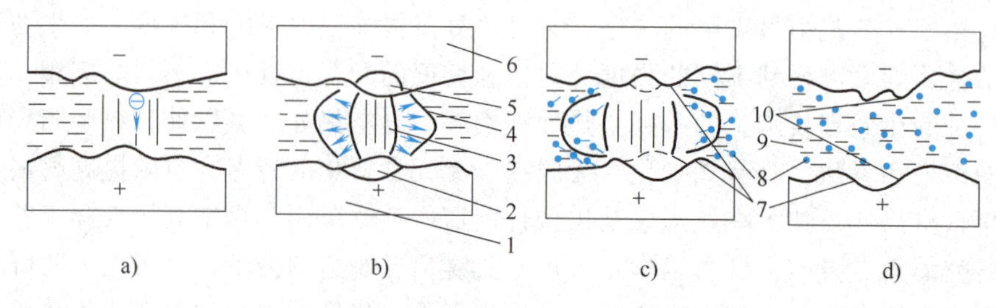

图 2-8 放电间隙状况示意图

1—正极 2—从正极上熔化并抛出金属的区域 3—放电通道 4—气泡
5—在负极上熔化并抛出金属的区域 6—负极 7—翻边凸起
8—在工作液中凝固的颗粒 9—工作液 10—放电形成的凹坑

械、仪器仪表、汽车、拖拉机、轻工等行业，以解决难加工导电材料及复杂形状零件的加工问题。加工范围已包括小至几微米的小轴、孔、缝，大到几米的超大型模具和零件。

（2）电解加工技术 电解加工是一种利用电解原理去除金属的非传统加工方法。它主要用于难加工材料的加工，如硬质合金、高速钢、淬硬钢、不锈钢等，以及形状复杂或薄壁件的加工。电解是电化学基础理论中的一个基本概念。所谓电解，是指在一定外加电压下，将直流电流通过电解池，在两极分别发生氧化反应和还原反应的电化学过程。其导电过程的机理是：在外电场作用下，金属导体中的自由电子定向运动，电解液中的阴、阳离子分别向阳、阴极移动，在“金属与溶液”界面上进行有电子参与的电化学反应，即电极反应，从而形成完整的导电回路。基于上述电解过程中的阳极溶解原理并借助于成形的阴极，将工件按一定形状和尺寸加工成形的一种加工工艺方法称为电解加工。

近年来，电子、微机电系统和航空领域对微型元件的需求逐渐增加，许多元件具有微米级的功能特征，需要高精度的公差和良好的表面粗糙度，只通过电解加工是一个巨大的挑战。而通过电解加工与其他工艺的混合是加工极难加工部件一种可能的替代方案。主要有：磨料辅助电解加工 、激光与电解复合加工、电解辅助电火花加工等。

2.3.4 装配工艺技术

高端装备的装配是全部制造工艺过程中最后一个环节。装配工艺需要解决的主要问题是：用什么装配方法以及如何以最经济合理的零件加工精度和最少的劳动量来达到要求的装配精度。装配质量直接影响产品的工作性能、使用效果和寿命。装配工艺规程是指导装配施工的主要技术文件之一。它规定产品及部件的装配顺序、装配方法、装配技术要求及检验方法以及装配所需设备、工具、时间定额等，是提高质量和效率的必需措施，也是组织生产的重要依据。

1. 装配工艺设计

机械装配是根据规定的技术要求，将构成产品的零部件结合成组件、部件，使之成为半成品或成品的过程。机械装配是机械制造过程中最后的工艺环节，它将最终保证机械产品的质量。机械装配工艺是根据产品结果等因素，将这一过程具体化（文件化、制度化），它是机械制造工艺中保证生产质量稳定、技术先进、经济合理的重要组成部分。

（1）装配精度和装配尺寸链 装配精度一般分为几何精度和运动精度两大部分。装配精度的要求会对最终产品的质量产生很大影响，它是确定和制定装配工艺措施的一个重要依据。在机器的装配关系中，由相关零件的尺寸或相互位置关系所组成的尺寸链，称为装配尺寸链。通过装配尺寸链的计算，可以在制定装配工艺时确定出最佳的装配工艺方案。

（2）装配工艺规程的设计　装配工艺规程的设计是整个产品设计中的重要环节，对产品的成本、生产和质量有重大影响。正确的装配工艺规程，是在总结过去生产实践和科学试验的基础上制订而成，并在实践中不断改进和完善的。其主要内容包括产品图样分析、确定生产组织形式、划分装配工序及进行工序设计、合理装配方法的选择等。

目前机械装配工艺仍在不断发展，新兴技术不断诞生。模块化设计能通过使用标准化的模块来满足公共的功能需求，其应用有助于产品装配过程的优化。例如在航空发动机的装配中，模块化设计将易于航空发动机的自动装配、自动检测等手段的实施，特别是有利于实现航空发动机对接装配工序时的连续自动装配，使自动化、柔性化装配顺利执行。数字化装配设计是通过对产品进行分析，根据企业的制造能力以及生产类型，利用计算机辅助工具来完成整个数字化装配工艺的过程，目前已经广泛应用于制造业中各类产品的生产。在精密装配方面，目前也已经形成如装配连接技术、装配工艺与装备、装配数字孪生等多个方面的研究体系。未来精密制造将朝着集成化、微纳化和智能化等方向发展。

2. 装配工序优化

装配工序优化是指在装配过程中对各项工序进行分析、调整和改进，在提高装配效率，降低成本的前提下，实现最佳的装配效果和装配质量。从传统的经验依赖型管理到科学管理、自动化、精益生产、智能制造等阶段，装配工序优化领域在管理方法、技术应用和理念上都在不断发展，以追求更高效、更精确、更智能的装配工序优化技术，尤其在高端装备的装配工序中。其装配工序优化基本流程如下：①作业分析：掌握装配工序的每个环节，包括所需零部件、工具、设备、人力等资源，以及每个环节的工作时间和难度等信息；②作业流程图：绘制装配工序的流程图，明确每个环节之间的关系和依赖，帮助识别潜在的优化空间；③装配工具和设备优化：选择适合的工具和设备，提高装配效率和质量，并根据装配工艺需求引入自动化装配设备、新的工具和技术等；④工序优化：对每个装配环节进行细致分析，并进行改进，例如减少不必要的装配步骤、优化零部件的布局、简化操作等，建立优化方案；⑤质量控制：针对各装配环节特征制定质量控制措施，确保每个装配环节的质量，避免不良品的产生，最终实现装配工序的高质量管控；⑥持续改进：收集和分析装配工序的数据，找出可能出现的问题和改进的机会，实现装配工序优化的持续改进，不断寻找新的优化机会和方法，提升装配效率和质量。

当前先进技术及应用包括自动化装配技术、智能化装配工序规划以及虚拟装配与数字孪生技术。自动化装配通过机械设备与自动化装置自主完成产品装配过程，减少人为干预，降低装配误差，提高装配精度。智能化装配工序规划利用人工智能和大数据对装配工序进行智能化、自动化规划和优化，提供最佳方案，优化装配流程，提高效率和质量。虚拟装配技术通过建立虚拟模型，模拟装配过程，检测干涉和碰撞，数字孪生技术则实现实时监控和调整，提高装配精度和效率。这些技术在高精度仪器制造中发挥了重要作用，提高了装配一致性和精度，优化装配路径，从而提高了生产效率和质量。

3. 装配质量管理

高端装备各零部件装配过程中，需对装备的各个装配环节、部组件以及装备整机进行检测，以确保产品在装配完成后符合设计要求和标准，实现装备的预期功能，达到服役要求。

装配质量检测从最初依赖人工经验的手工检测阶段，逐步演变为利用机械工具如千分尺、检测仪、三坐标测量机等的机械检测阶段；随着检测技术的进一步发展，当前高端装备装配各环节的质量检测已进入了自动化、智能化检测阶段，基于3D扫描仪等自动、智能设备，使得自动识别、判断和分类缺陷成为现实，并能够对检测数据进行实时分析，实现装配过程的远程监控。

当前，装配质量检测正朝着数据化、智能化方向发展，以期实现检测信息的实时共享和协同处理。物联网、工业互联网、数字孪生等新兴技术也为装配质量检测提供了新的发展机遇，未来高端装备的装配质量检测将更加高效、准确。其中，基于数字孪生技术可以更好地实现高端装备复杂产品装配过程的质量管理。通过创建一个与实际产品装配同步的数字孪生模型，来实时模拟和分析装配过程，预测可能出现的质量问题，可以提前采取措施进行预防和改进。其原理及流程如下：①建立精确的数字孪生模型，模拟实际产品的装配过程；②实现数据集成与同步，确保数字孪生模型与实际装配过程保持一致；③利用数字孪生模型进行过程模拟与分析，评估不同装配方案对产品质量的影响；④实现实时监控与预测，及时发现并解决装配过程中的潜在问题；⑤进行质量评估与优化，根据数字孪生模型的分析结果，识别并改进不合格的零件或装配步骤；⑥实施闭环反馈与持续改进，将实际装配过程中的反馈信息用于更新和优化数字孪生模型。基于数字孪生技术的复杂产品装配过程质量管理技术还能在产品设计和生产阶段就发现和解决问题，减少实际装配过程中的错误和返工，提高生产率和产品质量。

高端装备的装配质量管理是一个系统工程，在制造业中的应用前景广阔，随着智能制造的深入发展，它将更加紧密地与自动化生产线、智能工厂等系统集成，通过物联网、工业互联网等技术实现生产过程的实时监控和质量数据的即时分析，提高生产率和产品质量。大数据、人工智能的深度应用也能提升装配质量检测系统的识别能力和决策水平，是未来装配质量检测技术的发展趋势。

2.4 装备控制软件系统

2.4.1 总线通信

在高端装备的构造中，总线通信是一个不可或缺的组成部分，直接影响到系统的响应速度、稳定性和可靠性。一个优化的总线通信协议能够减少数据传输的延迟，提高系统的实时性，从而使得装备能够快速准确地响应外部命令和内部状态变化。同时，它还能够支持多点通信，即在同一总线上连接多个设备，这样不仅可以减少布线的复杂性，还能提高系统的整合度和维护性。总的来说，总线通信在高端装备的构造中扮演着枢纽的角色，它连接着控制软件系统和硬件组件，确保了信息的高效、准确传递，从而使得装备能够稳定而可靠地运行。

1. 总线通信协议

总线通信协议是装备内部各部件之间进行信息交流的规则。这些规则定义了信息的格式、传输方式以及接收方如何处理接收到的信息。一个优秀的总线通信协议应该具备高效率、高可靠性和易于扩展等特点。在高端装备中，总线通信协议是实现不同模块或设备之间信息交互的关键。一个高效且可靠的总线通信协议能够确保数据在各个组件间准确无误地传输，从而保障整个系统的协调运作。常见的总线通信协议有很多种，例如 CAN、I2C、SPI、UART 和 LIN 等。

2. 硬件控制指令的编码与解析

硬件控制指令的编码与解析是总线通信中的另一个关键环节。这些指令需要按照特定的格式进行编码，以便在总线上传输并由目标设备正确解析。编码过程涉及将操作码、地址信息、数据等信息转换成适合在总线上传输的电信号或光信号。而在接收端，这些信号又需要被正确地解析回原始的控制指令，以执行相应的动作。当涉及硬件控制指令的编码和解析时，通常会根据具体的硬件设备和控制系统的需求来制定相应的协议和规范。这个过程在嵌入式系统、工业控制和自动化领域中应用广泛。硬件控制指令是装备控制软件系统向硬件设备发送的命令，用于控制设备的运行状态。

3. 指令编码过程

硬件控制指令的编码过程通常包括以下步骤：

1）选择指令。根据需要执行的操作选择合适的指令。例如，启动电动机可能需要一个特定的“启动”指令，而停止电动机则需要一个“停止”指令。

2）设置参数。为指令设置必要的参数，例如设备地址、数据等。如果指令是向某个特定设备发送的，就需要指定该设备的地址。如果指令需要携带数据（如设置速度或位置），则需要将这些数据包含在指令中。

3）计算校验值。根据指令和参数计算校验值，以确保指令在传输过程中的正确性。常见的校验方法包括 CRC（循环冗余校验）、奇偶校验等。校验值随指令一起发送，接收方在接收到指令后会重新计算校验值并与接收到的校验值进行比对，以检查是否有错误发生。

4）封装成数据帧。将指令、参数和校验值封装成一个数据帧，准备发送。根据所选用的总线通信协议，数据帧会有特定的格式要求。数据帧可能还包括其他信息，如优先级、长度等。

4. 指令解析过程

硬件控制指令的编码和解析通常需要综合考虑通信效率、可靠性、数据完整性和实时性等因素。在实际工程中，工程师可能会使用各种编程语言或者硬件描述语言来实现这些功能，同时需要遵循相关的通信协议和硬件规范。对于复杂的系统，还需要考虑数据安全性、错误处理机制和系统响应时间等方面的问题，以确保系统能够正确地接收、解析和执行控制指令。

2.4.2 系统软件功能

在高端装备的控制中，系统软件是其运行的重要支柱，承担着控制、管理硬件设备以及连接应用软件的重要任务。系统软件直接影响着装备的性能、稳定性和可靠性。它不仅负责协调硬件资源的分配和调度，还提供了与硬件设备交互的接口，使得应用软件能够顺利运行。同时，系统软件还包括驱动程序、固件和系统工具等组成部分，它们共同确保了高端装备的正常运行和高效性能。

1. 功能函数的设计与实现

在系统软件开发中，功能函数是构建系统各个模块的基本单元。它们通过封装特定的功能或任务，提供了代码的模块化和重用性。功能函数是指封装了特定功能或任务的代码块，其目的是提高代码的可维护性和可重用性。通过将功能封装在函数中，可以将复杂的逻辑分解为更小的可管理单元，提高了代码的可读性和易于维护性。

（1）功能函数的概念与作用　功能函数是软件开发中的重要组成部分，是用于实现特定功能的代码块或模块。它们接受输入参数，在执行一系列操作后生成输出结果。通常，功能函数被封装在模块或类中，以便在程序中重复使用。这些函数可以实现各种各样的功能，从简单的数学运算，如加法和乘法，到复杂的数据处理和业务逻辑，如文件读写、网络通信、数据库操作等。通过良好设计和实现功能函数，软件开发人员可以提高代码的复用性、可维护性和可扩展性，从而加快开发速度并提升软件的质量。功能函数是软件中最基本的构建模块，它们的作用直接影响到软件系统的质量和性能。

（2）功能函数的设计　在设计功能函数时，需要确保函数的高效性、可维护性和可扩展性。在高端装备制造中，设计软件系统功能函数的实现步骤通常包括需求分析、功能设计、接口设计、编码实现、测试和优化。确保函数能够正确地实现预期的功能，并且在各种情况下都能够正常工作。同时，对功能函数进行性能优化，提高函数的执行效率和稳定性，以确保系统的整体性能达到预期水平。

2. 类的封装与实例化

类是面向对象编程中的重要概念，它将数据和操作封装在一起，提供了一种组织和管理代码的方式。类是一种抽象数据类型，用于描述具有相似特征和行为的对象集合。它包含了数据成员和成员函数，用于表示对象的状态和行为。类的封装是面向对象编程的核心原则之一，它将数据和操作封装在类的内部，对外提供统一的接口。类的实例化是创建对象的过程，它包括内存分配、构造函数调用和对象初始化等步骤。

（1）类封装的意义与原则　系统软件通常需要处理复杂的逻辑和数据结构。类封装在这里起着至关重要的作用。

类封装不仅允许将相关的数据和操作封装到一个单独的单元中，简化了系统的设计和维护，提高了代码的可读性和可维护性。并且通过封装，可以将数据隐藏在类的内部，只提供有限的接口来访问和操作数据，增强了代码的安全性和稳定性。在代码的重用中，封装有助于通过定义通用的类和方法，在不同的系统或模块中重用，提高了开发效率和代码的质量。封装也通过提供抽象层，隐藏具体的实现细节，使得系统的不同部分可以独立开发和测试，实现了模块间的解耦。通过封装，可以实现对扩展开放，对修改关闭的设计。类也只应该暴露必要的方法和属性，限制外部访问，确保接口的简洁和清晰。为了隐藏信息，类封装时应该封装敏感或内部的信息，只提供安全的访问方式，保护数据的完整性和安全性。通过接口定义类的行为，要将实现细节和抽象行为分离，提高系统的灵活性和可维护性。

（2）类的设计模式与实践经验　在设计类时，采用设计模式和实践经验可以确保代码的可维护性、可扩展性和重用性，在以往的类的设计模式中，前人也总结了许多实用的经验：高内聚低耦合、遵循 SOLID 原则、命名规范、设计文档化。

3. 多线程设计与管理

线程是操作系统中最小的执行单元，它负责执行特定的任务并与其他线程共享系统资源。线程池包含了一组预先创建好的线程，它们可以根据需要被动态地重用。当有任务到达时，线程池会分配一个空闲线程来处理任务，处理完毕后线程会返回线程池以供下次使用。设计线程池时需要考虑线程数量、任务队列管理、线程调度等因素。合理的线程池设计可以提高系统的性能和稳定性。

（1）线程池设计的基本原则　在线程池设计中，特别是在高端装备控制系统中，有几个基本原则需要综合考虑，以确保系统的稳定性、性能可释放性和可维护性。包括有效的资源管理、良好的任务调度、线程生命周期管理和任务队列管理。

在性能调优方面，线程池设计需要能够根据系统的负载和资源使用情况进行动态调整，包括线程数量的动态调整、任务队列大小的调整等，以最大化地提高系统的性能和资源利用率。同时，异常处理也是不可忽视的一环。线程池需要能够有效地处理任务执行过程中可能出现的异常，包括任务执行超时、线程异常退出等情况，以保证系统的健壮性和可靠性。

最后，监控和统计也是线程池设计的重要组成部分。线程池需要提供监控和统计功能，包括线程池的使用情况、任务执行情况、系统资源利用率等信息，以便于系统管理员进行性能分析和故障排查，确保系统的稳定运行和及时调整。

（2）线程池的概念与实现方法　线程池是一种用于管理和复用线程的机制，通过预先创建一定数量的线程并维护一个任务队列，系统可以在需要时从线程池中获取线程来执行任务，而不是每次都创建新线程，从而提高了系统的性能和资源利用率。在高端装备控制系统中，线程池的实现通常包括以下几个关键步骤：线程创建与初始化、任务队列管理、任务调度与执行、线程池大小的动态调整、异常处理。

2.4.3 系统数据管理

数据是数字化转型和智能制造的核心。在数字化工厂、工业物联网和智能机器人等应用场景下，数据的产生、采集、分析和利用至关重要。在高端装备制造行业中，企业需要管理大量的产品数据、工艺数据和生产数据等，这些数据的管理直接影响到企业的生产率和产品质量。因此，在高端装备制造中，数据管理变得尤为重要。

1. 数据流

数据流是系统中的信息传递载体，可以是从一个处理到另一个处理，或者从一个处理到一个数据存储。数据流具体定义为从源点到目标点的有向箭头，并且在箭头上标注了数据的内容和类型。

（1）数据流的功能　主要功能和作用包括：

1）描述信息的传递和交互过程，帮助理解系统中各个部分之间的关系和联系。

2）指导系统设计和开发，根据数据流的特点和需求确定相应的处理和数据存储。

3）分析系统性能和效率，通过观察和分析数据流量、频率和变化情况来评估系统的性能和效率。

（2）数据流模型　数据流模型用来描述数据是怎样一步步在处理序列中流动的。例如，一个处理步骤可能是过滤客户数据库中重复的记录。数据在一个处理阶段被转换，然后进入下一个阶段。当数据流图用于软件设计时，这种处理阶段或者转换最终生成的将是一个个程序功能模块，但在分析模型中，这些加工却只能由手工处理或借助计算机来处理。数据流模型对数据的每一个变换用一个函数或过程来描述。由于它们可以用来展示系统中端到端的处理过程，所以它们在需求分析中特别有用。也就是说，它们描述了所发生的完整的行动序列，从使输入的处理到系统的响应。

2. 数据结构设计与使用

（1）数据结构基础　数据结构在装备控制软件系统中扮演着至关重要的角色，它们是组织和管理数据的基础。常见的数据结构有数组、链表、栈、队列、树、图、哈希表。

（2）数据结构的算法操作与性能分析　数据结构的算法操作包括插入、删除、查找等基本操作，以及排序、搜索等高级操作。在设计高端装备的软件系统时，需要对这些算法进行性能分析，以确保系统的效率和稳定性。时间复杂度是用于衡量算法执行时间的增长速度。空间复杂度是用于衡量算法所需内存空间的增长速度。通常以数据规模 n 为参数，描述算法的内存占用情况。性能分析方法通过实验测试和理论推导相结合的方式，对算法的时间和空间复杂度进行评估。

3. 日志

（1）日志记录的目的与作用　日志数据记录了系统或应用程序在执行过程中每个事件的明细详情。当系统或应用程序启动时，它会记录启动过程中的每一个步骤，包括加载的驱动程序、初始化的设备和运行的服务。如果系统或应用程序遇到错误或异常情况，日志会记录错误消息、警告信号和异常堆栈跟踪，帮助工程师定位问题。此外，日志还可以记录用户的活动和行为。当用户与计算机系统进行交互时，日志会记录用户的请求、输入和操作，以便企业追踪用户行为、提供个性化服务或进行安全审查。图 2-9 所示为日志的简单示意图。

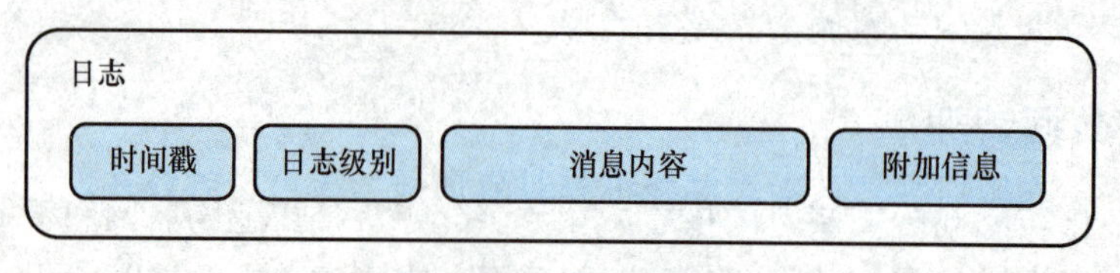

图 2-9　日志示意图

（2）日志监控工具在高端装备构造中的应用　当 Linux 等操作系统运行时，会发生许多事件和在后台运行的进程，以实现系统资源高效可靠的使用。这些事件可能发生在系统软件中，例如 init 或 systemd 进程或用户应用程序，例如 Apache、MySQL、FTP 等。为了解系统和不同应用程序的状态以及它们如何工作，系统管理员必须每天在生产环境中检查日志文件。可以想象必须查看多个系统区域和应用程序的日志文件，这就是日志记录系统派上用场的地方。它们有助于监控、审查、分析，甚至根据系统管理员配置的不同日志文件生成报告。日志可视化界面如图 2-10 所示。

4. 文件管理

文件管理是操作系统的五大功能之一，是操作系统中实现文件统一管理的一组软件、被管理的文件以及为实施文件管理所需要的一些数据结构的总称，是操作系统中负责存取和管理文件信息的机构。从系统角度来看，文件系统是对文件存储器的存储空间进行组织、分配和回收，负责文件的存储、检索、共享和保护。从用户角度来看，文件系统主要是实现“按名取存”，文件系统的用户只要知道所需文件的文件名，就可存取文件中的信息，而无须知道这些文件究竟存放在什么地方。

（1）文件目录和逻辑结构　文件目录通常是存放在磁盘上的，当文件很多时，文件目

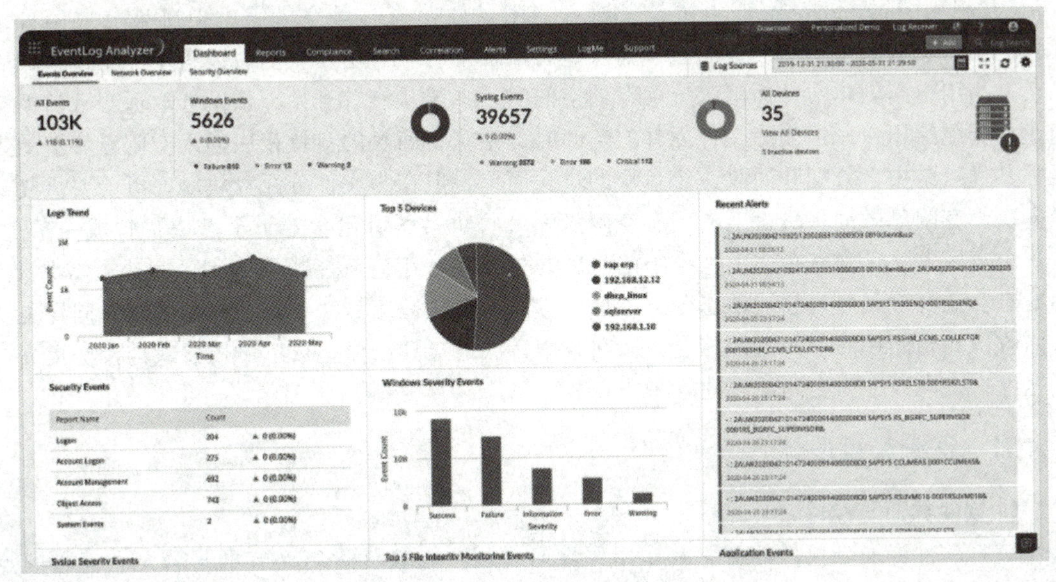

图 2-10　日志可视化界面

录可能要占用大量的盘块。在查找的过程中，先将存放目录文件的第一个盘块中的目录调入内存，然后把用户所给定的文件名和目录项中的文件名逐一对比。若未找到指定文件，则再将下一个盘块中的目录项调入内存。文件的目录结构类型有单级、两级、多级（树形）、无环图。所谓文件的逻辑结构，是从用户角度出发观察到的文件组织形式，是用户可以直接处理的数据及其结构，独立于文件的物理特性，又称文件组织；物理结构是指文件的存储组织形式，与存储介质和存储分配方式有关。

（2）常见的文件存储空间管理策略　常见的文件存储空间管理策略有空闲表法、空闲链表法、位示图法、成组链接法等。下面着重介绍前两种策略。

1）空闲表法：空闲表法属于连续分配方式，与内存的动态分配方式雷同。它为每个文件分配一块连续的存储空间，即系统也为外存上所有空闲区建立一张空闲表，每个空闲区对应一个空闲表项。其中包括表项序号、该空闲区的第一个盘块号、该区的空闲盘块数等，然后将所有空闲区按其起始盘块号递增排列，见表 2-1。

表 2-1　空闲表法存储分配

序号	第一空闲盘块号	空闲盘块数
1	2	4
2	9	3
3	15	5
4	—	—

空闲盘区的分配与内存的动态分配类似，同样采用首次适应算法、循环首次适应算法等。系统在对用户所释放的存储空间进行回收时，也采取类似于内存回收的方法，即考虑回收区是否与空闲表中插入点的前区和后区相邻接，对相邻接者应该予以合并。当文件较小时，采用连续分配方式；当文件较大时，可采用离散分配方式。

2）空闲链表法：空闲链表法是将所有空闲盘区拉成一条空闲链，把链表分成两种形式：空闲盘块链和空闲盘区链。空闲盘块链将磁盘上的所有空闲空间，以盘块为单位拉成一条链，当用户因创建文件而请求分配存储空间时，系统从链首开始，依次选取适当数目的空闲盘块分配给用户；当删除文件而释放空间时，系统将回收的盘块依次插入空闲盘块链的末尾。其优点是用于分配和回收一个盘块的过程简单，但在为文件分配盘块时，可能要重复操作多次。空闲盘区链将磁盘上的所有空闲盘区（每个盘区可包含若干个盘块）拉成一条链，在每个盘区上除了含有指向下一个空闲盘区的指针外，还应有能指明本盘区大小（盘块数）的信息。盘区分配与内存的动态分配类似，可采用首次适应算法，在回收盘区时，同样也要将回收区和相邻接的空闲盘区相合并。在采用首次适应算法时，可以采用显式链接法提高检索速度，在内存中为空闲盘区建立一张链表。

2.4.4 系统交互设计

1. 软件界面与控件

（1）软件界面与控件的概念及作用　界面是用户与软件进行交互的平台，它通过图形化的方式展现给用户。界面设计的目的是让用户能够轻松地理解和操作软件，提供良好的用户体验。界面通常包括各种控件，例如按钮、文本框、下拉菜单等，以及布局元素，如面板、窗口等。控件是构成界面的可视化元素，它们用于接收用户的输入、显示信息或执行特定的操作。

（2）常见高端装备交互设计　在常见高端装备中，其软件界面布局通常遵循一些原则，例如 CT 仪的软件界面布局通常遵循以下原则：

在功能分区方面，界面通常按照功能分区，将不同的功能模块分组排列，例如扫描设置、图像处理、患者信息等，以便用户快速找到所需功能。在信息层次结构上，界面设计会遵循信息的层次结构，将重要的信息和功能放置在更显眼的位置，而次要的信息则放置在次要的位置，以帮助用户快速获取所需信息。交互元素（控件）的布局会考虑用户的自然操作流程和习惯，例如将常用的按钮放置在易于访问的位置，以提高用户的操作效率。界面设计通常会利用图形化和可视化效果，如图表、图像等，来更直观地呈现信息和数据，提高用户的理解和操作效率。考虑到不同用户的需求和设备的规格，界面设计会采用响应式设计，使界面能够在不同尺寸和分辨率的屏幕上都能够良好地呈现，并保持一致的用户体验。对于 CT 仪等高端装备，界面布局也会根据设备的特点和用户群体的需求进行定制化，以实现最佳的用户体验和操作效率。良好用户界面与控件的设计原则如图 2-11 所示。

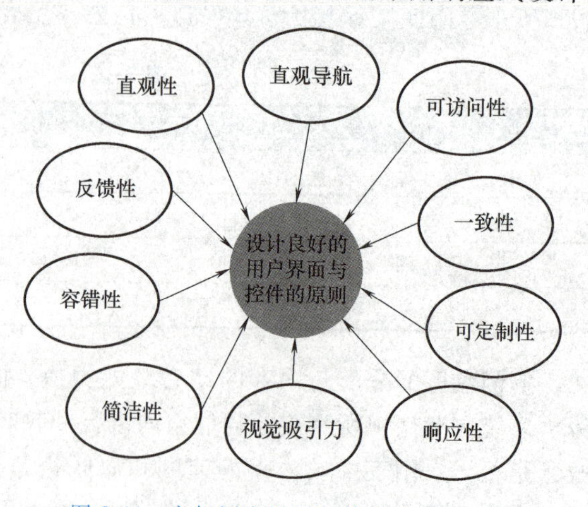

图 2-11　良好用户界面与控件的设计原则

2. 硬件控件

（1）硬件控件的定义　硬件控件通常是指物理上存在的用于控制和操作设备的部件，与软件界面中的控件相对应。这些硬件控件可以包括按钮、旋钮、开关、触摸屏等，它们通过直接的物理操作与设备进行交互，而不是通过软件界面。

（2）常见高端装备的硬件控件及用途　以下是一些常见的高端CT仪的硬件控件及其用途：

1）控制面板：控制面板位于设备的操作面板上，通常包括显示屏和各种按钮、旋钮和触摸屏，用于控制扫描参数、选择扫描模式和处理扫描图像等。

2）旋钮：旋钮用于调节扫描参数，如切片厚度、扫描速度、对比度和亮度等。用户通过旋转旋钮来调整这些参数，以获得所需的图像质量和分辨率。

3）按钮：按钮用于触发特定的操作，如启动扫描、暂停扫描、选择扫描模式等。它们通常具有明确的标记，以便用户快速找到所需的功能。

4）触摸屏：触摸屏可以提供直观的操作界面，允许用户通过触摸手势来选择菜单、调整参数和浏览图像等。它们通常具有高分辨率和高灵敏度，以提供流畅的用户体验。

5）键盘：键盘用于输入文字或数字信息，如患者的个人资料、扫描描述等。它们通常是标准键盘或专用键盘，具有防水和易于清洁的特性。

6）脚踏板：脚踏板通常用于远程触发扫描或执行特定的操作，如拍摄特定视图或停止扫描。它们提供了一种方便的方式，使操作人员能够在需要时自由移动，并且无须使用手指触摸控制面板。

3. 人因工程

人因工程是一种设计理念，旨在通过考虑人类的生理、心理和行为特征，使产品、系统或工作环境更符合人类的需求、能力和限制。其重要性体现在以下几个方面：提高效率和生产力：优秀的人因工程设计可以使工作流程更加顺畅和高效，减少不必要的疲劳和重复劳动，从而提高生产力和工作效率；降低错误和事故：考虑人类的认知和行为特征，可以减少错误和事故的发生。通过合理的界面设计、警示系统和培训，可以降低误操作和意外事件的风险；提升用户体验：人因工程设计可以使产品更加符合用户的习惯和偏好，提升用户体验和满意度。例如，人性化的界面设计和操作方式可以使用户更容易上手和使用产品；促进健康和安全：考虑人类的生理和心理需求可以改善工作环境和生活空间，促进员工和用户的健康和安全。例如，设计符合人体工程学的座椅可以减少长时间坐姿带来的身体不适；节约成本：通过减少培训成本、提高工作效率和减少事故损失，人因工程设计可以为企业节约成本，并提升竞争力。

2.4.5 互联网功能

1. 云存储

云存储（Cloud Storage）是一种通过互联网将数据存储在远程服务器上的服务，是一种新兴的网络存储技术。这些服务器通常由第三方服务提供商管理和维护，需要数据存储托管的客户，则通过向其购买或租赁存储空间的方式，来满足数据存储的需求，用户可以通过网络访问和管理自己的数据。

（1）云存储的概念及原理　云存储将用户的数据存储在云服务提供商的服务器上，通过互联网进行访问和管理。这些数据通常会被分散存储在多个数据中心，以提高可靠性和可用性。当用户上传数据到云存储服务时，数据会被切分成小块，并经过加密后存储在服务器上。用户可以通过API、网页界面、移动应用程序等方式访问和管理这些数据。云存储服务通常提供灵活的存储容量和可扩展性，用户可以根据需求随时调整存储空间。同时，云存储还提供备份、数据复制、数据恢复等功能，以确保用户数据的安全性和可靠性。

（2）云存储的应用　在高端装备构造中，云存储技术可以发挥重要作用。

1）数据备份和恢复：高端装备通常需要大量的数据支持，包括设计图样、工程数据、运行日志等。通过云存储技术，可以实现数据的自动备份和恢复，确保数据的安全性和完整性。这在遇到意外损坏或数据丢失时尤为重要。

2）远程访问和协作：云存储使得在不同地点的团队成员可以实现远程访问和协作。无论是设计师、工程师还是管理人员，都可以通过云存储平台共享和编辑数据，实现实时协作，提高工作效率。

3）数据分析和优化：通过云存储，高端装备可以将运行数据实时上传到云端，进行大数据分析和优化。这可以帮助装备制造商了解设备运行状态、预测故障可能性，从而及时进行维护和优化，提高设备的可靠性和性能。

4）智能控制和监测：借助云存储技术，高端装备可以实现智能控制和远程监测。通过将传感器数据上传至云端，可以实时监测设备运行状态，预警可能的问题，并且可以远程进行控制和调整，提高装备的智能化程度和运行效率。

5）安全管理：云存储平台通常提供多种安全措施，如数据加密、访问控制等，可以保障高端装备中的重要数据不受未经授权的访问和篡改。这对于保护知识产权和避免数据泄露至关重要。

2. 云计算

云计算（Cloud Computing）是一种分布式计算，其基于互联网的计算模型，通过网络提供各种计算资源，包括但不限于计算能力、存储空间和应用程序服务。云计算通过计算机网络形成的计算能力极强的系统，可存储、集合相关资源并可按需配置，向用户提供个性化服务。

（1）云计算的概念及原理　云计算是一种基于互联网的计算模型，它允许通过网络提供和使用计算资源，如服务器、存储、数据库、应用程序等，而无须用户直接管理这些资源。云计算的原理是基于网络提供计算资源和服务，以便用户可以通过互联网按需获取这些资源。它利用虚拟化技术将物理硬件资源（如服务器、存储设备）抽象成虚拟资源，并通过云服务提供商的管理和分配，实现资源的灵活共享和高效利用。用户可以根据自己的需求，通过云平台访问和使用计算、存储、网络等各种资源和服务，而无须关心底层的物理设备。这种模式下，用户只需按需支付费用，使用相应的资源，而不需要承担建设和维护庞大的 IT 基础设施的成本和风险。

（2）云计算的应用　在高端装备构造中，云计算技术提供了许多创新和优势，如：

1）数据分析和优化：通过云计算平台，装备制造商可以收集和分析大量的传感器数据、设备运行数据等信息。利用大数据分析和机器学习算法，他们可以优化装备的性能、可靠性和维护策略，从而提高装备的效率和使用寿命。

2）实时监控和远程维护：云计算技术可以支持装备的实时监控和远程维护。通过将装备连接到云端，制造商可以远程监测其运行情况和健康状况，并及时采取措施进行维护和修复，以最大限度地减少停机时间和维修成本。

3）安全性和数据保护：在高端装备构造中，安全性和数据保护是至关重要的考虑因素。云计算提供了先进的安全性功能，如数据加密、访问控制、身份认证等，可以保护装备数据的安全性和机密性，防止未经授权的访问和攻击。

3. 云服务

云服务（Cloud Services）是一种通过互联网提供计算资源和存储资源的服务，也是一种基于互联网的相关服务的增加、使用和交互模式，包括计算能力、数据库存储、应用程序开发平台等。云服务通常由大型互联网公司提供，用户可以通过订阅或按需付费的方式来使用这些服务，而无须购买、配置和维护硬件设备和基础设施。

（1）云服务的概念及原理　云服务是一种按需提供计算资源和应用程序的服务模式，用户可以通过互联网访问这些服务，并根据需要进行使用和付费。云服务通常以服务模式提供，包括基础设施即服务（IaaS）、平台即服务（PaaS）、软件即服务（SaaS）等。同时，云服务还提供了自动化的管理和监控功能，以确保资源的可靠性、安全性和性能。

（2）云服务的应用　在高端装备构造中，云服务技术发挥了重要作用，提供了许多便利，如：

1）数据分析和预测维护：利用云服务的大数据分析和机器学习能力，对高端装备的运行数据进行实时监测、分析和预测维护。通过分析设备传感器数据，可以预测设备可能出现的故障，并提前采取维护措施，以提高设备的可靠性和运行效率。

2）远程监控与维护：利用云服务技术，可以实现对高端装备的远程监控和维护。通过传感器和连接设备，将装备运行状态实时上传至云端，运用远程监控系统对装备进行监控、故障诊断和预防性维护，及时发现并解决问题，提高装备的可靠性和稳定性。

3）智能制造与自动化：结合云服务和物联网技术，可以实现智能制造和自动化生产。通过云端的数据分析和智能算法，对生产过程进行优化和调度，提高生产率和产品质量。

2.4.6 高端装备操作系统安全管理

高端装备通常包含机密的设计和生产数据，机密数据的泄露可能使产品的设计和制造技术暴露在外，进而被攻击者利用来发现产品的安全漏洞和脆弱性，导致产品被攻击或被篡改，给用户带来安全风险和损失。设备的正常运行对生产和服务的连续性至关重要，恶意攻击者可能试图通过网络入侵来干扰或破坏高端装备的正常操作，导致生产中断或设备损坏。对高端装备进行网络安全管理是保护数据安全、确保装备稳定运行、保障生产和服务连续性的重要手段。

1. 身份认证方式

高端装备如光刻机和CT仪之类的设备通常具有较高的价值和专业性，其使用涉及重要的工艺、数据和技术，通常具有复杂的操作界面和功能，未经过培训的人员可能会误操作设备，导致设备损坏或产生不良影响，因此需要对使用者和访问者的身份进行认证，防止未经授权的人员对设备进行恶意操作或损坏，保护设备的安全性和完整性，确保只有经过培训和授权的操作人员才能使用设备，减少误操作的风险。

（1）线下身份认证方式　为了确保使用者的身份唯一且确定，多数高端装备将生物特征识别作为主要的线下身份认证手段。人的生理特征与生俱来，但人体表面组织会随着岁月的流逝或意外事故的发生而有所改变，并且这种接触式的识别方法要求用户直接接触公用的传感器，给使用者带来了不便。为此，非接触式的生物特征认证将成为身份认证发展的必然趋势。人脸识别随着近年来计算机视觉的发展已经成为比较完善的身份认证手段，从最初对背景单一的正面灰度图像的识别，经过对多姿态（正面、侧面等）人脸的识别研究，发展到能够动态实现人脸识别，目前正在向三维人脸识别的方向发展。

（2）线上身份认证方式　部分高端装备如航空发动机、医疗机器人等，仅仅依靠使用人员线下进行身份认证难以满足使用要求，高端装备可能需要实现远程访问和操作的功能，以便远程监控、维护和管理。这意味着操作人员可以通过网络远程连接到设备并进行操作，因此需要在线上进行身份认证，以确保只有授权的用户能够远程访问设备。线上身份认证手段可以提供更便捷、灵活的操作方式。操作人员可以通过互联网随时随地进行身份验证和访问设备，而无须局限于特定的物理位置，这对于跨地域、跨时区的管理和维护具有重要意义。

2. 防火墙设计

防火墙是由一些软、硬件组合而成的网络访问控制器，它根据一定的安全规则来控制流过防火墙的网络包，如禁止或转发，能够屏蔽被保护网络内部的信息、拓扑结构和运行状况，从而起到网络安全屏障的作用，一般用来将内部网络与因特网或者其他外部网络互相隔离，限制网络互访，保护内部网络的安全。对于高端装备的控制软件系统来说，网络防火墙可以阻止未经授权的访问和窃取，防止机密的设计和生产数据泄露。网络防火墙通过限制网络访问和过滤恶意流量，提高了网络的整体安全性和稳定性，减少网络中的安全漏洞和风险，降低遭受网络攻击的可能性，确保高端装备的正常运行和生产。防火墙示意图如图 2-12 所示。

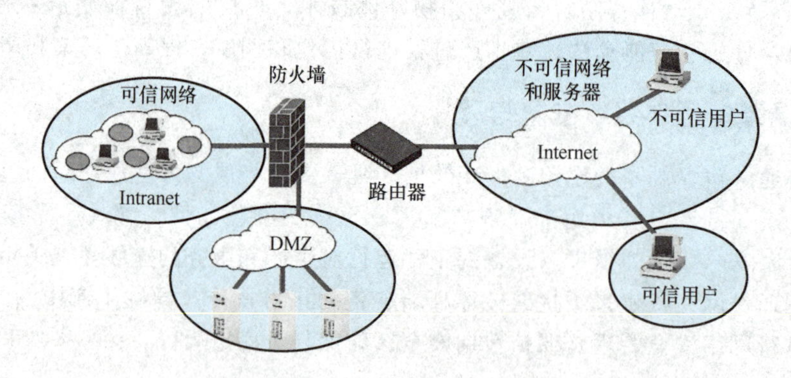

图 2-12　防火墙示意图

高端装备通常具有定制化的网络架构和应用程序，因此对防火墙的要求也更加定制化。防火墙需要能够满足装备制造商或用户特定的安全策略和需求，以保护装备的定制化网络环境和特定应用程序。高端装备控制软件系统常用的防火墙类型主要有包过滤防火墙、状态检查防火墙、应用服务代理防火墙、Web 应用防火墙、数据库防火墙。

3. 安全互操作

（1）安全互操作概念及原理　安全互操作是指在不同系统、平台或设备之间安全地交换信息、共享资源和进行协作的能力。强调在信息交换和系统集成过程中，确保数据的保密性、完整性和可用性，同时防止未经授权的访问、篡改或破坏。高端装备通常包含高度敏感的数据和功能，例如工业设备中的生产工艺参数、医疗器械中的病人隐私信息等，往往需要与其他系统或设备进行数据交换和协作。安全互操作可以确保这些信息在与其他系统或设备进行交互时提供安全的身份认证、数据加密和访问控制机制，有效应对网络攻击、数据泄露和恶意软件等安全威胁，保障装备和数据的安全，防止未经授权的访问和泄露，确保系统的稳定性和可靠性。

（2）常见安全互操作方式　在高端装备操作系统中，主要依靠加密通信和安全协议标准来完成安全互操作。加密通信是一种通过加密技术保护数据在传输和存储过程中的安全性的方法，涉及将原始数据转换为加密形式，以防止未经授权的访问者在数据传输或存储过程中窃取、篡改或破坏数据的完整性。在加密通信中，原始数据通过使用加密算法和密钥进行加密，转换为加密文本。只有拥有正确密钥的接收方才能对加密文本进行解密，恢复原始数据。加密通信可以保护数据在传输过程中的安全性。通过使用加密技术，即使在数据传输的通信通道上被拦截，攻击者也无法直接访问或理解数据内容。这种安全机制防止了中间人攻击和数据窃取。加密通信还可以保护数据的完整性。一些加密算法还提供了数据完整性校验机制，可以检测数据是否在传输或存储过程中被篡改。这种机制可以确保数据的完整性，防止数据被修改或损坏。在高端装备的通信和数据交换过程中，采用安全的通信协议和标准至关重要。这些协议和标准可以确保数据在传输过程中的机密性和可用性。例如，TLS/SSL（传输层安全性/安全套接层）协议用于加密客户端和服务器之间的通信，保护数据免受窃取。IPSec（Internet 协议安全）提供网络层安全性，确保数据在网络中的安全传输。这些安全协议和标准提供了一系列加密和认证机制，以及密钥管理和安全性政策，为高端装备的安全通信提供了基础。

2.5 可靠性技术

2.5.1 可靠性模型

在高端装备中，可靠性模型扮演着至关重要的角色。可靠性模型通过分析和预测设备在不同工作条件下的性能和寿命，帮助设计和工程团队识别潜在的故障模式和关键薄弱点。此外，可靠性模型还在维护和管理阶段发挥着重要作用。通过实时监控和数据采集，可靠性模型能够预测设备何时需要维护，从而实现预防性维护，减少突发故障的发生。这不仅降低了维护成本，还最大限度地提高了设备的可用性和生产率。总之，可靠性模型在高端装备中，通过确保设备在整个生命周期内的高效、稳定运行，为各类高风险和高需求的应用场景提供了坚实的技术保障。

1. 系统可靠性框图

可靠性框图是一种图形表示方法，用于描述系统中各个单元（或组件）如何相互连接以影响整个系统的可靠性。在可靠性框图中，每个方框代表一个单元或功能，并且假设所有连接方框的线是可靠的（即不考虑连接本身的失效）。例如，一个电容器 C 和一个电感线圈 L 在电路上并联组成一个振荡回路，LC 振荡器的功能系统图（即原理框图）和其可靠性框图分别如图 2-13 和图 2-14 所示。

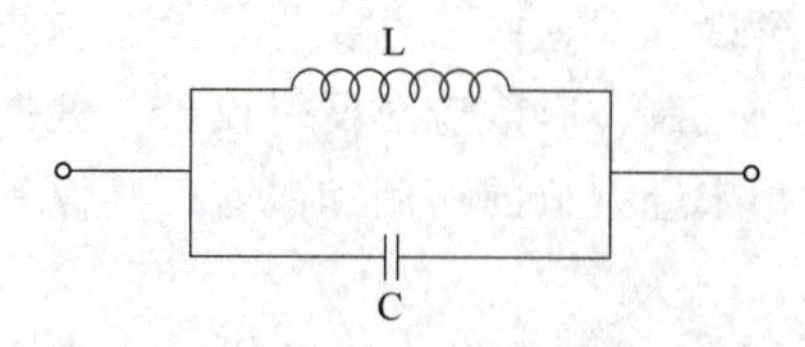

图 2-13　LC 振荡回路功能系统图

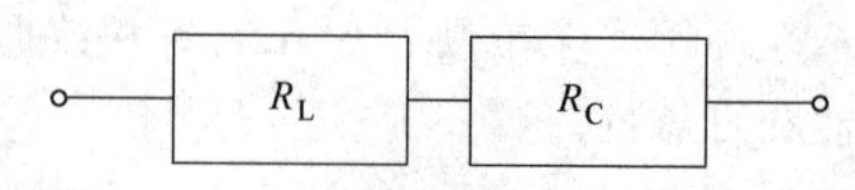

图 2-14　LC 振荡回路可靠性框图

2. 串联系统可靠性模型

一个系统由 n 个单元 A_1，A_2，…，A_n 组成，当每个单元都正常工作时，系统才能正常工作；或者说当其中任何一个单元失效时，系统就失效。这种系统称为串联系统，其可靠性框图如图 2-15 所示。

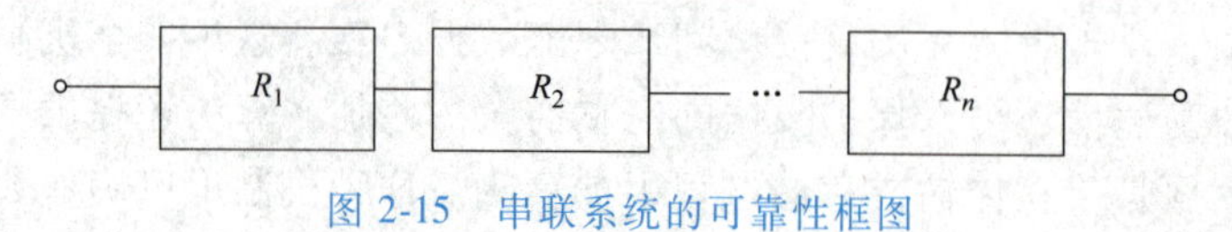

图 2-15　串联系统的可靠性框图

图中 R_1，R_2，…，R_n 分别为 n 个单元的可靠性。在串联系统中，假设各单元相互独立的情况下，其系统可靠性为

$$R_s(t)=\prod_{i=1}^{n}R_i(t) \tag{2-4}$$

式中，$R_s(t)$ 为系统在 t 时正常工作的概率，即系统在 t 时的可靠度；$R_i(t)$ 为第 i 个单元在 t 时正常工作的概率，即单元 A_i 在 t 时的可靠度。

3. 并联系统可靠性模型

一个系统由 n 个单元 A_1，A_2，…，A_n 组成，如果只要有一个单元工作，系统就能工作，或者说只有当所有单元都失效时，系统才失效，这种系统称为并联系统，其可靠性框图如图 2-16 所示。图中，R_1，R_2，…，R_n 分别为 n 个单元的可靠性。

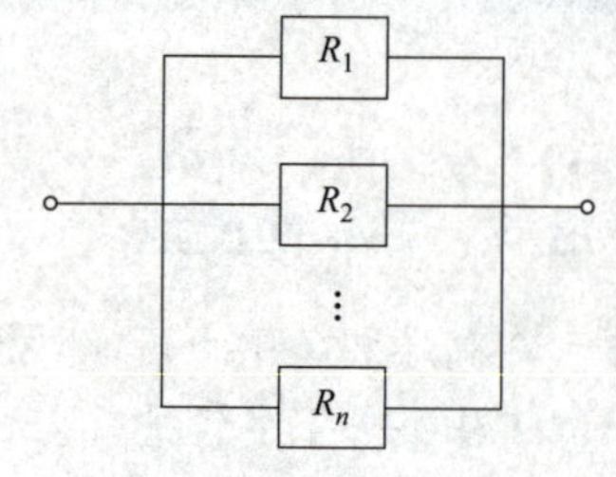

图 2-16　并联系统的可靠性框图

在假设各单元相互独立的情况下，有

$$F_s(t)=\prod_{i=1}^{n}F_i(t) \tag{2-5}$$

$$\begin{aligned}R_s(t)&=1-F_s(t)=1-\prod_{i=1}^{n}F_i(t)\\&=1-\prod_{i=1}^{n}[1-R_i(t)]\end{aligned} \tag{2-6}$$

式中，$F_s(t)$ 为系统在 t 时失效的概率，即系统的不可靠度；$F_i(t)$ 为第 i 单元在 t 时失效的概率，即单元 A_i 的不可靠度。

4. 混联系统可靠性模型

由串联系统和并联系统混合组成的系统称为混联系统。最常见的混联系统有以下两种。

（1）串并联系统（附加单元系统）　一个串并联系统串联了 n 个组成单元，而每个组成单元都由 m 个基本单元并联而成，该串并联系统的可靠性框图如图 2-17 所示。

设每个单元 A_i 的可靠度为 $R_i(t)$，则此系统的可靠度 $R_{s1}(t)$ 为

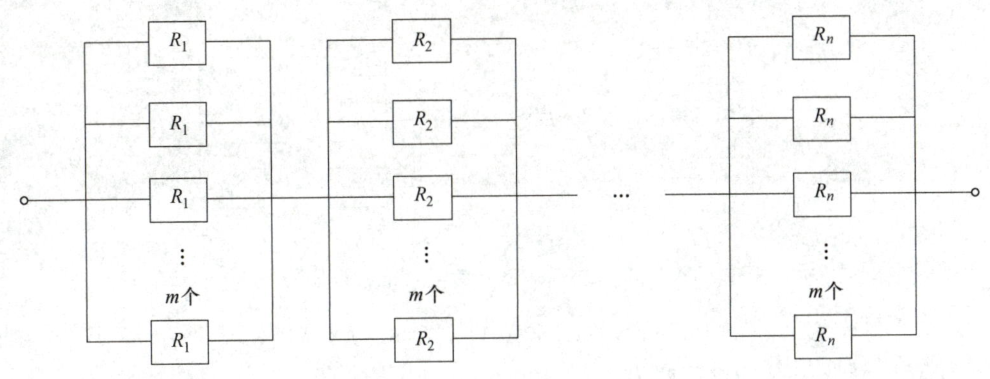

图 2-17 串并联系统的可靠性框图

$$R_{s1}(t)=\prod_{i=1}^{n}\{1-[1-R_i(t)]^m\} \tag{2-7}$$

（2）并串联系统（附加通路系统） 一个并串系统并联了 m 个组成单元，而每个组成单元都由 n 个基本单元串联而成，该并串联系统的可靠性框图如图 2-18 所示。

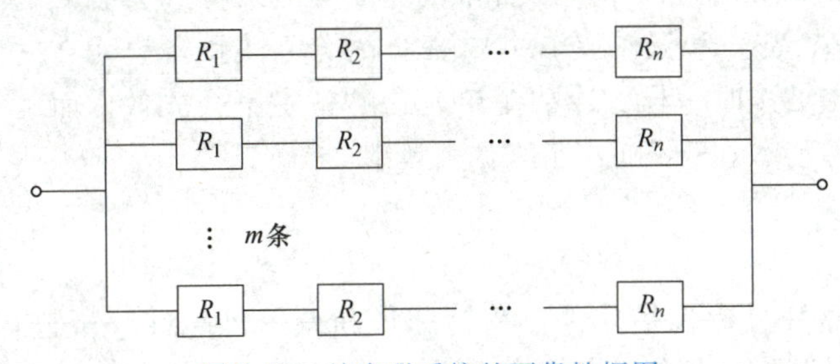

图 2-18 并串联系统的可靠性框图

设每个单元 A_i 的可靠度为 $R_i(t)$，则此系统的可靠度 $R_{s2}(t)$ 为

$$R_{s2}(t)=1-\left[1-\prod_{i=1}^{n}R_i(t)\right]^m \tag{2-8}$$

5. 表决系统可靠性模型

n 中取 k 的表决系统有两类：一类称为 n 中取 k 个好系统，要求组成系统的 n 个单元中有 k 个或 k 个以上完好，系统才能正常工作，记为 $k/n[G]$。另一类称为 n 中取 k 个坏系统，其涵义是组成系统的 n 个单元中有 k 个或 k 个以上失效，系统就不能正常工作，记为 $k/n[F]$。显然，$k/n[G]$ 系统即是 $(n-k+1)/n[F]$ 系统，而串联系统是 $n/n[G]$ 系统，并联系统是 $1/n[G]$ 系统。$k/n[G]$ 系统可靠性框图如图 2-19 所示。下面以 $2/3[G]$ 系统为例分析。

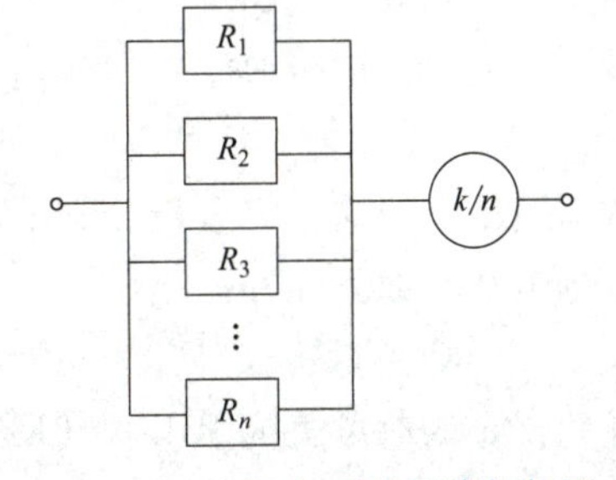

图 2-19 $k/n[G]$ 系统可靠性框图

对于 $2/3$ $[G]$ 系统，即三个单元并联，其中任两个单元正常工作，系统即能正常工作。其可靠性框图如图 2-20 所示，其中图 2-20b 是图 2-20a 的等效系统可靠性框图。

若组成系统的单元为 1，2，3，其单元可靠度分别为 $R_1(t)$、$R_2(t)$ 和 $R_3(t)$，第 i 个单元处于正常工作的事件为 A_i，系统处于正常工作的事件为 A_s，则事件 A_s 与 A_1，A_2，A_3 的关系为

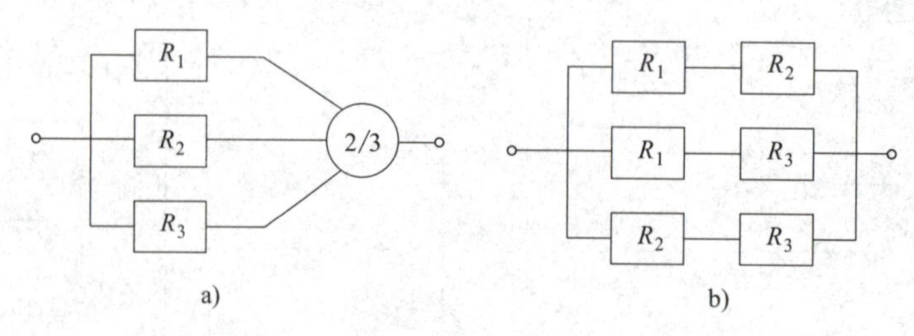

图 2-20　2/3［G］表决系统可靠性框图

$$A_s = A_1A_2A_3 \cup A_1A_2A_3' \cup A_1A_2'A_3 \cup A_1'A_2A_3 \tag{2-9}$$

因而 2/3［G］系统的可靠度为

$$R_s(t) = R_1(t)R_2(t)R_3(t) + R_1(t)R_2(t)F_3(t) + R_1(t)F_2(t)R_3(t) + F_1(t)R_2(t)R_3(t) \tag{2-10}$$

6. 贮备系统可靠性模型

贮备系统通过在工作单元失效时，立即由贮备单元接替工作，来确保系统的连续性和可靠性，其可靠性框图如图 2-21 所示。贮备系统一般有冷贮备（无载贮备）、热贮备（满载贮备）和温贮（轻载贮备）之分。热贮备单元在贮备中的失效率和在工作时一样，冷贮备单元在贮备中不会失效，而温贮备单元的贮备失效率大于零而小于工作失效率。

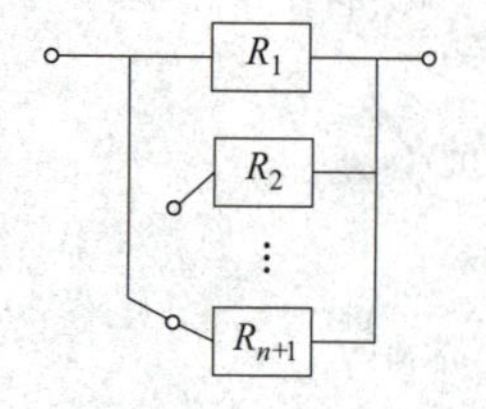

图 2-21　贮备系统的可靠性框图

2.5.2　可靠性分析

高端装备的可靠性分析包括元件可靠性分析和系统可靠性分析，二者相辅相成，共同保障设备的整体性能和安全性。元件可靠性分析关注单个元件的性能和寿命，通过评估每个元件在不同工作条件下的失效概率和模式，帮助工程师识别和改进潜在薄弱点。另一方面，系统可靠性分析从整体角度评估设备的性能。它考虑各元件间的相互作用和依赖关系，能够揭示系统设计中的潜在问题，指导优化设计和配置，以实现最佳的性能和可靠性。此外，它还可以用于制定维护策略，通过识别关键元件和系统薄弱环节，帮助制定预防性维护计划，最大限度地减少非计划停机和故障。

1. 元器件可靠性分析

为了预计产品的可靠度（或 MTTF，平均无故障时间），需评估组成产品的元器件的失效率。元器件的失效率常指平均失效率，但准确预测失效率是困难的，因为数据受多种因素（如用途、操作者、维护方法、测量技术和失效定义）影响。预计通常只能给出一个大致的数值范围，但这个定量指标对于产品改进和可靠性提升有积极作用。常见的预计元器件失效率的方法有如下几种：

（1）收集数据预计法　主要包括利用国内如 GJB/Z 299C—2006 等可靠性预计手册的统计数据，或参考美国 MIL-HDBK-217F 手册来估算国产和进口电子元器件的失效率。手册涵盖了集成电路、半导体器件、电子管、电阻器等多种元器件的失效率预计方法，包括元器件计数和应力分析预计法，提供了实用的工作失效模型作为参考。

（2）经验公式计算法　影响元器件失效的要素众多，温度与电应力尤为关键。各种元器件有其独特的数学失效率模型，如半导体元件、电阻、电容等。然而，实验室条件下得出的基础失效率在实际应用中需考虑环境等因素进行修正，从而得到准确的工作失效率。

(3) 元器件计数预计法　元器件计数预计法是一种早期预计法，它主要在产品原理图基本形成、元器件清单初步确定的情况下应用。这种方法基于元器件的故障率数据，通过统计和计算来预测整个系统的可靠性。它能够帮助工程师在设计阶段就了解到系统的潜在可靠性问题，从而采取相应的措施来提高系统的可靠性。

(4) 元器件应力分析预计法　元器件应力分析预计法是一种在产品设计后期应用的详细可靠性预计法。它基于元器件的基本失效率，并根据使用环境、工艺、质量等级、工作方式和工作应力等因素进行修正，以预计产品的失效率。

总体而言，可靠性预计的准确性具有相对性，初步预计受限于信息有限，准确性相对较低；而详细预计则更为精准，但相较于产品真实可靠性仍有偏差。尽管如此，可靠性预计仍至关重要，它使产品设计者能预先把握产品的可靠性水平，为后续优化提供有力依据。

2. 系统可靠性分析

在按照可靠性预计手册的元器件应力分析法和有关数据求得各种元器件失效率后，根据设备所用元器件数量和系统结构，可以算出设备或系统的失效率和可靠度，上下限法（即边值法）是主要的分析方法。上下限法是一种用于估计复杂系统可靠性的近似方法。当直接推导复杂系统的可靠性函数表达式变得困难时，上下限法提供了一种简化的推导途径。该方法的基本思想是通过忽略一些次要因素，用近似的数值来逼近系统可靠度的真值，具体步骤如下。

1) 确定上限值：假定系统中非串联部分的可靠度为 1（即完全可靠），从而忽略它们对系统可靠性的影响，这样计算出的系统可靠度是可能的最高值，即上限值。

2) 确定下限值：假设非串联单元不起冗余作用，全部作为串联单元处理，这种简化处理得出的系统可靠度是可能的最低值，即下限值。

3) 修正上下限值：可以通过考虑一些非串联单元同时失效对可靠度上限的影响来修正上限值，使其更接近真值。同样，考虑某些非串联单元失效不引起系统失效的情况，也可以提高下限值。

4) 迭代逼近：随着考虑的因素增多，上下限值会逐渐接近真值。通过多次迭代和简化，可以得到越来越精确的上下限估计。

5) 综合公式：通过综合公式将多次简化的结果结合起来，得到近似的系统可靠度。

上下限法可用图 2-22 所示的图解表示。若用“$R_{上限}^{(1)}$”代表第 m 次简化的系统可靠度上限值，“$R_{下限}^{(1)}$”代表第 n 次简化的系统可靠度下限值，则图中“$R_{上限}^{(1)}$”和“$R_{上限}^{(2)}$”分别代表第 1 次和第 2 次简化的系统可靠度上限值，“$R_{下限}^{(1)}$”“$R_{下限}^{(2)}$”和“$R_{下限}^{(3)}$”分别代表第 1 次、第 2 次和第 3 次简化的系统可靠度下限值。由于每次简化都是在前 1 次简化的基础上进行，因此选定的 m 值和 n 值越大，得出的系统可靠度上限值和下限值就越逼近其可靠度真值。

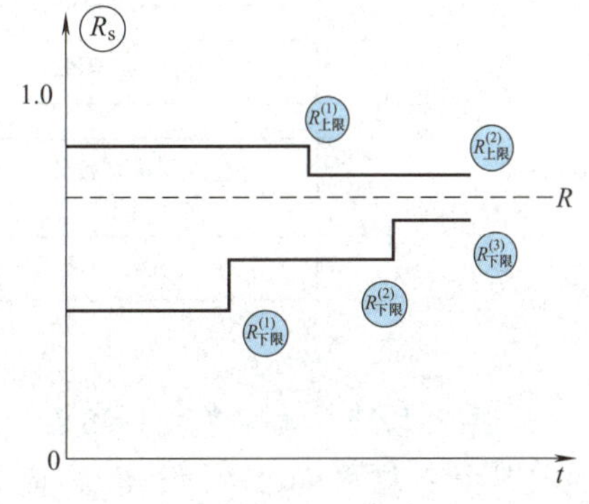

图 2-22　上下限法的图解表示

上下限法的优点在于不苛求单元之间是否相互独立，且各种冗余系统都可使用，也适用于多种目的和阶段工作的系统可靠性预计。

3. 可靠性分配

可靠性分配是确保复杂系统可靠性目标得以达成的重要手段，它将整体系统要求的可靠度合理地细分到每一个构成单元。这个过程与系统的可靠性预计相反，预计是依据基础单元的可靠度来推断整体系统的可靠性，而分配则是从系统整体出发，根据系统所需的总可靠性指标，逐层向下为各个单元设定具体的可靠度要求。可靠性分配的核心在于最优化决策，需要平衡系统的可靠性需求与成本、重量、体积等其他约束条件。在实际应用中，不同的设备和系统有不同的分配策略。有些系统可能将可靠性作为首要指标，在确保达到可靠性下限的同时，尽量降低其他成本；而有些系统则可能更注重成本控制，在预算范围内追求尽可能高的系统可靠性。此外，在可靠性分配时还需充分考虑当前的技术实现能力，确保分配方案的可操作性和可行性。

2.5.3 失效模式、机理和影响分析

失效模式、机理和影响分析（FMMEA）在高端装备中的作用至关重要。高端装备通常用于关键任务和严苛环境，因此其可靠性和安全性要求极高。FMMEA 作为一种系统化的方法，通过识别可能的失效模式及其机理，评估这些失效对系统性能的影响，从而为设计和改进提供科学依据。

FMMEA（失效模式、机理和影响分析）是一种系统化的方法，用于识别与所有潜在失效模式相关的失效机理和模型，并列出这些机理。该方法特别强调确定高优先级的失效机理，涉及考虑使用条件下的应力、环境因素以及设计中需要特别控制的参数。FMMEA 的核心在于理解产品需求与其物理特性（及其在生产过程中的变化）之间的关系，分析产品材料如何在不同负载下与使用条件下的应力相互作用，并探究这些互动如何影响产品对失效的敏感性，这包括寻找失效机理和通过可靠性模型对失效敏感性进行定量评估。执行 FMMEA 方法的步骤如图 2-23 所示。

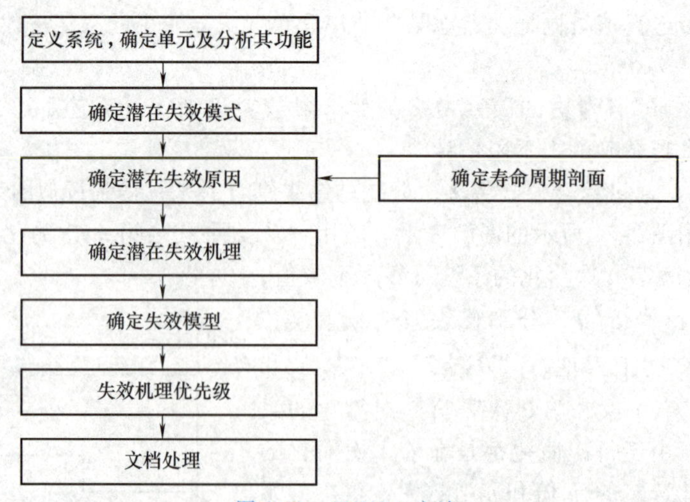

图 2-23　FMMEA 方法

1. 定义系统、确定单元和功能

FMMEA 过程从定义待分析系统开始。系统是为实现特定目标而由多个子系统或层次集合而成。系统可以进一步分解成多个子系统和层次，这些子系统可能还会更细致地分为多个

组成元件。这些元件是装备的基础构成部分。

2. 潜在失效模式

失效模式指的是可以通过其效应观察到某个失效的发生，也可以定义为组件、子系统或系统未能达到或完成预期功能的方式。在进行 FMMEA 分析时，对于所有已识别的单元，需要将每个单元的所有可能失效模式列出清单。值得注意的是，一个潜在的失效模式可能是某个更高阶子系统或系统失效模式的原因，或者是由某个更低阶部件的问题导致的后果。这种层次性和互依性要求在分析时进行综合考虑，以确保对系统的完整理解和评估。

3. 潜在失效原因

失效原因是导致某一失效模式发生的根本环境因素，这些因素可能来源于设计、制造、储存、运输或使用过程中。对每个失效模式，需要详细记录和分析失效可能发生的具体方式。对这些潜在失效原因的深入了解有助于识别特定失效模式的失效机理，并允许设计团队进行适当的设计调整或采取预防措施，以提高装备的可靠性和性能。通过这种方式，FMMEA 分析能帮助提升产品设计的整体质量，并确保装备在实际使用中的稳定性和安全性。

4. 潜在失效机理

失效机理描述了由潜在失效模式和失效原因引起的具体失效过程。在装备的可靠性研究中，失效机理的认识至关重要，因为它能帮助设计团队了解产品在实际使用中可能遇到的具体物理问题。失效机理通常分为两大类：过应力型和耗损型。过应力型失效是指产品在承受高于其承载极限的单一载荷或应力条件下发生的失效。例如，一次过高的电压冲击可能会立即导致元件损坏。而耗损型失效则是由于累积的载荷或应力条件导致的，如长时间的热循环或机械振动，这些条件逐渐积累，损害并最终导致失效。

5. 失效模型

失效模型是一种评估产品在特定应力、环境和使用条件下失效敏感性的工具。通过应用适当的应力和损伤分析方法，可以预测失效时间或评估在给定的几何结构、材料构成和外部条件下失效的可能性。在使用失效模型时，必须考虑到数据获取的可行性和准确性的限制，以及如何将单个失效点的多个失效模型结果或多应力条件下相同模型的结果进行有效整合。如果现有的失效模型不适用或无法获取，可以根据以往的现场失效数据或加速试验得到的数据，开发基于经验的模型，并选择合适的监测参数来预测未来的失效行为。这种方法有助于提高预测失效行为的准确性和可靠性，从而在装备设计和维护中做出更加明智的决策。

6. 失效机理优先级处理

在产品的整个寿命周期中，不同的环境和运行参数下的多种应力水平可能会触发各种失效机理。然而，实际情况通常是，只有少数的运行和环境参数与主要失效机理相关，这些机理对于装备未能达到预期寿命的责任尤为重大。高优先等级失效机理是指那些能致使产品在到达它的预期寿命之前不能工作的失效机理，这些机理会在产品使用的正常运行和环境条件下发生。高优先等级失效机理通过对所有潜在失效机理进行优先级次序识别，图 2-24 所示为这种失效机理优先级处理方法。

7. 文档

在 FMMEA 过程中，文档记录是一个至关重要的步骤。这些文档不仅记录了 FMMEA 分析的所有关键细节，还包括了基于分析结果所采取的行动。这种系统化的记录确保了项目的可追溯性，并为未来的分析提供了宝贵的历史数据和经验。

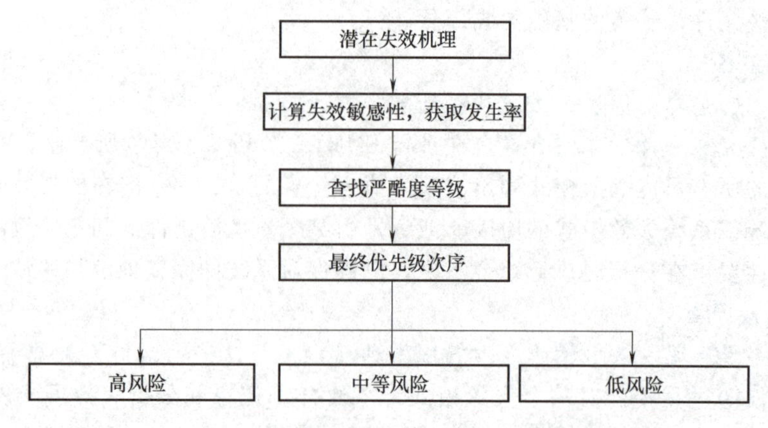

图 2-24　失效机理优先级处理方法

8. 寿命周期剖面

寿命周期剖面是产品设计和可靠性分析中的一个关键组成部分，它涵盖了产品从制造到最终退役的全过程中所面临的各种环境条件。这些条件包括但不限于温度、湿度、压力、振动、冲击、化学腐蚀、辐射、污染，以及在实际使用中承受的各种载荷（例如电流、电压和功率）。装备的寿命周期剖面由多个阶段组成，包括产品的装配、储存、装卸和使用条件。每个阶段都有其特定的环境条件，这些条件的严酷程度和持续时间对产品的可靠性和性能有直接影响。

2.5.4　可靠性设计

可靠性设计通过系统化的方法和技术，确保高端装备在整个生命周期内的稳定和安全运行。它贯穿于装备的制造和测试过程中，通过严格的质量控制和加速寿命测试，确保每个元件的可靠性符合设计要求。这些测试能够模拟极端环境和工作条件，帮助发现并解决潜在问题，保证成品的高质量和高可靠性。同时，通过实时监控和数据分析，可靠性设计能够预见设备何时需要维护，实施预防性维护策略，减少非计划停机和维护成本。

1. 产品需求和约束

产品的创建、修改或升级可能由多种因素驱动，如满足市场需求、开拓新市场、保持竞争力、满足特定战略用户需求、引入新技术或改善产品的可维修性。在制造可靠产品的过程中，供应链中的供应商与用户间的合作至关重要。根据 IEEE 1332 标准，这种合作包括三个主要目标：一是共同明确和理解客户及产品需求，形成完整设计规范；二是执行一系列工程活动，确保产品可靠性；三是采取措施确保满足用户的可靠性需求。

需求收集与优先排序是初步步骤，涉及的具体人员根据企业和产品类型而定。安全至关重要的产品可能需要安全、可靠性及法律方面的专家参与。定义需求后，将这些需求转化为详细的产品规范，包括需求满足的时间表、工作分配和潜在风险的识别。需求与初步规范的差异需进行权衡处理。设计过程中，需持续评估和追踪产品设计是否符合初步的需求，以降低未来产品重新设计的成本。通过技术监测和使用路线图，计划性的设计更新可确保及时推出新产品或有效地进行老产品的再设计，以维持客户基础和持续盈利。

2. 产品寿命周期条件

产品的设计和开发受到其预期寿命周期条件的显著影响，包括环境条件，如温度、湿度、压力和化学腐蚀，以及运营期间遇到的各种载荷，如机械压力、电磁干扰和电气载荷。这些条件影响材料和组件的选择、产品测试、安全标准、保修政策和维修策略。寿命周期条件的详细了解有助于优化产品设计，确保其在各种环境下的可靠性和性能。产品可靠性的评估和确保需要通过以下方式获得数据：

1）市场研究和标准：提供行业特定的环境载荷估计。

2）相似性分析：基于相似产品的历史数据来评估预期载荷。

3）现场试验和服务记录：提供实际操作条件下的环境数据。

4）原位监测：通过传感器直接监测产品在使用过程中的环境和载荷，提供最准确的数据。

此外，选择供应链时，应考虑供应商的可靠性能力，这包括技术、生产能力和地理位置等因素。这些选择直接影响产品在整个寿命周期内的可靠性表现，对企业的竞争力具有长远影响。可靠性能力的评估通过量化方法，如可靠性能力成熟度评估，来确定企业在可靠性管理上的成熟度和效率。

3. 可靠性能力

可靠性能力是衡量企业满足客户可靠性要求的有效性的指标。通过可靠性能力成熟度的评估，可以量化这些活动的有效性。可靠性成熟度评估会指出企业内关键可靠性活动的理解程度、是否有文档和培训支持、是否适用于所有产品，以及这些活动是否持续受到监控和改进。这种评估有助于确保企业在可靠性管理上达到高水平，从而确保产品质量和客户满意度。

4. 零部件和材料选择

零部件（材料）的选择和管理方法能够帮助企业在产品生产时进行风险决策。零部件的评估过程如图 2-25 所示。零部件评估的关键要素包括性能、质量、可靠性、装配的便捷性。

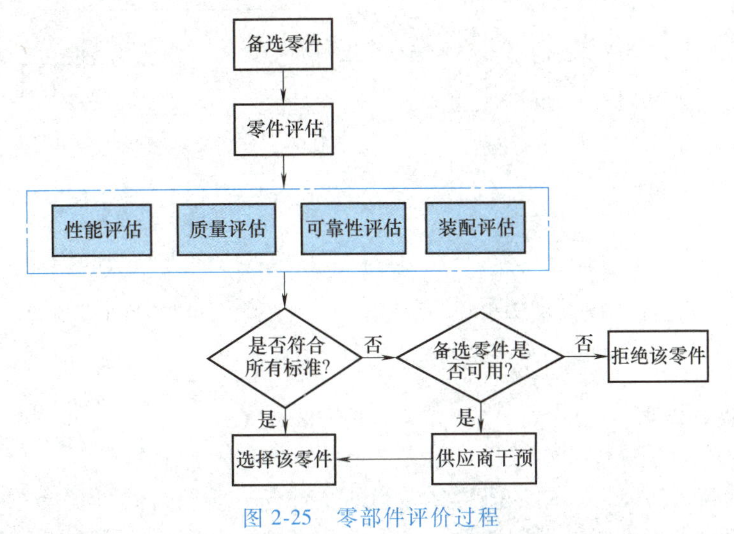

图 2-25　零部件评价过程

5. 人为因素与可靠性

系统设计中的人为因素对于安全性、可靠性和可维修性等系统参数至关重要，需要进行权衡以增强系统的整体有效性。人机交互是系统设计的关键组成部分，涉及以下几个方面：

1）系统的设计和生产：设计阶段应考虑操作者和维修人员的需求和限制。

2）操作者和维修者的角色：他们是系统运行和维护的关键决策者。

3）人机接口：包括功能分配、自动化程度、可达性、任务设计、应力条件、信息提供和基于此的决策制定。

人为因素和机器因素均可导致系统故障，其中一些人为错误可能会增加系统出现故障的风险。复杂的人机接口可能增加操作错误的概率，从而影响系统的可靠性。在人为因素、可靠性与可维修性的关系中，系统的可靠性和可维修性依赖于故障的及时发现和纠正，通常由人执行这些任务。系统性能因人的介入而得到增强或降级。人的优势包括感知多样性、长期记忆、经验学习、创造性思维、处理意外事件的能力等。而机器的优势在于计算速度、执行常规任务的精确性、快速响应、数据存储和处理复杂操作的能力。正确的功能分配对提升系统的总体可靠性至关重要。

6. 演绎与归纳方法

演绎法是一种“自顶而下”的分析方法，从一般的系统理论出发，通过逻辑推理寻找特定的故障原因。在这种分析方法中，分析者假设系统整体或某个子系统可能出现的故障，然后探索这些故障的可能来源。这种方法侧重于从总体到细节的推理过程，帮助确定某种故障是如何由系统的各个部分的行为所导致的。归纳法则是“自底而上”的分析方法，它从具体的故障实例或初始条件出发，通过分析和总结，推导出更广泛的规律或原理。这种方法通常在已知一个或多个具体故障情况后使用，试图从这些具体实例出发，确定可能导致类似故障的更一般性条件或系统性问题。图 2-26 所示为“自底而上”和“自顶而下”的区别，其中箭头指出了这些树状图的方向。一般而言，归纳和演绎法都有必要使用以得到一整套的故障（失效）事件结果。

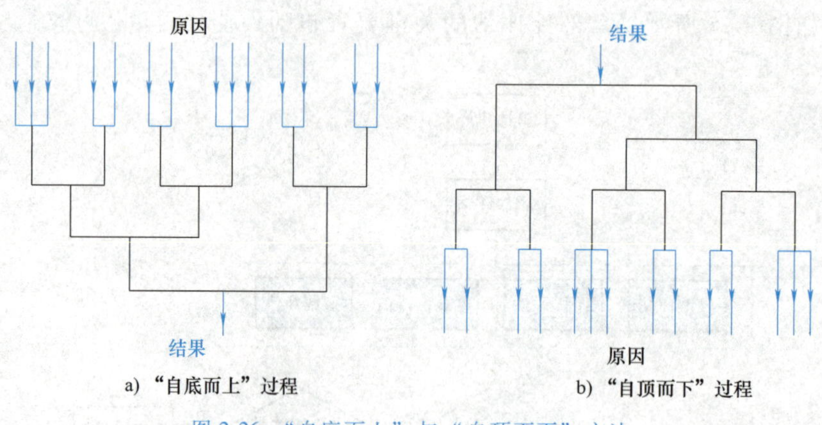

图 2-26 “自底而上”与“自顶而下”方法

7. 设计审查、鉴定

设计审查是一个系统设计中的正式且有文档的审查过程，由具有丰富经验的公司高级职员组成的委员会负责，涵盖产品从概念到生产的全部开发阶段，并可扩展至产品使用寿命。这一过程涉及综合考虑性能、可制造性、可靠性和可维护性等相互矛盾的因素，并依赖于审查人员的经验判断和技术交流。设计审查通常是多阶段的，跟随设计周期至系统生产，涉及实时分析和更新。审查过程需要设计工程师根据委员会的建议进行调查和综合，并正式向委员会报告接受或拒绝建议的理由。设计审查不仅关注可靠性，还考虑所有关键因素，确保设计的成熟性。同时，鉴定试验在产品开发早期及设计或工艺重大变更后进行，以评估潜在的失效。加速试验则用于在较短时间内模拟产品的长期使用情况，帮助评估产品在实际使用条件下的可靠性，需要精心规划以确保试验的代表性和有效性。

8. 制造和装配

制造和装配过程对产品的质量和可靠性具有决定性影响。不当的制造和装配可能导致缺陷、瑕疵的产生，这些都可能成为潜在的失效点或应力增强器，进而影响产品的后续寿命。制造过程中关键参数的变异，例如参数的均值漂移或标准差的增加，可能会导致产品强度下降，从而引起早期失效。制造的变异性对失效时间的影响如图 2-27 所示。

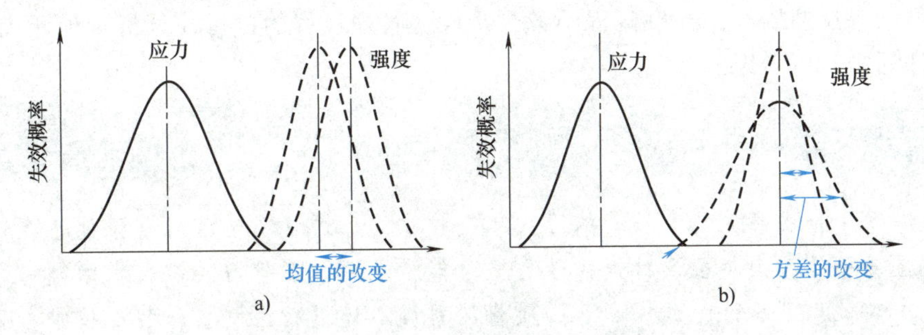

图 2-27　质量对失效概率的影响

为了确保产品的可靠性，通常需要实施严格的鉴定程序来验证每批产品的质量。这可能包括逐批筛选，以确保组装和制造的相关参数的变化保持在特定的公差范围内。通过筛选过程剔除潜在的缺陷，可以在产品到达最终顾客前保证其质量。

9. 闭环反馈与根因检测

确保产品可靠性需要一个闭环过程，这一过程将产品寿命周期中的每个阶段所获得的信息反馈到设计和制造阶段。通过从制造、装配、储存、运输、定期保养、使用到健康监测的各个环节收集的数据，可以提高未来的设计方案、测试方法，并及时进行产品维修与维护，防止灾难性故障的发生。图 2-28 所示为用于产品整个寿命周期的可靠性闭环管理流程。

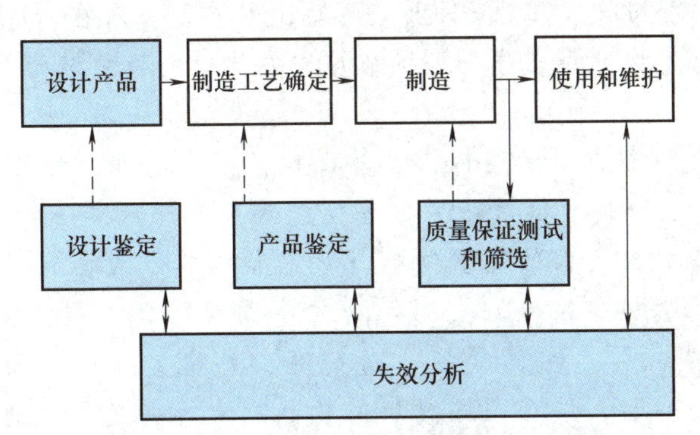

图 2-28　使用闭环反馈系统的可靠性管理过程

闭环管理流程的核心是分析产品寿命周期内的所有失效事件，识别并解决其根本原因。这不仅仅是为了修复当前的失效状态，而是为了在最根本的层面解决问题，确保类似问题不再发生。正确识别失效的根本原因并采取相应的纠正措施，可以有效减少返厂率，降低成本，并提升客户满意度。从失效分析中获得的信息必须被记录并用于更新设计、制造流程和维护方法。产品开发完成后，还需应用相关资源进行供应链管理、报废评估、制造和装配、供应商保修期管理以及现场失效与根因分析。产品失效相关的风险可以分为两大类。

1）管理类风险：由于产品开发团队的主动管理造成的风险，需要通过制定和实施一套监测系统来管理，这套系统应符合外场特性、制造商要求和工艺性要求。

2）非管理类风险：由于产品开发团队未采取主动管理引发的风险。

如果确定需要进行风险管理，应制定详细计划，包括如何监测产品（数据采集）以及如何将监测结果反馈给产品开发流程的各个阶段。管理过程的可行性分析、预期成果和费用也必须在计划中予以考虑。

本章小结

本章综述了构成高端装备核心的五大基础技术。先进材料技术推动了装备在性能与耐久性上的显著提升，为装备设计提供了更多可能性。精密测量与控制技术则确保了设备操作的极高准确性和可靠性，是提高产品质量的关键。通过精密制造与装配技术，高端装备能够达到严格的设计规格，保证了高效的生产流程和优越的性能表现。装备控制软件系统通过高级编程和智能化管理，显著提升了设备的自动化和操作效率。最后，可靠性技术的应用确保了设备在各种工作环境下的持续稳定运行。这些技术的融合与创新是推动现代高端装备向前发展的动力源泉。

思考题

1. 在我国航空航天快速发展的过程中，始终有着“一代飞机，一代材料”的说法，尤其是中国商飞 C919 大飞机的正式交付使用，形象且具体地展示了采用高性能新材料与提高飞机性能之间的密切联系。请查阅相关资料，列举 2~3 种在 C919 飞机中所使用的高性能材料，并系统论述材料的成分、组织结构和力学性能等关键指标对使用性能的影响规律。

2. 光刻机中的关键组件，如透镜、反射镜和机械驱动臂，对材料的要求极为苛刻，需要具有高透光率、高强度、低线胀系数等性能特点。针对这一背景，思考以下问题：①如何通过控制透镜材料表面的微观结构（如晶格结构、表面粗糙度等）来提升光刻机光学精度？②探讨近年来在光刻机驱动结构中涌现的新材料（如先进陶瓷材料等）的组成、结构、性能，及其在高效率、高精度、高稳定性的运动控制方面的优势；③如何通过开发复合材料，结合不同材料的优点，来解决光刻机的某些组件所要求的多功能需求？

3. 轧钢机通过轧制压缩完成钢材形态的调整与改变，将粗钢坯料变成规定尺寸和形状的钢材。轧钢机厚度控制是衡量钢材质量的指标之一。图 2-29 所示为轧制过程中压下装置控制系统，其作用是保持钢板在轧制过程中厚度不改变。

(1) 系统中的厚度测量仪，可以选用接触式厚度传感器，如电感式位移传感器、电容式位移传感器等，也可以选用非接触式厚度传感器，如磁性厚度传感器、超声波厚度传感器等来实现。请选用一种，举例说明其工作原理。

(2) 在轧制过程中，如何合理地选择驱动装置？

(3) 系统的工作原理是什么？请绘制原理框图。

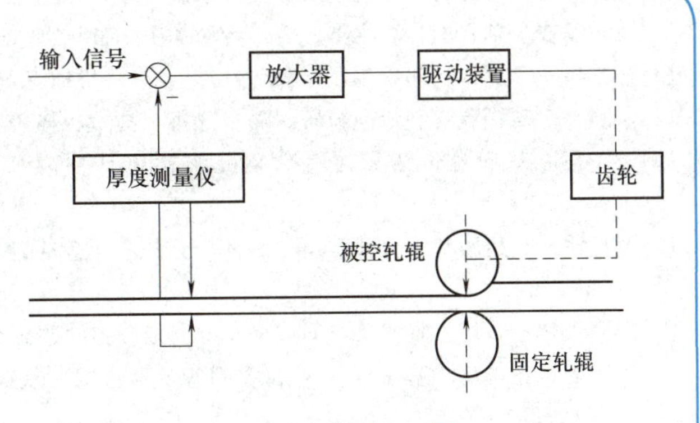

图 2-29　题 2-3 图

4. 先进制造技术在高端装备零部件的精密制造中占有重要地位，甚至是部分关键零件制造的“卡脖子”难题，而先进制造技术的发展正融合不同领域前沿科技，为我国高端装备的创制、升级提供了有力的技术支撑。试举例分析高端装备零部件精密制造中的先进制造技术交叉融合应用前沿。

5. 现有高端装备控制软件系统在处理海量数据和复杂计算任务时具有局限性，特别是在本地硬件资源有限的情况下，请分析云服务和云计算在扩展计算能力、存储和数据处理上的优势，以及它们如何优化系统的实时性和响应速度。在高端装备与云端交互过程中遇到的安全和隐私问题时，如何确保数据传输和存储的安全性？综合这些因素，探讨云技术如何推动高端装备控制软件系统的发展与创新？

6. 高端装备（如航空航天器、核电站系统和高铁等）的可靠性是决定其性能和安全性的关键因素。在高端装备的设计过程中，如何确保可靠性？有哪些方法和工具可以用于预测和提升系统的可靠性？此外，现代技术允许收集大量的运行数据。如何利用这些数据进行可靠性分析和预测？有哪些数据分析方法和工具可以帮助提高高端装备的可靠性？

参考文献

[1] 吴玉程，王晓敏. 材料科学与工程导论 [M]. 北京：高等教育出版社，2020.

[2] 吴玉程. 工程材料基础 [M]. 合肥：合肥工业大学出版社，2022.

[3] GORDON J E. 结构是什么？[M]. 李轻舟，译. 北京：中信出版社，2019.

[4] MARK M. 迷人的材料 [M]. 赖盈满，译. 北京：北京联合出版公司，2015.

[5] 徐科军，马修水，李晓林，等. 传感器与检测技术 [M]. 5 版. 北京：电子工业出版社，2021.

[6] 张洪润，邓洪敏，郭竞谦. 传感器原理及应用 [M]. 2 版. 北京：清华大学出版社，2021.

[7] 王孝武，方敏，葛锁良. 自动控制理论 [M]. 北京：机械工业出版社，2009.

[8] 胡寿松. 自动控制原理 [M]. 北京：科学出版社，2017.

[9] 唐火红，丁志，杨沁. 机械制造技术基础 [M]. 合肥：合肥工业大学出版社，2016.

[10] 周伟民，闵国全. 3D 打印技术 [M]. 北京：科学出版社，2016.

[11] 吴玉程. 工程材料与先进成形技术基础 [M]. 北京：机械工业出版社，2022.
[12] 白基成，刘晋春，郭永丰，等. 特种加工 [M]. 北京：机械工业出版社，2013.
[13] 易树平，郭伏. 基础工业工程 [M]. 北京：机械工业出版社，2018.
[14] 黄格. 高端装备制造创新研制需求分析与技术选择研究 [D]. 长沙：国防科技大学，2019.
[15] 王涛. 基于身份的云储存数据完整性审计和隐私保护技术的研究 [D]. 贵阳：贵州师范大学，2023.
[16] 任明，沈达. 基于深度学习的云平台动态自适应任务调度 [J]. 计算机技术与发展，2024，34（8）：1-7.
[17] 高升华. 云计算服务模式下数据安全责任分担问题研究 [D]. 徐州：中国矿业大学，2023.
[18] 张杨，莫秀良. 基于区块链和零知识证明的身份认证机制 [J]. 天津理工大学学报，2024，40（6）：110-116.
[19] 李杰. 工程结构可靠性分析原理 [M]. 北京：科学出版社，2021.
[20] 杨为民. 可靠性·维修性·保障性总论 [M]. 北京：国防工业出版社，1995.
[21] 方志耕. 质量与可靠性管理 [M]. 4版. 北京：科学出版社，2023.
[22] 派克，卡普，康锐，等. 可靠性工程基础 [M]. 北京：电子工业出版社，2011.

第3章 光刻机构造原理

3

章知识图谱

说课视频

导语

集成电路是电子信息产业的核心，是现代社会的“工业粮食”，更是推动人工智能、智能网联汽车等新兴技术产业创新的动力源泉。集成电路制造业具有技术密集度高、资金投入大、迭代周期短、产业链价值链长等特点，在当前的国际背景下，日益成为大国竞争的战略高地，受到社会各界的广泛关注。光刻机是集成电路制造工艺中的核心设备之一，负责通过曝光的方式将电路设计图案从掩模（Mask）转移到硅片（也称硅晶圆，Wafer）上，从而形成集成电路的各种功能区域。光刻机的光学分辨率直接影响到集成电路上能够实现的最小特征尺寸，是制约集成电路制程节点进一步微缩的决定性因素。本章将简要介绍光刻机的发展历程，并将分别阐述光刻机整机和光源、成像系统、工作台系统等关键子系统的工作原理。

3.1 概述

3.1.1 光刻与集成电路的发明

通过曝光的方法转移设计图样的思路，最早可追溯到1820年代法国人尼塞福尔·尼埃普斯（Nicephore Niepce）的一项发明。他将印有图案的半透明油纸放在玻璃片上方，玻璃片上则预先涂抹一种作为光敏材料的天然沥青薄层。经过2~3h的日晒，油纸透光部分下方的沥青明显变硬，而不透光部分则依然较软，可被松香和植物油的混合溶剂溶解。通过使用该混合溶剂清洗表面，去除玻璃板上未硬化的沥青，并接着涂敷强酸，使得溶去沥青层区域的玻璃板表面受到腐蚀，即可将半透明油纸上的图案复制到玻璃板上。尼埃普斯将该项工艺称为“日光蚀刻法”（Heliography），并于1827年成功地将该工艺应用于雕版复制和摄影领域。

1936年，通过使用感光更为灵敏的光敏树脂，奥地利人保罗·爱斯勒（Paul Eisler）成功地利用曝光法将电路设计图样转移到覆铜塑料板，开发出了印制电路板（Printed Circuit Board，PCB）减去法工艺。PCB有效解决了先前电线直接连接电子元件所带来的工艺复杂、质量难以检查等问题，在电子工业迅速得到了推广。1947年，美国贝尔实验室威廉·肖克利（William Shockley）、约翰·巴丁（John Bardeen）和沃尔特·布拉顿（Walter Brattain）成功地制造出第一个晶体管，在很多应用领域可以替代体积和功耗巨大的电子真空管。结合晶体管和PCB，电子电路的体积得到了有效的缩小。然而，手工组装和焊接晶体管、二极管、电容、电阻等各种分立元件来制作电路板，其可靠性和生产率都很低。虽然晶体管可以制作得很小，但是其中真正起作用的只是尺寸不到百分之一毫米的晶体，而在电路中不发挥作用的支架、管壳等却占据晶体管的大部分空间。

1952年，英国皇家雷达研究所的科学家杰弗里·达默（Geffrey Dummer）提出了集成电路的概念，把晶体管、电阻、电容等元器件制作在一小块晶片上，形成一个完整电路，这样晶片能得到充分利用，晶体管密度可以提高几十至几千倍。电子线路占据的空间可显著降低，可靠性明显提高。这就是集成电路的最初设想，但是当时还没有能够将其实现的制造工艺。

第一个将这种设想变为现实的是德州仪器公司的年轻工程师杰克·基尔比（Jack Kilby）。基尔比认为电路的所有元器件都可用硅材料制造，并打算用硅制造集成电路，但是当时德州仪器公司没有合适的硅片，基尔比只得改用锗进行实验。1958年9月12日，基尔比成功地在一块锗片上制造了若干个晶体管、电阻和电容器件，并用极细的导线通过热焊的方法将它们互连起来，图3-1所示为基尔比发明的世界上第一块集成电路。2000年，集成电路问世42年之后，基尔比因发明了集成电路被授予诺贝尔物理学奖。诺贝尔奖评审委员会认为基尔比发明的集成电路“为现代信息技术奠定了基础”。

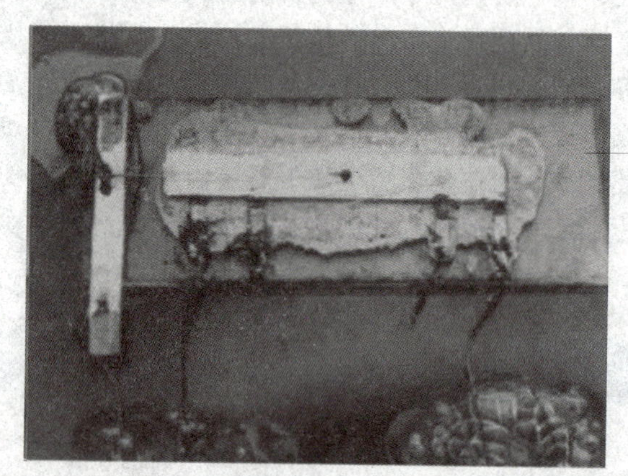

图3-1　基尔比发明的世界上第一块集成电路

需要说明的是，基尔比是通过手工焊接导线的方式来连接各元件，并不适合大规模生产。1952年，美国军方指派杰伊·拉斯罗普（Jay W. Lathrop）和詹姆斯·纳尔（James R. Nall）在国家标准局军械研发部（当年即改组为美国陆军戴蒙德弹药引信实验室）研究减小电子电路尺寸的技术，以便在炸弹、炮弹等有限的空间内更好地布置近炸引信电路。受到光敏树脂材料特性的启发，他们创造性地将摄影领域通过曝光转移图样的思路应用于集成电路制造工艺中，成功地在一片陶瓷基板上沉积了约为200μm宽的薄膜金属线条，并将分立晶体管之间进行电路连接，制造出了含有晶体管的小型化平面集成电路。1958年，在华盛顿特区举行的IRE电子设备专业小组（Professional Group on Electron Devices，PGED）会议上，他们发表了第一篇描述使用摄影技术制造集成电路的论文，并首次采用了术语“光刻”（photolithography）来描述该过程。

此后，仙童半导体公司的联合创始人罗伯特·诺顿·诺伊斯（Robert N. Noyce）提出使用相同的硅平面工艺（包含氧化、光刻、扩散、离子注入等一系列流程）在一块硅片上同时制造出晶体管、电阻、电容等器件和导线的思路，以使得集成电路可以采用与晶体管一样的工艺流程来生产。诺伊斯先后解决了在硅片上制造电阻、电容的问题，并用铝材料以薄膜沉积的方式实现器件间的互连。1959年7月，诺伊斯基于硅平面工艺，发明了世界上第一块硅集成电路，如图3-2所示。

相比之前的研究工作，诺伊斯发明的集成电路有以下两大优点。第一，诺伊斯使用的半导体材料是硅，硅在自然界中含量极其丰富，使集成电路的材料成本大幅降低；第二，诺伊斯采用平面工艺制造导线来连接各个器件，更适合工业生产。诺伊斯的发明为集成电路的大批量生产奠定了坚实的基础，人类从此由集成电路的“发明时代”进入了“商用时代”。

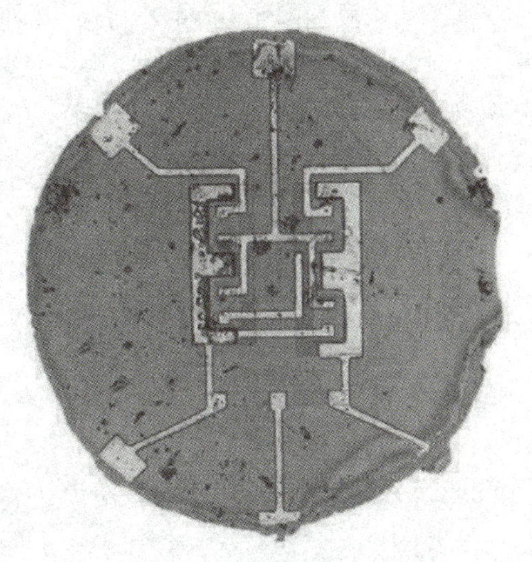

图 3-2 诺伊斯发明的世界上第一块硅集成电路

3.1.2 光刻工艺在集成电路制造中的作用

当前集成电路制造的主流工艺还是延续1959年仙童半导体公司发明的平面工艺，几乎所有的数字或模拟集成电路都是采用平面工艺制造的。平面工艺是在半导体基底上通过氧化、光刻、扩散、离子注入等一系列工艺流程，制造出晶体管、电容、电阻等元器件，并且将它们互连起来的加工过程。一般而言，集成电路制造的各种工艺步骤可以概括为3类：薄膜沉积、图形化和掺杂。薄膜沉积用于制造导体薄膜（如多晶硅、铝、钨、铜等）和绝缘体薄膜（如二氧化硅、氮化硅等），分别用于互连和隔离半导体基底上的晶体管、电阻、电容等元器件。图形化用于在硅衬底和沉积薄膜上制造各种电路图形，主要包括光刻和刻蚀两种工艺。掺杂是通过对半导体各个区域进行选择性掺杂，在合适的电压下改变硅的导电特性，包括扩散掺杂和离子注入掺杂两种工艺。通过这些工艺的组合，可以在一块半导体衬底上制造出数十亿个晶体管等元器件，并将它们互连起来形成复杂的电子线路。

图形化工艺是集成电路制造的核心工艺，集成电路复杂的微细三维结构就是通过图形化工艺实现的。首先通过光刻工艺，将掩模图形转印到光刻胶上。然后以此光刻胶图形为掩模，通过刻蚀工艺将图形转移到硅片上。光刻胶分为正胶和负胶两种类型，如图3-3所示。正光刻胶将掩模上的图形直接转移到硅片上，负光刻胶则将掩模上互补的图形转移到硅片上。除刻蚀工艺外，以光刻胶图形为掩模进行图形转移的工艺还有选择性沉积和离子注入两种机制。

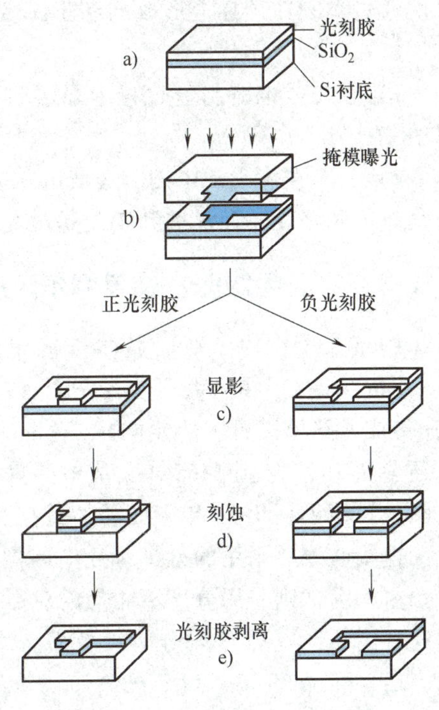

图 3-3 图形化工艺流程示意图

光刻工艺是集成电路制造的关键步骤。光刻胶图形为所有后续图形转移工艺提供了基础，直接决定了集成电路制造的微细化水平。光刻工艺是对光刻胶进行曝光和显影形成三维光刻胶图形的过程。光刻胶图形使得基底被部分覆盖，被覆盖的部分不会被下一步的刻蚀、离子注入等图形转移工艺影响，从而使得光刻胶图形可以转移到基底上。光刻工艺的主要步骤如图 3-4 所示，包括气相成底膜、旋转涂胶、软烘（前烘）、对准曝光、曝光后烘焙（后烘）、显影、坚膜烘焙和显影后检查 8 个基本步骤。图中 HMDS 指六甲基二硅氮烷（Hexamethyldisilazane），分子式（CH_3）$_3$SiNHSi（CH_3）$_3$，用于对硅片进行成膜处理。

图 3-4　光刻工艺主要步骤

集成电路的整个制造过程中，光刻步骤至少要重复 10 次，一般要重复 25~40 次，而且每次通过光刻在硅片上形成的图形都要与上一层图形对准。光刻工艺的重要性体现在两个方面：

1）在集成电路制造过程中需要进行多次光刻，光刻成本占集成电路制造成本的 30% 以上。

2）光刻技术水平限制了集成电路的性能提升及关键尺寸的进一步减小。光刻工艺的核心是对准和曝光，而对准和曝光是由光刻机实现的。

3.1.3　集成电路的发展与摩尔定律

1965 年，在首个平面晶体管问世 6 年后，仙童半导体公司的研发总监戈登·摩尔（Gordon Moore）在《电子学》杂志（*Electronics Magazine*）35 周年纪念刊上发表了一篇题为《让集成电路填满更多的元件》（Cramming more components onto integrated circuits）的论文，总结了从 1959 年到 1965 年集成电路复杂度增加的情况。在这篇论文中，摩尔绘制了一幅曲线图，描绘了从 1959 年平面晶体管问世至 1965 年集成电路上的器件数量随时间的变化关系。这幅曲线图采用的是半对数坐标，表示时间的横轴采用分度均匀的普通坐标，而表示器件数量的纵轴则采用分度不均匀的对数坐标。在这种坐标图中，指数函数显示为直线。摩尔从这幅图中发现自 1959 年首款平面晶体管问世后，单个芯片上的元器件数量基本上是每年翻一倍，到 1965 年达到了 60 个。摩尔预测集成电路的复杂度将至少在未来十年保持这个增长速度，到 1975 年单个芯片上将集成 65000 个元器件。事实证明这个跨三个数量级的预测相当准确。

1975 年，英特尔公司推出一款当时最先进的存储芯片，该芯片大约集成了 32000 个元器件，在数量级上与摩尔的预测一致。1975 年，摩尔在 IEEE 国际电子器件会议上所做的分析报告中，将单个芯片上晶体管数量的预测由“每年翻一倍”修订为“每两年翻一倍”。后来几十年的数据证明，半导体芯片中可容纳的晶体管数目，约 18 个月增加一倍，为摩尔前后预测的翻倍时间的平均值，这也就是大家所熟知的摩尔定律。

在摩尔定律的推动下，集成电路的集成度不断提高，先后经历了小规模集成电路（Small-Scale Integration，SSI）、中等规模集成电路（Medium-Scale Integration，MSI）、大规模集成电路（Large-Scale Integration，LSI）、超大规模集成电路（Very Large-Scale Integration，VLSI）以及极大规模集成电路（Ultra-Large-Scale Integration，ULSI）等几个阶段。

1970 年，英特尔公司推出 1kB 动态随机存储器（DRAM）1103（图 3-5a），标志着大规模集成电路的出现。1978 年，64kB 动态随机存储器诞生，在不到 0.5cm^2 的面积上集成了 14 万个晶体管，标志着超大规模集成电路时代的到来。十年后的 1988 年，16MB 动态随机存储器问世，1cm^2 的面积上集成了 3500 万个晶体管，将半导体产业带入极大规模集成电路阶段。

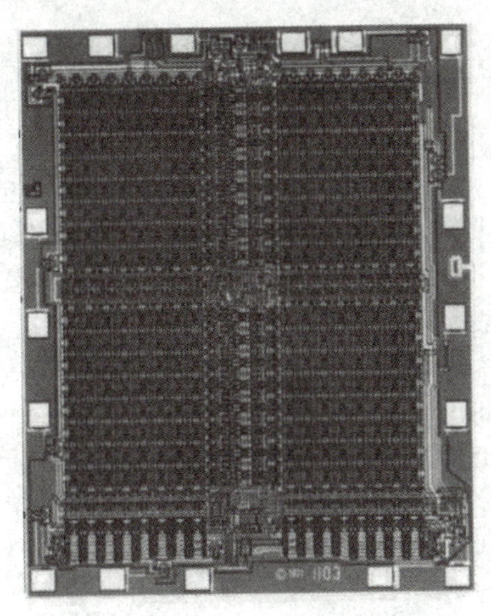

a) 英特尔公司于1970年推出的存储器芯片1103

b) 英特尔公司于1971年推出的世界上首款微处理器芯片4004

图 3-5 英特尔公司的存储器芯片和微处理器芯片

在微处理器方面，1971 年英特尔公司推出世界上第一款微处理器 4004（图 3-5b），在一块 12cm^2 的芯片上集成了 2300 个晶体管，开启了一个崭新的微处理器时代。此后英特尔先后推出了 8008、8086、286、386、486、奔腾系列、酷睿系列等多种型号的微处理器。技术水平从 1971 年的 10μm 工艺发展到 2023 年的等效 4nm 工艺（即 Intel4 工艺）。单个芯片上的晶体管数量从 2300 个增长到数十亿个。主频也从 4004 的 108kHz 发展到 5GHz。芯片性能和运算速度大幅提升。图 3-6 所示为英特尔公司 2014 年推出的 22nm 工艺的微处理器芯片 Xeon E5-2600 V3，在 663.5mm^2 的面积上集成了 55.6 亿个晶体管。

图 3-7 所示为 1971 年至 2018 年单个芯片上晶体管数量的增长规律，可以看出晶体管数量一直按照摩尔定律呈指数规律增长。

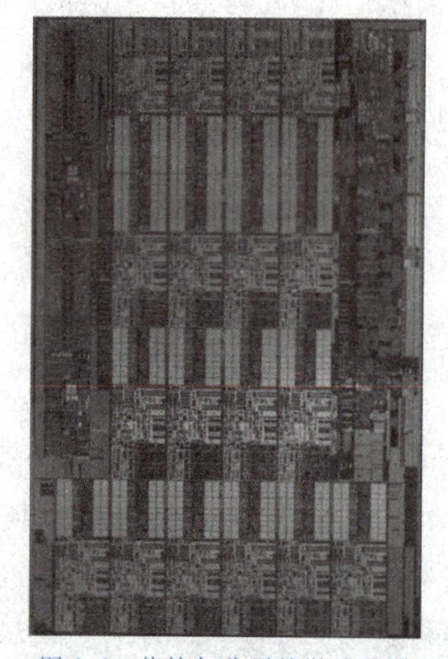

图 3-6 英特尔公司的微处理器芯片 Xeon E5-2600 V3

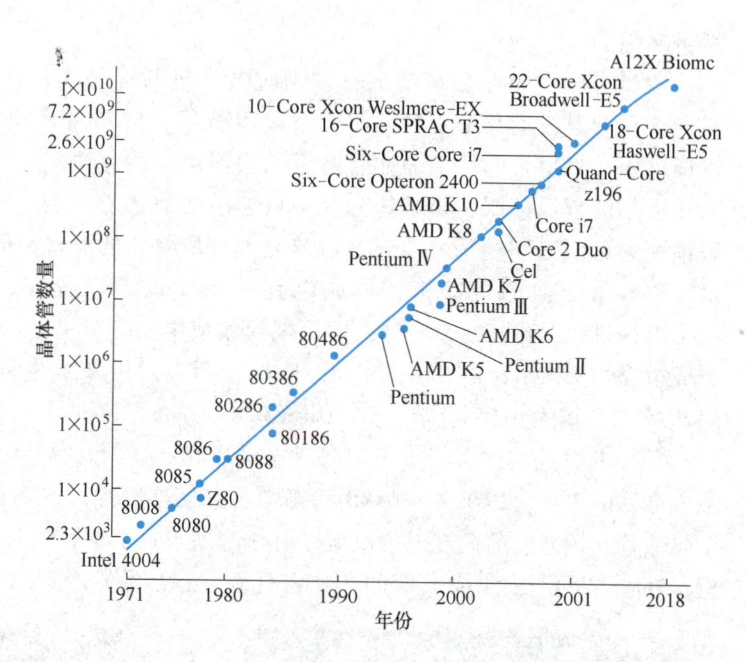

图 3-7 单个芯片上晶体管数量的逐年增长规律

摩尔最初描述的是集成电路上元器件数量的变化，而非单纯指晶体管数量的变化。除晶体管外，还包括电阻、电容、二极管等元器件。早期许多集成电路上所包含的电阻数量要比晶体管多。需要注意的是，摩尔所定义的每个芯片上的元器件数量并非其最大值或平均值，而是使得每个元器件成本最低时对应的数量。一般而言，芯片上集成的元器件越多，单个元器件的成本越低。但是当数量超过一个临界值后，在给定的空间内集成更多的晶体管会降低芯片的良品率，从而使得每个元器件的成本随之升高。摩尔在 1965 年发表的论文《让集成电路填满更多的元件》中提出任何一代集成电路制造技术都有一条对应的成本曲线（图 3-8）。随着集成电路制造的技术水平持续提升，单个元器件成本最低点对应的元器件数量越来越多，每个元器件的成本越来越低，从而催生出越来越复杂的集成电路。

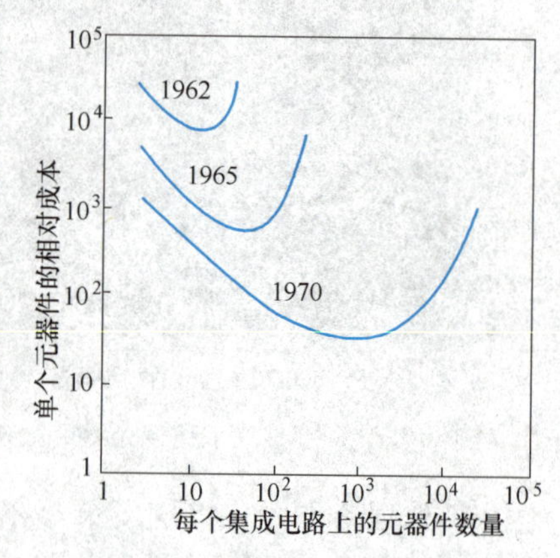

图 3-8 摩尔 1965 年绘制的集成电路上单个元器件的成本曲线

图 3-9 所示为 130nm 至 10nm 技术节点集成电路成本的变化趋势，图中的纵轴分别对应单位面积芯片制造成本（$/mm²），单个晶体管所占芯片面积（mm²/晶体管）和单个晶体管制造成本（$/晶体管）。为了更好地反映趋势变化，将 130nm 技术节点的数据设为 1，对其余节点数据进行归一划处理。从图中可以看出，随着集成电路制造向更小技术节点发展，虽然单位面积芯片制造成本略有上升，但是单个晶体管的面积持续缩小，单个晶体管成本仍然保持下降趋势，这也是集成电路能够按照摩尔定律不断向更高集成度发展的根本驱动力。

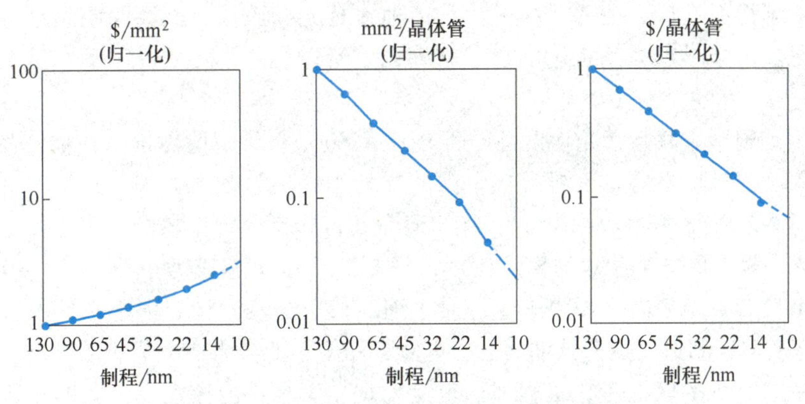

图 3-9 集成电路上单个晶体管成本的变化趋势

摩尔定律不是自然规律或者物理定律，在某种程度上它是一种自我实现的预言，是整个行业共同努力的目标。随着晶体管尺寸越来越小，半导体工艺的研发越来越困难，研发成本也越来越高。晶体管的不断缩小要求源极和漏极之间的沟道不断缩短，当沟道缩短到一定程度时，就会产生量子隧穿效应。即使未加电压，源极和漏极也会有电流通过，即产生漏电现象，使得晶体管本身失去开关作用而无法正常工作，这就是晶体管的物理极限。

根据物理定律，5nm 被认为是传统半导体栅极线宽的极限。然而，每次集成电路微细化遇到瓶颈时，总会有新的材料或结构被引入，用于克服传统工艺的局限。例如引入高介电常数（High_k）介质替代二氧化硅，解决二氧化硅绝缘层漏电问题；引入 FinFET 技术，将晶体管的栅极由平面结构改为立体结构，加强栅极的控制能力；引入 FD-SOI 技术，采用氧化埋层减小漏电，解决沟道漏电问题等。

在摩尔定律的引领下，当前集成电路的微细化进程正在逼近物理极限，进一步缩小关键尺寸变得非常困难。对于后摩尔时代集成电路的发展，业界给出了三个方向：深度摩尔定律（More Moore）、超越摩尔定律（More than Moore）与超越 CMOS（Beyond CMOS）。More Moore 方向在制造工艺、沟道材料、器件结构等方面进行技术研发，延续 CMOS 的发展思路，继续按照摩尔定律向微细化方向发展，每两到三年时间实现单个芯片的晶体管数量翻倍。对于 More Moore 方向，晶体管将从侧重于性能提升转向侧重于减小漏电的方向发展。而 More than Moore 方向，主要侧重于芯片功能的多样化。由新的应用需求驱动，依靠电路设计及系统算法优化提升系统性能，依靠先进封装技术将更多的功能模块集成在一起，而不再单纯地依靠晶体管关键尺寸的降低提升芯片性能。Beyond CMOS 方向则侧重于探索 CMOS 之外的新型基础器件，以提升电路性能，但无论采用哪种器件，都必须与现有 CMOS 工艺兼容。

3.1.4 光刻技术的发展历程

最初，集成电路制造所使用的是接触式光刻工艺，即掩模直接接触硅片表面光刻胶层进行曝光，其分辨率可达微米级。但是直接接触会导致光刻胶层很容易受到污染，而且随着接触次数增加，掩模非常容易受到损坏，因此工艺失败率很高，芯片良品率奇低，成本非常昂贵。改进措施是使用接近式光刻，即将掩模与光刻胶层保持较小的间距进行曝光。然而随之而来了新问题，由于光的衍射效应，接近式曝光时图样边缘会变得模糊，这会造成光刻精度下降。为了抑制衍射效应，需要将掩模尽可能地靠近光刻胶层，然而间距越小，工艺难度越大，成本越高。由于早期光刻工艺的良品率太低，所以芯片价格居高不下，甚至连军方都难以承受。

1967年，美国军方联系了光学设备厂商Perkin Elmer，希望能做出一种精度高，又不用把掩模板直接接触光刻胶层的光刻机。在军方的支持下，经过数年开发，1974年Perkin Elmer公司推出投影式光刻机Micralign 100，其掩模寿命长，光刻分辨率较高，芯片良品率从约10%飙升至约70%，大大促进了芯片的普及应用，投影式光刻迅速成为主流工艺。1978年，美国GCA公司推出投影式光刻机DSW4800，开启了缩放投影光刻时代。由于光学投影可以缩小影像，相同的掩模可以制造出更为精细的芯片电路，叩开了亚微米级分辨率的大门。

跨过亚微米分辨率门槛后，工程师们很快发现，更精密的掩模、更高的投影缩放比所带来的光刻分辨率提升是有极限的。根据瑞利判据$CD=k_1\lambda/NA$，光学系统所用的光的波长λ越短，数值孔径NA越大，工艺因子常数k_1越小，其最小特征尺寸CD就越小，极限分辨率就越高。提升NA和降低k_1是使用同类型光源的光刻机逐步提升光学分辨率最主要的途径之一。然而数值孔径NA、工艺因子常数k_1的进步存在物理极限，波长λ的缩短则依赖于光刻机光源系统革命性的进步，每次引入更短波长的光源都会导致光学分辨率跨代级别的提升，光源系统的先进性也因此很大程度上决定了光刻机的划代。

早期光刻机多采用汞灯作为光源，利用其紫外频谱进行曝光。汞元素的紫外频谱有三个尖峰，即436nm（g-line）、405nm（h-line）、365nm（i-line），业界据此先后推出基于g-line、h-line、i-line汞灯光谱线的光刻机，可以应用于0.25μm及之前的半导体制程节点。对于更先进的半导体制程节点，汞灯光源已然较难适应，新出现的深紫外准分子激光光源开始受到业界关注。

深紫外光（Deep Ultraviolet，DUV）的波长短至100~248nm，一直以来是传统激光难以企及的区域。1960年，德国科学家弗里茨·豪特曼斯（Fritz Houtermans）提出准分子激光理论，利用准分子，即受外来能量激发产生的寿命极短的分子作为激发态粒子来产生激光，叩开了短波长激光的大门。1979年，联邦德国的Lambda Physik公司生产了第一台商业用DUV准分子激光器，波长为248nm。3年后，IBM公司率先将DUV准分子激光器应用于光刻工艺，DUV光刻从此成为业界主流。常用DUV光刻光源有波长248nm KrF和波长193nm ArF准分子激光，半导体制程节点由此推进至65nm。

21世纪初，为了实现65nm及以下半导体制程节点，中国台湾台积电工程师林本坚另辟蹊径，开创性地提出了浸润式（immersive）光刻法，即在物镜和硅片之间填充纯水后进行光刻。水的高折射率能够有效提升投影透镜的数值孔径NA（从0.93提升至1.35），光刻机的极限分辨率由此下探至38nm。结合多重曝光技术，半导体制程节点进一步推进至7nm。

对于7nm及更高精度的半导体制程节点，浸润式光刻工艺已经较难实现，开发更短波长的光刻光源是必由之路。从1981年到1992年，学术界围绕1~10nm波长的软X射线成像系统进行了长达11年的研究，可效果甚微。此后，科学家们开始着手研究波长为10~121nm的极短紫外光（Extreme Ultraviolet，EUV），并最终确认，波长为13.5nm的EUV成像系统具有应用在光刻工艺上的潜力。接下来，在研发大功率EUV光源方面，研究人员又进行了长达数十年的探索，最终确定了使用金属锡为靶材，使用激光电离等离子体技术（Laser Produced Plasma，LPP）为电离技术的EUV光源方案，这也成为当前EUV光刻机光源的主流技术。研究人员还创造性发明了两次轰击锡滴的技术。在光源中，锡滴发生器每秒顺序滴落五万个锡滴；对于每一滴锡滴，先使用低功率激光脉冲进行轰击，使其由球状压缩为薄饼状，增大其表面积；再使用全功率激光脉冲，瞬间将薄饼状锡电离并释放高功率EUV射线。目前，ASML最新的High-NA EUV光刻机的极限分辨率可达8nm，有力地推动了3nm及以下半导体制程节点的研发。

EUV光刻机是一个极其复杂的系统，ASML作为全球领先的光刻机供应商，也没有能力设计生产EUV光刻机的每一个部件。为此，ASML采用了模块化的研发策略，将光刻机拆分成各个模块，并驱动全球各领域的专业团队研发对应的功能模块。据统计，ASML EUV光刻机的90%零部件来自外购，其核心部件EUV光源由美国Cymer公司提供，光源的核心组件CO_2大功率激光器由德国通快（TRUMPF）集团提供，核心部件EUV反射镜由德国卡尔蔡司（Carl Zeiss）集团提供，精密机械由荷兰的KMWE公司提供。这种模块化方法允许不同团队专注于特定组件的开发，提供了从光学系统、光源、精密机械部件到特殊材料等一系列关键技术和先进零部件，而ASML则专注于系统集成，通过与这些供应商的紧密合作，确保了其EUV光刻机的技术领先地位和市场垄断地位。

3.2 工作原理

3.2.1 投影式光刻机整机基本结构

集成电路制造过程中，光刻机的作用是将承载集成电路设计版图信息的掩模图形转移到硅片表面光刻胶层上。图形转移是通过对光刻胶进行曝光实现的。如图3-10所示，光束照射掩模后，一部分穿过掩模，一部分被阻挡，从而将掩模图形投射到光刻胶上。光刻胶被光照射的部分发生光化学反应，而未被光照射的部分不发生光化学反应，从而将掩模图形转移至光刻胶层上。

图3-11所示为投影光刻机基本结构示意图。为了将掩模图形以成像的方式曝光到光刻胶层上，投影光刻机首先需要一个投影物镜系统。此外，实现成像需要对掩模进行照射，因

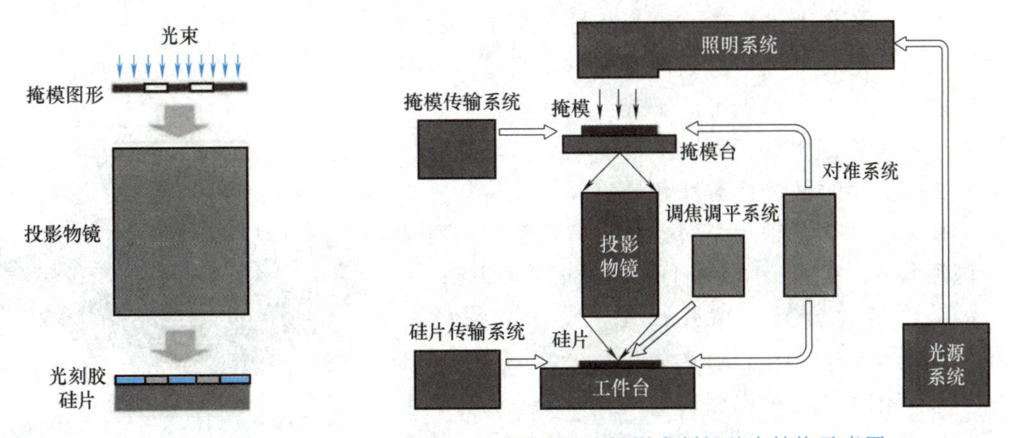

图3-10　投影光刻机掩模图形转移示意图

图3-11　投影光刻机基本结构示意图

此还需要光源系统；光源系统发出的光还需要经过照明系统，形成满足掩模照明要求的照明光束。

将掩模图形投影成像到硅片上，需要使掩模面位于投影物镜的物面，硅片位于投影物镜的像面，投影光刻机还需要有分别承载掩模与硅片并控制其位置的掩模台与工件台。

曝光时硅片面必须处于投影物镜的焦深范围之内，因此光刻机需要有调焦调平系统，精确测量并调整硅片面在光轴方向的位置。为了使掩模图形精准曝光到硅片面的对应位置，光刻机需要有对准系统，精确测量并调整掩模与硅片的相对位置，在曝光之前实现掩模与硅片的对准，使掩模图形在硅片上的曝光位置偏差在容限范围之内。投影光刻机还需要有掩模传输系统和硅片传输系统，用于自动传输、更换掩模和硅片。

光刻机分辨率的不断提升是集成电路按照摩尔定律持续微细化的关键要素，而投影物镜的数值孔径是光刻机分辨率提升的直接制约因素。光刻机分辨率的持续提升要求投影物镜的数值孔径越来越大。传统的投影光刻机为干式光刻机，即投影物镜和硅片之间的介质为空气，数值孔径的理论最大值为 1.0。为了持续提升数值孔径，光刻机结构由干式升级为浸润式，在投影物镜和硅片之间填充超纯水，使得数值孔径突破了 1.0 的限制，最大达到 1.35。为实现浸润式曝光，光刻机中增加了液体供给与回收装置，如图 3-12 所示。

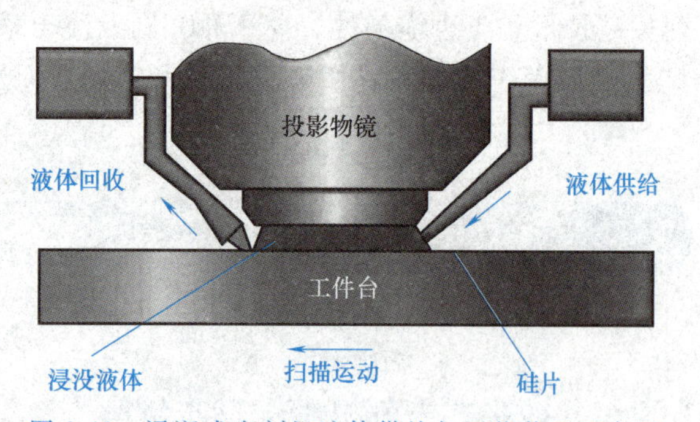

图 3-12　浸润式光刻机液体供给与回收装置示意图

为了降低芯片制造成本，2000 年左右硅片直径从 200mm 升级至 300mm，硅片上的芯片数量增加一倍，使得芯片的制造成本降低了 30%。对于光刻机而言，硅片直径增大，意味着需要增大工件台尺寸，对于单个硅片需要曝光更多次数。为保证光刻机的生产率（每小时曝光的硅片数量）不降低，工件台需要具有更快的运动速度。同时，集成电路特征尺寸的持续减小，还需要工件台具有更高的定位精度。单工件台同时满足更大尺寸、更快速度以及更高的定位精度等几个条件是极其困难的。

为解决上述问题，光刻机由单工件台结构升级为双工件台结构，如图 3-13 所示。双工件台工作时，一个工件台上进行硅片曝光，另一个工件台上对新的硅片进行对准与调焦调平测量。测量与曝光同时进行，使得光刻机可以实现更高的生产率。除提高生产率外，相对于单工件台光刻机，双工件台光刻机有更多时间进行对准和调焦调平测量，可以在不影响生产率的前提下对硅片进行更精确的对准和调焦调平，从而支撑更小特征尺寸的芯片制造。

图 3-13　光刻机双工件台结构示意图

结合多种分辨率增强技术，浸润式深紫外（DUV immersive，DUVi）光刻机已经实现 10nm 乃至 7nm 技术节点集成电路的量产。但是随着集成电路特征尺寸的减小，采用 DUVi 光刻机，需要越来越复杂的制造工艺，制造成本也随之大幅增加，因此，DUVi光刻机很难支撑集成电路向5nm及以下技术节点发展。相比于DUVi光刻机，EUV光刻机的曝光波长大幅度减小，直接由193nm减小为13.5nm，能够以相对简单的制造工艺实现更高的光刻分辨率，可以支撑集成电路向更小技术节点发展。EUV光刻机依然采用步进扫描投影曝光方式，且沿用了双工件台结构。然而，由于可以折射EUV的透镜难以设计（几乎所有材料，甚至包括空气都会强烈吸收EUV），因此EUV光刻机的投影物镜采用多层镀膜的反射镜组，曝光全程在真空环境下进行。目前全球仅有ASML公司能够制造商用EUV光刻机。

3.2.2 光刻机主要性能指标

1. 分辨率

评价光刻机的性能主要有三个指标，即分辨率（Resolution）、套刻精度（Overlay）和生产率（Throughput）。其中，分辨率是评价光刻机转移图形的微细化程度，套刻精度评价图形转移的位置准确度，而生产率则评价图形转移的速度。

光刻分辨率一般有两种表征方式，即pitch分辨率（Pitch Resolution）和feature分辨率（Feature Resolution）。如图3-14所示，pitch分辨率是指光刻工艺可以制造的最小周期的一半，即half-pitch（hp）。而feature分辨率是指光刻工艺可以制造的最小特征图形的尺寸，即特征尺寸（Feature Size），又称为关键尺寸（Critical Dimension，CD）。

pitch分辨率决定了芯片上晶体管之间的距离，影响芯片的成本。feature分辨率决定了芯片上每个晶体管的大小，决定了芯片的运行速度和功耗，两种分辨率都很重要。pitch分辨率直接受限于光刻机投影物镜的数值孔径和曝光光源的波长，由瑞利公式给定，即 $hp=k_1\lambda/NA$。而feature分辨率受限于对特征图形CD的控制能力，虽然没有明显的物理极限，但是随着特征图形变小，其CD控制难度逐渐增大。

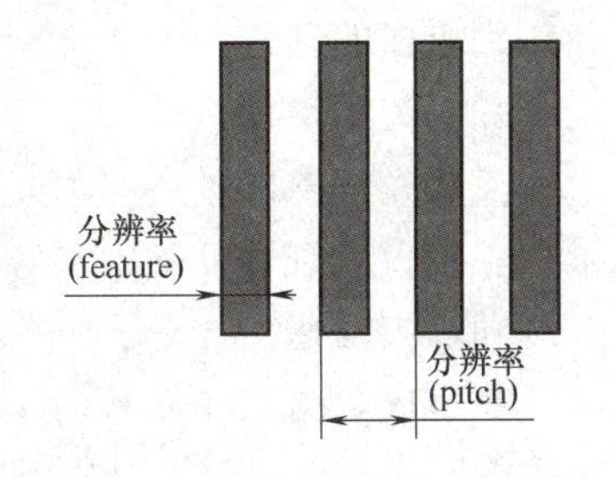

图3-14 光刻机分辨率示意图

关键尺寸均匀性（Critical Dimension Uniformity，CDU）也是影响集成电路性能的关键指标，CDU指标与CD大小密切相关，一般要求控制到CD的10%左右。对光刻机而言，分辨率主要指pitch分辨率。对于占空比为1∶1的周期性结构，CD与hp相同，即 $CD=hp=k_1\lambda/NA$。

2. 套刻精度

集成电路制造需要经过几十甚至上百次的光刻曝光过程，将不同的掩模图形逐层转移到硅片上，从而形成集成电路的复杂三维结构。每一层图形都需要精确转移到硅片面上的正确

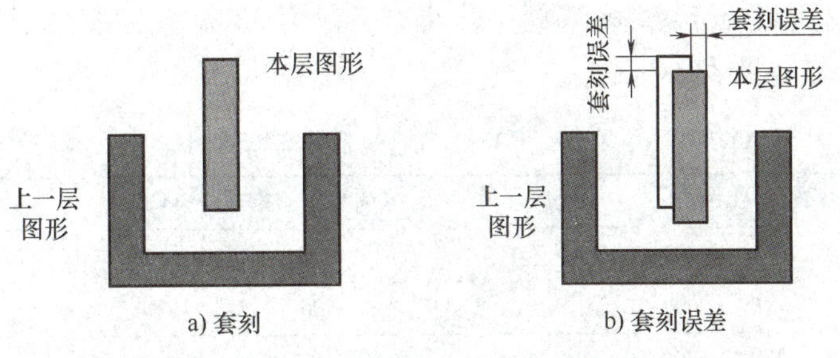

图3-15 套刻与套刻误差示意图

位置，如图 3-15a 所示，使其相对于上一层图形的位置误差在容限范围之内。套刻精度（overlay）用于评价硅片上新一层图形相对于上一层图形的位置误差（套刻误差）大小，如图 3-15b 所示。

芯片制造对套刻精度的要求与 CD 密切相关。CD 越小，要求套刻精度越高。一般而言，套刻精度要小于 CD 的 30%。多重图形技术（Multi-Patterning）的引入，对套刻精度提出了更高的要求，要求小于 CD 的 15%。套刻误差会降低芯片层与层之间电气连接的可靠性，影响芯片的电气性能。如果套刻误差超过容限，可能造成短路或者断路，使得芯片不能正常工作，直接影响芯片制造的良品率。

对于光刻机而言，套刻精度主要受限于对准系统的测量精度和工件台、掩模台的定位精度。此外，投影物镜的像差会引起掩模图形在硅片面的成像位置偏移，也是影响套刻精度的重要因素。

3. 生产率

生产率是指光刻机单位时间曝光的硅片数量，一般用每小时曝光的硅片数量（wafer per hour，wph）表示。光刻机的生产率影响芯片制造厂的利润率，提高生产率可以降低芯片的制造成本。

芯片制造厂的建设需要投入巨额资金，而芯片制造设备的购置费用占其中很大的比例。因此，设备折旧费用是芯片制造成本的重要组成部分。通过提高设备生产率，将设备折旧费分摊到更多的硅片中，可降低单个芯片的制造成本，从而提升芯片制造厂的利润率。光刻机是芯片制造厂最昂贵的设备，其单台售价动辄千万美元，甚至超过一亿美元。

投影光刻机的生产率与光刻机的光源功率、曝光场大小、曝光剂量、硅片上的曝光场数量、工件台步进速度等因素有关。对于步进扫描投影光刻机，生产率还受限于工件台与掩模台的同步扫描速度。

在集成电路产业需求的牵引下，光刻机的分辨率、套刻精度、生产率等主要性能指标不断提升。表 3-1 列出了 1987 年至 2023 年 ASML 公司推出的 PAS 系列和 TWINSCAN 系列光刻机部分机型的分辨率、套刻精度和生产率指标。从表 3-1 中可以看出，光刻机分辨率从 1987 年的 700nm 提升至 2007 年的 38nm，套刻精度从 150nm 提升到 4.6nm，生产率从 55wph 提升到 131wph。

光刻机的分辨率由瑞利公式确定。对于浸润式深紫外（DUVi）光刻机，所使用光源为 193nm ArF 准分子激光，数值孔径 NA 最大可达到 1.35，k_1 因子的理论最小值为 0.25，由瑞利公式可得，光刻分辨率理论极限值为 35.7nm。2007 年 ASML 公司推出的 DUVi 光刻机 TWINSCAN NXT:1900i 实现了 38nm 的分辨率，已经接近理论极限值。后续推出的 TWINSCAN 系列 DUVi 光刻机的分辨率没有进一步提升，仍为 38nm，主要性能提升体现在套刻精度与生产率方面，具体见表 3-1。

表 3-1 ASML 公司 PAS 系列和 TWINSCAN 系列光刻机（部分机型）性能指标

年份	机型	分辨率/nm	套刻精度/nm	生产率/wph
1987	PAS 2500/40	700	150	55
1989	PAS 5000/50	500	125	50
1993	PAS 5500/60	450	85	56

（续）

年份	机型	分辨率/nm	套刻精度/nm	生产率/wph
1995	PAS 5500/300	250	50	80
1997	PAS 5500/500	220	45	96
2000	PAS 5500/1100	100	25	90
2004	TWINSCAN XT1400	58	7	124
2007	TWINSCAN NXT:1900i	38	4.6	131
2009	TWINSCAN NXT:1950i	38	3.5	148
2013	TWINSCAN NXT:1970Ci	38	2	250
2015	TWINSCAN NXT:1980Di	38	1.6	275
2018	TWINSCAN NXT:2000i	38	1.4	275
2020	TWINSCAN NXT:2050i	38	1.0	295
2023	TWINSCAN NXT:2100i	38	0.9	295

从2007年至2023年，套刻精度从4.6nm逐步提升到0.9nm，生产率从131wph逐步提升到295wph。随着套刻精度和生产率的提升，38nm分辨率的光刻机与自对准双重成像（Self-aligned Double Patterning，SADP）、自对准四重成像（Self-aligned Quadruple Patterning，SAQP）等技术相结合，相继实现了22nm、14nm、10nm和7nm技术节点集成电路的量产。对于7nm及以下的技术节点，从工艺复杂性、生产率、良品率等各方面综合考虑，业界一般认为需要引入EUV光刻工艺，如图3-16所示。

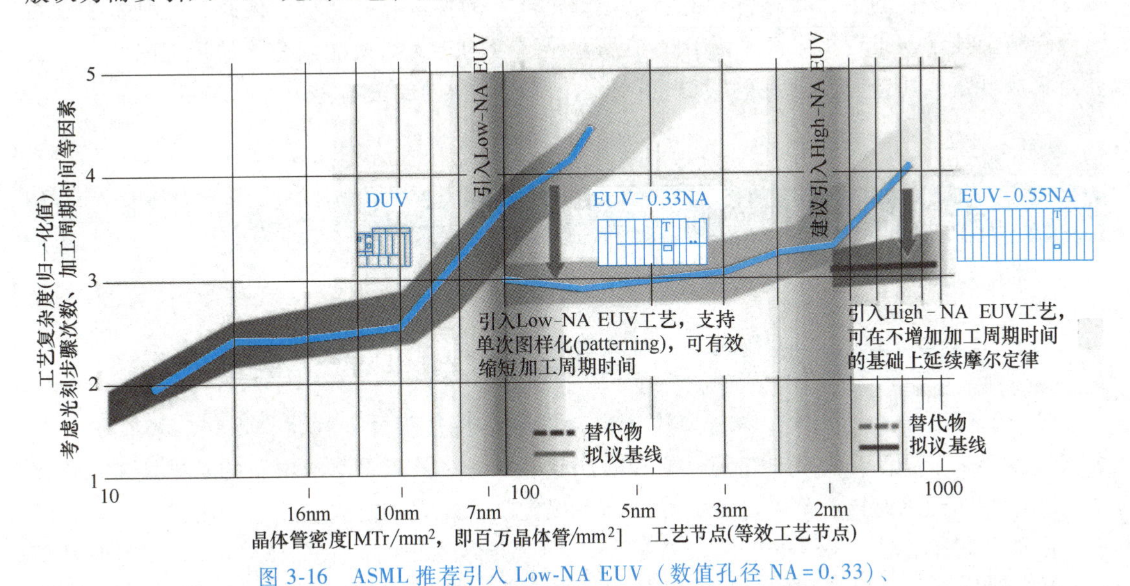

图3-16 ASML推荐引入Low-NA EUV（数值孔径NA=0.33）、High-NA EUV（数值孔径NA =0.55）对应的工艺节点

4. 光刻机的技术挑战

当前，DUVi光刻机38nm的分辨率、0.9nm的套刻精度已非常接近技术极限，这些极端性能指标的实现对光刻机的技术要求极高。首先，投影物镜的像差需要控制到亚纳米量级，接近“零像差”。这个“零像差”是大视场、高数值孔径、短波长条件下的“零像

差”，是在曝光过程中投影物镜持续受热情况下的“零像差”。实现这个“零像差”对投影物镜的镜片级检测、加工、镀膜，系统级的检测、装校，以及投影物镜像差的在线检测与控制都提出了极为严苛的要求。

实现“零像差”必须将投影物镜的色差控制到极低的水平。色差与光源线宽成正比。成像质量的不断提升，要求光源线宽不断变窄。目前用于193nm浸润式光刻机的ArF准分子激光器的线宽已经压窄到0.3pm。

步进扫描投影光刻机通过工件台与掩模台同步扫描实现掩模图形的转移。工件台与掩模台的同步运动误差是降低成像质量、影响光刻机分辨率和套刻精度的关键因素。为满足高成像质量和高生产率的要求，工件台与掩模台需要达到很高的同步运动精度，同时还需要具备很高的加速度、速度和定位精度，这对超精密机械技术而言是极大的挑战。

为确保成像质量，工件台在高速扫描过程中，需要将硅片面的当前曝光场一直控制在投影物镜的焦深范围之内。当前最先进的DUVi光刻机的焦深在100nm以下，意味着工件台在扫描运动过程中，硅片面的当前曝光场在焦深方向的位置变化必须控制在100nm以内。为确保硅片面当前曝光场处于100nm焦深范围之内，要求调焦调平传感器达到几纳米的测量精度。

此外，光刻机性能指标的实现对照明、对准等分系统以及光刻机的整机控制、整机软件、运行环境等均提出了很高的要求。

光刻机整机与分系统汇聚了光学、精密机械、控制、材料等众多领域大量的顶尖技术，很多方面需要达到人类工程技术的极限。此外，各个分系统、子系统需要在整机的控制下协同工作，达到最优的工作状态，才能满足光刻机严苛的技术指标要求。因此，光刻机是大系统、高精尖技术与工程极限高度融合的结晶，是迄今为止人类所能制造的最精密的装备，被誉为集成电路产业链“皇冠上的明珠”。

3.3 光源系统的构造原理

3.3.1 光源系统发展历程和应用工艺节点

晶片上可以集成的晶体管数量取决于电路的最小特征尺寸。通常情况下，特征尺寸越小，晶体管数量越多，集成电路的性能和功能越好。光刻技术是集成电路的基础技术，而光源系统作为光刻机的核心部件之一，为光刻机提供曝光所需的能量。

由瑞利判据，通过减小工艺因子常数 k_1，增大光学系统的数值孔径（NA）或者减小曝光光源的波长 λ，可以达到缩小最小特征尺寸的目的。然而经过近数十年的产业技术进步，减少 k_1 或者增大NA的技术难度越来越大。因此，缩短曝光光源的波长成为光刻机跨代进步的有效途径。

早期的光刻设备主要使用高压汞灯作为光源，可以产生如436nm（g-line）、405nm（h-line）和365nm（i-line）等较长波长的紫外线光，适用于制造特征尺寸较大的芯片，图3-17所示为佳能（CANON）公司生产的g-line光刻机实景图。

随着对集成电路尺寸的要求不断提高，光刻技术也逐渐转向使用更短波长的光源。直到20世纪90年代中期，DUV光刻技术逐渐成为光刻技术的主导技术。在工业上，波长为248nm、193nm的KrF、ArF准分子激光器成为常用的曝光光源，使用193nm的ArF作为光源的干法光刻机最终实现了65nm级别的工艺水平。随后，为了进一步缩短波长，尼康、佳能等公司主张采用157nm波长的F_2准分子激光器，但是该项技术受限于当时光刻胶、透镜和掩模材料等的不足，难以进一步发展。随着193nm浸润式光刻技术概念的提出及进一步研发，研究人员发现在充入纯水浸润液后，193nm光源的等效波长比157nm更短，使用该技术的光刻机能够使芯片的制造工艺水平最高达到7nm（例如台积电N7、N7p等工艺节点），成为在EUV光刻机问世之前最为稳定成熟的光刻设备。图3-18所示为ASML公司目前最先进的浸润式DUV光刻机（NXT:2100i）的外观图，该设备每小时操作的硅片数可达295wph，适用于7nm工艺制程。

图3-17 佳能公司FPA 3000 I4光刻机实景图

为了满足芯片制造的集成度和运行速度等参数提升的需求，业界经过数十年探索，研制出了使用波长更短的EUV作为光源的光刻机，图3-19所示为ASML公司近年来推出的EUV光刻机设备。EUV光刻机光源波长为13.5nm，是ArF DUV光源波长（193nm）的十几分之一，适用于生产更小特征尺寸的芯片。此外，与DUV浸润式光刻技术相比，EUV光刻机所使用的技术可以降低9%的金属层制造成本和28%的过孔制造成本。研究和发展EUV光刻技术是制造出更精细的芯片的关键。

图3-18 NXT：2100i DUV光刻机外观图

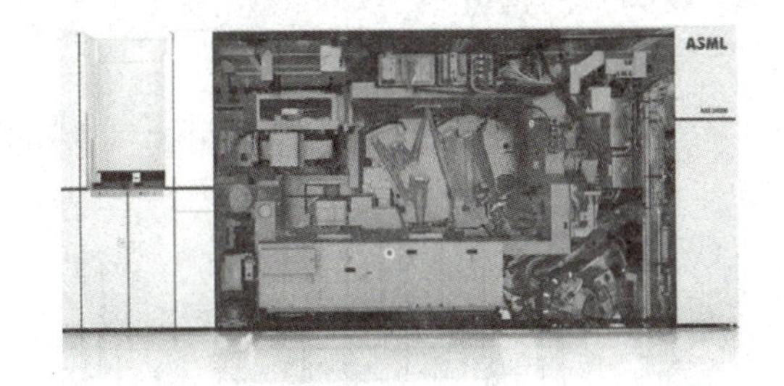

图3-19 TWINSCAN NXE：3400B EUV光刻机外观图

纵观光刻机的发展史，可以发现光刻机的光源系统是推动光刻设备性能提升和更新换代的关键因素。表3-2总结了对应的光刻光源与应用工艺节点的关系。当前，Low-NA EUV光刻机（NA=0.33）已在半导体工艺中使用，将量产制程节点推进到3nm左右。2024年1月，ASML已向英特尔交付了世界首台High-NA EUV光刻机（NA=0.55），它将在2nm及以下的工艺节点发挥巨大作用。目前，ASML正在研究更高数值孔径的Hyper-NA EUV光刻机（NA=0.75），这对于亚纳米制程节点的实现至关重要。

表 3-2 光刻光源与应用工艺节点的关系

光源与波段		波长	应用工艺节点
紫外光（汞灯）	g-line	436nm	≥0.5μm
	h-line	405nm	≥0.35μm
	i-line	365nm	0.35~0.25μm
深紫外光（DUV）	KrF	248nm	0.25~0.13μm
	ArF	193nm	0.13μm~65nm
	ArF	193nm（浸润式）	65nm~7nm
	F_2	157nm	未产业化应用
极紫外光（EUV）	极紫外线	13.5nm	7nm 及以下（现达到 3nm）

3.3.2 汞灯光源的构造与发光原理

汞灯（Mercury Lamp）是利用汞在放电时产生的汞蒸气获得光的光源。通常，汞灯包括低压汞灯、高压汞灯和超高压汞灯三种。其中超高压汞灯产生的可用波长的光更多，光的能量更大，且技术更加成熟，所以超高压汞灯被最先考虑作为光刻机的光源。

同期被考虑作为光刻机光源的还有氙灯等光源。超高压汞灯由于有以下优势而被选为第一代光刻机的光源：首先，对比氙灯光源，超高压汞灯的光谱更偏向于紫外区域。氙灯光源所发出的是连续光谱，从紫外光到红外光的能量输出都是不间断的，即它包含 200~2000nm 波长的光。而超高压汞灯所发出的光，主要辐射范围为 254~579nm 谱线，其光谱为特征谱线，这使其他波长的光更容易被过滤掉。其次，汞灯光源能为光刻过程中的光化学反应提供足够的能量。在超高压汞灯辐射的谱线中有三个光强高、波长短、能量大的谱线，即 436nm 的 g-line、405nm 的 h-line 和 365nm 的 i-line，这三条谱线成为早期光刻机中最常用的光源频谱。超高压汞灯发射的光谱及各谱线的相对光强如图 3-20 所示。

1. 汞灯的构造

汞灯的构造如图 3-21 所示。

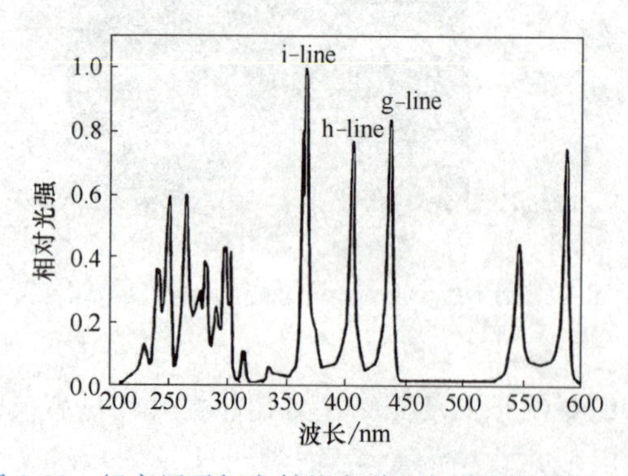

图 3-20 超高压汞灯发射的光谱及各谱线的相对光强

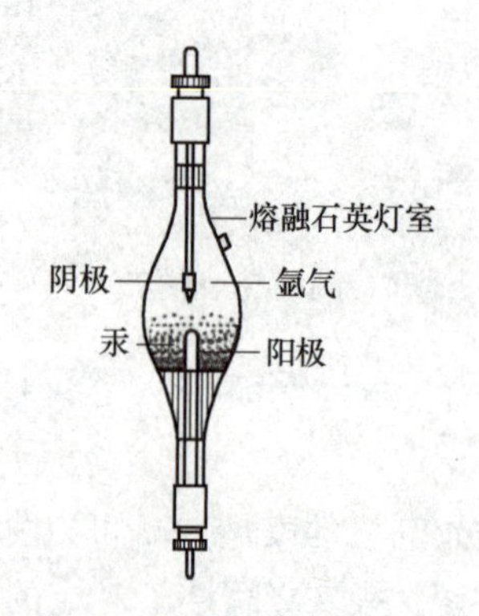

图 3-21 汞灯构造示意图

熔融石英是氧化硅的非晶态（玻璃态），熔融石英灯室即超高压汞灯的外部，是一个橄榄形状的玻璃外壳。在灯室内部有一个密封的放电管，该管内有两个相对的金属电极（阴极和阳极），并填充有汞和惰性气体氩气。

2. 汞灯的发光原理

超高压汞灯是通过气体放电过程来发光的。当超高压汞灯通电后，电流流经灯内的电极，使汞蒸气逐渐被激发，形成了极为复杂的电离与激发过程。具体来说，汞原子受到电子激发后会逐渐跃迁至高能级，在回到基态时会以一定的波长和频率辐射出具有能量的光子。同时，氩气作为惰性气体，在超高压汞灯中，不仅可以提高汞原子的电离激发概率，在通电时，它还可以保护阴极表面免受汞原子的冲击，延缓阴极上金属的蒸发，尽可能延长灯的寿命。

作为光刻机的光源，汞灯的压强和电功率等各参数都会对光刻机的性能产生不同程度的影响。由于压强会影响电离激发过程，因此不同压强下，相同电功率的汞灯光源，其波长区间也会有所不同，进而影响光刻机的性能。此外，汞灯的输出光效率与输入的电功率有关，所以汞灯的电功率也会对光刻机的性能产生影响。表 3-3 是采用不同参数汞灯作为光源的光刻机性能对比。

表 3-3　采用不同参数的汞灯作为光源的光刻机性能对比

厂家/型号	接触式曝光		接近式曝光		光源	波长/nm	照明均匀性(%)	最大硅片尺寸/in	套刻精度/μm	有效线宽/μm	生产率(whp)
	压力	分辨率/μm	硅片与掩模间隙/μm	分辨率/μm							
Cauou U. S. A Inc. PLAF-600FA	真空	0.8	0~50	2	250W 汞灯	—	±3	6	±0.35	1	120(4″)
Dynapert-Precima MAS 12	可调	0.6	—	—	250W、500W 汞灯	220~450	±3	6	—	0.5	人工
Hybrid Tech Group Inc(HTG)											
System 1	真空	<2	0~1500	<5(20μm 间隙)	氙汞灯	340~450	±5	14	±1.0	±1.00	30~60(14″)
System 3 HR	真空	<0.4	0~1500	<4(20μm 间隙)	氙汞灯	220~450	±3.5	6	±0.2	0.4	30~60(6″)
System 3 HRP	真空	<0.4	0~1500	<3(20μm 间隙)	氙汞灯	220~450	±3.5	8	±0.2	0.4	30~60(8″)
Infralign(IR Aligner)	真空	<0.4	0~1500	<4(20μm 间隙)	氙汞灯	220~450	±3.5	6	±0.2	0.4	30~60(8″)
System 4C	真空	<0.4	0~1500	<3(20μm 间隙)	氙汞灯	220~450	±3.5	6	±2.0	0.4	60~180(8″)
System 6C	真空	<0.4	0~1500	<4(20μm 间隙)	氙汞灯	220~450	±3.5	6	—	0.4	60~180(6″)
Double Sided Aligners	真空	<0.4	0~1500	<4(20μm 间隙)	氙汞灯	220~450	±3.5	6	±2.0	0.4	30~180(6″)
Quintel Corp											
Q-404	软压	3~4	—	—	短弧汞灯	365~435	2	4	1	1	75(4″)
Q-804	软压	3~4	—	—	短弧汞灯	365~435	2	4	1	1	75(4″)
Q-2001	软压	3~4	10	5	短弧汞灯	365~435	2	4	1	1	60~75(4″)
Q-6000	软压	1~2	20	3	短弧汞灯	365~435	>1	6	1	<1.0	60(6″)
Q2001CBZ	软压	1~2	—	—	短弧汞灯	365~435	2	8	1	1	60~75(4″)
Research Devices M-1	0.0199MPa	1~2	0~10	3	200W 汞灯	365/400	±2	4	±1.0	1~2	60(4″)

（续）

厂家/型号	接触式曝光		接近式曝光		光源	波长/nm	照明均匀性（%）	最大硅片尺寸/in	套刻精度/μm	有效线宽/μm	生产率（whp）
	压力	分辨率/μm	硅片与掩模间隙/μm	分辨率/μm							
Karl Suss America In											
MA 6	真空	0.4	—	—	350W 汞灯	280~350	±5	6	±0.10	0.4	60(6″)
MA 26	软压	2.0	0~1000	2.5	350W 汞灯	350~450	±5	5	±0.50	2	100(5″)
MA 45	最大 2×10^5Pa	2.0	0~600	5	250W 汞灯	350~450	±5	4	±1.00	2	300(4″)
MA 56	真空	0.4	0~100	2	350W 汞灯	280~350	±5	4	±0.05	0.4	80(3″)
MA 56	真空	0.4	0~500	2	350W 汞灯	280~350	±5	4	±0.05	0.4	120(4″)
MJB 3	真空	0.4	—	—	350W 汞灯	280~350	±5	3	±0.10	0.4	60(3″)
MJB 21	软压	3.0	—	—	350W 汞灯	400	±5	3	±2.00	3	80(3″)
MA 150	真空	0.6	0~999	2.25	1000W 汞灯	350~450	±5	6	±0.05	0.6	100(4″)
Tamarack Scientific 152R	可调	2.0	10~150	12.5	200~1000W 汞灯	356/400	±5	17	—	2.5	人工

汞灯作为光刻机的光源存在一定的局限性。汞灯以高压放电工作时的光电转换率太低，其输出光功率仅为其输入电功率的5%左右。其次，随着服役时间的推移，电极材料会连续地沉积在灯室的内壁上，会对光的传导产生遮蔽作用，从而降低输出光强。为了保证光刻机生产率的稳定性，就需要对汞灯进行频繁的更换。最后，汞灯的光谱谱线的波长相对较长，越来越不适应先进光刻技术的要求。这些局限性促使了人们对光刻机光源的进一步探索。

3.3.3 DUV 光源的构造与发光原理

超高压汞灯在作为光刻机的曝光光源时，在提高稳定性、延长使用寿命、缩短光的波长等方面还存在诸多不足。随着短波长的准分子激光技术的成熟，业界开始采用准分子激光器作为光刻机的光源。

准分子是一种半衰期非常短暂的分子状态，由同种原子或者异种原子组合而成。其中一种原子的价电子层必须是全满的（比如稀有气体）。如果两种原子都处于基态，它们是不能形成化学键的。但如果价电子全满的那个原子处于激发态，它们之间就能够暂时形成化学键。这种化学键的寿命往往非常短，只在纳秒（ns，$1\text{ns}=10^{-9}\text{s}$）的量级。

准分子激光器工作时，受到电子束激发，惰性气体原子和卤素原子会发生短暂结合，形成寿命只有 10~20ns 的激发态分子，即准分子。准分子处于激发态（E_2），具有自发地向基态（E_1）跃迁的趋势。除了自发向基态跃迁之外，当恰有能量为 $h\nu=E_2-E_1$（ν 是光的频率）的光子入射时，准分子有一定概率会瞬间从能级 E_2 跃迁到能级 E_1，同时辐射一个与外来光子频率、相位、偏振态以及传播方向都相同的光子，这些光子经过谐振腔共振放大后，会发射出高能量的深紫外（DUV）激光。受激辐射的过程如图 3-22 所示。

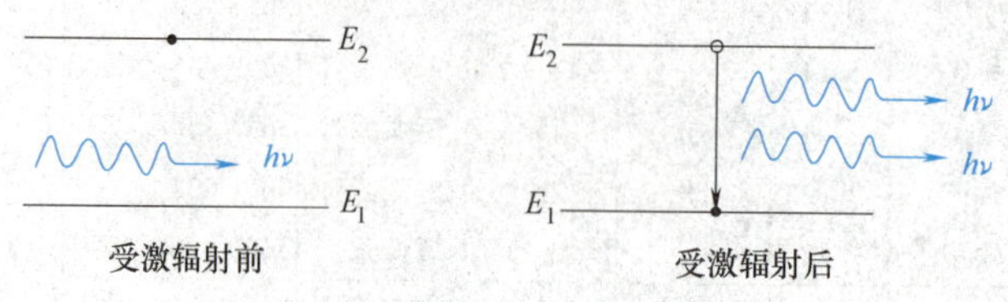

图 3-22　受激辐射过程示意图

需要说明的是，对于处于平衡态的物质来说，各能态的粒子数应遵循玻尔兹曼分布，处于低能态的粒子将始终多于处于高能态的粒子。因此，当光子入射后，将有极大概率会被吸收，而不是引发受激辐射。为了稳定获得激光，需要使得高能态粒子数多于低能态粒子数，即引发“粒子数反转”。对于准分子而言，当其跃迁至基态后，对应的基态分子更加不稳定，经过几个皮秒（ps，1ps = 10^{-12}s）的时间就会分解为两个未成键的原子（比如稀有气体原子和卤素原子）。因此，基态分子的数量始终少于高能态的准分子，在 E_2 和 E_1 这两个能级之间稳定存在“粒子数反转”，这也是可以研制成功准分子激光器的理论基础。

准分子激光的波长取决于所使用的气体。目前实现了 F_2/ ArF/ KrCl/ KrF/ XeBr/ XeCl/ XeF（B-X）等准分子激光，表 3-4 为各准分子激光对应的波长。其中波长为 248nm 的 KrF 和波长为 193nm 的 ArF 准分子激光被广泛应用于光刻领域。

表 3-4 不同准分子激光对应的波长

气体类型	卤素	准分子激光混合气					
准分子	F_2	ArF	KrCl	KrF	XeBr	XeCl	XeF(B-X)
波长/nm	157	193	222	248	262	308	351

1. 准分子激光器的构造

准分子激光器可分为单腔结构和双腔结构。单腔准分子激光器主要以 KrF 光源为主，但也有少部分用 ArF 作光源。如图 3-23 所示，单腔准分子激光器的基本构造主要由高压电源、激光腔、线宽压窄模块、波长测量单元、能量探测单元等组成。

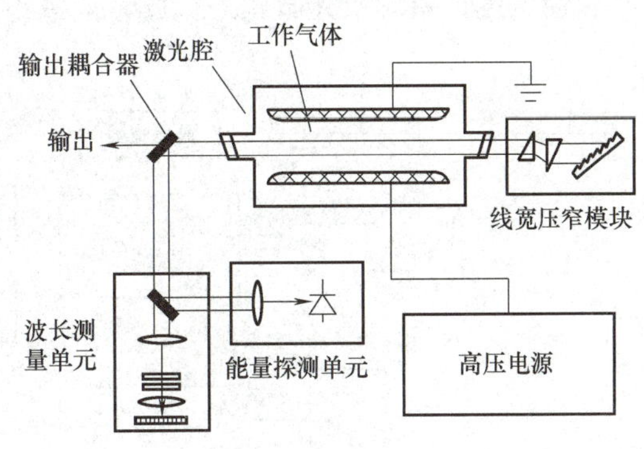

图 3-23 单腔准分子激光器构造示意图

高压电源中包含高精度谐振充电、脉冲升压、磁脉冲压缩等几个功能单元。实际设计中，它通过 3~4 个物理模块来实现，最终目标是在激光腔的电极两端产生接近 15~30kV、脉冲宽度几十纳秒、脉冲精度 0.5‰ 的电脉冲作为准分子激光的泵浦能量。

激光腔利用高压电源对电极进行高压脉冲放电，产生准分子辐射。其内部分为放电单元（正负电极、预电离器等）、热管理单元（加热带、水冷回路、风扇等）、光学单元（窗镜、滤网等）和流体单元（风扇、腔型等）。

线宽压窄模块是由棱镜扩束器、高反镜和光栅组成，对光谱线宽进行压缩。由于光谱线宽是影响成像能力和特征尺寸的重要因素，所以为了减小光刻的特征尺寸，有必要对较宽的自然光谱进行线宽压缩。棱镜扩束器由 3~4 个氟化钙原料制成的棱镜组成，其目的是减小光束的发散角，同时减小光束能量密度以减轻光栅等光学元件的损伤。由于棱镜的色散作用，光束在依次入射到各个棱镜后，逐步得到放大。扩束后的光束会入射到高反镜，转动高反镜可以改变光束入射到光栅的角度，从而可实现激光中心波长的调谐。

输出耦合器是一种反射镜，它可以用来将输出光束提取出来。

波长测量单元是对激光器输出的中心波长进行测量。准分子激光器输出中心波长的稳定性与光刻质量、良品率等指标参数密切相关，并直接影响光学投影光刻工艺的成像质量和关键尺寸控制精度，所以需要在使用过程中针对中心波长进行监测。

能量探测单元是对激光器的单个脉冲能量进行测量，保证曝光能量的稳定性。

然而，单腔结构准分子激光器难以实现窄谱线和高稳定、高能量脉冲的输出，高能量脉冲下紫外光学元件的退化也会造成线宽压窄模块的工作寿命下降。双腔结构是一个很好的解决方案，其中一个激光腔会产生窄线宽但低能量的种子脉冲光源，另一个激光腔实现对种子光源的功率放大，即功率放大腔。ArF 多为双腔准分子激光器的光源。

双腔准分子激光器的主要改进是在单腔的基础上增加了一个功率放大腔、光束传输模块、脉冲展宽单元等。就像单腔准分子激光器一样，种子光由双腔准分子激光器的主激光腔、线宽压窄模块和输出耦合器组成的谐振腔产生。与单腔结构不同的是，在双腔结构中，种子光通过光束传输模块进入功率放大腔，这里的激光能量范围更大，为调整激光线宽提供了更大的调节范围。因此，相比单腔 248nm KrF 光源，双腔 193nm ArF 光源的曝光速度和分辨率更加出色。

图 3-24 所示为双腔准分子激光器的工作原理图。首先，主激光腔、线宽压窄模块和输出耦合器组成的谐振腔产生种子光，由线宽压窄模块对光谱进行选择后，种子光从输出耦合器后的线宽分析模块 1 中输出后通过光束传输模块进入功率放大腔，对种子光进行放大，放大后的激光会再次进入线宽分析模块 2 进行检测。由于增益后的激光可能会对后续的照明系统造成光路损伤，为了减弱这种损伤，从线宽分析模块 2 输出的光会入射到脉冲展宽模块，通过脉冲展宽模块对激光脉宽进行放大来减小激光峰值功率。

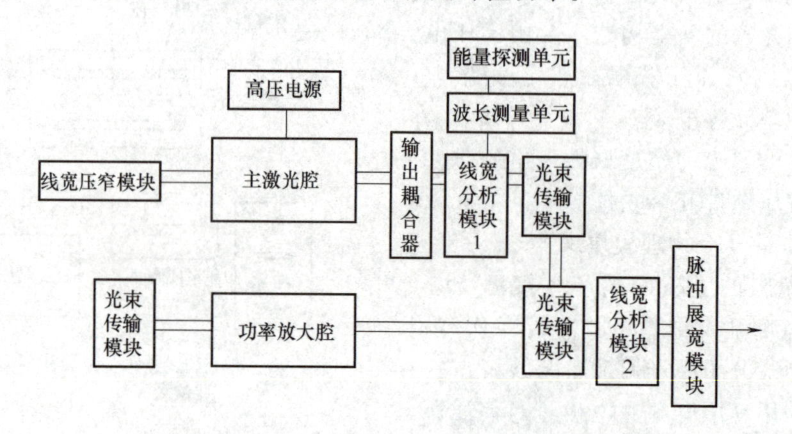

图 3-24 双腔准分子激光器原理图

主振荡功率放大（Master Oscillator Power-Amplifier，MOPA）双腔结构的功率放大腔光路如图 3-25 所示，种子光通过 a_1、a_2 两次反射之后进入功率放大腔，然后在 b_1 棱镜中再次反射回功率放大腔。在这种结构中，主激光腔输出的种子光会在功率放大腔中增益两次，使单脉冲能量获得增加。

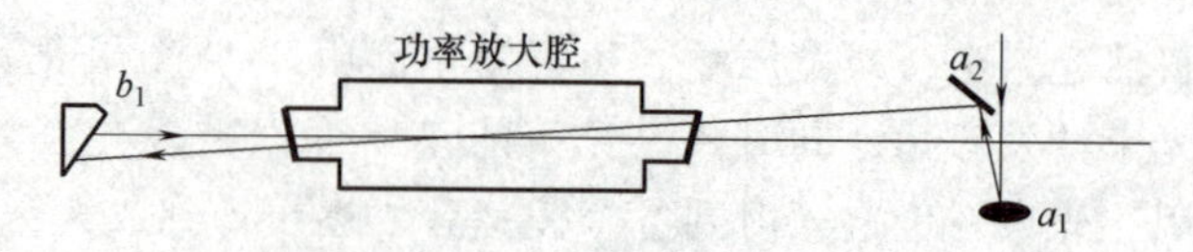

图 3-25 MOPA 双腔结构的功率放大腔光路

主振荡功率再生放大（Master Oscillator Power-Regeneration-Amplification，MOPRA）双腔结构的环形光路如图 3-26 所示，相比于 MOPA 结构，MOPRA 结构进一步升级，它利用输出耦合器的光学元件，组成可多次循环的环形结构（即循环圈结构），这种循环圈结构是对双腔结构的革新，它可以在不改变（甚至减小）输入能量和脉冲频率的情况下大幅度提升输出能量。主激光腔的种子光通过高反镜 a_1 和高反镜 a_2 引入环形腔，部分反射镜 b_1、高反镜 a_3 和棱镜 c_1 组成环形结构，通过 b_1 的光被 a_3 反射进功率放大腔，然后被 c_1 反射回来，再次进入功率放大腔。此时到达 b_1 的部分光会透射出去，另外一部分光会继续反射到 a_3 重复之前的路径，这样光就会在环形结构中多次反射。与 MOPA 结构相比，光束会更多地通过功率放大腔，能量也会随之变得更大。此外，环形腔的光谱宽度、光束质量也有较明显的提升。

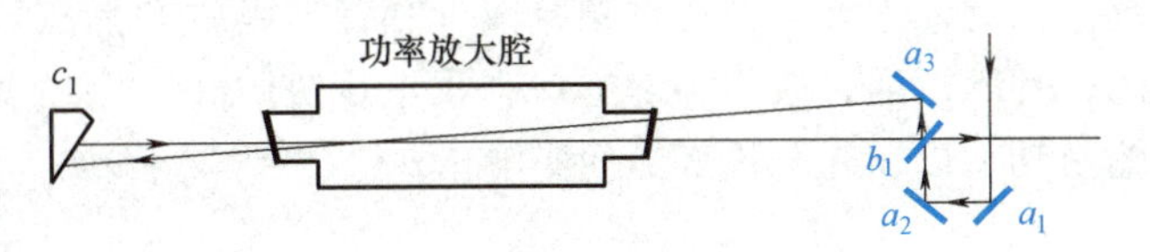

图 3-26 MOPRA 双腔结构的环形光路

双腔准分子激光器中还有一种注入锁定双腔结构，光路如图 3-27 所示，一个 b_1 凹透镜和一个 b_2 凸透镜分布在功率放大腔两端，主激光腔输出的种子光通过高反镜 a_1，在经过 b_1、功率放大腔和 b_2 后，会再次产生谐振。种子光会在功率放大腔振荡多次，促使能量的多次放大。这种注入锁定系统（Injection Locking System，ILS）是日本 Gigaphoton 公司主要选用的双腔结构，其主要优点是性能稳定和运行成本低。

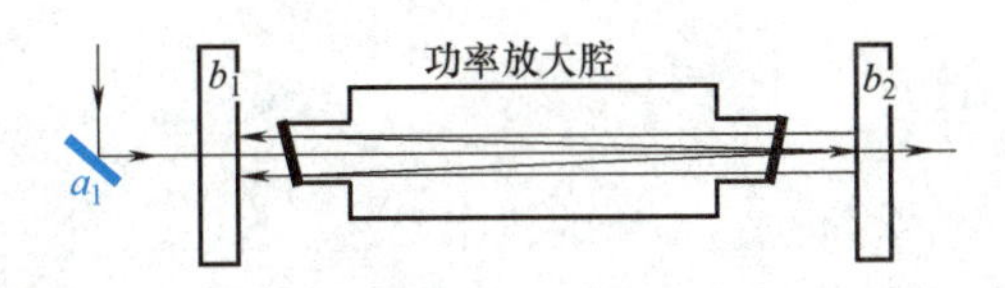

图 3-27 注入锁定结构的光路

2. 准分子激光器的发光原理

准分子激光器虽然分为单腔结构和双腔结构，但是其发光原理（即产生准分子激光的过程）是大致相同的。以 ArF 准分子激光为例，当给工作气体施加高压放电脉冲后，会发生以下几个步骤的化学反应：首先通过电离过程形成 Ar^+、Ar^*（受激 Ar 原子）、F^-以及 F，带电离子和激发态原子在缓冲气体的帮助下形成 ArF^* 准分子。然后准分子会跃迁至基态，并在此过程中发生自发辐射或受激辐射，形成深紫外波段的光子。不稳定基态又会迅速离解成单原子，F 原子在这个过程中又会缓慢重新组合形成 F_2 分子。具体过程如下：

1）电子附着：$F_2+e^- \rightarrow F^-+F$

2）两步电离：a）$Ar+e^- \rightarrow Ar^*+e^-$

b）$Ar^*+e^- \rightarrow Ar^++2e^-$

3）准分子态的形成：a）$Ar^++F^-+Ne \rightarrow ArF^*+Ne$（占 75%）

b）$Ar^*+F_2+Ne \rightarrow ArF^*+F+Ne$（占 25%）

4）自发和受激辐射：a）$ArF^* \rightarrow Ar+F+h\nu$（自发辐射）

b）$ArF^*+h\nu \rightarrow Ar+F+2h\nu$（受激辐射）

5）重新组合：$F+F+Ne \rightarrow F_2+Ne$

目前使用 ArF 光源的浸润式 DUV 光刻机光学分辨率已几乎达到物理极限，为达到更先进的半导体制程节点，还需要寻找新的曝光光源。

3.3.4 EUV 光源的构造与发光原理

极紫外光刻是以中心波长为 13.5 nm 的极紫外光进行光刻的技术，它是光刻技术里程碑式的突破。图 3-28 所示为当前实用化的激光等离子体 EUV 光刻光源构造示意图，该类型

EUV 光源在工作过程中，会产生颗粒物质（碎屑），这些碎屑会污染光刻机的光学收集系统。因此，需要首先通过颗粒减少装置来吸收和捕获收集 EUV 光产生过程中释放的颗粒物质，并随后通过收集系统进一步收集残留的颗粒物质，以减少这些颗粒物质对于 EUV 光源输出功率以及光刻机寿命的影响。

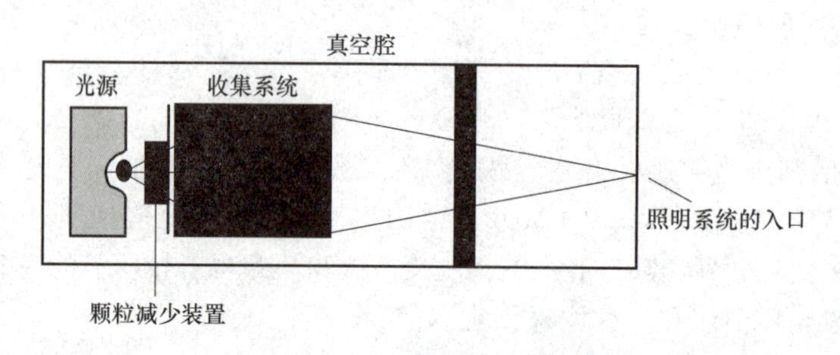

图 3-28 EUV 光刻光源构造示意图

1. 获取 EUV 的技术路线

目前，获取 EUV 的技术路线包括同步辐射（Synchrotron Radiation，SR）、放电等离子体（Discharge Produced Plasma，DPP）、激光等离子体（Laser Produced Plasma，LPP）、激光辅助放电等离子体（Laser-assisted Discharge Plasma，LDP）和自由电子激光器（Free Electron Laser，FEL），这几种技术路径各有优劣，在 1996—2011 年，业界在 EUV 光刻光源技术路线上进行了长达十余年的探索，目前，以锡滴为靶材，以 LPP 为电离技术路线的 EUV 光源成为唯一应用于量产工艺制程的 EUV 光刻光源。

同步辐射的基本原理是：由于洛伦兹力的作用，高能电子在磁场中做高速圆周运动，同时沿运动轨道切线方向辐射电磁波，这种电磁波又称为同步辐射（SR）。通过同步辐射的方法产生的光源功率较高，且不会产生碎屑污染，光源的输出更加稳定。然而，有研究表明，使用同步辐射方法的设备造价高昂、结构复杂，难以满足大规模生产的要求，同时，J. P. Benschop 等人的实验证明，使用同步辐射产生极紫外光必须在设备下方安装重量达 100~200t 的保护层，对空间的要求很高。

DPP 和 LDP 在等离子体产生的过程中，会对电极造成热负荷和腐蚀，降低元件的使用寿命，且使用 DPP 辐射出极紫外光的过程中也会产生大量碎屑。因此，DPP 和 LDP 的工作都不够稳定，不适合长时间使用。相比之下，LPP 采用高功率激光直接辐射靶材，没有电极参与，并且生成的碎屑量更少，产生的光源更加稳定。

自由电子激光器作为最有希望成为下一代光刻光源的候选技术方案，目前应用于光刻工艺尚不成熟。

2. 激光等离子体（LPP）光源的构造与发光原理

激光等离子体（LPP）以大功率泵浦激光照射靶材，促使靶材吸收高能量并产生等离子体，等离子体中高电离态离子的电子跃迁，向外辐射 EUV 光，再通过多层膜收集镜就可以在焦点（IF 点）获得光刻所需的

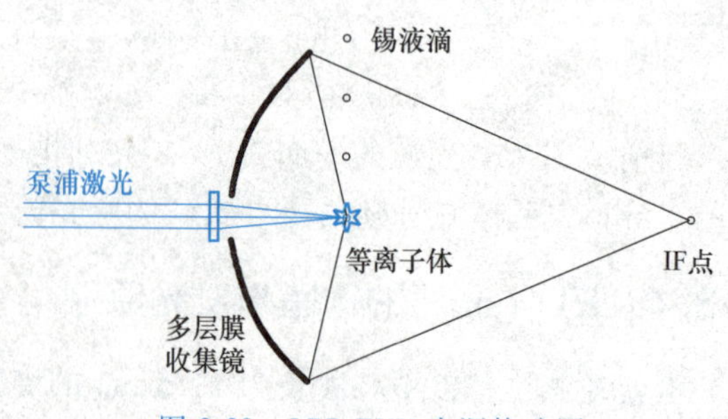

图 3-29 LPP-EUV 光源构造图

EUV 光，该过程的具体构造如图 3-29 所示。从图 3-29 中可以看出，选择何种靶材、多层膜收集镜与激光器将直接影响产生的极紫外光的功率和质量，下面将分别展开分析。

通常被称为燃料的靶材是通过几个因素来选择的，从泵浦激光到 EUV 光的转换效率（Conversion Efficiency，CE）是最重要的因素之一。有许多种靶材可用于产生波长约为 13.5nm 的 LPP 光源，其中氙（Xe）、锡（Sn）和锂（Li）是最具代表性的靶材。

起初，由于锂是类氢元素，Li^{2+} 的莱曼-阿尔法跃迁（Lyman-Alpha Transition）恰好与波长为 13.5nm 的 EUV 光谱相对应，因此人们认为锂适合用来制造靶材。但后续研究表明，温度较高时，处于电离平衡态的 Li^{2+} 数量不多，难以辐射出谱线，基于锂靶产生的 13.5nm EUV 光的转换效率最高只有 2%。较低的转换效率使锂靶不适合作为 EUV 光刻光源的最佳靶材。此外，有研究表明，氙的极紫外转换效率最高为 1.4%，且氙的光谱纯度也较差，因此氙也不适合作为靶材使用。锡能产生比氙更强的极紫外光，且价格低廉、性质稳定，并且有多种价态的锡离子都可以放射出极紫外光（图 3-30），而氙离子只有一种价态能在 13.5nm 波长附近发光，因此，锡很快被选为产生 EUV 的电离靶材。

在研究 Sn 靶材的过程中，人们发现 Sn 靶的形态差异会对 EUV 光的产生造成影响。早期研究中主要使用固体的平面锡作为靶材。但是在实践中，平面锡靶被激光照射的区域内中心区域温度高于其他区域，导致了等离子体的膨胀速度在中心区域快于周围区域，速度较慢区域的等离子体会对较快区域发出的 EUV 光进行吸收，进而降低转换效率。为了解决这个缺陷，并减少固体锡导致的碎屑的产生，研究人员把更小尺寸的液态锡作为主要研究对象，并最终确定使用液态的锡作为 EUV 光刻机光源的辐射靶材。

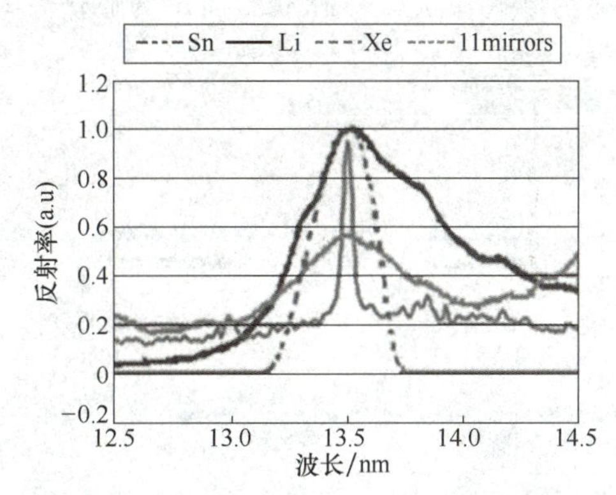

图 3-30　ASML-ISAN 给出的基于 CXRO 模型计算得到的 11-mirrors 系统在不同靶材（Sn、Li、Xe）中的近垂直入射方向的反射率

不仅靶材的选择影响转换效率，不同波长、脉宽的泵浦激光也会导致不同的转换效率。研究发现，CO_2 激光器与掺钕钇铝石榴石（Nd:YAG）激光器具有高输出功率、高能量转换效率的特性，适合用于输出高功率的 EUV 光。Nd:YAG 激光器通过激发嵌入 YAG 晶体结构中的钕离子来工作，而 CO_2 激光器基于受激辐射原理来工作。研究表明，在能量等条件相同时，分别使用 CO_2 激光器与用 Nd:YAG 激光器产生 EUV 光，使用 CO_2 激光器能够获得更高的转换效率，并且辐射出的 EUV 光功率也更高，因此 CO_2 激光器成为激光等离子体光源的首要选择。图 3-31 所示为 CO_2 激光与 Nd:YAG 激光诱发激光等离子体 EUV 辐射区域与激光能量沉积区的比较，CO_2 激光的激光能量的沉积区域与 EUV 辐射区之间拥有更短的距离，使得在产生 EUV 光时，激光能量可以更直接地转移到 EUV 辐射区域的等离子体中，因而可以达到更高的转换效率。

目前，CO_2 激光器被广泛应用于 LPP EUV 光源。如何提高 CO_2 激光的输出功率，并同时得到近衍射极限的光束成为当前研究的重点。图 3-32 所示为主振荡功率放大和预脉冲（MOPA+pre-pulse）的激光架构。其中，主振荡器会产生一个较低功率的激光脉冲，通过隔离器进行传输，再经过一系列的功率放大器来实现对主振荡器产生激光脉冲的能量放大，最

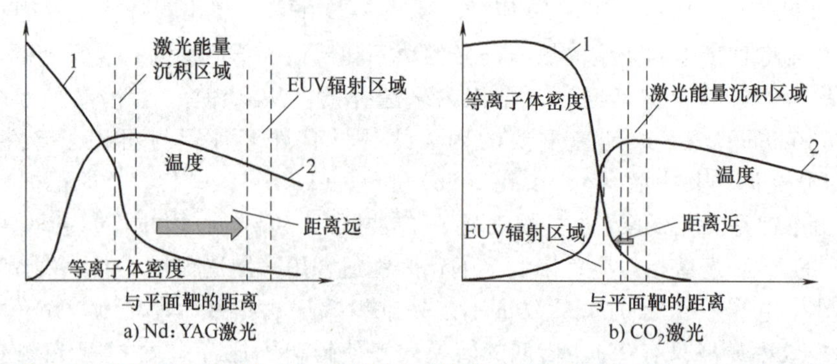

图 3-31 Nd:YAG 激光与 CO_2 激光等离子体激光能量吸收区域和 EUV 辐射区域

1—纵坐标为等离子体密度 2—纵坐标为温度

终经过光束传输单元输出更高功率的脉冲。使用主振荡器加功率放大器的配置，可以将产生高质量的种子脉冲和产生高功率的脉冲的功能分开实施，而预脉冲激光则是用来更好地控制液滴的形状和状态。图 3-33 所示为通快（Trumpf）公司生产的 CO_2 脉冲式激光器工作图。

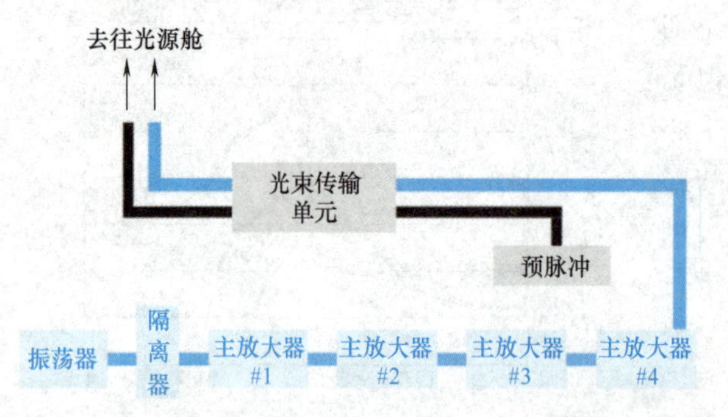

图 3-32 用于 LPP 光源的高功率 CO_2 激光器布局图

图 3-33 Trumpf 公司生产的 CO_2 脉冲式激光器工作图

在 CO_2 激光作用于锡滴时，产生的波长 13.5nm EUV 光很容易被吸收，为了提高产生 EUV 光的质量，需要能够聚集 EUV 光并将其导向曝光设备中的照明光学系统。目前主要使用的是钼或硅多层膜镜片（Mo/Si Multi-Layer Mirror，Mo/Si MLM）作为 EUV 波段光的反射镜。这种构造的反射镜在波长 13.5nm 附近可以达到 70%的反射效率，图 3-29 所示为 EUV 光产生并被反射镜收集的过程，而图 3-34 详细展示了反射镜的多层膜结构。EUV 入射光在每一个 Mo/Si 界面处发生反射和折射，形成相长干涉状态（Constructively Interference），增强了反射镜的反射率。来自多个界面的反射光相长干涉的条件可以由布拉格（Bragg）定律表示：

$$m\lambda = 2d\cos\theta \tag{3-1}$$

式中，d 为双层膜的厚度；θ 为入射角；λ 为波长；$m\lambda$ 表示波长的整数倍。当入射光以一定角度照射到晶格上，若光程差是波长的整数倍，来自相继平面（即多个平行或不同角度的光学表面）的辐射就发生了相长干涉，这种状态下

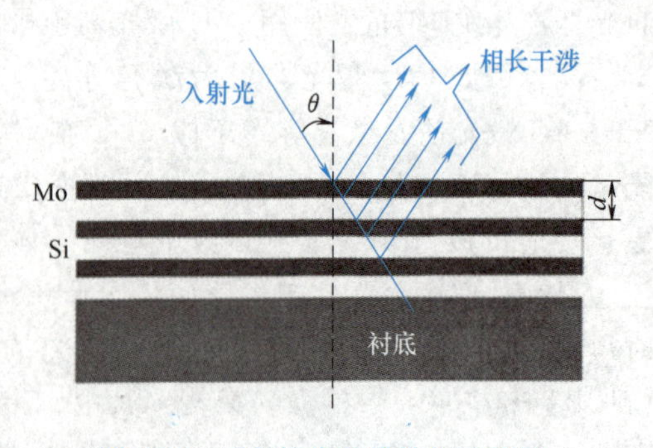

图 3-34 反射镜多层膜结构示意图

可以反射出较强的光。

在产生 EUV 光的过程中，通常会伴随着生成包括熔融液滴、微粒团簇、中性碎屑原子和高能离子等碎屑，因此需要使用一定的方法减少碎屑对集光镜等元件产生的影响。目前，已经有了许多减少碎屑与污染的方法，针对微米级以上的碎屑，一般采用双脉冲激光辐射的方法。充入惰性气体（或氢气）同时外加磁场来除去碎屑的方法成为 LPP EUV 光源最普遍的减少碎屑和污染的方案，图 3-35 所示为使用氢气流（约 100Pa）减少碎屑污染的原理图。

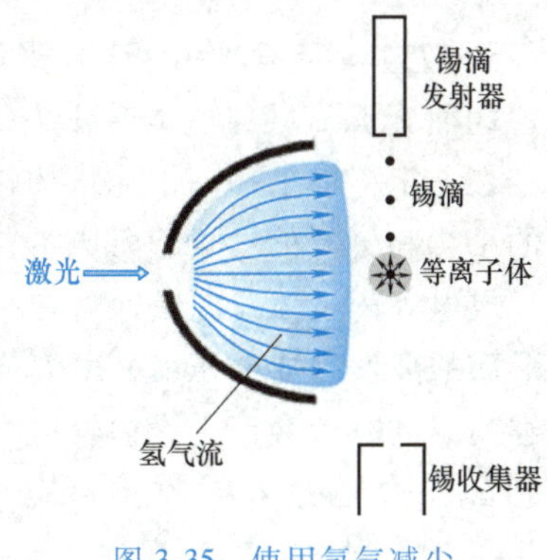

图 3-35 使用氢气减少集光镜的污染

氢气流可以通过两个过程降低碎屑的污染：一是碎屑离子与充入气体的分子相互冲击，使碎屑的运动减缓，同时气体循环会带着碎屑离子远离收集镜，在带走收集镜表面热度的同时使光学收集系统受到的碎屑冲击降低；二是氢自由基会与 Sn 发生化学反应，产生的锡烷（如氢化锡等）极易在室温下挥发，减少了碎屑污染。

此外，还可以通过提高激光的利用率来改善产生 EUV 光的效率，为此研究人员引入了预脉冲（Pre-Pulse）的方式。在真空腔内，直径约 20μm 的熔融锡液滴以每秒 5 万次的频率从发生器中喷射出来，被 20kW 以上的高功率 CO_2 激光器的两个连续脉冲击中，低强度预脉冲撞击圆形锡滴使其膨胀，变成薄饼形；接着高强度的主脉冲以全功率撞击薄饼锡，其中的锡原子被电离并产生等离子体，反射镜会收集等离子体发出的 EUV 光辐射，将其集中传递至曝光系统。由于薄饼液态锡受光面积大，光强明显增大。通过双脉冲的方法实现了接近 6%的转换效率。这样的设计为光源性能带来了很大的提升，双脉冲系统空间视图如图 3-36 所示。

目前，荷兰光刻机巨头 ASML 公司和日本 Gigphoton 公司都可以独立自主生产 LPP EUV 光源，二者几乎在光刻机光源产业上达成了垄断。图 3-37 所示为 ASML 公司的 LPP EUV 光源。

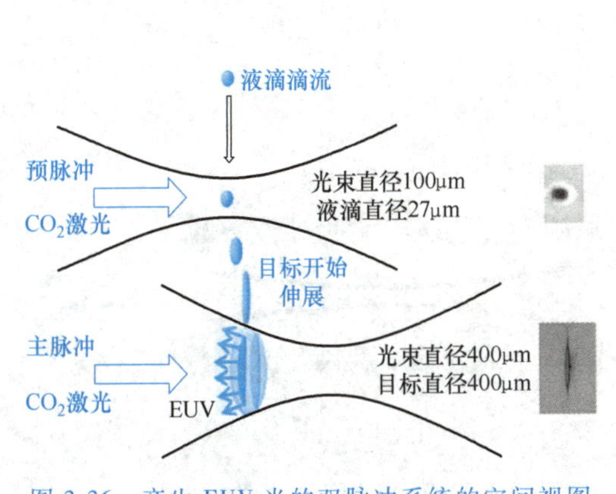

图 3-36 产生 EUV 光的双脉冲系统的空间视图

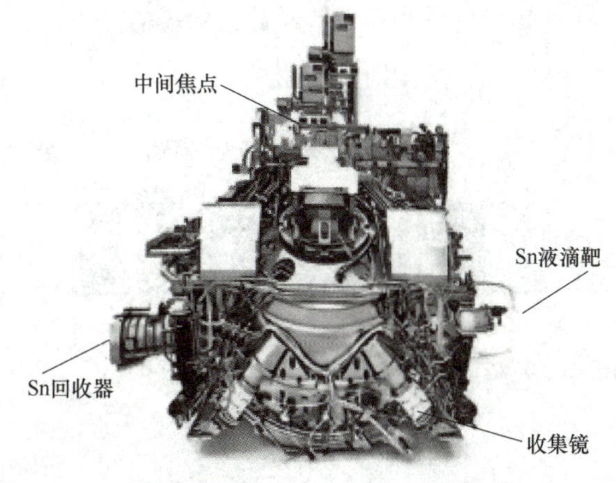

图 3-37 ASML 公司的 LPP EUV 光源（未含主、预脉冲激光器）

3. 放电等离子体（DPP）光源的构造与发光原理

DPP 光源直接将电能转化为等离子体内能，与 LPP 方案相比，由于可以使用大功率电源，在一定程度上提高了能量的转换效率和 IF 点的功率。此外，DPP EUV 光源具有更为简单的结构和更低的投资运营成本，目前多用于 EUV 波段的量测设备上。

放电等离子体光源是通过在高压电极的阳极与阴极之间充入气体，当强电流通过时，其间形成的环形磁场会压缩并电离充入高压电极的气体，形成等离子体。在等离子体电子达到足够高温度时，会产生带内辐射，生成包括红外线、紫外线等不同波长范围的辐射，这些辐射光首先通过掠入射收集器提高 EUV 光的反射率，减少光的反射损失，随后经过光谱纯度滤膜的过滤后就会输出较为纯净的 EUV 光，具体装置构造如图 3-38 所示。

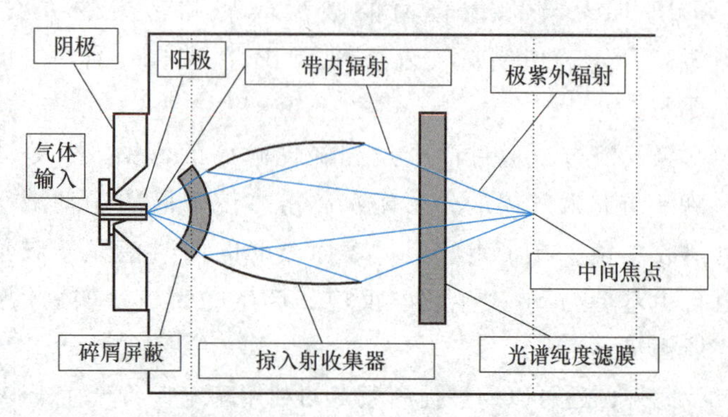

图 3-38　气体放电等离子体产生装置

当前 DPP EUV 光源有三条细分的技术路线，分别为：毛细管放电 Z 箍缩 EUV 光源、等离子体焦点 EUV 光源、中空阴极管 EUV 光源。

Z 箍缩（Z-Pinch）的放电等离子体光源是目前研究得较为充分的气体放电等离子体光源。强电流在通过等离子体时，会因为自身磁场的作用，产生洛仑兹力使等离子体沿径向箍缩，这种效应叫 Z 箍缩效应。Z 箍缩效应能在微小尺度上实现获得高温高密度等离子体，极大地减小了获得相同高温等离子体所需要的放电电流，从而降低了对设备的需求。图 3-39 所示为美国的 Energetiq 公司生产的 Z 箍缩 EUV 光源原理示意图。

毛细管放电 Z 箍缩衍生自 Z 箍缩效应。毛细管放电 Z 箍缩光源采用双脉冲电流，使 Z 箍缩比较稳定。图 3-40 所示为毛细管放电 Z 箍缩 EUV 光源的原理。工作时，在两个电极上加上高电压，首先电流流经绝缘层的气体，气体在电流作用下产生高温高密度的等离子体，从而辐射出极紫外光。在放电和箍缩过程中，毛细管管壁的存在提升了形成的等离子体柱的

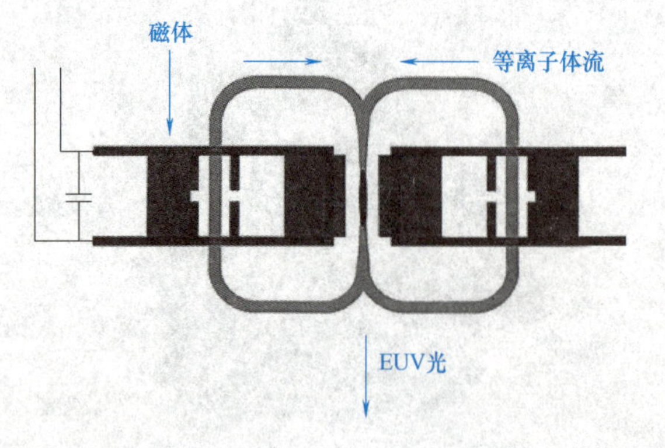

图 3-39　Energetiq 公司 Z 箍缩 EUV 光源原理示意图

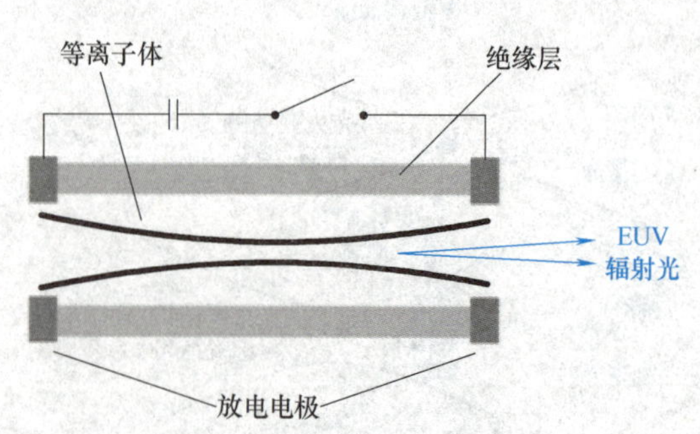

图 3-40　毛细管放电 Z 箍缩 EUV 光源工作原理示意图

空间稳定性和均匀性，使产生的光源功率和稳定性更理想。然而，这种方法在放电时也会产生碎屑，损害 EUV 的光学收集系统。同时，反复的气体放电也会使许多热量凝聚在电极和毛细管壁周围，降低毛细管电极的使用寿命。

等离子体聚焦则是通过改变绝缘层和电极结构，获得“准稳态”等离子体。图 3-41 所示为等离子体焦点 EUV 光源的工作原理。其中，放电部分由圆筒状电极和同轴柱状电极构成。工作时，向放电电极加载脉冲电压，在阳极处点火，并在间隙形成放电等离子体通道，等离子体在洛伦兹力作用下箍缩，在电极端部形成高温高密度等离子体，实现 EUV 辐射光的输出。这种放电结构的优势之处在于具有较小的体积和较高的电能转换率、更大的光源收集角。但是在工作时，电极距离等离子体区域较近，更容易造成中心电极严重烧蚀，同时也会产生碎屑，并且光源尺寸偏大也不利于光源的收集利用。

中空阴极管 EUV 光源工作原理如图 3-42 所示。运行工作时，利用电场直接电离气体，无须预先电离，在两个电极中部位置开孔，开孔尺寸一大一小，并将大的一端作为辐射光收集和输出端。中空阴极管 EUV 光源的电极之间的间隔较小，由于无须预先电离，并且等离子体与绝缘体之间不存在相互作用，因此不会对绝缘体造成损伤。然而，由于缺少管壁，降低了等离子体在放电、箍缩等过程中的稳定性，也影响了光源的稳定性。

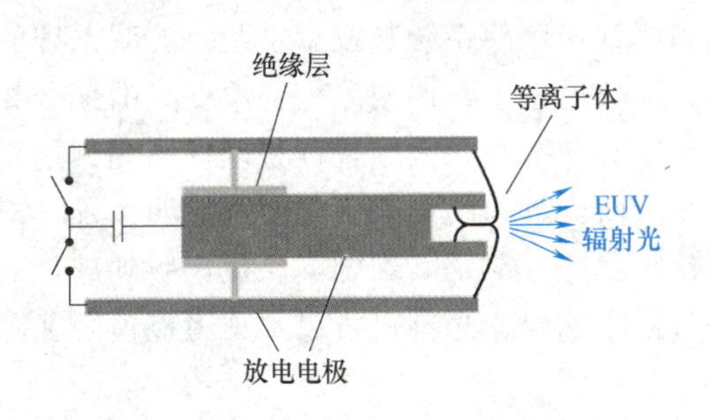

图 3-41 等离子体焦点 EUV 光源工作原理示意图

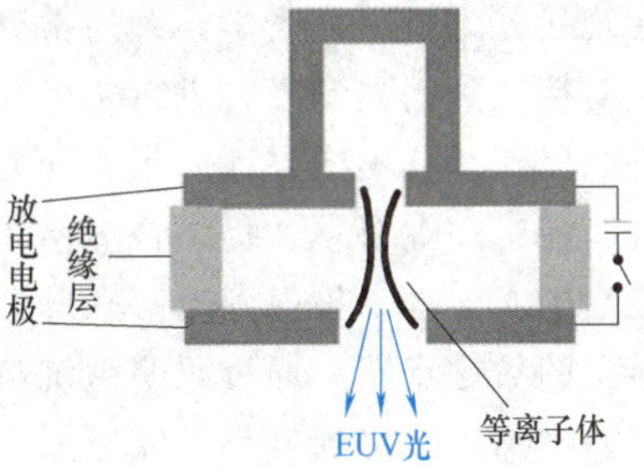

图 3-42 中空阴极管 EUV 光源工作原理示意图

4. 激光辅助放电等离子体（LDP）光源的构造与发光原理

LDP 光源由 DPP 光源发展而来。在早期实践中，常温下为气态的氙被认为是适合的靶材，但随后转换效率更高的锡被选做靶材，DPP 由此演进发展为 LDP，并在 EUV 的转化效率、稳定性、等离子体尺寸上都有提升。

图 3-43 所示为 LDP EUV 光源的原理示意图。设备由两个旋转电极和相应的液态 Sn 池组成，一个轮形电极的边沿涂上 Sn 形成薄层，在轮缓慢旋转的过程中，激光脉冲可以对不同部位烧蚀，形成 Sn 等离子体，并在正、负电极间聚集，使带有高电压的电极连通，从而形成放电等离子体及脉冲电流。此过程中，等离子体中带电粒子受到洛伦兹力的影响，沿轴向发生运动，当电流达到峰值时，等离子体将被挤压，从而形成高温度高密度的等离子体，并向外辐射 EUV 光。

经过大量研究发现，放电电极极性、电流参数、脉冲激光参数等均会对 LDP EUV 产生影响。比如，增加放电电流可以提高输出功率，但是过大的电流也会产生强电磁场，干扰甚至损坏其他部件。试验结果表明，若想更高效地获取 EUV 光，脉冲激光更应该作用在阴极上，如图 3-44 所示。此外，改变激光能量，也可以影响到 EUV 光的辐射效果。

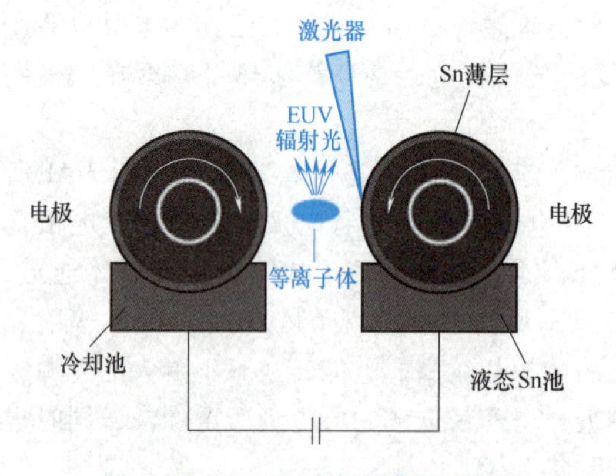

图 3-43　LDP EUV 光源原理示意图

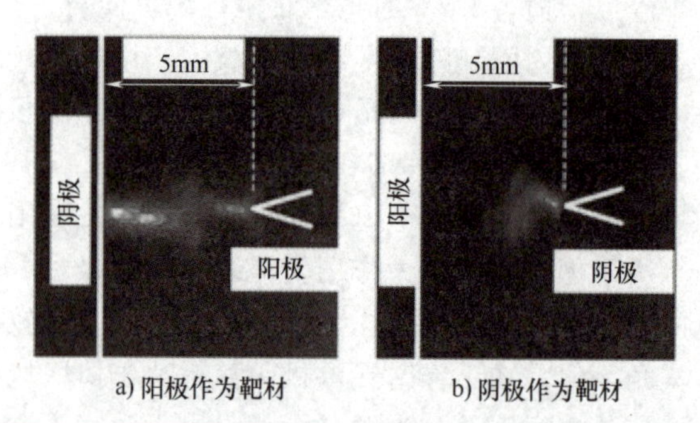

图 3-44　分别用阳极和阴极时作为靶材的 EUV 辐射

3.4 光学系统的构造原理

在现代光刻机中，光学系统通常分为两大核心部分：照明系统和投影系统。照明系统的任务是对接收到的光源光线进行精确控制和调整。这一过程中，照明系统会改变光的部分相干特性，以便适应不同设计需求，如各种形状和密度的图案曝光。这种调整确保了光刻过程能够针对特定图案要求，提供合适性质的光照条件。而投影系统则负责将经过照明系统、掩模版之后的光束准确投射到覆盖在硅片上的光刻胶层。此环节是实现图案从掩模版到硅片的物理转移的关键步骤。通过照明系统与投影系统的紧密配合，光刻机可以实现将掩模版上图案高效、准确地转移到硅片上涂覆的光刻胶层上。

3.4.1 照明系统

1. 照明系统的作用和结构

光刻机中的照明系统是一个复杂的非成像光学系统，位于曝光光源和掩模（掩模台）之间，负责为投影物镜成像提供具有特定光线角谱和强度分布的照明光场。为了确保光刻过程的精确性和高效性，照明系统在其中发挥着不可或缺的作用，具体功能包括：

（1）提供高均匀性照明　确保掩模面得到均匀的光照，从而避免图案转移时出现失真或变形，这对于实现精确的光刻过程至关重要。

（2）控制曝光剂量　曝光剂量是指到达硅片上光敏材料的光能量。通过调节照明系统的参数，可以精确控制到达硅片上光敏材料的光能量，从而保证图案转移的准确性和可重复性。这对于大规模集成电路的生产尤为重要，因为任何微小的偏差都可能导致芯片性能下降或失效。

（3）不同照明模式　根据不同的光刻需求，照明系统可以提供多种照明模式，如常规照明、双极照明、四极照明或环形照明等，控制照明光的空间相干性，以适应不同的线宽和图案要求。

（4）光束整形　通过光学元件如透镜、反射镜、光栅等，对光源发出的光束进行整形，以满足特定的照明条件。例如，通过透镜可以聚焦光束，提高光照强度；通过反射镜可以改变光束的传播方向；通过光栅可以对光束进行分光或滤光等操作。

(5) 提高成像质量 照明系统与投影物镜协同工作，共同决定了光刻机的线宽、套刻精度等关键性能指标。投影物镜负责对掩模上的图案进行缩放并投影到硅片上，而照明系统则为其提供均匀、合适的光照，两者之间的紧密配合是确保光刻效果的关键因素之一。

(6) 变焦系统 在某些高级照明系统中，还可能包含变焦系统，用于调整照明光场的大小和形状，以适应不同的光刻需求。例如，在制造不同尺寸的芯片时，需要调整照明光场的大小以匹配掩模的尺寸。通过变焦系统，可以轻松地实现这一调整，从而提高光刻过程的灵活性和效率。

可见，照明系统在光刻技术中发挥着至关重要的作用。它通过提供高均匀性照明、精确控制曝光剂量、提供多种照明模式、光束整形以及协同投影物镜工作等手段，为光刻过程的精确性和高效性提供了有力保障。随着半导体产业的不断发展，照明系统的性能和技术也将不断提升，为未来的半导体生产带来更多的可能性和机遇。

步进扫描投影式光刻机的照明系统主要由以下部分构成（图 3-45）。

(1) 光束处理单元 这个单元与曝光光源直接相连，主要负责光束的扩束、传输、稳定以及透过率的控制。其中的光束稳定功能由光束监测和光束转向两部分组成，用于消除曝光光源出射光束的指向漂移和位置波动，从而保证照明系统的性能。

(2) 光瞳整形单元 位于光场匀化单元之前，主要负责控制照射到掩模板上的照明光场的光线角谱。这个单元可以实现自由光瞳照明，以满足对特定图形分辨率增强的定制照明模式需求。

(3) 照明均匀化单元 这个单元的主要任务是生成特定强度分布的照明光场。在非扫描方向上，照明光场为均匀分布，而在扫描方向上则为梯形分布或平顶高斯分布，这样可以

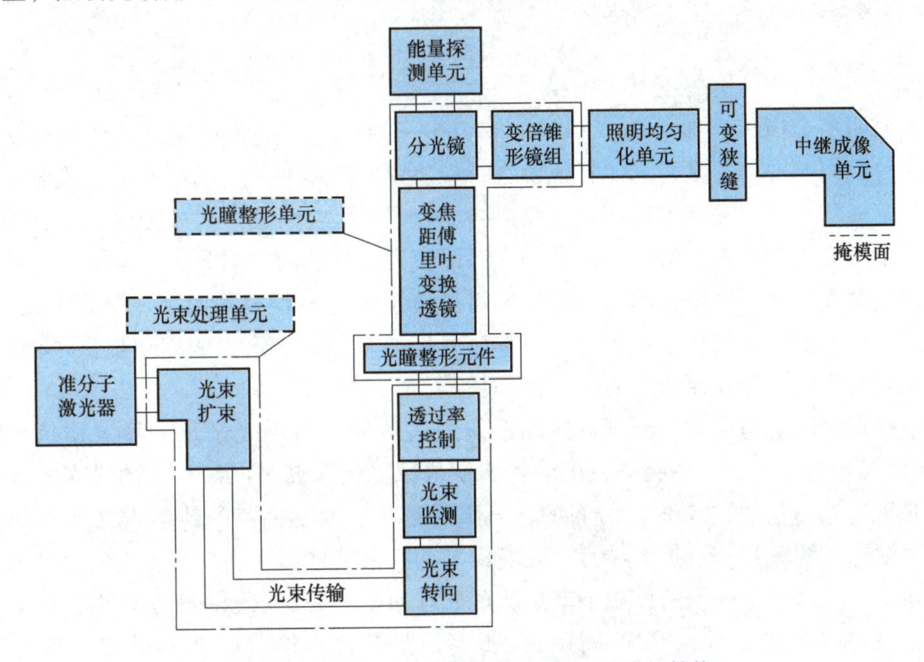

图 3-45 步进扫描投影式光刻机照明系统的结构

减小扫描曝光过程中的激光脉冲量化误差，从而获得更均匀的曝光剂量。

(4) 中继成像单元　这个单元的主要作用是将可变狭缝的刀口面成像到掩模面上，以实现对掩模板的照明。

(5) 能量探测单元　这个单元的主要任务是实时探测激光脉冲的能量，这是实现曝光剂量控制的关键。

(6) 偏振照明单元　这个单元主要应用于高数值孔径浸润式曝光光学系统中，是浸润式光刻机的分辨率增强技术之一。

2. 均匀照明技术：科勒照明方式

光学照明系统中最为常用的照明方式是科勒照明（Köhler Illumination）。科勒照明的前身是临界照明（Critical Illumination），是一种将光源的像直接成在物平面上的照明方法。在临界照明中，光源与样本呈共轭关系，这意味着光源的辐射均匀性会直接影响到样品平面（掩模面）的照明均匀性。因此，光源的辐射不均匀会导致同一视场内各点曝光剂量不同，使得视场内关键尺寸（CD）不一致，这是影响关键尺寸均匀性（CDU）的一项重要指标。因此，使用临界照明时，对光源的均匀性要求较高。如果光源不够均匀，可能会导致成像质量下降。为了实现光刻机照明的均匀性，通常采用科勒照明方式，其成像过程如图 3-46 所示：

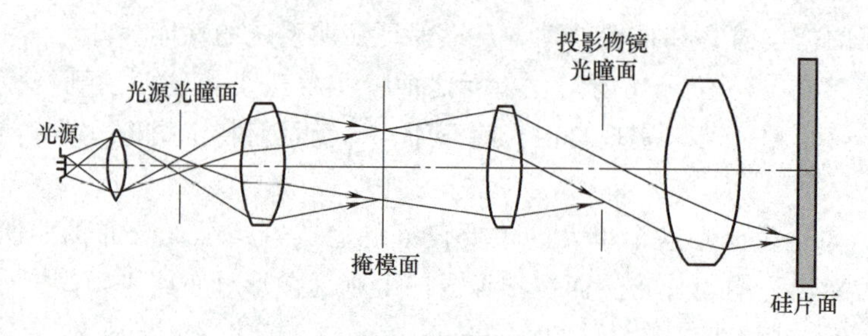

图 3-46　科勒照明成像示意图

科勒照明由德国工程师 August Köhler（1866—1948）于 1893 年提出，是一种理想的照明方法。科勒照明的本质是使光源光瞳面与投影物镜光瞳面共轭，掩模面与硅片面共轭，其主要目标是提供均匀、无眩光的照明，以提高成像的质量。科勒照明中光源上每个点对照明光场上整个平面上的点都有均匀的贡献，光源即使有光强不均匀的分布，但由于掩模版平面是光源的频谱面，每个光源上的点都均匀地通过透镜平行地投射到整个掩模版平面。这样，既消除了光源的形状、亮度不均匀对照明平面光场的影响，又最大程度地提高了照明效率，让尽可能多的光线投射在照明平面上。

为了提高照明的均匀性，光刻机照明系统中还运用了科勒光学积分器（Köhler Integrator），该装置包含了两片微透镜阵列的装置，使得原先横断面为高斯分布的激光变成横断面为“平顶”分布。这种“平顶”分布的均匀照明是通过改变光束的传播方向和相位来实现的。高斯激光光源首先经过扩束准直，转变为平行光束。然后这些平行光束入射到第一片微透镜阵列上，在每个子单元的作用下聚焦，形成排列整齐的焦点。由于小光束的出射保持了对称性，它们相互叠加后，不均匀性得到抵消。最终，在接收屏幕上形成了均匀的目标光斑。

3. 离轴照明与在轴照明

在光刻机的照明系统中，点光源在焦平面上的位置会直接影响到曝光分辨率和聚焦深度。如图3-47a所示，若点光源位于焦平面上且与成像系统的中心轴线（或称主轴）重合，这种照明方式被称为在轴照明（On-axis Illumination）。此时，光线传播方向与成像平面垂直。当点光源位于焦平面上但偏离主轴时，如图3-47b所示，被称为离轴照明（Off-axis Illumination）。在这种照明方式下，光源与主轴存在一定的角度偏差，因此光线传播方向与成像平面不再垂直。在轴照明和离轴照明这两种光照设置中，一个显著的区别是光源的位置。除了光源位置的差异，透镜的大小（数值孔径NA与之相关）以及其他设计参数在这两种设置中都是相同的。

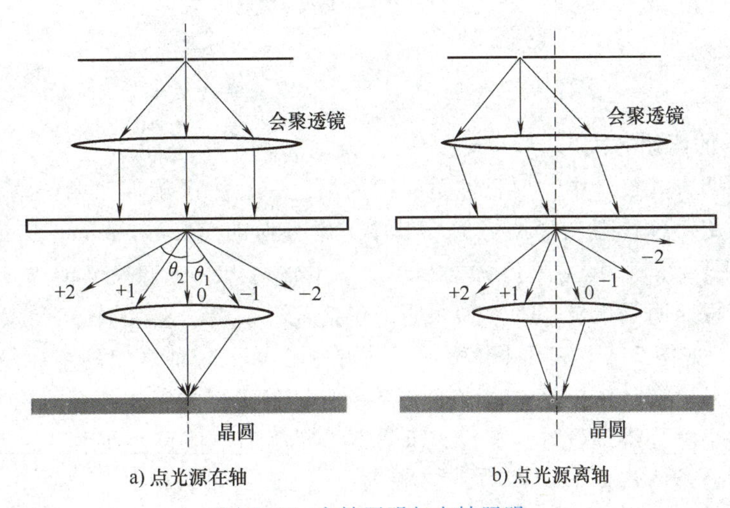

图3-47 离轴照明与在轴照明

离轴照明技术能够提升100nm及以下光刻工艺节点的掩模图形成像分辨率、增大焦深，由此可以扩大工艺窗口。首先，离轴照明能够增强分辨率。当采用在轴照明时，入射光沿光轴照射掩模会产生绕光轴对称分布的衍射光，如果掩模图形的周期p足够小（$p<\frac{\lambda}{NA}$），只有0_{th}阶衍射光能够通过投影物镜，此时无法形成干涉图案。如果将照明方式调整为合适的离轴照明，使得0_{th}阶和$+1_{st}$阶两束衍射光能够通过投影物镜的孔径光阑，就能在像面形成干涉图案。

其次，离轴照明在提升对焦深度方面也具备显著优势（图3-48），即显著增强了焦深（Depth of Focus，DOF）。在使用在轴照明方式时，沿主光轴传播的光参与成像，三束衍射光（-1_{st}，0_{th}，$+1_{st}$）会同时投射在投影透镜上。在焦点位置，0_{th}级与$+1_{st}$级、-1_{st}级的相位相同。然而，在离焦位置，由于$\pm1_{st}$级衍射光与0_{th}级衍射光所经过的路径长度不同，当离焦到一定程度时，0_{th}级与$\pm1_{st}$级衍射光的相位将变得相反，导致对焦深度减弱。

然而，当采用离轴照明且进入光瞳的衍射光的衍射级仅有两级时，通过精确调整入射角，可以使得$+1_{st}$级或-1_{st}级衍射光与0_{th}级衍射光相对于竖直光轴的夹角相等。此时，无论离焦程度如何，这两束光在光轴上的任何一点的相位都保持相同，从而使焦深达到无穷大。当然，实际应用中无法完全使用完全相干的光，光的部分相干性会在一定程度上导致焦深的减小，使其回到正常范围。

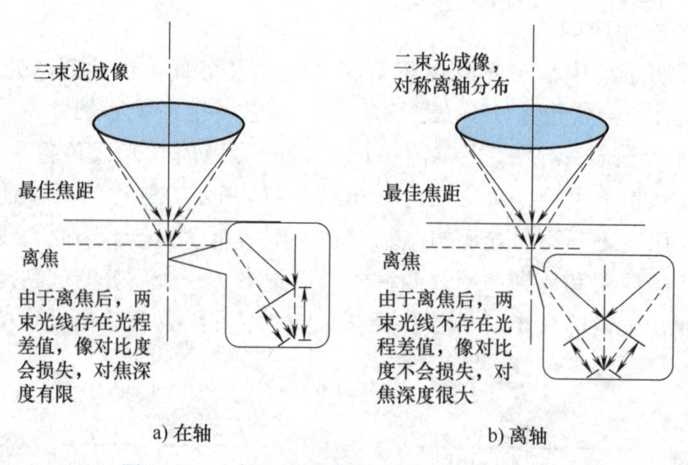

a) 在轴　　b) 离轴

图 3-48　在轴和离轴照明成像时的焦深对比

4. 光刻机中的照明方式

在光刻机照明方式设计中，对称性是关键因素之一。为了确保照明的均匀性和一致性，光刻机通常会采用对称设置的照明方案。其中，常规照明（Conventional Illumination）是最常见的一种（图 3-49a），其光源呈圆盘形，位于主轴之上。光源尺寸的增大，会增加离轴照明的成分。双极照明是最极端的离轴照明，包括水平双极（X-dipole）和垂直双极（Y-dipole）两种形式，如图 3-49b 和 3-49c 所示。光源中心与主光轴之间的距离越大，离轴照明的效果也就越明显。在具体应用中，水平双极照明对于垂直的密集线条具有较高的分辨率，但在处理水平线条时分辨率较差。相反，垂直双极照明则更擅长处理水平的密集线条，而在处理垂直线条时分辨率较差。

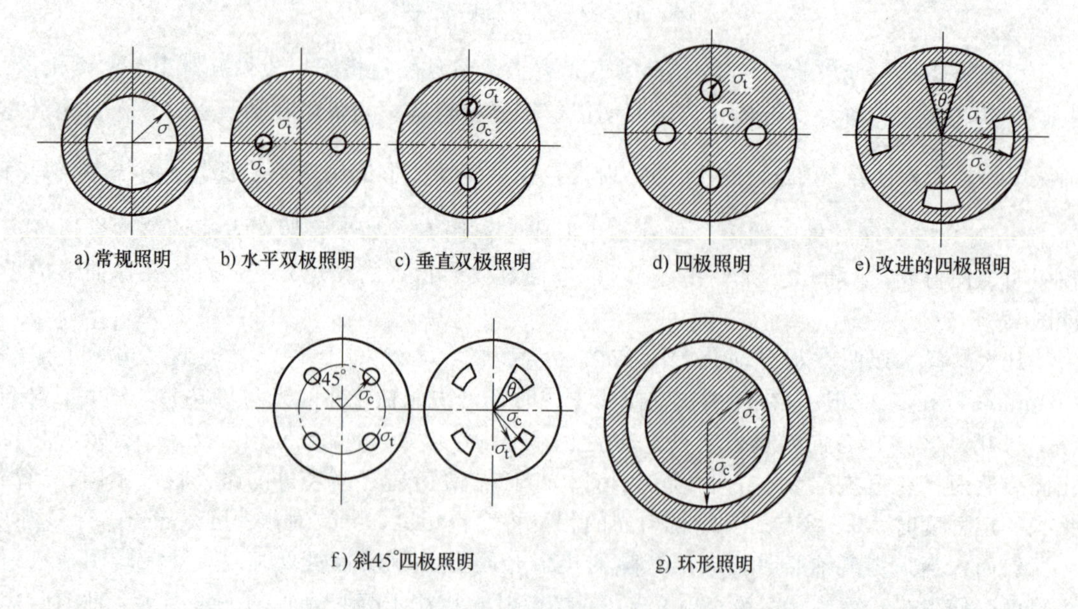

a) 常规照明　b) 水平双极照明　c) 垂直双极照明　d) 四极照明　e) 改进的四极照明

f) 斜45°四极照明　g) 环形照明

图 3-49　多种照明方式

为了同时实现掩模上水平线条和垂直线条的高分辨率，可结合使用水平双极和垂直双极照明方式，即四极照明（Quadra Illumination），如图 3-49d 所示。四极照明的光源在 X 轴进行微调，可得到 C-QUARSAR 照明方式（图 3-49e），即改进的四极照明。将四极照明旋转 45°，可得到另外两种照明方式——斜 45°四极照明（图 3-49f）。显然，这两种照明方式对于旋转 45°后的密集线条具有最佳的分辨率效果。如果掩模版上有各种取向的图形，那么就应该选择环形照明（Annular Illumination），如图 3-49g 所示。圆环的内径和外径越大，表示光源的离轴程度越高，其对应的曝光分辨率和聚焦深度越大。环形照明对掩模版上各种取向的图形都能提供比较好的分辨率。

5. 固定光圈的照明系统与带可变照明方式的照明系统

根据照明光阑调节性的差异，照明系统可划分为两大类别：一类是固定光圈的照明系统，其光圈大小固定不变；另一类则是带可变照明方式的照明系统，其光圈大小可根据需要进行调节。这两种设计方式体现了照明系统在结构和功能上的不同特点。

在固定光圈的照明系统中，照明光源的大小和形状是固定的，不能根据需要进行调整。这种照明系统的优点是结构简单，但缺点是灵活性较差，不能根据不同的应用需求调整照明条件。早期的光刻机，如尼康、佳能的 248nm 光刻机采用 6 个光圈的旋转替换装置，照明条件的变化只能通过切换光圈达成，像左轮手枪的弹轮，如图 3-50 所示。

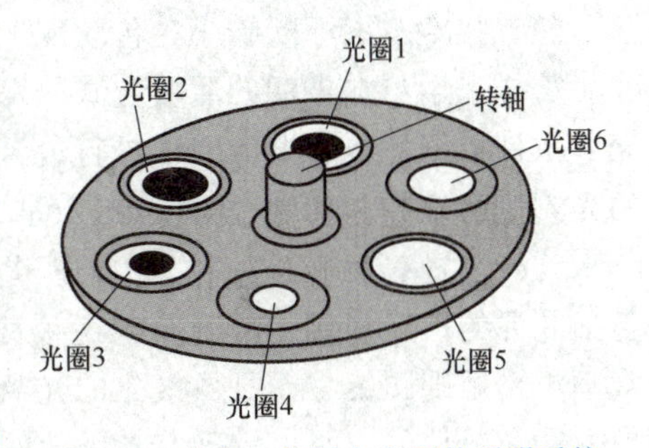

图 3-50 带有 6 种固定光圈的照明系统

带可变照明方式的照明系统可以根据需要灵活调整照明光源的大小和形状。例如，ASML 的可变倍望远镜+可变互补型锥镜就是一种带可变照明方式的照明系统，如图 3-51 所示。这种照明系统的优点是灵活性高，可以根据不同的应用需求调整照明条件，但缺点是结构相对复杂。

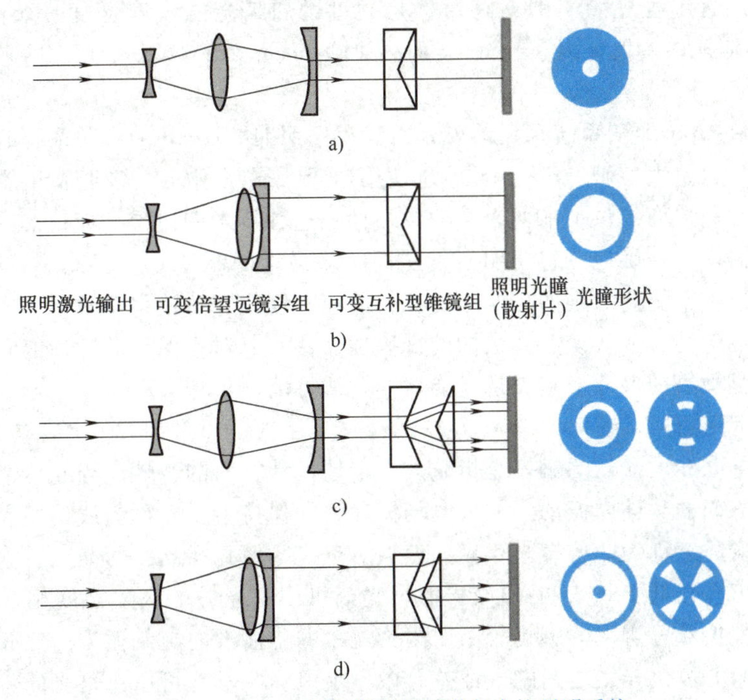

图 3-51 ASML 光刻机带可变照明方式的照明系统

带可变照明方式照明系统的工作原理如下：首先，激光发射出的平行光束进入一个可调节的倍数望远镜，在这里，光束被扩大，扩大的倍数取决于望远镜的设定倍数。接着，扩大后的光束通过一个可调距离的互补型锥镜。当锥镜处于贴合状态时，扩大后的光束将直接无变化地通过互补型锥镜，形成了传统照明（图 3-51a）。此时，如果提高可变倍望远镜的倍数（图 3-51b），那么传统照明在光瞳上的面积和半径将随之扩大，光的相干性降低，非相干性增加。最后，当可变倍望远镜的倍数调整到最大时，照明在照明光瞳上的面积也将达到最大，此时，称之为非相干照明（Non-Coherent Illumination，实际上仍然只能达到部分相干照明）。通过调整可变互补锥镜组中两个镜片的距离，可以形成离轴照明，比如双极照明、四极照明、环形照明等（图 3-51c、d）。

6. 可编程序照明系统

随着技术节点不断缩小，传统照明方式已经无法满足 14nm 技术节点制造精度的需求。此时需要采用更加灵活的照明方式。可编程序的光照（Programmable Illumination）技术允许光照条件根据掩模版上的图形进行设置，以实现对所有图形的最佳分辨率，从而最大化共同的光刻工艺窗口。可编程序的光照是通过光源-掩模协同优化技术（Source-Mask Optimization，SMO）实现。该技术的基本逻辑是根据掩模版上的设计图形计算出最佳的光照条件，包括光源的形状和光强的分布，这被称为光源图（Source Map）。这种计算出来的光源图通常不再是规则图案，而是像素化的光照，而且孔径中光强的分布不再是均匀的。这种像素化（Pixe Lated）的照明就需要依靠光刻机中可编程序的照明系统（也称为自定义照明系统）来实现。

像素化光照是通过使用小反射镜的阵列来实现的。阵列中包含上千个小反射镜，每一个反射镜的倾斜角度都是可以独立调整的，它们可以把光线投送到指定的位置，形成所需要的强度分布。使用可编程序照明的最终目标是通过增加曝光能量容忍度（Exposure Latitude，EL）或者减小掩模误差增强因子（Mask Error Enhancement Factor，MEEF）来增大光刻工艺窗口。

ASML 的 FlexRay 照明系统采用的就是可编程序照明。FlexRay 照明系统的出现，是对传统光刻技术的一次重大突破。FlexRay 通过使用数千个微反射，能够生成几乎无限的照明模式，从而为芯片制造商提供了前所未有的灵活性。这种技术的出现，使得芯片制造商能够根据具体的设计需求，精确地调整照明光，从而实现最优的制造效果。此外，FlexRay 还提供了比以前的解决方案更高级别的控制和更严格的瞳孔规格，这使得工具间的匹配更好，提高了关键尺寸的均匀性，或者说芯片结构的准确性。这一点对于保证芯片性能和可靠性至关重要，因为即使是微小的尺寸偏差，也可能对芯片的性能产生重大影响。

7. 偏振照明系统

光是一种电磁波，光波的偏振是指光波中电场振动方向的特性。当光传播时，电场矢量在垂直于传播方向的平面内振动。如果电场振动方向保持不变，称为线偏振光。如果电场振动方向随时间变化，称为非偏振光。光的偏振对于高数值孔径的投影光刻技术有重要影响。

大多数数值孔径低于 0.75 的扫描式投影光刻机中，光线的入射角度相对较小。在这种情况下，光的偏振对分辨率的影响较小，因为光线的传播方向与偏振方向之间的角度差异较小，极化光线与非极化光线之间的成像差异微不足道。此时，可以忽略光的偏振态所带来的影响，普遍采用非偏振照明。随着光刻机中的数值孔径进一步增大，光的偏振态会对分辨率产生显著影响。图 3-52a 所示为两束光入射在硅片表面的情况，其中入射光束（电磁波）的电场强度 E 可以被分解成两个互相垂直的分量：

（1）E_{TM} 横磁波（Transverse Magnetic，TM）偏振，电场矢量平行于光线和硅片表面法线组成的入射平面。

（2）E_{TE} 横电波（Transverse Electric，TE）偏振，电场方向在垂直于光线的传播方向的同时，还垂直于光线和硅片表面法线组成的入射平面。

两束光的 TE 分量互相平行，它们的叠加与入射角没有关系。而 TM 分量之间有一个夹角，它们的叠加与入射角有关。叠加电场强度的最大值比两束光矢量同方向时的最大值要小（图 3-52b），而叠加电场强度的最小值比两束光矢量同方向时的最大值要大（图 3-52c），从而造成对比度的下降。在大数值孔径曝光的情况下（同相位两个分量夹角变大，最大值减少，反相位夹角变小，最小值变大），TM 分量无法形成有效的成像对比度。因此，为确保大数值孔径下的成像质量，光刻机照明系统由传统照明升级为偏振照明。相对于传统照明系统，偏振照明系统增加了偏振控制单元，用于产生所需要的照明偏振态。

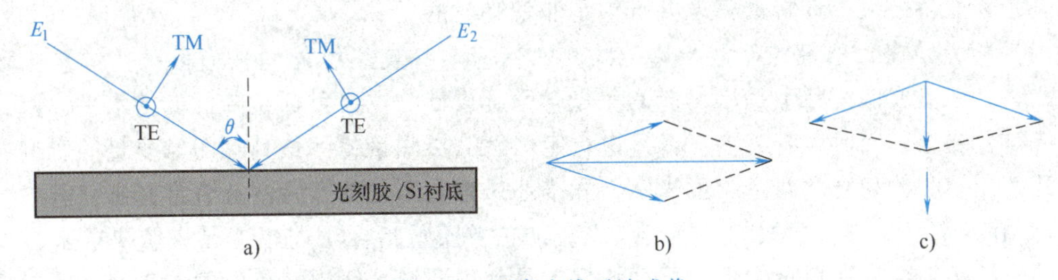

图 3-52 两束光线干涉成像

8. EUV 的照明系统

EUV 光刻机中反射镜是其核心组成部分之一，它是由高精度弧形离轴反射镜构成的光学系统。由于波长 13.5nm 的 EUV 光极易被吸收，不再适合使用透镜方式。为了让大部分的 EUV 光到达硅片，EUV 光刻机中使用了布拉格反射镜（Bragg Mirror）。EUV 光学系统中的分布式布拉格反射镜是由 Mo/Si 两种光学材料组成的可调节多层结构，其中每一层的厚度都对应 EUV 的四分之一的波长。在两种材料的每个界面处都发生菲涅尔反射，两个相邻界面处反射光的光程差为半个波长，因此在界面处的所有反射光发生相消干涉，得到了增强的反射。ASML 公司的 EUV 光学系统由蔡司公司负责总体设计和集成，而其中反射镜的多层镀膜由德国弗劳恩霍夫光机所完成。这种反射镜的制造过程非常复杂，需要保证极高的精度和稳定性，以满足 EUV 光刻机对光线控制的严格要求。因此，EUV 光刻机的反射镜是其关键技术之一，对其性能和效果有着直接的影响。

图 3-53 EUV 光刻机（NA = 0.33）的照明和投影光学系统的结构

EUV 光刻机（NA = 0.33）的照明和投影光学系统的结构如图 3-53 所示。该结构的布局在概念上类似于 DUV 光刻机，不同之处在于所有光学元件都是反射式的。由于需要最大限度地提高整体的光传输率，有大量的工程努力致力于设法最大限度地减少光学元件的数量。

EUV 曝光系统也具有可编程序照明的能力，但是像素数量要少一个数量级。实现 EUV 可变照明形态是通过场面镜和瞳面镜共同作用实现的。像所有 EUV 光刻相关的光学元件一样，EUV 对镜面质量要求极高。因此，EUV 可编程序照明系统中镜面阵列的制造难度和制造成本大大增加，反射镜数量要比 DUV 可编程序照明系统少很多，其结果是 EUV 照明系统的可编程序能力相对较弱。这对光刻建模提出了更高的要求，要有能力针对实际照明形态（而不是理想照明形态）计算光学邻近效应，以实现对光刻性能准确的预测和校准。

3.4.2 投影系统

1. 像差定义与产生原因

衍射极限光学成像原理是以简化假设为基础描述理想投影成像系统的成像过程。然而，假设掩模和硅片放置在理想位置，以及使用带宽无限小的单色光等完美条件的照明系统没有考虑像差的影响。存在像差会使图像质量降低，最终导致光刻工艺质量控制难度增加。如果要突破光刻设备极限，理解透镜像差行为是非常必要的。

（1）像差定义　透镜像差是指透镜的真实性能与其理想性能的任何偏差。像差会降低成像质量，完美成像实际上是不可能的。光学系统设计的主要目标是降低像差水平，直到系统性能符合要求。因此，有必要对像差进行定义、分类和量化评估其对图像质量的影响。下面从几何光学和波动光学两个角度来定义和描述像差。

1）在几何光学中，射线像差是光学系统的主要质量指标。理想情况成像要求来自单个物点的光线必须会聚在单个像点上。射线像差是利用图像平面中交点的偏差来定义，包括横向偏差和纵轴偏差等，通过光线与参考平面上的参考点的偏离程度来描述。

2）从波动光学角度看，在完美的光学系统中，理想的成像要求自物点的所有射线会聚到点图像。会聚光线与以像点为中心的球体同心。衍射极限成像过程中每个物点发出的发散球面波会转换为会聚球面波。但会聚球面波会被成像系统中透镜孔径截断。因此，每个物点都映射为一个爱里斑，不是单个像点。在不完美的光学系统中，波像差被定义为沿着光线测量的光波前与参考球面的偏差。波前指垂直于光传播的方向的等相位面。波像差也可定义为波前通过透镜，理想光线和实际光线的光路长度偏差，即光程差（Optical Path Difference，OPD）。注意，这两种描述是等效的：由于光每次传播一个波长的距离都经历 2π 相位变化，因此光程差和相位误差之间的转换关系为波像差等于 2π/波长。

（2）像差产生原因　在实践中，像差来源于三个方面——设计、构造和使用。构造原因是最可见的来源，包括透镜制造与安装缺陷等。例如，透镜玻璃的形状和厚度不正确、玻璃不均匀、透镜元件的间距或倾斜等原因。使用原因指透镜使用方式导致的像差。例如，不适当的波长光源或波长光谱、掩模或硅片平面倾斜，或非理想的环境条件，如温度、湿度和气压变化而导致空气和材料折射率的变化。

设计像差是光刻透镜像差的根本原因。设计像差并非指镜片设计者造成的错误，而是成像系统的本质特性，指设计者无法去除的那些天然原因导致的存在于成像系统的像差。透镜设计者的目标是“设计掉”尽可能多的像差。

光刻工艺中广泛使用折射光学元件透镜。像差的根源是斯涅尔定律（Snell's Law）的非线性性质。斯涅尔定律描述了光从一种材料时传播到另外一种材料时出现的折射规律：当光以相对于两种材料的交界面法线方向成角度 θ_1 入射时，光将被折射到新角度 θ_2，满足公式：

$$n_1\sin\theta_1=n_2\sin\theta_2 \tag{3-2}$$

式中，n_1 和 n_2 为两种介质的折射率。就折射而言，理想的成像过程很简单：从物体上任意点向各个方向发出的光，不管其以何角度通过透镜，来自同一物点的光线应该穿过透镜并到达像点。正是折射使弯曲的透镜表面能够聚焦光线。然而，斯涅尔定律非线性特征导致无法出现理想成像行为。以球面透镜为例，不难发现只有当斯涅尔定律是线性的，即 $n_1\theta_1=n_2\theta_2$ 时，才能获得理想的成像行为。因此，可以说光折射的非线性性质导致了任何单透镜存在像差。但是，在小角度（即近轴）的情况下，斯涅尔定律可以近似认为是线性的，即 $\sin\theta\approx\theta$。因此，透镜在近轴下成像表现非常理想。虽然此处用球面透镜作为例子，实际上没有任何单一形状透镜表面可以同时为众多物点提供理想成像。可以很容易看出，以较大角度通过透镜会产生更大像差。因此，在透镜设计中，数值孔径或像场尺寸的增加会导致像差的大幅度增加。

2. 塞德尔像差种类和表示

在单色光、足够小数值孔径和像场尺寸的光学系统的条件下，光传播相对于光轴具有小角度和高度等理想条件，光学系统符合傍轴近似描述。然而，随着数值孔径和像场尺寸增加，会出现更大角度和高度，导致偏离近轴区域而产生像差。

由于透镜设计、构造和使用原因的任意组合会导致实际成像系统可能出现任意形式像差。为了交流像差的方便，必须定义和命名某些像差。为了实用性考虑，这些像差须有共性且具备能够描述任意像差的能力。塞德尔像差就是一组常用的像差定义，以其发明人德国数学家菲利普·路德维希·冯·塞德尔（Philipp Ludwig von Seidel）的名字命名。

（1）塞德尔像差表示　光学系统波像差描述依赖于具体光线。图 3-54 中显示了物平面和瞳平面，光线 $\overrightarrow{O}$-$\overrightarrow{P}$ 表示从物平面坐标（x，y）点射出，穿过出射光瞳上坐标为（x_p，y_p）的点光线。理论上可用含四个变量的函数 $W(x, y, x_p, y_p)$ 来描述系统像差。在实践中，当光学系统旋转对称时，系统旋转波像差不变，仅需三个旋转不变量即可描述系统像差。以下介绍基于旋转不变量的波像差表示方法。

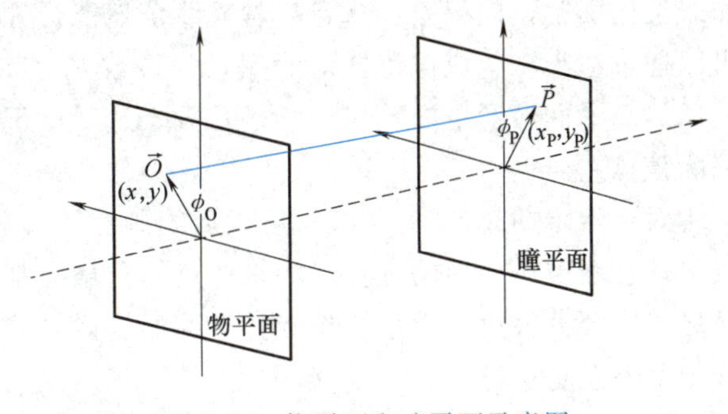

图 3-54　物平面和瞳平面示意图

设 $\overrightarrow{\boldsymbol{O}}$ 表示从物平面原点到物点（x，y）的物矢量，$\overrightarrow{\boldsymbol{P}}$ 表示从瞳平面原点到瞳孔点（x_p，y_p）的矢量。同时令这些向量长度分别为 O 和 P。则旋转不变量可选择以下三个变量：①物矢量长度的平方：(x^2+y^2)；②瞳矢量长度的平方：$(x_p^2+y_p^2)$；③物矢量和瞳矢量的标量乘积：$\langle\overrightarrow{\boldsymbol{O}}, \overrightarrow{\boldsymbol{P}}\rangle=(xx_p+yy_p)$。由于波像差仅取决于物矢量长度、瞳矢量长度以及物点和光瞳点矢量角度 $\phi_F-\phi_P$，不失一般性，可令物点在 Y 轴上，即 $x=0$。据此定义的波像差函数具有如下形式 $W(y^2, x_p^2+y_p^2, yy_p)$，其泰勒展开见式（3-3）。

$$W=a_0+b_1(x_p^2+y_p^2)+b_2yy_p+b_3y^2+c_1(x_p^2+y_p^2)^2+c_2yy_p(x_p^2+y_p^2)+c_3y^2y_p^2+$$

$$c_4y^2(x_p^2+y_p^2)+c_5y^3y_p+c_6y^4+d_1(x_p^2+y_p^2)^3+d_2yy_p(x_p^2+y_p^2)^2+$$
$$d_3y^2y_p^2(x_p^2+y_p^2)+d_4y^2(x_p^2+y_p^2)^2+d_5y^3y_p(x_p^2+y_p^2)+d_6y^3y_p^3+d_7y^4y_p^2+$$
$$d_8y^4(x_p^2+y_p^2)+d_9y^5y_p+d_{10}y^6+\text{高阶项} \tag{3-3}$$

由于波像差在光瞳平面中心（$x_p=y_p=0$）为零，即不存在像差，因此式（3-3）中系数 a_0，b_3，c_6，d_{10} 皆为零。为了进一步讨论方便，运用极坐标去表达波像差比用笛卡儿坐标系表达更有利。为了做极坐标系变换，引入光瞳矢量的长度（r）和角度 ϕ，定义：$x_p=r\sin\phi$，$y_p=r\cos\phi$，可得极坐标系下的波像差泰勒展开式：

$$W=b_1r^2+b_2yr\cos\phi+c_1r^4+c_2yr^3\cos\phi+$$
$$c_3y^2r^2(\cos\phi)^2+c_4y^2r^2+c_5y^3r\cos\phi+\text{高阶项} \tag{3-4}$$

式（3-4）已略去高于四阶的项和系数为零项。通过波像差函数对 x_p 和 y_p 求偏导可以近似获得更直观性的横向像差 Δx 和 Δy：

$$\Delta x=-f(2b_1r\sin\phi+4c_1r^3\sin\phi+c_2yr^2\sin2\phi+2c_4y^2r\sin\phi+\text{高阶项})$$
$$\Delta y=-f\begin{pmatrix}2b_1r\cos\phi+b_2y+4c_1r^3\cos\phi+c_2yr^2(2+\cos2\phi)+\\ 2(c_3+c_4)y^2r\cos\phi+c_5y^3+\text{高阶项}\end{pmatrix} \tag{3-5}$$

式中，f 为参考理想光线的焦距。根据式（3-5），可方便地分析像差。以从物点（0，y）发出的光线穿过出射光瞳点 $x_p=r\sin\phi$，$y_p=r\cos\phi$ 的光线为例，在理想成像系统中，来自单个物点的所有光线最终都会聚在同一个像点中。然而，由于存在像差，它们在像平面上偏离理想的像点的强度由式（3-5）的系数给出，同时还取决于 r、ϕ 和 y。需要指出的是式（3-5）最低的系数，即 2 阶的 b_1 和 b_2 项通常不被视为像差。很容易知道，系数 b_2 对应的像差与 y 的关系是线性的，即波像差是倾斜的；从横向偏差来看，对应物点发出的所有穿过瞳平面的光线发生固定横向偏差。这意味着光线依然能会聚到同一点，但是位置会发生偏移。实践中可以通过适当调整成像位置来消除它。系数 b_1 对应的是像点的轴向位移，且像点发出的光线通过瞳平面会产生的轴向位移是常数，这对应于像差是散焦。实践中可通过调整像平面来消除该像差。

对于给定的物点（0，y），可以通绘制点图（Spot Diagram）来表示从该点发出的所有射线出现在图像平面中的位置。如果像点越分散，那么图像就越模糊，图像分辨率也就越差。最后，本部分假设光学系统是旋转对称的，讨论的像差都假设光学系统具有旋转对称性，实践中并不总是这样。

（2）塞德尔像差类型　波像差泰勒展开式的四阶项系数包括 c_1 到 c_6。其中 c_6 为零，其他五项表示五种单色主像差，分别为球差（Spherical Aberration）、彗差（Coma）、像散（Astigmatism）、场曲（Field Curvature）和畸变（Distortion）。以上定义的像差由波像差泰勒展开式的最低阶项组成（b_1 和 b_2 在上节中已经分析），也称为三阶像差或塞德尔像差。此处“三阶”是指横向像差定义式的阶数。由于横向像差是由波像差对瞳坐标求偏导获得，横向像差项阶数比对应波像差项阶数小 1。由于横向像差是塞德尔研究的基础，尽管波像差阶数为四，由于历史原因，以上主像差被称为三阶像差。

1）球差。c_1 项与物点 y 无关，即所有物点都以相同的方式发生偏差。如果选择一个特定光瞳极坐标模 r，并将幅角 ϕ 从 0 逐渐增大到 2π，可以发现光线偏移（Δx，Δy）在点图中划出一个圆，其半径与 r^3 成正比。同时还可以发现，穿过光瞳边缘（即大 r）的光线与穿过光瞳中心区域（即小 r）的光线聚焦在不同的平面上。

2）彗差。彗差取决于物点 y，因此不同物点的像差不同。特别地，对于轴上点（$y=0$），像差为0，因此该点可以很好地成像。离轴越远，图像的畸变就越大。如果选择某个光瞳极坐标模 r，并将 ϕ 从0逐渐增大到 2π，可以看到光线偏差（Δx，Δy）在点图中划出系列漂移的圆，半径与 r^2y 成比例，Y 轴方向偏移程度与 $2r^2y$ 成正比。

3）像散。光线沿 Y 轴穿过光瞳的光线族（$\phi=0$ 或 $\phi=\pi$，任意 r），对于 $\phi=0$ 和 $\phi=\pi$，其对应的光线偏差 Δy 方向相反；沿 X 轴穿过光瞳的光线族（$\phi=\pm\pi/2$，任意 r）产生的光线偏移 Δy 为0。因此，光线不会聚集在相同平面。由于光线偏差 Δy 与光瞳极坐标模 r 成线性比例，焦平面会发生变化。

4）场曲。光线偏差与光瞳极坐标模 r 呈线性关系，因此像点是散焦的。c_4 项中的 y^2 表示散焦量即轴向的偏差量取决于物点坐标。因此，所有物点都可以被清晰成像，但成像面为曲面，非成像在固定平面上。因此，如果移动像平面，不同的点会进入焦点或离开焦点。

5）畸变。光线偏差量 Δy 不取决于光瞳坐标。因此，来自单个物点的所有光线都会聚焦在单个像点中。这意味着所有物点都会被清晰地成像。然而，因子 y^3 表示图像点的相对位置与物点的相对位置不成正比。因此，即使图像很清晰，但也是失真的。

（3）塞德尔像差系数　系数 c_1 至 c_5 表示主像差的强度的量。这些系数取决于系统参数，包括半径、间距和材料等。对于给定的系统，有不同的公式来计算主像差系数。常用的主像差系数为塞德尔系数和（Seidel Sum）：S_1，S_2，S_3，S_4 和 S_5。式（3-6）提供了塞德尔系数和的定义，它们与前文定义的系数 c_1 至 c_5 的关系见表3-5。

$$
\begin{aligned}
S_1 &= -\sum A^2 h\Delta\left(\frac{u}{n}\right)\\
S_2 &= -\sum \bar{A}Ah\Delta\left(\frac{u}{n}\right)\\
S_3 &= -\sum \bar{A}^2 h\Delta\left(\frac{u}{n}\right)\\
S_4 &= -\sum H^2 c\Delta\left(\frac{1}{n}\right)\\
S_5 &= -\sum \frac{\bar{A}^3}{A}h\Delta\left(\frac{u}{n}\right)+\frac{\bar{A}}{A}H^2c\Delta\left(\frac{1}{n}\right)
\end{aligned}
\tag{3-6}
$$

式中，$\Delta(x)=x'-x$，求和公式为在投影系统的所有表面上求和。由于塞德尔系数是根据最大孔径和最大物场计算的，为了用塞德尔系数表示波像差，需将光瞳极坐标模 r 和物平面坐标 y 标准化为无量纲坐标 $\hat{r}=\dfrac{r}{r_{\max}}$，$\hat{y}=\dfrac{y}{y_{\max}}$。

基于以上分析，主单色波像差表示见式（3-7）

$$
\begin{aligned}
W(\hat{r},\phi,\hat{y}) =& \frac{1}{8}S_1\hat{r}^4+\frac{1}{2}S_2\hat{y}\hat{r}^3\cos\phi+\frac{1}{2}S_3\hat{y}^2\hat{r}^2(\cos\phi)^2+\\
&\frac{1}{4}(S_3+S_4)\hat{y}^2\hat{r}^2+\frac{1}{2}S_5\hat{y}^3\hat{r}\cos\phi
\end{aligned}
\tag{3-7}
$$

表 3-5　系数c_i与塞德尔系数对应关系

像差	泰勒展开系数 单位:(长度)$^{-3}$	塞德尔系数 单位:(长度)
球差	c_1	S_1
彗差	c_2	S_2
像散	c_3	S_3
弧矢场曲	c_4	S_3+S_4
切向场曲	c_4+2c_3	$3S_3+S_4$
Petzval 场曲	c_4-c_3	S_4
畸变	c_5	S_5

3. 泽尼克多项式像差种类和表示

在几何光学中，理想成像过程要求来自单个物点的光线要会聚在单个像点上。塞德尔像差则是利用光线与理想像点的偏离程度来定义像差。在波动光学中，为了成像必须将每个物点发射的发散球面波转换为会聚球面波。波动光学中像差被描述为波前误差，即波像差。波像差函数常被分解为泽尼克多项式函数。泽尼克多项式是以 1953 年诺贝尔物理学奖获得者弗里茨 · 泽尼克（Frits Zernike）的名字命名，本节将介绍基于该多项式的波像差分解方法。

（1）泽尼克多项式　由上文可知，塞德尔像差描述依赖于物点，而泽尼克多项式只描述了出瞳处的波前误差，而不依赖于任何物点。因此，波像差函数具有 $W(x_p, y_p)$ 的形式，用极坐标表示则具有 $W(r, \phi)$ 的形式。需要说明的是，和塞德尔像差一样，泽尼克多项式也可以定义球差、散光和彗差等常见像差类型，但与塞德尔像差存在差异。通常，塞德尔像差和泽尼克多项式之间没有严格的对应关系，也就是说塞德尔系数不能根据相应的泽尼克系数来计算，反之亦然。

透镜波像差可以使用干涉测量法进行测量，然而透镜出射光瞳像差数据规模较大。为了更好地理解这些数据，常见的方法是用多项式来拟合这些数据。一般用相对较少的多项式便可以很好地拟合数据。除了拟合数据外，通常要求多项式的拟合系数要具有物理意义。

目前，最常见的是使用泽尼克多项式来表示出射光瞳的像差。泽尼克多项式可以多种方式排列，大多数透镜设计软件和透镜测量设备都使用圆泽尼克多项式，它们代表了一组完备的圆形表面的基础变形形式，这些基础形式可以用来表示任意的波像差，这样便可以对波像差进行分类和定量地描述。泽尼克多项式是一组圆形区域的规范正交基。因此，理论上描述复杂表面形状，可能需要无穷多个基。然而，在实践中，对于足够光滑的表面，有限项便可以很好地描述像差。通常而言，获得 36 项泽尼克系数值便可足够精确地描述透镜的像差。泽尼克系数的大小是以光程长度为单位。由于泽尼克多项式在单位圆上正交，这意味着当在光瞳上积分时，两个不同多项式项的乘积将始终为零，而一个多项式平方项的积分非零。这意味着每个多项式项的行为独立于其他多项式项，因此添加或删除一个多项式项不会影响其他多项式项的拟合系数。

以极坐标系为例来说明，泽尼克多项式由 $R_n^m(r)$ 项和幅角 ϕ 项组成：

$$Z_n^m(r,\phi)=R_n^m(r)\begin{cases}\sin(m\phi) & m>0\\ \cos(m\phi) & m<0\\ 1 & m=0\end{cases} \tag{3-8}$$

式中，r 为标准化为 0 和 1 之间的数；极坐标定义参见上一节；n 和 m 分别为模和幅角的阶数，同时具有下列性质：①整数 n 和 m 都是偶数或者都是奇数（也即是 $n-m$ 是偶数）；如果 n 为偶数（奇数），$R_n(r)$ 只有 r 的偶数（奇数）项；②m 总是小于等于 n。

由于泽尼克多项式项可分离为 r 和 ϕ 的函数，因此具备旋转对称性。表 3-6 提供了前 36 项极坐标系下的泽尼克多项式。

表 3-6 低阶泽尼克多项式

编号	n	m	极坐标表达式
Z_1	0	0	1
Z_2	1	-1	$r\cos\phi$
Z_3	1	1	$r\sin\phi$
Z_4	2	0	$2r^2-1$
Z_5	2	-2	$r^2\cos 2\phi$
Z_6	2	2	$r^2\sin 2\phi$
Z_7	3	-1	$(3r^3-2r)\cos\phi$
Z_8	3	1	$(3r^3-2r)\sin\phi$
Z_9	4	0	$6r^4-6r^2+1$
Z_{10}	3	-3	$r^3\cos 3\phi$
Z_{11}	3	3	$r^3\sin 3\phi$
Z_{12}	4	-2	$(4r^4-3r^2)\cos 2\phi$
Z_{13}	4	2	$(4r^4-3r^2)\sin 2\phi$
Z_{14}	5	-1	$(10r^5-12r^3+3r)\cos\phi$
Z_{15}	5	1	$(10r^5-12r^3+3r)\sin\phi$
Z_{16}	6	0	$20r^6-30r^4+12r^2-1$
Z_{17}	4	-4	$r^4\cos 4\phi$
Z_{18}	4	4	$r^4\sin 4\phi$
Z_{19}	5	-3	$(5r^5-4r^3)\cos 3\phi$
Z_{20}	5	3	$(5r^5-4r^3)\sin 3\phi$
Z_{21}	6	-2	$(15r^6-20r^4+6r^2)\cos 2\phi$
Z_{22}	6	2	$(15r^6-20r^4+6r^2)\sin 2\phi$
Z_{23}	7	-1	$(35r^7-60r^5+30r^3-4r)\cos\phi$
Z_{24}	7	1	$(35r^7-60r^5+30r^3-4r)\sin\phi$
Z_{25}	8	0	$70r^8-140r^6+90r^4-20r^2+1$
Z_{26}	5	-5	$r^5\cos 5\phi$
Z_{27}	5	5	$r^5\sin 5\phi$
Z_{28}	6	-4	$(6r^6-5r^4)\cos 4\phi$
Z_{29}	6	4	$(6r^6-5r^4)\sin 4\phi$
Z_{30}	7	-3	$(6r^6-5r^4)\sin 4\phi$
Z_{31}	7	3	$(21r^7-30r^5+10r^3)\cos 3\phi$

（续）

编号	n	m	极坐标表达式
Z_{32}	8	-2	$(21r^7-30r^5+10r^3)\sin3\phi$
Z_{33}	8	2	$(56r^8-105r^6+60r^4-10r^2)\sin2\phi$
Z_{34}	9	-1	$(126r^9-280r^7+210r^5-60r^3+5r)\cos\phi$
Z_{35}	9	1	$(126r^9-280r^7+210r^5-60r^3+5r)\sin\phi$
Z_{36}	10	0	$(252r^{10}-630r^8+560r^6-210r^4+30r^2-1)$

用泽尼克多项式表示波像差的公式如下：

$$W(r,\phi)=\sum_{n}^{k}\sum_{m=-n}^{n}c_{nm}Z_n^m(r,\phi)=\sum_{n=0}^{k}a_nR_n^0+\sum_{\substack{n=0\\ n\neq m\text{偶数}}}^{k}\sum_{m=-n}^{n}c_{nm}R_n^m\cos(m\phi)$$

$$+\sum_{\substack{n=0\\ n\neq m\text{偶数}}}^{k}\sum_{m=-n}^{n}d_{nm}R_n^m\sin(m\phi) \tag{3-9}$$

其中系数可以利用规范正交基性质，通过下面的积分得到

$$c_{nm}=\frac{2(n+1)}{\pi(1+\delta_{m0})}\int_0^1\int_0^{2\pi}W(r,\phi)Z_n^m(r,\phi)\,\mathrm{d}\phi r\mathrm{d}r \tag{3-10}$$

（2）泽尼克多项式与像差类型　泽尼克多项式 Z_1 表示所有衍射级的恒定相移，这与物点投影到光瞳中的位置无关。恒定的相移对投影成像光强分布没有影响。

Z_2 和 Z_3 表示的是穿过透镜产生的线性相位变化，表示最简单倾斜像差。顾名思义，倾斜的像差会“倾斜”的波前离开透镜，从而改变光传播的方向。恒定波前倾斜会导致最终成像的位置发生偏移。在存在倾斜像差情况下，图案的最终位置误差依赖于图案的方向。例如，在 y 方向的线空图案将产生在 x 方向上分布的衍射图案。在这种情况下，x 方向倾斜相位变化将会导致特征图案放置误差，而 y 方向倾斜像差则没有影响。如果倾斜系数随物点位置变化，则会产生畸变。

Z_4 与光瞳径向位置 r^2 线性相关，表示离焦像差。离焦像差是第二种最简单像差形式，像差从透镜中心向外的抛物线相位变化。正的 Z_4 值导致光瞳波前外围向像面弯曲，最佳聚焦位置朝出瞳方向移动。由于这种像差只与径向位置有关，因此所有方向都将以同样方式偏离理想像点。然而需要注意，随着特征尺寸变小，光的衍射向透镜边缘处移动，这将产生更大的相位误差。因此，小的特征对散焦像差更敏感。

Z_5 和 Z_6 项表示像散，也与光瞳径向位置 r^2 具有线性关系。但是，由于 $\cos(2\phi)$ 和 $\sin(2\phi)$ 的影响，Z_5 和 Z_6 产生的聚焦效果取决于特征方向，最佳焦点位置随特征方向的变化而变化。因此，像散对成像质量影响与图案特征方向相关，对于给定的方向，像散增加 Z_4 产生的散焦相同的相位误差。

Z_7 和 Z_8 项表示彗差，包含光瞳径向位置 r 的线性项和三次项。彗差可能是由系统中镜片少量倾斜引起的。与 Z_2 和 Z_3 类似，彗差会产生波前倾斜。然而，波前倾斜并非恒定不变。由此产生的图像偏移量取决于光瞳面中衍射级的位置。Z_7 表示 x 轴方向的三阶彗差。Z_8 表示 y 轴方向三阶彗差。这两个项的组合可以定义任何方向上的三阶彗差。与波前倾斜 Z_1 和 Z_2 相比，Z_7 和 Z_8 具有符号相反的线性项，因此产生的像差引起的图像偏移的方向是

相反的。另外，彗差中的三次项会导致图像的明显变形。

Z_9 项表示球差，为旋转对称像差，可以改变全程焦距成像行为。球差的成像效果与离焦像差 Z_4 有类似之处，然而，球差中多项式的四次项会导致的聚焦效应更加依赖于投影物镜光瞳衍射级的位置。这会导致掩模上具有不同周期和光瞳内不同衍射级位置的光线被聚焦到不同位置。

4. 像差消除原理和成像镜头发展

（1）像差消除原理 塞德尔系数和可用来表示系统的像差。根据塞德尔系数和定义，系统像差与系统中各个透镜平面之间存在线性关系。由于每个透镜元件本身就具有像差，因此可以通过组合具有不同像差的不同透镜元件来校正这些像差。这种利用不同表面系数适当配置，互相补偿的可能性是光学系统校正的基本原理。例如，如果将具有相似大小但方向相反的像差的两个透镜元件放在一起，则该组合将具有比任一单独透镜元件更小的像差。

每个透镜元件都有两个曲面，以及厚度、位置和玻璃类型等设计参数，为设计增加了更多的自由度。透镜设计者可以充分运用这些自由度来“设计掉”单个元件的像差。这并不意味着如果运用无限多的镜头组合就可以设计出完美的成像系统。无像差透镜系统是一种在实践中永远无法实现的理想。因为随着透镜个数增加，系统结构偏差将逐渐占据主导地位。当增加一个透镜元件增加的构造像差大于减少的设计像差时，增加透镜将无法降低像差。

用于控制光学系统像差的措施可以分为四类：透镜参数、材料、特殊表面和系统结构。通过透镜参数调整较正像差主要包括：透镜弯曲、功率分配（Power Splitting）、功率组合（Power Combination）、光阑位置等。通过透镜材料调整以较正像差主要包括以下方法：折射率、分散、相对部分色散等。通过特殊表面较正像差主要包括以下方法：胶结表面、非球面反射镜和衍射表面等。通过系统结构较正像差主要包括以下方法：对称性原理、场透镜。

控制像差的不同措施又可以划分为两类：防止像差和补偿像差。防止像差措施是实践中优先考虑的方案。简单的例子如用反射镜消除色差。补偿像差是指源于一个表面的某些像差被另一表面的相反像差所补偿。如果补偿像差的形状完全相同，但符号相反，这种方法可能是完美的。由于光折射的非线性性质导致了任何单一透镜像差。进一步分析易知，当光线在光学折射表面处弯曲时，其弯曲量大于理想的无像差弯曲量，并且这种偏差随着入射角的增加而增加。这一基本认识为像差消除方法的设计提供了方向。通过研究表面入射角的大小可以用于发现导致特定像差的表面位置，并且容易理解系统各表面像差对系统像差的贡献。那么，为了减少像差，应该重新设计系统以减少大的入射角。如果这一步骤行不通，则应通过在另一个适当系统表面上增加具有相反符号像差强度来补偿特定的像差。更加详细和量化的分析可以通过透镜表面的塞德尔系数分解来研究像差来源和设计消除像差的方法。

（2）成像镜头的发展 投影成像镜头（或称为物镜）将掩模图形缩放成像到硅片上。目前主流的光刻机缩放比例一般为4×缩小倍率。由于掩模图形的特征尺寸是硅片尺寸的四倍，这降低了掩模的设计和制造难度。

早期的单片球面镜有各种难以消除的像差，如果需要在大视场投影中做到衍射极限需要使用多片镜片来消除像差和色差对成像质量的负面影响。目前，光刻机成像镜头主要有三类：全折射式、折反式与全反射式三种。

全折射式投影镜头的物面光轴与像面光轴一致，便于集成装配。如蔡司0.93NA、193nm深紫外投影物镜，该镜头的视场区域大小为26mm×10.5mm，缩小倍数为4，为德国蔡司公司设计，可应用于荷兰ASML公司的193nm干法光刻机中。此镜头采用全紫外熔融石英制造，折射率在波长 193. 304 nm 时约为 1. 56028895。该镜头系统采用了 27 片镜片，其中 12 个非球面，最大镜片直径 380mm，其结构示意图如图 3-55 所示。全折射式结构实现了高数值孔径，但会明显增大物镜镜片的尺寸，500kg 重和 2m 高的镜片都很常见，镜片的加工与镀膜难度较高。蔡司全折射式投影镜头采用对称式设计，分为前组和后组两组正透镜和中间的负透镜。其中，正透镜用于会聚成像，负透镜用于平衡场曲。前组和后组的镜头通过多片镜片分摊曲率来减少球差、慧差和像散。需要说明的是，由于采用双远心设计，无论在物空间和还是像空间，只能接受平行于光轴的入射光和出射光，这样可以降低系统放大率对物体或者像平面离焦误差的敏感性。

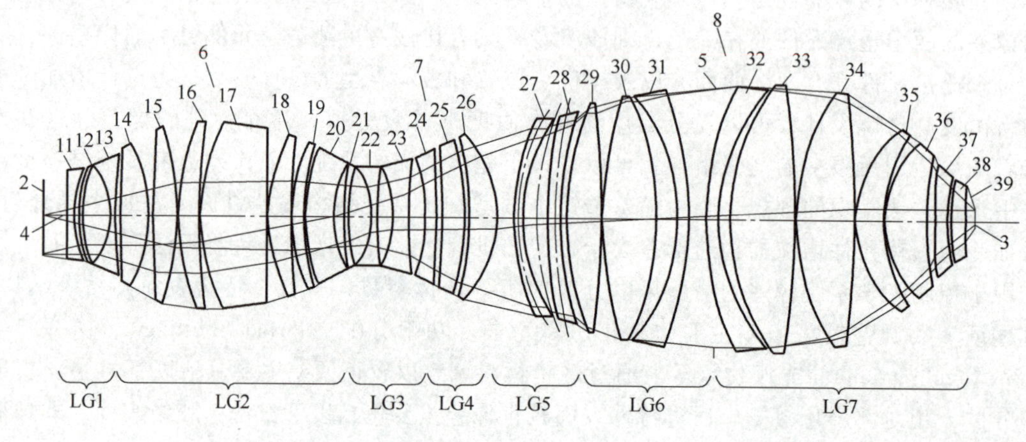

图 3-55　蔡司 0. 93NA、193nm 深紫外投影物镜结构示意图

折反式结构可以有效控制色差，同时保持较小的物镜体积，通常用于数值孔径更高的浸润式光刻机中。由于浸润式光刻机的数值孔径超过 1，增加的像差无法通过增加镜片的方式来消除。若继续采用全石英的材料，则需要通过增加反射镜来实现大数值孔径。这是因为反射镜不会引入色差，另外还可以有正的放大倍数和负的场曲。如蔡司 1. 35NA、193nm 水浸润式深紫外投影物镜，其结构示意图如图 3-56 所示。该镜头的视场尺寸为 26×5. 5mm，总长为 1. 311m 左右，工作波长为 193. 368nm，镜头采用双远心构型。

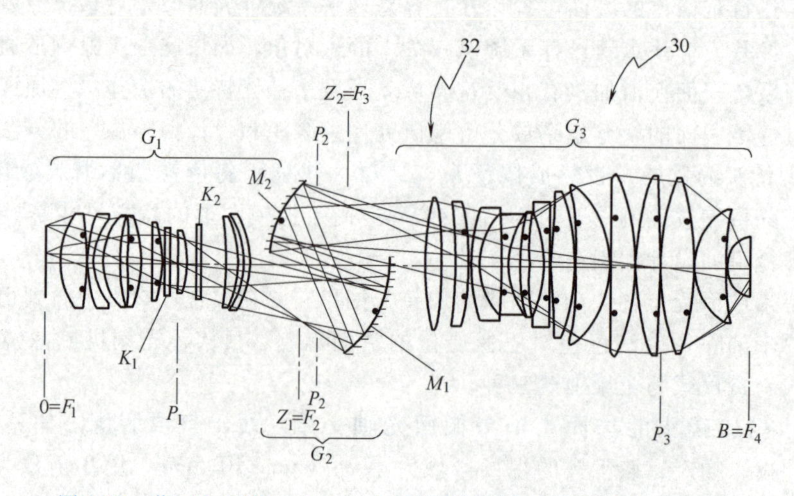

图 3-56　蔡司 1. 35NA、193nm 水浸润式深紫外投影物镜结构示意图

由于 EUV 波段的光可被几乎所有光学材料吸收，EUV 光刻机投影物镜只能采用全反射式结构。由于多层反射膜的最大反射率在 70%左右，反射镜片的数量应尽量少。业界主流的镜头采用 6 片同轴反射镜，数值孔径可达 0.33。需要说明的是，这一数值孔径相比早期的 0.1 和 0.25 已经是极大的提升，为实现更高的光学分辨率，需要更大的数值孔径 NA，目前，0.55NA 的 EUV 物镜系统已实现交付，0.75NA 的 EUV 物镜系统目前尚处于研发阶段。如蔡司 0.33NA、6 片 6 组 13.5nm 极紫外全反射式投影物镜结构，其结构示意图如图 3-57 所示。该镜头不受光波的色差的影响，物镜采用了正-正-负-正-负-正的结构。光瞳平面与第二片反射镜位置接近。这样可以尽量减少在反射镜表面上的入射角，从而增加了反射率。

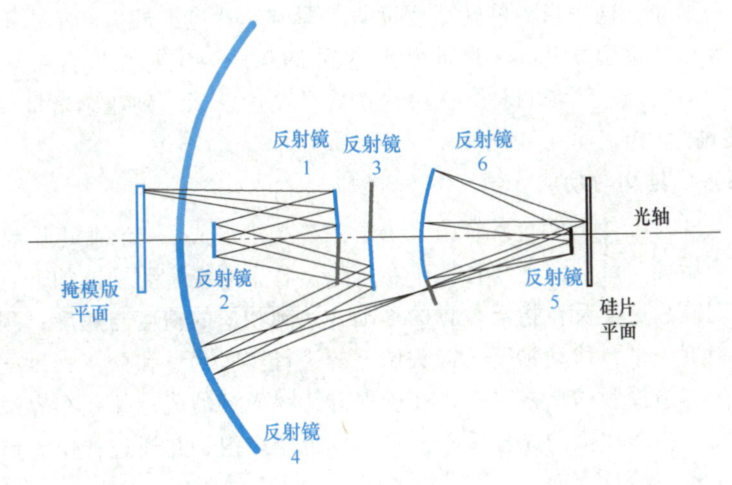

图 3-57 蔡司 0.33NA、6 片 6 组 13.5nm 极紫外全反射式投影物镜结构示意图

随着集成电路特征尺寸的持续减少，投影镜头成像质量的控制要求越来越严格，投影镜头的像差不断减小。目前高端 ArF 浸润式光刻机的波像差与畸变低至 1nm 以下，接近零像差。为控制投影物镜成像质量，需要高精度成像检测技术，在投影物镜集成装配阶段对成像质量进行离线检测。根据检测结果，可通过调整投影物镜的可动镜片等方式补偿像差，改善成像质量。可动镜片仅能实现低阶波像差的补偿。随着对投影物镜成像质量要求的提高，需要补偿高阶波像差，可通过更精密的自由波前控制技术实现，例如 ASML 公司的 FlexWaver 技术。业界还有通过变形镜的方式来控制高阶波像差，通过控制变形镜可以改变光程差，从而实现高阶波像的补偿。

3.5 工件台系统的构造原理

3.5.1 工件台系统的功能、结构和主要工作流程

在光刻机工作过程中，工件台系统负责以特定移动方式同步硅片和掩模的运动，以完成硅片曝光。鉴于当下主流光刻机一次曝光区域（即曝光场，Exposure Field）的通用尺寸为 26mm×33mm，远低于硅片的尺寸（直径 300mm），因此硅片曝光需要分块逐步完成。在扫

描曝光过程中，硅片当前曝光场与掩模图形必须保持严格的物像关系，任何微小偏差都将直接影响芯片制造的分辨率和套刻精度。由此可见，对于光刻机而言，工件台系统与光源、照明、投影物镜等核心系统的作用同等重要，需要具备能够在空间位置上高速精密步进，自动完成对准与调平，最终实现对硅片高效率扫描曝光的能力。

1. 工件台系统的目标

工件台系统的目标主要有两项：一是高精度，即通过对准、调平、补偿等系列复杂流程，将掩模图形精准成像到硅片的指定位置，这一目标的达成程度直接影响芯片生产的良品率水平；二是高速度，即承载硅片的工件台通过反复进行步进、加速、扫描、减速等运动，完成芯片的输送与曝光，这一目标的达成程度直接影响芯片生产的生产率水平。当前，高端光刻机的套刻精度已经达到 0.9nm，产能水平达到 295wph，这对工件台系统的精度和速度提出了极高要求。为实现这两项目标，工件台的定位精度已经达到亚纳米量级，扫描速度接近 1m/s，加速度高达 $30m/s^2$。

2. 工件台系统的结构与功能

为达成上述系统目标，工件台系统由多个子系统有机组成㊀，包括硅片承载与运动子系统、测量与校准子系统、对准调平与补偿子系统等。各子系统主要功能如下：硅片承载与运动子系统主要实现硅片更换及在指定位置的移动并达到相应的精度与速度；测量与校准子系统对系统的套刻精度、平台移动精度、镜头像差等进行实时测量和校正；对准调平与补偿子系统负责实现硅片与掩模版的严格对准，在确保硅片曝光场的成像偏差在容限范围之内的同时，硅片曝光面需与投影物镜的光轴垂直并在焦深范围之内，并通过补偿等措施进一步提升成像质量。

3. 工件台系统的主要工作流程

以最简单的单工件台系统为例，其典型工作流程大致如下（基于离轴对准方式）：①装入硅片并预对准；②将硅片放置到工件台上（误差小于±15μm）；③对硅片进行粗调平（高度误差控制在±1μm）；④对硅片进行粗对准（误差小于±3μm）；⑤对硅片进行精调平与精对准（每个硅片曝光场内高度误差控制在±15nm，水平误差小于±1nm）；⑥掩模台与工件台对准；⑦掩模版与工件台对准。

单工件台系统的主要缺陷在于，在进行调平和对准工作时，光刻机的曝光系统处于闲置状态，即各环节之间为串行关系。由于曝光和对准是工件台系统中最费时的两个环节，因此单工件台的系统产能受到了极大的限制。

4. ASML 双工件台系统简介

随着集成电路的迅速发展，芯片生产需要同时满足更大尺寸、更快速度和更高定位精度等要求，在这方面单工件台系统越发困难。为解决该问题，ASML 和 Nikon 分别设计了双工件台结构和串列式工件台结构，二者均通过并列部分流程提升光刻机生产率。其中，ASML 的双工件台并列了硅片对准与曝光两项流程，而 Nikon 串列式工件台并列了掩模版对准与曝光两项流程。

ASML 双工件台结构如图 3-58a 所示。双工件台系统有两套工件台，分别位于测量位和

㊀ 严格来讲，还应包括掩模台及掩模传输子系统，如果是浸润式光刻机，还包括水管理系统等，此处不做详细论述。

曝光位，两者的关系类似于“纸”与“笔”的配合。工作时，一个工件台上进行硅片曝光，另一个工件台则对新硅片进行对准与调平。由于曝光时间通常大于对准时间，因此相比单工件台，双工件台允许更多的时间进行对准，从而使得光刻机可在大幅提高生产率的同时，实现更精确的对准调平。双工件台的工作流程如图 3-58b 所示。在一个工件台上完成硅片曝光的同时，另一个工件台进行硅片上下片、对准、硅片形貌测量等步骤。待曝光完成，两个工件台交换。

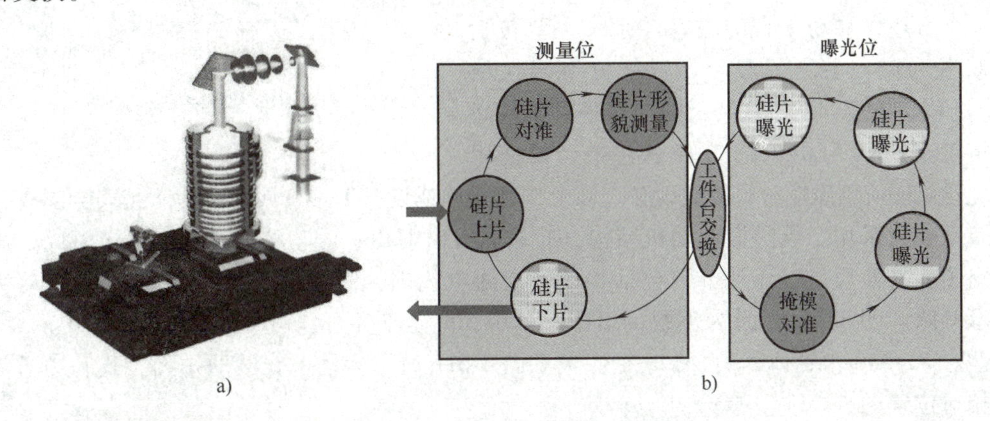

图 3-58　ASML 双工件台结构与工作流程

虽提高了生产率，但双工件台也存在一定缺陷。一是在套刻精度方面，由于允许硅片在两个工件台上混跑，因此需进行套刻匹配，而匹配结果通常差于单工件台，除非限制奇偶。二是由于掩模版对准无法预先完成，需等装有待曝光硅片的工件台移动到镜头下方时才能开始曝光，此时曝光系统处于闲置状态。不过相比硅片对准，掩模版对准用时较短，因此对总生产率影响不大。

3.5.2　硅片承载与运动子系统

工件台要求可以在一定范围内的二维平面和一定的悬浮高度上精确地自由移动。浸润式光刻机通常采用气悬浮或电磁悬浮等非接触方式，确保 1~10nm 级的定位精度。移动平台由宏动（Long Stroke）和微动（Short Stroke）两部分组成，前者为直线驱动装置，后者则为微动装置，与宏动装置之间采取非接触式悬浮的方式联动。

1. 磁浮平台的原理

宏动装置的底板通常使用一种名为海尔贝克（Halbach）阵列的二维磁铁排列方式，这是一种特殊的永磁体排列形式，独特性在于在阵列的一侧产生强磁场，而另一侧的磁场非常弱，从而提高磁铁利用效率，如图 3-59 所示。其中，箭头代表了从 N 极到 S 极的磁场方向；圆圈表示 N 极从纸面出来，叉号表示 N 级指向纸面。

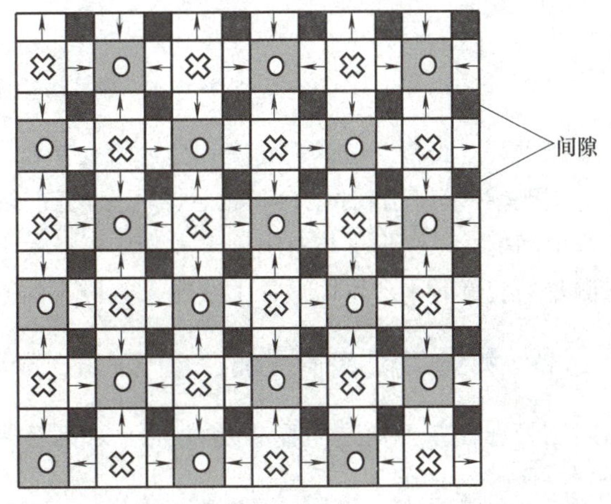

图 3-59　磁铁的 Halbach 排列

微动装置通常采用洛伦兹电动机驱

动。洛伦兹力原理可以使用左手定律来解释，如图 3-60 所示。其中，电流通过导线时将在周围磁场中受到力的作用，当有均匀磁场沿负 Z 方向存在，并且有一根沿 Y 方向的导线通上 Y 方向的电流时，这根导线会受到沿负 X 方向的洛伦兹力。

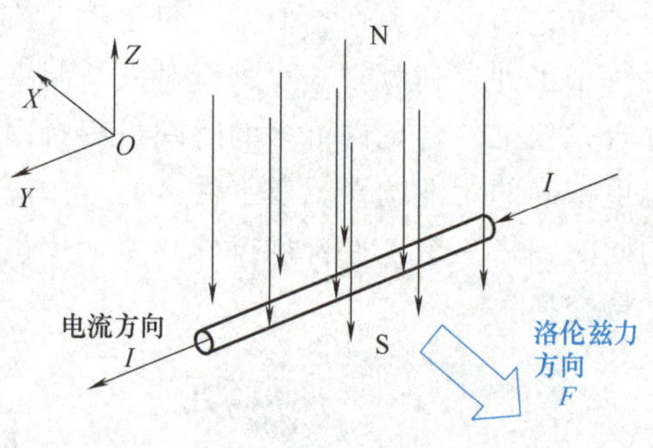

图 3-60　洛伦兹力示意图

2. 子系统的结构与主要元件

如上所述，移动平台的磁悬浮系统主要包括宏动装置和微动装置。宏动装置能够实现大约 ±1μm 的移动精度，而微动装置则能够进一步提高这个精度至 ±（1~10）nm。在磁悬浮平台的使用中，应避免任何铁磁性材料接近设备，以免损坏磁体或设备工具，同时也为防止安全事故。

宏动装置采用二维平面电动机结构，底板通常由 Halbach 阵列的永磁体拼接而成，用以作为定子并平衡质量，而动子则包括 4 到 6 组通电线圈。图 3-61 展示了一种平面电动机的结构示意图。图 3-61a 所示为侧视剖面图，其中 300 是工件台，310 和 320 是动子中的绕组，330 是定子，340 为磁体阵列，350 是底板。图 3-61b 所示为动子线圈的排列方式和动子与定子的相对位置图。

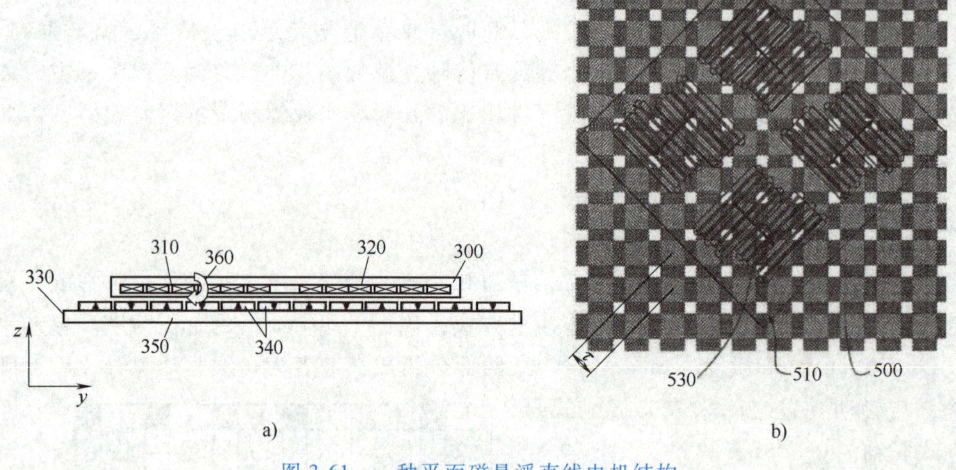

图 3-61　一种平面磁悬浮直线电机结构

微动装置是位于磁悬浮底座和硅片承载平台之间的包含水平和垂直方向的两种洛伦兹电动机。图 3-62 所示为硅片平台和磁悬浮底座的连接原理，图中采用了呈三角形布局的 6 线圈洛伦兹电动机，三角形中央空隙用于放置支撑硅片上下片的顶针装置。硅片平台四周装有用于位置测量的装置，平台本体通常由线胀系数极小的微晶玻璃制造而成，以确保测量精准。

3.5.3　测量与校准子系统

测量与校正子系统的核心功能在于对硅片平台及掩模平台[㊀]的套刻精度、平台移动精

㊀　由于掩模平台精度要求低于硅片平台，此处不再另行阐述。

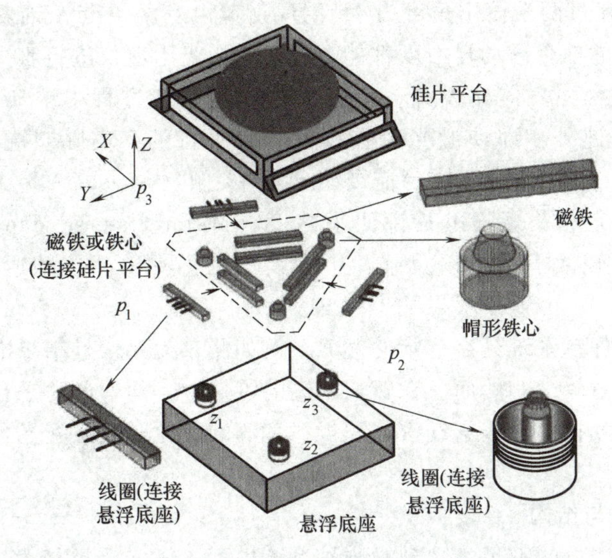

图 3-62 一种硅片平台和磁悬浮底座的连接原理

度、镜头像差等进行实时测量和校正。特别地，由于硅片平台具有 6 个自由度，包含三个平移（X 轴、Y 轴、Z 轴）及三个倾斜（围绕 X 轴、Y 轴、Z 轴的旋转），其准确测量需要运用至少 6 个单独的测量通道，以确保全方位的覆盖与校准。通常，光刻机主要采用激光干涉仪或者光栅尺进行测量。

1. 激光干涉仪的原理与结构

激光干涉仪作为一种精密测量设备，在硅片平台的空间参数测量中扮演着关键角色。其工作原理基于测量反射光的多普勒频移，通过时间积分的方式计算出平台的精确位置。此种方法不仅可以精准测量速度，而且能够实现对平台位置的精确定位。

图 3-63 所示为一种采用 8 个干涉仪及配备 8 根激光束的测控系统，光束分别标记为 x_1、x_2、x_3；y_1、y_2、y_3 以及 z_1、z_2。具体而言，光束 x_2 和 x_3 被用于测量沿 Y 轴的旋转（或称倾斜），y_1 和 y_2 用于沿 X 轴的旋转测量，x_1、x_2 与 y_1、y_2 则用于沿 Z 轴的旋转测量。硅片

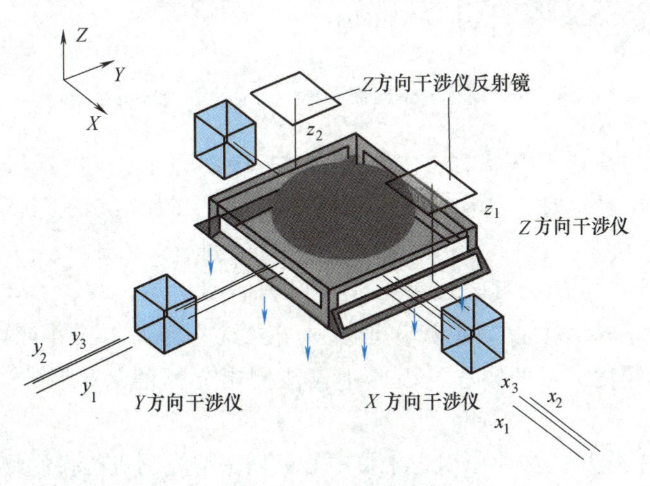

图 3-63 一种包含 8 个干涉仪的硅片平台

平台的高度（Z）是通过两个设定角度为45°的反射镜以及两条沿 X 轴发射的水平激光束来测量的。由此，平台的6个运动自由度都能通过8个激光干涉仪进行唯一确定。

尽管整个硅片平台为一体化设计，但在平台加工制造过程中要实现长距离上的平面抛光非常具有挑战。此外，即使激光束在设计上是平行的，实际装配过程中也可能无法保持平行性。因此，光刻机的工件台需要进行平移-倾斜（Scan-Tile Matrix）、平移-转动（Scan-Rotation Matrix）相关矩阵以及镜面平整度（Mirror Flatness Map）的校准，以补偿同方向激光束之间的轻微不平行以及硅片平台镜面的不平整。校准通常需要经过几轮方能完成。

采用干涉仪的工件台系统具有一定的优势，例如测量无死角且结果准确性高，校准所需的时间短且工作量相对较少。然而，在较长距离的测量中，随着硅片平台的运动速度日益加快，其运动引发的空气扰动导致空气密度和折射率等的变化会对激光光程造成干扰，从而影响测量的精度和可靠性。

2. 光栅尺的原理与结构

为了弥补干涉仪测量的不足，光刻机测量系统中引入了光栅尺技术。ASML公司使用的平面光栅尺安装于硅片平台的上方大约15mm高处。在平台的四角装配有读取光栅信息的读数头（Encoder Reader），也称为编码-解码器（Encoder-Decoder）。图3-64所示为基于光栅尺的定位系统，光栅尺面向下，带有二维周期性方块图案。

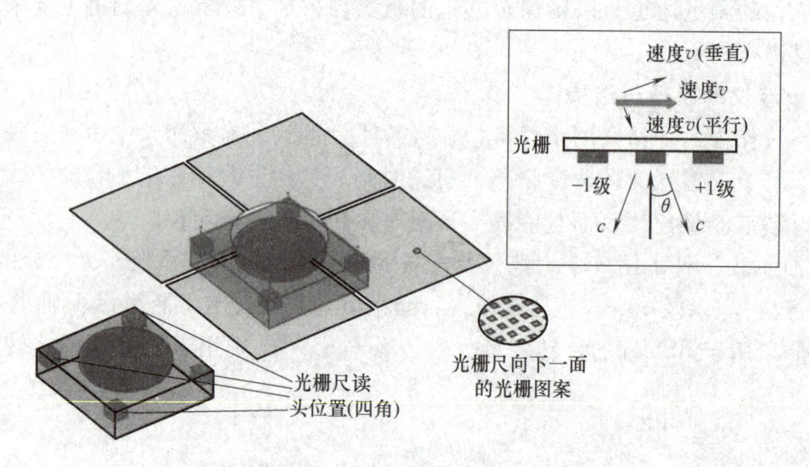

图3-64　一种基于四面光栅尺的硅片平台定位系统

以一维光栅为例简述光栅尺的工作原理（参见图3-64右上角）：当光栅与垂直方向的照明光相对以 v 速度平移时，其移动方向相对于衍射光（如衍射+1级）会有一个速度分量 $v\sin\theta$，由于多普勒效应，+1级衍射光会产生 v/p 的频移（p 代表光栅的空间周期），而−1级衍射光会产生 $-v/p$ 的频移。如果多次反射到同一平面，将存在更多的频移。接着，通过与0级衍射的干涉，可以测定频移量。对于二维光栅而言，在两个维度的衍射光都会出现对应的移动速度分量的频移，因此不仅能测出光栅的水平移动速度，还能测出垂直移动速度。

选择采用四面光栅尺的主要原因在于将中心区域留给光刻机的投影物镜和测量系统。使用二维光栅尺时，每个读数头可以分别获得（x，y，z）三维坐标。如此一来，四个读数头就能提供4组（x，y，z）数据，共计12个数据点，足以精确确定硅片平台的6个自由度的空间位置。即使有的位置某个光栅尺无法测量，例如在镜头或测量系统的下方，剩余的三个读数头仍足以提供足够的数据以确保硅片平台的6个自由度能够被准确测量。此外，对于双工件台系统，会在测量位置和曝光位置放置中继光栅尺，确保两个工件台交换时数据准确中继连接。

相较于激光干涉仪的缺陷，光栅尺由于距离读数头非常近，因此空气扰动对测量精度的影响可以忽略，具有极好的重复性。然而，由于光栅尺也是采用光刻工艺制造，因此光栅中的每个线条或方块图形的位置误差会导致测量误差。不过，因为每个读数头的光斑能一次采样数千个光栅，很大程度上可以平均掉这些随机误差。尽管如此，使用前对光栅尺进行校准是必要的。此外，光栅尺的长期稳定性可能受到材料老化和胶水风化等因素的影响。如果组合使用光栅尺和干涉仪，通常可以实现更优的测量效果。

3.5.4 对准、调平与补偿子系统

为了确保硅片在曝光前的掩模成像质量，必须经过对准、调平以及补偿等关键步骤。对准过程确保硅片与掩模版在水平方向上达成准确对齐，而调平过程则实现硅片与掩模版在垂直方向上的精准对焦，最后通过补偿步骤进一步强化成像效果。

1. 硅片的对准与调平

硅片对准通常存在两种主要技术：直接成像对准和衍射探测对准。在直接成像对准中，一般采用具有物方远心结构的显微镜，其中所用到的成像光波长位于可见光范畴。这种做法预防了在对准期间使用接近曝光光波长的光线，避免了硅片被提前随机曝光的风险。Nikon公司的光刻机主要采用直接成像对准技术，称作视场成像对准（Field Image Alignment，FIA）；相对而言，ASML公司的设备则选用了暗场探测的技术，命名为雅典娜系统（Advanced Technology using High-order ENhancement of Alignment，Athena），其实质上利用了零级以外的其他反射光衍射级来进行成像。

在对准方式中，有同轴对准与离轴对准两种方式。同轴对准的测量光路会通过光刻机的投影物镜，用以测定掩模的具体位置。而在当前主流的光刻机中，硅片对准多采用离轴对准方式。具体而言，硅片最先建立与硅片台上固定记号的水平空间坐标联系，然后该固定记号（又称基准记号，Fiducial Mark）再与掩模版上的对准记号进行对齐。尽管与直接对准方式相比，此方法的误差会通过摆渡平台传递，但鉴于对准波长使用范围的拓展、对准精度的不断提升，以及镜头难度和成本控制考虑，离轴对准仍有极大应用场景与改善空间。

ASML公司使用硅片台上设置的透射图像传感器（Transmission Image Sensor，TIS）接收来自掩模版记号的图像投影，并与硅片台上TIS正上方的基准记号图像叠加，来确定二者间的差异，并与掩模版记号对准。通过这样的间接对准，硅片的坐标与掩模版坐标便建立了联系。完成测量后，通过补偿偏差，便完成对准工作。

对于光刻机而言，硅片的准确对准直接影响曝光效果。图3-65所示为在类似ASML公司所用的硅片台上离轴对准的示意图。在硅片上标定有多个曝光场，这些曝光场被选为对准记号的目标地。注意到在硅片台上设有两个TIS以及对准显微镜。在空间上固定的对准显微镜可以通过移动硅片台，确定硅片上各对准记号与硅片台TIS上对准记号的坐标位置。选中用于对准的区域在图中以浅色曝光场表示。在ASML光刻机中，硅片的对准过程包括建立硅

片上所有对准记号的水平（XY）空间位置与硅片台上的 TIS 及其 TIS 记号位置之间的关系，同时通过 TIS 与掩模版建立位置联系。

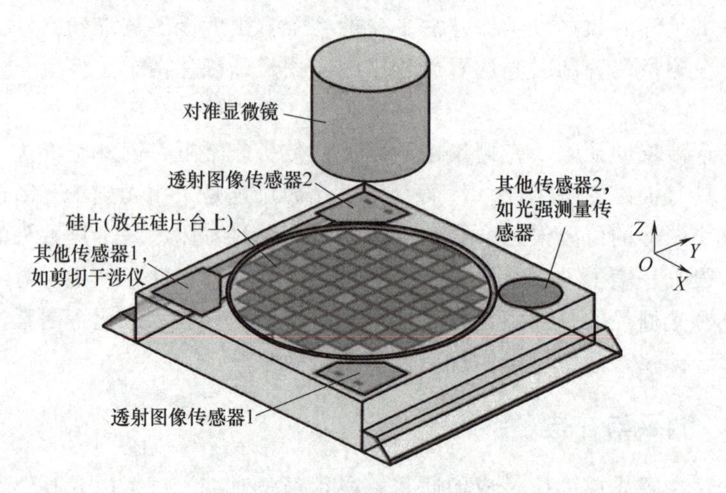

图 3-65　离轴对准示意图

在对掩模图形进行高精度曝光前，硅片必须经过精确的调平过程。首先，通过调平传感器测量硅片表面与投影物镜最优焦面之间的离焦量（Defocusing Amount）和倾斜程度。接着，通过工件台的轴向调节结构进行调整，确保硅片表面的待曝光区域垂直于投影物镜的光轴，并位于其焦深范围内。在 ASML 光刻机中，调平的参考平面是由工件台上两个 TIS 的上表面构成的平面，即图 3-65 中由透射图像传感器 1 和透射图像传感器 2 所定义的平面。硅片的调平过程通常采用斜入射光方式，而为了达到<±(5~10) nm 级的调平精度，通常需要对斜入射光进行电控偏振调制，从而提升探测信噪比。

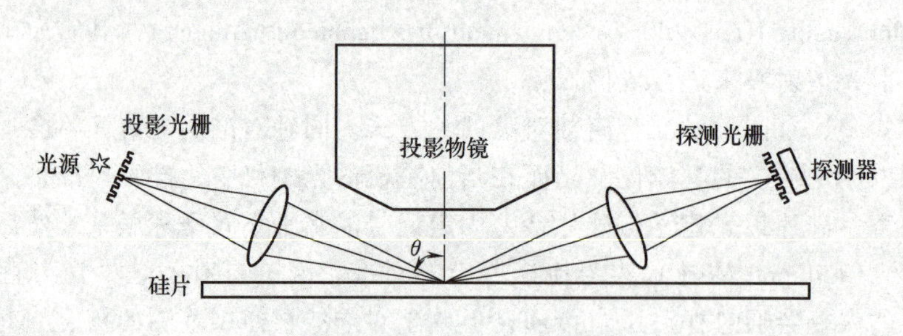

图 3-66　ASML 光刻机调平传感器原理

ASML 公司的硅片调平传感器测量原理如图 3-66 所示。测量光束首先照射到振幅型投影光栅，并以倾斜角度 θ 投影至硅片平面。由于光束是倾斜入射的，硅片表面的离焦量变化导致投影光栅在探测光栅上的像发生位移。透过探测光栅后的光强度随着硅片表面离焦量的变化而变化。探测器通过检测光强度变化，分析得出硅片表面的离焦量变化。投影光栅与探测光栅的周期及投射角度 θ 共同决定了测量的分辨率，通过增大入射角度和缩小光栅周期，该技术能够检测到 1nm 的硅片面离焦量变化。

2. 掩模版的对准

在 ASML 公司的离轴对准系统中，掩模版的对准是通过位于硅片台上的 TIS 来实现的。TIS 包括一些沿 X 方向和 Y 方向的槽（与掩模版对准记号一样）、紫外转换闪烁体、光探测器等组件，如图 3-67 所示（方便起见，图中仅展示了一个平面自由度的光栅）。

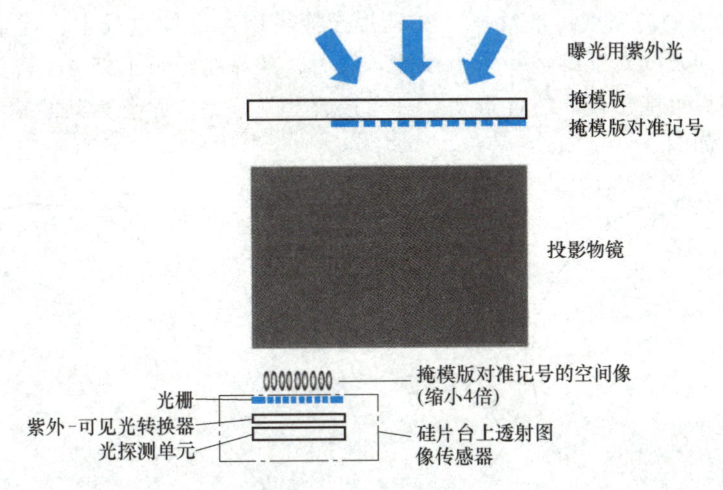

图 3-67 使用曝光用紫外光进行掩模版对准

当 TIS 的 *X* 方向和 *Y* 方向的槽与掩模上的透明记号通过投影物镜的成像在空间上完全重合时，即在 *X* 方向、*Y* 方向和 *Z* 方向上都对准，光探测器上将接收到最大光强。因此，掩模版对准的目标是通过扫描 TIS 的（*X*，*Y*，*Z*）位置，来寻找光强最大的情况对应于硅片台的（*X*，*Y*，*Z*）坐标。接着，结合硅片上的对准记号与 TIS 之间的位置关系（通过硅片对准获得），可以计算出硅片与掩模版之间的精确位置关系。

图 3-68 所示为立体掩模版对准的测量和计算方法。虽然图中仅显示了 4 对掩模版对准记号 R1～R4，但真实光刻机上还可以有更多的对准记号。之前在硅片对准过程中通过固定于测量支架（Metrology Frame）上的对准显微镜，已经建立了硅片坐标与硅片台上 TIS 之间的关系，因此利用 TIS 完成掩模版对准之后，就可以构建硅片与掩模版间的坐标联系，完成对准。

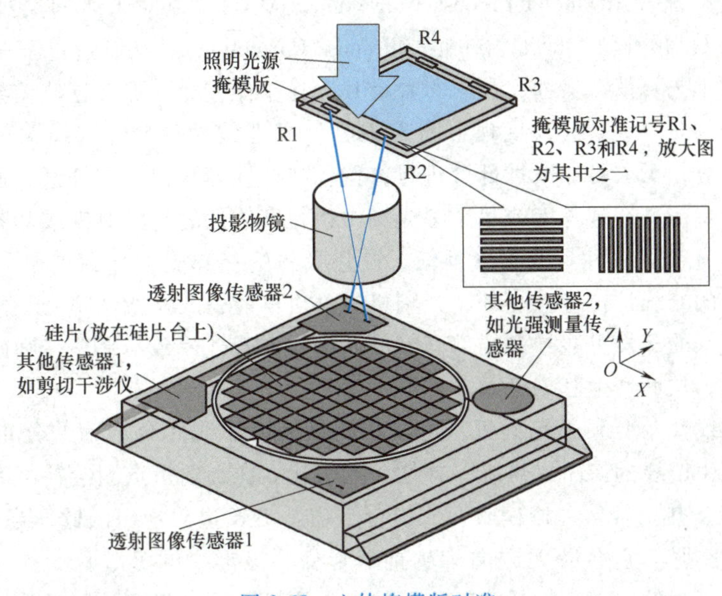

图 3-68 立体掩模版对准

3. 补偿

（1）硅片平台的高精度对准补偿　在硅片与掩模版对准的过程中，通常基于一系列对准记号，其中所涉及的对准参数一般为线性。然而，硅片在经历了刻蚀、高温退火、化学机械平坦化等处理后可能出现非线性形变，进而造成套刻偏差，此类套刻偏差无法通过线性对准参数来补偿，如图 3-69 所示。

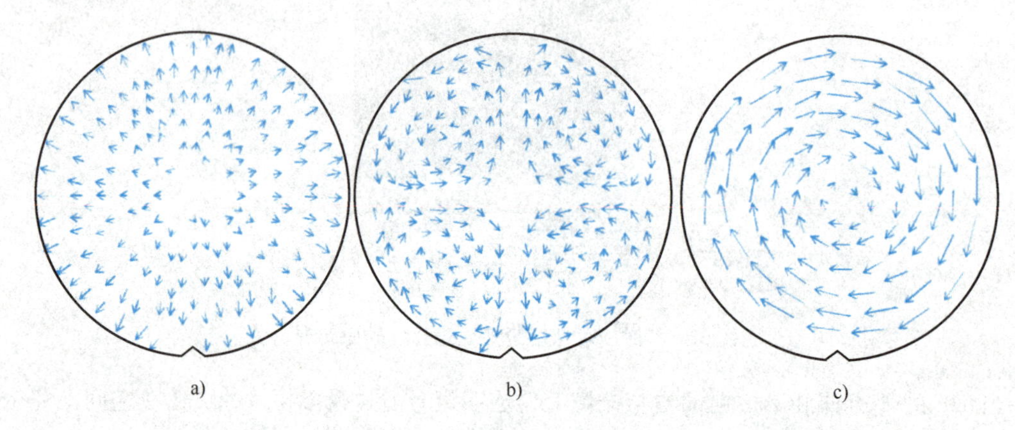

图 3-69　硅片在经历过一系列工艺后呈现出的非线性套刻偏差

图 3-69a 所示为硅片在特定等离子体刻蚀过程后呈现的“放射型”套刻偏差。图 3-69b 所示为硅片经过高温退火，由于受热变形而导致的套刻偏差，这种形变可能是暂时或永久的。图 3-69c 所示为硅片在化学机械平坦化处理后，可能沿抛光方向形成的“旋转型”套刻偏差。

需要指出的是，硅片台在扫描曝光过程中的位置漂移、镜头的残余畸变、像差及芯片图形之间的位置偏差等，都可能导致曝光的图像与对准时位置有所偏差。因此，对准与曝光结果并不完全一致。为此，需要在曝光完成后通过测量套刻来计算对准的效果，并据此将结果反馈到自动补偿系统（Advanced Process Correction，APC），以对未来同类型的批次进行前馈（Feed Forward）预补偿，即工艺补偿（Process Correction）。在制造过程中，每一批硅片通常接受相同的工艺补偿。然而，如果每片硅片存在个体差异，那么这些差异将通过对准过程进行实测实补。此外，若硅片展现出图 3-69 所示的非线性畸变，则线性对准或套刻测量仅能补偿线性部分，无法对非线性部分进行补偿。非线性套刻偏差的补偿，通常需要根据套刻分布的非线性特征，在硅片上或每个曝光场内执行整体性的高阶对准或套刻补偿。

（2）浸润式光刻机硅片台的温度补偿、硅片吸附的局部受力导致的套刻偏差补偿　除了存在于硅片上的非线性位置畸变外，光刻机本身也可能引发非线性畸变。例如，在浸润式光刻机中，浸润水的蒸发可能导致局部套刻偏差增加；若硅片台不平整，则硅片在吸附后可能产生水平移动，从而产生套刻偏差。

由于这些非线性畸变源于光刻机，可以将测量到的非线性套刻偏差分布纳入机器常数中，为所有投入生产线的产品提供统一补偿，无须建立详细的格点测绘补值表。

（3）掩模版受热的补偿　掩模版在掩模台上通常沿长边固定，因此，当掩模版受热时，仅短边能够自由膨胀。它会沿 Y 方向产生桶形形变，该形变的参数称为 k_{18}，如图 3-70 所示。很明显，掩模版的透光率越低或曝光量越大，掩模版受热膨胀的情况就越严重。

掩模版的畸变随着曝光的增多逐渐加剧，尤其是在 Y 方向上的形变。为了应对这一问题，引入了 k_{18} 补偿项以显著减少 Y 方向上的残留量。这种偏差补偿需要通过光刻机在扫描曝光期间同步调整镜头或其中某些镜片的位置。

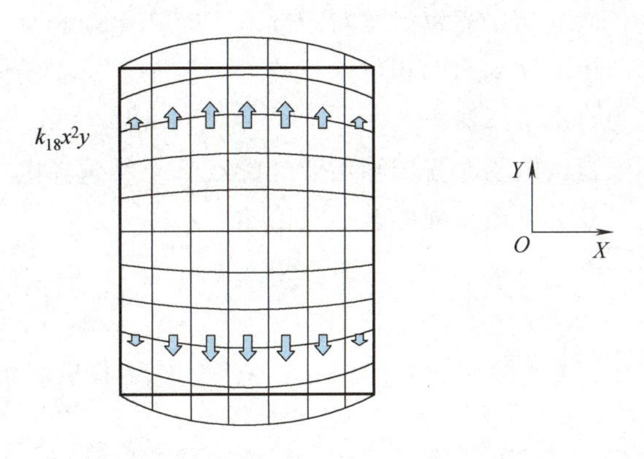

图 3-70 掩模版受热沿着 Y 方向膨胀

（4）镜头受热的焦距和像散补偿

镜头热膨胀与掩模版受热情况相反。低透光率的掩模版在曝光过程中会加速升温，同时，高透光率条件下，大量光能量会导致镜头温度升高。特别是镜头的双高斯结构设计中，中央的“腰”部位会相对集中更多光能量，该部位的镜片主要用于补偿场曲（Field Curvature）并与焦距相关，镜头加热效应通常体现为焦距和场曲的变化。

镜头受热的影响通常与照明条件、掩模版数据率、图形的大致类型以及镜头模型有关。通过计算可以确定镜头加热对成像的影响，补偿措施通常包括光刻机根据掩模版的透光率，结合照明条件和曝光量进行计算与调整，有时也可以借助人工输入进行调整。

3.6 最新研究进展与发展启示

3.6.1 最新研究进展

1. 自由电子激光器光源

自由电子激光器（Free Electron Laser，FEL）是一种发光原理与当前 LPP、DPP、LDP 等等离子体 EUV 光源截然不同的新型光源，具有功率高、光谱覆盖范围广且连续可调、能量转换效率高、光束质量好等特点，逐渐受到人们的关注。图 3-71 所示为自由电子激光器的基本构造。

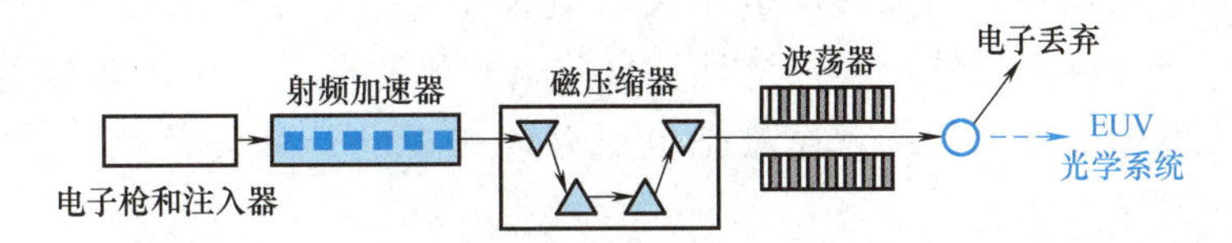

图 3-71 自由电子激光器构造示意图

在起始位置，激光驱动器从阴极表面激发出电子脉冲，进入注入器。然后能量 E_i 的电子脉冲进入射频加速器。在加速器的后端，具有适合加速射频相位的电子脉冲达到平均能量 E_0。磁压缩器可以实现部分的微束。随着之后电子脉冲进入波荡器，波荡器由系列偶极磁体组成，能产生周期性分布的磁场。当高速电子进入波荡器后，在洛伦兹力的作用下，电子被迫进行振荡运动，根据麦克斯韦方程组，其能量的一部分将转化为光辐射。当波荡器长度较长时，初始光辐射将对后续电子束产生影响（电磁波的电场对电子产生作用力），使得后续产生的光辐射的相位逐渐趋近，波荡器输出的光辐射逐渐成为相干光，这种输出的相干光称为自由电子激光。

自由电子激光器输出激光的波长与所选择电子的运动速度 v 和波荡器的周期 λ_u 紧密相关，其关系由下面的表达式给出：

$$\lambda=\frac{\lambda_u}{2\gamma^2}\left(1+\frac{K^2}{2}\right) \tag{3-11}$$

式中，λ 为输出激光的波长；λ_u 为波荡器磁场的空间周期长度；γ 为电子相对能量因子，$\gamma=\frac{1}{\sqrt{1\left(\frac{v}{c}\right)^2}}$，$v$ 为电子运动速度，c 为光速；K 为无量纲波荡器感应强度系数，$K=\frac{eB_0\lambda_u}{2\pi mc}$，其中 B_0 为在波荡器中的峰值磁场强度；m 为电子的质量，c 为光速。通过公式可以发现，电子的能量具有连续性并且可以改变，通过对 FEL 参数的合理设计，在理论上可以达到从微波到 X 射线全波段。其中微波的波长一般在 1mm~1m 之间，而 X 射线的波长只有 0.01~10nm。目前，FEL 还存在设备体积质量大、成本高等缺点，但由于其具有功率高、光谱覆盖范围广且连续可调、光束质量好等突出优势，使得 FEL 在半导体物理、材料科学等方面有着十分重要的应用，并有望在未来替代 EUV 光刻设备制造出更高工艺水平的芯片。正如杨振宁先生所说："自由电子激光对于 21 世纪的科学与工业的影响是无法估计的。"

2. 电子束光刻技术

20 世纪 60 年代，德国杜平根大学的斯派德尔与默伦施泰特提出了电子束光刻技术，该技术是基于电子显微镜而发展起来的。其原理是：电子束被电磁场聚焦变成微细束后，可以方便地偏转扫描，因而不需要掩模版就能直接把图形写到硅片上。同时，由于电子具有波粒二象性，可通过增加电子束能量来缩短其德布罗意波的波长，因而电子束光刻分辨力可以达到非常高的程度。

然而，电子束光刻也有以下缺点：①高精度地对准套刻难以实现；②生产率低；③曝光速度慢。目前，电子束光刻主要应用于制造光学投影光刻模版、设计验证新光刻技术以及实验研究等方面。在实际的集成电路生产中，可以通过结合光学投影光刻与电子束光刻，精度要求比较高的部分用电子束曝光来制造，精度要求比较一般的部分用光学投影来制造，以兼顾工艺精度与经济性。目前也有研究通过采用限角散射电子束投影、成形光斑和单元投影等技术，或者通过把电子束改成多电子束或者变形电子束，来提升电子束光刻的生产率。

3. 纳米压印光刻技术

1995 年，美国普林斯顿大学的华裔科学家周郁提出了纳米压印光刻技术，其与传统光学投影光刻技术原理截然不同，自发明后就一直受到人们的关注。这种技术将纳米结构的图案制作在模具上面，然后将模具压入阻蚀材料，将变形之后的液态阻蚀材料图形化，然后利用反应等离子刻蚀工艺技术，将图形转移至衬底。该技术通过阻蚀胶受到力的作用后变形这种方式来实现阻蚀胶的图形化，而不是通过改变阻蚀胶化学性质来实现，所以可以突破传统光学光刻在分辨力上面的极限。

纳米压印光刻技术有诸多优点：①不需OPC（光学邻近效应修正）掩模版，成本低；②可以一次性图形转印，方便批量生产；③不受瑞利定律的约束，分辨力高。纳米压印光刻技术的分辨力已经可以达到5nm左右，具备成为下一代主流光刻技术的可能性。当然，该技术也存在着一些缺点，比如无法同时转印纳米尺寸与大尺寸的图形。

4. 原子光刻技术

原子光刻技术最早是由美国贝尔实验室提出的。激光的梯度场会对原子产生作用力，而原子光刻技术正是利用这种作用力使传播过程中的原子束流密度分布改变，从而使原子有规律地在基板上沉积，形成纳米级的特定图案。利用原子光刻技术来制造纳米图案，一般有两种方案：①用光抽运作用，使亚稳态的惰性气体原子束形成空间分布，原子束将基板上面的特殊膜层破坏，并在基板上面利用化学腐蚀的方法刻蚀成形；②金属原子束利用共振光压高度准直化，然后形成空间强度分布并直接在基板上面沉积。

由于原子德布罗意波长相当短，原子的衍射极限大大小于常规光刻紫外光的衍射极限，因此原子光刻的分辨力极高。然而，该技术也存在以下缺点：①成像质量会受到梯度场和原子作用时间的影响；②聚焦时，会有一部分原子偏离理想的聚焦点，从而造成像差。原子光刻技术虽然被提出的时间还不长，但是许多大学都对其展开了各项研究，并且取得了一些重要成果，不过，该技术离实用化还有相当的距离。

3.6.2 发展启示

在集成电路产业需求的牵引下，为了减小光刻机的最小特征尺寸，提高集成度，科学家和工程师们在受激辐射理论、布拉格定律等原始创新理论的基础上，开展了长期的应用基础理论研究、技术创新与工程实践，推动了光刻机的不断升级与创新发展。例如，科学家以受激辐射理论、“光泵”理论、准分子理论、开放式谐振器技术等为基础，发明了DUV激光光源；基于布拉格定律，科学家们研发了一种Mo/Si多层镀膜反射镜，能够有效反射13.5nm波长的EUV，反射率可达70%，解决了使用EUV光进行投影成像的难题。

从1982年的第一台DUV光刻机到最先进的EUV光刻机，不仅仅光源系统有了质的飞远，在实际制造需求的牵引下，光刻机的光源系统、光学系统、控制系统、对准系统、机械系统也在不断融入新技术新工艺，整体精度持续跃升。尤其是EUV诞生以来，这一特征更加明显。从光刻机发展历程中可以得出，高端装备在发展过程中不断地创造新理论新技术、不断地吸纳新理论新技术，使得高端复杂装备自身和供应链不断地升级换代。

本章小结

光刻工艺在集成电路制造过程中起着重要作用，负责将电路设计图案从掩模转移到硅片上，光刻工艺的精细程度将直接影响集成电路上能够实现的最小特征尺寸。本章简要介绍了光刻工艺和光刻机的发展历程，对当前主流的DUV光刻机和最先进的EUV光刻机的整机工作原理进行了简要的分析，并详细剖析了光源系统、照明系统、投影系统、工作台系统等关键子系统的构造原理。

思考题

1. 根据瑞利判据，提升光刻机分辨率的途径有哪些？
2. 相比 DUV 光刻机，EUV 光刻机在哪些子系统的工作原理方面有着根本性的改变？
3. 当前实用化的 EUV 光刻机为何不采用 DPP、LDP 光源？
4. 自由电子激光光源的优势是什么？当前为何尚未应用于 EUV 光刻机？

参考文献

[1] GUARNIERI M. The unreasonable accuracy of moore' s law [J]. IEEE industrial electroic magazine, 2016, 10 (1): 40-43.

[2] 王向朝. 集成电路与光刻机 [M]. 北京：科学出版社，2020.

[3] RIORDAN M. From bell labs to silicon valley: A saga of semiconductor technology transfer, 1955-61 [J]. The Electrochemical Society interface, 2007, 16 (3): 36-41.

[4] MAY G S, SPANOS C J. Fundamentals of semiconductor manufacturing and process control [M]. New York: John Wiley & Sons, 2006.

[5] 夸克，瑟达. 半导体制造技术 [M]. 韩郑生，译. 北京：电子工业出版社，2015.

[6] NOYCE R, MOORE G, IN D. Memory lane [J]. Nature Electronics, 2018, 1, 323.

[7] FAGGIN. How we made the microprocessor [J]. Nature Electronics, 2018, 1 (1): 88.

[8] LOJEK B. History of semiconductor engineering [M]. Berlin: Springer, 2007.

[9] 茅言杰. 投影光刻机匹配关键技术研究 [D]. 北京：中国科学院大学，2019.

[10] MOORE G. Cramming more components onto integrated circuits (1965) [J]. Proceeding of the IEEE, 1998, 86 (1): 82-85.

[11] BOHR M. 14 nm process technology: Opening new horizons; proceedings of the Intel development forum, F, 2014 [C]//Intel Development Forum, San Francisco, USA, 2014.

[12] STIX G. Shrinking circuits with water [J]. Scientific American, 2005, 293 (1): 54-57.

[13] MACK C A. The new, new limits of optical lithography [J]. Emerging Lithographic Technologies VIII, 2004, 5374: 1-8.

[14] 佳鼎半导体. FPA 3000 I4 [EB/OL]. 1995 [2022-07-29]. http: //www. gdjiading. com/product/gkjxh/482. html.

[15] 旺材芯片. ASML 今年将推新一代 EUV 光刻机 NXE: 3400C 产能 170 片/小时 [Z]. 2019.

[16] 高轩. UV-LED 曝光系统及曝光工艺研究 [D]. 北京：北京交通大学，2016.

[17] LEVINSON H J. Principles of lithography [M]. Bellingham: SPIE press, 2005.

[18] 刘牧野，刘一楠. 光刻机深度：筚路蓝缕，寻光刻星火 [R]. 江西：中航证券有限公司，2023.

[19] 毕平真. 国外集成电路光学曝光设备的发展与未来 [J]. 微细加工技术，1987 (Z2): 67-81.

[20] GROSS H. Handbook of optical systems: volume. 3. Aberration theory and correction of optical systems [M]. Weinheim: WILEY-VCH Verlag GmbH & Co. KGaA, 2007.

[21] 赖旭东. 机载激光雷达基础原理与应用 [M]. 北京：电子工业出版社，2010.

[22] 杨永鹏，王建峰，刘丽. 准分子激光器的基本原理与眼科应用 [J]. 医疗设备信息，2005, 20 (6):

35; 60
[23] 邓文基. 大学物理 [M]. 广州: 华南理工大学出版社, 2009.
[24] 江锐. 准分子激光光刻光源关键技术及应用 [J]. 激光与光电子学进展, 2022, 59 (9): 327-344.
[25] BASTING D, PIPPERT K D, STAMM U J-T I S F O E. History and future prospects of excimer lasers [J]. Proceedings of SPIE, 2002, 4426: 25-34.
[26] KHRISTOFOROV O B. High-power, highly stable KrF laser with a 4-kHz pulse repetition rate [J]. Quantum Electronics, 2015, 45 (8): 691-696.
[27] SENGUPTA U K. Krypton fluoride excimer laser for advanced microlithography [J]. Optical Engineering, 1993, 32 (10): 2410-2420.
[28] NESS R, MELCHER P, FERGUSON G, et al. A decade of solid state pulsed power development at Cymer Inc; proceedings of the International Power Modulator Symposium, F, 2005 [C]//Conference Record of the Twenty-sixth International Power Modulator symposium, 2024 and 2024 High-voltage Work shop. IEEE, 2024: 228-233.
[29] 高斐, 赵江山, 王倩, 等. 光刻用准分子激光器中心波长在线测量研究 [J]. 光电子·激光, 2016, 27 (7): 699-703.
[30] DUFFEY T P, BLUMENSTOCK G M, FLEUROV V B, et al. Next-generation 193-nm laser for sub-100-nm lithography [J]. Proceedings of SPIE, 2001, 4346: 1202-1209.
[31] PAETZEL R, BRAGIN I, SPRATTE S. Excimer lasers for superhigh NA 193-nm lithography [C]//Optical Microlithography XVI, SPIE, 2003, 5040: 1665-1671.
[32] FLEUROV V B, III D J C, BROWN D J W, et al. Dual-chamber ultra line-narrowed excimer light source for 193-nm lithography; proceedings of the Optical Microlithography XVI, F, 2003 [C]//Optical Microlithography XVI. SPIE, 2003, 5040: 1694-1703.
[33] BROWN D J W, O'KEEFFE P, FLEUROV V B, et al. XLR 500i: Recirculating ring ArF light source for immersion lithography [C]//Optical Microlithography XX. SPIE, 2007, 620: 770-777.
[34] FLEUROV V, ROKITSKI S, BERGSTEDT R, et al. XLR 600i: recirculating ring ArF light source for double patterning immersion lithography; proceedings of the Optical Microlithography XXI, F, 2008 [C]//Optical Microlithography XXI. SPIE, 2008, 6924: 618-622.
[35] IGARASHI M, MIYAMOTO H, KATOU M, et al. Imaging performance enhancement by improvements of spectral performance stability and controllability on the cutting-edge [C]//Optical Microlithography XXXIII. SPIE, 2020, 11327: 300-306.
[36] KUMAZAKI T, SUZUKI T, TANAKA S, et al. Reliable high power injection locked 6 kHz 60W laser for ArF immersion lithography [C]//Optical Microlithography XXI. SPIE, 2008, 6924: 931-940.
[37] YOSHINO M, NAKARAI H, OHTA T, et al. High-power and high-energy stability injection lock laser light source for double exposure or double patterning ArF immersion lithography [C] //Optical Microlithography XXI. SPIE, 2008, 6924: 941-950.
[38] 韦亚一. 超大规模集成电路先进光刻理论与应用 [M]. 北京: 科学出版社, 2016.
[39] 窦银萍, 宋晓伟, 陶海岩. 激光等离子体极紫外光刻光源 [M]. 北京: 国防工业出版社, 2018.
[40] BENSCHOP J P, DINGER U, OCKWELL D C. EUCLIDES: first phase completed! [J]. Proceedings of SPIE - The International Society for Optical Engineering, 2000, 3997: 34-47.
[41] 兰慧. Sn 和 SnO_2 靶激光等离子体特性的研究 [D]. 武汉: 华中科技大学, 2016.
[42] SCHRIEVER G, MAGER S, NAWEED A, et al. Laser-produced lithium plasma as a narrow-band extended ultraviolet radiation source for photoelectron spectroscopy [J]. Applied Optics, 1998, 37 (7): 1243-1248.

[43] RAJYAGURU C, HIGASHIGUCHI T, KOGA M, et al. Parametric optimization of a narrow-band 13. 5-nm emission from a Li-based liquid-jet target using dual nano-second laser pulses [J]. Applied Physics B, 2005, 80 (4/5): 409-412.

[44] NAGANO A, INOUE T, NICA P E, et al. Extreme ultraviolet source using a forced recombination process in lithium plasma generated by a pulsed laser. [J]. Applied Physics Letters, 2007, 90 (15): 151502 1-151502-3-0.

[45] SHIMOURA A, AMANO S, MIYAMOTO S, et al. X-ray generation in cryogenic targets irradiated by 1 μm pulse laser [J]. Applied Physics Letters, 1998, 72, (1/6): 164-166.

[46] BJRN A M, HANSSON, HERTZ H M. Liquid-jet laser-plasma extreme ultraviolet sources: From droplets to filaments [J]. Journal of Physics D Applied Physics, 2004, 37 (23): 3233-3243.

[47] HENKE B L, GULLIKSON E M, DAVIS J C. X-Ray Interactions: Photoabsorption, Scattering, Transmission, and Reflection at E=50-30, 000 eV, Z=1-92 [J]. Atomic Data and Nuclear Data Tables, 1993, 54 (2): 181-342.

[48] BANINE V, BENSCHOP J P, LEENDERS M, et al. Relationship between an EUV source and the performance of an EUV lithographic system [J]. Proceedings of SPIE - The International Society for Optical Engineering, 2000, 3997: 126-135.

[49] MIZOGUCHI H, NAKARAI H, ABE T, et al. Performance of one hundred watt HVM LPP-EUV source [C]// Extreme Ultraviolet (EUV) Lithography Ⅵ. SIPE, 2015, 9442, 67-79.

[50] NORBERT R B, IGOR V F, DAVID C B, et al. Performance results of laser-produced plasma test and prototype light sources for EUV lithography [J]. Journal of Micro/ Nanolithography Mems & Moems, 2009, 8 (4): 041504.

[51] AOTA T, NAKAI Y, FUJIOKA S, et al. Characterization of extreme ultraviolet emission from tin-droplets irradiated with Nd: YAG laser plasmas [J]. Emerging Lithographic Technologies Ⅻ, 2008, 6921, 112 (4): 042064.

[52] BANINE V Y, KOSHELEV K N, SWINKELS G H P M. Physical processes in EUV sources for microlithography [J]. Journal of Physics D: Applied physics, 2011, 44 (25): 253001.

[53] 莱文森. 极紫外光刻 [M]. 高伟民, 译. 上海: 上海科学技术出版社, 2022.

[54] ICHIMARU S, TAKENAKA H, NAMIKAWA K, et al. Demonstration of the high collection efficiency of a broadband Mo/Si multilayer mirror with a graded multilayer coating on an ellipsoidal substrate [J]. Review of Scientific Instruments, 2015, 86 (9): 093106.

[55] 爱德曼. 光学光刻和极紫外光刻 [M]. 高伟民, 徐东波, 诸波尔, 译. 上海: 上海科学技术出版社, 2023.

[56] TOMIE T, AOTA T, UENO Y, et al. Use of tin as a plasma source material for high conversion efficiency [J]. Proceedings of SPIE - The International Society for Optical Engineering, 2003, 5037: 147-155.

[57] RASMUSSEN E G, RASMUSSEN E G, WILTHAN B, et al. Report from the Extreme Ultraviolet (EUV) Lithography Working Group Meeting: Current State, Needs, and Path Forward [M]. Gaithersburg: US Department of Commerce, National Institute of Standards and Technology, 2023.

[58] BAKSHI V. EUV Lithography [M]. Bellingham, WA: SPIE Press, 2019.

[59] BAKSHI V. EUV Sources for Lithography (SPIE Press Monograph Vol. PM149) [C]. Washington. D. C: SPIE- International Society for Optical Engineering, 2006.

[60] 徐强. 放电等离子体极紫外光谱测量及分析 [D]. 哈尔滨: 哈尔滨工业大学, 2009.

[61] BOBOC T, BISCHOFF R, LANGHOFF H. Emission in the extreme ultraviolet by xenon excited in a capillary discharge [J]. Journal of Physics D Applied Physics, 2001, 34 (16): 2512.

[62] MCGEOCH M W. Power scaling of a Z-pinch extreme ultraviolet source [J]. Proceedings of SPIE - The International Society for Optical Engineering, 2000, 3997: 861-866.

[63] ANTONSEN E L, THOMPSON K C, HENDRICKS M R, et al. Ion debris characterization from a z-pinch extreme ultraviolet light source [J]. Journal of Applied Physics, 2006, 99 (6): 063301.

[64] DERRA G H, SINGER W. Collection efficiency of EUV sources [C]//Emerging Lithographic Technologies Ⅶ. SPIE, 2003, 5037: 728-741.

[65] 徐强. 毛细管放电 Z 箍缩 Xe 等离子体 EUV 光源研究 [D]. 哈尔滨: 哈尔滨工业大学, 2014.

[66] FOMENKOV I V, BÖWERING N, RETTIG C L, et al. EUV discharge light source based on a dense plasma focus operated with positive and negative polarity [J]. Journal of Physics D Applied Physics, 2004, 37 (23): 3266-3276.

[67] 赵红军, 李昊罡, 颜亮, 等. 气体放电等离子体 (DPP) 极紫外光源研究进展 [J]. 微型机与应用, 2016, 35 (9): 8-11.

[68] 程元丽, 李思宁, 王骐. 激光等离子体和气体放电 EUV 光刻光源 [J]. 激光技术, 2004, 28 (6): 561-564.

[69] BENK M, BERGMANN K, MOEMS. Brilliance scaling of discharge sources for extreme-ultraviolet and soft x-ray radiation for metrology applications [J]. Journal of Micro/ Nanolithography Mems, 2012, 11 (2): 21106.

[70] STALLINGS C, CHILDERS K, ROTH I, et al. Imploding argon plasma experiments [J]. Applied Physics Letters, 1979, 35 (7): 524-526.

[71] AHARONI A. Domain wall pinning at planar defects [J]. Journal of Applied Physics, 1985, 58 (7): 2677-2680.

[72] KOSHELEV K, KRIVTSUN V, IVANOV V, et al. New type of discharge-produced plasma source for extreme ultraviolet based on liquid tin jet electrodes [J]. Journal of Micro/ Nanolithography Mems & Moems, 2012, 11 (2): 21103.

[73] LU P, KATSUKI S, TOMIMARU N, et al. Dynamic characteristics of laser-assisted discharge plasmas for extreme ultraviolet light sources [J]. Japanese Journal of Applied Physics, 2010, 49 (9R): 096202.

[74] ZHU Q. Plasma dynamics in a 13. 5 nm laser-assisted discharge plasma extreme ultraviolet source [D]. Tokyo: Tokyo Institute of Technology, 2012.

[75] BEYENE G A, TOBIN I, JUSCHKIN L, et al. Laser-assisted vacuum arc extreme ultraviolet source: a comparison of picosecond and nanosecond laser triggering [J]. Journal of Physics D Applied Physics, 2016, 49 (22): 225201.

[76] ZHU Q, YAMADA J, KISHI N, et al. Investigation of the dynamics of the Z-pinch imploding plasma for a laser-assisted discharge-produced Sn plasma EUV source [J]. Journal of Physics D Applied Physics, 2011, 44 (14): 145203.

[77] 刘佳红, 张方, 黄惠杰. 步进扫描投影光刻机照明系统技术研究进展 [J]. 激光与光电子学进展, 2022, 59 (9): 197-205.

[78] LIU Z F, CHEN M, BU Y, et al. Illumination field parameters measurement for lithographic illumination subsystem [J]. Optik, 2020, 206: 164333.

[79] 中国大百科全书. 光刻机照明系统 [OL]. (2023-03-11) [2024-10-08]. https: //www. zgbk. com/ecph/words? SiteID = 1&ID = 118366&Type = bkzyb&SubID = 109327.

[80] LIN B. Optical Lithography: Here Is Why, vol. PM198 [Z]. Bellingham, Washington USA: SPIE Press Books, 2010.

[81] 张汝京. 纳米集成电路制造工艺 [M]. 北京: 清华大学出版社, 2017.

［82］ 伍强. 衍射极限附近的光刻工艺［M］. 北京：清华大学出版社，2020.

［83］ MULDER M，ENGELEN A，NOORDMAN O，et al. Performance of flexray：a fully programmable illumination system for generation of freeform sources on high NA immersion systems［C］//Optical Microlithography XXIII. SPIE，2010，7640：647-656.

［84］ MACK C. Fundamental principles of optical lithography：The science of microfabrication［M］. New York：John Wiley & Sons，2007.

［85］ GROSS H. Handbook of optical systems，volume 1，fundamentals of technical optics［M］. Weinheim：WILEY-VCH Verlag GmbH & Co. KGaA，2005.

［86］ TICHENOR D A，KUBIAK G D，HANEY S J，et al. Recent results in the development of an integrated EUVL laboratory tool［C］//Electron-Beam，X-Ray，EUV，and Ion-Beam Submicrometer Lithographies for Manufacturing V. SPIE. 1995，2437：292-307.

［87］ BROUNS D，BENDIKSEN A，BROMAN P，et al. NXE pellicle：offering a EUV pellicle solution to the industry［C］//Extreme Ultraviolet（EUV）Lithography VII. SPIE，2016，9776：567-576.

［88］ 王津楠，吴卓昆，李森森. 自由电子激光器及其军事应用［J］. 光电技术应用，2021，36（5）：30-35.

第 4 章

航空发动机构造原理

章知识图谱

说课视频

导语

作为飞机的动力源，航空发动机不仅是飞机的一个重要子系统，其技术的演进突破更是人类航空技术孕育革命性进展的先决条件。航空发动机可包含多达三万个零部件，需要在高温、高寒、高速、高压、高转速、高载荷等极端恶劣环境下工作，具有涉及学科多、性能要求高、制造工艺复杂、技术难度大等特点，是国家综合国力、科技水平和工业基础的集中体现，处于高端装备制造价值链高端和产业链核心环节，被誉为现代工业皇冠上的明珠。航空发动机产业链长，覆盖面广，涉及机械、材料、电子、信息等诸多行业，对尖端工业技术的发展有着巨大带动作用和产业辐射效应。作为战斗机、轰炸机、预警机等航空武器装备的“心脏”，先进航空发动机技术更是维护国防安全的重要支撑和保障。本章将简要介绍航空发动机的发展历程，并将分别阐述喷气式航空发动机整机和压气机、燃烧室、涡轮、加力燃烧室、喷管等关键部件的工作原理。

4.1 概述

4.1.1 航空发动机的作用与特点

1. 航空发动机的作用

航空发动机是促进航空技术发展的重要推动力，人类在航空领域取得的每一次重大的革命性进展，都与航空发动机的技术进步密不可分。正是因为有了小型化、高功率密度的内燃机，莱特兄弟才可能实现持续动力飞行；也正是因为有了喷气式发动机，才得以开创航空史上的“超声速时代”。对于军用航空领域，配备先进动力的航空武器装备，在现代化战争中历来是夺取制空权、决定战争胜负的决定性因素之一；对于民用航空领域，大涵道比涡扇发动机技术的不断成熟进步，耗油率的不断下降，是降低航空运输成本，实现民航出行大众化的重要基础。

航空发动机是一类高度复杂和精密的热力机械，其主要功能是为飞机的飞行提供足够的动力。无论是活塞式航空发动机还是喷气式航空发动机，虽然结构和原理差异巨大，但其本质上都是将燃料的化学能转化为内能，最后转化成机械能的热机。航空发动机高效而稳定地提供推进动力，是保障飞机飞行性能和飞行安全的关键。此外，航空发动机还向发电机、机载空调、液压泵等飞机其他子系统提供动力。

航空发动机的另一项基本功能是参与飞行控制过程。通过调节推力大小，发动机可协助控制飞机的高度和速度；通过喷射气流产生的反作用力，发动机可以协助调控飞机的姿态，平衡飞机重心、气动中心的变化，有助于保障飞行的稳定性。在当前先进战斗机所采用的“飞—火—推”一体化技术中，发动机已然成为飞机控制系统的重要组成部分，飞控、火控与发动机推力控制的紧密耦合，有效提升了飞机的机动性能。

2. 航空发动机的特点

航空发动机需要在高温、高压、高转速和高载荷的严酷条件下工作，并满足推力与功率大、质量轻、可靠性高、安全性好、寿命长、油耗低、噪声小、排污少等众多十分苛刻而又互相矛盾的要求，是当今世界上最复杂的、多学科集成的工程机械系统之一，涉及气动热力学、燃烧学、传热学、结构力学、控制理论等众多学科领域。例如，航空发动机燃烧室及涡轮处的温度达到1600~1700℃，加力燃烧室内温度更是高达1800~1900℃，而目前高温合金材料耐受的最高温度仅为1100℃。为了在远超熔点的温度下正常工作，就必须在航空发动机的热端设计复杂的冷却系统，包括迷宫一样的冷却通道和成千上万引入冷气的细微小孔，在零件表面持续喷出冷空气形成冷气膜，防止高温燃气直接冲刷零件表面，避免零件因过热而熔毁。同时，为了提升涡轮转子叶片的疲劳寿命，减少潜在裂纹源，当前先进航空发动机一般都采用单晶涡轮叶片，这对材料科学和制造工艺提出了极高的挑战。

种种挑战导致航空发动机的研制周期十分漫长，全新研制一型跨代战斗机发动机，一般需要二十几年，比全新研制同一代飞机时间长一倍。例如，美国F119发动机的技术研究始于20世纪70年代初，而直到2005年12月才投入使用并具备初始作战能力，整个研制周期长达30余年。之所以研制周期长，资金投入大，是因为航空发动机不仅是设计和制造出来的，也是试验和试飞出来的。即使是技术最先进的国家，其当前技术水平也不足以完全通过设计分析预测结果，只有经过设计—制造—试验—修改设计—再制造—再试验的反复摸索和迭代过程，才可能完全达到技术指标的要求。

由于具有极高的技术门槛，航空发动机历来被认为是现代工业皇冠上的明珠。美国国防部在《2020联合设想》（JointVision 2020）中提出了构成美国未来军事战略基础的九大优势技术，其中航空发动机技术位列第二，排在雷达技术之后，核技术之前。突出的战略价值，使得航空发动机的核心技术长期受到西方发达国家的严密封锁，并逐步形成了少数西方企业对航空发动机技术和全球市场的垄断地位。实现航空发动机技术的自主化，是维护国家经济安全和国防安全的重要保障。

4.1.2 航空发动机的发展历程

航空发动机的百年历史大致可分为两个时期。第一个时期从莱特兄弟的首次飞行开始到第二次世界大战结束为止。在这个时期，活塞式发动机统治了40年左右。第二个时期从第二次世界大战结束至今，几十年来，航空燃气涡轮发动机取代了活塞式发动机，开创了喷气时代。目前，航空燃气涡轮发动机居于航空动力的主导地位。

1. 活塞式发动机——开创了人类动力飞行新纪元

飞行很早就是人类的梦想，人们曾做过各种尝试，但是多半因为动力源问题未获得解决而以失败告终。最初曾有人把专门设计的蒸汽机安装到飞机上，但最终因为发动机质量太大而没有成功。到19世纪末，在内燃机开始应用于汽车的同时，人们联想到使用内燃机作为飞机飞行的动力源，并着手这方面的尝试。

1903年，莱特兄弟改装了一台4缸、水平直列式水冷发动机，并将其应用于“飞行者一号”飞机进行飞行试验。这台发动机功率为8.95kW，质量仅有81kg，功率质量比为0.11kW/kg。发动机通过两根链条，带动两个直径为2.6m的木制螺旋桨。首次飞行的留空时间只有12s，飞行距离为36.6m，但它是人类历史上第一次有动力、载人、持续、稳定及可操作的密度大于空气的飞行器成功飞行。

在飞机发明的早期阶段，由于飞机的飞行速度还比较低，用气冷方式冷却发动机比较困难。因此，当时大多数飞机特别是战斗机采用的是液冷式发动机。1908年由法国塞甘兄弟发明的旋转气缸气冷星形发动机曾风行一时。这种曲轴固定而气缸旋转的发动机因功率不足受到较大限制，在固定气缸的气冷星形发动机的冷却问题解决之后便退出了历史舞台。

在两次世界大战期间，活塞式发动机领域出现几项重要的发明：发动机整流罩既减小了飞机阻力，又解决了气冷发动机的冷却问题，甚至可以设计成2排或4排气缸的发动机，为增加功率创造了条件；燃气涡轮增压器提高了高空条件下的进气压力，改善了发动机的高空性能；变矩螺旋桨可增加螺旋桨的效率和发动机的功率输出；内充金属钠的冷却排气门解决了排气门过热的问题；向气缸内喷水和甲醇的混合液可在短时间内增加1/3的功率；高辛烷值燃料提高了燃油的抗爆性，使气缸内燃烧前压比由2~3逐步增加到5~6，甚至8~9，既提高了功率，又降低了耗油率。

从20世纪20年代中期开始，气冷发动机发展迅速，但液冷发动机仍有一席之地。在此期间，在整流罩解决了阻力和冷却问题后，气冷星形发动机由于刚性大，质量小，可靠性、可维修性和生存性好等优点而得到迅速发展，并开始在大型轰炸机、运输机和对地攻击机上取代液冷发动机。在20世纪20年代中期，美国莱特公司和普拉特·惠特尼公司（简称普惠公司）先后发展出单排的“旋风”“飓风”以及“黄蜂”“大黄蜂”发动机，最大功率超过400kW，功率质量比超过1kW/kg。到第二次世界大战爆发时，由于双排气冷星形发动机的研制成功，发动机功率已提高到600~820kW。此时，螺旋桨战斗机的飞行速度已超过500km/h，飞行高度达10000m。

在第二次世界大战期间，气冷星形发动机继续向大功率方向发展。其中比较著名的有普惠公司的双排“双黄蜂”（R-2800）和4排“巨黄蜂”（R-4360）。前者在1939年7月1日定型，初始功率为1230kW，共发展出5个系列几十个改型，最后功率达到2088kW，大量用于军用及民用固定翼飞机，仅为P-47战斗机就生产了24000台R-2800发动机；“巨黄蜂”有4排28个气缸，排量为71.5L，功率为2200~3000kW，是世界上功率最大的活塞式发动机，用于大型轰炸机和运输机。莱特公司的R-2600和R-3350发动机也是很有名的双排气冷星形发动机。R-3350在战后发展出一种重要改型——涡轮组合发动机，该发动机的排气驱动3个沿周向均布的燃气涡轮，每个涡轮最大可发出150kW的功率，总功率提高到2535kW，耗油率低至0.23kg/(kW·h)。1946年9月，装有两台R-3350涡轮组合发动机的P2V1“海王星”飞机创造了18090km的空中不加油的飞行距离世界纪录。

液冷发动机与气冷发动机之间的竞争在第二次世界大战中仍在继续。液冷发动机虽然有许多缺点，但它具有迎风面积小的突出优点，因而在许多战斗机上得到应用。例如，美国在第二次世界大战中生产量最大的5种战斗机中有4种采用液冷发动机。其中，值得一提的是英国罗罗公司的梅林发动机。1935年11月，它在“飓风”战斗机上首次飞行时，功率达到708kW；1936年在“喷火”战斗机上飞行时，功率提高到783kW。这两种飞机都是第二次世界大战期间著名的战斗机，飞行速度分别达到624km/h和750km/h。梅林发动机的功率在第二次世界大战末期达到1238kW，甚至创造过1491kW的最大功率纪录。美国派克公司按专利生产了梅林发动机，用于改装P-51“野马”战斗机，使之成为战时最优秀的战斗机之一。

在两次世界大战的推动下，发动机的性能提高很快，从单机功率不到10kW增加到2500kW，功率质量比从0.11kW/kg提高到1.5kW/kg，功率从每升排量几千瓦增加到四五十千瓦，耗油率从约0.50kg/(kW·h)降低到0.23~0.27kg/(kW·h)，翻修寿命从几十小时延长到2000~3000h。到第二次世界大战结束时，活塞式发动机已经发展得相当成熟，以此为动力的螺旋桨飞机的飞行速度从16km/h提高到近800km/h，飞行高度达到15000m。

活塞发动机的发展在第二次世界大战期间达到了顶峰，飞机喷气化以后用得越来越少。在1000m高度上，816km/h的飞行速度已是活塞发动机的极限飞行速度。由于活塞发动机功率小，重量大，外形阻力大，螺旋桨高速旋转时效率低，且桨尖易产生激波，因此，战后随着喷气式发动机的发展，活塞发动机已逐渐退出了大中型飞机领域。

2. 涡喷发动机——开创了喷气航空时代

随着飞机飞行速度的提高，尤其是发展到要突破“声障”这个重要关口时，活塞式发动机就无能为力了。这是因为要进一步增大活塞式发动机的功率以克服剧增的激波阻力，就必须增加气缸的数目或加大气缸的容积，这就必然会导致发动机重量和体积的急剧增加，这是飞机无法承受的。另外，随着飞机飞行速度的提高，螺旋桨的效率会大大降低。因为当飞机以接近声速飞行时，螺旋桨桨叶叶尖上的速度会很大，以至于超过声速，甚至大部分桨叶处于超声速范围内，这样就产生了激波和激波阻力。此时发动机的大部分功率都用来克服激波阻力，螺旋桨的效率因而急剧降低，飞机的飞行速度都达到声速。因此，要进一步提高飞机的飞行性能，就必须采用全新的推进模式，喷气式发动机应运而生。

从第二次世界大战结束至今几十年来，喷气式发动机取代了活塞式发动机，居航空动力的主导地位。在技术发展的推动下，涡轮喷气发动机（简称涡喷发动机）、涡轮风扇发动机（简称涡扇发动机）、涡轮螺旋桨发动机（简称涡桨发动机）、涡轮桨扇发动机（简称桨扇发动机）和涡轮轴发动机（简称涡轴发动机）在不同飞行领域内发挥着各自的作用，使航空器性能跨上一个又一个的新台阶。

英国的弗兰克·惠特尔（Frank Whittle）和德国的汉斯·冯·奥海因（Hans von Ohain）分别在1937年7月和1937年9月研制成功了离心式涡喷发动机WU和HeS3B。WU推力为5000N，1941年5月15日首次试飞的格罗斯特公司E28/39飞机装的是其改进型W1B，推力为5400N，推重比为2.20。HeS3B推力为4900N，推重比为1.38，1939年8月27日率先安装于亨克尔公司的He-178飞机上试飞成功。这是世界上第一架试飞成功的喷气式飞机，开创了喷气推进新时代。

世界上第一台实用的涡喷发动机是德国的JUMO004，1940年10月开始台架试车，1941年12月推力达到9800N，1942年7月18日装在梅塞施米特Me-262飞机上试飞成功。自1944年9月至1945年5月，Me-262共击落盟军飞机613架，损失200架（包括非战斗损失），给盟军造成了巨大的心理压力。英国的第一种实用涡喷发动机是1943年4月罗罗公司推出的威兰德，推力为7550N，推重比为2.0。该发动机当年投入生产后即装备在“流星”战斗机上，于1944年5月交付英国空军使用。该机曾在英吉利海峡上空成功地拦截了德国的V-1导弹。

第二次世界大战后，美、苏、法借助从德国取得的人员和技术，陆续发展了本国第一代涡喷发动机。其中，美国通用电气（GE）公司的J47轴流式涡喷发动机和苏联克里莫夫设计局的RD-45离心式涡喷发动机的推力都在26500N左右，推重比为2~3，它们分别在1949年和1948年装在F-86和米格-15战斗机上。这两种飞机在朝鲜战争期间展开了空中较量。20世纪50年代初，加力燃烧室的采用使发动机在短时间内能够大幅度提高推力，为飞机突破声障提供了足够的推力。典型的发动机有美国的J57和苏联的RD-9B，它们的加力推力分别为70000N和32500N，推重比分别为3.5和4.5，它们分别装在超声速的单发F-100和双发米格-19战斗机上。

在20世纪50年代末和60年代初，各国研制了一批适合马赫数（Ma，即飞行速度与声速的比值）2以上飞机的涡喷发动机，如J79、J75、埃汶、奥林帕斯、阿塔9C、R-11和R-13，推重比已达5~6。在20世纪60年代中期还发展出了用于Ma 3一级飞机的J58和R-31涡喷发动机。到20世纪70年代初，用于“协和”超声速客机的奥林帕斯593涡喷发动机定型，最大推力达到170000N。此后再没有更大推力的涡喷发动机问世。

3. 涡扇发动机——发展与优化

如前所述，涡喷发动机在航空发展史中占有重要的地位，做出了巨大的贡献。但是该类型发动机存在严重的缺点，即经济性差，耗油率较高。为了提升燃油经济性，涡扇发动机应运而生。涡扇发动机的发展是从民用发动机开始的。世界上第一种批量生产的涡扇发动机是1959年定型的英国康维，推力为57300N，用于VC-10、DC-8和B707客机，涵道比有0.3和0.6两种，耗油率比同时期的涡喷发动机低10%~20%。

涡扇发动机问世后，很快被各种新型民航客机所选用，有些原先采用涡喷发动机作为动力的民航客机也换装了涡扇发动机。例如，波音707飞机原装有4台JT3C涡喷发动机，在这种形势下，立即将JT3C的前3级低压压气机的叶片加长改成涡扇发动机JT3D。改型后，发动机推力加大（起飞推力增大50%，巡航推力增大27%），耗油率降低（巡航耗油率降低13%），大大改进了波音707的性能。此后，涡扇发动机向小涵道比的军用加力发动机和大涵道比的民用发动机两个方向发展。

由于有内、外两个涵道，早期的涡扇发动机的外径一般较大，因此，当时认为这种发动机并不适合用于追求高速性能的战斗机上。20世纪60年代中期，美国开始发展“空中优势战斗机”（Air Superiority Fighter）。由于这种战斗机强调高机动性，要求所搭载的发动机具有较高的推重比（8.0级）、较低的巡航耗油率，原有涡喷发动机难以满足这些要求。于是工程师们利用涡扇发动机耗油率低的特点，发展出了直径较小、推重比大、带加力燃烧室的小涵道比涡扇发动机。在20世纪70至90年代，各主要航空强国纷纷研制出推重比为8一级的小涵道比涡扇发动机，并应用于主力第三代战斗机上，如应用于 F-15、F-16 战斗机上的 F100 和 F110、应用于 F/A-18C/D 战斗攻击机的 F404、应用于苏-27 战斗机的 AL-31F、应用于米格-29 战斗机的 RD-33 等。20 世纪 80 年代，美国开始着眼于“先进战术战斗机”（Advanced Tactical Fighter，ATF）的研发，超声速巡航、超机动等第四代战斗机的跨代特性要求所搭载的发动机具有 10 一级的推重比，为此工程师们采用了大量先进技术，最终研制成功了 F119 小涵道比涡扇发动机，并成功应用于 F-22 战斗机。此后，一些推重比达到 10 一级的小涵道比涡扇发动机相继问世，如应用于 F-35 战斗机的 F135、应用于 EF2000 战斗机的 EJ200、应用于苏-57 战斗机的 AL-41F 等。

民航和大型运输机所使用的涡扇发动机则走出了另一条发展路径。20 世纪 60 年代的民航客机大多都采用了低涵道比（1.5~2.5）的涡扇发动机。1964 年，美国空军提出发展远程大型战略运输机的计划，要研制一种机身较宽的大型飞机，其巡航速度不低于 Ma 0.77，能够携带 50t 货物飞行 9900km，或者是 100t 货物飞行 4860km。为满足这种飞机的要求，需研制一种推力约为 200000N，耗油率比当时现有涡扇发动机低约 1/3 的发动机。为了满足这些苛刻的动力性能要求，只能发展一种全新的涡扇发动机。于是在广泛应用各种先进技术的基础上，采用高涵道比（5~8）、高增压比（25 左右）和高涡轮前温度（1600~1650K）的“三高”循环参数，成功研制出了新一代大涵道比涡扇发动机 TF39。1968 年，搭载 TF39 发动机的战略运输机 C-5 成功试飞，并于 1970 年正式交付美国空军。20 世纪 70 年代，第一代推力在 200000N 以上的大涵道比（4~6）民用涡扇发动机投入使用，开创了大型宽体客机的时代。此后，又发展出推力小于 200000N 的不同推力等级的大涵道比涡扇发动机，并广泛用于各种干线和支线客机。目前，民用涡扇发动机持续朝着更大涵道比、更高增压比、更高涡轮前温度的方向发展，以不断降低耗油率，提升燃油经济性。当前 LEAP-1A 涡扇发动机的涵道比甚至可达 11，已广泛应用于空客 A320neo 系列民航客机。

4. 涡桨及涡轴发动机——满足多样化动力需求

涡桨发动机主要用于在低速飞机上取代活塞式航空发动机。相比于活塞式发动机，涡桨发动机的功率大，功率质量比也大，运转稳定性好。1942 年，英国开始研制世界上第一台涡桨发动机——曼巴。该机装在海军“塘鹅”舰载反潜飞机上。此后，英国、美国和苏联陆续研制出多种涡桨发动机，如达特、T56、AI-20 和 AI-24。这些涡桨发动机的耗油率低，起飞推力大，装备在了一些重要的运输机和轰炸机上。美国在 1956 年将涡桨发动机 T56/501 装在 C-130 运输机、P3-C 侦察机和 E-2C 预警机上。该发动机的功率为 2580~4414kW，有多个军用及民用系列，是世界上生产数量最多的涡桨发动机之一。苏联的 HK-12M 的最大功率达 11000kW，用于图-20“熊”式轰炸机、安-22 军用运输机和图-114 民用运输机。

由于螺旋桨在吸收功率、尺寸和飞行速度方面的限制，涡桨发动机在大型飞机上已逐步被涡扇发动机所取代，但在中小型运输机和通用飞机上仍有一席之地。其中典型代表为普惠加拿大公司的 PT6A，到 2019 年，已发展出 70 多个型别，用于 180 多个国家的 120 多种中小型军民用固定翼飞机上。美国于 20 世纪 90 年代在 T56 和 T406 的基础上研制出供新一代高速支线飞机用的 AE2100 发动机，是当前最先进的涡桨发动机之一，功率为 2983~5966kW，其起飞耗油率仅为 0.249kg/(kW·h)。

在20世纪80年代后期，掀起了一阵性能上介于涡桨发动机和涡扇发动机之间的桨扇发动机热。一些著名的发动机公司在不同程度上进行了预研和试验，其中通用电气公司的无涵道风扇（UDF）GE36进行了飞行试验。由于种种原因，只有俄罗斯和乌克兰的安-70飞机和D-27桨扇发动机进入工程研制并计划成批生产装备部队。后因飞机技术老化、发动机噪声不符合欧洲标准和试验中发生的问题较多，俄乌双方做出了放弃装备该机的决定。

从1950年法国透博梅卡公司研制出206kW的阿都斯特I型涡轴发动机并装备在美国的S52-5直升机上首飞成功后，涡轴发动机在直升机领域逐步取代活塞式发动机而成为最主要的动力形式。几十年以来，涡轴发动机已成功地发展出四代，功率质量比已从2kW/kg提高到6.8~7.1kW/kg。第三代涡轴发动机是20世纪70年代设计，20世纪80年代投产的产品，主要代表机型有马基拉、T700-GE-701A和TV3-117VM，装备AS322“超美洲豹”、UH-60A、AH-64A、米-24和卡-52等机型。第四代涡轴发动机是20世纪80年代末90年代初开始研制的新一代发动机，代表机型有英、法联合研制的RTM322、美国的T800-LHT-800、德法英联合研制的MTR390和俄罗斯的TVD1500，用于NH-90、EH-101、RAH-66“科曼奇”和卡-52等机型。世界上最大的涡轴发动机是乌克兰的D-136，起飞功率为7500kW，装两台此发动机的米-26直升机可运载20t的货物。

5. 我国航空发动机发展历程

在20世纪60年代至80年代中期，我国的航空发动机主要依靠仿制结合自主研发，代表型号包括涡喷-6和涡扇-9。仿制外国先进发动机的同时，我国逐步掌握了基本的设计和制造技术。这一阶段为后续的自主研发奠定了技术基础。

20世纪80年代至90年代末期，自主研发成为主要发展方向，代表型号包括“昆仑”发动机和“太行”发动机。通过这一时期的努力，我国在航空发动机的核心技术上取得了重大突破，逐步摆脱了对外部技术的依赖。“昆仑”发动机在涡喷技术上取得了显著进展，而“太行”发动机则标志着我国在涡扇发动机领域的自研能力达到了新的高度。

进入21世纪后，我国航空发动机的研制进入多系列发动机自研生产阶段。这个阶段，我国不仅在传统的涡桨、涡喷、涡扇、涡轴等领域持续发力，还在高推重比发动机的研发上取得了重要进展。这个时期的显著成就不仅体现在型号的多样化上，更体现在整体技术水平的提高和自主创新能力的增强。

2015年，我国政府在“两会”期间首次将“航空发动机、燃气轮机”列入国家战略新兴产业，并启动国家航空发动机、燃气轮机重大科技专项（即“两机”重大专项）。这一战略决策标志着我国航空发动机的发展进入了一个新的阶段。

2016年5月，中央批准成立中国航空发动机集团，同年8月航发集团正式挂牌成立。航发集团的成立标志着我国航空发动机研制模式的重大变革，打破了以往“一厂一所一型号”的旧模式，实现了“飞发分离”。“飞发分离”是指将航空发动机作为独立的产品进行研发和生产，不再依附于整体飞机制造，从而避免了飞机项目取消导致发动机项目也受影响的情况。航发集团成立7年来，“太行”发动机系列化发展，商用航空发动机不断突破，多条脉动生产线建成使用，自主创新水平加速提升，为先进战机换装“中国心”打下了坚实基础。

4.2 工作原理

4.2.1 航空发动机的工作原理

1. 工作原理

航空发动机起步于活塞式发动机，活塞式发动机具有油耗低、成本低、工作可靠等特点，在喷气式发动机发明之前的近半个世纪，是唯一可用的航空发动机。活塞式航空发动机的工作原理与汽车所使用的内燃机并无本质不同，对于每一个气缸活塞，一个工作循环包括进气、压缩、做功和排气四个冲程，如图 4-1 所示。在做功冲程，燃料和空气混合被点燃产生高温高压气体（燃气），高压燃气膨胀推动活塞，带动曲轴旋转，完成做功。为了提升活塞式发动机的功率，可设计多个气缸共同带动曲轴旋转。根据气缸排列的方法，分为星形活塞式发动机、V 形活塞式发动机等（图 4-2）。其中星形活塞式发动机的气缸排列在位于中央的曲轴周围，各个气缸直接迎风，故一般采用气冷冷却方式；V 形活塞式发动机的气缸排列在两个直列组中，通常彼此倾斜 60°~90°并驱动一根共同的曲轴，一般采用液冷冷却方式。

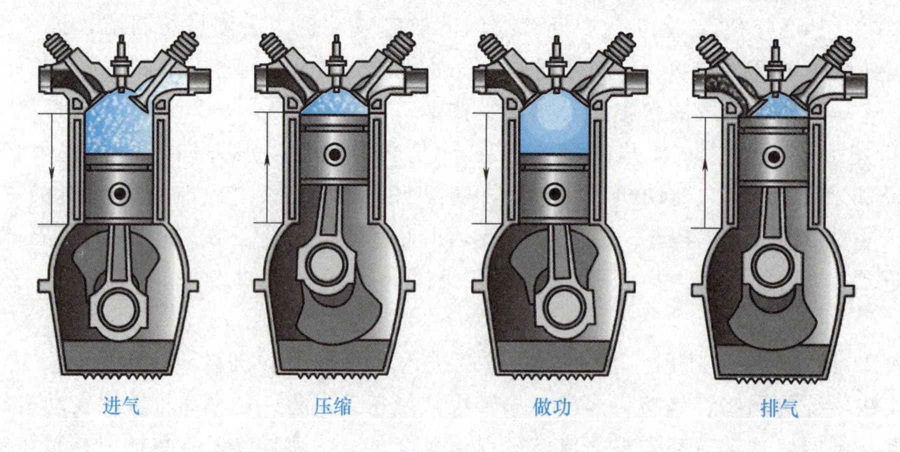

图 4-1 活塞式发动机工作原理

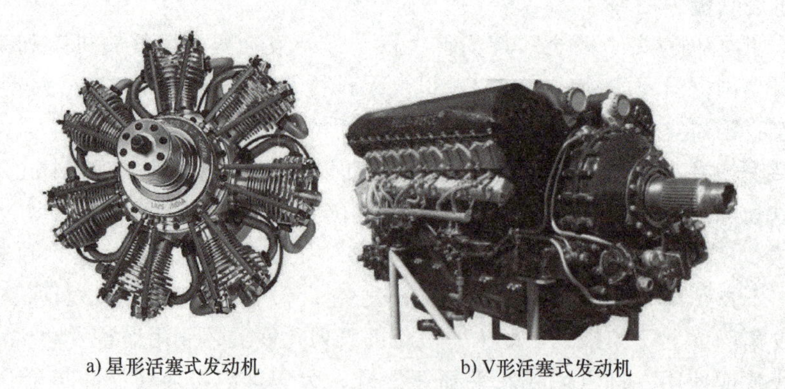

图 4-2 活塞式发动机分类

活塞式航空发动机靠驱动螺旋桨来产生拉力，本身并不直接产生推进力。随着飞机飞行速度的不断提升，螺旋桨叶尖的旋转线速度也在迅速提升，当叶尖线速度达到声速时，临近区域的空气会产生激波，螺旋桨的工作效率也因激波阻力而急剧下滑。“螺旋桨+活塞式发动机”的组合制约了飞机速度的提升，为此需要新型的航空动力技术，喷气式发动机应运而生。

喷气式发动机的基本原理是将高温高压的燃气直接向后高速喷射，以此产生反作用力推动飞机飞行（图 4-3）。喷气式发动机既是一种热机，负责将内能转化为机械能，也是一种推进器，负责产生推进力。然而，单靠图 4-3 所示的结构，直接引入常压空气，并不能有效持续地产生推力。这是因为此时燃烧所产生的高压燃气会向四周膨胀而不是定向地向后膨胀喷射，并不能有效产生向后的推力；另一方面，一部分向前膨胀的燃气也会导致来流空气受阻，使得燃烧无法持续进行。

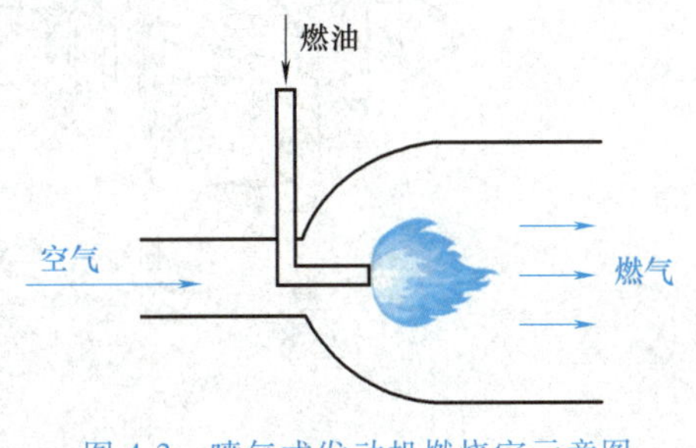

图 4-3　喷气式发动机燃烧室示意图

为此，需要对进入燃烧室的空气进行预加压，使其压强显著高于燃气，这样燃烧产生的高压燃气就能够定向地向后膨胀喷射，产生推力。图 4-4 所示为压气机+燃烧室的工作原理示意图，图中所示的压气机为离心式压气机，通过旋转将空气以较高的速度甩至叶盘边缘，空气的动能迅速转化为压力能，空气压强显著升高。高压空气随后流入燃烧室，一方面提供燃烧所必须的氧气，另一方面也约束燃烧产生燃气的做功方向。引入压气机的另一项收益是提升单位体积内氧气的总质量，为燃烧室有限空间内更快更多地燃烧燃料提供充足的氧气，有效提升了发动机的功率。

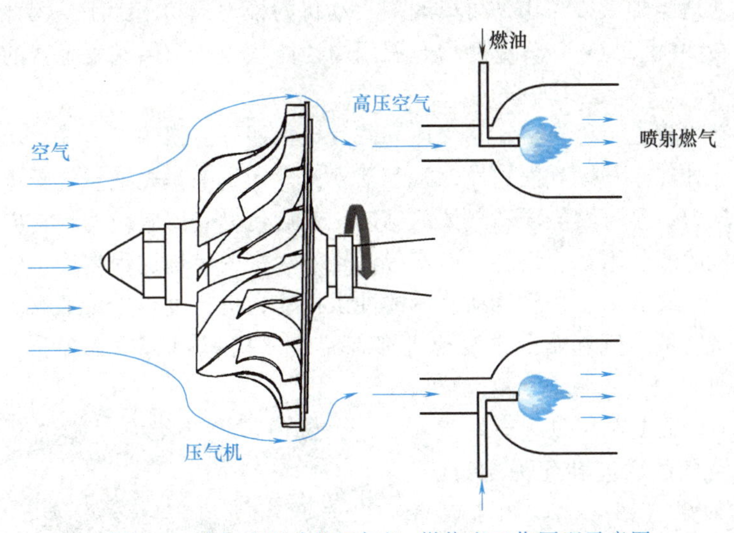

图 4-4　喷气式发动机压气机+燃烧室工作原理示意图

压气机的正常运转需要消耗大量的能量，为此，可以在燃烧室后方设置涡轮（Turbine），高压燃气向后喷射时推动涡轮旋转，涡轮则带动同一主轴上的压气机一同旋转（图 4-5）。经过涡轮后的燃气仍然具有相当的动能，其继续向后喷射产生推力，驱动飞机飞行。从能量的角度来看，涡轮的作用是从喷射燃气中回收了一部分动能，并将这部分能量传递给了压气机，以驱动压气机正常工作。

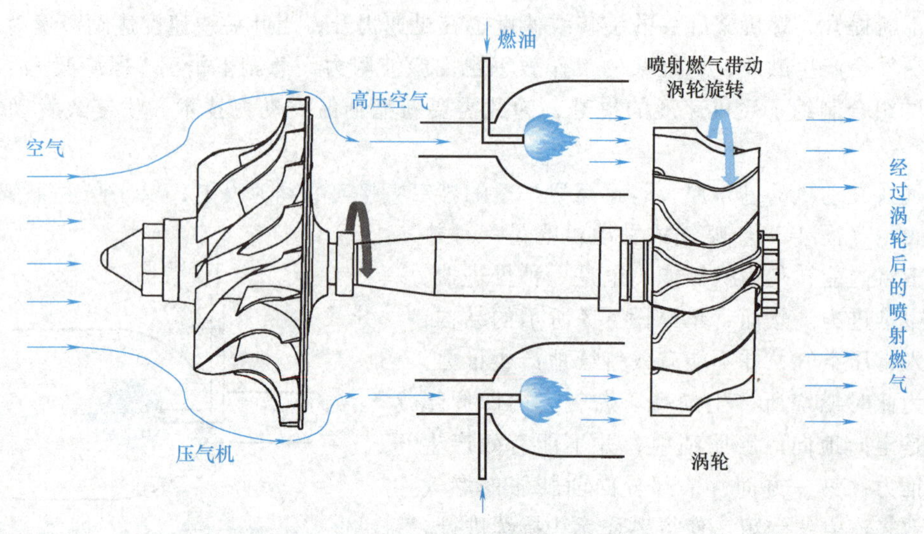

图 4-5 喷气式发动机核心机（压气机+燃烧室+涡轮）示意图

含有压气机、燃烧室和涡轮的喷气式发动机又被称为燃气涡轮发动机，包括涡喷发动机、涡扇发动机、涡桨发动机、桨扇发动机、涡轴发动机等。其中压气机、燃烧室和涡轮三大部件是燃气涡轮发动机最核心的部件，三大部件再配以转子支撑等结构就组成了燃气涡轮发动机的核心机。所有燃气涡轮发动机的核心机工作原理都相类似，只是设计的侧重点各有不同。原则上讲，如果能研制成功一型高性能核心机，则可衍生发展一系列的发动机，包括涡扇发动机、涡桨发动机、涡轴发动机以及地面及舰船用的燃气轮机等。另外，按相似理论，对核心机尺寸适当加大或缩小，可以改变发动机的推力或功率大小。因此，一些著名的航空发动机公司在 20 世纪 60 年代中期均开展了高性能核心机和燃气发生器的研制工作，并取得了良好的效果。

燃气涡轮发动机也是一种热机，它和活塞式发动机一样，都是以空气和燃气作为工作介质。它们的相同之处在于，燃气涡轮发动机和活塞式发动机都是先把空气吸进发动机，经过压缩增加空气的压力，经过燃烧增加气体的温度，然后使燃气膨胀做功。它们的不同之处在于，活塞式发动机的燃烧不是连续的，而燃气涡轮发动机的燃烧过程是连续的，功率和功率质量比上限更高，且没有活塞往复运动造成的冲击振动，运行过程更为平顺。

需要说明的是，不是所有喷气式发动机都有“压气机+燃烧室+涡轮”这样的核心机。例如，冲压发动机也是一类喷气式发动机，但它并没有压气机，而是利用进气道使流入的气流减速，使空气的动能转化为压力能，达到压缩空气的效果（图 4-6）。由于没有压气机需要带动，因而冲压发动机也就没有必要保留涡轮，整个发动机结构非常简单，仅由进气道、燃烧室和喷管三部分组成。显然，冲压式发动机需要在一定的初速度下才能起动，因为静止状态下其进气道并没有来流空气，也就无法对空气进行压缩。

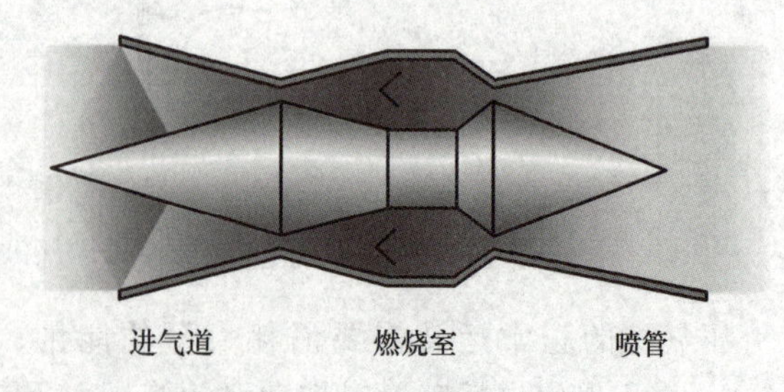

图 4-6 冲压发动机原理示意图

2. 性能指标

航空燃气涡轮发动机作为热机和推进器的综合体，评述其性能的指标主要有：推力、单位推力、耗油率、总效率、推重比、单位迎面推力等。

（1）推力 F（或功率 P） 发动机推力的大小直接决定了飞机的主要性能。推力的单位是 N 或 daN（DecaNewton，1daN = 10N）。但是，仅仅知道发动机推力的大小，还不能说明发动机性能的优劣，因为它并没有表明发动机的尺寸有多大，质量是多少，也不知道消耗了多少燃油才能产生这样大的推力。因此必须引入以下性能指标，才便于比较。

（2）单位推力 F_s 发动机推力与通过发动机的空气质量流量之比称为发动机的单位推力（Specific Thrust），其单位为 N·s/kg。单位推力是燃气涡轮发动机最重要的性能参数之一，单位推力越大，获得同样推力所需的空气流量越小。这意味着发动机可以有较小的尺寸和质量。

（3）耗油率和总效率 耗油率（Specific Fuel Consumption，SFC）的定义是每小时所消耗的燃油量与推力之比，其单位为 kg/(h·N)。它是发动机在一定飞行速度下的经济性指标。燃气涡轮发动机的总效率不仅与耗油率有关，而且与飞机的飞行速度直接相关。在地面静止状态下，发动机的总效率等于零。

（4）推重比 发动机的推力和发动机重力之比称为发动机的推重比（Thrust Weight Ratio），它直接影响飞机的质量和有效载荷，因此它对于飞机的最大平飞速度、升限、爬升速度等机动性能都有直接的影响。由于军用歼击机的机动性能极为重要，因此，要求有尽可能高的推重比。对于垂直起降飞机用的发动机，推重比这一指标更为重要。目前，涡喷发动机在地面时的推重比为 3.5~4.0，加力涡喷发动机的推重比为 5.0~6.0，加力小涵道比涡扇发动机的推重比已达到并超过 10.0。

（5）单位迎面推力 单位迎面推力（Thrust Per Front Area）是发动机的推力和发动机的迎风面积之比。迎风面积是指发动机的最大截面面积。当发动机安装在单独的发动机短舱时，迎风面积的大小决定了发动机短舱外部阻力的大小。单位迎面推力的单位是 N/m^2。

在全面比较发动机的性能时，除以上原理方面的性能参数外，还应考虑发动机的使用性能：

1）发动机的起动要迅速可靠，无论在不同大气条件下的地面起动，还是在空中停车后起动，都要求起动成功率高。

2）发动机的加速性要好，通常用从慢车状态的转速增加到最大转速（或最大推力）所需要的时间作为发动机加速性的指标，加速所需要的时间越短，加速性越好。

3）发动机的工作要可靠，在各种飞行条件下，都能按照飞行员的操纵，安全可靠地工作，不会造成压气机喘振、燃烧室熄火或机件损坏等故障。

4）发动机要寿命长，噪声低，维护使用简便，容易加工制造，生产成本低。

4.2.2 航空发动机典型类型与特点

燃气涡轮发动机有五种基本类型，即涡喷发动机、涡扇发动机、涡桨发动机、涡轴发动机和桨扇发动机，这些发动机均有压气机、燃烧室和涡轮。

1. 涡喷发动机

涡喷发动机是最简单的一类航空燃气涡轮发动机，它是在核心机出口处安装了喷管，将高温高压燃气的能量通过喷管（推进器）转变为燃气的动能，使发动机产生反作用推力。依据压气机类型的不同，涡喷发动机可分为轴流式涡喷发动机（图 4-7）和离心式涡喷发动机（图 4-8）。

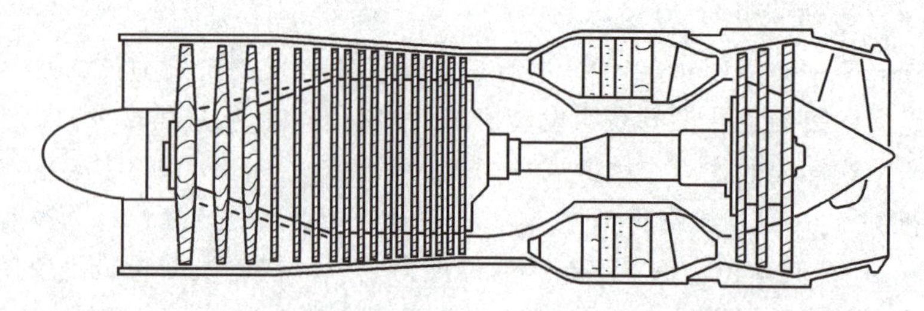

图 4-7　轴流式涡喷发动机

与活塞式发动机相比，涡喷发动机结构简单、质量轻、推力大、推进效率高；而且在很大的飞行速度范围内，发动机的推力随飞行速度的增加而增加。在 20 世纪五六十年代，涡喷发动机得到了广泛的应用。然而涡喷发动机耗油率较高，在中低飞行速度下经济性较差，目前已逐渐被涡扇发动机所替代，仅在一些无人机、靶机和第一代、第二代战斗机上仍然使用涡喷发动机。

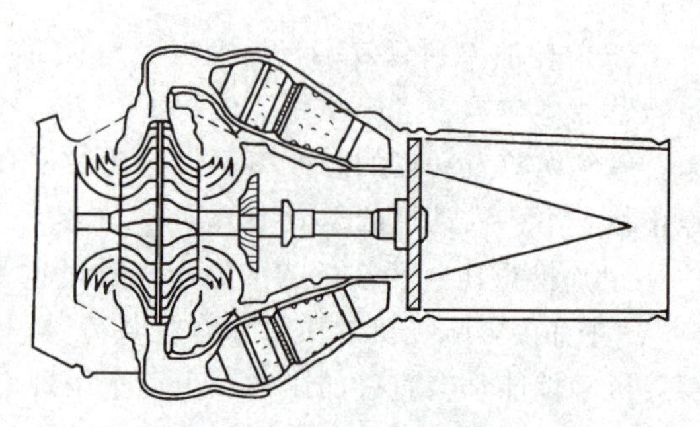

图 4-8　离心式涡喷发动机

2. 涡扇发动机

为了克服涡喷发动机的缺点，降低飞机在低速和中速的耗油率，20 世纪 50 年代中期涡扇发动机开始得到发展。涡扇发动机由进气道、风扇、低压压气机、高压压气机、燃烧室、高压涡轮、低压涡轮和喷管组成，如图 4-9 所示。

涡扇发动机有内外两个涵道，空气经进气道流过风扇后被分为两股：一股进入内涵道，其空气质量流量 $q_{m,\mathrm{I}}$ 称为核心发动机的流量，也称为内涵流量；另一股进入外涵道，其空气质量流量 $q_{m,\mathrm{II}}$ 称为外涵流量，又称为附加的推进流量。外涵流量与内涵流量之比 $q_{m,\mathrm{II}}/q_{m,\mathrm{I}}$ 称为涵道比。涵道比小于 1 定义为小涵道比，大于 4 为大涵道比，大于 1 而小于 4 为中涵道比。涵道比是涡扇发动机的重要设计参数，它对发动机耗油率和推重比有很大影响。不同用途的涡扇发动机应选取不同的涵道比，远程运输机和民航客机应使用大涵道比涡扇发动机，其涵道比为 4~8 甚至更高；战斗机选用的加力涡扇发动机的涵道比一般小于 1，甚至小到 0.2~0.3。

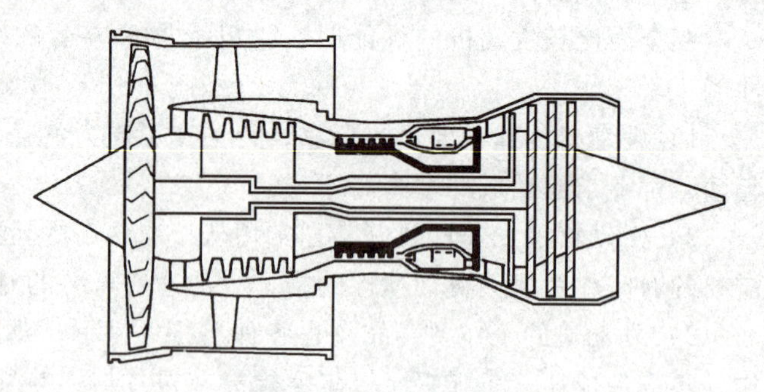

图 4-9　涡扇发动机

涡扇发动机内涵道的工作情况与涡喷发动机相同，即流入内涵道的空气通过高速旋转的低压压气机和高压压气机对空气进行压缩，提高空气的压力。高压空气在燃烧室内和燃油混合、燃烧，将化学能转变为内能，形成高温高压的燃气。高温高压燃气首先在高压涡轮内膨胀，推动高压涡轮旋转，带动高压压气机一同旋转，然后在低压涡轮内膨胀，推动低压涡轮旋转，带动低压压气机和风扇，最后燃气通过喷管排入大气产生反作用推力。流过外涵道的空气通过高速旋转的风扇叶片对空气进行压缩，提高空气的压力和温度，接着空气在通道内膨胀加速，排入大气，也产生反作用推力。

由此可以看出，涡扇发动机的推力等于内涵推力与外涵推力之和。外涵推力占总推力的比例与涵道比有关，涵道比越大，外涵推力所占的比例越多，涵道比为 4 时，外涵推力约占总推力的 80%。

与涡喷发动机相比，涡扇发动机具有推力大、推进效率高、噪声低、在一定的飞行速度范围内燃油消耗低等优点。目前民航干线飞机、先进战斗机大多装配涡扇发动机。

3. 涡桨发动机

为了给低速飞机提供高效的航空动力源，涡桨发动机应运而生。涡桨发动机由核心机和螺旋桨组成，由于螺旋桨工作转速远低于核心机，因此在核心机和螺旋桨之间还需要安排减速器，如图 4-10 所示。

涡桨发动机工作时，空气通过进气道进入压气机，压气机以高速旋转的叶片对空气做功，增加空气的压力。高压空气在燃烧室内和燃油混合、燃烧，将化学能转变为内能，形成高温高压的燃气。燃气在涡轮处膨胀，推动涡轮旋转，带动压气机和螺旋桨。旋转的螺旋桨使得大量流过的空气提速，产生相当大的拉力；而流过涡轮的燃气向后喷射，也能产生少量的推力。

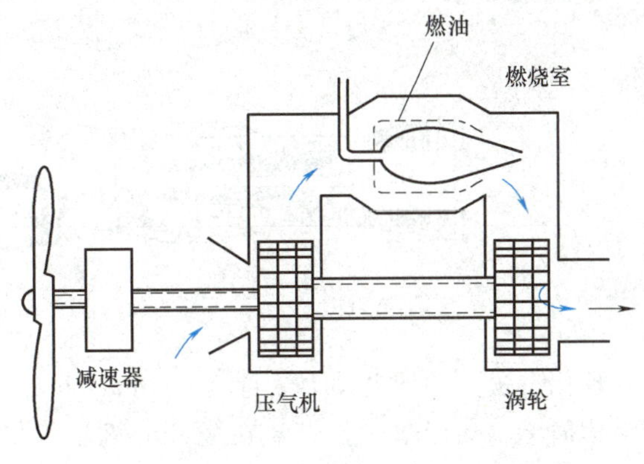

图 4-10 涡桨发动机

相比于活塞式发动机，涡桨发动机有很多优点。首先，它的功率大，功率质量比也大，其次，由于减少了运动部件，尤其是没有做往复运动的活塞，涡桨发动机运转稳定性好，噪声小，工作寿命长，维修费用也较低。而且，由于核心部分采用燃气发生器，涡桨发动机的适用高度和适用速度范围都要比活塞式发动机高很多。在耗油率方面，二者相差不多，但涡桨发动机所使用的煤油要比活塞式发动机的汽油更安全。

涡桨发动机综合了涡喷发动机和活塞式发动机的优点，而且在较低的飞行速度下，具有较高的推进效率，飞行的经济性较好。但是，与活塞式发动机一样，由于有直径较大的螺旋桨，其飞行速度也受到较大限制（Ma0.5~0.7）。20 世纪 50 年代的运输机多采用涡桨发动机，目前支线飞机仍以此类发动机作为主要动力装置。

4. 涡轴发动机

早期的直升机使用的是活塞式发动机，存在冲击振动较大，功率和功率质量比较低等问题。涡轴发动机有效解决了以上难题，为大型直升机的研发铺平了道路。

涡轴发动机的结构如图 4-11 所示。在构造和工作原理上，涡轴发动机基本等同于涡桨发动机，如果核心机的燃气能量几乎全部被涡轮回收用于驱动动力轴而不产生推力，则该发动机为涡轴发动机。涡轴发动机动力轴上输出的功率可以用来带动直升机的旋翼，有的涡轴发动机装有减速比较小的减速器，有的则直接接入直升机主减速器。除了应用于直升机，涡轴发动机也可以作为舰船、地面发电机、液压泵、水泵等非航空领域动力，驱动对应的工业机械，如图 4-12 所示。

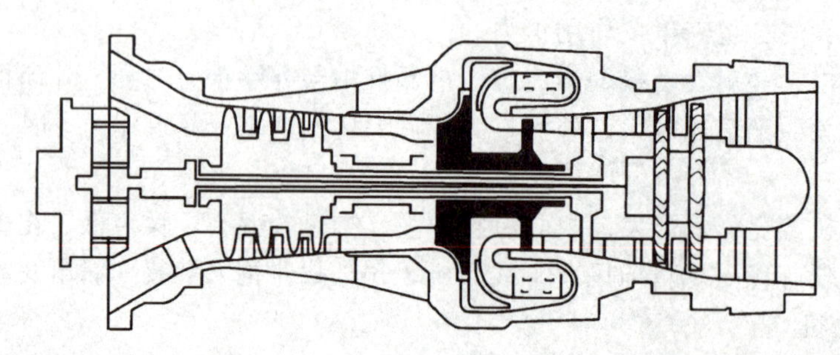

图 4-11 涡轴发动机

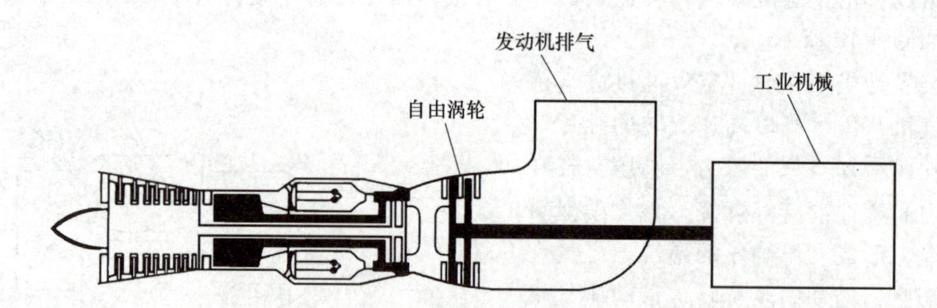

图 4-12 工业用涡轴发动机

现代飞机上的辅助动力装置（Auxiliary Power Unit，APU）也是一台小型的涡轴发动机，其结构简单，功能单一。APU 在主发动机未工作时，向飞机提供电源和气动力；当主发动工作后，可作为飞机的备用电源和气动源。

5. 桨扇发动机

桨扇发动机是由涡桨发动机与高涵道比涡扇发动机衍生而来的先进航空发动机，标准型桨扇发动机与涡桨发动机类似，由桨扇、减速器和核心机三部分组成（图 4-13）。

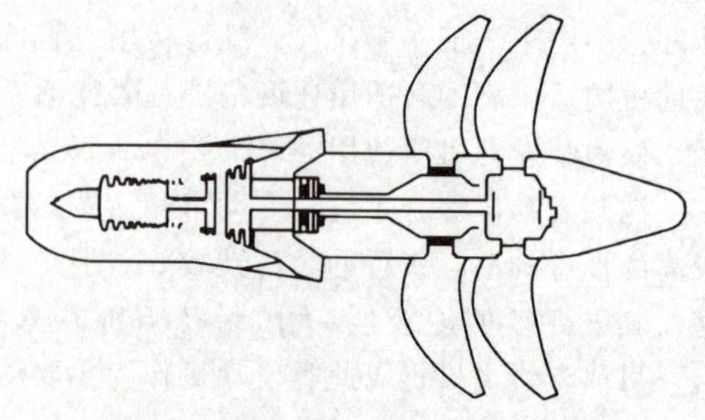

图 4-13 桨扇发动机

相比于涡桨发动机，桨扇发动机多采用宽弦长、薄叶型、小直径、大后掠的多片桨扇叶片，在高速下的阻力明显小于螺旋桨，常规螺旋桨发动机的巡航 Ma 不超过 0.6~0.7，而桨扇发动机在 Ma0.8~0.85 时仍有较高的效率，适合高亚声速巡航飞行。另外，相比于大涵道涡扇发动机，桨扇发动机相当于涵道比无穷大的涡扇发动机，具有燃油经济性好的突出优势。

桨扇发动机看似兼顾了涡桨发动机的燃油经济性和涡扇发动机的高航速，然而并没有得到广泛的应用，这是因为它在噪声和安全性上存在缺陷。桨扇发动机由于转速较高，桨扇叶片产生的噪声非常大，且没有涡扇发动机那样的外涵道进行噪声遮蔽，乘坐的舒适性较差，这对舒适性有严格要求的民航客机而言是一个难题。此外，高转速、薄叶型的桨扇叶片没有外涵道机匣进行保护，使用安全性上也存在不足。

4.3 核心机构造与原理

4.3.1 压气机的基本构成与增压原理

压气机是燃气涡轮发动机核心机的重要组成部分。根据气流流经压气机特征的不同，压气机主要分为两大主流结构类型：离心式压气机与轴流式压气机。目前，由于多级增压能力以及紧凑的径向设计所带来的高总增压比优势，轴流式压气机已成为现代大、中型航空燃气涡轮发动机的标准配置，广泛应用于包括民航客机和军用战斗机在内的各种高性能飞行器中。而在一些小功率、低流量的涡轴发动机和涡桨发动机上，则经常会采用离心式压气机。接下来将分别介绍离心式压气机和轴流式压气机的基本结构。

1. 离心式压气机

离心式压气机由导风轮、叶轮、扩压器和集气管等组件组成，如图 4-14 所示。其中，叶轮和扩压器是离心式压气机中的两个关键部件，它们共同协作以实现对空气的压缩和增压，直接影响到整个压气机乃至航空发动机的整体效率和功率输出。

（1）导风轮　导风轮是与叶轮相互配合的关键组件，位于叶轮的进口处，按照中心孔定位安装在离心叶轮轴上，并采用销钉等连接方式确保与叶轮同步、稳定地转动，由离心叶轮直接驱动，共同实现对吸入空气的有效压缩与能量转换。导风轮也被称为进气装置或者进气系统。

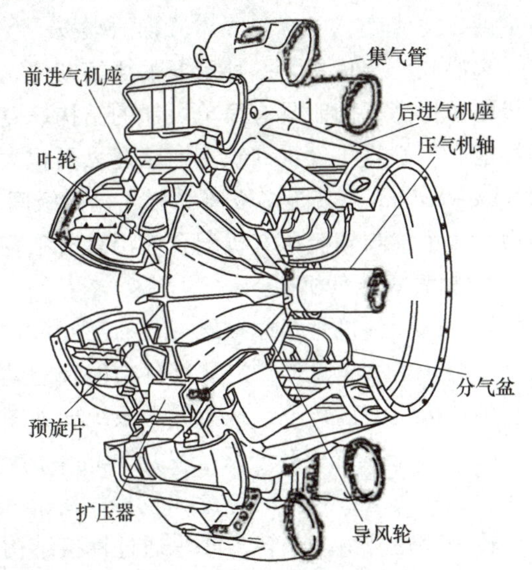

图 4-14　离心式压气机

导风轮的工作原理：导风轮设计多呈收敛形流道结构，即叶片入口边缘采用了沿转动方向弯曲的设计。具体表现为，靠近叶片尖端部分的弯曲程度较大，而在叶片根部则渐趋平缓。这种差异化的曲率设计可以满足气流进入叶轮时所需的相对速度和方向要求，从而显著降低由于湍流和分离引起的流动损失。当空气流经导风轮时，受其叶片形状的影响，空气速度增大，而压力和温度下降，以确保有效的压缩和增压过程。

（2）叶轮　叶轮是高速旋转的部件，通常具有整体式径向配置的导向叶片，安装在一个锻造盘的一侧或两侧。轮盘一侧安装有叶片的称为单面叶轮，轮盘的两侧都安装有叶片的称为双面叶轮。单面叶轮从一面进气，可以充分利用冲压作用增强进气动能，而且便于安装。为了获得更高的增压比，一般可采用两级单面叶轮，从而实现在不增大迎风面积的条件下，增大推力并提高经济性。双面叶轮允许空气从两个方向同时进入，以此增加单位时间内的进气总量，而且对于平衡作用于轴承上的轴向力也有好处。

叶轮的工作原理：叶轮的叶片采用径向平直设计，叶片之间的通道设计为扩张型，以确保空气能够顺畅地流入并过渡到旋转中的叶轮内部，实现了扩散增压效应。叶轮的中心部分常设计成朝向旋转方向弯曲，从而引导气流更自然地进入叶轮。当空气进入高速旋转的叶轮后，叶轮对空气做功，由于受到叶片引导，空气被迫跟随叶轮做圆周运动。随着空气微团从叶轮内径向外径方向运动，其半径不断增大，空气微团的圆周速度随之提高，其所承受的离心力也随之显著增大。在此条件下，空气微团在外径较大的区域被有效挤压，导致该处空气密度增加，从而形成相较于叶轮内径处更高的压力梯度。在这种增大的离心力作用下，叶轮的外径处空气压力远高于内径处。因此，叶轮除了利用扩散增压外，还利用了离心增压来实现空气压力的提升。

（3）扩压器　常见的扩压器类型包括叶片式扩压器和管式扩压器。离心式压气机实现增压的过程主要发生在叶轮通过扩散增压和离心增压，以及气体通过扩压器增压。

扩压器的工作原理：扩压器的通道呈扩张型，当空气流经时，动能被转化为压力势能，导致速度降低，同时压力和温度上升。

（4）集气管　从扩压器出来的气流进入集气管，进一步减缓气流速度，增加压力。集气管与燃烧室相连，将加压后的空气引入燃烧室。

集气管的工作原理：在集气管的弯曲部分内分布有一些弯曲的叶片，引导气流沿着叶片指示的方向流动，以减少气体流动的损失。

离心式压气机作为一种重要的压缩装置，在航空发动机中展现了独特的优点，主要包括一级增压比高，同时具有简单可靠的结构、宽广的工作范围、低起动功率需求以及相对稳定的性能。离心式压气机的缺点在于迎风面积大、流动损失较高、效率较低，整体效率一般仅为83%~85%，尤其是多级离心压气机的级间损失更为显著。离心式压气机主要应用于辅助动力装置中，与轴流压气机配合使用具有独特的优势。

2. 轴流式压气机

轴流式压气机是指通过压气机的空气沿轴向流动的一类压气机布局形式，是目前燃气涡轮发动机采用的主流形式。从部件功能及运动状态的角度出发，轴流式压气机可被划分为两大基础结构类型：转子系统与静子系统，如图4-15所示。

（1）转子系统　转子系统是压气机中的转动部件，由一系列围绕发动机轴心高速旋转的叶片、承载这些叶片的轮盘（或称鼓筒）、连接至传动系统的轴以及必要的连接件共同组成。转子叶轮是由多个转子叶片通过榫接结构安装在轮盘边缘槽内，以确保在极端运行条件下气动性能的高效稳定。

转子系统工作原理：通过转子叶轮的高速旋转将动能传递给空气分子，直接对气流施加动力并实现压缩，从而显著提高其静压。随后，经过压缩的空气流经扩张形静子叶栅通道。在这个阶段，空气流动面积增大而速度降低，进一步提升了空气的压力。这一连串的静态和动态增压是航空发动机高效获取高能进气的关键环节之一，为后续燃烧室内的稳定、高效燃

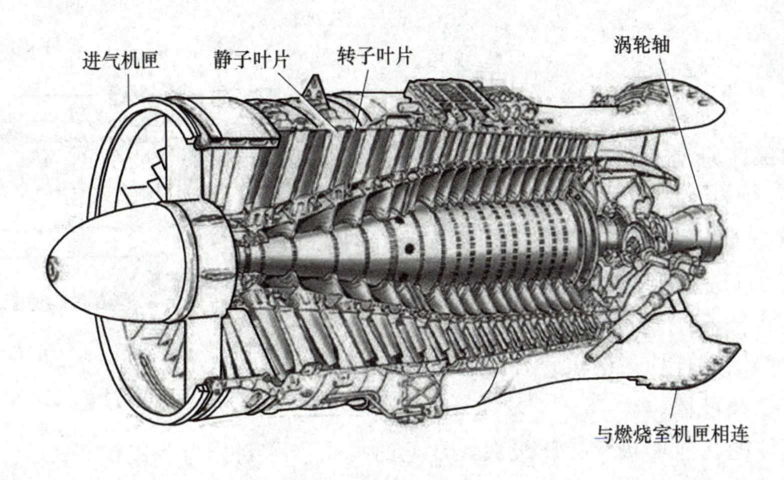

图 4-15 轴流压气机结构图

烧提供了必要条件。

(2) 静子系统 静子系统又称导流器，是压气机中的静止部件，由整流器（整流环）和机匣两大部分构成。整流器的核心部件包括一系列外环、内环以及多个精密排列的整流叶片，整流叶片固定在内、外环之间，或几个叶片成组地装配在一起。整流环作为一个完整的部件被牢固地安装在发动机的主支撑结构机匣上，从而构成了航空发动机内部不动的静子部分。

静子系统工作原理：静子叶片通过引导、调整和稳定经过的气体路径方向和速度，减少旋转部件与静止部件间的流动损失，优化气流均匀性，确保气流以适宜的角度和速度进入转子叶片，以配合转子叶片完成有效压缩过程。

轴流式压气机有效运行的关键在于使气体沿发动机主轴线方向进行有序流动，空气在通过整个轴流压气机时会逐渐被压缩，导致空气比体积减小、密度增加。因此，轴流压气机的通道截面积会逐级减小，呈现收敛形状，使得压气机出口截面积远小于进口截面积，此特性赋予了轴流式压气机高效能和紧凑结构的优势。

鉴于实际增压需求，轴流式压气机通常设计为多级形式，每一级压气机单元由一个关键的转子系统（转子叶轮）与相应的一个静子系统（整流器）构成，形成多级叶轮—整流器沿轴向交错排列组合的形式，最终构成连续的增压级联。转子叶轮负责通过旋转对空气进行初步加速和压缩，而整流器则起到修正气流方向、减少流动损失以及优化气流均匀性的作用。

4.3.2 主燃烧室的基本构成与工作原理

主燃烧室是航空燃气涡轮发动机核心机的重要组成部分。主燃烧室位于压气机和涡轮之间，其功能是将燃油与空气充分混合并进行燃烧。发动机运转时，通过高压压气机对空气进行压缩，压气机出口处的气流经由燃烧室前端的扩压器进入燃烧室。燃油喷嘴喷出燃油，位于燃烧室前端的点火器点燃燃油与压缩空气的混合气，形成高温燃气，然后进入涡轮。

涡轮发动机燃烧室的基本构成如图 4-16 所示。

1. 主燃烧室基本构成

燃烧室的构造主要包含了以下组成部分：扩压器、火焰筒、旋流器、喷嘴等。

(1) 扩压器　作为燃烧室组件中结构最为复杂且质量较大的部分，扩压器位于燃烧室前端。

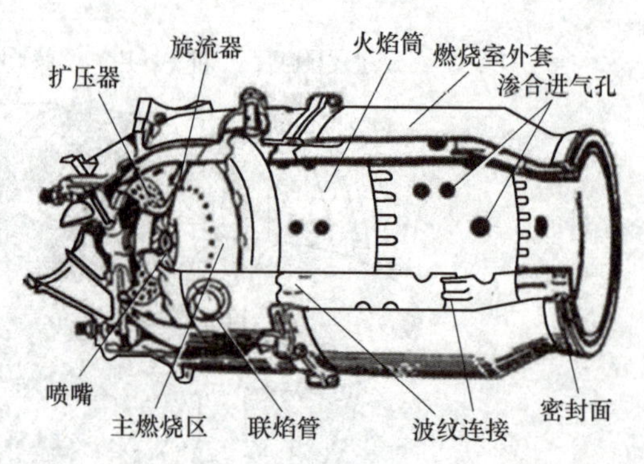

图 4-16　燃烧室结构图

扩压器的工作原理：压气机出口的气流速度通常在 150m/s 左右，这样高速的气流无法稳定地维持火焰燃烧。在扩压器的扩张通道内，对压气机出口高速气流进行减速增压处理，尽可能地将来流空气的动压转化为静压，营造燃烧室内部稳定且均匀的流场环境，以便于组织有效的燃烧过程。

依据扩压器的几何形状和扩压级数，常见的扩压器可划分为一级扩压式、二级扩压式以及突扩式。当前，主流使用的扩压器结构是突扩式扩压器。突扩式扩压器具有短小紧凑的结构，虽带来较大的压力损失，但却大大缩短了长度，且能确保火焰筒入口流场的稳定性，降低了压气机出口流场变化对燃烧室工作的影响。

(2) 火焰筒　火焰筒是燃烧室的主体构成部分，其核心在于确保气流的合理导入与燃烧效率。

火焰筒的工作原理：火焰筒从前至后依次可以被划分为主燃烧区、补燃区和掺混区。在主燃区发生较多的燃烧过程，其前端结构须利于空气与燃油的有效混合，创建回流区以稳定点燃混合气，确保燃烧过程连续且充分。筒体后部的掺混区则须促进燃气的掺混与降温。由于燃烧室后端的涡轮材料耐热性有限，燃烧室出口的燃气温度通常在 1200~1700K 的范围内，相应的燃料系数 β 在 0.25~0.4 之间。

鉴于火焰筒同时面临高温燃气加热和冷却空气接触的双重环境，热负荷不均导致热应力显著，因此，筒壁的冷却设计以及各部件间热变形的协调至关重要。火焰筒上的进气孔形式各异，其尺寸、形状、数量和布局均根据燃烧组织需求以及期望的涡轮前燃气温度标准进行精心设计与调整。

火焰筒通常采用焊接板材工艺制造，确保其具备必要的刚度，特别是对于环形火焰筒而言，刚度要求更为严格。

(3) 旋流器　在航空发动机燃烧室中，旋流器一般安装在喷嘴外环。旋流器主要分为叶片式和非叶片式两种类型，其中叶片式旋流器更为常见。

叶片式旋流器的工作原理：气流在经过旋流器的叶片时，叶片引导气流从轴向运动转变产生旋转，由于离心力作用，中心燃烧区域空气密度低形成低压区，促使高温燃气和空气的混合气在喷嘴前方不远处形成回流区。叶片式旋流器的叶片布局多种多样，既有径向排列，也有切向排列，通过调整叶片的角度和排列方式可以实现气流混合效果的优化。

相较于叶片式旋流器，非叶片式旋流器的工作原理有所不同：非叶片式旋流器通过引导气流通过非流线型物体（如喇叭形或 V 形钝体）或穿过多孔壁结构来实现回流区的形成，如图 4-17 所示。叶片式旋流器能使气流沿轴线方向产生显著的切向旋转，而非叶片式旋流器则不强调或仅产生较小的切向速度，更多地依赖于气流在钝体或多孔壁处的流场扰动来实现混合增强和回流区的建立。

2. 燃烧室基本类型

涡轮发动机的燃烧室通常有单管燃烧室、管环形燃烧室和环形燃烧室三种类型，如图 4-18 所示。目前，使用最广泛的是环形燃烧室。接下来分别介绍这三种基本结构。

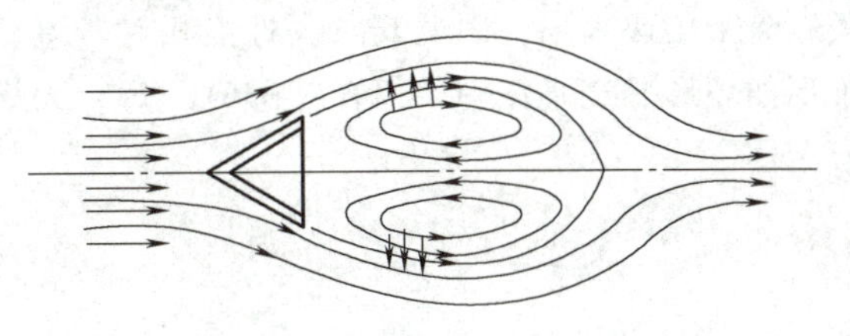

图 4-17　V 形钝体回流区的生成

(1) 单管燃烧室　单管燃烧室的结构如图 4-16 所示。多个单管燃烧室组成的结构如图 4-19 所示，它由多个（一般为 8～16 个）单管燃烧室组成，它们之间通过联焰管相连，起着传播火焰和均压的重要作用。每个单管燃烧室都配备独立的火焰筒和外套，具有较高的稳定性和可靠性。

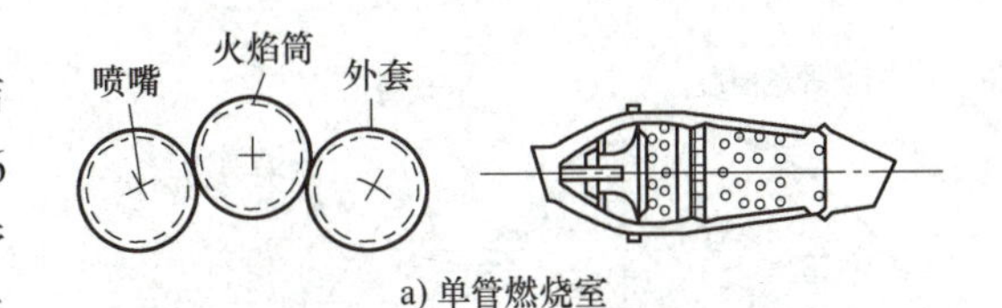

a) 单管燃烧室

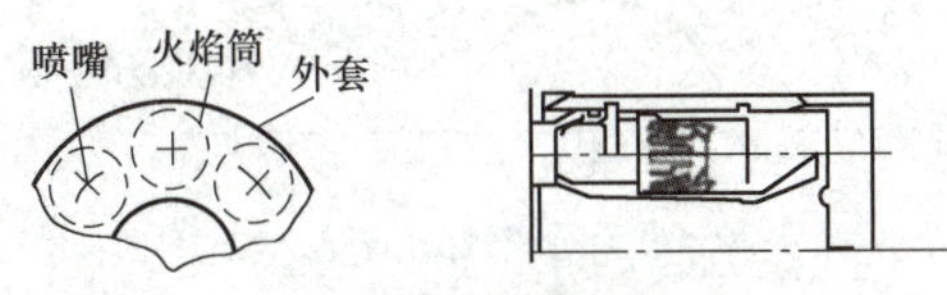

b) 管环形燃烧室

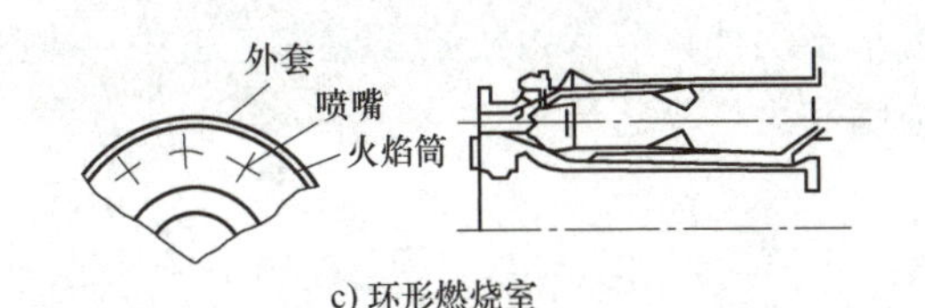

c) 环形燃烧室

图 4-18　三种基本形式燃烧室的结构示意图

由于单管燃烧室可以采用空气流量较小的气源进行试验研究，有利于进行设计调试，因此在早期的涡喷发动机中广泛采用。此外，单管燃烧室的模块化设计更易于更换和维护，降低了维护成本和时间成本。单管燃烧室的缺点是空间利用率较低、自身质量较大，且在传递涡轮和压气机壳体上的转矩时需要增加其他构件（如轴承机匣），这增加了额外的设计和制造成本。

单管燃烧室的最大优点是具有较强的抗变形能力，在运行过程中具有较长的使用寿命。此外，它的维护、检查和更换相对方便。然而，由于环形截面积的利用率较低，导致燃烧室内部存在较大的流动损失。在起动时，需要通过联焰管将火焰传递到不同的火焰筒中，导致高空熄火后再次起动相对困难。另外，该燃烧室的出口温度场分布不均匀，可能会对整个发动机系统造成不利影响。由于需要包裹火焰筒的结构材料较多，因此整个燃烧室的质量相对较大。

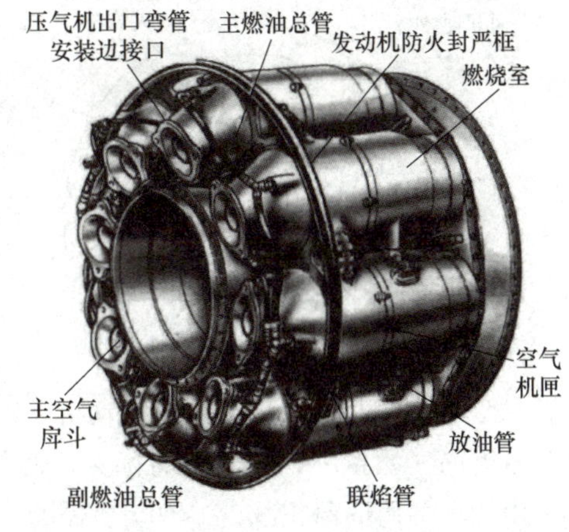

图 4-19　多个单管燃烧室

(2) 管环形燃烧室　管环形燃烧室布局结构如图 4-20 和图 4-21 所示。它由若干个单独的管形火焰筒沿周向均匀排列在外机匣和内机匣之间形成的环形腔组成，相邻火焰筒之间通过联焰管连接。在每个火焰筒前方安装有旋流器和喷嘴，通常只在 4 点钟和 8 点钟位置的火焰筒上装有点火装置。

这种燃烧室是从单管燃烧室到环形燃烧室之间的过渡形式。它的特点是相对于单管燃烧室来说，迎风面积要小一些，具备了单管燃烧室抗变形能力较强的特点。由于仍然需要依靠联焰管来传递火焰，因此其点火性能相对较差，但比单管燃烧室要好。燃烧室出口温度场分布不如环形燃烧室均匀，但在修理时，每个火焰筒都可以单独更换，因此维护更为方便。

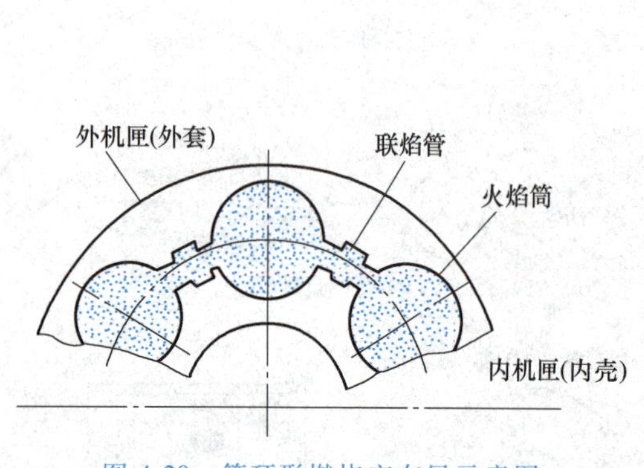

图 4-20　管环形燃烧室布局示意图

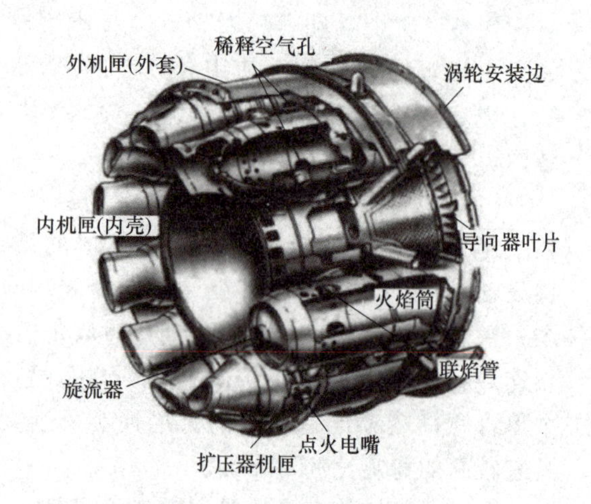

图 4-21　管环形燃烧室

（3）环形燃烧室　环形燃烧室如图 4-22 和图 4-23 所示，它由 4 个同心的圆筒构成。在燃烧室的外机匣和内机匣形成的腔道中，安装着环形的火焰筒。火焰筒的头部装有一圈燃油喷嘴和火焰稳定装置。

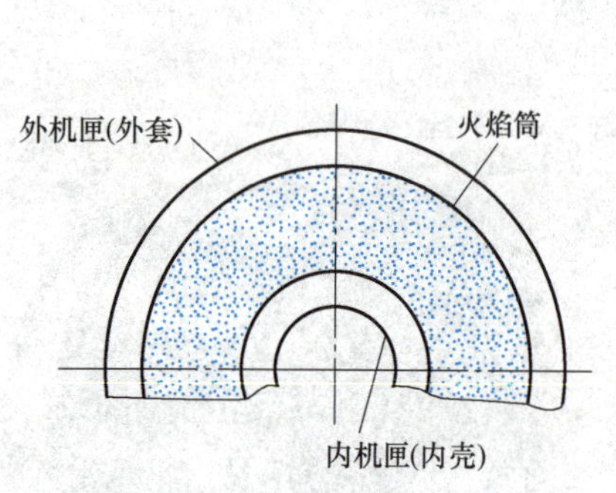

图 4-22　环形燃烧室布局示意图

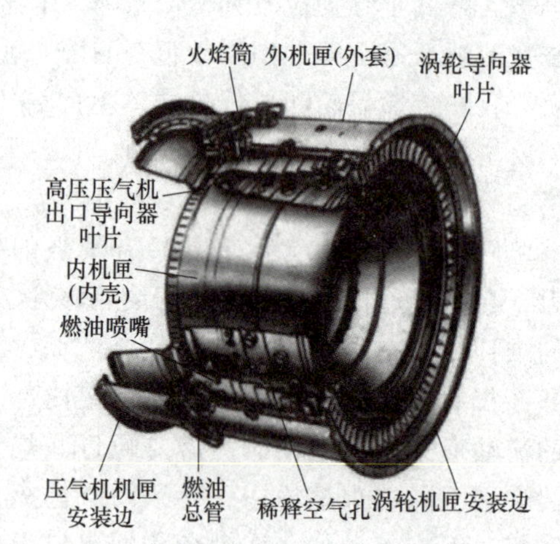

图 4-23　环形燃烧室

环形燃烧室是现代燃气涡轮发动机上最常用的一种，与之前介绍的两种燃烧室相比，它具有热效率高、质量小、长度短的优点。此外，该燃烧室的环形截面利用率最大，迎风面积最小。由于火焰筒的面积减少，冷却所需的冷却空气量也大大减少，从而提高了燃烧效率。因为只有一个火焰筒，所以不存在火焰传播问题。尽管具有上述优点，但环形燃烧室也存在明显的缺点：首先，由沿圆周均匀分布的离心喷嘴形成的燃油分布和环形通道的进气难以配合；其次，环形燃烧室的设计和调试相对困难，需要大型气源设备；此外，拆装和维护也较为复杂。

4.3.3　涡轮的基本构成与工作原理

涡轮位于燃烧室的后端，负责带动压气机和相关附件，进行旋转做功。类似于压气机，涡轮也可以根据气流流动方向是否与涡轮旋转轴轴线方向一致来分类，主要分为轴流式和向心式（径向内流式）两类。目前，航空燃气涡轮发动机主要采用轴流式涡轮。

1. 涡轮的基本构成

涡轮区别于压气机最大的特点在于涡轮是在高温条件下进行高速旋转，所处的工作环境极其恶劣。下面将围绕导向器与转子叶轮、涡轮转子连接结构、转子结构和静子结构分别展开介绍。

（1）导向器与转子叶轮　涡轮通常是多级的，由数个单级涡轮组成，每个级别的涡轮由导向器和转子叶轮组成，如图 4-24 所示。导向器由若干个导向叶片（或静子）构成，这些静子中的一部分是松动地安装在外环和内环之间的，在工作时由于高温膨胀而牢固地固定在位置上。导向器安装在转子叶轮的前面，保持固定位置。

（2）涡轮转子连接结构　涡轮转子由涡轮盘、涡轴、转子叶片和连接件组成。对涡轮转子的基本要求除了与压气机转子相同外，还需要特别注意零件在高温、高载荷下工作的特点。

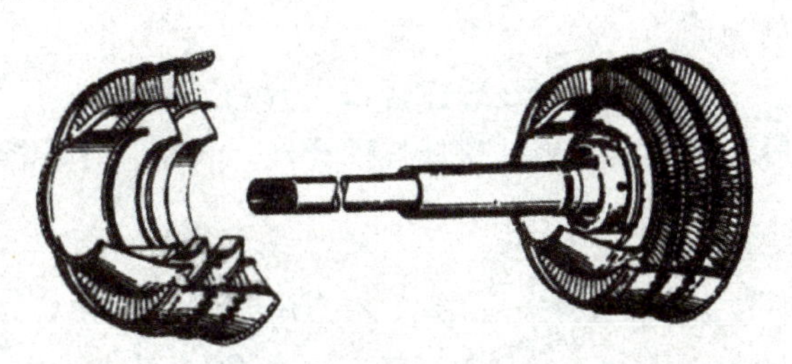

图 4-24　导向器与转子叶轮

鼓式转子在涡轮中不常见，多级涡轮中的转子多采用鼓盘混合式转子，因此转子的连接结构实际上是指盘轴及盘盘的连接结构。盘和轴的连接通常为不可拆式和可拆式两种。不可拆式盘轴连接通常有三种情况：销钉紧配合、焊接和整体结构。其中，焊接结构的材料利用率和毛坯锻造工艺都较为合理。然而，由于需要确保盘轴的同心度，并且考虑到所用材料的不同，因此对焊接工艺有着很高的要求，内部应力和焊接质量将成为可靠性的关键因素。因此焊缝位置必须设置在恰当的半径附近，壁厚较薄，且需要加强冷却和热节流。

在涡轮机匣采用整体式结构的发动机中，涡轮转子通常是可拆卸的。为了实现可拆卸的盘轴连接，通常会采用短螺栓或长螺栓连接件，使得连接的刚性和强度均受到较大的影响，局部受力情况变得更加复杂。

（3）转子结构　涡轮转子叶片的主要任务是将周向气动力传递给涡轮盘，从而产生动能，驱动涡轮盘旋转。这些叶片通常在高温的燃气环境中工作，尤其是在高压涡轮中更加显著。它们必须承受多种载荷和环境影响，包括高速旋转产生的离心力、气动载荷、热应力以及振动载荷。此外，它们还必须抵御燃气对其产生的腐蚀和氧化作用。因此，涡轮转子叶片是发动机中受力和受热最严重的零件之一。

转子叶片一般由叶身、中间叶根及榫头三部分组成。

涡轮转子叶片和压气机转子叶片相比，在结构上具有一些显著的差异。首先，涡轮转子叶片的叶身较厚，弯曲程度较大，并且截面积沿叶高的变化较为急剧。涡轮叶片分为不带冠和带冠两种类型，其中不带冠叶片常见于高速转子，而带冠叶片则常见于转速较低的转子。

如图 4-25 所示，不带冠的涡轮叶片设计使得在叶身顶端的排气边缘较薄，在某种振动情况下容易产生较大的交变应力。由于高温下材料的疲劳强度极限下降，因此在这一区域容易出现裂纹或断裂等故障。为了解决这个问题，常常采用在叶尖排气边缘处削减材料的方法，即所谓的“切角”。通过这种方式，可以改变涡轮叶片的自振频率，也称为“调频”。

为了避免叶片在发动机工作时发生危险的共振导致叶片断裂，规定了叶片的 1 阶弯曲振动固有频率为 1130～1190Hz。另外，为了避免由导向叶片引起的气流脉动导致叶片共振，规定了叶片的高阶频率应大于 9200Hz。

对于展弦比较大的先进涡轮叶片，通常采用带冠的设计。叶冠的形状可以是平行四边形或锯齿形，如图 4-26 和图 4-27 所示。

平行四边形叶冠的结构相对简单，易于装拆，但在装配时需要保持一定间隙。理想情况下，由于热膨胀等原因，这个间隙应该会在工作时消失，使得相邻叶冠互相依靠。由于制造误差和叶片、轮盘变形等因素的影响，实际中很难控制这个间隙，因此这种叶冠常常存在磨损不一致的问题。

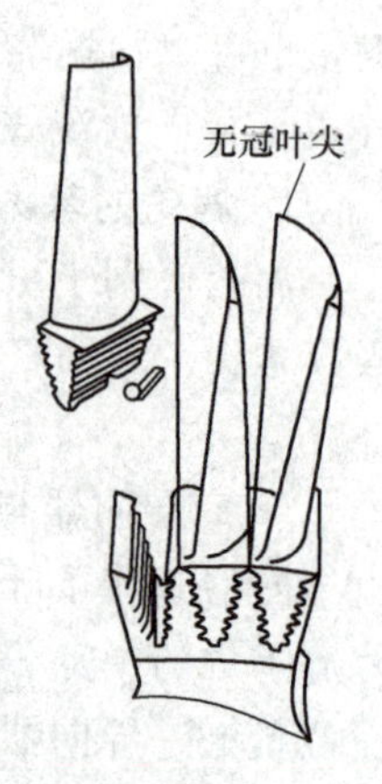

图 4-25　不带冠涡轮叶片叶身

锯齿形叶冠在装配时依靠预扭力压紧，由于叶片的扭曲变形，工作时紧度加大，因此减振效果较好。然而，在装拆时需要整环进行。

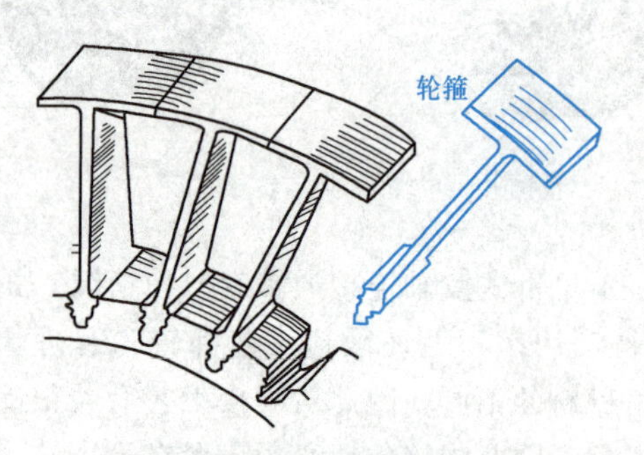

图 4-26　带冠的涡轮叶片

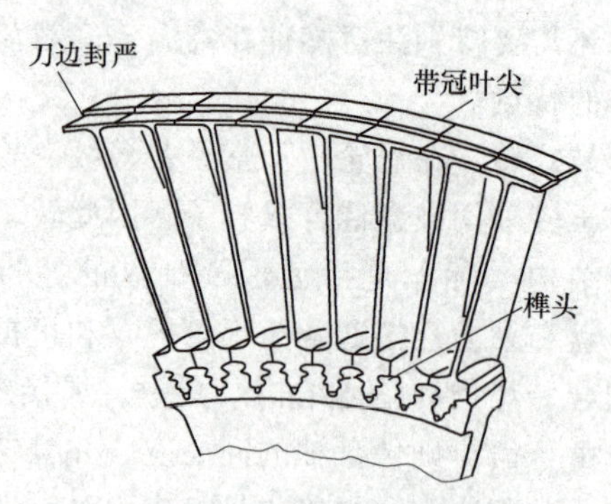

图 4-27　带锯齿形叶冠的叶片叶身

带冠叶片的缺点是叶冠较重，增加了叶身的离心拉伸应力，并且增加了轮盘的载荷。叶冠和叶身转接处易造成应力集中。为了减少叶冠离心力的影响，采用带冠叶片时，通常要求叶片尺寸较小，以减少叶尖叶型弦长，并增加叶片数，从而使叶冠的周向长度减小。

当叶片较短时，可以采用展弦比较小的叶片而不带冠。为了尽量减小叶尖和机匣的径向间隙，可以在叶尖处喷镀耐磨金属，与机匣上的易磨涂层相匹配，从而使叶片在机匣内壁磨出一道沟槽，减少轴向漏气量。

涡轮叶片的叶身和榫头之间通常存在一段横截面积较小的过渡段，称为中间叶根，如图 4-28 所示。

中间叶根的存在有助于减小榫头的应力分布不均匀性以及叶片对榫头的传热量，并且可以使盘缘避开高温区域。通常，在中间叶根处引入冷却空气进行冷却，将中间叶根作为冷却叶片的空气引口，这样可以大幅降低榫头和轮缘的温度，减小轮盘的热应力，从而减少轮盘的厚度，减小轮盘及整个转子的质量。

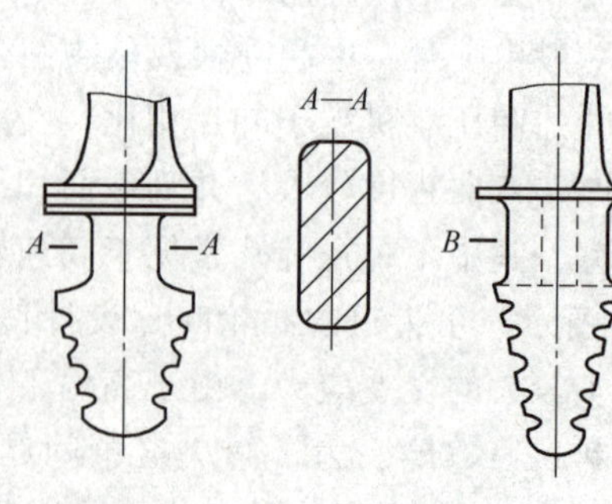

图 4-28　中间叶根

在某些未采用带冠叶片的结构中，常常在中间叶根处装配阻尼块，比如JT9D发动机的高压涡轮叶片中间叶根。当叶片受到激振力作用时，阻尼块与中间叶根之间会产生摩擦阻尼，从而减振。

涡轮转子叶片通常通过榫头和轮盘连接，榫头在发动机中承受着较大的载荷。由于榫头位于高温燃气环境中，材料的力学性能会受到明显降低，在使用过程中容易出现问题，因此其结构和强度设计至关重要。

现代航空发动机广泛采用的涡轮叶片榫头通常呈枞树形，在涡轮盘缘上加工有相应的榫槽。榫头和榫槽之间设有一定的间隙，这不仅使叶片易于拆卸，而且允许轮缘在受热后自由膨胀，减小了连接应力。如果有冷却空气流过此间隙，还可以起到冷却叶片和阻碍叶片向盘传热的作用。榫头的齿要经过精心设计和加工，以使工作载荷能够在每道齿之间均匀分配。枞树形榫头连接通常只起到径向定位作用，如图4-29所示，而轴向定位则需要采取其他措施。

如图4-30所示，高压涡轮转子叶片采用锁板实现轴向定位，在叶根平台下方和轮盘上都有卡槽，锁板嵌入卡槽中，从而阻止叶片的轴向移动。

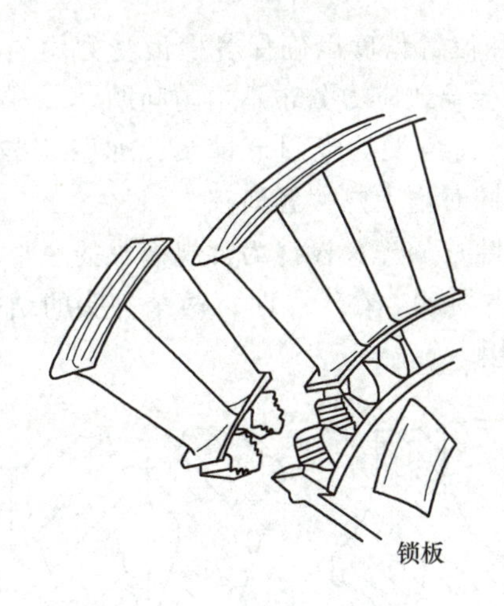

图4-29 枞树形榫头

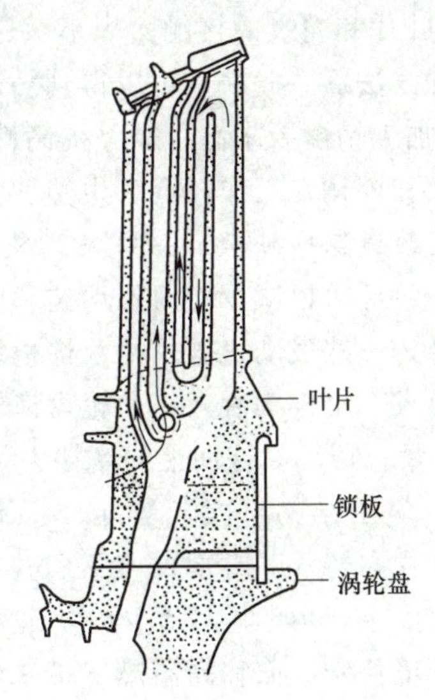

图4-30 RB211发动机高压涡轮转子叶片的轴向定位

榫头上的齿数通常取决于叶片受到的离心力大小和榫齿的结构形式。如图4-31所示，各对榫齿所受载荷的均匀分布取决于叶片榫头与轮盘榫槽的相对变形情况。因此，榫头间的刚度分布、材料的物理性能以及制造误差等因素都会影响各齿所受载荷的均匀性。一般而言，榫头上通常有2~6对榫齿。过多的榫齿不利于各齿间载荷的均匀分布。轮盘的榫槽通常由拉削制造，而叶片的榫头则由磨削或拉削制造。发动机的各级涡轮通常采用统一的榫头尺寸，以简化制造过程。

枞树形榫头在航空发动机中具有多项优点。

1）叶片榫头呈楔形，轮缘凸块呈倒楔形，从各截面承受拉伸应力的角度，材料利用合理，质量最小。

2）榫头在轮缘所占的周向尺寸较小，在轮盘上可以安装更多的叶片。

3）榫头插入榫槽时有一定的间隙，使轮缘受热后能自由膨胀，减小连接处的热应力。

4）装配间隙使得低转速时叶片可以在榫槽内相互移动，起到一定振动阻尼作用，并自动定心，减小离心力引起的附加弯矩。

5）可以增大叶片榫头和轮盘榫槽非支承表面之间的间隙，通入冷却空气，对榫头和轮缘进行冷却。

6）方便叶片的装拆和更换。

然而，枞树形榫头也存在一些缺点。

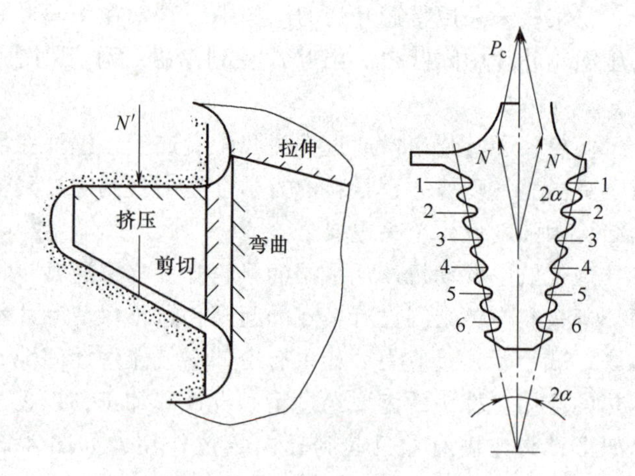

图 4-31　枞树形榫头受力情况分析

1）榫齿圆角半径小，容易导致应力集中和疲劳裂纹甚至折断等故障。

2）叶片和轮盘的接触面积小，热传导性差，使叶片上的热量不易散发。采用榫头装配间隙冷却方法后，此缺点可以得到一定改善。

3）加工精度要求高，需要提高榫齿的几何尺寸和位置精度以确保各榫齿受力均匀。此外，榫头和榫槽在工作时会产生塑性变形，加工误差会导致应力分布不均匀问题。

为了改进这些缺点，一些发动机采用了齿数少、圆角大的半圆形榫头，如图 4-32a 所示。这种设计可以减少应力不均匀和应力集中问题，同时增大热接触面积。

另外，一些发动机采用了双榫根结构，即将每个叶片的榫头设计为常规榫头的一半，一对叶片合成一个榫头装入一个轮盘榫槽中，如图 4-32b 所示。在工作时，两个榫头的结合面 A 相互压紧，振动时该面上的摩擦力可以起到减振作用。

（4）静子结构　涡轮静子体系包括了机匣以及导向器等关键部件，它们共同构成了涡轮段的主要力学承载系统。涡轮机匣因其工作环境特殊，面临高温燃气带来的极端冷热冲击，如果采用沿周向剖分为两个半圆环/半圆锥的设计，虽然能降低工艺难度，但会显著增加运行中变形和扭曲的风险。因此，涡轮机匣通常采用一体化的环形或锥形设计，确保其结构的整体性。机匣两端配置有安装边，前端与燃烧室机匣紧密相连，后端则衔接至涡轮排气机匣，连接过程中务必确保前后径向和周向的精确定位与固定。

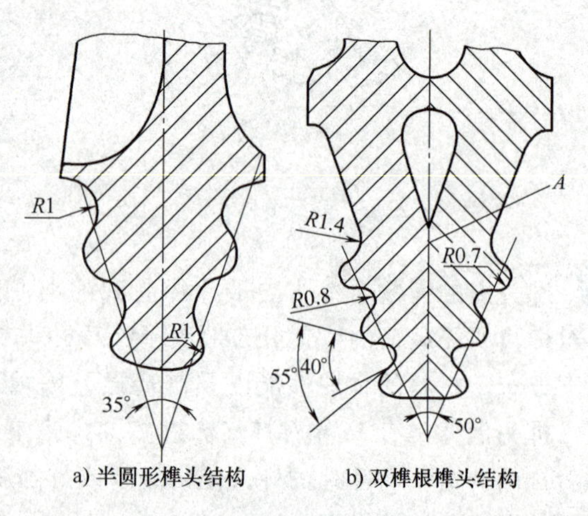

a) 半圆形榫头结构　b) 双榫根榫头结构

图 4-32　特殊枞树形榫头结构

涡轮机匣不仅需要具备足够的机械强度以抵抗燃气压力，还需要有效传递涡轮运转期间产生的轴向载荷和扭转力矩。此外，它还扮演着安全屏障的角色，在极端情况下，如涡轮叶片发生断裂时，机匣必须能够包容断裂碎片，防止其飞散引发额外的损害。

为了优化装配流程并兼顾维护需求，涡轮机匣常设计成沿轴向分段的结构，并借助精密螺栓实现牢固连接，如图 4-33 所示。

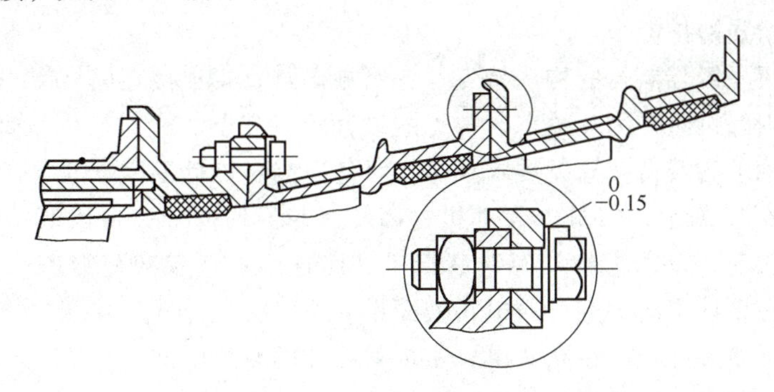

图 4-33 分段式涡轮机匣用精密螺栓连接结构

为确保转子与机匣保持良好的同心度，相邻机匣之间的连接必须具有高可靠性的径向和周向定位机制。普遍的做法是在安装边端面上嵌入数个非等距分布的精密定位销钉，使得机匣之间仅存在唯一正确的装配角度，随后再通过螺栓或螺钉紧固，这一过程如图 4-34 所示。

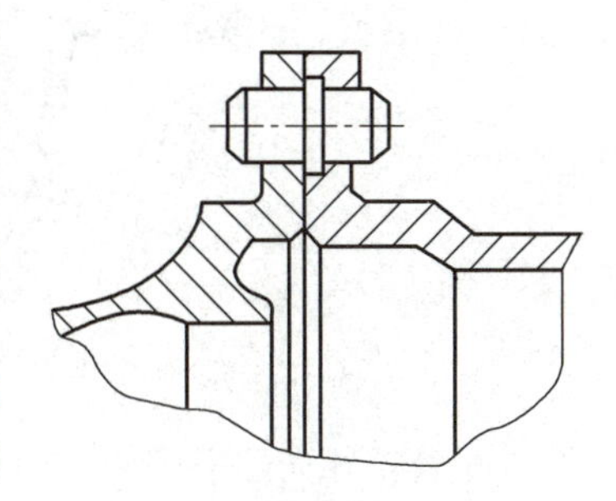

图 4-34 涡轮机匣用销钉定心

针对装配严密性与密封性能的需求，涡轮机匣安装边上的螺栓数量及其分布密度至关重要。一般而言，螺栓间距与螺栓直径的比例控制在 6~8；而在对密封要求极高的区域，该比例可能会降至 2.5 左右。鉴于机匣安装边内外表面可能存在的较大温差，为了减小热应力效应，可在各螺栓孔之间的区域适当铣削材料，这既有助于降低热应力集中，又能减小机匣质量，具体实施效果如图 4-35 所示。

涡轮导向器是由内环、外环及一系列导向叶片构成的关键部件。这些叶片之间的通道呈现出收敛形状，其主要功能在于引导经过燃烧室的高温燃气在流动过程中发生膨胀，将部分热能转化为动能，并对气流方向进行有效校正，以满足涡轮转子对进气流角度的严格要求。

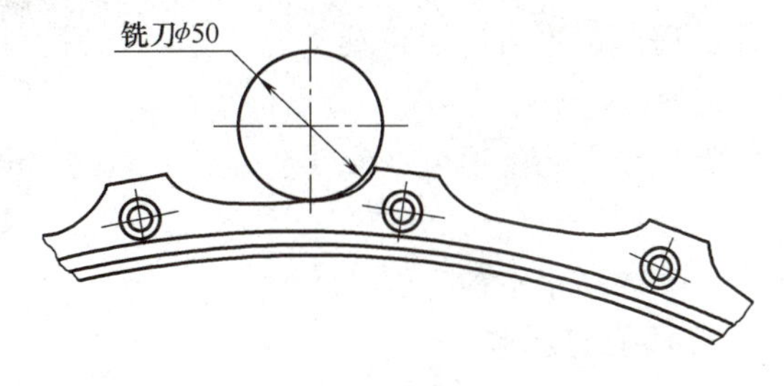

图 4-35 安装边结构

涡轮导向器的工作环境极其苛刻。首当其冲的第一级导向器紧邻燃烧室出口，承受着高温且分布不均匀的燃气流直接冲击，叶片最易受到高温烧蚀影响。燃气中的高温、氧和硫化合物对叶片表面造成严重的氧化和腐蚀侵害，加之巨大的热应力以及冷热循环导致的疲劳效应，使得导向叶片非常容易出现疲劳裂纹。此外，叶片还需要抵抗燃气产生的气动力以及气流脉动引起的振动载荷。因此，对导向器的材料选择、结构设计、冷却系统构建以及表面防护技术等方面提出了严格的要求。

导向叶片普遍采用耐高温合金制造，一级导向叶片的材料选用通常代表了整个发动机中对耐高温性能的最高要求。为了提升涡轮入口燃气总温和减轻叶片各部位因温差产生的热应力，导向叶片设计常采用空心结构并内置冷却通道。鉴于耐高温合金的硬度较大，给机械加工带来挑战，故叶片多采用精密铸造工艺制造，并经抛光处理。部分发动机还会在叶片表面涂覆隔热涂层以增强防护能力。

以下重点介绍一级导向器的构造特点。一级导向器直接连接在燃烧室排气口，其内外环通常依托燃烧室内外机匣作为支撑点，常见的设计为双支点形式，有些发动机甚至需要通过此处传递涡轮前轴承的载荷，这就要求在结构设计上妥善处理固定承载与适应部件热膨胀之间的矛盾。如图 4-36 所示，CFM56 发动机的高压涡轮导向叶片以每组两个叶片的形式通过内、外平台钎焊相连，以减少叶片间泄漏损失，而这种焊接仅部分穿透，便于在大修时拆解。叶片内部精心设计了冷却空气通道，表面设有出气孔，冷气从叶冠和叶根平台处的进口进入叶片内部，再通过叶身的小孔逸出，实现对叶片的有效冷却。

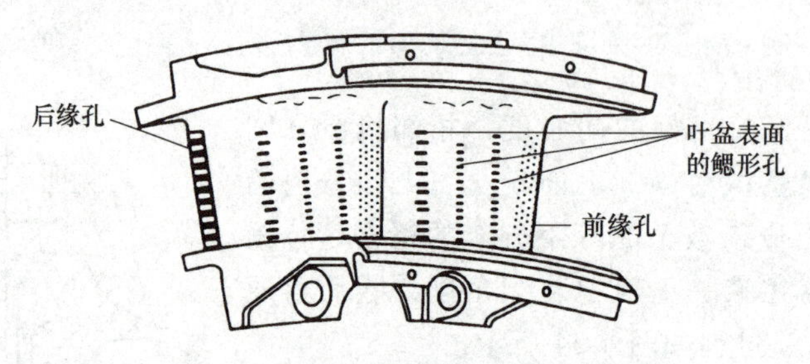

图 4-36　CFM56 涡轮导向叶片

装配涡轮导向器静子叶片时，须充分考虑两方面的因素：一是叶片受热后的自然膨胀；二是运行中叶片承受的轴向气动力和扭转气动力。对于一级导向叶片而言，其安装不仅通过叶冠平台，还可以通过叶根平台进行固定。后续导向叶片位于两转子中间，则只能依靠叶冠平台安装。常见的安装方式包括挂钩式连接和螺栓固定连接。

挂钩式连接广泛应用于各类涡轮导向叶片，特别是在低压涡轮中。叶片叶冠平台通常加工有安装边缘和凸缘，与机匣内预设的安装槽（卡槽）配合。安装时，将凸缘嵌入卡槽内，叶片的周向位置通过定位销进行固定，而静子叶片的叶根平台则与封严环连接在一起，如图 4-37 所示。

螺栓固定法则是另一种安装方式，即在导向叶片的叶冠平台或叶根平台的安装边缘开设螺栓孔，通过螺栓将其牢牢地固定在静子上。图 4-38 所示为 V2500 发动机高压涡轮第一级导向叶片的固定结构实例。

2. 涡轮的基本类型

和压气机一样，涡轮也可以根据气体流动方向是否与涡轮旋转轴轴线方向大体一致来分类，主要分为轴流式和向心式（径向内流式）两类，如图 4-39 所示。目前，航空燃气涡轮发动机主要采用轴流式涡轮。

根据气流在涡轮叶栅通道内的落压原理，轴流式涡轮可分为冲击式、反力式、冲击-反力式三种类型。

冲击式涡轮如图 4-40a 所示。推动涡轮旋转的转矩主要由于气流方向改变而产生，因此，涡轮导向器内叶片间的流动通道是收敛形的。在涡轮导向器通道内，燃气流速增加，压力下降；而在转子叶轮叶片通道内，相对速度保持不变，只改变气流的流动方向。冲击式涡轮的转子叶片特征是前缘和后缘较薄，而中间较厚。

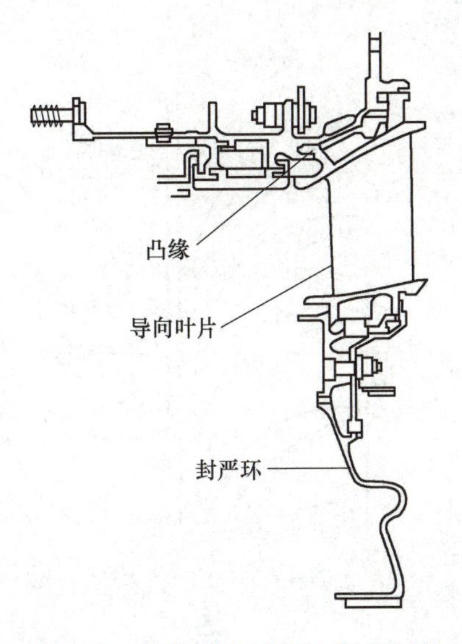

图 4-37 涡轮导向叶片挂钩式连接

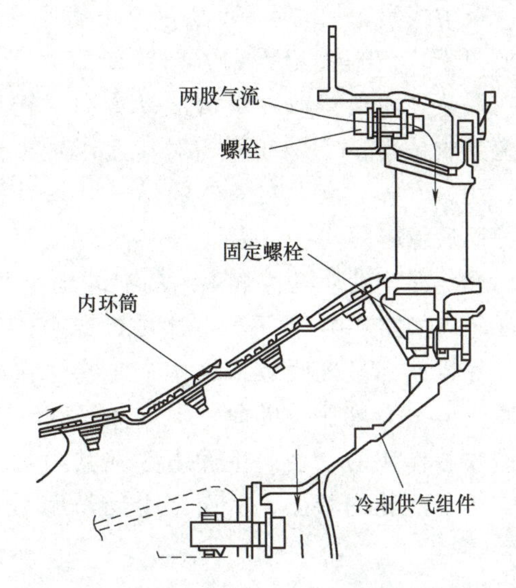

图 4-38 螺栓固定的 V2500 涡轮导向器结构

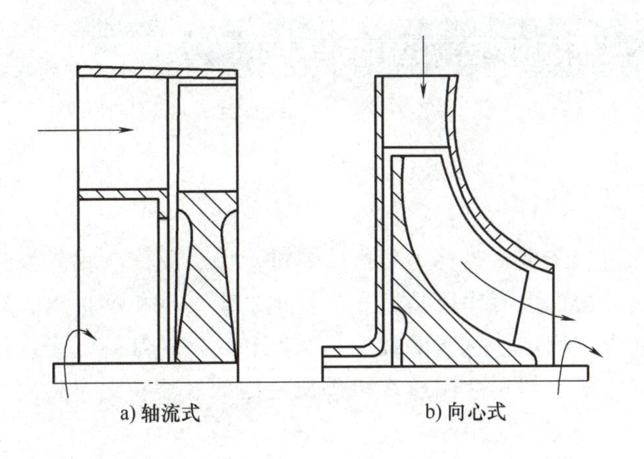

图 4-39 轴流式和向心式涡轮

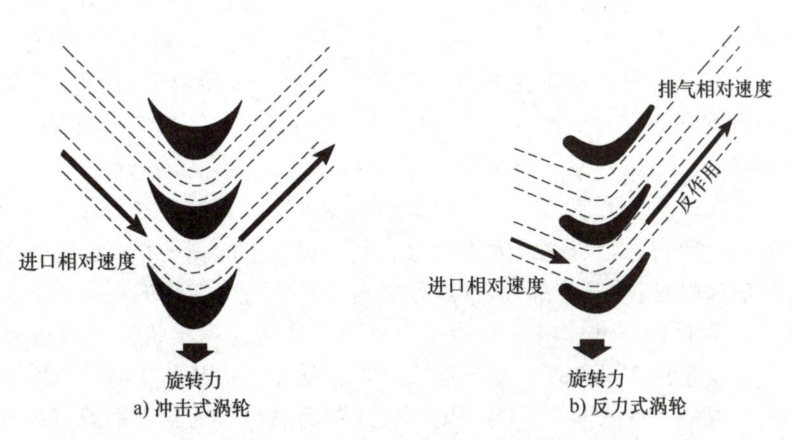

图 4-40 冲击式和反力式涡轮

反力式涡轮如图 4-40b 所示。推动涡轮旋转的转矩主要由于气流速度增大和方向改变而产生，因此，燃气在涡轮导向器内改变气流流动方向，转子叶片间的通道是收敛形的。燃气的相对速度增加，流动方向改变，压力下降。反力式涡轮的转子叶片特征是前缘较厚，而后缘较薄。

燃气涡轮发动机通常采用的涡轮类型是冲击-反力式涡轮，如图 4-41 所示。在这种设计中，导向器和涡轮叶片通道都呈现收敛形结构，使气体在导向器和转子叶轮内都会膨胀。因此，当气体受到导向器静子叶片的收敛作用时，会产生冲击并在其内加速流动，然后在转子叶轮内膨胀，从而产生反作用力，推动涡轮旋转。

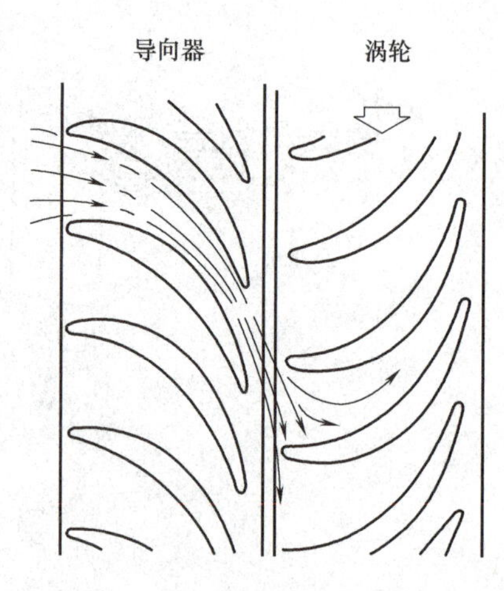

图 4-41　冲击-反力式涡轮

4.4 加力燃烧室和喷管的构造原理

4.4.1 加力燃烧室

航空发动机的加力燃烧室，也称为复燃室或补燃室，是燃气涡轮发动机中的一个关键部件，位于涡轮或风扇后端，主要作用是进一步增加航空发动机的推力，利用此处燃气中的剩余氧气重新喷入燃油进行燃烧，达到增加燃气温度和喷气速度的效果。加力燃烧室一般应用于战斗机、超声速轰炸机、超声速民航客机等所使用的涡喷及涡扇发动机，是此类飞机能突破声速的主要手段。

1. 加力燃烧室作用

加力燃烧室的概念最初出现于第二次世界大战后期，当时设计师希望提高飞机的最高速度和爬升率。1944 年，瑞典首次在 J21RA 飞机上使用加力燃烧室。到了 20 世纪 50 年代，加力燃烧室开始广泛应用在军用喷气战斗机中。例如，美国的 F-84 和 F-86 战斗机都装备了加力燃烧室，大幅提升了飞机的加速性能。随后，技术进步使得加力燃烧室更加高效和可靠，并成为战斗机航发的标准配置，如 F-104、F-111 和 F-15 等战斗机都采用了此项技术。带加力燃烧室的涡扇发动机典型结构如图 4-42 所示。

加力燃烧一般在发动机低压涡轮后、喷管前的加力燃烧室内完成。其工作原理是增加发动机外部热量输入，即在主燃烧室最大工况点，利用燃气中的剩余氧气，额外喷射燃料实现二次燃烧，从而提高喷管排气总温。从推进性能角度看，加力燃烧的根本目的就是以牺牲比冲（燃油经济性）为代价，迅速增大发动机推重比，从而使发动机获得高速性能，进而确保战斗机、导弹或高超声速飞行器在短距起飞、近距格斗、追敌、突防、末端机动或逃逸时获取速度上的短暂优势。一般而言，涡喷发动机在加力燃烧时的最大推力可达到不开加力时的 1.5 倍左右，涡扇发动机则可达 1.6~1.7 倍甚至更高。

可以说，加力燃烧室的发展过程就是一个不断追求提高加力温度、提高燃烧效率和燃烧稳定性、减少流体损失、减小质量、提高可靠性和响应能力的过程。从 20 世纪 60 年代至今，涡扇发动机加力燃烧室的容热强度提高了 1 倍以上，即在压力和加热量相同的条件下，加力燃烧室的体积缩小了一半。

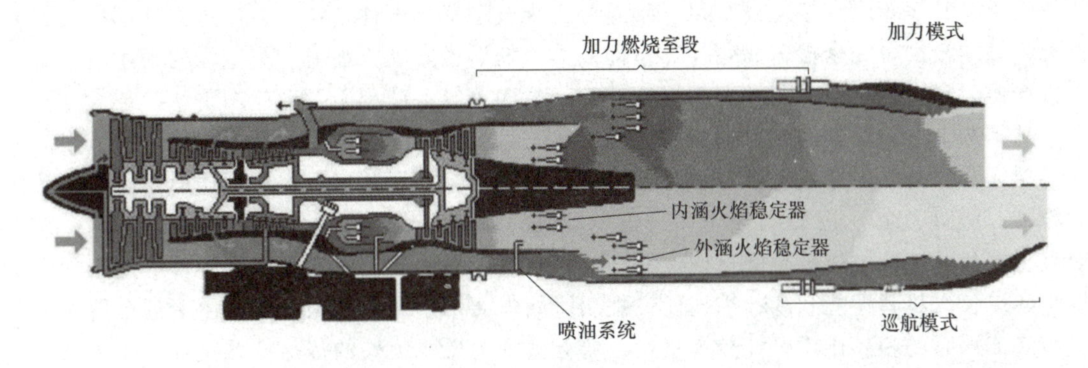

图 4-42　带加力燃烧室的涡扇发动机典型结构

2. 加力燃烧室的主要零部件

加力燃烧室由扩压器、喷油系统、点火装置和火焰稳定器等部件组成。

（1）扩压器　加力燃烧室进口燃气流速高达 400m/s 左右，为了适当降低燃烧区域的气流速度，在加力燃烧室进口部分安装有扩压器，扩压器由内外壁和整流支板组成，内外壁组成扩压通道，整流支板可消除涡轮出口气流的扭转流动，使气体流速降到 150m/s 左右。

（2）喷油系统　加力燃烧室的供油量大，喷嘴数目多，而且由于来流温度高，对雾化有利，所以除了少数加力燃烧室采用离心式喷嘴外，较多的是采用结构简单的直射式喷嘴。直射式喷嘴都是迎着气流的方向喷油，这样可增加油与气的相对运动速度，有利于改善混气的形成。

（3）点火装置　点火装置一般都安装在涡轮后的锥体内，该锥体称为预燃室。预燃室从主燃烧室的油路中引入燃油，同时引入压气机出口的空气，二者混合形成混气点燃后形成稳定燃烧的火焰，用以引燃加力燃烧室中的混气。

（4）火焰稳定器　在加力燃烧室工作时需要将燃气中的大部分氧气燃烧掉，所以在结构上不再像主燃烧室那样设置火焰筒，而是在加力燃烧室的主气流中设置火焰稳定器。火焰稳定器有 V 形火焰稳定器、沙丘式火焰稳定器等几类，其中沙丘式火焰稳定器（图 4-43）是由我国所独创，具有稳定性能好，流动阻力小，燃烧效率高等优点，可以在较高速度的气流中使火焰稳定燃烧。

图 4-43　沙丘式火焰稳定器

3. 加力燃烧室一体化技术

加力燃烧室一体化设计并不是一个新提出的概念，而是航空发动机减少零件数、减小质量、降低内外涵通道流动损失、改善飞行器隐身性能的必然发展方向。GE 公司研制的 YF120、F110 EFE 发动机初步实现了支板—混合器—稳定器—喷油杆的一体化设计，其中主要包括支板与喷油支杆一体化和菊花形混合器与径向环形稳定器的一体化。普惠公司则采用了涡轮后框架一体化的设计方案，是目前一体化程度最高的加力燃烧方案。

值得注意的是，普惠公司的涡轮后框架一体化设计方案还充分考虑了飞行器尾部隐身性能的需求。其涡轮后支板通过弯扭、倾斜等三维气动优化设计，在不造成过大气动损失的前提下，轴向投影可完全覆盖涡轮叶片，即从喷管处射入发动机加力燃烧室段的雷达波，将不会直接照射到雷达反射面积较大的涡轮叶片，从而大幅度减小了发动机的雷达特征。

从结构上看，这类涡轮后框架一体化方案是目前一体化程度最高的加力燃烧室方案。相比各单元分体的加力燃烧室具有显著的轻量化优势，且外涵道气流主要用于后台阶和隔热屏的冷却，能对 F119、F135 等隐身飞行器发动机的喷管起到较大的红外特性抑制作用，支板对涡轮叶片的遮蔽也能改善雷达回波特征。但将涡轮后框架尤其是支板结构件应用于加力燃烧室热端，对材料性能和冷却结构设计提出了新的要求。从气动角度看，由于后台阶涡系与支板绕流涡系的相互作用机理较为复杂，将导致加力燃烧火焰的传播扩散机理趋于复杂，这对于加力燃烧室的整体设计具有较大的挑战性。

4.4.2 喷管

发动机排气装置一般包括喷管、消声装置和反推装置等。喷管是发动机必不可少的部件，其他部件则根据发动机和飞机的需要进行设计或安装。

1. 喷管的作用和工作原理

超机动性、隐身、超视距打击和超声速巡航等是当前先进战机的几个主要标准，而其中的超机动性、超声速和隐身三者都与喷管息息相关。早期的喷气式战机多是亚声速或低超声速的，因此可以采用纯收敛形喷管。为了适用于超声速飞行，出现了收敛-扩张型喷管，先收敛让亚声速气体膨胀加速，到了声速以后再扩张让超声速气体继续膨胀加速。

喷管的形式、喉道面积和出口面积必须和发动机流量、压比相匹配。发动机在工作时提供给喷管的空气流量和压强并不是固定值，往往跟随工作状态不断发生变化，因此有必要对喷管的喉道面积和出口面积不断进行调节，可调喷管也应运而生。

喷管安装在涡轮后面，作为发动机的一个重要部件，主要功用为：①将从涡轮流出的燃气膨胀加速，将燃气一部分热能转变为动能，提高燃气速度，产生反推力；②通过反推装置改变喷气方向，使向后的喷气变为向斜前方的喷气，产生反推力；③设计特殊结构，减少发动机噪声；④通过调节喷管的临界面积改变发动机工作状态。

2. 喷管的分类

喷管可按照不同属性分类，如亚声速喷管和超声速喷管、二维矢量喷管和三维矢量喷管、固定或可调收敛形喷管等。

（1）亚声速喷管　亚声速喷管是收敛形的管道，喷管主要由排气管（中介管）和喷口组成，排气管包括壳体、后整流锥和支板三个部分。排气管安装在涡轮的后面，其作用是为燃气提供一个流动通道并使燃气减速，以减少流动过程的能量损失。后整流锥使气流通道由环形逐渐变为圆形，以减小燃气的涡流；支板迫使方向偏斜的气流变为轴向流动，以减小流动损失。除涡轴发动机的排气管外，亚声速发动机的喷口都是收敛形管道，使燃气加速，以获得较大的推力。在排气管内燃气减速增压，在喷口内燃气加速降压。

(2) 超声速喷管　超声速飞机所使用的发动机，其燃气在喷管中膨胀比可达 10~20，如果仍只使用收敛形亚声速喷管，则燃气不完全膨胀所造成的推力损失将很大。据估计，当飞行速度为 *Ma*1.5 时，收敛喷管造成的推力损失为 10%；当飞行速度为 *Ma*3 时，收敛喷管造成的推力损失为 50%。因此，当飞行速度>*Ma*1.5 时，为保证燃气能充分膨胀，减少推力损失，发动机均采用收敛-扩张的可调超声速喷管。

3. 推力矢量技术

推力矢量控制（TVC）是一种依靠喷管变换推力方向，使飞机直接获得转向控制力矩的技术，可极大地增强战斗机的作战效能和机动性。TVC 的出现使喷气式战斗机具有了前所未有的机动性和敏捷性，同时也获得了能够以更短滑跑距离起飞的短距起飞能力。TVC 的引入可以部分替代飞机气动舵的作用，未来甚至可能完全取代气动舵，从而降低飞机气动阻力，减小飞机质量。因此，TVC 毫无疑问是一种先进的喷气战斗机控制技术。

矢量喷管作为 TVC 的执行装置，其技术难度不仅在于精细巧妙的运动机构设计（以在有限的外廓和内部气流通道限制下实现通道尺寸调节和方向变换的复杂功能），还在于这样复杂的运动机构要在喷气发动机排出的高温燃气流的冲刷下长时间可靠工作，这对结构寿命和可靠性提出了极高的挑战。

4.5　其他关键分系统的构造原理

4.5.1　进气道

航空发动机进气道的作用是引导外界空气进入压气机，为燃烧过程提供所需的氧气。对进气道的要求是使气流流经进气道时具有尽可能小的流动损失，并使气流在进气道出口处（压气机进口处）具有尽可能均匀的气体流场。

1. 进气道的作用和设计要求

进气道不仅供给发动机一定流量的空气，而且进气流场要保证压气机和燃烧室正常工作。涡喷发动机压气机进口流速约为 *Ma*0.4，对流场的不均匀性有严格限制。在飞行中，进气道要实现高速气流的减速增压，将气流的动能转变为压力能。随着飞行速度的增加，进气道的增压作用越来越大，在超声速飞行时的增压作用可大大超过压气机，所以超声速飞机进气道对提高飞行性能有重要的作用。

进气道前方气流的速度是由飞机的飞行速度决定的，而进气道出口的气流速度是由发动机的工作状态决定的，一般情况下两者是不相等的，进气道要在任何情况下满足气流速度的转变。进气道进出口气流状态瞬息万变，而进气道的形状不可能随着变化。因此，空气流经进气道时产生的流动损失是不可避免的，设计进气道时应该尽可能减小气流的总压损失。对进气道最基本的性能要求是：飞机在任何飞行状态以及发动机在任何工作状态下，进气道都能以最小的总压损失满足发动机对空气流量的要求。

2. 进气道的分类和气动特点

(1) 亚声速进气道　目前现役民航飞机均属于亚声速飞机，发动机大多采用扩张形的亚声速进气道。亚声速进气道的设计通常较为简单，因为它们不需要处理超声速飞行中产生的复杂激波结构。这些进气道的设计重点在于优化气流的压缩和减速过程，以适应亚声速飞行的条件。亚声速进气道的气动特点是高流量系数、高总压恢复系数和低阻力。

（2）超声速进气道　超声速进气道是专为超声速飞行的飞机设计的进气系统，它能够适应飞行速度大于声速的飞行条件。在超声速飞行时，飞机前方的空气会被压缩形成激波，这些激波会影响空气流动，从而影响发动机的性能。超声速进气道的设计目标是有效地捕获和压缩这些高速气流，以提供给发动机所需的空气，同时尽量减少阻力，提高总压恢复系数（出口总压/进口总压）。超声速进气道的气动特点是在超声速飞行时保持高效率，控制激波位置和形状，以及减少出口气流的畸变。

超声速气流先在收敛形通道内减速扩压，直到最小截面处，即进气道的“喉部”，气流达到声速。气流在“喉部”产生正激波，气流经过正激波后，变为亚声速，之后进入扩张通道，进一步减速扩压，这样到了压气机进口，气流速度就比较低了。

3. 常见的进气道类型

（1）皮托管进气道　皮托管进气道是亚声速进气道的一种，其结构简单、质量小，主要特点是能够有效地在低速飞行时引导空气进入发动机。这种进气道在亚声速条件下具有良好的性能，但在超声速飞行时，由于激波阻力的增加，其效率会显著下降。因此，皮托管进气道主要适用于飞行速度低于声速的飞机，如民航客机和一些亚声速战斗机。

（2）轴对称进气道　这种进气道通常指的是圆形、半圆形、四分之一圆形进气道，它与亚声速进气道类似，但是它有一个中心锥面的预压缩面，中心锥的位置是可以调节的，以适应不同速度下的进气量要求，提高进气效率，使发动机始终在最佳状态下工作，满足飞机的飞行需要。由于安装了中心锥，在低速，尤其是起飞阶段进气量不足，所以采用这种进气道的飞机一般在进气口后方开有一个或多个辅助进气口。这种进气道一般用在速度 $Ma2.2$ 以下的飞机。

（3）二维可调进气道　二维可调进气道是一种设计用于超声速飞机的进气系统，它能够在二维平面上调节其几何形状，优化空气流量和压力恢复，同时减少阻力，以适应不同的飞行速度和高度。二维可调进气道适用于需要在超声速条件下执行机动飞行任务的军用飞机，如战斗机、截击机等。这些飞机在执行空中格斗、拦截任务或高速侦察时，需要在不同的飞行速度下进气道始终保持高效工作。

（4）加莱特进气道　加莱特进气道是一种用于超声速飞机的进气系统。这种进气道的特点是在进气道的进口上侧和内侧都有前缘后掠的压缩斜板，这些斜板有助于在二维平面上产生激波，从而压缩和减速进入发动机的气流。加莱特进气道能够在起飞、亚声速和超声速阶段都有良好的进气性能。另外，这种进气道的设计考虑了降低雷达面积（RCS）的需求，有助于提高飞机的隐身性能。

（5）无附面层隔道超声速进气道　无附面层隔道超声速进气道（Diverless Supersonic Inlet，DSI），是一种创新的飞机进气设计。DSI 的三维外形设计难度很大，鼓包的大小、形状、位置需要兼顾到飞行包线范围内不同速度、俯仰/偏转角下的进气效率，研制过程除了需要大量的 CFD（计算流体动力学）模拟计算，还需要大量的风洞试验，代表了空气动力学的最高造诣。DSI 能显著减小超声速飞机进气道的质量（100kg 左右），对于以克为计量的战斗机轻量化而言非常可观。DSI 常被应用于当代先进战斗机，如歼-20、F-35 等，这些飞机需要在超声速条件下保持低可探测性，同时具备高性能的飞行能力。

4.5.2　燃油控制系统

燃油控制系统是航空发动机的关键组成部分，其安全性对于发动机的正常运行有着重大影响，它需要在各种工作状态下向发动机供应燃油，自动调节供应发动机主燃烧室和加力燃烧室中的油量。

1. 燃油控制系统的作用

航空发动机燃油控制系统的作用是确保发动机在不同运行阶段（如起飞、巡航、着陆等）以及不同环境条件（如高度、温度、湿度等）下能够提供所需的燃料供应，以保证发动机的性能、效率和安全性。具体来说，燃油控制系统的功能包括：

（1）燃油供给调节　控制燃油流量和压力，以满足发动机所需的燃烧需求。这涉及调节喷嘴的启闭、调节燃油泵的工作压力等。

（2）混合气配比控制　确保燃油和空气的混合比例在理想范围内，以实现高效的燃烧并最大程度减少污染排放。

（3）燃油分配与供应　在多发动机飞机中，确保各个发动机都能得到适当的燃油供应，以维持飞行的平衡和稳定。

（4）响应性调节　根据飞行员的指令、飞机状态以及环境条件的变化，及时调整燃油供给，以满足发动机性能的要求。

（5）自动化控制　通过自动控制系统，监测和调整燃油供给，以保证发动机在各种操作条件下的稳定性和安全性。

总的来说，燃油控制系统的作用是优化燃料的使用，提高发动机的性能和效率，确保飞机在不同飞行阶段和环境条件下的安全飞行。

2. 燃油控制系统的分类

根据技术特点和控制方式，航空发动机控制系统可分为液压机械式、监控型电子式和全权限数字式电子控制（FADEC）三类。

（1）液压机械式控制系统　液压机械式控制系统是较早期的发动机控制系统，其控制机构主要依赖于液压系统和机械连接。通常使用液压作动器和机械连杆来控制燃油流量、喷嘴启闭以及其他相关功能。飞行员通过驾驶舱内的机械控制杆来调整发动机参数，这些控制输入通过连接机构传递到发动机上的液压作动器，从而调整燃油供给、喷嘴的工作状态等。这种系统的控制相对简单，但对不同飞行阶段和环境条件的适应性较差，通常需要飞行员进行较多的手动调节。

（2）监控型电子式控制系统　监控型电子式控制系统在液压机械式的基础上引入了电子监控与反馈功能，以提高系统的精度和稳定性。这种系统通常由传感器、执行器和电子控制单元组成。传感器监测发动机的各种参数（如温度、压力、转速等）并将数据反馈给电子控制单元，控制单元根据预设的算法和逻辑来调节燃油供给、喷嘴的工作状态等。这种系统具有一定程度的自适应能力，可以根据环境条件和飞行需求自动调整发动机控制参数。

（3）FADEC 系统　FADEC 作为一种先进的发动机控制技术，它完全基于数字式电子系统实现对发动机的控制和监测。FADEC 集成了传感器、执行器和先进的电子控制单元，可以实现高度精确的控制和自适应调节。FADEC 系统通过大量的传感器监测发动机的各种参数，并利用先进的算法和逻辑来实现对燃油供给、点火时机、涡轮增压器的控制等，可根据发动机状态、飞行条件和飞行任务自动调整参数，以保证最佳的性能和燃油效率。

总的来说，随着技术的进步，航空发动机控制系统由简单的液压机械式逐步发展到了更加先进的数字式电子控制系统，从而实现对发动机更精确、更可靠的控制。

3. 燃油控制系统的组成

（1）液压泵　燃油系统的液压泵常用容积泵和离心泵，其中容积泵包括齿轮泵和柱塞泵。齿轮泵的工作容积不可调，流量和转速有一一对应关系。当转速不变时，供油量通过旁通回油节流调节。柱塞泵主要包括转子、柱塞、斜盘、分油盘、调节活塞和转轴。柱塞泵的供油量取决于每个柱塞做一次往复运动时柱塞腔工作容积的变化量。斜盘的角度可影响柱塞的行程，适当地增大斜盘角度，可在不增加泵的质量的情况下，增加泵的供油量。柱塞泵的主要缺点是结构复杂、尺寸和质量相对较大、对制造和使用条件要求都较高，且容易出现故障。在发动机上，柱塞泵可被用作高压泵。

离心泵主要包括进油装置、转子叶轮和出口装置。与齿轮泵、柱塞泵不同，离心泵具备增压能力，不用依靠泵出口系统来建立压力。离心泵的主要优点是尺寸小，质量小，结构简单；缺点是效率低，低转速时压力低，对抗汽蚀性能要求高。离心泵在发动机燃油系统中常被用作低压泵，用来保证高压泵进口的压力。

（2）油滤　油滤的作用就是防止燃油中的杂质进入发动机燃油系统而造成油路堵塞和部件磨损。燃油系统一般有两个油滤，一个是细油滤，另一个是粗油滤。细油滤一般在发动机燃油系统的起始位置，以阻止杂质进入燃油系统，所以也叫低压油滤。粗油滤一般在燃油进入喷嘴之前，以防止细油滤下游的一些部件损坏后造成喷嘴堵塞，起保护作用，也称作高压油滤。

细油滤一般是一次性油滤，定期更换或堵塞后进行更换，带有旁通阀和堵塞指示装置。而粗油滤一般是金属滤网式结构，可进行超声波清洗，重复使用。

（3）燃油控制器　燃油控制器是系统的核心部件，驾驶员通过驾驶舱内的节气门杆来调节发动机的供油量，控制发动机在加、减速和稳态时功率的大小。在现代发动机中，燃油控制器是燃油计量组件，受控于发动机电子控制器（EEC）。

4.5.3　起动点火系统

为了保证航空发动机能顺利起动，需要起动系统和点火系统相互协调工作。

1. 起动系统作用

起动系统的作用是使发动机从静止状态过渡到稳定的慢车工作状态，起动机通过附件齿轮箱来带动发动机转子转动（附件齿轮箱是发动机转子与起动机、发动机等附件设备之间的一套齿轮传动机构）。压气机转动后，空气由此吸入发动机；当转速达到一定值时，燃油系统开始供油，使进入燃烧室的空气与喷嘴喷出的燃油混合，生成油气混合物；点火系统点燃此混合物，燃烧产生的高温、高压燃气带动涡轮转动。至此，压气机在起动机和涡轮的共同带动下不断加速。当转速达到一定值时，起动机退出工作，涡轮自己带动发动机转子加速到慢车状态，从而完成起动过程。起动过程中，起动、点火两个系统共同工作，相互配合。

发动机的起动过程是由发动机控制系统自动控制的，起动、点火按顺序配合工作。发动机的起动过程可分三个阶段。

第一阶段是从起动机转动开始到燃油系统供油、点火系统点火、涡轮开始发出功率为止。在这一阶段，发动机完全靠起动机带动，转子加速所需的功率完全由起动机提供。

第二阶段是从涡轮产生功率到起动机脱开。在这一阶段，转子加速的功率由起动机和涡轮共同提供。

第三阶段是自起动机脱开到慢车状态。这一阶段发动机靠涡轮功率加速，转子加速到慢车状态。到慢车转速时，剩余功率为零，转子稳定在慢车转速。

第一阶段是点燃之前，第二阶段和第三阶段是点燃之后。起动的第一阶段，也是发动机干冷转阶段。在这一阶段应主要观察润滑系统的参数（润滑油压力、温度等）的变化情况，以及转子的转速，重点关注转子有无卡死（即不转动）的现象。这一阶段除了使转子加速之外，还有一个作用就是冷却发动机（降低排气温度），以及吹除上次起动不成功而残余的燃油。在第二阶段和第三阶段主要监控排气温度（Exhaust Gas Temperature，EGT）和转子转速的变化情况，防止EGT超温和起动悬挂。

2. 起动类型

航空发动机起动类型主要有电动起动机、燃气涡轮起动机、空气涡轮起动机和冲击起动。电动起动机一般用在小型燃气涡轮发动机上；大型涡扇发动机起动所需的转矩很大，一般都采用质量小的空气涡轮起动机；部分发动机采用起动功率大且起动速度快的燃气涡轮起动机。

（1）电动起动机　电动起动机一般采用直流电动机，通过减速器、棘爪离合器与发动机转子连接。所用直流电源可以是地面电源、机上电源或辅助动力装置（Auxiliary Power Unit，APU）。发动机起动时，由机上蓄电池或地面电源车向起动机供给24V直流电，电动机带动发动机转子转动；当完成起动程序后，断开电源，起动机由棘爪离合器自动与发动机转子断开。电动起动机的主要优点是使用维护方便，尺寸小，起动过程自动化；缺点是质量大。

（2）燃气涡轮起动机　燃气涡轮起动机实际上是一台完整的小型涡轴发动机，由单面单级离心式压气机、回流式燃烧室、单级向心式涡轮、单级动力涡轮、减速器和离合器组成。起动时，燃气涡轮起动机由自身的电动起动机带动，直到起动机达到脱开转速、起动机的起动和点火系统断开为止；然后，起动机转速继续增加到工作转速，通过传动比很大的减速器经离合器衔接带动发动机转子旋转，当发动机转速达到自维持转速后的脱开转速时，燃气涡轮起动机停止工作，并由离合器脱开，发动机依靠本身的涡轮功率加速到慢车转速。燃气涡轮起动机的优点是起动功率大，不依赖地面电源，可以多次重复使用；缺点是结构复杂。

（3）空气涡轮起动机　空气涡轮起动机需要一定压力和高流量的空气。空气涡轮起动机主要包括单级涡轮（涡轴的一端带有齿轮）、减速器、离合器和输出轴。空气进入起动机，经喷嘴环高速喷射到涡轮转子叶片上，从而使涡轮高速转动，可达到50000～80000r/min，经减速器降低转速提高转矩，由输出轴传给发动机驱动机构。空气涡轮起动机只用于发动机的起动，发动机起动之后，起动机通过离合器与发动机分离，以避免发动机带转起动机。起动机的气源可来自地面气源车、APU或已经起动好的另一台发动机。与电动起动机相比，空气涡轮起动机产生的功率很大，但质量小，所以被广泛用于现代民航飞机的发动机上。

（4）冲击起动　冲击起动类似于空气涡轮起动机，但是以这种模式起动的发动机不装起动机，使用压缩空气冲击涡轮叶片作为起动发动机的手段。空气冲击比通常的起动系统方法简单，并可减小发动机质量。连接外部的高压空气供给到发动机，喷气流直接冲击发动机涡轮，带动涡轮，直到涡轮转速升高到自维持转速。

3. 起动种类与常见故障

（1）起动种类　起动的种类包括：起动、冷转。正常的起动发动机是地面运转最常见的一项工作。冷转就是用起动机带转发动机，可分为干冷转和湿冷转。干冷转是指只带转发动机，点火和燃油系统都不工作，一般用来检查发动机有无漏油现象或是吹除燃烧室内未燃烧的燃油。如更换了润滑系统的某些部件后，可能需要干冷转。湿冷转又称冷起动，是指带转发动机时，当转到一定转速后接通燃油系统，但不点火。湿冷转时会看到燃油从喷管喷出，用来检查燃油系统的情况。湿冷转后，要进行干冷转，以便吹干发动机内的残余燃油。

（2）地面起动常见故障　在发动机起动过程中，常见的故障有热起动或起动超温、起动悬挂和热悬挂等。

发动机起动过程中，排气温度过高或超过最大允许值的现象叫起动超温或热起动。出现这种情况可能有以下原因：①压气机失速或喘振。这会造成进入燃烧室的空气减少，从而引起排气温度升高。②压气机的放气阀或可调静子叶片的位置不合适。比如放气阀没有关闭，从而造成过多的气体被放掉，而进入燃烧室的空气减少，或可调静子叶片没在合适的开度而造成进入压气机的空气减少。③燃油系统问题，即发动机的供油出现异常。④起动前发动机的排气温度过高。点火之前，若排气温度高过规定值，则应先冷转发动机，将排气温度降下来。

起动过程中，在未达到慢车转速前，发动机的转速不上升或上升缓慢的现象叫起动悬挂。造成的原因可能有：①剩余功率不够，这可能是起动机的问题或燃油系统问题；②压气机载荷太大，如压气机防喘放气阀处于关闭位或关闭得过早都会造成驱动压气机的载荷加大；③燃油系统供油出现异常。

在发生起动悬挂的同时出现排气温度超温的现象叫热悬挂。导致热悬挂的主要原因有：①燃油系统调节不当，使供油量过大；②供气不足（或管道有漏气等）；③压气机有故障（压气机叶片污染，性能衰退）或涡轮有故障；④起动机脱开时的转速太低；⑤场温过高，场压过低。

4. 点火系统

（1）点火系统作用　点火系统的主要作用是：①发动机地面起动或空中起动过程中点火；②在起飞、着陆和遇到恶劣天气等情况下，提供连续点火，以防止发动机熄火。

点火系统包括点火激励器、点火导线、点火电嘴等三个主要部件。点火激励器把输入的低压电转换成高压电，通过点火导线送到点火电嘴。点火电嘴安装在燃烧室内，由点火电嘴放电产生电火花，点燃燃烧室内的油气混合物。点火电嘴按能量分类，常见的有低能量和高能量两种：高能量一般为10~20J，低能量为3~6J。

发动机上通常装有两套点火系统，每套点火系统都包含有自己的点火激励器、点火电嘴和点火导线。两套点火系统可单独工作，也可共同工作。从点火激励器到点火电嘴之间的高压导线有金属屏蔽编织网，起防干扰作用。发动机在空中起动时，为保证点火成功率，通常两套点火系统同时工作。

涡轮发动机点火系统与活塞式发动机点火系统有以下不同：①涡轮发动机点火系统只在起动点火阶段时工作，当燃烧室中形成稳定的点火火源之后，点火系统就停止工作；而活塞式发动机的点火系统在整个工作过程都工作；②涡轮发动机采用高能点火系统，这是因为涡轮发动机点火时不仅气流速度高（特别是在空中点火时），而且温度低，压力低，点火条件更差；③涡轮发动机的点火系统对发动机的性能没有影响，而活塞式发动机的点火系统直接影响发动机的性能。

（2）点火激励器 根据点火激励器输入电源不同，点火激励器可分为低压直流点火装置和高压交流点火装置，前者又可分为断续器式和晶体管式。

1）低压直流断续器式点火激励器。低压直流断续器式点火激励器由断续器机构、感应线圈、高压整流器、储能电容器、扼流线圈、放电间隙、放电电阻和安全电阻等组成。

低压直流电在断续器和感应线圈的共同工作下变为脉动高压电，再经高压整流器向储能电容器充电。当电容器中的电压达到密封放电间隙的击穿值时，点火电嘴端面即发生放电，产生电火花。装置中的扼流线圈能延长放电时间，放电电阻用于限制储能电容器的最大储能值，并保证电容器中储存的电能在系统断开 1min 内被完全释放。安全电阻则用来保证在高压导线断开或绝缘的情况下也能安全工作。

2）低压直流晶体管式点火激励器。低压直流晶体管点火激励器的工作方式与低压直流断续器式点火激励器的工作方式相似，区别只是用晶体管脉冲发生器取代直流断续器。在晶体管脉冲发生器的电路中，利用晶体管的开关作用而产生自激振荡，再通过感应线圈产生脉冲高压电。

晶体管式点火激励器相比断续器式点火激励器有很多突出优点，其尺寸更为紧凑，质量更小，因为没有运动零件，因此寿命也长得多。

3）高压交流点火激励器。高压交流点火激励器由变压器、整流器、储能电容器、放电间隙、扼流圈、放电电阻、安全电阻和电嘴等组成。

高压交流点火激励器输入的是 115V 400Hz 的交流电。低压交流电经过变压器变为高压交流电，再经高压整流器给储能电容器充电。当电容器中的电压升高到密封放电间隙的击穿值时，点火电嘴端面即发生放电，产生电火花。同直流点火器一样，在交流点火器中也装有放电电阻和安全电阻。

飞机发动机常用的点火激励器为复合式点火激励器。该点火激励器具有双电源输入和双能量输出功能，既能输出高能量，又能输出低能量；地面起动、空中起动时用高能量，为防止熄火而连续点火时使用低能量。通常输入电源有两档：28V（或 24V）直流和 115V 400Hz 交流，相应的输出对应为高能量和低能量。

（3）点火电嘴类型 点火电嘴的作用是产生电火花点燃混合气。涡轮发动机上用的点火电嘴主要有空气间隙式和分路表面放电式。

空气间隙式点火电嘴在中央电极和接地极之间是绝缘材料，这样的电嘴要产生电火花必须击穿中央电极与接地极（电嘴壳体）之间的间隙，借助强电场使间隙内空气电离而导通。要击穿这个间隙，需要的电压很高，一般在 25000V 左右，这种电嘴也叫高压点火电嘴，它对整个高压系统的绝缘性提出了较高的要求。

分路表面放电式点火电嘴在端部中央电极和壳体（接地极）之间是一种半导体材料。点火激励器产生的高压电经中央电极、半导体到接地极进行放电，放电是沿半导体表面进行的。当给电嘴两极加电压后，因为半导体表面载流子多、电阻小，会在半导体表面产生较大的电流，此电流使电嘴表面发热，发热又使半导体表面电阻率下降，电流增加，表面温度不断升高，半导体表面电流达到一定值后产生热游离现象，从而在中央电极和接地极之间，沿半导体表面产生电弧而放电。这种放电不是击穿电极间空气间隙而实现的，而是通过在半导体表面材料电离蒸气中形成电弧放电来实现的。因此，这种电嘴所加电压相对低一些，一般在2000V左右，以保证产生的热量要大于因辐射、对流、传导而失去的能量，这种电嘴也称为低压点火电嘴。

4.5.4 润滑系统

涡轮发动机工作时，各旋转部件（如支承发动机转子的轴承，传动附件的齿轮，联轴器等）的接触面之间都以很高的速度做相对运动。各零部件的接触表面虽然看上去很光滑，但在显微镜下观察仍然有一定的粗糙度，这样当两个零件间做相对运动时，表面上的粗糙凸起就会相互碰撞，阻碍运动，出现干摩擦。

润滑就是在相互接触的金属表面上形成一层润滑油油膜，让滑油填平零件表面的凹凸不平，靠油膜把相互接触的部件隔开，使相对运动的部件表面之间的干摩擦变为湿摩擦，从而大大降低摩擦阻力。

1. 润滑油的发展历程

在20世纪40年代末至50年代初，早期的燃气涡轮发动机使用天然矿物油作为润滑油的原料。但是人们很快发现，发动机内部的高温很容易使天然矿物油分解，导致致命的“积炭”问题。为此，需要升级润滑油，以保证在发动机部件正常工作温度范围内，润滑油始终保持正常的流动性和黏度，使其能够完成润滑、冷却和清洁的使命。

最早的人工合成润滑油是“二元酸酯润滑油”，它具有热稳定性强的突出优点。除了要求在高温条件下不能积炭，优秀的润滑油在低温环境下也应当能正常工作，并且始终能应对更高的工作载荷。当二元酸酯润滑油的潜力已被充分挖掘，不再能满足新式的发动机时，工程师们开发了多元醇酯润滑油，该润滑油不仅进一步提高了热稳定性，还提升了负载能力。

20世纪50年代，燃气涡轮发动机迅猛发展，更大推力、更高涵道比的涡扇发动机开始进入应用阶段。基于矿物基础油的润滑油暴露出在较高的温度下易挥发和易热降解的问题，合成润滑油由此得到推广应用。合成油性能优异，非常适合作为基础油，但缺乏足够的承载能力。添加了增稠剂（复合酯）之后，合成油可在100℃下提高黏度，从而提供了所需的承载能力。另外，与矿物油不同，合成油必须依靠添加剂来提高抗氧化性和抗热降解性，这对于保证发动机长期运行后的清洁度有着至关重要的作用。

20世纪60年代，随着发动机尺寸和功率输出的不断增加，对润滑油的热稳定性和高承载能力提出了需求，美国以“受阻酯”为基础开发了第二代润滑油，并制定了美国军标MIL-L-23699（后改为MIL-PRF-23699）。第二代润滑油率先在美国发动机上使用，随后在英国、加拿大和法国的发动机中得到了广泛应用。

此后，随着发动机性能不断提高（更低的油耗、更高的工作温度和压力），维护方式不断进步（更长的大修间隔），客观造成润滑油工作条件更加严苛，第二代润滑油已无法满足要求，取而代之的是热稳定性更好的第三代“高热稳定性型”（HTS）润滑油。

2. 润滑系统的作用

润滑系统的主要任务就是把一定压力、一定温度而又洁净的润滑油送到需要润滑的地方，保证发动机能正常工作。润滑系统的主要功能是润滑、冷却、清洁、防腐。

（1）润滑　减小摩擦力，减小摩擦损失。其原理是相互运动部件的表面有一层一定厚度的油膜覆盖后，金属与金属不再直接接触，而是油膜与油膜相接触，这就减小了相互运动中的摩擦。

（2）冷却　降低温度，带走热量。其原理是润滑油从轴承和其他温度高的部件吸收了热量，在散热器处又将热量传递给燃油或空气，从而达到冷却的目的。

（3）清洁　润滑油在流过轴承或其他部件时将磨损下来的金属微粒带走，在润滑油滤中将这些金属微粒从润滑油中分离出来，达到清洁的目的。

（4）防腐　在金属部件表面形成一层一定厚度的油膜覆盖，将金属与空气隔离开，使金属不直接与空气接触，从而防止氧化和腐蚀。

除此之外，润滑系统还为其他系统提供工作介质和封严介质。

3. 润滑系统的组成

润滑系统主要由润滑油箱、液压泵、润滑油散热器、管路、轴承、润滑油滤、油气分离器、磁堵等部件组成。

（1）润滑油箱　燃气涡轮发动机上一般都有一个独立的润滑油箱，固定在发动机机匣上的某个容易接近的部位，以方便航线维护人员进行勤务，油箱容量根据发动机对润滑油量的需求来定。

为了方便维护和勤务，一般要求在油箱加油口或油箱盖上打有“滑油”字样以及油箱容量。在油箱上还有下列部件：用来显示油量的液面镜、重力加油口或压力加油口（有的油箱两种加油口都有）、溢流口、浮子阀、油量传感器、防虹吸接口、油箱通气设备、油气分离设备、供油出口、回油进口、放油塞等。

防虹吸接口在液面镜上方，在发动机工作过程中，总有一部分润滑油从此处返回油箱。防虹吸接口有两个作用：①清洁液面镜，因为返回的润滑油一部分要流经液面镜，对液面镜起冲刷作用，保持镜面干净；②当发动机停车后，防止润滑油靠虹吸作用从较高位置的部件（如油箱、燃滑油换热器）流到较低位置的齿轮箱里。

油箱的重力加油口内有浮子阀。加油时，润滑油将浮子托起，润滑油可进入油箱。加油后，发动机工作时，油箱内的气体压力可使浮子阀关闭，防止因油箱没有盖上造成油箱漏油。

（2）液压泵　液压泵的作用是将润滑油在发动机内部循环起来。把润滑油从油箱中抽出送到轴承腔、齿轮箱等处的泵叫供油泵，供油泵后有压力调节阀，控制供往各润滑部位的润滑油压力，防止因润滑油压力过高导致润滑系统渗漏，损坏系统部件。负责把润滑后的润滑油收集起来送回油箱的液压泵叫回油泵。由于回油温度高且有泡沫，回油润滑油的容积通常大于供油润滑油的容积。在有些发动机上，供油泵和回油泵组装在一起形成一个组件。

油泵常见的种类有齿轮泵、转子泵和旋板泵，其中齿轮泵结构简单，机械加工方便，工作可靠，使用寿命长，能产生较高的压力，因此在航空发动机的润滑油和燃油系统中得到广泛应用。齿轮泵由两个相互啮合的齿轮（主动齿轮和从动齿轮）以及泵壳体和端盖组成。齿轮与壳体间间隙很小，工作时驱动轴带动主动齿轮旋转，从动齿轮被带动反向旋转，借助于工作容积的变化来实现吸油和排油。齿轮泵的齿与壳体之间的配合间隙（端面间隙和径向间隙）会影响泵的使用性能。当间隙过大时，漏油会使得泵的供油压力下降，供油量减少，严重时甚至会导致液压泵不能供油。当间隙过小时，齿与壳体互相接触会产生严重的磨损，同样会使液压泵效率下降。

（3）润滑油散热器　润滑油散热器的作用是冷却润滑油，保证润滑油温度在允许的工作范围之内。散热器安装在供油路上的润滑系统称为热油箱系统，散热器装在回油路上的润滑系统称为冷油箱系统。

根据冷却介质不同，常用的润滑油散热器可分为两类：即以燃油为冷却介质的燃油或润滑油换热器和以空气为冷却介质的空气或润滑油散热器。燃油或润滑油换热器由壳体、蜂巢管、旁通阀和润滑油温度传感器等部件组成。

1）蜂巢管：蜂巢管内流动燃油，外部流动润滑油，进行热交换。为了更好地进行热交换，设有隔板，迫使润滑油上下流动。

2）旁通阀：当温度较低，润滑油黏度较大；或当散热器进、出口压差达到一定压力时，此阀门打开，部分润滑油流过散热器，其余直接供油，以保证低温起动。

燃油或润滑油换热器在冷却润滑油的同时还加热燃油，防止燃油结冰，所以这种散热器在现代大型涡扇发动机上被广泛采用。空气或润滑油散热器在结构上与燃油或润滑油换热器类似，润滑油在管内流动，空气在管外壁流动。

在一些小型的涡扇发动机上，由于散热器比较小，所以，可把空气或润滑油散热器直接固定在发动机的外涵道内，让外涵气流直接吹过散热器，实现对润滑油的冷却。采用这种布局时，一般在散热器上设有润滑油旁通油路，当润滑油不需要冷却时，旁通油路打开，让润滑油直接绕过散热器。

（4）管路　管路在润滑系统中扮演着连接和传输润滑油的重要角色。润滑油通过管路从润滑油箱被输送到发动机各个部件，如发动机轴承、气缸壁等，以确保它们得到充分的润滑。

航空发动机润滑系统中的管路通常包含以下几个主要组成部分：

1）主输油管路（Main Oil Lines）。主输油管路负责将润滑油从润滑油箱输送到发动机的各个部件，如发动机轴承、齿轮箱等关键部位。

2）回油管路（Return Oil Lines）。回油管路将已经使用过的润滑油从发动机各个部件传送回润滑油箱，以便进行再循环和再利用。

3）冷却管路（Cooling Lines）。冷却管路用于将润滑油冷却后再输送到发动机内部，以确保润滑油在适宜的工作温度范围内。

4）压力管路（Pressure Lines）。压力管路传递润滑系统中的压力，确保润滑油以正确的压力流动到发动机各个部位，提供足够的润滑压力。

5）监测管路（Monitoring Lines）。监测管路用于监测润滑系统的压力、温度和流量等参数，帮助操作人员实时监控润滑系统的运行状态。

这些是航空发动机润滑系统中常见的管路组成部分，它们共同工作确保润滑油能够有效地输送、冷却和压力控制，保证润滑系统的正常运行。

（5）轴承　航空发动机润滑系统中的轴承是发动机内部的重要组件之一，其作用是支承和定位转子或其他旋转部件，并在其运转时降低摩擦。

轴承的作用主要包括：①支承和定位，轴承支承和定位发动机中的旋转部件，如转子、齿轮等，使其能够顺畅旋转；②减少摩擦，轴承减少了旋转时的摩擦力，从而减少能量损耗和磨损，延长部件的使用寿命；③传递润滑，轴承通过润滑系统提供的润滑油，确保旋转部件在运转时得到适当的润滑，减少磨损和摩擦；④吸收振动，轴承还可以吸收旋转部件运转时产生的振动和冲击力，保护其他部件不受损坏。

轴承的类型主要包括：滚动轴承，包括滚珠轴承和滚柱轴承，通过滚动元件在轴承内圈和外圈之间传递载荷；滑动轴承，通过滑动面之间的润滑膜来支承和定位旋转部件，减少摩擦。

航空发动机润滑系统通过管路将润滑油输送到轴承处，确保轴承得到适量的润滑，保证其正常运转。润滑油还可以冷却轴承，减少摩擦和磨损，延长轴承寿命。轴承需要定期检查和维护，确保其正常运转。监测轴承的工作状态，如温度、振动等参数，可以及时发现问题并采取措施。

4.6 最新研究进展与发展启示

4.6.1 最新研究进展

1. 超燃冲压发动机

高超声速（即>*Ma*5）飞行器有着巨大的军事价值和潜在的经济价值，是未来航空器的战略发展方向，而超燃冲压发动机是实现高超声速飞行器的首要关键技术。超燃冲压发动机的产生，主要是为了克服传统亚燃冲压发动机在高超声速来流条件下存在的技术瓶颈。亚燃冲压发动机通过进气道将来流由超声速滞止到*Ma*0.3左右的亚声速，并与燃料在燃烧室混合进行燃烧。因燃料燃烧在亚声速气流中完成，故而得名“亚燃冲压发动机”。亚燃冲压发动机具有实际可用性能的工作范围为*Ma*2~6。当飞行速度达到*Ma*6以上时，如果仍然将气流速度减至*Ma*0.3左右的低速，一方面将会导致燃烧室入口气流的温度和静压急剧升高，给发动机结构与热防护造成很大的困难，而且高温会导致燃料及燃烧产物解离，降低化学能向热能转化的效率；另一方面，将产生很大的动能损失和熵增，降低了热能转换为动能的效率。

为解决亚燃冲压发动机在高超声速工况下效率低和热防护困难等问题，可以使气流以超声速进入燃烧室，在获得较高推力性能的同时，降低了来流静温、静压和动能损失，发动机结构热防护难度也得到有效降低。因燃料的燃烧在超声速气流中完成，故而得名“超燃冲压发动机”。超燃冲压发动机是高超声速巡航导弹、未来可重复使用空天飞行器等的核心动力。

超燃冲压发动机工作环境复杂，挑战性强，主要体现在以下几个方面：①工作域宽，理论上可在*Ma*2~15、高度0~40km以上有效工作；②燃烧室内气流速度快，典型速度超过1000m/s；③温度高，燃烧后气流温度在3000K以上；④参数变化量大，如点火温度下限可低于100℃，上限可超过1000℃；⑤流动、燃烧与热防护过程强耦合，流动控制燃烧，燃烧迫使流动发生改变，流动与燃烧产生特定的热环境；⑥发动机与飞行器在气动、结构、热等方面高度一体化，飞行器前后体是发动机进气道和喷管的重要组成部分。超燃冲压发动机综合了空气动力学、气动热力学、传热学、燃烧学、材料学等学科前沿，是高速流动与燃烧、高温结构、材料与热防护、高超声速试验、数值模拟和非线性复杂系统控制等技术的融合，科学问题多，关键技术复杂，突破难度大。

2. 电动航空发动机

为遏制温室效应加剧的趋势，世界各主要工业国均开始为减少碳排放做出努力。我国也提出了在 2030 年前实现碳达峰，2060 年前实现碳中和的“双碳”目标。近年来，我国民航运输服务需求快速增长，业已成为交通部门中能源消费和碳排放增长最快的子部门，航空运输业亟须减碳脱碳。

航空运输业的碳排放来源主要是航空煤油燃烧。目前航空发动机的燃油效率优化空间有限，在当前燃油效率的基础之上实现飞跃的可能性很低，因此需要转变策略，通过引入新能源技术助力航空运输业的脱碳任务。目前，航空运输业主要有三个新能源利用方向，分别是可持续航空燃料（SAF）、电推进和氢燃料，其中电推进还可分为全电推进、油电混合推进两类技术路线。对于全电推进，由于高能量密度电池等技术难题还未解决，目前只适用于一些小型飞机。

油电混合推进按照动力混合方式又可细分为串联式、并联式和混联式混合动力系统。串联式混合动力系统包括动力电池、增程系统和电驱动系统。增程系统包括发电机与带动发电机进行发电的发动机，电驱动系统包括螺旋桨和为螺旋桨提供驱动力的驱动电机，动力电池则为驱动电机提供电能。由于串联式混合动力系统中主要由电能带动推进器，因此在串联式混合动力系统中常常需要一个大容量的发电机。串联式混合动力系统存在配备的蓄电池能量密度低、高功率密度的电机研制困难等问题；同时，该动力系统结构中有两次能量的转化，期间的能量损耗也造成能量利用率低的问题。

对于并联式混合动力系统，电机与涡轮发动机共同安装在一根轴上，在任意时间，两者可以单独或者同时提供推力。由于并联混合动力系统不需要对整个飞机推进系统结构做出较大调整，仅针对传统发动机进行改型，所以更适合应用于传统大型飞机。并联式混合动力系统因此也被认为是对传统动力系统的巨大颠覆，相较于传统发动机，并联式混合动力系统对于能量的利用率较高，具有省油、降噪、运营成本低、减排效果好等优点。然而，要实现大推力并联航空混合动力系统的实际应用，高功率密度电机、高能量密度电力系统及其他高性能电动力系统附件是当前亟待解决的关键技术。

混联式混合动力系统中包含一个大风扇和多个小风扇，大风扇直接通过燃气涡轮驱动，其他小风扇则通过电机驱动，这些电机通过电池或者涡轮驱动发电机来获得能量。相比于并联式混合动力系统，混联式混合动力系统能够更加灵活地根据飞行状况来调节内燃机功率输出与电机的运转。但此种混合动力系统结构复杂，成本较高。

3. 氢燃料航空发动机

氢燃料是实现航空运输业脱碳任务的重要路径之一。氢燃料燃气涡轮发动机与传统航空发动机在结构和工作原理上并无太大的差异，最主要区别在于发动机利用的燃料从航油变成液氢。液氢先通过换热器转变为氢气后才能进入燃烧室进行燃烧，产生的高温高压气体在涡轮中膨胀做功，继而带动压气机和风扇或螺旋桨产生推力。液态氢燃料发动机方案可以尽可能保留传统航空燃气涡轮发动机的原有优势，以减小对飞机及其发动机的设计改动。

氢燃料燃气涡轮发动机设计的挑战是与燃烧室相关的技术还不够成熟。液氢燃料的燃烧热值接近传统航空煤油的3倍，如何使其在燃烧室内稳定燃烧并减少污染物排放仍然是巨大的难题。在传统航空发动机中，氮氧化物的排放量主要与燃烧室温度有关，燃烧室温度超过1800K时，氮氧化物的生成量迅速增加。如果将航空煤油换成氢燃料，其火焰温度比航空煤油燃烧时的温度高150K，会排放远多于传统航空燃气涡轮发动机的氮氧化物。氢气燃烧时的火焰传播速度是航空煤油燃烧时的数倍，如果不能设计喷射速度更高的喷嘴，会造成回火的危险，同样可能导致氮氧化物排放超标。若要减小对环境的影响，必须降低燃烧室的火焰温度，目前主要的方案是采用贫油多点直喷技术。该技术可以有效降低主燃区火焰温度并降低回火风险，但该方案需要将传统燃烧室中的数十个大型喷嘴变成上千个微小喷嘴，设计和制造方面均面临巨大的技术挑战。

除上述直接涉及燃烧室的问题外，还有涉及飞机其他系统的技术难题。氢的可压缩性极强，从储氢罐到燃烧室的传输过程中会经历从液态到气态的相变，会引起氢压力和温度等参数的动态变化，这为精确控制和计量氢燃料带来了很大的难度；传统的航空发动机使用高压燃油作为发动机控制系统的工作介质，将燃油换为氢之后需要重新设计；传统飞机使用的以航空煤油为燃料的APU需要随之改变；航空煤油的灭火系统也需要重新设计，需要采用针对氢燃料的灭火系统；因为氢容易自燃，还需要加强燃料防泄漏检测。

4.6.2 发展启示

航空发动机的诞生和发展，源于一系列重要的技术创新。基于汽车用活塞式内燃机技术的轻量化改进，活塞式航空发动机得以诞生，持续受控的动力飞行得以实现。随着飞机飞行速度的不断提升，活塞式航空发动机面临着功率质量比难以提升，高速飞行条件下螺旋桨效率下降等先天不足。1937年，英国航空工程师弗兰克·惠特尔爵士（Frank Whittle）设计发明了世界上第一款涡喷发动机，通过将高温高压燃气直接向后高速喷射以产生反作用力来推动飞机飞行。涡喷发动机功率大、体积小，大幅提升了飞机的飞行速度，实现了航空动力的代际跃升，开创了航空史上的“超声速时代”。以涡喷发动机为基础，又衍生出了涡扇、涡桨、涡轴等众多类型的航空发动机，伴随着流体力学、热力学、材料科学等基础学科的深入研究，航空发动机的燃油经济性不断提升，安全性不断改善，极大地促进了现代航空技术的发展。航空发动机的发展历程，说明了基础科学的进步是高端装备发展的不竭动因，颠覆性技术创新是高端装备代际跃升的巨大推动力。

本章小结

航空发动机是飞机的核心部件，是航空技术革命性进展的先决条件和关键推动力。本章简要介绍了航空发动机的作用、特点、发展历程，就涡喷发动机、涡扇发动机、涡桨发动机、涡轴发动机、桨扇发动机等当前主流的航空发动机的工作原理、特点和适用场景进行了简要分析，并详细剖析了压气机、主燃烧室、涡轮、加力燃烧室、喷管等关键部件的构造原理。

思考题

1. 小涵道比和大涵道比涡扇发动机的特点是什么？分别适用于什么类型的飞机？
2. 桨扇发动机与涡桨发动机之间有什么区别？桨扇发动机主要缺点是什么？
3. 喷气式航空发动机为何需要压气机？压气机工作所需的能量从哪里来？
4. 喷气式航空发动机为何需要起动装置？

参考文献

[1] 王士奇，刘子娟. PT6发动机的发展之路［J］. 航空动力，2019（6）：21-24.

[2] 黄燕晓，瞿红春. 航空发动机原理与结构［M］. 北京：航空工业出版社，2015.

[3] 丁相玉，王云. 航空发动机原理［M］. 2版. 北京：北京航空航天大学出版社，2018.

[4] 夏姣辉，杨谦，王慧汝，等. 涡扇发动机加力燃烧技术发展分析［J］. 航空动力，2020（4）：17-21.

[5] 贾东兵. 关于推力矢量控制技术的探讨［J］. 航空动力，2018（3）：25-27.

[6] 刘小勇，王明福，刘建文，等. 超燃冲压发动机研究回顾与展望［J］. 航空学报，2024，45（5）：218-244.

[7] 向巧，胡晓煜，王曼，等. 关于氢能航空动力发展的认识与思考［J］. 航空发动机，2024，50（1）：1-9.

[8] 王腾飞，寇淑然，任柏春，等. 电动航空器发展状况分析［J］. 科技视界，2022（23）：25-27.

[9] 陈培儒. 航空业“脱碳”的创新之路［J］. 大飞机，2021（3）：34-38.

[10] 尚永锋，袁润东，杨申. 氢能源飞机的现状与未来［J］. 节能，2024，43（1）：119-121.

[11] 刘佳育，罗纳，李俊辰，等. 氢能航空发动机研究现状及发展制约因素［J］. 材料研究与应用，2024，18（2）：299-308.

5

第 5 章

高端手术机器人构造原理

章知识图谱

说课视频

导语

前沿技术正在迅速改变着当今医学诊疗方式，机器人、人工智能、增强现实、云计算等技术的运用推动了疾病诊断和治疗方式的变革。在这一技术变革的浪潮中，高端手术机器人应运而生，逐渐成为外科手术的重要工具，大幅提升了微创手术的操作精度。高端手术机器人种类多样，应用广泛，从腹腔镜手术、骨科手术、神经外科到心脏外科，几乎涵盖了所有外科手术领域。本章将从手术机器人的起源与发展历程开始介绍，全面解析手术机器人技术的核心原理，探讨各个子系统以及各个模块的主要功能和实现过程。通过这一章的学习，读者可以全面了解手术机器人的重要性及其在现代医疗中的角色，掌握高端手术机器人的技术原理，更重要的是认识高端手术机器人的诞生与发展规律，为相关高端装备的研发创新提供坚实的理论基础。

5.1 高端手术机器人概述

高端手术机器人系统是集机器人、自动控制、人工智能等多学科技术于一体的新兴科技产物，是现代医学领域的一种高端医疗装备，在缩短手术时间、增强医生能力、提升手术质量、保障手术安全等方面具有显著优势，是现代外科领域当之无愧的革命性工具。高端手术机器人拥有高度灵巧的机械手臂和微型器械，可以通过微小创口或自然腔道深入人体内部，减小创口损伤；主从操控、导航定位、三维立体显示等技术的应用，可以减少外科医生的手部颤抖，大幅提高手术精度，使机器人手术更安全、更精准；触觉反馈系统的引入，允许外科医生在操控机器人时感受到组织操作的手感，防止施力过大造成组织损伤；随着远程通信技术的发展，医生可以克服地理限制，远程操控高端手术机器人系统开展外科手术；人工智能技术的应用，可提高医生对体内环境的感知认知能力，辅助医生进行术中决策。

5.1.1 手术机器人临床需求

外科手术发展至今有近 200 年历史，整体经历了传统开放手术、微创手术和机器人辅助手术三个阶段。第一阶段是开放手术，医生在病人身体上剖开外科切口，将病患身体组织和构造暴露于空气中，采用直接目视或搭配放大镜、显微镜等方式来执行手术，该手术方式往往对患者正常组织的破坏性大。第二阶段是微创手术，外科医生通过小切口或自然腔道将内窥镜、手术器械等伸入体内，对体内组织开展侵入式手术操作。相比于开放式手术，微创手术往往切口小，减小了对正常组织的伤害，能够加速病人伤口愈合。第三阶段是机器人手术，外科医生使用手术机器人系统，对微创手术进行辅助或操控机器人执行手术操作，使外科手术变得更微创、更灵活、更精准、更智能。

微创外科手术（Minimally Invasive Surgeries，MIS）兴起于20世纪80年代，该技术的应用使得大部分外科手术告别了传统开放式手术，是外科手术领域的一大技术革命。与传统开放式外科手术相比，外科手术通过在病人身体上切开1~2cm的小孔，将套管和鞘套等支撑插在切口上，为内窥镜和微创手术器械制造进入体内的通道，然后利用气腹机向患者体内充入CO_2使工作区域张开，最后利用内窥镜系统拍摄体内手术区域视频并通过显示器实时呈现给医生，医生观察手术视频完成切除、止血、缝合等手术操作，如图5-1所示。

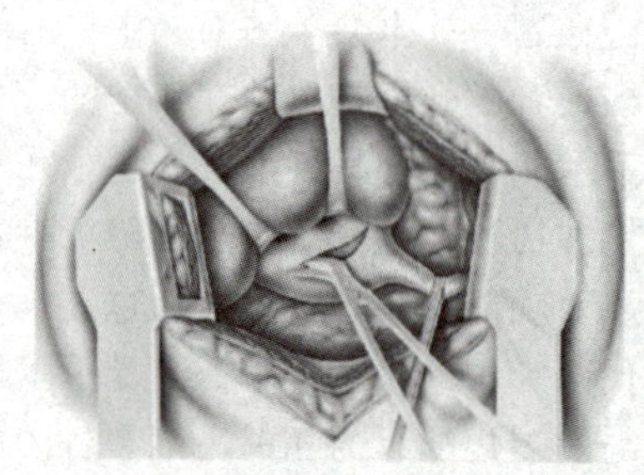

a) 开放手术

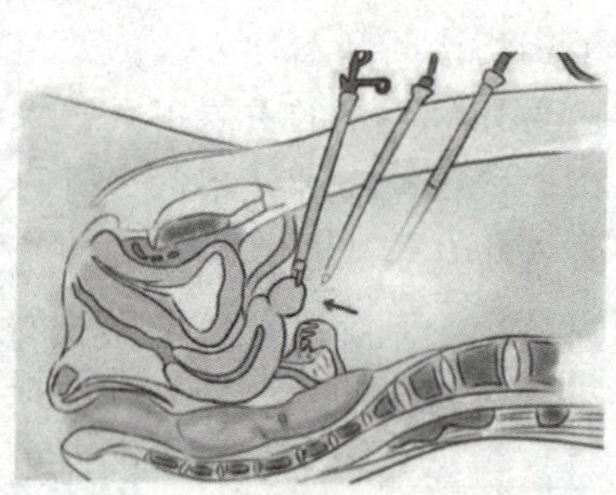

b) 微创手术

图5-1　外科手术

微创外科手术虽具有创伤小、术后恢复快、患者痛苦小等诸多优点，仍存在手眼协调性差、手术器械操作灵活性低、医生手部震颤在手术器械末端被放大等问题。以腹腔镜微创手术为例，手术过程中医生需要操控长达数十厘米的手术器械，通过腹胸腔壁上的固定创口点将手术器械伸入体内后开展手术，并且末端往往仅有一个夹持自由度，无法自由灵活地弯曲，因此医生的操控受到极大的限制，需要经过长期训练才能适应。为了提升手术操作的精准度和灵活性，机器人辅助手术应运而生，一方面通过自动化的多自由度末端器械设计，大幅增加了手术器械进入体内后的灵活性，使其到达手术区域后能够根据需要弯曲翻转，另一方面，通过立体视觉显示和主从操控，可以延伸医生观察和操作，将体内场景更好地呈现给医生，将医生的操控更加准确地传递给机器人，从而形成宛如钻入腹腔内部的临场感操控，为外科手术带来更多新可能。

此外，各类专科手术机器人的需求正在快速拓展，以满足不同专科手术的特殊要求。例如，心脏外科需要手术机器人能够同步跟随跳动的心脏进行操作；骨科手术需要手术机器人具备高强度和高稳定性来进行骨骼重建及修复；耳鼻喉科需要手术机器人具备更多的自由度以便在鼻腔、咽喉等狭小的手术区域进行操作；眼科需要手术机器人具备显微视觉并且保证极高的操作精度。这些拓展方向在各类专科手术中展现了巨大的潜力，针对性解决了各类专科手术中的痛点问题，显著提升了手术的成功率和患者的术后恢复质量，进一步推动了精准医疗的发展。

5.1.2 手术机器人发展历程

手术机器人发展至今已有50年多年的历史。从20世纪70年代的概念提出，到20世纪80年代的试验尝试，直到2001年第一款获得临床批准的商业化手术机器人才诞生。21世纪初，手术机器人市场被直觉医疗的达芬奇产品所垄断，直到2010年后多元化的手术机器人市场才迎来爆发式增长。

1. 概念提出

现代意义上的第一个机器人是在第二次世界大战期间开发的，是一款用于处理放射性材料的远程操控装置，允许操作员远距离执行任务。20世纪70年代初，医疗机器人的概念被美国国家航空航天局（NASA）提出，旨在用远程机器人为宇航员提供外科护理。20世纪80年代，美国陆军开始关注战场的远程手术，期望将手术室带到伤员身边，通过快速、及时的手术干预控制伤员的伤势，最大限度地提高患者的生存率和康复机会。战场环境中"黄金一小时"的概念也被重新定义为"黄金一分钟"。对此，美国国防部计划到2025年推出一种能够让外科医生进行远距离救治战场受伤士兵的手术机器人系统，并于20世纪末联合斯坦福研究中心（SRI）开始建造第一个手术机器人系统原型。

2. 初期尝试

随着计算机、图像处理、工业机器人等技术的发展，20世纪80年代中期诞生了最早的手术机器人雏形。1983年，James McEwen博士、Brian Day博士、Geof Auchinleck博士和一组工程专业的学生在温哥华开发了第一台手术机器人，被称为"Arthrobot"，用于全髋关节置换手术，为股骨头切除术后的股骨植入做准备；1985年，工业机器人PUMA 560（图5-2）在洛杉矶某医院被用于神经外科手术中，在计算机断层扫描（CT）引导下放置针头进行脑活检。Roberts于1986年将显微镜改装为用于导航的手术设备，使医生可以实时定位手术器械的位置，同期Young、Kwoh等人开始探索机器人技术在神经外科手术中的立体定向应用研究，研究主要集中在如何解决手术过程操作的高精度和稳定性问题。1988年，由帝国理工学院开发的Probot机器人，被用于进行前列腺手术。1992年，Integrated Surgical Systems的ROBODOC被开发出来，以减少髋关节置换手术中的人为错误。这些早期的尝试不仅展示了手术机器人在医疗领域的巨大潜力，也为其后续的发展奠定了坚实的基础。

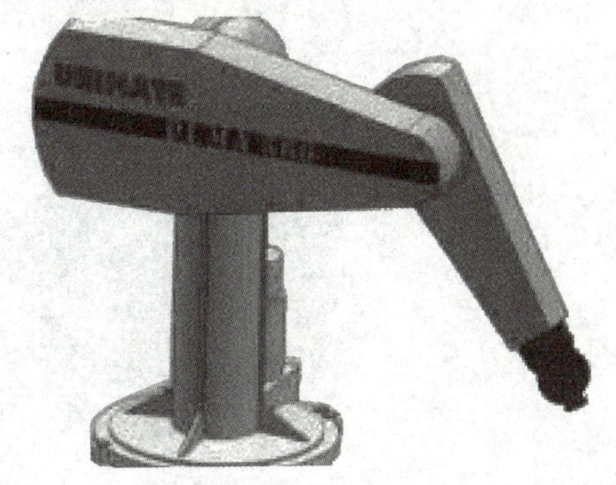

图5-2 PUMA 560机器人

3. 商业化

虽然手术机器人的初期尝试主要面向神经外科和骨科，但手术机器人的第一次商业化是在腹腔外科领域。20世纪90年代，美国国防部联合斯坦福研究中心开展多功能远程操控手术机器人系统研发。尽管远程手术令人印象深刻，但受限于当时的网络条件，数百毫秒的延迟严重干扰了外科医生的手术操作，研发团队被迫放弃远程手术，这项国防高级研究计划因此搁置。斯坦福研究中心开发的早期微创手术机器人如图5-3所示。

1992年，被誉为手术机器人之父的王友仑成立了Computer Motion公司，并于1997年推

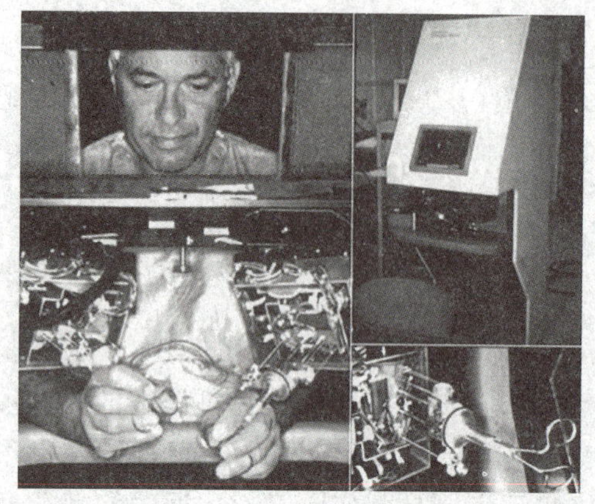

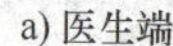

a) 医生端

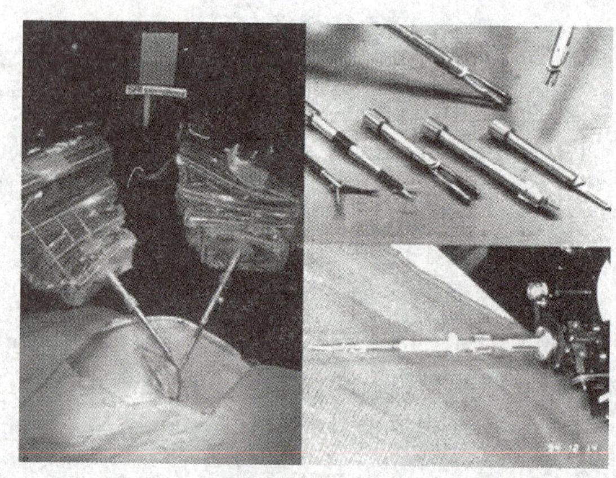

b) 患者端

图 5-3　斯坦福研究中心开发的早期微创手术机器人

出了伊索手术机器人（AESOP），AESOP 是一套能够在微创手术中代替医生夹持和移动内窥镜的机器人系统，可以使医生对于内窥镜的控制更加精确，同时也可消除人手持内窥镜产生的图像颤抖，为医生提供更加清晰稳定的图像。之后，工程师对 AESOP 持续改进，推出了第一个真正意义上的腔镜手术机器人宙斯（ZEUS，如图 5-4 所示）。宙斯手术机器人于 2001 年获得美国食品及药品监督管理局（FDA）批准，可以用于临床微创手术。

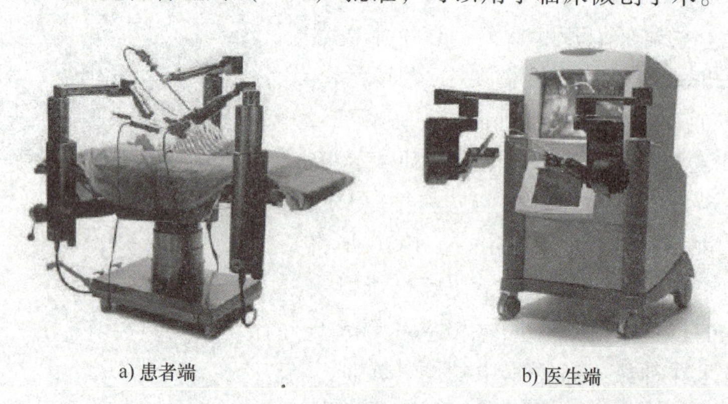

a) 患者端　　b) 医生端

图 5-4　ZEUS 微创手术机器人系统

1997 年，比利时的 Jaques Himpens 博士使用名为“Mona”（达芬奇前身，如图 5-5 所示）的平台进行了首例机器人辅助手术——胆囊切除术。Mona 采用了低摩擦的线绳滑轮的末端器械设计方案，首创了可更换的无菌器械结构，满足了不同手术更换器械的需求，使得器械也可以从有菌的机器人上取下消毒。

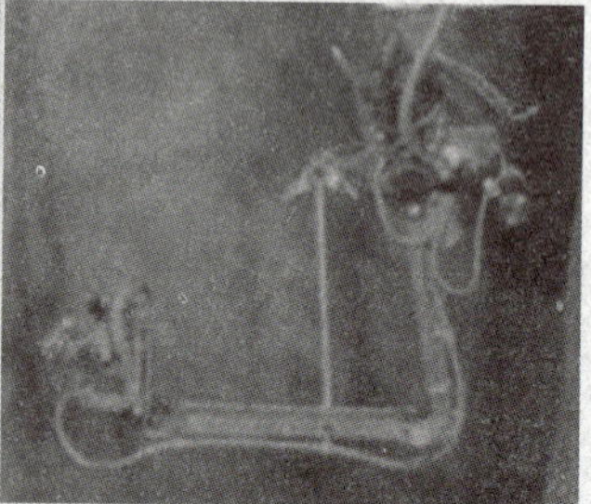

a) 患者端　　b) 医生端

图 5-5　Mona 微创手术机器人

1999 年，美国直觉外科公司（Intuitive Surgical）研发出了一套在微创外科领域具有里程碑意义的微创手术机器人 da Vinci（图 5-6），并在 2000 年获得 FDA 批准。da Vinci 微创手术机器人采用与 ZEUS 系统一样的主从操作控制方式。系统共有四条从手机械臂，其中三条从手机械臂为七个自由度的手术器械操作臂，第四条为内窥镜夹持臂，在手术中实时地为医生提供病灶区域的三维高清图像。从手机械臂采用平行四边形远心运动机构，避免了机械臂运动对手术切口造成的伤害，在结构上保证了病人的安全。da Vinci 手术机器人使用直觉外科公司专门开发的一套手术器械 Endo Wrist，包括：医用钳子、医用针、剪刀、电凝器等各类微创手术器械。手术器械具有四个自由度，能够完美地复现医生手腕的各种运动，灵巧度高。da Vinci 还配备了一套高清的三维立体内窥镜显示设备，可以给医生提供如同开放式手术一样的实际视觉观察效果，医生在三维视觉环境中直观地操作手术器械，就如同自己的双手直接进行手术一样，极大地增强了医生手术操作的临场感。2003 年，直觉外科公司利用率先上市带来的资金优势收购了 Computer Motion，吸收了 ZEUS 手术机器人的相关技术及研发经验，开启了 Intuitive Surgical 在手术机器人领域近 20 年的垄断。

4. 百家齐放

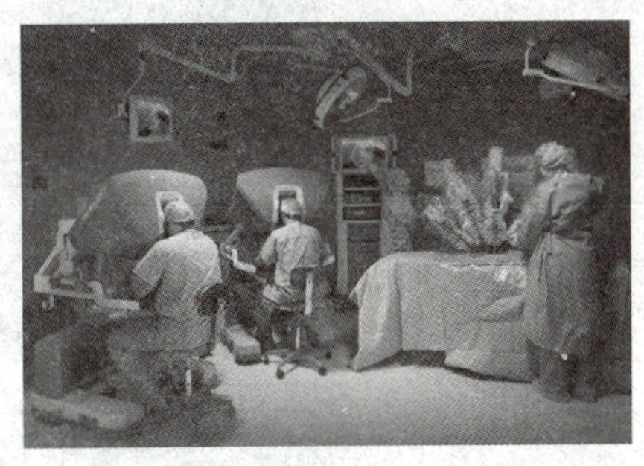

图 5-6 da Vinci 微创手术机器人系统

手术机器人的出现与发展使得外科手术模式发生了革命性的变化。进入 21 世纪，达芬奇商业化的成功，使得手术机器人在世界各地、医院各科室中得到广泛关注。2010 年后，越来越多的研究机构和医疗机构开始投入到手术机器人领域的研究和实践中，手术机器人市场呈现出多元化高速发展态势。在市场方面，手术机器人已广泛适用于普外科、泌尿外科、心血管外科、胸外科、妇科、骨科、神经外科等多个领域，涌现出神经外科手术机器人、骨科手术机器人、血管介入手术机器人、经皮穿刺手术机器人、经自然腔道手术机器人、放射外科手术机器人以及显微外科手术机器人等一大批专科机器人产品（图 5-7）。在功能研究方面，大量学者围绕机器人定位、图像识

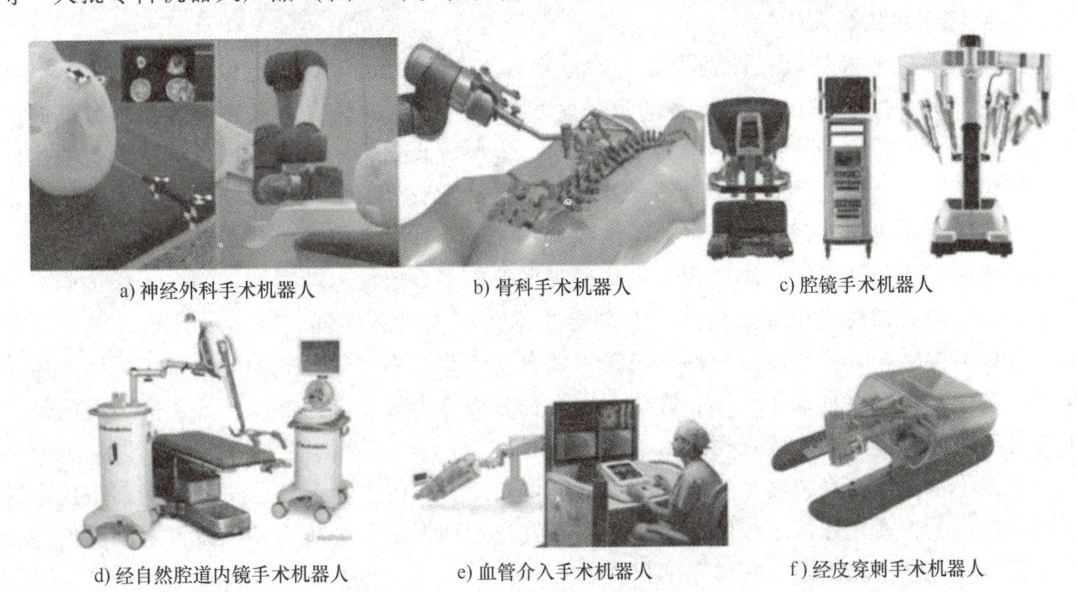

a) 神经外科手术机器人　b) 骨科手术机器人　c) 腔镜手术机器人

d) 经自然腔道内镜手术机器人　e) 血管介入手术机器人　f) 经皮穿刺手术机器人

图 5-7 各类专科手术机器人

别、目标追踪、三维重建、影像融合、手术导航、增强现实、远程操控、虚拟夹具、力感知与力反馈、协同控制、自主手术等相关技术开展了系列探索。截至 2022 年，全球手术机器人市场规模已达 140.58 亿美元，新产品不断集中涌现，市场竞争格局由最初的达芬奇垄断转变成现阶段跨区域多元竞争格局。

5.1.3 手术机器人分类

手术机器人按照临床应用领域可分为腔镜手术机器人、骨科手术机器人、神经外科手术机器人、经皮穿刺手术机器人、经自然腔道手术机器人、泛血管手术机器人和其他专科手术机器人（图 5-8）。

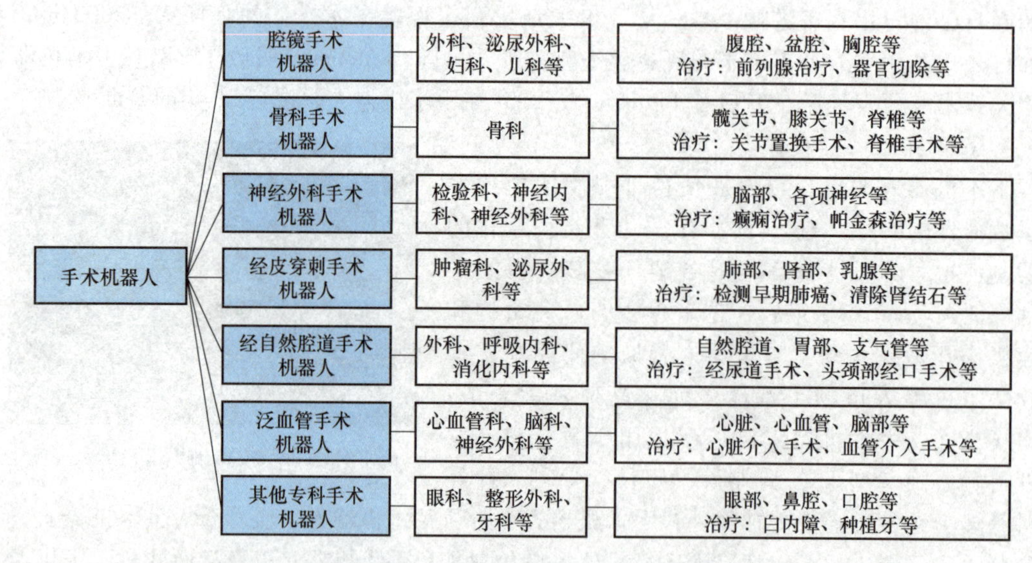

图 5-8 微创手术机器人分类

1. 腔镜手术机器人

腔镜手术机器人是指一种将机器人的控制自主权完全留给外科医生的主从式手术机器人，通过 3D 视觉、运动缩放以及触力反馈来增强外科医生的能力。医生通过控制台上的主手控制从手机械臂运动，完成体内切割、缝合、电凝、止血等一系列手术操作。腔镜手术机器人可用于肝胆外科、胃肠外科、泌尿外科、妇科、心脏外科、胸科及普外科等多科室微创手术。腔镜手术机器人系统主要包括医生控制子系统、手术端子系统、影像处理子系统等。其核心功能技术包括三维立体成像、主从远程操控、多自由度末端器械控制、手眼协调下直觉映射、机器人辅助定位等。目前已有部分手术机器人具备生理震颤运动补偿、触觉力反馈、多模影像融合、三维图像处理、腔镜视像自动追踪、手术任务规划与执行、机器人运动导航与定位、虚拟夹具动作引导、微创手术流程分析等高级功能。然而，许多高级功能仍然主要处于研究阶段，尚未大规模进入临床应用。

腔镜手术机器人系统的工作原理如下：医生在腔镜实时手术视频的引导下操作主控台的一副主操作手，通过控制系统向从手端机器人发送运动指令，令从手端机械臂末端所夹持的手术器械在主从运动跟随下完成手术操作。

与传统手术相比，腔镜手术机器人具备三维立体视觉显示、高清视野放大、操作精准稳定、末端多自由度、手眼协调的直观操控、减轻操作疲劳感、生理震颤滤除、更短的手术时间、舒适的操作界面、创口小、恢复快、可远程手术操作等优势。

2. 骨科手术机器人

骨科手术机器人是指在骨科手术过程中，能够辅助外科医生定位脊柱、关节等植入物或手术器械，并进行术中导航的医疗器械。骨科手术机器人系统主要包括手术计划与控制系统、光学跟踪系统、导航定位系统和机械臂控制系统等，其核心功能包括术中实时三维配准、手术路径规划、高精度导航定位、呼吸运动补偿等。目前，骨科手术机器人主要应用于关节置换手术、脊柱手术和骨科创伤手术，适用于骨盆骨折、四肢骨折、脊柱退行性病变、脊柱畸形、脊柱骨折等病症。

骨科手术机器人系统的工作原理如下：骨科机器人首先通过CT或磁共振成像（MRI）等图像获取方法，获取患者骨骼结构的三维模型。医生进行术前规划，确定手术目标、规划切口位置和手术方案，然后骨科机器人会利用内置的传感器和摄像头对患者进行实时定位和导航。一旦手术目标被确定，骨科机器人可以根据医生的规划进行精确的手术操作。机器人系统通常配备有高精度的机械臂和特殊的手术工具，可以执行像骨切割、螺钉安装和植入物放置等复杂的骨科手术操作。

与传统手术相比，骨科手术机器人具备导航定位精度高、骨处理精度高、手术切口小、术中失血少、手术过程时间短、医生与患者辐射暴露少以及可以远程指导等优点。

3. 神经外科手术机器人

神经外科手术机器人是指一种能够融合及分割CT、MRI等多模态影像，构建血管、功能区、神经纤维束、脑皮层等解剖三维结构，并在图像引导下辅助外科医生进行手术器械空间定位和定向的专用医疗机器人。神经外科手术机器人主要用于颅内活检、脑瘤切除、定点刺激（帕金森症）、电极植入、血栓切除、去除囊肿或血肿引流等手术。神经外科手术机器人主要由手术规划系统、光学跟踪定位系统、影像处理与融合系统、手术控制与执行系统等构成，其核心功能包括手术规划、多模态影像融合、精准定位、实时导航、全程追踪、机器人辅助控制等。

神经外科手术机器人系统的工作原理如下：通过将术前影像导入手术系统中，自动融合生成三维结构图，医生根据患者的病情和手术需求，在手术机器人操作系统中进行手术规划。机器人在影像引导下，沿术前规划的手术路径移动，使手术器械经过小切口进入患者体内，辅助医生实现精确定位和保持稳定手术姿态，且能有效规避颅内血管及重要功能区。

与传统手术相比，神经外科手术机器人具备术前智能规划、定位导航精准、操作稳定安全、可消除人手震颤、减小颅内出血风险、降低手术的损伤率、手术平均用时更短、创伤更小、并发症更少、减缓术者疲劳、可远程指导和操作等优势。

4. 经皮穿刺手术机器人

经皮穿刺手术机器人是指一类利用MRI、超声、CT等成像技术在体内组织中定位穿刺目标，并在术中通过超声、X射线进行实时引导，在自主操控或主从操控的模式下驱动穿刺针头到达目标位置，辅助完成经皮穿刺手术的机器人，可用于辅助活检、引流、消融、植入等诊疗操作。在诊断方面，经皮穿刺手术机器人可穿刺肺、肝、肾、乳腺、前列腺、胰腺、脊椎等器官，取出目标组织样本，进行病理检查，如检测早期肝癌、肺癌、乳腺癌及前列腺癌等；在治疗方面，经皮穿刺手术机器人可用于肾结石手术、肿瘤消融手术、放射粒子植入治疗癌症手术等方面。经皮穿刺手术机器人系统主要包括成像系统、定位辅助系统、术前规划系统、呼吸传感系统、主控与执行系统等，核心功能包括病灶智能识别、穿刺路径规划、穿刺手术导航定位、机械臂辅助穿刺、活检取样及消融治疗等。

经皮穿刺手术机器人系统的工作原理如下：医生通过 MRI、超声、CT 检查患者病灶部位，获取患者医学影像后传送至系统进行穿刺进针规划，包含入针点、角度和深度等信息，完成整体手术规划。光学跟踪系统实时监测位置信息，机械臂根据规划路径自动循迹，并结合三维空间信息和人体呼吸运动频率主动避开骨骼、血管及重要脏器。在手术过程中，机械臂提供稳定的末端把持平台，并依据医生规划实现精确定位以及辅助进行穿刺取样或激光消融。

与传统手术相比，经皮穿刺手术机器人具备穿刺手术精度高、单次穿刺成功率高、并发症发生率低、穿刺稳定性好、CT 次数少、手术操作便捷、穿刺过程更安全等优势。

5. 经自然腔道手术机器人

经自然腔道手术机器人是指一种通过呼吸道、食道、肠道、尿道等与外界相通的自然腔道，将内镜及手术器械伸入人体内部，进行探查、活检以及各种手术操作的微创外科机器人，是一种具备刚柔耦合、小型便捷、柔性灵活等优点的高度集成机器人系统，可应用于泌尿外科经尿道手术、头颈部经口手术等以及支气管镜、结肠镜等内镜探查，在泌尿外科、胃肠科、胸外科、耳鼻喉科和普外科等多个科室均有广泛使用。经自然腔道手术机器人系统主要包括医生主从控制系统、视觉图像处理及显示系统和末端柔性手术器械驱动控制系统等，其核心功能一般包括自然腔道导航、内窥镜一体化、高清三维视觉成像、多段耦合柔性机械臂控制、主从式手术器械操控、多功能末端器械以及人体生理震颤滤除等。

经自然腔道手术机器人系统的工作原理如下：系统整体采用主从操作控制，医生通过操纵操作台控制手术执行系统，柔性内窥镜经呼吸道、食道、肠道、尿道等自然腔道进入体内，随后刺穿其中一个内脏壁（如胃、结肠、阴道或膀胱）后进入腹腔。柔性内窥镜手术器械通过内窥镜的工作通道进入腹腔以便进行手术，多个手术器械在内窥镜末端可以独立运动。手术执行系统在过滤手部震颤的基础上可精确复现操作台运动，在三维成像的引导下，控制手术执行系统运动，可进行检查、剥离、打结、缝合、切割、抓取等手术操作。

与传统手术相比，经自然腔道手术机器人具备创伤小、恢复快、体表无疤痕、降低感染风险、提高手术安全稳定性、滤除手部震颤、操控精准灵活、深部病灶轻松触达、术中视野全面清晰、产品小型便捷、减缓医生手术疲劳等优势。

6. 泛血管手术机器人

泛血管手术机器人是指在医学影像导航辅助下，外科医生采取递送、旋捻等操作，控制导管或导丝在患者血管中按术前规划路径前进并引向目标，精准到达心脏或脑部的病灶位置并进行诊断或治疗的医疗设备，其实质是外科手术机器人与血管介入技术的有机结合。泛血管手术机器人是一种主从操作设备，一般是医生通过主端手柄输入动作，机器人从端复现医生手部动作。在心脏、脑部、外周血管相关疾病的介入手术中，能够辅助医生远程控制导管、导丝进行手术。泛血管手术机器人通常由成像装置、定位机械臂、推进装置、操作装置四部分组成。目前主要有两种类型：一是用于血管介入术的手术机器人，如冠脉支架术、颈动脉支架术、肾动脉支架术和脑动脉支架术；二是用于心脏电生理治疗手术机器人，如心脏电生理检查、房颤消融等。其核心功能包括介入通道构建、实时路径规划、图像导航定位、主从控制、运动缩放控制、造影引导推送、导丝触觉感知、生理震颤消除、视觉反馈、异常检测及保护技术等。

泛血管手术机器人系统的工作原理如下：医生根据术前影像数据构建患者血管二维或三维图像，定位病灶位置。医生在隔离室内操纵主端装置，控制系统接收操纵信号并向从端装置传递控制指令。从端装置实时复现医生手部操作，控制导丝、导管、球囊、支架等在血管腔内前进、后退、旋转，最终到达病灶位置并进行有针对性的操作。在手术过程中，从端装置实时检测导丝、导管的力信息和位置信息，通过控制系统进行数据处理后传递至外接显示器，医生结合显示器实时显示的力、位置信息进行下一步操作，保证手术安全。

与传统手术相比，泛血管手术机器人具备射线防护、精准操作、灵活便捷、医患隔离、远程交互、缩短手术时间以及抑制手部震颤等优势。

7. 其他专科手术机器人

其他专科手术机器人还包括眼科手术机器人、整形外科手术机器人、耳鼻喉科手术机器人、牙科手术机器人和心脏外科手术机器人。眼科手术机器人和整形外科手术机器人通常用于白内障手术、视网膜修复手术、整容手术等，医生直接握住机器人末端的手术器械，直接拖动机器人进行手术，机器人能够消除医生的手部震颤，提供极高的操作精度和稳定性。耳鼻喉科手术机器人无须制造额外创口，直接进入耳道、鼻腔、喉咙等狭小且复杂区域进行手术操作。牙科机器人具备重建口腔三维环境、牵引口腔内壁、对目标牙齿导航定位功能。心脏外科手术机器人在心脏搭桥和瓣膜修复手术中，能够通过微创方式进入胸腔，减少手术对病人的创伤并加快术后恢复。这些专科手术机器人通过特定的功能，极大地提升了手术的成功率和安全性，推动了现代微创外科手术的发展。微创手术机器人如图5-9所示。

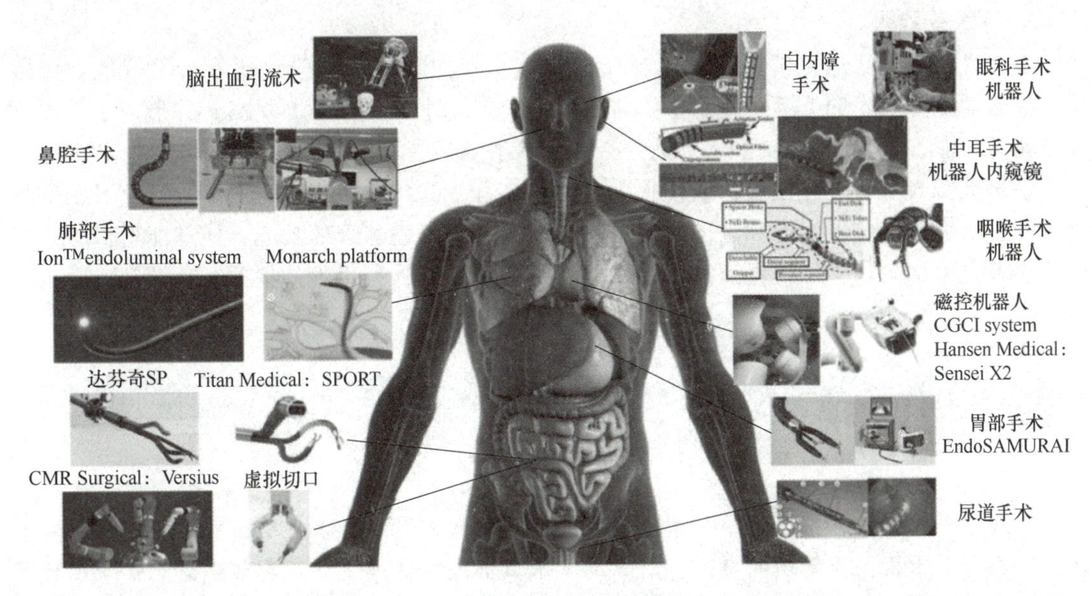

图5-9 微创手术机器人

5.1.4 手术机器人发展规律

随着计算机、机器人、人工智能等技术的发展，手术机器人经历多次更新迭代，已逐渐渗透到胸部外科、心脏外科、腹部外科、泌尿科、妇产科、消化内科、甲状腺外科、五官科等各大科室。纵观手术机器人发展的历史，基本呈现结构小型化、功能专科化、手术智能化的发展规律。

1. 结构小型化

外科发展的重要目标之一就是以更小的损伤、更精准的操作处理体内病灶，而手术机器人结构的小型化就是在这一目标牵引下形成的发展规律。一方面，随着材料性能的不断进步、机械加工能力的不断增强、传感控制精度的不断提升，手术机器人的末端结构尺寸可以不断减小，手术入路也随之不断改进，这样手术机器人抵达病灶过程中所需要破坏的组织也就更少，其最终实现以更小的人体损伤完成手术目标，保障预后康复效果，介入式手术机器人、经自然腔道手术机器人都是秉持着这一发展理念而诞生的，另一方面，更加细小、精密的机械结构也能提升机器人手术操作的精准度，使得原本超越人类操作能力极限的手术成为可能，例如眼科手术机器人可以在眼球上开个小孔，将机器人手术器械伸入眼球抵达眼底，进而开展面向眼底血管的手术操作。

2. 功能专科化

专科化即手术机器人应用领域的进一步细分，针对不同科室和病症的诉求进行特定的结构和功能开发，以满足不同手术操作过程指南的规范和要求，现有的手术机器人已经向各科室专用机器人发展。例如：腔镜手术机器人、骨科手术机器人、泛血管手术机器人、经自然腔道手术机器人、经皮穿刺手术机器人、神经外科手术机器人、眼科手术机器人、口腔手术机器人等。手术机器人的专科化发展将更符合外科医生的操作习惯，面向专科术式的针对性更强，更有利于提高手术过程的精度和效率，充分发挥人与机器人能力互补的优势。

3. 手术智能化

手术机器人的智能化发展主要体现在智能自主能力的不断提升。随着人工智能、大数据、机器学习等技术的不断进步，手术机器人的智能化水平也在不断提高，并形成了一系列智能辅助功能，例如：自主定位、自主规划、自主导航、自主追踪、自主切割、自主缝合等。手术机器人的智能化发展不断优化手术操作流程，为外科医生带来更高效、更灵活和更便捷的手术流程体验，智能算法的应用也不断丰富了手术机器人的功能，使其能适应更多复杂的手术应用场景。手术机器人的智能化也将进一步保障外科手术的精准、高效和安全。

5.2 工作原理

在众多手术机器人中，腔镜手术机器人因其自动化程度高、末端执行机构灵活、稳定性好，被称为手术机器人领域的皇冠，是高端手术机器人的代表之一。本节将以高端手术机器人中的多孔式腔镜手术机器人为主，针对腔镜手术机器人的工作原理、手术端子系统构造原理、医生控制子系统构造原理、影像处理子系统构造原理以及其他子系统构造原理进行阐述。为了帮助理解手术机器人的构造原理，本节将重点介绍腔镜手术机器人构造过程中用到的相关理论和基础知识，包括腔镜手术机器人系统架构、腔镜手术机器人体内感知原理、手术机器人运动学原理、手术机器人主从控制原理和手术机器人能量器械原理。

5.2.1 腔镜手术机器人系统架构

1999年，美国直觉外科公司（Intuitive Surgical）研制出了新一代的微创外科机器人系统——达芬奇（da Vinci）手术机器人系统，并在2000年获得FDA批准用于临床手术，经过二十多年的发展，达芬奇手术机器人系统已经成为全球范围内最为成功的临床外科手术机器人系统，被誉为手术机器人领域发展的里程碑。达芬奇手术机器人系统主要由医生控制子系统（Surgeon Console）、手术端子系统（Patient Cart）和影像处理子系统（Video Cart）构成，如图5-10、图5-11所示。

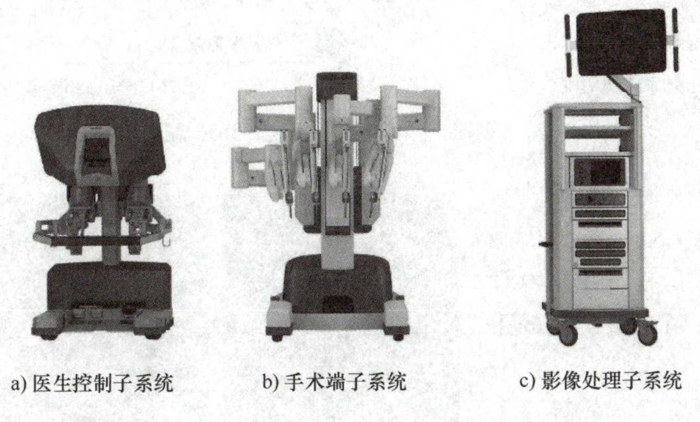

a) 医生控制子系统　　b) 手术端子系统　　c) 影像处理子系统

图5-10　达芬奇手术机器人系统构成

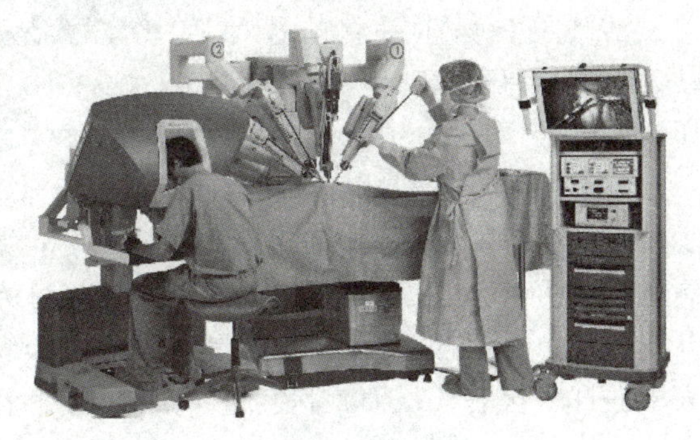

图5-11　达芬奇手术机器人系统

手术端子系统主要包括四条手术从机械臂，各有其特定的功能分工，如图5-12a所示。腔镜夹持臂携带高清3D腹腔镜，可在手术中为医生提供病灶区域的实时三维图像。另外三条机械臂为手术操作臂，在其末端可安装各种手术器械以完成手术操作。通常第一手术器械臂用于握持和固定组织或器官；第二手术器械臂用于切割、分离和电凝；第三手术器械臂用于缝合和缝合线打结。通过这些机械臂的分工合作，达芬奇手术机器人能够在狭小的手术空间内进行高精度的微创手术。

每条手术操作臂总共具有十一个可运动关节，其中包括四个辅助定位关节和七个动力关节，如图5-12b所示；而内窥镜夹持臂则只具有七个可运动关节。为了保护病人体表的手术切口免受机械臂扯动造成伤害，达芬奇手术机器人的从机械臂采用了特殊的结构设计：平行四边形远心机构（Parallelogram Remote Center of Motion Mechanism），并使得其运动远心点（Remote Center Point）与病人体表的手术微创口刚好重合，从而从结构上保证病人的安全。

达芬奇手术机器人的腔镜为高分辨率3D镜头，腔镜系统不需要助手扶镜，术者的视野与开放式手术无异，且可将组织器官放大10倍以上，使患者体腔内组织更高清，使主刀医生较传统的腔镜手术更能把握手术操作距离，辨认组织解剖结构，易于切割、缝合及打结等各种精细操作，提升了手术精准度。

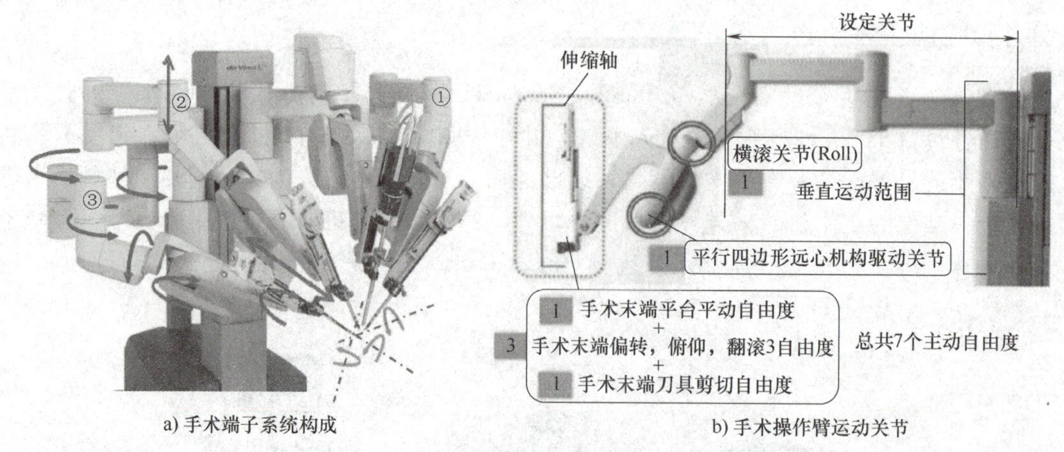

a) 手术端子系统构成　　b) 手术操作臂运动关节

图 5-12　达芬奇手术机器人系统的手术端子系统

为了提高手术操作的灵巧度，Intuitive Surgical 公司还根据人手腕关节的自由度特点，专门开发设计了一套完整的具有四个自由度的手术器械 EndoWrist（包含医用镊子、医用针、剪刀、电凝器、外科手术刀等各种微创手术器械），能够完美灵活地复现医生手腕的各种运动，实现各种手术动作，如图 5-13 所示。

a) 灵巧手动作　　b) 各种类型手术器械

图 5-13　达芬奇手术机器人系统的 EndoWrist 手术末端器械

医生控制子系统包括一套目镜式三维显示系统和两个七自由度的主操纵手。主刀医生手持主操纵手通过主从控制的方式控制从机械手臂的运动。目镜式三维显示系统可为医生提供如同开放式手术观察效果一样的实际视觉感受，并通过巧妙布置目镜和两个主操纵手的相互位置，真实模拟开放手术下人眼、人手的自然状态，从而使医生直观地控制手术器械，增强医生的操作临场感，如图 5-14 所示。

影像处理子系统内装有达芬奇手术机器人的核心处理器及图像处理设备，放置在无菌区以外，在手术过程中可由巡回护士操作。传统的腔镜成像主要弊端是二维平面成像，缺少三维立体感，使术者难以在显示器上辨别组织的空间关系。

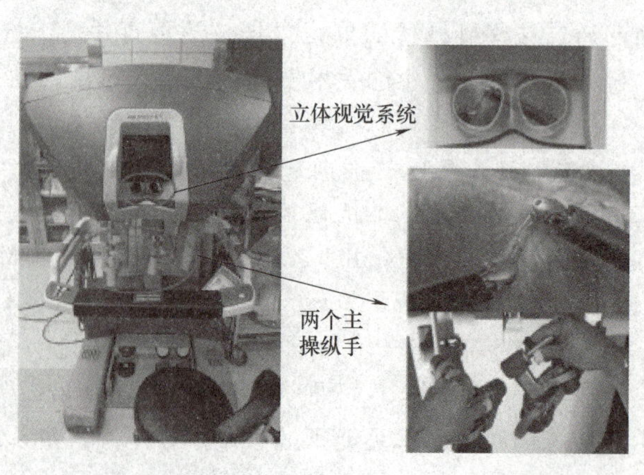

图 5-14　达芬奇手术机器人系统的医生控制子系统

达芬奇手术机器人系统主要通过主从操控的方式由医生操作机器人系统开展微创手术。在手术开始之前，辅助医生会对病人进行麻醉、制造腹部微创切口、制造气腹环境等常规的微创手术准备。辅助医生将达芬奇手术机器人手术端机械臂系统移动到手术台旁边，每个机械臂末端都安装了高度灵活的微创手术器械，能够在狭小的手术空间内进行复杂的操作。然后，辅助医生手动移动机械臂将手术器械和腹腔镜末端从微创切口插入患者体内。主刀医生坐在操控台前，通过高分辨率的3D立体成像系统观察病人体内的实时影像。这个影像系统提供了高清、放大的视图，使医生可以清晰地看到手术区域的细节。操控台的手柄和脚踏板用于控制机械臂和手术器械的移动和操作。在整个手术过程中，医生的手部动作通过主手控制器实时传递给从手控制器，后者精确地驱动机械臂执行相应的动作，以此确保手术的准确性和安全性。例如，在进行肿瘤切除手术时，医生可以通过操控台细致地分离肿瘤组织并进行切除，在重要的血管和神经结构附近操作时，可以调整主手从手的运动比例使操作更精确。这种高精度的操作大大减少了术中出血和术后并发症的风险。手术完成后，辅助医生将所有的手术器械从病人体内取出，并对微创切口进行缝合和包扎。

5.2.2　手术机器人体内感知原理

常规手术中医生需要用肉眼观察病灶情况，并不断根据视觉和触觉反馈调整手术操作，手术机器人同样需要感知到体内环境信息才能辅助医生或自主进行手术操作。相较于普通机器人的感知需求，手术机器人对体内环境的感知要求更高的精度和更快的速度，但受限于狭窄的体内手术空间，手术机器人的感知设备主要为腔镜上搭载的摄像头，也就是视觉感知手段。接下来将围绕立体视觉系统、单目腔镜工作原理、双目腔镜空间感知展开介绍体内视觉感知原理。

1. 手术机器人的立体视觉系统

手术机器人的立体视觉是对人类视觉系统的模仿，因而首先介绍一下人眼视觉系统的生物学原理。人类肉眼感受到立体感（深度感知）的过程主要依赖于双眼视差、单眼线索以及其他感官和认知信息的综合作用。其中，双眼视差是立体感的主要来源。由于人类双眼相距一定距离，（即眼距，一般成年人的眼距为6~7cm），这就导致两只眼睛接收到的图像略有差异，这种差异被称为视差。根据基本的几何透视关系可知，视差越大，则物体越近，视差越小则物体越远，大脑可以比较左右眼接收到的图像，计算视差，左右图像最终会由大脑视觉皮层融合成一个三维图像，使得人们能够感知物体的距离，产生立体感。

手术机器人立体视觉系统与人眼分离布置类似，需要两个摄像头间隔一定距离对手术场景进行图像捕获，保证拍摄的画面中携带视差信息。根据这两个摄像头安装位置的不同，机器人双目立体视觉结构可分为双目汇聚式视觉结构和双目平行式视觉结构。双目汇聚式视觉结构的两个摄像头呈现出一定的汇聚角度。即两个摄像头的光轴相交，这样的结构能保证近距离场景中更高的深度测量精度。双目平行式视觉结构是对人眼结构的模拟，其摄像头被平行安装于基座上，这种结构更加简单，也易于实现和调整。最常见的形式为双目平行式结构，以达芬奇手术机器人为例，这两个摄像头会被平行安装在腔镜内部，捕获的图像经过处理后会按照左右目分别反馈至医生观察窗左目显示器和右目显示器处，模拟正常人眼观察到的画面，使操作者大脑自动从视差信息中形成立体视觉反馈。

图5-15所示为达芬奇手术机器人双目分离显示的过程，可以发现该过程需要两块高清显示器才能完成立体显示效果，因此为了在单块显示器上也能显示三维立体效果，研究人员发明了偏振式显示和三维重构式显示技术。

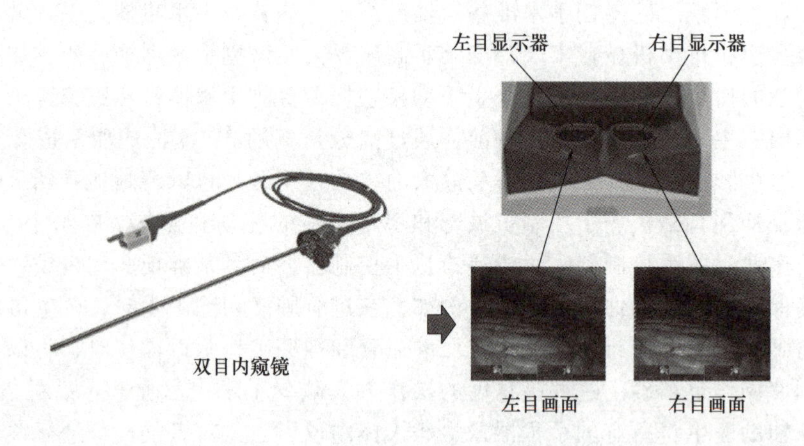

图 5-15 达芬奇手术机器人双目分离显示流程

偏振式显示技术通过利用偏振光原理来实现立体显示。具体来说，这种技术将采集到的3D图像分为两个独立的图像，分别对应左眼和右眼。这两个图像混叠在一起并由被加放偏振滤光板的显示屏显示，使左眼图像被垂直偏振，右眼图像被水平偏振。观众佩戴的偏振眼镜含有对应方向的偏振片，左眼片只允许垂直偏振光通过，右眼片只允许水平偏振光通过，这样每只眼睛只能看到对应的图像。大脑将左右眼看到的图像融合，利用视差信息产生深度感，从而实现立体视觉效果。

三维重构式显示技术则首先将采集到的双目图像利用三维重构算法重建成三维模型，最后将该三维模型投影至屏幕即可。由于手术机器人自身视觉信息获取的实时性要求，三维重构算法的精度和效率十分重要，经典的双目重构算法为立体匹配算法。立体匹配算法一般分为以下四个步骤：匹配代价计算、匹配代价聚合、视差计算优化和视差细化求精。其中，匹配代价计算的目的是对图像中每个匹配点进行相似程度度量，匹配代价值越大则说明该对匹配点差异越大，反之则差异越小。为了解决单个像素点孤立匹配鲁棒性差、易受噪声干扰的问题，接下来需要进行匹配代价聚合，该步骤实际上是一个滤波过程，通过构建代价聚合窗口，将匹配点邻域内的像素点的匹配代价也考虑在其中，聚合成新的匹配窗口，以整个匹配窗口的匹配代价值作为整体来衡量匹配点之间的相关性。视差计算优化就是要确定局部像素的视差值，一般采取“赢者通吃”原则，即匹配代价值最小的视差作为该点的最佳视差值。

2. 单目腔镜工作原理

单目腔镜是微创手术中最常见的视觉成像器械，其成像过程可以使用针孔模型描述，图 5-16 展示了该模型的几何原理。拍摄的场景，即物点会通过相机的光轴中心点 O_C，也被称为相机光心，投射至成像平面 I'。该成像平面实际位于光心后方，为了方便理解可以将其翻转至相机光心前方，成像平面到相机光心的距离称为焦距 f_C。

为构建三维空间与相机投影平面的映射关联，建立相机欧式三维坐标系 $O_CX_CY_CZ_C$。通常将相机坐标系下原点设置在投影中心 O_C，X 轴与成像平面的水平方向平行，Y 轴与成像平

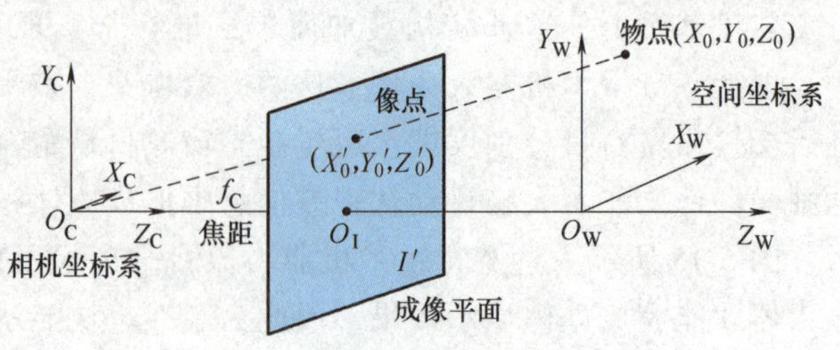

图 5-16 单孔成像相机的几何原理模型

面的垂直方向平行，而 Z 轴与 X 轴、Y 轴相互垂直并由光心指向相机拍摄方向，同时三轴方向满足右手坐标系准则。在相机坐标系下，被拍摄三维空间物体与其对应成像平面点之间可以建立映射函数关系，被拍摄物体三维坐标通常表示为（X，Y，Z），其对应点在成像平面上的坐标表示为（x，y，f_C），通过相似三角形关系可推导出相机坐标系下物点坐标与像点坐标的关系：$X=\frac{x_Z}{f_C}$和 $Y=\frac{y_Z}{f_C}$。

一般地，将成像平面所对应平面坐标系用来描述物点在图像上的具体位置，单位通常为毫米。其原点 O_I 位于相机主光轴与像平面的交点处，X 和 Y 坐标轴分别与像平面的水平线和垂直线平行，构成像平面坐标系 O_IXY。如图 5-16 所示，像平面坐标系的两轴与相机坐标系平行，同时相机坐标系 Z 轴穿过像平面坐标系原点，因此物点在像平面坐标系坐标值与相机坐标系在成像平面上的 X、Y 坐标一致。

在单目相机中，物体会被感光元件转化为数字图像，可表示为一个像素矩阵，此时物体的像会由像平面坐标系转换到像素坐标系中，物体像素坐标可表示为（u，v），单位为像素。通常，数字图像的像素坐标系原点在图像的左上角，两轴分别与其图像的水平线与竖直线平行，那么像素坐标系与像平面坐标系之间存在相互转化关系，如图 5-17 所示。

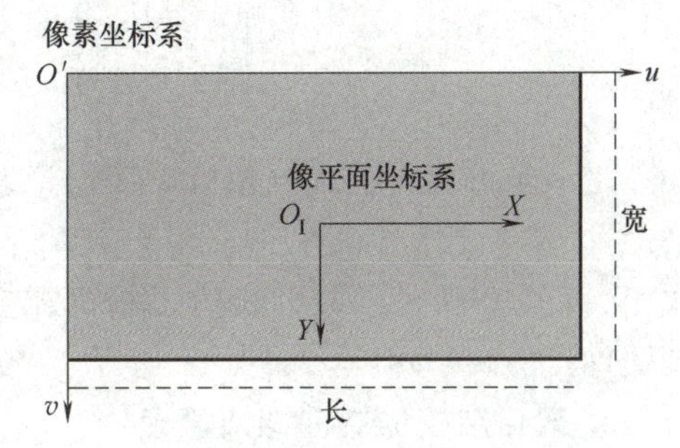

图 5-17　像平面坐标系与像素坐标系关系

坐标系间的具体关系为 X 轴方向的 1 个像素代表 dx 单位长度，Y 轴方向 1 个像素代表 dy 单位长度，相机像平面坐标系的原点与图像中心点存在偏移量（c_x，c_y）。在不考虑相机镜头畸变的情况下，坐标系间的具体关系可构建成像平面坐标系下点（x，y）与对应像素坐标系下点（u，v）的转化关系：

$$\begin{cases} u=\dfrac{x}{\mathrm{d}x}+c_x \\ v=\dfrac{y}{\mathrm{d}y}+c_y \end{cases} \tag{5-1}$$

至此，相机坐标系下拍摄场景中任一点坐标（X，Y，Z）与其对应图像像素坐标（u，v）的相互转化关系为

$$Z\begin{bmatrix} u \\ v \\ 1 \end{bmatrix}=\begin{bmatrix} f_C/\mathrm{d}x & 0 & c_x \\ 0 & f_C/\mathrm{d}y & c_y \\ 0 & 0 & 1 \end{bmatrix}\begin{bmatrix} X \\ Y \\ Z \end{bmatrix} \tag{5-2}$$

可以看到式（5-2）中起到主要转化作用的为中间 3×3 的投影矩阵，该矩阵中的参数均为相机固定参数，通常用 $\boldsymbol{K}$ 表示，它反映了在相机三维坐标系下，拍摄三维空间下物点坐标与图像像素点坐标之间的映射关系。传统的三维重构算法原理正是源于式（5-2），若已知像素坐标系中像素坐标（u，v），而其对应空间三维点位置未知，根据相机内参数 $\boldsymbol{K}$ 可以利用连接投影中心的射线$\boldsymbol{r}_X$ 对空间三维点与二维图像点建立关系，$\boldsymbol{r}_X=\boldsymbol{K}^{-1}(u,\ v,\ 1)^{\mathrm{T}}$。然而，在空间三维点投影至图像的过程中丢失该点距离投影中心的距离，即深度信息 $\boldsymbol{Z}$，因此传统三维重构算法的关键即估计该点的深度 $\boldsymbol{Z}$。

通常，在场景空间中物体位置被定义在世界坐标系 $O_W X_W Y_W Z_W$ 下，作为用于导航定位的全局三维欧式坐标系。为建立场景全局三维点与相机二维影像之间的映射，需要进一步确定世界坐标系与相机坐标系的转换关系。

世界坐标系与相机坐标系间的转化是刚体的平移与旋转，转化后就可以实现坐标对齐，同时记平移与旋转矩阵分别为：$\boldsymbol{T}=[X_t, Y_t, Z_t]^T$ 与 $\boldsymbol{R}$。那么世界坐标系下任一点 $\boldsymbol{X}^W=(X_W, Y_W, Z_W)$ 与其对应的相机坐标系的坐标点 $\boldsymbol{X}^C=(X, Y, Z)$ 建立下式关系：

$$\boldsymbol{X}^C=\boldsymbol{R}\cdot\boldsymbol{X}^W+\boldsymbol{T} \tag{5-3}$$

综上所述，利用齐次坐标可以建立全局世界坐标系下三维点坐标 $\boldsymbol{X}^W=(X_W, Y_W, Z_W)$ 与其对应相机图像像素坐标系下二维坐标 (u, v) 的映射关系：

$$\begin{bmatrix} u \\ v \\ 1 \end{bmatrix}=\begin{bmatrix} f_C/\mathrm{d}x & 0 & u_0 \\ 0 & f_C/\mathrm{d}y & v_0 \\ 0 & 0 & 1 \end{bmatrix}\begin{bmatrix} \boldsymbol{R} & \boldsymbol{t} \\ 0^T & 1 \end{bmatrix}\begin{bmatrix} X_W \\ Y_W \\ Z_W \\ 1 \end{bmatrix} \tag{5-4}$$

进一步可以将上式的相机矩阵化简为

$$\boldsymbol{X}_{u,v}=\boldsymbol{KTX}^W=\boldsymbol{MX}^W \tag{5-5}$$

式中，$\boldsymbol{T}$ 为相机外参数，表达了相机在空间中的旋转和平移信息；$\boldsymbol{M}$ 为相机将世界点映射到图像点的映射矩阵。

3. 双目腔镜的空间感知原理

由于单目腔镜在成像过程中丢失了深度，因此医生在观察单目腔镜图片时，仅能依靠自身如遮挡、相对大小、纹理梯度和运动视差等单眼线索粗略感知体内组织间的几何关系。为了克服单目腔镜的上述缺陷，为医生提供具有纵深感的画面，双目腔镜被广泛应用在手术机器人系统中。

双目腔镜包括双影像通道与光源两部分。两个相同规格的摄像机同时采集头部光学元件的图像，经过镜头、镜组、目镜等组件形成光路到达图像传感器并成像，最终将同一光源、不同视角的两幅图像同时传至图像采集卡，并呈现在显示设备上，即可得到立体视觉效果。双目腔镜的双目构造可以简化为如图 5-18 所示结构，左右两台摄像机的投影面处于同一个水平面上，它们的视场范围部分重合，光轴基本平行，在实际使用中需要标定两个相机间的位姿关系。

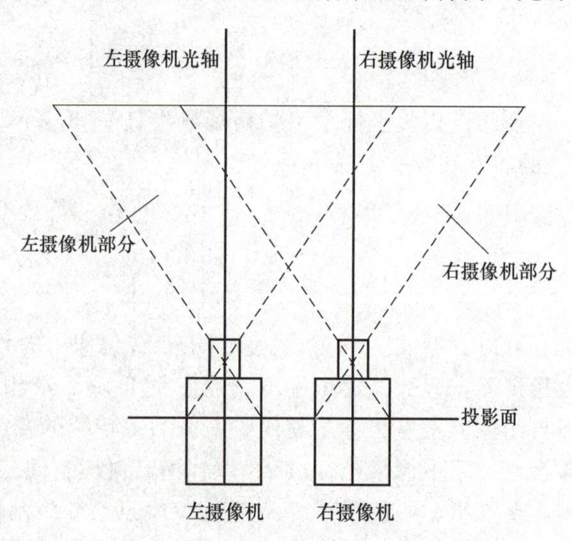

图 5-18　双目腔镜构造示意图

现在，在上述双目构造基础上，利用简单的几何知识分析物点、光心和像点的关系。如图 5-19 所示，O_L、O_R 是双目摄像头的两个光心，b 是两光心之间的距离，空间中任意三维点 $P(X, Y, Z)$ 在左右成像平面上均存在投影点，设其分别为 $P_L(x_l, y_l)$，$P_R(x_r, y_r)$，O_LP_L、O_RP_R 分别为左右摄像机光轴。对于不同位置的点 P，成像点 P_L、P_R 与各自光轴的距离差是不同的，这种投影点的偏差即所谓视差。

在双目相机参数和相对位姿已知的情况下，求解空间任意点 P 的深度信息 h 的问题可转化为求 P 点在双目相机左右目图像中对应点的视差问题。由于两个摄像头的成像平面共面，即令 $y_l=y_r=y$，由相似三角形的几何关系原理可知，成像点 P_L、P_R 坐标关系表达式为

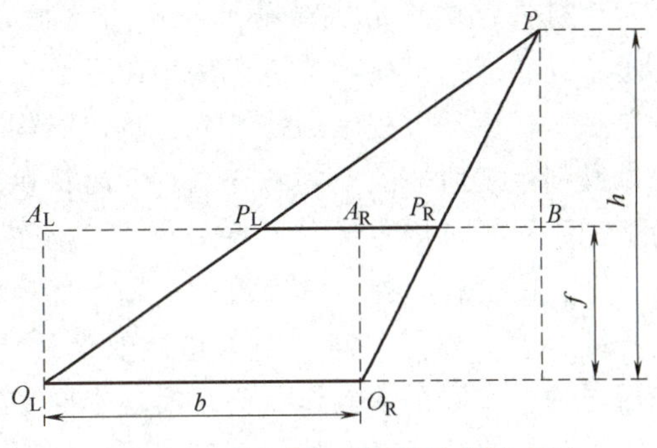

图 5-19　平行式模型视差计算示意图

$$\begin{cases} x_l = \dfrac{fX}{Z} \\ x_r = \dfrac{f(X-b)}{Z} \\ y = \dfrac{fY}{Z} \end{cases} \tag{5-6}$$

令视差 $|A_LP_L - A_RP_R| = |x_l - x_r| = d$，将上述三式联立，可计算出任意空间点 P 的三维坐标关系式为

$$\begin{cases} X = \dfrac{bx_l}{d} \\ Y = \dfrac{by}{d} \\ Z = \dfrac{bf}{d} \end{cases} \tag{5-7}$$

将式（5-6）带入式（5-7）中，即可确定出空间内任意点 P 的坐标。由式（5-6）可知，空间任一点 P 的深度 h 即为 Z 的值，它与图像中的视差值成反比，与双目摄像头光心间距和镜头焦距成正比，而光心间距和镜头焦距都可以依靠相机标定求出，所以对于双目摄像头拍摄的左目图像中的任意一个像点，只要找到右目图像中准确的对应像点，计算出视差值，就能确定任意点 P 的坐标。

5.2.3　手术机器人的运动学原理

手术机器人运动学原理涵盖了手术端机械臂构型、位姿描述、正运动学、逆运动学、远程运动中心约束，是手术机器人设计和控制的核心。其中，机械臂构型决定了机器人各关节和连杆的排列和运动方式，位姿描述涉及末端执行器的空间位置和姿态表示，正运动学用于计算给定关节参数下末端执行器的位姿，逆运动学则解决了已知末端执行器位姿求解相应关节参数的问题，远程运动中心约束确保手术机器人的运动不会对患者的创口点造成伤害。下面将详细解释各部分原理。

1. 手术端机械臂构型

手术端机械臂从机构上可分为三个相对独立的部分：①术前摆位机构：根据手术科目及患者体型对腹壁创口位置的实际要求，通过术前规划来建立手术器械进出腹腔的手术通道，

同时该机构直接决定机械臂远心点的空间位置；②术中远心点运动机构：该机构中的远心点空间位置在机构运动过程中保持不变，故该机构可以提供微创手术所需的空间不变点；同时该机构还为微创手术提供倒锥形手术空间及手术操作所需的三个自由度；③器械驱动机构：用于实现机械臂系统与手术微器械间的动力传递及信号传输，并根据术中实际手术操作需要，实现不同功能手术器械间的快速更换，如图 5-20 所示。

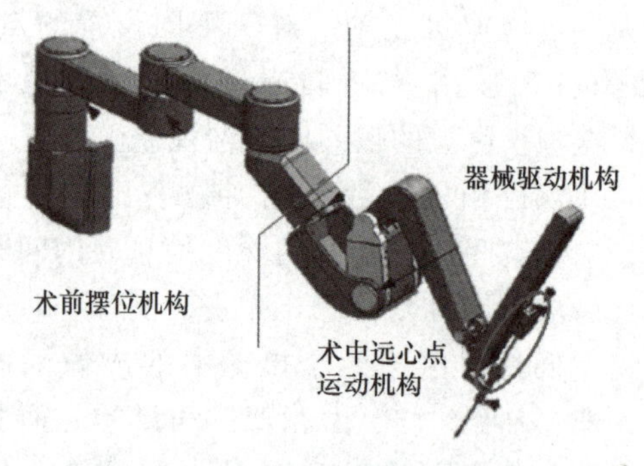

图 5-20　手术端机械臂机构示意图

2. 位姿描述

在描述机械臂关节间的关系时，必须描述位移、速度和加速度以及动力学问题，涉及位置矢量、平面和坐标系等基础知识，需要建立这些概念及其表示法。

在一个坐标系中，可以用一个 3×1 的位置矢量来确定该空间内的任一点坐标位置，在直角空间坐标系 $\{\boldsymbol{A}\}$ 中，空间任一点 p 的位置可用 3×1 的列矢量$\boldsymbol{p}^A$ 表示。

$$\boldsymbol{p}^A=\begin{bmatrix}p_x\\p_y\\p_z\end{bmatrix}\tag{5-8}$$

式中，p_x、p_y、p_z 是点 p 在坐标系 $\{A\}$ 的三个轴坐标分量；$\boldsymbol{p}^A$ 的上标 A 代表着直角空间坐标系 $\{A\}$，则用$\boldsymbol{p}^A$ 表示 p 点的矢量表示。

描述机械臂的运动与操作，除了表示空间某个点的位置，还需要表示刚体的方位，“刚体”的方位可由固接在刚体上的坐标系描述，如图 5-21 所示。设刚体坐标系为 $\{B\}$，坐标原点一般选在刚体的特征点上，如质心等，用旋转矩阵 $^A\boldsymbol{R}_B$ 描述刚体 $\{B\}$ 相对于坐标系 $\{A\}$ 的方位，对应于轴 x、y 或 z 做转角 θ 的旋转变换矩阵为

$$\begin{cases}\boldsymbol{R}(x,\theta)=\begin{bmatrix}1&0&0\\0&\sin\theta&-\sin\theta\\0&\sin\theta&\cos\theta\end{bmatrix}\\\boldsymbol{R}(y,\theta)=\begin{bmatrix}\cos\theta&0&\sin\theta\\0&1&0\\-\sin\theta&0&\cos\theta\end{bmatrix}\\\boldsymbol{R}(z,\theta)=\begin{bmatrix}\cos\theta&-\sin\theta&0\\\sin\theta&\cos\theta&0\\0&0&1\end{bmatrix}\end{cases}\tag{5-9}$$

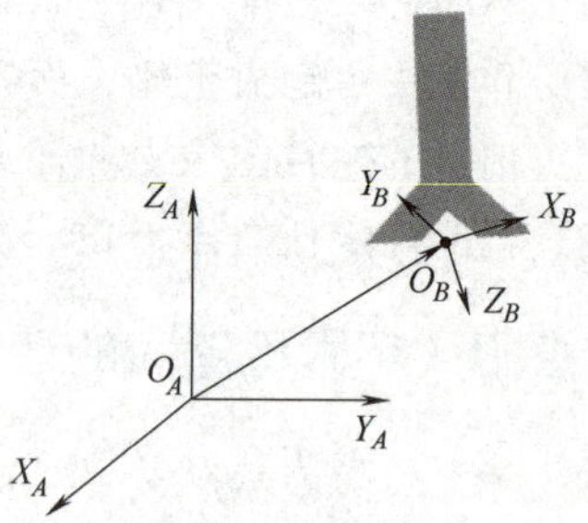

图 5-21　姿态表示

那么，相对参考系 $\{A\}$，坐标系 $\{B\}$ 的原点位置和坐标轴的方位，分别由位置矢量$\boldsymbol{p}^A$ 和旋转矩阵$\boldsymbol{R}_B^A$ 描述，刚体 $\{B\}$ 的位姿可由 $\{B\}=\{R_B^A p^A\}$ 表示。机器人学中通常将旋转矩阵 $\boldsymbol{R}$ 和位置矢量 $\boldsymbol{p}$ 组合成一个 4×4 的齐次变换矩阵 $\boldsymbol{T}$ 来表示刚体的位姿变换，数学表示为

$$\boldsymbol{T}=\begin{bmatrix}\boldsymbol{R}&\boldsymbol{p}\\\boldsymbol{0}^{1\times3}&1\end{bmatrix}\tag{5-10}$$

通过这种统一表示，可以方便地进行多次变换的组合，只需通过矩阵乘法即可实现连续的旋转和平移操作。

3. 机械臂正运动学

机械臂正运动学是基于给定机器人的关节角度或位移的情况下，计算机器人末端执行器在笛卡儿空间中的位置和姿态的过程。以下介绍采用标准 D-H 参数定义的方式建立机械臂的正运动学模型。

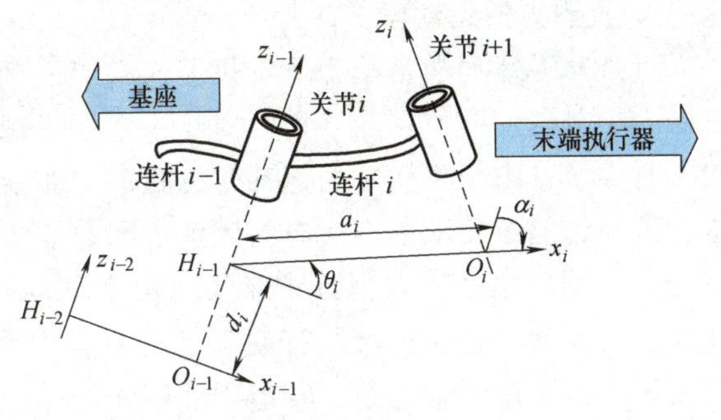

图 5-22　连杆坐标系

为了描述连杆的几何特征，将连杆和关节分别从 0 到 n 和 1 到 n 依次编号，其中连杆的数量为 $n+1$，关节的数量为 n。连杆 1 连接基座和关节 1，连杆 2 连接关节 1 和关节 2，以此类推。注意，连杆 0 为机械臂的基座，连杆 n 为机械臂的末端执行器或者工具。除了连接基座和末端执行器的连杆，每个连杆都连接两个关节。连杆 i 连接的关节 i 靠近基座端，连接的关节 i+1 则靠近末端执行器端，如图 5-22 所示。其中 D-H 参数的物理含义、符号和定义见表 5-1。

表 5-1　D-H 参数（物理含义、符号和定义）

符号	参数	物理含义	定义
θ_i	关节角	变量(转动关节)	x_{i-1} 轴与x_i 轴间关于z_{i-1} 轴的角度
d_i	连杆偏移	变量(移动关节)	沿z_{i-1} 轴,$i-1$ 坐标系原点到x_i 轴距离
a_i	连杆长度	常量	沿x_i 轴,z_{i-1} 轴和z_i 轴间的距离
α_i	连杆扭转角	常量	z_{i-1} 轴和z_i 轴间关于x_i 轴的角度

从连杆坐标系 i-1 到 i 的变换即为基本的旋转与平移，形式可表达为

$$\boldsymbol{T}_i^{i-1}(\theta_i,d_i,a_i,\alpha_i)=\boldsymbol{T}_{R_z}(\theta_i)\boldsymbol{T}_z(d_i)\boldsymbol{T}_x(a_i)\boldsymbol{T}_{R_x}(\alpha_i) \tag{5-11}$$

展开为

$$\boldsymbol{T}_i^{i-1}=\begin{bmatrix}\cos\theta_i & -\sin\theta_i\cos\alpha_i & \sin\theta_i\sin\alpha_i & a_i\cos\theta_i\\ \sin\theta_i & \cos\theta_i\cos\alpha_i & -\cos\theta_i\sin\alpha_i & a_i\sin\theta_i\\ 0 & \sin\alpha_i & \cos\alpha_i & d_i\\ 0 & 0 & 0 & 0\end{bmatrix} \tag{5-12}$$

对于旋转关节，d_i、a_i、α_i 都是常数，θ_i 是变量，它表示连杆 i 与连杆 i−1 的相对旋转角度。对于移动关节，θ_i、a_i、α_i 都是常数，d_i 是变量，它表示连杆 i 相对连杆 i−1 平移的距离。

采用 D-H 法，建立的机械臂正运动学模型为 $T_n^0=T_1^0T_2^1\cdots T_n^{n-1}$，连杆变换通式为

$$\boldsymbol{T}_i^{i-1}=\begin{bmatrix}\cos\theta_i & -\sin\theta_i\cos\alpha_i & \sin\theta_i\sin\alpha_i & a_i\cos\theta_i\\ \sin\theta_i & \cos\theta_i\cos\alpha_i & -\cos\theta_i\sin\alpha_i & a_i\sin\theta_i\\ 0 & \sin\alpha_i & \cos\alpha_i & d_i\\ 0 & 0 & 0 & 1\end{bmatrix} \tag{5-13}$$

式中，s_i、c_i 分别指代 $\sin\theta_i$、$\cos\theta_i$。根据连杆变换通式及机械臂 D-H 参数表，可得 1~6 关节的状态转移矩阵。

4. 机器人逆运动学

机械臂逆运动学是基于给定机器人末端执行器的目标位置和姿态计算实现该位姿所需的机器人关节角度或位移的过程。对于手术端机械臂这种串联型机械臂而言，其映射关系通常为一对多，且由于机械臂的运动学方程高度非线性且耦合，因此逆运动学问题的求解比较困难，该问题的主要求解方法有封闭解法和数值解法。

（1）封闭解法　根据公式或几何构型直接推导出关节变量的数学表达式，具有计算速度快、精度高，且能求出所有逆解的优点。但封闭解法只适合求解几何结构满足 Pieper 准则的机器人逆运动学问题，其通用性不强。

（2）数值解法　从一个给定的初始值出发，使用代价函数或目标函数作为最小化目标，通过循环迭代更新来逐渐逼近问题的精确解。数值解法通用性强，适用于冗余和非冗余机械臂，但是由于数值解的迭代性质，因此它一般要比相应封闭解的求解速度慢得多。

5. 远程运动中心约束

在微创外科手术过程中，手术器械在患者体表切口限制下做远心运动（Remote Center of Motion，RCM）时只具有四个自由度：两个绕体表切口的旋转自由度，一个沿器械轴线的平移自由度和一个绕器械轴线的旋转自由度。微创手术中实现约束远心点的形式有机械约束 RCM 机构和软件约束 RCM 机构两种。

（1）机械约束 RCM 机构　机械约束 RCM 机构是一种通过精密机械设计实现的被动式 RCM 机构，该机构构建的机器人结构简单、控制方便，可以提高手术的安全性。基于这种机构的机器人系统的远心运动控制稳定性和可靠性更高，刚性更容易得到保证。

（2）软件约束 RCM 机构　软件约束 RCM 机构是一种通过计算机算法和实时控制来实现 RCM 点固定的机构。该方法灵活性更高，通过多自由度机器人关节运动控制实现的远程中心约束，一定程度上可以增加微创手术机器人的工作空间，可以适应不同的手术环境和需求，但需要高性能计算和精确的控制系统支持。这种机构由软件控制实现，缺乏物理结构约束，因此存在控制失控导致的伤害风险。同时，基于运动控制实现的 RCM 约束是一个拟合逼近过程，相比基于机械约束 RCM 机构实现 RCM 运动，其末端定位精度较低。

5.2.4　手术机器人主从控制原理

1. 主从映射原理

在主从式微创手术机器人操作过程中，医生坐在主控台一侧，通过内窥镜成像系统观察 3D 显示器中的影像，操作主手设备来控制从机械臂运动，此时图像中的从机械臂上的手术器械能够完全复现医生的手部动作，这一过程称为主从控制。微创手术机器人常用主从控制方式包括绝对式位姿控制和增量式位姿控制。绝对式位姿控制是将主手的绝对位姿设置为从手的绝对位姿，增量式位姿控制则是将主手的位姿运动增量映射为从手的位姿增量。

位姿增量式的主从控制算法的基本原理是由主控制器根据目标位置和姿态，以及当前实际位置和姿态，计算出所需的增量指令，包括位置增量（在 x、y、z 方向上的微小位移变化量）和姿态增量（绕 x、y、z 轴的小微旋转角度变化量）。这些增量指令被传递给手术端机械臂控制器，控制器逐步执行这些增量移动和旋转操作，直到机器人或机械臂达到目标位置和姿态。通过这种方法，手术端机械臂器械末端会随着医生在医生端控制台的手部操作而运动。图 5-23 所示的机器人辅助微创手术系统中，图 5-23a 为医生控制端主操作台，即主手端子系统，图 5-23b 为手术端机械臂系统，即从手端子系统。

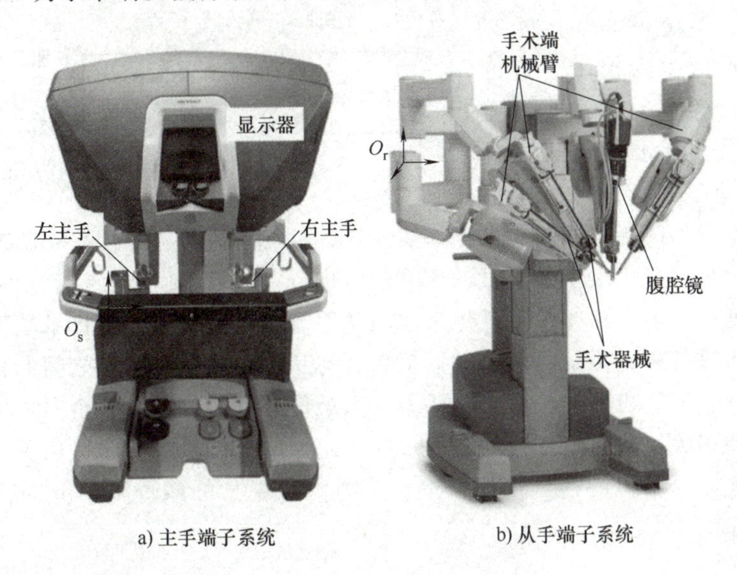

图 5-23　手术机器人主从端系统

以医生的左手运动为例，将主操作手握柄的运动分为位置的平移和姿态的旋转。在初始状态下，在手术机器人系统启动主从操作算法之前，$\boldsymbol{p}_{t0}$、$\boldsymbol{R}_{t0}$ 分别表示机器臂夹持的手术器械末端点在机械臂的基坐标 O_r 下的初始位置的平移和初始姿态，$\boldsymbol{p}_{t0}\in\mathbb{R}^{3\times1}$，$\boldsymbol{R}_{t0}\in\mathbb{R}^{3\times3}$，$\boldsymbol{p}_{start}$、$\boldsymbol{R}_{start}$ 分别表示在主操作手坐标系 O_s 下其握柄的初始平移和姿态，下一时刻其握柄的平移和姿态为 $\boldsymbol{p}_s$、$\boldsymbol{R}_s$。因此初始状态到下一时刻，医生左手在主操作手握柄的运动在主操作手坐标系下的位置和姿态表示为

$$\begin{cases}\boldsymbol{p}_d=\boldsymbol{p}_s-\boldsymbol{p}_{start}\\ \boldsymbol{R}_d=\boldsymbol{R}_s*\boldsymbol{R}_{start}^{-1}\end{cases}\tag{5-14}$$

通过术前对主操作手的坐标系 O_s 和机械臂的基坐标 O_r 进行标定，可以得到主操作手的坐标系 O_s 到机械臂的基坐标 O_r 的旋转矩阵$\boldsymbol{R}_r^s$，下一时刻在机械臂的基坐标 O_r 下，机械臂末端所持的手术器械的位置与姿态：

$$\begin{cases}\boldsymbol{p}_{t1}=\boldsymbol{R}_r^s*\boldsymbol{p}_d\\ \boldsymbol{R}_{t1}=\boldsymbol{R}_r^s*\boldsymbol{R}_d\end{cases}\tag{5-15}$$

由此，可得到在下一时刻机械臂末端移动的目标位置：

$$\boldsymbol{T}_{end}=\boldsymbol{T}_{tool}^{end}*\begin{pmatrix}\boldsymbol{R}_{t1}*\boldsymbol{R}_{t0} & \boldsymbol{p}_{t1}+\boldsymbol{p}_{t0}\\ 0 & 1\end{pmatrix}\tag{5-16}$$

$\boldsymbol{T}_{tool}^{end}$ 为手术器械末端点到机械臂末端点的 4 阶转换矩阵，因此，$\boldsymbol{T}_{end}$ 代表的下一时刻机械臂末端点所要达到的位置，可通过机械臂的逆运动学，得到各个关节的角度，实现主从操作。

2. 主从控制流程

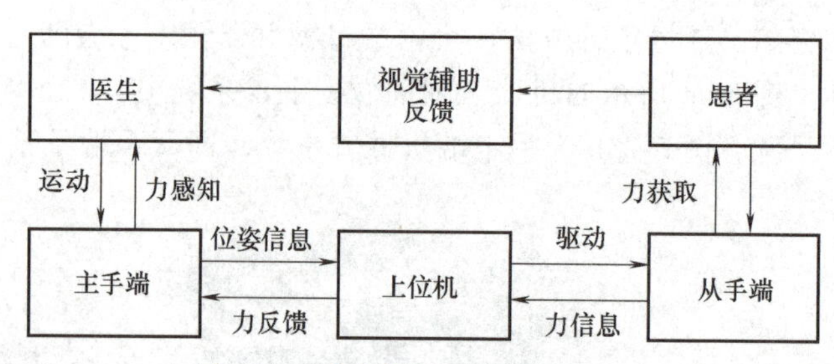

图 5-24　手术机器人主从控制框架

主从控制框架主要由以下几个部分组成：医生、主手端、上位机、从手端、患者，系统框架如图 5-24 所示。首先，在医生操控主手进行手术时，主手将各个关节的实时姿态数据传至上位机。上位机对这些数据进行正运动学计算，得出主手末端的位置和方向。随后，根据预设的映射比例，计算得出从手端手术器械的末端目标位置。然后，上位机对从手端手术器械的末端位置进行逆运动学解析，计算出从手各个关节应达到的姿态角度。最后，这些信息被用来驱动从手端的电动机，使器械末端精准到达目标位置。在微创手术进程中，系统能够实时捕捉患者与从手端执行器末端之间的交互力信息，并将这些信息反馈至上位机。上位机对这些力、力矩信息进行处理后，会向主手的电动机发送指令，对主手的相关关节施加等效的阻尼效果。此外，上位机还实时提供手术现场的图像信息，帮助医生获取内窥镜的视觉反馈。医生在力觉和视觉的双重辅助下，能够进行更加合理、精准的操作。

5.2.5　手术机器人能量器械原理

手术机器人系统中的能量器械包括高频电刀、超声刀等，其工作原理同腹腔镜下的能量器械基本相同。在手术过程中，手术机器人系统通过整合能量设备实现高频电刀、超声刀的组织分离及止血功能，使得医生能更灵巧地操作控制电外科手术器械，达到精细切除病灶和保留重要血管、神经、脏器的目的。

1. 高频电刀系统

高频电刀是一种利用高频电流对目标组织的凝固和烧灼作用施行手术的设备，如图 5-25 所示，具有术后恢复快、痕迹小，感染风险低等优点，是腔镜手术中控制出血的首选方法。

图 5-25　达芬奇手术机器人高频电刀系统

（1）高频电刀工作原理　人体组织中体液的比例高达 50%~70%，体液中含有各种类型的带电粒子，阳离子如 Ca^{2+}、K^{+}、Na^{+} 等，阴离子如 S^{2-}、Cl^{-}等。当高频高压交流电流经目标生物组织时，不断变化的极性会赋予细胞内的带电粒子极大的动能，导致带电粒子快速振荡、摩擦生热，细胞受热膨胀、爆裂汽化，在这一过程中，实现了电磁能到机械能再到热能的转换，即组织热效应。图 5-26 所示为温度对组织细胞的影响。

当组织的温度低于 60℃时，细胞的蛋白质结构会发生无法被肉眼察觉到的可逆性破坏；而当局部的组织温度达到 60~100℃时，蛋白质分子间的氢键遭到破坏，蛋白质因此失去活性，与此同时，高温对细胞膜造成热损伤，导致细胞脱水。在这一温度区间内，组织主要表现为凝固、萎缩、颜色变白，这种破坏是不可逆的；当组织温度高于 100℃时，细胞内的水分迅速沸腾汽化，造成细胞破裂，此时可能伴随有烟雾产生。高频电刀是通过向目标组织施加 300kHz 以上的高频电流，使得目标组织达到不同温度来实现不同的治疗效果。

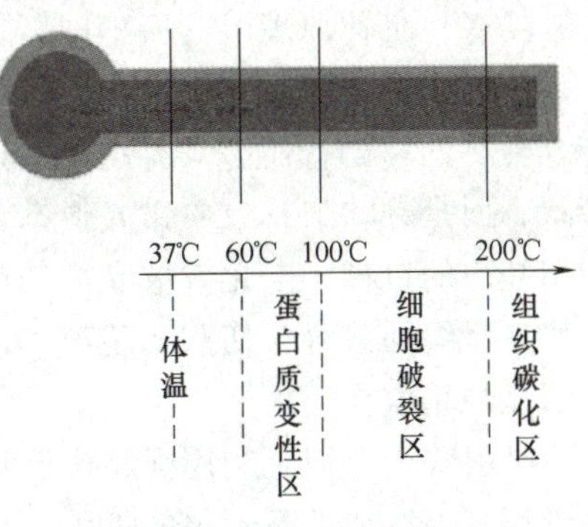

图 5-26 生物细胞温度活性

（2）高频电刀分类 高频电刀通常有单极和双极两种工作模式，单极是电刀最常见的模式，通常用于切割、电灼，其最具代表性的手术器械为医生手持的 Bovie 笔和贴在病人身上的负极板。高频能量通过 Bovie 笔作用在目标组织上，然后电流从贴在病人身上的负极板再回到能量发生器，构成一个电流的输出回路，电切需要的能量大，通常使用连续输出模式。

双极模式主要通过使血管组织凝固脱水达到止血的治疗目的，能够应用于直径小于 3mm 的毛细血管、输卵管的封闭、凝血等手术场景。在工作过程中，电流仅通过双极电凝镊的两个尖端之间的生物组织，因此，作用范围小，对生物组织的损伤程度和损伤深度也要远小于单极模式，常用于脑外科、五官科和显微外科等具有高精度要求的手术中。

2. 超声手术刀

超声手术刀是一种通过高速振动以实现生物体切割、分离的外科手术器械。超声手术刀包括三个主要组成部分：超声激励电源、超声换能器和刀身。超声激励电源主要作用是产生高频及可控的电功率，并在组织切割过程中，可以根据凝血速度和切割速度进行能量调节。超声换能器的作用是把高频电能转成超声机械能（振动）。通常采用夹心式压电换能器实现能量转换。超声振动经刀身传至刀头，并由刀头辐射声能。刀头可以为薄片、弧形、球形或剪刀形等多种结构，以适应不同手术的需要。超声刀的附属功能可将切断或乳化的组织利用负压吸出体外，实现多种功能的集成。图 5-27 所示为切割止血超声手术刀系统。

（1）超声手术刀工作原理 超声手术刀的工作原理主要是与生物组织直接接触的金属刀头产生的一系列物理效应，主要表现为机械效应、热效应和空化效应。生物组织在声强较小的超声波作用下产生弹性振动，当声强增大到组织的机械振动超过其弹性极限，组织就会断裂或粉碎，这种效应称为超声的机械效应。超声锯骨、软组织切割主要是基于机械效应。不同的生物组织具有不同的弹性极限，因此切割需要的刀头振幅不同。进行软组织切割时，手术刀头所需最小振幅为 40μm，截骨时刀头需输出 100μm 以上的振幅。超声刀作用于生物组织表面，其超声能量被组织吸收。同时，由于刀头的高频振动，刀头与组织之间互相摩擦而发热，使局部以接触界面为中心温度升高，热效应对超声刀切割时的止血具有重要作用。此外，超声空化效应是空化泡在极短时间内产生高温和高压，并伴随强烈的冲击波和射流，从而使组织乳化、碎裂。

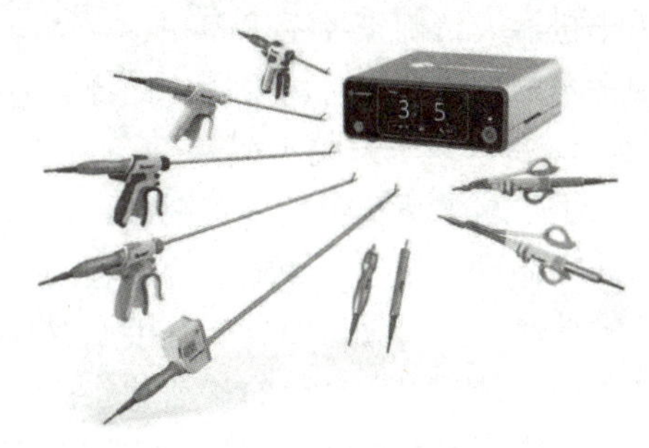

图 5-27 切割止血超声手术刀系统

（2）超声手术刀分类 用于外科治疗的超声手术刀从作用上可分为切割式和吸引式两

种，二者在工作原理上有所不同，作用方式及适用对象上也有很大差异。

切割式手术刀是利用治疗刀头的超声效应和高频机械振动切割、分离组织。它可以完成传统外科的切割，而又具有超声的选择性破坏组织的特点。切割式超声刀的治疗刀头不是吸管状，而是钩状刀具或夹钳式形态。切割时并不像手术刀一样用锋利的刃做机械割裂，而是利用超声的机械、空化效应完成切割。超声刀头没有过热现象，既不会形成烟雾，也不会影响切口组织的愈合。切割式超声手术刀的切割速度快，其刀头温升会促进凝血反应机制，具有明显的止血作用。

吸引式手术刀是利用强超声能量破坏组织以达到治疗的目的，主要应用超声空化效应来粉碎病变组织或准备除去的组织，再由泵吸出，完成治疗。其特点是在破坏和吸出高含水量组织细胞的同时，使弹性较强的高胶原含量组织完好无损，使手术在安全、少血或无血条件下进行。临床主要用于脑外科肿瘤、神经外科肿瘤、肝肿瘤、胸外科肿瘤等的切除，脂肪吸除以及各种含水丰富的细胞组织的切除。

5.3 手术端子系统构造原理

在高端手术机器人中，手术端子系统作为外科医生的“灵巧手”，取代了传统人手直接进行手术操作的方式，有效提升手术控制的灵活性和精准度。本节首先介绍手术端子系统的类型与功能，在此基础上对其不同组成部分的机械构型与驱动模块进行详细描述。

5.3.1 手术端子系统

手术端子系统是高端手术机器人中的关键组成部分，它负责执行医生控制子系统发出的指令，直接参与手术过程。手术端子系统通过模拟人手的动作和力度，使外科医生能够通过手术机器人精确操控手术器械，完成复杂的手术操作。手术端子系统的设计和性能直接影响到手术的效果和患者的安全，因此，它必须具备高度的灵活性、精准度和安全性。

1. 手术端子系统类型

手术端子系统包括主控制台、手术臂、图像处理系统和电源控制系统等多个组成部分，共同完成手术任务并保障手术过程的安全性和准确性。手术端子系统分为一体式和分体式两种设计。一体式设计中，所有手术臂均固定在同一个移动平台上，而分体式的手术臂是独立分布的，每个臂有自己的移动基座，能够灵活配置于手术室内。

一体式手术机器人，如图 5-28 所示 Intuitive Surgical 公司的 da Vinci Si 手术系统，通过集成在单一平台上的多个手术臂实现高效协同操作。在结构上，一体式机器人布局更为紧凑，显著减少了手术室空间的占用。然而，在复杂的手术场景中，多个手术臂间会存在互相干涉的问题。

分体式手术机器人，如图 5-29 所示 Asensus Surgical 的 Senhance 机器人，机器人的每个手术臂都有独立的移动台车，允许外科医生根据手术类型和患者体型灵活调整手术机器人位置。然而，分体式手术机器人通常需要更大的手术空间，且每次手术前都需要重新校准手术机器人的位置，一般都额外配备定位系统来协同手术机器人间的运动控制。

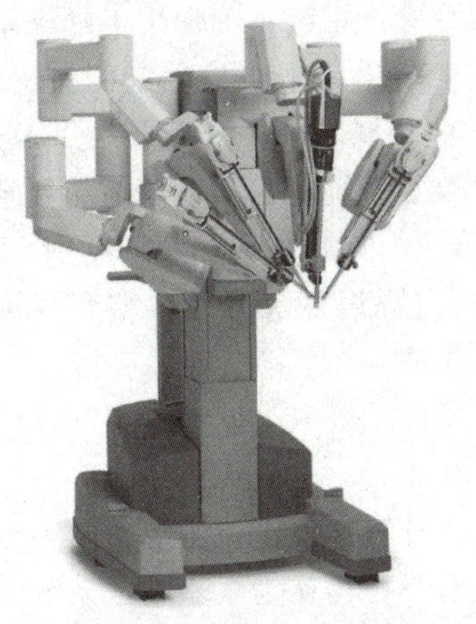

图 5-28 一体式手术机器人

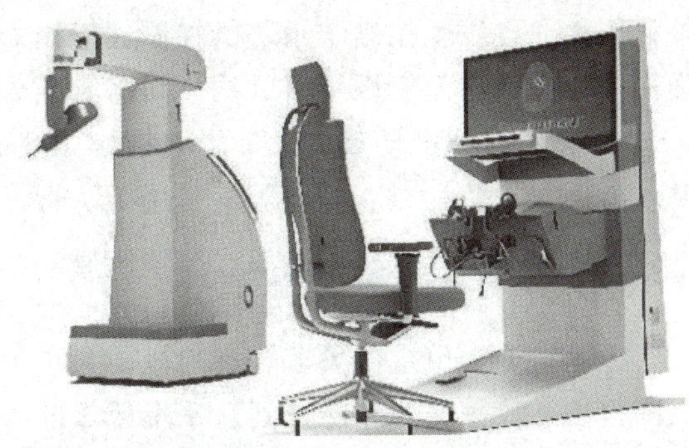

图 5-29 分体式手术机器人

这两种不同构型的手术机器人各有其独特优势，并不存在绝对的优劣关系。一体式机器人在空间受限的环境中，凭借其紧凑的设计特点效果尤为突出。而分体式机器人则因其高度的灵活性和适应性，在空间宽敞的手术室中展现出显著的优势。在选择合适的机器人系统时，需要综合考虑手术类型、手术室的具体条件以及医疗团队的特定需求。

2. 手术端子系统功能

腔镜手术作为微创手术的重要组成部分，主要分为单孔腔镜手术和多孔腔镜手术两大类。单孔腔镜手术，仅通过一个创口插入所有必需的手术器械和腔镜，减少了手术创伤。而多孔腔镜手术，通过在患者体表切出 3 至 5 个小创口，插入手术器械和腔镜，使得手术操作具有极高的灵活性。下面以一种多孔一体式手术机器人为例进行介绍。图 5-30 所示为 da Vinci Si 手术端子系统，其中各部分对应名称如下。

1）基座：定位和运输手术端子系统。

2）中心柱：中心柱向上或向下整体移动手术臂。

3）手术臂：固定并移动内窥镜和器械。

4）Endo Wrist 器械：执行的手术操作。

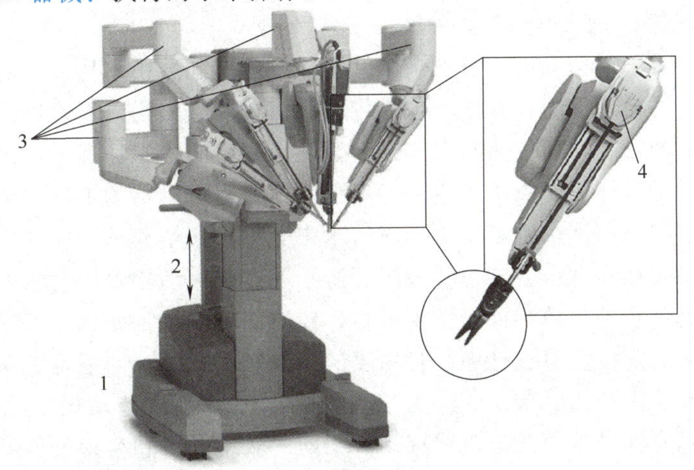

图 5-30 手术端子系统

1—基座 2—中心柱 3—手术臂 4—Endo Wrist 器械

医生使用该手术机器人系统进行手术时，首先启动并检查系统，确保手术端子系统和医生控制子系统正常运行。然后需要通过启用定位激光器，将手术平台精确定位在手术床旁。完成定位后，医生需要在确保末端器械无破损的情况下将器械端头插入套管。手术过程中，外科医生通过医生控制子系统的控制器操纵器械，手术端子系统能够精准地运动和定位，以确保手术过程中的组织牵引、病灶切除、缝合等关键操作被准确执行。图 5-30 所示的 Endo Wrist 器械的关节设计模仿人类手腕结构，使得手术端具有高度的灵活性。整套器械包含夹钳、分离钳、持针钳、弯剪等，可用于执行不同的手术任务。

5.3.2 手术端机械臂构型

手术臂通常由定位关节、远心机构和手术器械三个部分组成。定位关节负责手术臂的大范围移动，使手术器械能够到达手术区域的整体位置。远心机构作为手术端子系统中的关键部分，其设计需要满足医生精细操作的要求。而手术器械是直接用于手术操作的工具，如手术钳、刀具、镊子等。这些工具可以根据不同手术需求进行更换，直接执行组织切除、缝合止血等手术任务。一个合理的手术机器人结构设计，需要在确保这些部分运动上独立的同时减少彼此间的依赖。

图 5-31 所示为一种采用三角形构型的机械臂，其设计考虑了六个自由度的配置。关节 A 至 C 为定位关节，仅在术前进行调整，并在手术过程中锁紧以保持稳定构型。三自由度远心机构包含两个回转关节 1 和 2 以及一个运动关节 3，其中关节 1 和 2 轴线的交点即为该机构的远心点。末端器械通过该远心机构精确实现外科医生在手术过程中的操作意图。

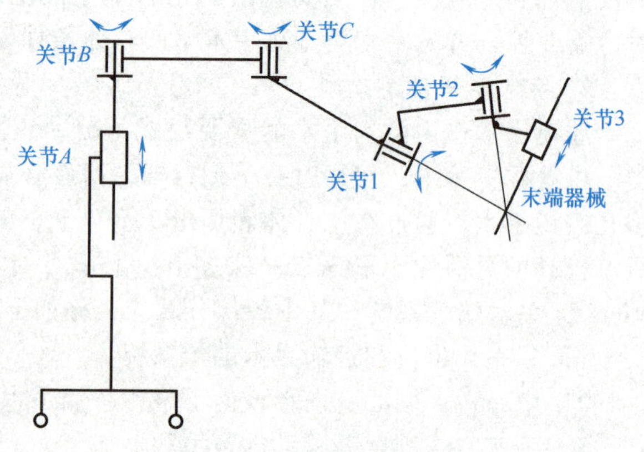

图 5-31 手术臂组成部分

1. 定位关节构型

定位关节负责手术臂的大范围移动和定位，确保末端手术器械可以准确到达手术区域。这些关节必须具有足够的灵活性，以适应不同的手术环境。定位关节的设计通常考虑到多自由度的运动能力。在实际应用中，定位关节应满足以下条件：①小型化与轻量化：确保定位关节的设计尽可能小巧和轻便，以适应狭小的手术环境，在保证结构强度的前提下尽可能减少质量和体积；②工作空间：定位关节应提供足够的工作空间以覆盖所有必要的手术区域；③高定位精度与锁紧机制：在手术中，为了安全和精确性，定位关节需要能够实现高精度的定位与在任意位置的可靠锁定，防止因意外移动导致的手术风险；④简易操作性：关节设计应直观且易操控，便于医生进行快速准确的调节，简化手术操作。

在手术机器人的定位关节设计中，自由度的选择和关节类型的组合需要确保能实现全方位移动。关节通常分为转动关节（R）和移动关节（P），其中转动关节允许围绕轴线的旋转，而移动关节则允许沿着轴线的直线移动。不同的转动关节和移动关节组合形成了不同的经典机构，每种机构都有其独特的应用场景和优势。通常情况下，定位关节至少需要三个自由度，才能使得手术器械可以进行全方位的移动。根据转动关节和移动关节的不同组合，存在几种经典的机构，见表 5-2。

表 5-2 不同关节类型的机构简图

关节类型	柱面坐标型	极坐标型	笛卡儿坐标型	关节坐标型	SCARA 型
机构简图	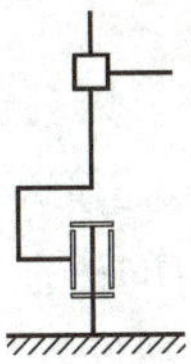	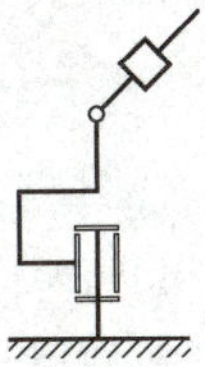	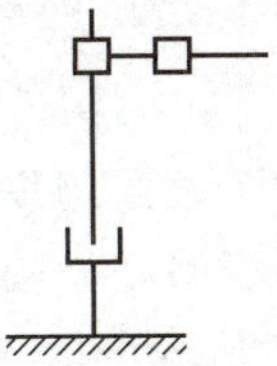	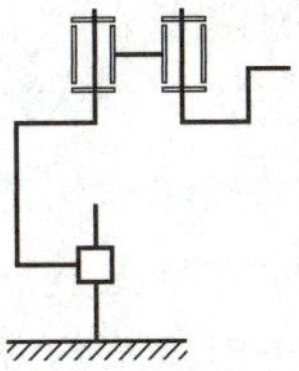	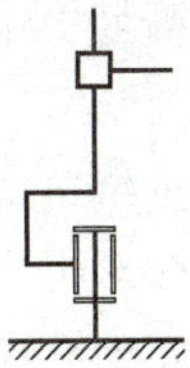

在定位关节设计中，需要考虑若干关键要素以满足手术操作的高精度要求。首先，机器人手术臂必须能够实现高精度的定位，确保手术器械能准确到达目标位置。其次，手术臂的运动需要直观易懂，便于医生通过人机交互进行精确控制。此外，考虑到手术室空间限制，手术臂在保证较大工作空间的同时，本身所占空间需尽可能小。

基于这些标准，笛卡儿坐标型关节、SCARA 型关节和柱面坐标型关节被认为在手术中较为适用。笛卡儿坐标型关节和 SCARA 型关节属于正交直角坐标机构，其中笛卡儿坐标型关节由于正交关节的笨重设计，会引入较大的摩擦力和惯性力。尽管 SCARA 型关节最后一个旋转关节会带来较大的惯性力，影响操作精度，但适用于需要在水平平面内进行操作的手术。与之相比，柱面坐标关节结构在保证较大工作空间的同时，体积较小。在实际手术中，笛卡儿坐标型和柱面坐标机构形式被认为更加合适。这些结构能够提供大的工作范围而占据的空间小，具有定位精度高和运动直观性强的优点。

2. 远心机构构型

远心运动点（即 RCM 点）是手术器械相对于体表切口进行动作时的虚拟旋转中心。在微创手术，特别是腹腔镜手术中，手术器械通过一个小切口进入体内，而所有的旋转动作都集中在切口处的一个固定点，即远心点进行。该概念最初由约翰霍普斯金大学的 Russell H. Taylor 教授提出，极大地推动了微创手术技术的进步。

(1) 远心运动自由度　手术器械在远心点进行的运动需要如图 5-32 所示的四个自由度：绕远心点的两个旋转自由度，使得末端能够在切口点上下和左右旋转，从而调整器械在体内的指向。沿器械轴线的平移自由度，手术器械可以沿其长轴进行前进或后退的移动，允许器械进入或退出手术区域而不改变其在体内的朝向。绕器械轴线的旋转自由度，器械本身可以围绕自身轴线进行旋转，使得末端器械能够在体内进行旋转动作。通过在远心点限制器械的旋转和移动，可以在允许外科医生执行精细操作的同时最小化器械对内部器官的潜在伤害。在手术机器人的设计中，远心点通常是通过机械设计实现的，确保机械臂能够精准控制末端器械的动作，实现这种设计的机构被称为远心机构。

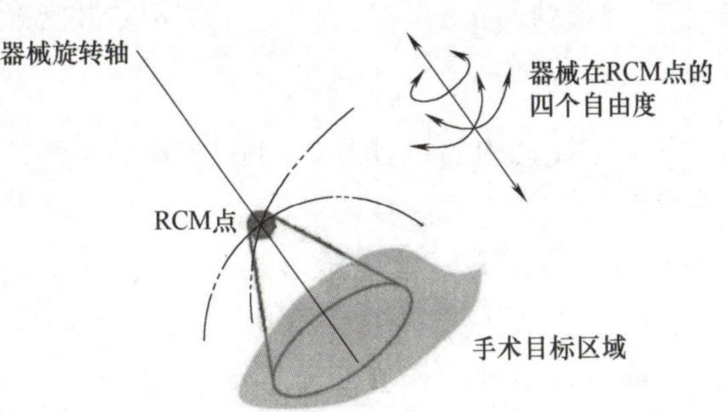

图 5-32 RCM 运动的自由度

（2）远心运动实现　远心运动往往通过两种方法来完成：

1）第一种方法是被动关节远心运动，通过被动关节的运动间接完成末端执行机构绕体表切口的转动，依靠切口对手术器械的约束来保证远心运动，这种方法具有足够的安全性却很难调整手术器械的位姿。

2）第二种方法是通过特殊设计的机构，如平行四边形、弧形或球形机构（图 5-33），通过机械结构本身固有的几何形状来直接约束远心点的位置，实现更精确的远心点固定。

球形机构在设计上分为并联型和串联型两种方式。由于并联型的碰撞概率较高，通常不采用此种方式。串联型球形机构因其较少的关节数和连杆数而得到广泛应用，如 EndoBot、LPR 和 MC2E 等机器人系统，但这种方式降低了系统的刚度，易导致钢丝绳磨损，增加了维修成本，且不利于模块化设计。

平行四边形机构因其高刚度而被广泛应用于 LARS、da Vinci 及 RohlnHeart 等机器人系统中。此机构存在双平行四边形和开环式两种形式。双平行四边形机构虽然刚度高，但由于关节数和连杆数较多，导致机构体积大且对加工精度要求高。开环式平行四边形机构则以关节数和连杆数较少为特点，但多段钢带机构的采用会导致机构刚度较低，且需专用设备组装，增加了后续的组装和维修成本。

弧形机构（图 5-33c）的优点是结构简单，在设计过程中只需要考虑两个关节。然而，这种简单结构导致弧形机构在运动过程中需要承受较大的力矩，因此其材料往往会选择金属钢材，导致机构质量重、体积大等问题。

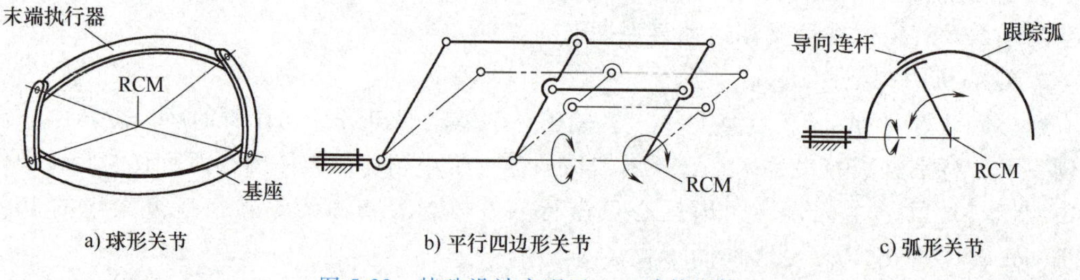

a) 球形关节　　b) 平行四边形关节　　c) 弧形关节

图 5-33　特殊设计实现远心运动的机构

以上每种机构的设计都试图在微创手术的复杂要求和技术限制之间寻找最佳平衡，以确保手术机器人系统的高性能和可靠性。

图 5-34 所示为一种三角形远心机构构型。当沿着构成三角形的任意两边进行旋转或平移时，运动轨迹在一点 O 相交，这个交点即为远心点。当多个这样的三角形串联时，它们共享一个共同的交点。关节按照轴线方向进行旋转或平移时，多个运动轨迹仍然会在一点 O 相交。

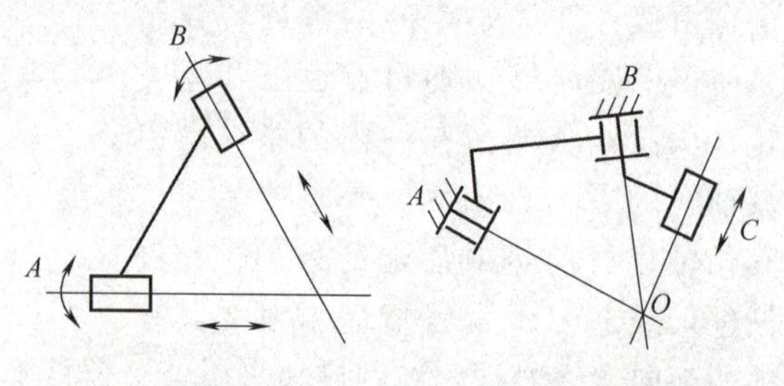

a) 三角形构型　　b) 基于三角形构型的远心机构

图 5-34　三角形构型及远心机构

图 5-35 中远心机构包含了两个串联的旋转关节以及一个移动关节。关节 A 和 B 的轴线与手术器械杆的轴线相交于点 O。手术器械围绕远心点 O 执行动作时，这种设计有效避免了对切口周围组织的任何不必要损伤。机构中每个关节的运动都是由电动机直接控制

的，在手术机器人场景中各个关节基于对精确控制、高动态响应和良好的力矩特性的需求，需要选择合适的电动机进行驱动。

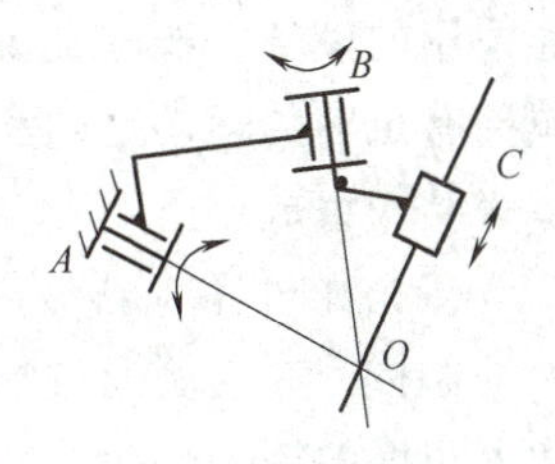

图 5-35　基于三角形构型的远心机构

5.3.3　手术端末端器械

手术器械安装在手术端机械臂的末端，需要进入患者体内进行手术操作。手术器械的种类较多，根据功能和用途不同，可以分为多种类型，如手术刀、止血钳、电凝钩等。手术器械的本体结构包括末端小爪、操作杆和传动箱三大部分。其机械构造十分精密，通过钢丝绳传动使末端小爪执行类似人手的灵活运动。此外，传动箱接口设计实现了手术中对末端器械的快速更换。

1. 手术器械机械构型

手术器械依据操作杆的材质分为刚性手术器械和柔性手术器械，刚性手术器械由刚性杆连接工作端和传动机构，而柔性手术器械可以通过自身的旋转和弯曲，实现在患者体内的位姿调整。

（1）刚性手术器械　达芬奇手术机器人系统的 Endo Wrist 是一种刚性手术器械，采用刚性杆连接工作端与传动机构。这种手术器械包括自转、偏摆、俯仰和开合四个自由度运动，如图 5-36 所示。自转运动允许末端执行器围绕其自身的中心轴进行 360°旋转，确保器械的朝向能够正对目标位置。偏摆运动使得器械能在水平平面内绕一个垂直于该平面的轴线旋转，确保器械在固定平面内的灵活性。俯仰运动使得器械能在垂直平面内绕轴线旋转，允许末端器械向上或向下倾斜，改变器械相对于组织的高度。开合运动主要用于器械的抓取行为。

图 5-37 所示为一种外径 8mm 的刚性手术器械，包括了腕关节、小爪本体及用于驱动小爪开合的机械组件。小爪通常由操作杆、开合小爪、开合转轴等部分构成。操作杆头部为主要的支撑结构，固定于较长的操作杆上。整个结构使用不锈钢制成，保证了生物兼容性和消毒效果。末端小爪能够实现约 90°的张开角度。开合机构通过开合转轴将开合小爪与偏摆部分相连接，使它们能够相互旋转。开合小爪装有一条线槽，在这线槽的上下两边都设有用于穿线和固定钢丝的阶梯孔。开合动作所需的钢丝绳从操作杆头部的上下两端出发，通过四个导轮，形成两个路径，然后穿过偏摆部分的孔洞，沿开合小爪的线槽卷绕并固定住。机器人可以通过上下拉动钢丝绳，根据力的方向实现小爪的张开或闭合。

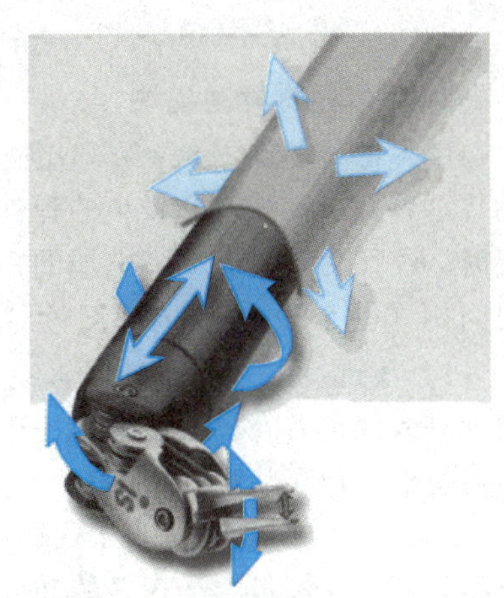
图 5-36　Endo Wrist 的自由度

腕关节提供了小爪所需的灵活度，允许手术器械以多个方向和角度进行精准的操作。在设计上，腕关节应具备能在狭小空间内自由旋转和定位的能力，同时还要承受操作过程中的各种力。腕关节通常由多个互相连接的部件组成，包括轴承和支撑结构等。它们协调工作，使得手术器械的工作端能够执行偏转和俯仰动作。在结构上，腕部往往采用轻质高强度的材料制成，以减轻整体重量，同时保证结构的强度和刚性。丝轮万向轴节作为腕关节的一种广泛采用的设计，能够提供高度的运动精度，并因其紧凑的结构和短距离的连接方式，使得器械拥有足够的运动空间和较大的弯曲幅度。腕关节主要由钳座、导向轮、偏转关节和俯仰关节等结构组成。

（2）柔性手术器械　图 5-38 所示为德国 Eberhard Karls 大学研发的 ARTEMIS 蛇形柔性手术器械，在需要通过狭窄空间或绕过脏器进行精确操作时，能够在有限空间内实现大范围和大角度的姿态变换，允许工作端更灵活地导航至手术区域。ARTEMIS 蛇形柔性手术器械不同于刚性器械的单个关节设计，其偏摆部件由多个串联的偏摆运动关节组成。该柔性器械通过柔性丝拉动的方式实现姿态控制，器械外径尺寸控制在 10mm 以内。柔性偏摆部件赋予末端执行器高度的灵活性，使其能够进行大范围、大空间的偏摆运动，越过障碍后执行手术操作，从而完成复杂的手术任务。

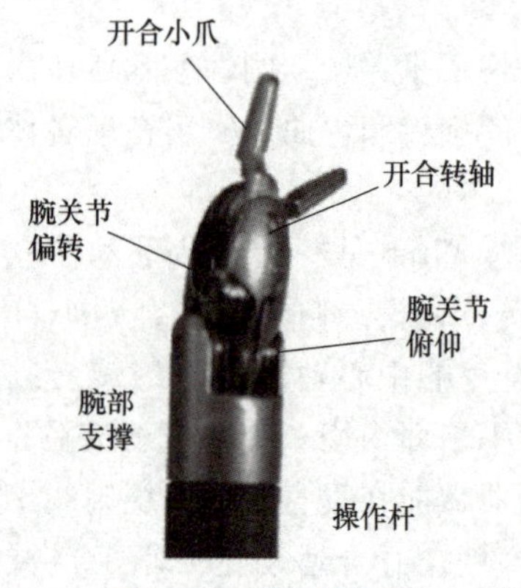

图 5-37　小爪结构图

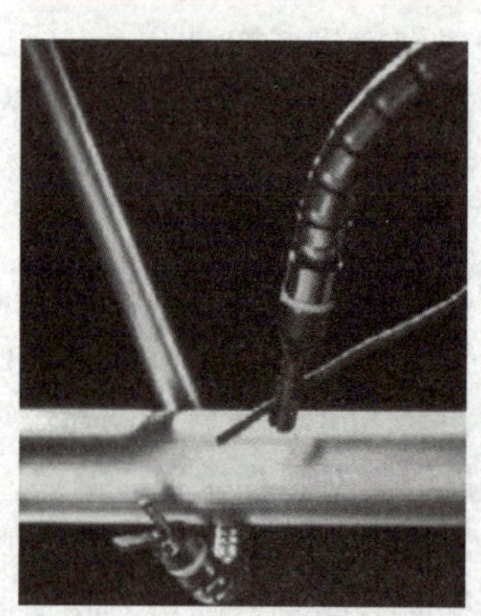

图 5-38　德国 Eberhard Karls 大学研发的 ARTEMIS 蛇形柔性手术器械

2. 手术器械驱动模块

手术器械驱动方式主要包括连杆传动、带传动和钢丝绳传动三种。钢丝绳传动因其精准的传动特性、高强度和较小的弹性变形，在手术器械中应用广泛。在设计手术器械的驱动模块时，往往为了确保器械末端的精准操作，采用多条钢丝绳。下面以一种腹腔微创手术持针钳为例（图 5-39），其内部钢丝绳的布局和固定方式如下：

1）腕部旋转控制通过钢丝绳 A1 和 A2 实现，A1 从腕部上部的线轮开始，通过导向轮引导进入保护套管，然后由腕杆连接件导出，最终缠绕并固定于腕部上侧的轮槽上。A2 的布局类似，但是从腕部下部开始，通过导向轮实现腕部的相反旋转动作。

2）左指旋转控制通过 B1 和 B2 钢丝绳实现，分别控制左指的开合动作。B1 从左指的上线轮开始，经过多个导向轮和操作杆，最终缠绕并固定于左指的轮槽上。B2 钢丝绳采取相似的路径，但固定在左指的下部，共同实现左指的精确运动。

3）右指旋转控制采用的 C1 和 C2 实现，钢丝绳的布置与左指类似，但用于控制右指的动作。它们确保右指能够独立于左指进行旋转和开合动作。

4）操作杆沿轴线的旋转控制由 D1 和 D2 钢丝绳的预紧机构实现。它们一端固定于套管上，沿着套管缠绕并固定在特定的线轮上，使得操作杆能够沿自身轴线旋转。

通过这种钢丝绳布局，手术器械的每一个动作部件都能得到精确控制，从腕部的旋转到手指的开合动作，每一步操作都能精确执行，大大增强了手术器械的功能性和操作的灵

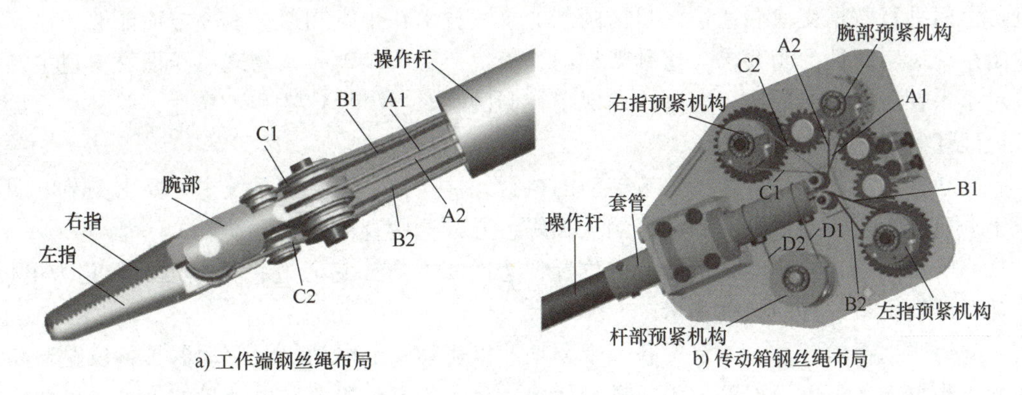

图 5-39　末端器械的钢丝绳布局

活性。

3. 手术器械接口

手术器械接口是指用于连接手术器械与其驱动装置的机械连接部件，确保手术器械能够快速、精确地安装和更换，同时能够有效传递动力和控制信号。一种手术器械接口如图 5-40 所示，该部件由具有不对称凸点的下离合盘和相对应的上离合盘构成。凸点的特定排列确保电动机与手术器械的初始位置精确对应，实现了手术器械的快速更换。当下离合盘受压缩力作用时，它能够向内收缩，并在力去除后由回复弹簧自动恢复至起始位置。底座的底部通过螺钉来固定下离合盘，避免了因弹簧作用而意外脱落的风险。在安装过程中，若上下离合盘未能对准，电动机将驱动下离合盘旋转至正确位置，完成上下离合盘的精确连接。

图 5-40　手术器械接口

5.3.4　电动机与数控

手术端子系统除机械结构外，还包括基于工业计算机的运动控制器、实时工业总线、驱动器、电动机等，各种硬件协同工作实现了对手术臂的精准驱动。各部分硬件功能介绍如下。

基于工业计算机的运动控制器：负责执行复杂的计算任务，包括运动学计算、轨迹规划、动力学计算及算法实现，通过总线通信向各关节驱动器发送实时控制指令，实现对手术臂关节的位置和力矩的精确控制。

实时工业总线：实时工业总线是一种用于工业自动化领域的通信网络协议，用于在工业设备之间进行数据交换和通信。目前的工业总线技术在带宽和通信速率方面能够满足高频次控制系统对实时性的高要求。这种架构的显著优势在于仅需一条物理总线即可实现主控计算机对手术臂所有关节的统一管理，确保了控制的实时性、稳定性和可靠性，并且具有良好的可扩展性。

电动机：电动机是手术臂关节转动的执行元件，在手术端子系统中，要求关节电动机体积小、质量轻、转动惯量低和动态响应较好，通常选用直流伺服电动机。

编码器：用于检测电动机的旋转位置、速度和方向。它通过将机械运动转化为电信号，实现对电动机轴位置的精确测量。

驱动器：手术臂每个关节配备一个驱动器以驱动关节电动机，驱动器具备位置环和力矩环的工作模式，可以根据具体需求进行切换，负责关节编码器和电动机的信号采集与驱动控制。驱动器通过工业总线与主控计算机和多轴运动控制卡进行通信，协同实现对关节的精准驱动。

工业计算机实时接收到来自主手的位姿信息和手术端机械臂的关节角信息，根据机器人运动控制算法计算出对手术端机械臂的关节控制量，并通过总线传递给驱动器。驱动器处理这些控制量后，得出对各个关节的控制信号，实现对电动机的精准运动控制。

5.4 医生控制子系统构造原理

高端手术机器人系统中，医生控制子系统是外科医生与机器人交互的核心部分。外科医生通过三维立体显示器观察患者腹腔情况，使用主手进行精密的手部操作，这些操作被实时传递给手术端子系统的机械臂，实现高精度的手术过程。

5.4.1 主手机械结构

主手本体是一种具备在一定空间范围内精准运动和定位的机械臂。在主从操控的机器人手术中，主手用于捕捉医生手部运动，必要时给予医生触力辅助。根据机械构型，主手分为串联型结构和并联型结构。

1. 串联型主手结构

串联型主手结构由关节和连杆串联而成，每个关节提供自由度以实现复杂空间动作，具有工作空间大、运动灵活等优点。串联型主手的整体结构如图 5-41 所示，由手臂机构、腕部机构和夹持机构三部分组成。

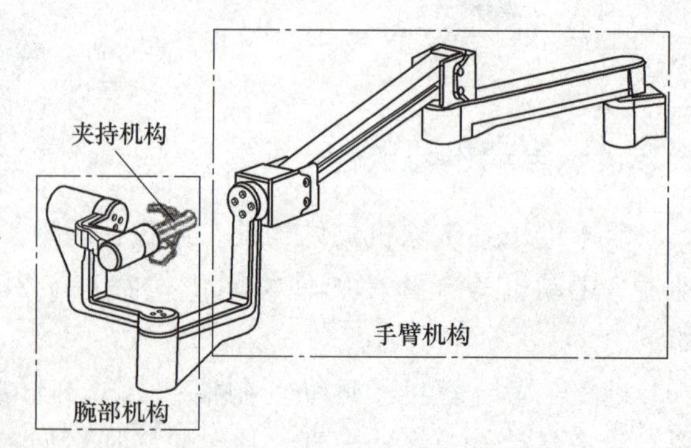

图 5-41　串联型主手结构

手臂机构负责位置输出和力反馈，配置了三个转动关节的自由度。每个关节都安装驱动电动机实现主动运动控制、重力摩擦力补偿以及精确的反馈力输出。为满足低质量、低惯量、小摩擦和高精度的设计要求，主手常采用绳索传动系统对电动机进行减速增扭。

腕部机构负责姿态输出，由四关节串联连杆构成，具有冗余自由度。其关节设计独特，所有轴线交汇于一点形成腕点，且相邻两关节轴线相互垂直。每个关节都配备了一个电动机，不仅用于补偿不同姿态下连杆的重力，还作为关节的动力源输出力矩。

夹持机构用于捕捉医生手部的夹持、拾取等动作，进而控制手术器械的开合角，包含一个自由度。

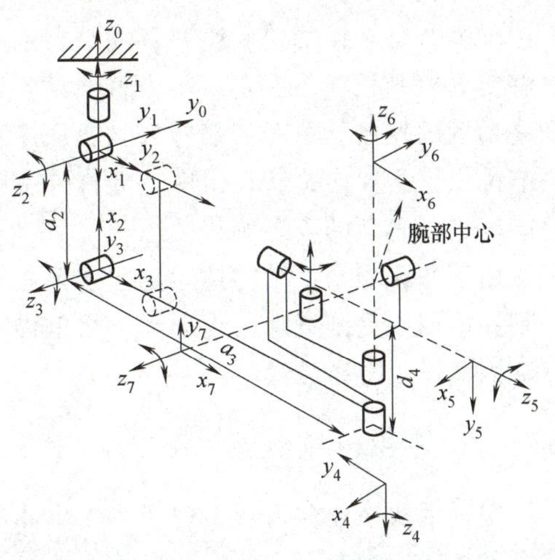

图 5-42 串联型主手运动学模型

串联型主手运动学模型可以采用 D-H 建模方法建立。串联型主手的平行四边形机构可等价为连杆串联结构，关节角的计算可通过平行四边形机构的运动求解。夹持机构开合作为独立的自由度，无须在运动学的位姿计算中考虑。串联型主手运动学模型如图 5-42 所示。

一种主手的 D-H 参数见表 5-3。

表 5-3 主手 D-H 参数

关节	α_{i-1}/(°)	a_i/mm	θ_i/(°)	d_i/mm	运动范围/(°)
1	0	0	$\theta_1(0)$	0	[-45,45]
2	90	0	$\theta_2(-90)$	0	[-145,-30]
3	0	a_2	$\theta_3(90)$	0	[30,120]
4	90	a_3	$\theta_4(90)$	d_4	[0,180]
5	90	0	$\theta_5(0)$	0	[-90,90]
6	90	0	$\theta_6(90)$	0	[0,180]
7	90	0	$\theta_7(0)$	0	[-90,90]

将主手 D-H 参数代入旋转矩阵中，可以得到相邻各连杆之间的齐次变换矩阵，再将齐次变换矩阵依次相乘，可以得到主手末端坐标系相对于主手基坐标系的位姿。

2. 并联型主手结构

并联型主手结构则由多个支链与基座铰接构成，支链支撑提高运动平台刚度。一种并联型主手的整体结构如图 5-43 所示。这种 6 自由度并联型机器人通常被称为 Stewart 平台，其结构由一个固定底座、一个移动负载平台和连接这两部分的六个可伸缩臂组成。每个臂的长度变化能独立控制，从而允许移动平台在空间中以六个自由度进行精确的位置调整和姿态控制。固定底座是并联机器人的静态部分，通常牢固地安装在地面或其他稳定的平台上。它为整个系统提供稳定的支撑，同时作为伸缩臂的固定端点，这些端点通常均匀分布在底座的外围。移动平台是并联机器人的动态部分，其大小、形状和结构根据具体应用而定。平台通过六个伸缩臂与底座相连，任何臂的长度变化都将直接影响平台的位置和姿态。

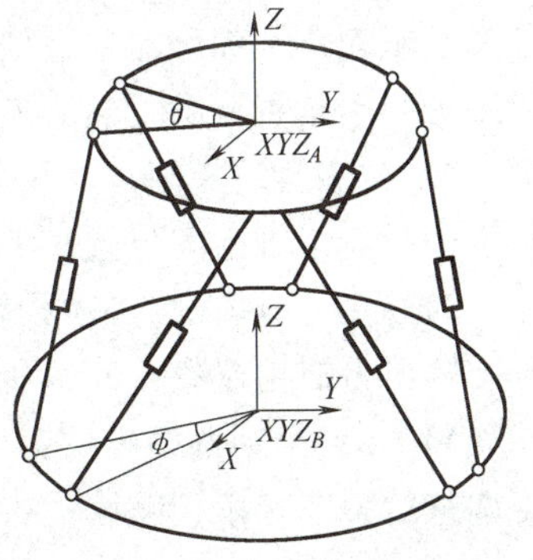

图 5-43 并联型主手结构

六个伸缩臂是连接固定底座和移动平台的关键元件。它们可以是液压、气压或电动驱动的，能够精确控制长度的变化。每个臂通常安装有位置传感器，用于实时监测和调整长度，以实现高精度的控制。每个伸缩臂分别在底座和移动平台处通过球形或万向关节与之连接。这些关节提供了必要的旋转自由度，允许伸缩臂在调整长度时维持平滑运动，同时也使得移动平台能够进行复杂的姿态调整。

由于并联型主手结构逆运动学求解相对简单，通常可以通过几何分析获得解析解，所以在某些应用中受到青睐。正运动学求解涉及复杂的非线性方程组，通常采用数值方法进行计算，因此过程复杂且耗时。

5.4.2 主手控制框架

实现主从操控前需要实现对主手本体的运动控制。主手控制框架是指用于控制医生控制端主手本体运动和操作的综合模块。该框架硬件部分由工业计算机、驱动器、关节电动机、编码器等组成。软件部分使用模块化的执行流程设计，能够简化医生的操作，提升主手功能的可扩展性。力矩补偿算法的集成能够消除主手关节连杆自重和机械摩擦带来的干扰，使医生操作更加舒适。下面主要介绍软件执行流程和力矩补偿算法。

1. 软件执行流程

主手的控制模式按照其功能特性可分为主动模式和被动模式。主动模式是指主手设备自主运动，该模式下的运动一般在手术端机械臂进行术前、术中位置调整、器械更换或腹腔镜调整时，主手自动调整至与手术端相匹配的姿态，以实现精准的对齐功能。而被动模式则发生在手眼协调控制建立之后，此时医生直接操作主手，通过主从控制模式实现主手的位置、姿态调整及夹持操作。在被动模式下，系统还集成了重力补偿、摩擦力补偿以及力反馈输出等高级功能，以提升操作的精确性和用户体验。主动模式与被动模式之间可通过特定的模式切换功能进行灵活转换。

主手控制系统软件在程序执行的过程中可以划分为多个独立的功能模块，各个模块之间进行信息交互，以便于算法程序的编写和扩展，最终实现主手的整体功能。各个模块功能介绍如下：

1）开机自检模块：主手控制系统开机后先进行自动检测与系统初始化，硬件方面检测各关节驱动器、编码器、通信线路的工作状态是否正常，软件方面检测操作系统、功能模块程序等版本是否改动，然后各关节驱动器通电，并驱动主手运动到初始位姿。

2）位姿计算模块：系统采集各关节绝对编码器数值，对主手进行正运动学求解，将主手手柄当前三维空间位置、姿态以及夹持机构的开合角度计算出来并可视化。

3）重力、摩擦力补偿模块：用于计算主手实时的重力和摩擦力，然后转换成各个关节所需输出力矩控制量，发送命令给驱动器，最后由驱动电动机输出相应的补偿力矩。

4）冗余主动调整模块：检测主手是否处于奇异位形，计算主动关节为避开奇异位形所需调整的关节转角，随后将控制命令发送给驱动器，进而驱动电动机按照所需转角进行精确转动。

5）自主运动模块：在主从控制开始之前，计算机接收手术端机械臂的位姿，计算主手期望的位姿，通过主手的逆运动学运算得到各关节期望转角，发送命令给驱动器，驱动电动机转动相应转角。

6）安全监测模块：主手工作过程中实时检测各关节转角、电动机转速和电动机力矩是否超过预先定义的安全阈值，编码器和驱动器是否出现工作异常。

7）力反馈模块：接收反馈力指令，执行力反馈控制算法以计算各关节所需力矩，并将这些力矩指令发送给驱动器，进而控制电动机输出相应力矩。

主手控制系统执行流程如图 5-44 所示。

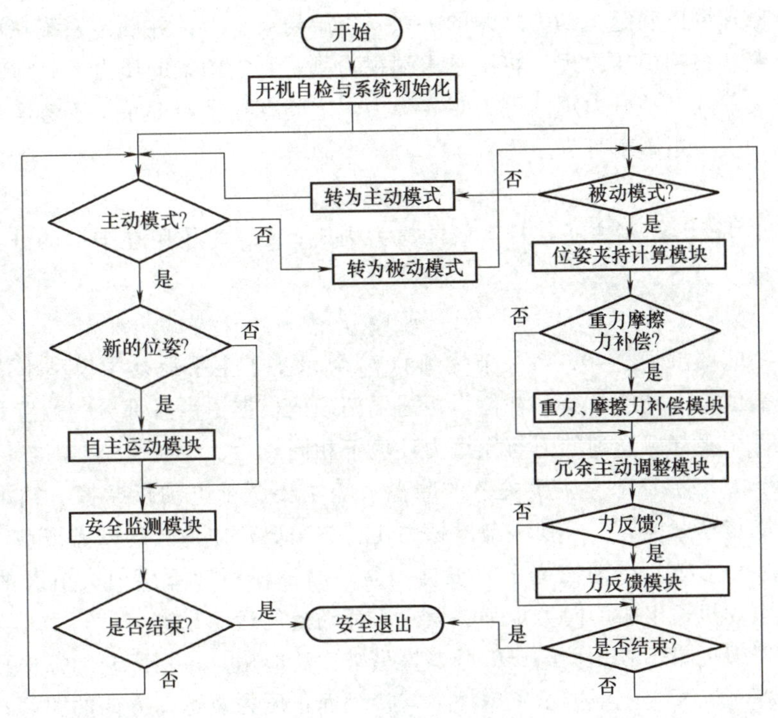

图 5-44 主手控制系统执行流程图

2. 力矩补偿算法

主手设备自身各零部件存在重力且各旋转关节间存在摩擦力矩，这些阻力降低了医生操作的舒适性，长时间的手术过程会造成医生手部疲劳。采用基于模型的力矩补偿法能够减少操作时主手重力和关节摩擦的影响。“补偿”是一种基于系统模型的预先调整方法，通过引入附加的输入信号来抵消干扰或非线性效应，从而改善系统的控制性能。在这里是指引入附加的关节力矩输入来抵消重力和关节摩擦造成的阻力力矩，让医生操作主手时更加轻松和准确。加入了力矩补偿的主手控制框图如图 5-45 所示。

为了实现力矩补偿，需要分别建立重力和摩擦力的模型。模型能够根据当前主手运动状

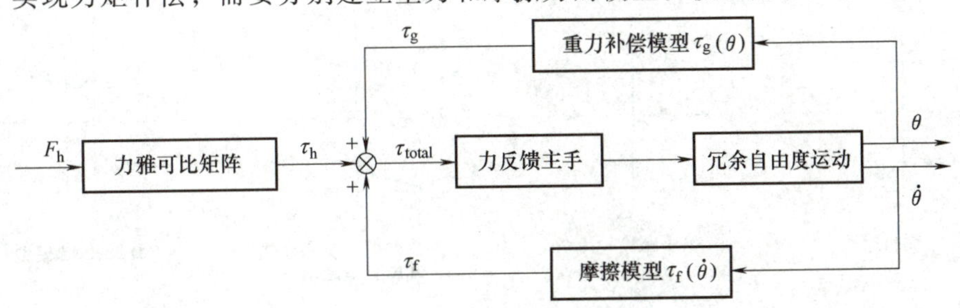

图 5-45 主手重力和摩擦力补偿控制框图

态输出需要补偿的力矩，然后在控制器中集成摩擦力矩模型，可以得到总的关节驱动力矩。下面分别介绍两种力矩补偿的实现方法。

（1）主手重力补偿　对主手进行重力补偿时，将主手视为一个具有理想约束的多刚体系统。通常忽略惯性力、科里奥利力以及摩擦阻力矩，因为在低速运动下这些力对主手操作性能的影响较小，可以视为外部干扰力。

通过虚功原理可以确定主动力之间的关系、求解约束反力，并确定系统在已知主动力作用下的平衡位置。根据虚功原理，将主手末端视为具有一定约束的质点系，对于主手的多刚体系统在每个关节处电动机力矩、重力矩、外力矩之间存在平衡关系，不考虑传动比与传动效率，关节电动机力矩平衡可表示为

$$\boldsymbol{\tau}+\boldsymbol{\tau}_{\mathrm{d}}=\boldsymbol{J}^{\mathrm{T}}\boldsymbol{F}_{\mathrm{ext}} \tag{5-17}$$

式中，$\boldsymbol{\tau}$ 为电机力矩；$\boldsymbol{\tau}_{\mathrm{d}}$ 为主手连杆等效的重力力矩；$\boldsymbol{F}_{\mathrm{ext}}$ 为作用在末端的外力；$\boldsymbol{J}$ 为雅可比矩阵。对于电动机有：

$$\boldsymbol{\tau}=-\boldsymbol{\tau}_{\mathrm{d}}+\boldsymbol{J}^{\mathrm{T}}\boldsymbol{F}_{\mathrm{ext}} \tag{5-18}$$

当重力平衡时要求 $\boldsymbol{F}_{\mathrm{ext}}=0$，各关节受到的 $\boldsymbol{\tau}_{\mathrm{d}}$ 可以基于主手运动学模型求出，由此求解出每个关节所需的重力补偿力矩。补偿力矩需要精确地根据主手各部分的位置和质量分布来调整，以确保医生手部感受到的力与无重力环境下相同。

（2）主手运动摩擦补偿　主手关节的摩擦力矩主要源于电动机摩擦、轴承摩擦、齿轮啮合摩擦、绳索传动摩擦等。补偿关节摩擦力矩首先需要建立适合的摩擦模型，通过参数辨识的方法得到模型参数。在操控主手时根据建立的摩擦模型计算当前关节摩擦力矩的估计值，最后利用电动机输出的反向力矩来补偿主手传动链的运动摩擦。

针对多种摩擦现象，有几种经典的摩擦模型被广泛应用，包括库仑摩擦模型、静摩擦模型和黏滞摩擦模型。库仑模型展示了摩擦力与接触面正压力及运动方向的关联；静摩擦模型则描述了物体开始运动前外力与摩擦力的关系；而黏滞模型则揭示了速度与摩擦力之间的联系。在工程实践中，为了更准确地描述摩擦现象，常将这些经典模型结合使用，如图 5-46 所示。

通常采用库伦摩擦和黏滞摩擦模型，摩擦力矩 τ_{f} 可以表示为

$$\tau_{\mathrm{f}}=\tau_{\mathrm{c}}\operatorname{sign}(\dot{\theta})+b\dot{\theta} \tag{5-19}$$

式中，τ_{c} 为库伦摩擦力矩；$\dot{\theta}$ 为相对运动速度，$\operatorname{sign}(\dot{\theta})$ 是速度的符号函数；b 为黏滞摩擦系数。为了保证过渡的平滑，研究人员提出了 Stribeck 模型（图 5-46d），它较为全面地反映了库仑摩擦、负黏滞摩擦和黏滞摩擦等摩擦现象。

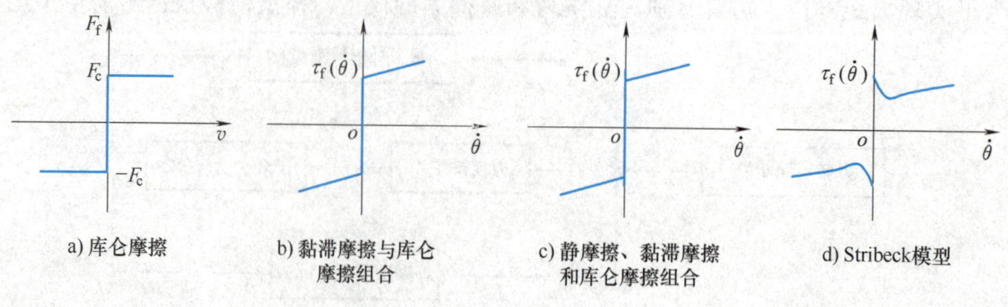

图 5-46　几种摩擦模型的组合

以上摩擦模型只与当前关节速度的大小有关，属于静态摩擦模型的范畴。基于静态摩擦模型的摩擦补偿在诸多领域展现出了不错的性能。为了在高精度、低速跟踪控制时实现更好的控制效果，人们对复杂动态摩擦模型进行了研究，并提出了 Dahl 模型、Lugre 模型等动态摩擦模型。动态摩擦模型能够更为精细地描述摩擦现象，但是动态摩擦模型的应用较为复杂，其辨识和测量较难实现。

参数辨识是一种基于数据计算模型参数的方法。摩擦补偿中，通过操作主手模拟典型手术操作以获得关节运动数据，基于这些数据利用最小二乘法拟合可获得摩擦模型中的各个参数。对摩擦模型的参数辨识又可分为在线和离线两种方式。在线辨识考虑实时运动状态、温度和速度变化，精度高但计算量大，对系统要求高。离线辨识则通过预先设计的运动收集数据，后续处理得到摩擦模型的参数。离线辨识的精度略低于在线辨识，但实用性更强。基于摩擦模型计算的补偿力矩应与摩擦力矩大小相同方向相反，表示为 $\tau_{\mathrm{comp}}=-\tau_{\mathrm{f}}$。在控制器中集成摩擦力矩模型即可根据当前的运动状态实时计算补偿力。

5.4.3　主从操控模块

医生控制子系统中，主从操控模块负责将主手控制模块捕捉的医生手部动作，经过一系列主从控制策略，转化成驱动信号并输入到手术端子系统中的各个机械臂。下面详细介绍主从操控模块常见的操控模式和控制策略。

1. 主从操控模式

（1）持镜臂操控与持械臂操控　按照对应手术端子系统中机器人所持手术工具分类，手术机器人主从操控模式可分为持械机械臂主从操控模式和持镜机械臂主从操控模式。以达芬奇手术机器人系统的主从操控为例，医生通过操作控制台的脚踏板发出切换指令，切换对手术端机械臂的控制权。

1）持镜机械臂主从操控模式主要用于调整微创手术中腹腔镜的位姿，确保腹腔镜始终捕捉主刀医生需要手术的画面。医生通过脚踏开关切换到持镜臂，操作主手实现手术视野的调整、视角转换、焦距调节以及视野缩放等功能。

2）持械机械臂主从操控模式主要用于控制手术器械进行实际的手术操作，医生通过脚踏开关切换到持械臂，选择需要的手术器械种类。随后，医生通过操作主手对手术器械进行远程操控，手术端子系统的末端器械实时映射手部动作，实现多自由度的精准操作，完成组织牵引、病灶切除、缝合等精细的手术操作。部分具有力反馈功能的主从操控模块提供实时触觉反馈，使医生能直观感受到手术过程中的阻力和压力，进一步提升操作的精度和安全性。

（2）直接操控与协作操控　按照主从控制策略是否完全映射人手动作分类，手术机器人主从操控模式可分为直接操控模式和协作操控模式。

1）直接操控模式是最直观的操控方式，机器人的每一次移动和操作都是操作者实时指令直接映射的结果。直接操控模式的优势在于提供即时反馈和高度控制灵敏度，使得操作者可以根据手术过程中的具体情况做出快速调整。

2）协作操控模式是一种结合了操作者指令和机器人自主性的操作模式。在这种模式下，操作者的指令被智能系统实时解析，以区分意图性动作和非意图性动作，从而实现精确控制而无须操作者过度专注于控制的微小细节。例如，系统中的抖动抑制功能能够有效消除由于手部震颤引起的不稳定动作，确保手术过程的平稳执行；避障功能能够识别并规避潜在的障碍物，防止手术过程中的意外碰撞，进一步保障手术安全；安全限制机制能够通过设定操作范围和力度上限来防止过度操作可能造成的损伤。主从协作操控模式不仅减轻了操作者的负担，使其可以更加专注于手术策略和决策，而且显著提升了手术操作的整体安全性和效率。

2. 主从控制流程

手术机器人系统中的主从控制流程由一系列的主从控制算法组成，包括坐标系建立、姿态配准、主从运动映射、主从安全性等，如图 5-47 所示。首先，主从操控模块执行主从姿态配准流程使主手与手术端器械之间位姿一致。然后，医生通过主手输入期望的位姿信息，经过主手正运动学、坐标转换、手术端机械臂逆运动学等算法，将期望位姿转化为对手术端机械臂的关节控制量。最后，由手术端机械臂执行运动。在这个过程中，存在多处安全限制以保证在主从操作手术中的安全性。下面将详细介绍几个重要流程的实现过程。

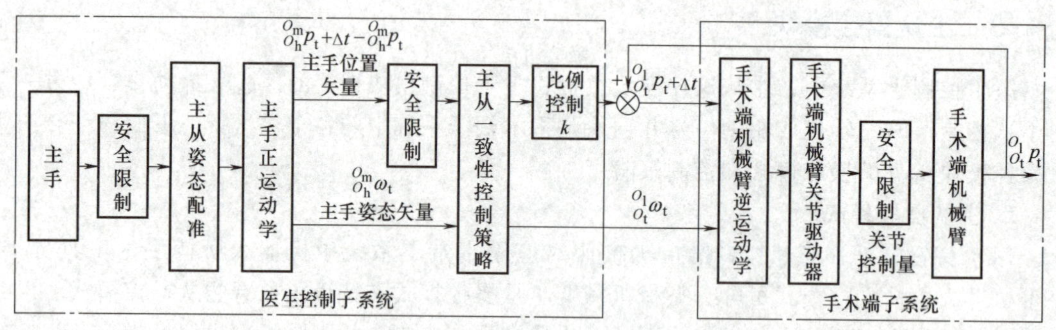

图 5-47　主从控制流程框图

（1）坐标系建立　为建立主从运动学映射，首先对医生端和手术端坐标系进行如下定义。如图 5-48 所示，图中 $O_g xyz$ 为大地坐标系，$O_{ml}xyz$ 和 $O_{mr}xyz$ 分别为左右手主手的基坐标系，$O_{hl}xyz$ 和 $O_{hr}xyz$ 分别为左右手主手末端坐标系，$O_v xyz$ 为显示器坐标系，$O_{te}xyz$ 为腹腔镜末端坐标系，$O_{tl}xyz$ 和 $O_{tr}xyz$ 分别为左右侧持械臂器械尖端坐标系，$O_E x_0y_0z_0$ 为持镜臂的基坐标系；$O_{LI}x_0y_0z_0$ 和 $O_{RI}x_0y_0z_0$ 分别为左右侧持械臂的基坐标系。

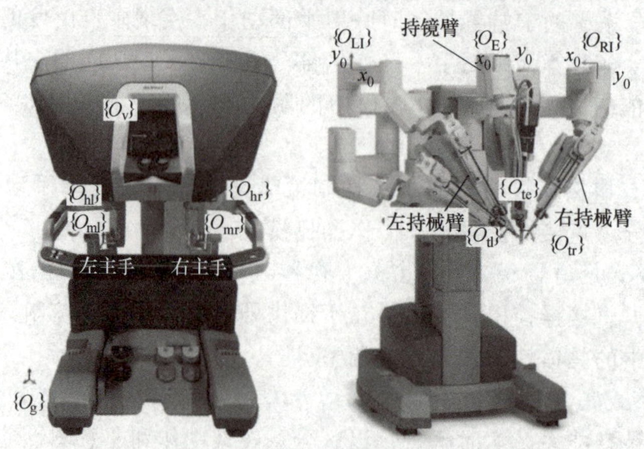

图 5-48　手术机器人系统坐标系定义

为了方便对系统标定以及后续对系统中各个部件空间位姿进行描述，主从控制算法要求将机器人系统的多个机械臂坐标系统一到同一个基坐标系下。由于微创手术操作医生是基于腹腔镜视觉指引进行的，考虑到医生的手眼协调性，选择腹腔镜基坐标系作为整个微创手术机器人手术端子系统的基坐标系。手术端三个机械臂的基坐标系的位置关系如图 5-49 所示。

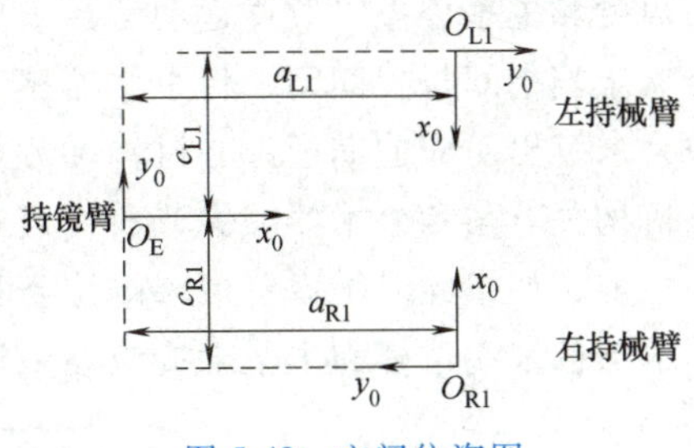

图 5-49 空间位姿图

根据左右两个持械臂相对于持镜臂的空间位姿关系，可以得到从两个持械臂坐标系到腹腔镜基坐标系的位姿变换矩阵。

$$
{}^{O_E}_{O_{L1}}\boldsymbol{T}=\begin{bmatrix} {}^{O_E}_{O_{L1}}R & {}^{O_E}_{O_{L1}}P \\ 0 & 1 \end{bmatrix}=\begin{bmatrix} 0 & 1 & 0 & a_{L1} \\ -1 & 0 & 0 & c_{L1} \\ 0 & 0 & 1 & 0 \\ 0 & 0 & 0 & 1 \end{bmatrix} \tag{5-20}
$$

$$
{}^{O_E}_{O_{R1}}\boldsymbol{T}=\begin{bmatrix} {}^{O_E}_{O_{R1}}R & {}^{O_E}_{O_{R1}}P \\ 0 & 1 \end{bmatrix}=\begin{bmatrix} 0 & -1 & 0 & a_{R1} \\ 1 & 0 & 0 & -c_{R1} \\ 0 & 0 & 1 & 0 \\ 0 & 0 & 0 & 1 \end{bmatrix} \tag{5-21}
$$

由此，将手术端机械臂系统的两个持械臂坐标系统一到腹腔镜基坐标系中，保证了主刀医生进行手术时的手眼一致性。

（2）主从姿态配准　主从姿态配准是指在微创手术中，为了确保主手与手术端器械之间位姿一致，通过调整主手或手术器械来使二者位姿相匹配的过程。

微创手术开始之前，助手医生会调整好定位机构和远心机构，将手术器械安装在驱动盘上，并从创口点缓缓插入患者腹腔。器械安装完成后，需调整腹腔镜视野，将手术端各机械臂处于初始位姿状态，此时开始进行主从姿态配准。

主从姿态配准的方法有两种：一是固定手术器械姿态，调整主手姿态以匹配；二是保持主手姿态，通过调整手术器械姿态来匹配。这里以第二种方法为例，介绍两种实现方式。第一种是保持腕部位置不变，通过调整手术器械的三个自由度来实现姿态配准。第二种则是确保手术器械末端位置不变，通过调整所有关节来达到姿态匹配。从安全角度出发，第二种方法更为优越，因为手术器械末端位置固定，即使在最坏情况下也只是腕部与小爪连接处可能对组织产生轻微挤压，且这部分结构不尖锐，不会造成组织损伤。以第二种方法为例介绍姿态预配准流程。图 5-50 所示为主从姿态配准的过程，实线代表手术器械插入时的初始状态，虚线则代表配准后与主手姿态一致的状态。图中 r 代表远心点，w_1、w_2 代表手术器械腕部，f_1、f_2 代表手术器械末端。

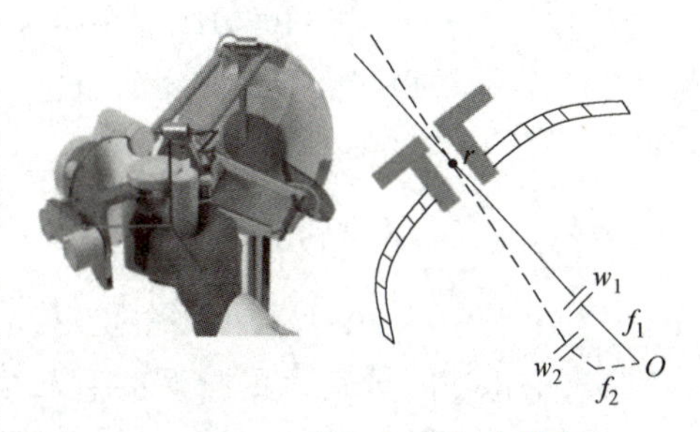

图 5-50 主从姿态配准示意图

程序流程图如图 5-51 所示：首先采集主手和手术端机械臂各关节信息，根据主手和手术端机械臂的正运动学分别求出主手和手术端器械末端空间位姿，根据远心机构前三个关节的角度和主手姿态以及逆运动学，求出手术器械上三个自由度的关节角；然后，为保持手术器械末端空间位置固定，将手术器械上三个关节角度代入到前文介绍的远心不动点运动算法中，求解出对应的期望远心机构关节角，驱动关节运动到期望关节角度；接着，将当前的远心机构关节角和手术器械关节角代入到手术端机械臂正运动学模型中得到当前手术器械末端的位姿，如果此时手术器械末端位姿和主手末端位姿仍不一致，则重复上述步骤。最后，当手术器械末端位姿和主手末端位姿一致时，停止运算。

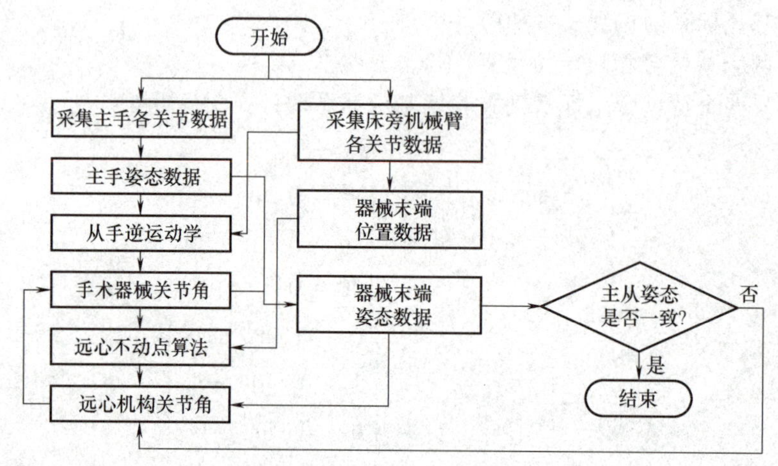

图 5-51　主从姿态配准流程

（3）主从相对运动控制　基于绝对位置的控制方法要求主手和从手的空间位置轨迹完全一致，并且主手和从手的工作空间大小必须一致，这在实际操作中因主从手的异构性和手术操作的精细性而受限。医生可能需要对主手动作进行缩放以适应手术需求，但这可能导致主手工作空间不足。此外，医生为了操作舒适度可能会调整主手手柄位置，这在重新建立主从连接时可能引发从手的大范围运动和误操作。因此，绝对位置主从控制在微创手术中并不理想。相比之下，基于相对位置的主从控制方法更为合适，它通过上位机接收主手的位置增量来控制从手。在调整主手位姿后，清零主手位置信息再建立连接，从手只需响应当前主手的位置变化增量，从而提高操作的灵活性和安全性。主从运动控制映射的核心任务是确保医生在主手上的操作能够精确且实时地反映在手术端器械的运动上，同时保持操作的自然性和直观性。

首先，主手设备以1000Hz的高频采样医生手部动作，以确保获取的操作信号能够充分反映医生手部运动的位移、速度、加速度。在显示器坐标系下，相对运动控制的位置描述应该满足

$$ {}^{O_v}_{O_{ml}}\boldsymbol{p}\left({}^{O_{ml}}_{O_{hl}}\boldsymbol{p}_{t+1}-{}^{O_{ml}}_{O_{hl}}\boldsymbol{p}_{t}\right)=\left({}^{O_E}_{O_{te}}\boldsymbol{T}\right)^{-1}{}^{O_E}_{O_{LI}}\boldsymbol{R}\left({}^{O_{LI}}_{O_{tl}}\boldsymbol{p}_{t+1}-{}^{O_{LI}}_{O_{tl}}\boldsymbol{p}_{t}\right) \tag{5-22} $$

$$ {}^{O_v}_{O_{mr}}\boldsymbol{p}\left({}^{O_{mr}}_{O_{hr}}\boldsymbol{p}_{t+1}-{}^{O_{mr}}_{O_{hr}}\boldsymbol{p}_{t}\right)=\left({}^{O_E}_{O_{te}}\boldsymbol{T}\right)^{-1}{}^{O_E}_{O_{RI}}\boldsymbol{R}\left({}^{O_{RI}}_{O_{tr}}\boldsymbol{p}_{t+1}-{}^{O_{RI}}_{O_{tr}}\boldsymbol{p}_{t}\right) \tag{5-23} $$

式中，${}^{O_{ml}}_{O_{hl}}\boldsymbol{p}_t$ 和 ${}^{O_{mr}}_{O_{hr}}\boldsymbol{p}_t$ 分别为左右手主手末端坐标系（$O_{hl}xyz$ 和 $O_{hr}xyz$）t 时刻在左右手主手基坐标系（$O_{ml}xyz$ 和 $O_{mr}xyz$）下的位置矢量；${}^{O_{LI}}_{O_{tl}}\boldsymbol{p}_t$ 和 ${}^{O_{RI}}_{O_{tr}}\boldsymbol{p}_t$ 分别为左右侧持械臂器械末端坐标系（$O_{tl}xyz$ 和 $O_{tr}xyz$）在左右侧持械臂基坐标系（$O_{LI}x_0y_0z_0$ 和 $O_{RI}x_0y_0z_0$）下的位置矢量。为了保证主从一致性，相对运动控制只能用于位置控制而不能用于姿态控制，主手和从手的姿态

要保持一致。当以显示器坐标系作为参考系时，相对式控制的姿态应该满足

$$\begin{cases} {}^{O_v}_{O_{ml}}\boldsymbol{R}{}^{O_{ml}}_{O_{hl}}\boldsymbol{\omega}_t = ({}^{O_E}_{O_{te}}\boldsymbol{T})^{-1}\,{}^{O_E}_{O_{LI}}\boldsymbol{R}{}^{O_{LI}}_{O_{tl}}\boldsymbol{\omega}_t \\ {}^{O_v}_{O_{mr}}\boldsymbol{R}{}^{O_{mr}}_{O_{hr}}\boldsymbol{\omega}_t = ({}^{O_E}_{O_{te}}\boldsymbol{T})^{-1}\,{}^{O_E}_{O_{RI}}\boldsymbol{R}{}^{O_{RI}}_{O_{tr}}\boldsymbol{\omega}_t \end{cases} \tag{5-24}$$

式中，${}^{O_{ml}}_{O_{hl}}\boldsymbol{\omega}_t$ 和 ${}^{O_{mr}}_{O_{hr}}\boldsymbol{\omega}_t$ 分别为左右手主手坐标系（$O_{hl}xyz$ 和 $O_{hr}xyz$）在 t 时刻基于左右手主手参考坐标系（$O_{ml}xyz$ 和 $O_{mr}xyz$）的姿态矢量；${}^{O_{LI}}_{O_{tl}}\boldsymbol{\omega}_t$ 和 ${}^{O_{RI}}_{O_{tr}}\boldsymbol{\omega}_t$ 分别为左右侧持械臂末端器械坐标系（$O_{tl}xyz$ 和 $O_{tr}xyz$）在左右侧持械臂基坐标系（$O_{LI}x_0y_0z_0$ 和 $O_{RI}x_0y_0z_0$）的姿态矢量。

然后，将左右主手端笛卡儿空间的位姿变化量作为手术端机械臂末端器械的期望位姿变化量。由于信号采样频率和执行器响应频率可能存在差异，需要通过插值处理使离散的控制信号之间生成连续的运动指令，确保手术端机械臂的运动平滑和稳定。在高精度手术操作中，通常采用样条插值方法生成更平滑的运动轨迹，避免突变和抖动。最后，经过控制映射和插值处理的位置变化量会根据手术端机械臂的逆运动学模型转化为手术端机械臂各关节的期望角度和角速度，由手术端机械臂的底层控制系统执行。

（4）主从比例运动控制　针对不同的手术场景和环境，医生操作微创手术机器人时会选用不同的主从运动映射比，比例系数 k 一般为 1∶1、3∶1 和 5∶1。例如，进行组织缝合操作时应使用 5∶1 比例，缩小手术端器械的运动量以保证操作精度；进行脂肪组织剥离时可以选用另外两种比例，以提高手术操作的效率。比例运动控制算法同样需要满足主从一致性，并且同样只能用于主从的位置控制，而不能用于姿态控制。在显示器坐标系下，比例运动控制的位置描述应该满足：

$${}^{O_v}_{O_{ml}}\boldsymbol{p}({}^{O_{ml}}_{O_{hl}}\boldsymbol{p}_{t+1} - {}^{O_{ml}}_{O_{hl}}\boldsymbol{p}_t)/k = ({}^{O_E}_{O_{te}}\boldsymbol{T})^{-1}\,{}^{O_E}_{O_{LI}}\boldsymbol{R}({}^{O_{LI}}_{O_{tl}}\boldsymbol{p}_{t+1} - {}^{O_{LI}}_{O_{tl}}\boldsymbol{p}_t) \tag{5-25}$$

$${}^{O_v}_{O_{mr}}\boldsymbol{p}({}^{O_{mr}}_{O_{hr}}\boldsymbol{p}_{t+1} - {}^{O_{mr}}_{O_{hr}}\boldsymbol{p}_t)/k = ({}^{O_E}_{O_{te}}\boldsymbol{T})^{-1}\,{}^{O_E}_{O_{RI}}\boldsymbol{R}({}^{O_{RI}}_{O_{tr}}\boldsymbol{p}_{t+1} - {}^{O_{RI}}_{O_{tr}}\boldsymbol{p}_t) \tag{5-26}$$

通过正逆运动学分析、主从一致性控制、相对式运动控制及比例运动控制方法，能够确定手术端器械末端在持械臂基坐标系中的期望位姿。利用这些期望的位姿信息，在持镜臂和持械臂的运动学建模基础上计算出手术端机械臂各主动关节所需的位置变量。将这些位置变量转化为控制电动机的运动的控制量，控制手术端执行器械末端到达预期的位姿状态。

（5）主从控制安全性　为了保证微创手术机器人系统的安全性，可从主从控制系统方面进行安全性功能设计，其内容主要包括以下几个方面：

1）主操作手速度限制。在机器人辅助微创手术中，若医生疏忽未踩下“主从连接及断开”脚踏开关而松开主手，主从通信可能仍处于连接状态。此时，若主手关节因误操作而快速移动，手术端机械臂会跟随运动，增加患者受伤风险。为确保安全，控制软件需对主手各关节的速度 $\boldsymbol{V}_t$ 进行限制，当主手关节速度超过设定阈值 $\boldsymbol{V}_n$ 时，主手将停止向从手发送运动指令，避免潜在伤害。

2）手术端机械臂关节软件限位。为保证关节运动不超极限，需要限制手术端机械臂各关节运动的角度范围。一般将软件中关节限制范围 $\boldsymbol{Q}_r$ 设置成比实际的关节硬件限位值略小。假设手术端机械臂某关节上一时刻位置为 $\boldsymbol{Q}_{t-1}$，当该关节收到运动指令 $\boldsymbol{\Delta Q}_t$，下一个期望关节角 $\boldsymbol{Q}_{t-1}+\boldsymbol{\Delta Q}_t$ 大于或等于软件限位阈值 $\boldsymbol{Q}_r$，则停止向该关节发送运动指令，手术端机械臂停止跟随主手运动。

3）手术端机械臂关节运动指令范围限制。在主从控制中，发送给手术端机械臂的运动

指令是电动机相对位置变化量$\boldsymbol{\Delta Q}_t$。当这些相对位置变化量过大时，手术端机械臂的关节电动机可能难以迅速到达目标位置，导致运动延迟。因此，需要限制运动量$\boldsymbol{\Delta Q}_t$。一旦超过预设的阈值$\boldsymbol{\Delta Q}_n$，系统只会以这个阈值作为当前控制周期的电动机运动指令，并会检查关节是否达到其物理限位。如果按$\boldsymbol{\Delta Q}_n$ 计算的下一个期望位置 $\boldsymbol{Q}_{t-1}+\boldsymbol{\Delta Q}_n$ 仍在软件设定的安全范围内，系统就会发送这个指令给手术端机械臂。产生的任何运动误差都可以由操作者后续的调整来补偿。

综合主从控制软件中三种安全性算法框架如图 5-52 所示。

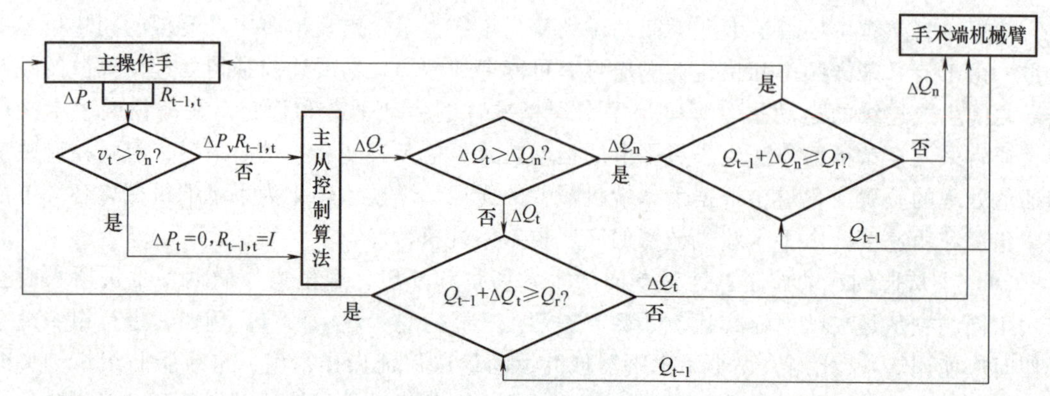

图 5-52　主从控制流程中安全性算法框架

5.4.4　主从力反馈

主手除了作为运动输入设备外，还作为医生控制子系统的力反馈设备。在主从操控的机器人辅助微创手术中，当手术端机械臂执行器执行手术操作时，手术器械会受到来自患者组织的反作用力。交互力信息被实时反馈到医生手部，医生就能够直接感受到手术端交互作用的力，从而更加精确和直观地控制手术器械的运动和力度，提高手术的安全性和效率。这种精确的反馈依赖于力检测技术和力反馈控制算法。

1. 末端交互力检测

对末端器械与环境接触力的感知是实现力反馈的前提。在腹腔镜手术中，器械与人体组织交互力的检测方法通常有基于传感装置的力检测方法和基于生物力学逻辑的力检测方法。

（1）基于传感装置的力检测　力传感装置利用材料对力敏感的特性，将材料因受力形变发生的电阻、电容等变化通过电路转化为电信号的形式输出，经过一系列信号处理最终转化为可视的力变化数值。常见的力传感装置有应变片式力传感器、压电式力传感器、电容式力传感器、压阻式力传感器、光纤力传感器等。尽管商业化力传感器在许多操作领域中都发挥了巨大作用，用于精确测量远端的力和力矩，但它们在微创手术中的应用却面临着诸多挑战。由于手术器械的末端执行器通常具有小于 1cm 的轴向直径，这就意味着传感器必须具备更小巧的外形尺寸。同时，由于手术环境的特殊性，传感器还必须具备高度的生物兼容性和可消毒性，以确保患者的安全。这些限制使得商业化力传感器在微创手术中的应用变得十分困难。为实现机器人辅助微创手术力反馈，科研人员尝试从能够反映力信息的间接变量来研究力反馈，应用基于电动机电流、位移误差和外贴应变片等方法来提取手术器械与人体组织间的手术交互力。

（2）基于生物力学逻辑的力检测　基于传感装置的力检测方法虽然能够在一定程度上反映手术交互力信息，但它们所提取的力信号往往掺杂了传动装置的内部作用力和手术器械与套管之间的摩擦力。由于手术交互力本身相对于这些作用力和摩擦力来说较小，真实的手术交互力信号往往难以准确捕捉，甚至有时会被干扰信号所掩盖。因此，这种方法在反映机器人手术交互的动态特征方面存在一定的局限性。此外，受到手术器械外形尺寸、生物兼容性和可消毒性等生物环境的严格限制，目前市场上尚无合适的商用传感器能够直接应用于手术器械的末端执行器上，以直接测量手术交互力。这使得通过直接测量手段获取准确的手术交互力信息变得异常困难。以生物力学逻辑为基础的组织器官建模方法能够通过手术器械与人体组织交互的运动信息估计手术交互力。这种方法不仅能够有效避免传动力和摩擦力对手术交互力信号的干扰，还能够更真实地反映手术过程中的动态特征。因此，基于生物力学和机器人运动规划的研究，为实现微创手术机器人的手术操作力反馈提供了一个较为可行和有效的途径。基于生物力学的微创手术机器人力反馈示意如图 5-53 所示。

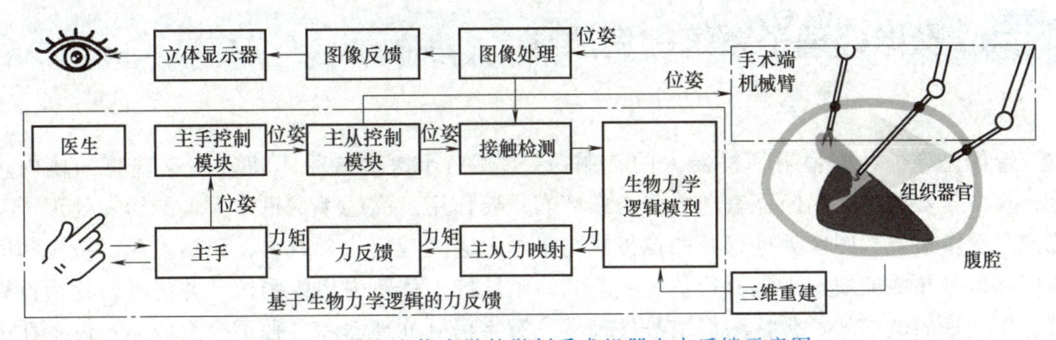

图 5-53　基于生物力学的微创手术机器人力反馈示意图

首先，借助力学测试平台对生物组织在多种手术操作下的力学特性进行详尽测试，进而构建出生物组织的精确力学模型。接着，通过采集内窥镜提供的实时手术图像，利用轮廓提取和三维重建技术获取手术切割区域的三维轮廓位置信息，并在机器人工作空间中明确标识这些区域。当医生操作微创手术机器人进行手术时，系统会实时收集生物组织轮廓的三维位置信息和手术器械的运动状态信息。基于这些信息计算出生物组织轮廓与手术器械之间的交互参数。随后，这些交互参数被代入之前建立的生物组织手术操作力学模型中，用以实时计算手术过程中的交互力。最后，通过主从力映射技术，系统将计算得到的手术交互力准确地反馈给主手系统，使医生能够实时感受到手术端器械与生物组织之间的手术交互力，从而进行更为精确和直观的操作。

2. 主从力反馈实现

力反馈主手力控制中应用比较广泛的是基于动力学模型的控制方法，在获得末端器械与人体组织交互力后，这些力信息将作为期望力实时传回给主手控制模块。在主手控制模块中，首先进行主从映射。这一过程利用力的雅可比矩阵，将测得的在主手末端的空间 6 维力和力矩转换成主手各关节对应受到的期望力矩。力的雅可比矩阵是描述主手末端位置和关节角度之间关系的数学工具，能够将末端力映射成关节力矩。接下来，通过主手控制模块的力矩补偿算法，计算对主手各关节的实际驱动力矩。然后，通过控制电动机电流环来实现对主手反馈力的精确控制。电动机电流环是通过调节电动机电流来控制电动机输出力矩的闭环控制系统。最后，医生通过主手设备就可以感知到末端器械与人体组织交互力。主从力反馈的实现流程如图 5-54 表示。

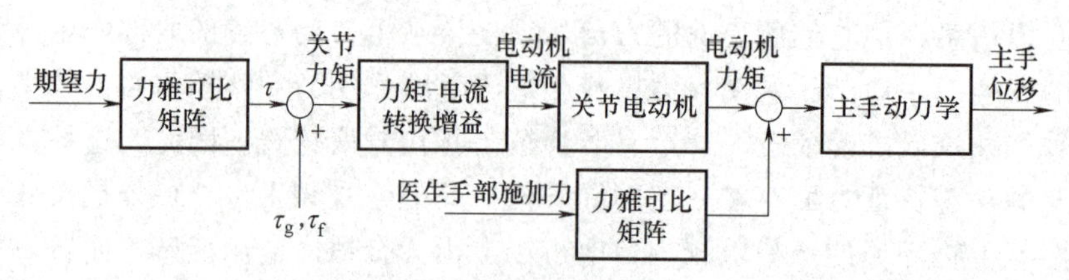

图 5-54　主从力反馈控制结构图

通过上述步骤，主手设备能够精确再现从手端感知到的交互力，使医生能够通过主手设备感知到末端器械与人体组织的交互力。医生在主从操作中获得直观的力觉反馈，增强了医生对手术过程的感知与控制，提升了操作的安全性。

5.5 影像处理子系统构造原理

影像处理子系统是手术机器人的“眼睛”，其对于医生或手术机器人准确感知体内环境、观察异常病变、判断器官功能状态发挥着重要作用。高端手术机器人上的影像处理子系统涉及图像采集、图像处理以及图像传输与显示三大关键模块。其中，包括光源、镜头和图像传感器等在内的图像采集模块负责获取高清晰度的人体体内组织图像，并将其转化为计算机易于处理的电信号；包括图像信号处理器、数字信号处理器和各种手术图像显示设备在内的图像传输和显示模块负责处理硬件传输的图像电信号，并转化为图片输出；这些原始图像还需要经过一系列图像处理算法进一步处理，以增强显示效果，最后展示给医生。本节将从上述三个模块分别介绍医疗腔镜影像处理子系统的组成结构和技术原理。

5.5.1　手术图像采集模块

高端医疗机器人中的主要图像采集手段是使用医用腔镜进行拍摄，其由手术端机械臂夹持，并经由微创口送入患者体内，主刀医生可以通过外科医生控制台以声控、手控或脚踏板的方式控制腔镜并接近手术目标区域，获取最佳的手术视野。接下来将简单介绍手术图像采集模块的硬件组成以及图像数据的光电转化原理。

医用腔镜和冷光源是手术图像采集的主要设备，如图 5-55 所示，医用腔镜主要由镜头和图像传感器等构成，冷光源主要由光源发生设备、散热系统和照明光缆等组成。其中医用腔镜的镜头负责汇聚并增强体内的反射光线，将其传输给图像传感器，并经由图像传感器转化为清晰的彩色图像。冷光源中的光源发生设备会产生持续稳定的照明光线，并经由照明光缆传输，最终由腔镜上的光源出口输出，散热系统则负责为光源发生设备降温，保证其能持续稳定工作。

(1) 医用腔镜　医用腔镜实际上是一个相机成像系统，但为了应对体内雾气、血液等造成的恶劣成像条件，提供更加稳定清晰的术中视野，医用腔镜进行了一定的特殊设计，具备控制灵活、视野角度大、耐高温、耐腐蚀等优良特性。

镜头是医用腔镜上最重要的光学硬件组成之一，它由多个透镜组成，其最重要的作用是

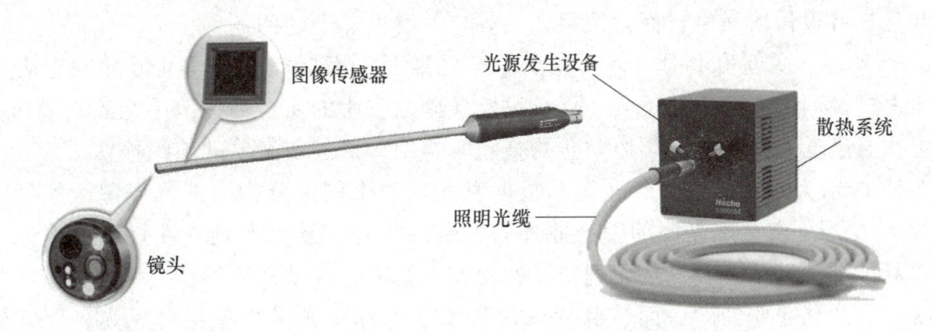

图 5-55 医用腔镜和冷光源

聚集和传输进入的光线，将目标物体清晰地成像在电子图像传感器的光敏面上。为了减轻对人体的伤害并方便手术操作，医用腔镜镜头尺寸要尽可能小，单个镜头的直径通常在 1.5mm 至 3.8mm。镜头中的镜片一般采用非球面镜片，这类镜片会经过特殊的涂层材料处理，具有远景深、低畸变、广视角、耐腐蚀和耐磨损等优良性能。此外，在微创手术期间，体内外温差会导致水汽在低温镜头表面凝结成雾，造成画面模糊。因此，镜头防雾的设计至关重要。传统的镜头防雾措施为预热法，即在术前将腔镜镜头置于 60~80℃的无菌生理盐水中预热 3~5min。但该方法偶发的热盐水溢出、导致烫伤及镜头意外翻转等问题，不仅增加了手术区域污染的风险，还可能损害精密镜头，影响手术安全与效率。因此，目前高端医用腔镜会在靠近镜头位置安装如电热膜等加热装置或在镜头上覆盖亲水性防雾涂层，借此避免手术过程中雾气凝聚对成像的影响。

图像传感器是一种将光学图像转化为电子信号的半导体器件，根据光信号的感知和读出方式的不同可分为电荷耦合器件（Charge-Coupled Device，CCD）图像传感器和互补金属氧化物半导体（Complementary Metal Oxide Semiconductor，CMOS）图像传感器。CMOS 图像传感器由于其功耗低、处理速度快、集成度高、抗光晕和抗噪能力强等优势，已经成为腔镜图像传感器的主流选择。该传感器位于镜头下方，光线会激发传感器中的光敏材料并产生电子，从而形成电信号，其由片上微透镜阵列、彩色滤波器阵列、金属布线层以及光电二极管构成。根据各层排布顺序的不同，又可分为前照射式和背照射式 CMOS 图像传感器，图 5-56 所示为这两种 CMOS 图像传感器的排布结构。前照射式结构中，入射光首先会穿透金属布线层再激发下方的光电二极管，但金属布线层会遮挡部分入射光线，这使得二极管接受的光信

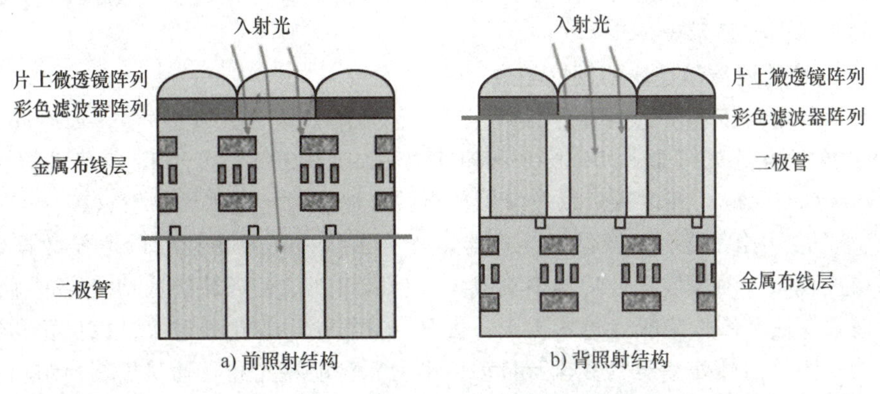

图 5-56 前照射式和背照射式 CMOS 图像传感器

号薄弱并且具有很强的噪声，而背照射式结构恰好解决了上述问题。

（2）冷光源　微创手术中，体内缺少足够的照明，因此需要外置光源照亮患者腔内空间，为体内成像创造可视条件。为了保证医疗实施过程中的安全性，医用光源一般选择发光稳定、工作温度低的冷光光源，以防止灼烧正常组织，造成不必要的组织损伤。

图 5-57 所示为常见的三种冷光源，根据发光原理不同可分为卤素冷光源、氙气灯冷光源和 LED 冷光源。卤素冷光源的发光原理和普通白炽灯一致，但是其在灯泡中填充了卤素气体，以避免灯丝过早断裂，从而延长了使用寿命。但这种发光源仍然会产生携带大量热量的红外线，因此其需要借助一面特制的汽化凹镜（也称冷光镜）反射可见光，而红外线则会直接穿透该凹镜，以此实现多余热量的过滤。氙灯冷光源首先需要电离灯内的高气压氙气，氙气电离后则会持续放电并发光，随后只需要维持一个较低的电压就可以使得氙灯持续照明。氙灯冷光源的热量过滤方式与卤素灯类似，其在光源发生装置中内置了一面非球面反光镜，其表面存在一定厚度的多层介质膜（硫化锌、氟化镁等），光线中热量较高的红外线会被这层膜吸收，以此达到冷光效果。值得一提的是氙灯光源的光谱接近太阳光谱，能够最大限度地反映人体组织的真实颜色。LED 冷光源是一种半导体光源。当电流通过半导体材料时，会导致电子从一个能级跃迁到另一个能级，从而产生光子，实现发光。这种发光模式最大程度保证了光能的转化效率，使得 LED 冷光源的工作温度相对较低，不会因长时间工作产生过多热量。因此，LED 冷光源一般不需要额外配备散热系统。

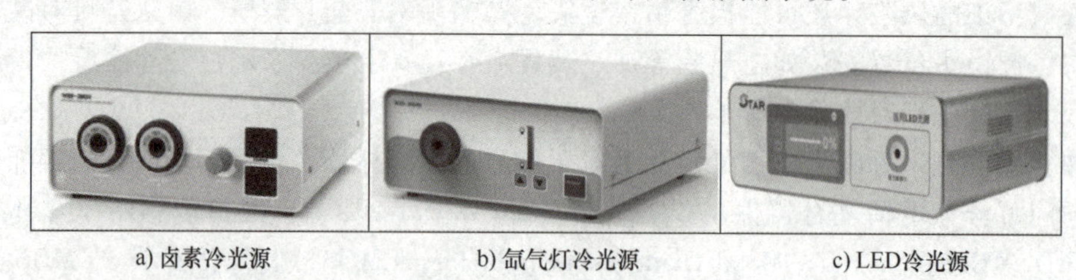

a) 卤素冷光源　b) 氙气灯冷光源　c) LED冷光源

图 5-57　三类冷光源

5.5.2　手术图像传输与显示

图像信息采集完毕后需要通过传输模块呈现在各种手术图像显示设备上，其中，手术图像传输模块的作用在于将图像处理器产生的模拟信号转换为数字信号传输，手术图像显示设备则负责显示各种经过特殊处理的手术图像。接下来将详细介绍图像传输模块的硬件组成，以及常见的手术图像显示设备。

1. 手术图像处理传输模块的硬件组成

图像数据的处理依赖复杂的处理器组，其中包括图像信号处理器（Image Signal Processor，ISP）、数字信号处理器（Digital Signal Processor，DSP）、可编程序逻辑器件（Field Programmable Gate Array，FPGA）以及模拟数字转换器和数字模拟转换器（A-D，D-A）等。

（1）图像信号处理器　图像信号处理器负责将图像采集设备捕获的原始数据转化为高质量的图像或视频。图像信号处理器中集成了多种高级图像处理算法和功能，包括白平衡算法、血管增强算法、图像降噪、色彩校正、去马赛克算法、锐化处理等，以优化和增强图像质量。此外，图像信号处理器负责执行自动白平衡、自动曝光和自动对焦等控制功能，确保在各种光照条件下的最佳图像表现。

（2）数字信号处理器 数字信号处理器中集成了多种数字滤波算法，以实现信号的预处理和特定频率成分的增强或衰减。这些滤波算法包括但不限于低通滤波器（用于去除高频噪声）、高通滤波器（用于去除低频噪声）和带通滤波器（用于选择特定频带内的信号成分）。此外，数字信号处理器能够执行复杂的频域变换算法，如离散傅里叶变换和快速傅里叶变换等以满足滤波和频谱分析需求。不仅如此，图像信号的压缩、编解码、调制和解调也是数字信号处理器的重要功能之一。其中，压缩算法可以减少信号的带宽和存储需求，而解码和编码算法则用于信号传输和存储过程中的数据转换和保护，调制负责将数字信号转换为适合传输的高频模拟信号，解调与调制相对，负责将接收到的高频模拟信号恢复为原始数字信号。

（3）可编程序逻辑器件 可编程序逻辑器件由逻辑块阵列、可编程序互联网络和输入及输出（Input/Output，I/O）组成，这些组件可以通过硬件描述语言（如 VHDL 或 Verilog）进行配置，以执行特定的任务或功能。逻辑块是可编程序逻辑器件的基本单元，通常包含查找表（Look Up Table，LUT）、触发器和一些基本逻辑门，用于实现组合逻辑和时序逻辑。通过可编程序互联网络，逻辑块可以灵活地连接在一起，形成复杂的逻辑电路和处理器。I/O 用于连接可编程序逻辑器件内部逻辑块与外部设备接口，如 DDR 内存、以太网、USB 等。配置存储器存储用户定义的可编程序逻辑器件配置数据，通过配置数据来控制逻辑块和互联网的行为。除此之外，基于可编程序逻辑器件处理器强大的并行能力和低能耗，部署特定的神经网络算法成为当前的主流趋势。首先将训练好的神经网络模型导出，并通过 FPGA 编译器工具链将其转换为适用于 FPGA 格式的硬件描述语言；随后利用 FPGA 开发环境来更新 FPGA 项目文件中的模型参数，以实现神经网络模型推理逻辑的基本计算单元；之后，通过 Synthesis Tool 将硬件描述语言转换为低级门级网表，进行布局布线以确定每个逻辑单元和连接在 FPGA 上的物理位置和路径，并生成比特流文件，比特流文件通过 FPGA 的配置接口加载到 FPGA 中，从而配置 FPGA 内部的硬件资源，包括配置查找表、触发器、互联网络以及其他逻辑单元，使 FPGA 的物理硬件结构符合设计者在硬件描述语言中的逻辑关系。之后，FPGA 可以接收输入数据，并按照配置好的硬件逻辑算法进行计算和处理。

2. 手术图像显示设备

传统的手术图像显示设备是一台高分辨率显示器，其只能显示由单目腔镜所采集的二维手术图像，缺乏三维景深。医生通过观察二维腔镜图像实施手术时高度依赖自身专业知识、空间想象能力和操作技能，这就导致手术过程中的风险因素增加，因此，近年来，出现了能够显示体内三维立体效果的手术图像显示设备。

（1）双目立体显示器及偏振眼镜（图 5-58） 双目立体显示器模拟人眼观察三维世界的生理特点，显示画面由左右两幅画面构成，左右画面之间存在一定的变换关系，称之为“视差”，正是这种视差的存在使得人类大脑能够区别物体远近。基于视差原理的 3D 显示器分为光屏障式 3D 显示器、偏振式 3D 显示器、柱状透镜式 3D 显示器等，其中偏振式 3D 显示器的色彩还原度最高，观看角度大，因此被广泛应用于医疗图像显示。偏振式 3D 立体显示器上存在一层偏振膜，能够以一定规律拆分左右画面并同时显示两幅偏振方向不同的画面，因此使用时还需要佩戴特制的偏振眼镜。偏振眼镜上镀有一层偏振膜，可以将偏振式 3D 显示器的偏振画面还原为左右目，形成立体显示效果。

（2）控制台显示器和成像系统显示器（图 5-59） 控制台显示器和成像系统显示器主要

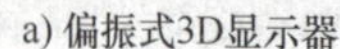
a) 偏振式3D显示器

b) 偏振眼镜

图 5-58　偏振式 3D 显示器和偏振眼镜

应用于达芬奇手术机器人主从操控式手术机器人系统。控制台显示器为双目立体显示器，其内嵌在位于消毒区外的外科医生控制台中，手术医生通过控制台观察窗观察控制台显示器所显示的 3D 腔镜画面，并据此控制机械臂进行手术操作。成像系统显示器安装在成像系统顶端，手术过程中位于无菌区外，主要由巡回护士操作，显示体内的高清腔镜图像。

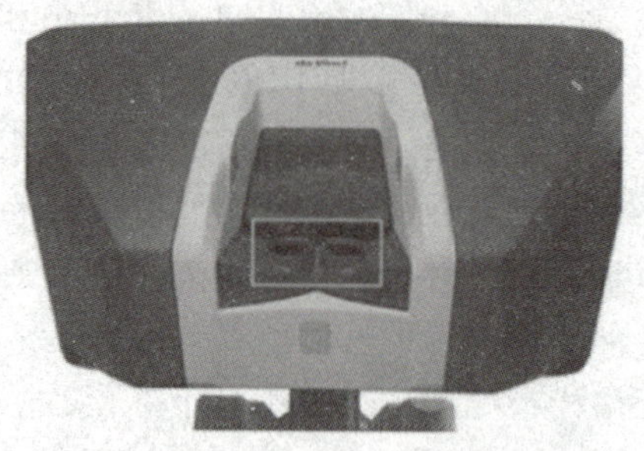
a) 控制台观察窗

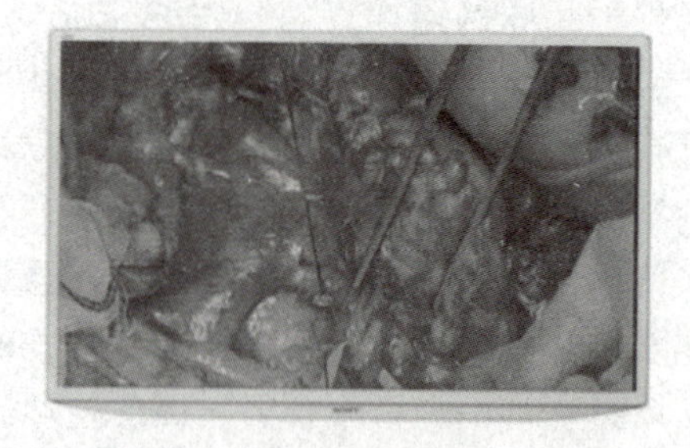
b) 成像系统显示器

图 5-59　控制台观察窗和成像系统显示器

（3）虚拟现实与增强现实显示眼镜

虚拟现实与增强现实眼镜是一种头戴式设备，能够为用户提供沉浸式的虚拟现实或增强现实体验。虚拟现实与增强现实眼镜在机器人微创手术上的应用可以使医生更直接地深入到微创手术的术前规划和仿真、术中决策和术后康复评估等环节。虚拟现实与增强现实眼镜由高分辨率显示屏、透镜、多种传感器、位置追踪系统、音频系统、控制器和连接设备组成，能够展示高清立体的虚拟影像，极大地方便了医生观察人体组织细节，图 5-60 所示为苹果公司最新发布的虚拟现实眼镜 Vision Pro。

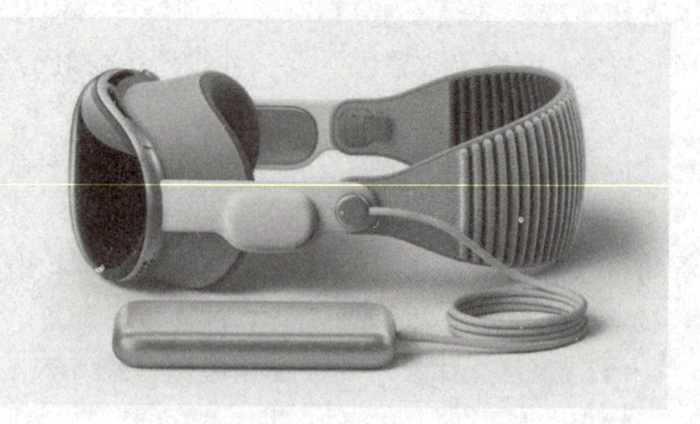
图 5-60　Vision Pro

（4）白光-荧光双光成像显示设备　尽管基于白光成像的腔镜技术已取得巨大进步，但在临床应用中仍然面临着精确定位病灶边界、发现微小病灶以及识别重要组织结构的挑战，而白光-荧光双光成像可以有效地解决上述问题。如图 5-61 所示，双光成像方案的设备主要包括显示器、探头以及荧光造影剂。荧光造影剂是一类用于医学和生物学成像技术的化学物质，它可以标记目标区域，在被特定波长的光线激发后，会发出荧光，方便医生观察特定的组织区域。常用的荧光造影剂有吲哚菁绿、聚乙二醇等。双光成像探头的作用是发出激发荧光造影剂所需波长的光线，最终将双光成像画面呈现在双光成像显示器上。

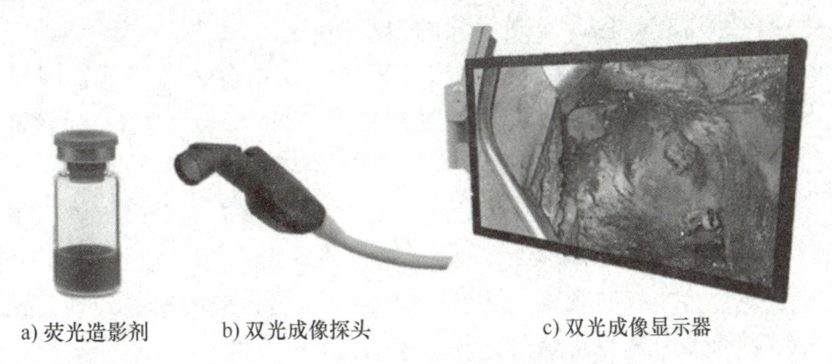

图 5-61 双光成像设备

5.5.3 手术图像的处理

经由图像采集模块采集的原始腔镜图像仍然存在诸如高亮、噪点多、显示模糊以及色差等问题，因此在最终显示前还需要对手术图像进一步处理。一般来说，首先要利用各种手术图像增强算法对手术图像进行初步处理，提升手术图像质量，使得图像能够反映体内组织的真实状态。之后还会借助手术图像辅助决策算法，提供诸如病灶区域位置、手术器械和组织类别等辅助决策信息，进而辅助提升临床诊断效率、准确性和可靠性。

1. 手术图像增强算法

手术图像增强算法具有一些简单的图像质量恢复功能，其对成像装备采集的图像进行一系列的加工处理，增强图像的整体效果或是局部细节，从而提高整体与部分的对比度，抑制不必要的细节信息，改善图像的质量，使其符合人眼的视觉特性。接下来介绍几种常用的图像增强算法。

(1) 白平衡算法　由于组织和液体的反射和吸收特性不同、体内光照条件多变，腔镜图像上的组织颜色容易失真，白平衡算法的作用正是调整图像色度，提高腔镜图像的色彩还原能力，以确保图像中的颜色呈现得真实和准确（图 5-62）。下面介绍三类常见的白平衡算法：

1）基于完美反射假设的白平衡算法。这类算法假设图像上一定存在某些理想的白色或灰色参考点（一般认为是图像的高亮区域），随后计算这些参考点在 R、G、B 三个通道上

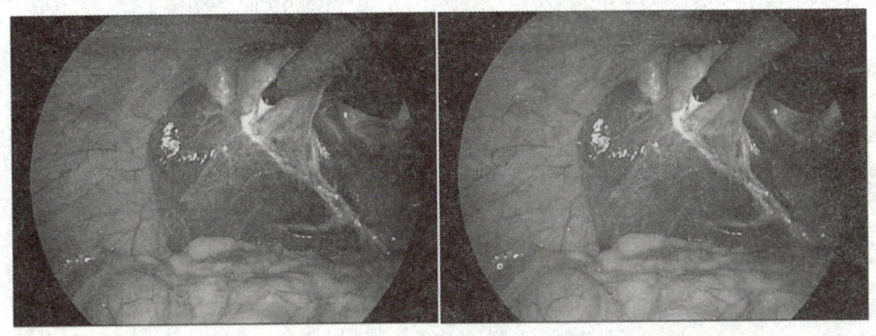

图 5-62 白平衡算法处理效果

的平均值，根据平均值调整图像中的所有颜色，使得这些参考点的颜色接近白色。

2）颜色动态平衡的白平衡算法。这类算法通常使用颜色分布直方图均衡化技术来分析图像中的颜色分布，确定每个颜色通道的主峰（即频率最高的值）和分布范围，随后根据颜色分布动态线性放缩所有颜色，实现图像的白平衡。

3）基于灰度世界假设的白平衡算法。这类算法假设在自然光照下，图像中所有像素的平均值应当是中性的灰色，因此其目标是通过调整图像每个像素红色、绿色和蓝色通道的增益，使得每个像素的 R、G、B 三通道的平均值等于图像整体平均值。

（2）图像去雾算法（图 5-63） 在微创手术过程中，当手术刀切割体内组织时，由于血液温度高于腔镜镜头的温度，手术视野场景中会出现起雾现象，这会导致图像质量严重下降，进而影响医生对手术区域的观察。为了应对这一问题，采用去雾处理方法来降低雾汽对医生手术操作视野的干扰，具有重要的作用。

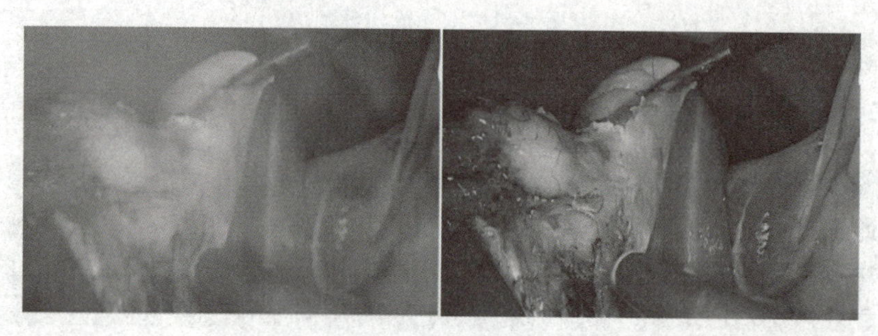

图 5-63 图像去雾算法效果

在计算机视觉领域，一般使用雾天图像退化模型来描述雾汽等对图像造成的影响，该模型包括衰减模型和环境光模型两部分，其表达式如下：

$$I(x)=J(x)t(x)+A(1-t(x)) \tag{5-27}$$

式中，x 为图像像素的空间坐标；I 为观察到的带雾图像；J 为希望恢复的无雾图像；透射率 $t(x)=\mathrm{e}^{-rd(x)}$，r 为大气散射系数，d 为物体深度；A 为全局大气光，在体内一般设定为一个常数。由上述模型可知，图像的去雾过程实际上是已知 $I(x)$ 求解 $J(x)$ 的过程。暗通道先验算法是一种简单高效的获取 $J(x)$ 的方法。该算法基于一个统计分析发现的先验，即无雾图像中每个像素块都至少有一个色彩通道的值非常低，称该通道为暗通道，暗通道的数字表达式如下：

$$J^{\mathrm{dark}}(x)=\min_{c\in\{r,g,b\}}\left\{\min_{y\in\Omega(x)}J^{c}(y)\right\} \tag{5-28}$$

式中，c 为颜色通道，可选择红色通道 r、绿色通道 g 或蓝色通道 b；J^{c} 为图像的某个单通道图像；$J^{\mathrm{dark}}(x)$ 为某个像素位置的暗通道值；$\Omega(x)$ 为中心点位于 x 的像素块。基于上述先验假设，快速求取模型中的全局大气光 A 和透射率 $t(x)$。首先从所有像素的暗通道中选取最亮的 0.1%比例的像素点，然后选取这些像素具有的最大灰度值作为全局大气光 A，注意彩色图像的三个通道都具有各自的全局大气光 A。随后根据式（5-27）得：

$$t(x)=\frac{A-I(x)}{A-J(x)} \tag{5-29}$$

根据基本的图像知识有如下两个条件：

$$0\leqslant J(x)\leqslant 255,0\leqslant I(x)\leqslant A,0\leqslant J(x)\leqslant A,0\leqslant t(x)\leqslant 1 \tag{5-30}$$

$$t(x) \geqslant \frac{A-I(x)}{A} = 1-\frac{I(x)}{A} \tag{5-31}$$

结合上述两个条件可以得到下述折射率的估计表达式：

$$t(x) = 1-w\frac{I(x)}{A} \tag{5-32}$$

式中，w 为一个超参，用于调整透视率，使得图像表现更加自然。估计完上述参数，使用式（5-27）就可以得到希望恢复的无雾图像。

（3）图像去噪算法　由于硬件设备条件和外界环境等客观因素的影响，医学图像在生成、压缩、传输和存储过程中不可避免地引入了噪声。这些噪声不仅影响了图像质量和主观视觉感受，还限制了医生对病灶细节的观察和判断，进而干扰后续的临床诊断。

医学图像中的噪声主要分为固有噪声和随机噪声两类。固有噪声包括医疗设备系统的结构噪声、电子噪声等；随机噪声则包括高斯噪声和椒盐噪声（脉冲噪声）等。尽管随着医疗设备的发展，医学图像中的噪声有所减小，但仍需结合软件和图像处理方法进一步降低噪声。常用的图像降噪方法有高斯滤波、均值滤波、中值滤波和双边滤波等。

1）高斯滤波。高斯滤波是一种线性平滑滤波器，能够有效去除图像中的噪声，尤其对高斯噪声有较好地去除效果。该方法通过使用一个指定的模板（或称卷积、掩模）扫描图像中的每个像素，用模板确定的邻域内像素的加权平均灰度值替代模板中心像素点的值。一个（$2k+1$）（$2k+1$）的二维高斯滤波模版某个位置上的权重值可由式（5-33）确定。

$$H_{ij} = \frac{1}{2\pi\sigma^2}\mathrm{e}^{-\frac{(i-k-1)^2+(j-k-1)^2}{2\sigma^2}} \tag{5-33}$$

式中，H_{ij} 为 i，j 位置上的高斯滤波权重；σ 为高斯分布的标准差；$k=0$，1，…。

2）均值滤波。均值滤波是一种典型的线性滤波算法，通过对目标像素给定一个窗口模板，该模板包括其周围的邻近像素，然后用模板中所有像素的平均值来代替原来的像素值。均值滤波的缺陷在于不能很好地保护图像细节，在去噪的同时也会破坏图像的细节部分，使图像变得模糊，且对椒盐噪声的去除效果较差。

3）中值滤波。中值滤波是一种基于排序统计理论的非线性信号处理技术，能有效抑制噪声。其基本原理是将数字图像或数字序列中某点的值用该点的一个邻域中各点值的中值替代，从而消除孤立的噪声点。中值滤波对椒盐噪声的抑制效果较好，同时能有效保护边缘不受模糊影响，但对包含大量细节的图像去噪效果较差。选择合适的窗口尺寸是中值滤波的重要环节，通常需要通过实验从小窗口到大窗口逐步选择最佳窗口尺寸。中值滤波算法简单，易于实现。

4）双边滤波。双边滤波是一种非线性滤波方法，结合了图像的空间邻近度和像素值相似度，同时考虑空域信息和灰度相似性，能够既保护边缘信息，又去除噪声。双边滤波比高斯滤波多了一个基于空间分布的高斯方差，因此离边缘较远的像素对边缘像素值的影响较小，确保了边缘附近像素值的保留。然而，由于保留了过多的高频信息，双边滤波对彩色图像中的高频噪声处理效果较差，仅对低频信号具有较好的滤波效果。

（4）反光点去除算法　反光点去除算法主要用于图像处理中的去除图像表面光反射造成的亮斑。常见的方法有基于空间域和频域的处理方法。以下介绍一种基于频域的反光点去除算法。首先利用离散傅里叶变换将原始图片从空域转化为频域，如式（5-34）所示。

$$F(u,v)=\frac{1}{MN}\sum_{u=0}^{M-1}\sum_{v=0}^{N-1}f(x,y)\mathrm{e}^{-2\pi j\left(\frac{ux}{M}+\frac{vy}{N}\right)} \tag{5-34}$$

式中，$(u,\ v)$ 为像素坐标系下的像素坐标；M 和 N 分别为图像的长和宽；$j=\sqrt{-1}=\pm i$，这里 i 表示虚数单位；f 为图像的空域像素值；F 为转换得到的频域值。

在频域中，频率越高说明原始信息变化速度越快，频率越低则说明原始信息变化越平缓，因此，高频部分一般反映了图片的突变部分，而低频部分决定了图像的整体印象。因此，图像的高光区域一般集中在高频部分。由此，在频域变换后利用高频滤波器滤除选定的高频成分就可以消除高光部分，实现反光点去除。最后，使用逆傅里叶变换实现频域到空域的转换，转换式为

$$f(x,y)=\sum_{u=0}^{M-1}\sum_{v=0}^{N-1}F(u,v)\mathrm{e}^{2\pi j\left(\frac{ux}{M}+\frac{vy}{N}\right)} \tag{5-35}$$

这里 $f(x,\ y)$ 就是最终消除反光点的正常图片像素值。

（5）形态学增强算法　如果腔镜图像的边界不够清晰和光滑，可以采用形态学处理方法对图像进行进一步处理，从而提高图像质量。形态学处理包括腐蚀、膨胀、开运算、闭运算和形态学重建等操作。其基本思想是基于研究对象的几何结构，利用具有特定形状的结构元素提取图像中的几何特征，同时保持图像的基本结构，去除非目标区域，简化图像。

膨胀和腐蚀是形态学处理的基本操作。膨胀运算将背景点合并到研究对象中，使对象的边界向外扩展，其程度取决于结构元素的大小。膨胀可以放大研究对象，但也可能使边界模糊，导致对象粘连。腐蚀运算则向内收缩对象，可以消除体积小且无意义的部分，使图像边界更清晰，增强辨识度，收缩程度同样取决于结构元素的大小。

开运算是先腐蚀后膨胀，能够消除细小物体并连接分离的部分。闭运算是先膨胀后腐蚀，可以填充物体内部的小孔洞，连接相近的对象，使边界更平滑，减少噪声对图像的影响。

形态学重建是将两幅图像分为标记图像（定义图像变换的起始点）和掩模图像（约束图像变换范围），并通过结构元素定义两幅图像的连接性。主要过程是利用结构元素定义图像连接关系，并根据掩模图像特征对图像进行迭代膨胀，直至像素值稳定。形态学重建可以突出标记图像的特定部分，提高图像质量。形态学增强算法效果如图 5-64 所示。

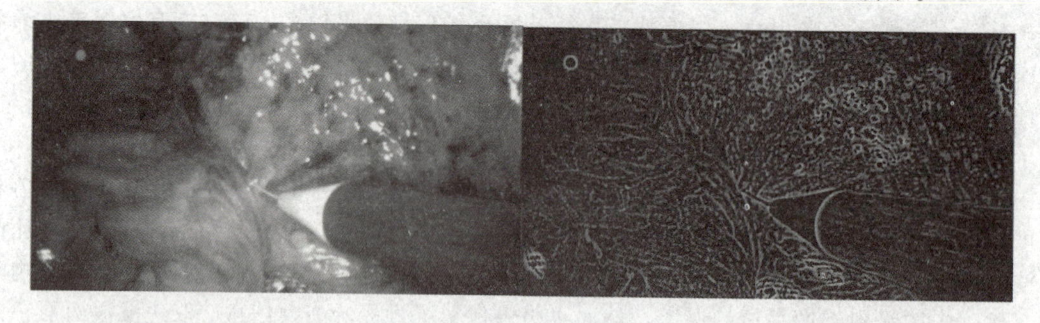

图 5-64　形态学增强算法效果

2. 手术图像辅助决策算法

近年来，为了满足医生对医疗图像多样化和智能化的处理需求，帮助医生理解和分析医疗图像信息，研究者们研发了一系列基于人工智能技术的手术图像辅助决策算法。这些算法

能够为医生提供更加丰富的决策辅助信息，减轻医生负担并提高诊断效率。接下来介绍几种基于人工智能技术的手术图像辅助决策算法。

（1）手术图像分割算法　手术图像分割算法可从图像中提取目标解剖结构或病理结构对应的图像区域，其对于微创手术中的手术规划和图像引导的机器人手术至关重要。传统的手术图像分割算法往往依靠简单的阈值或者边缘来获取分割目标的区域信息，但这些方法在处理复杂图像时具有很强的局限性。U-Net 是第一个将卷积神经网络（Convolutional Neural Network，CNN）引入图像分割领域的深度学习算法，该算法的框架图如图 5-65 所示。

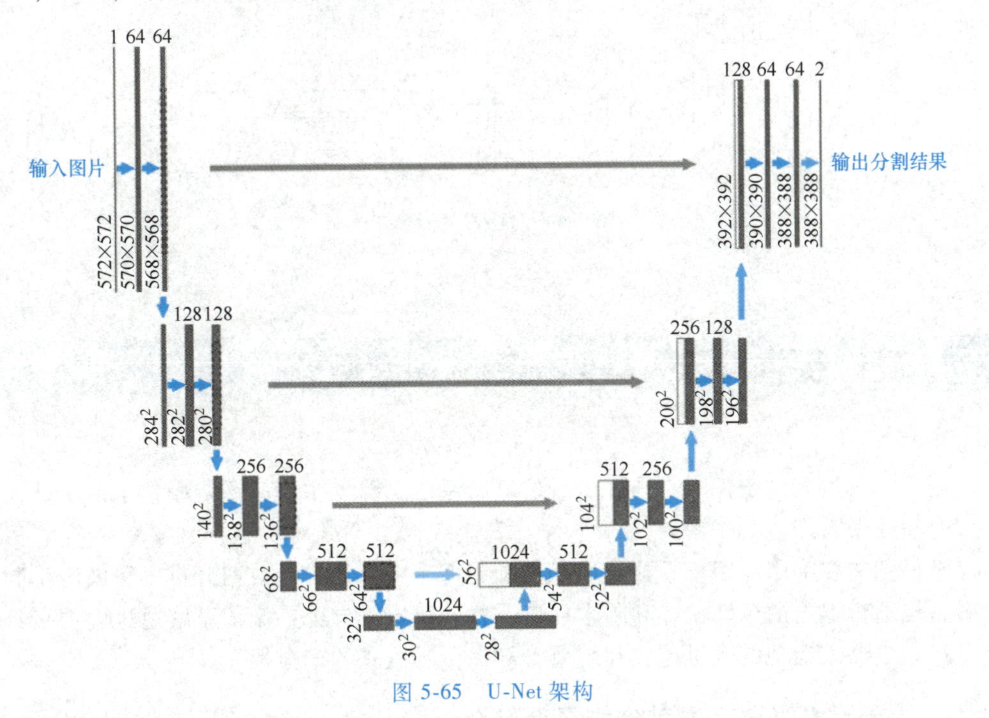

图 5-65　U-Net 架构

U-Net 算法利用卷积神经网络的强大特征提取能力，通过多个卷积层、池化层和全连接层构建深层模型，从原始图像中提取多尺度和多层次的特征，从而实现更好的分割结果。其中输入的图片会首先经过卷积、池化获取不同尺寸的特征图，再通过反卷积或者反池化操作恢复到原始图像大小，这张输出图像即为图像分割所需的掩模。更多模型在 U-Net 的基础上引入跳跃连接和空洞卷积等技术，能够捕捉到更丰富的上下文信息和细节特征，从而提高分割的准确性和鲁棒性。

（2）手术图像目标识别算法　手术图像的目标识别算法在现代医学影像处理中发挥着重要作用。这些算法可用于自动检测和识别手术图像中的关键结构、器官、病变以及手术工具等，帮助医生进行诊断和手术规划。传统方法往往基于手工设计的特征描述子来检测手术图像上的关键点，帮助其识别目标位置，但手工特征容易失效，使得图像目标检测的精度不高。YOLO（You Only Look Once）网络是一个经典的图像目标识别算法，其高效和准确性使得其在医疗图像识别上可以发挥重要作用。YOLO 网络的具体架构如图 5-66 所示，其架构简单，仅由卷积层和全连接层构成，保证了检测速度。YOLO 通过同时检测所有边界框来统一目标检测步骤。为了实现这一点，YOLO 将输入图像划分为 $S \times S$ 的网格，并为每个网格元素预测 B 个相同类别的边界框，以及 C 个不同类别的置信度。每个边界框预测包括五个值：

P_c、b_x、b_y、b_h、b_w，其中 P_c 是盒子的置信度分数，反映了模型对盒子包含对象的信心以及盒子的准确性。b_x 和 b_y 坐标是相对于网格单元的盒子中心，b_h 和 b_w 是相对于完整图像的盒子的高度和宽度。YOLO 的输出是一个 $S \times S \times (B \times 5+C)$ 的张量，可选择在之后进行非极大值抑制（NMS）以移除重复检测。

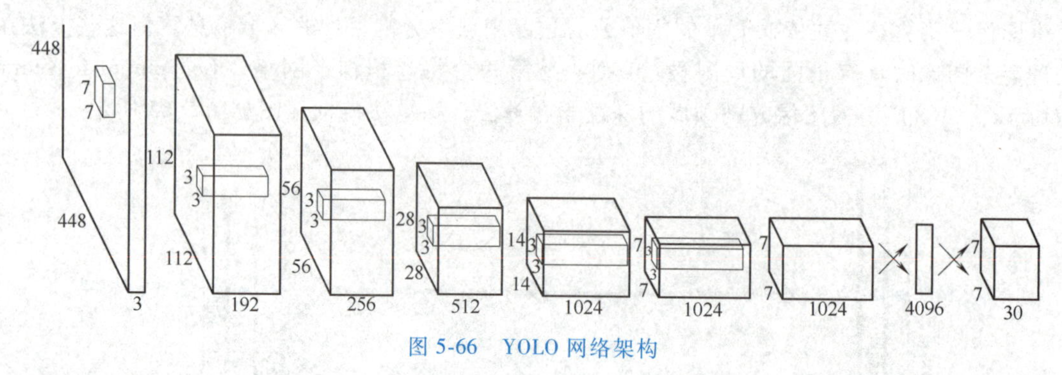

图 5-66　YOLO 网络架构

5.6 高端手术机器人其他子系统构造原理

微创手术机器人系统是一个高度集成的复杂系统，除了主要的手术操作子系统外，还包括了多个辅助子系统，如术前规划子系统、安全控制子系统等。这两种子系统技术相对成熟，已经得到诸多临床应用。术前规划子系统利用患者影像进行数据分析，辅助医生制定手术方案，规划机器人的运动轨迹和手术切口位置。机器人安全控制子系统通过虚拟夹具等技术，实现对机器人运动的实时监控和约束，确保手术过程的安全性。

5.6.1 高端手术机器人术前规划子系统

术前规划是机器人手术中的关键步骤，涉及为手术过程制定详细计划、确定手术切口以及机械臂臂形设置。通过术前规划，外科医生能够可视化患者的解剖结构，标注出重要解剖结构从而防范手术风险，并为手术制定策略。借助先进的成像和模拟技术，外科医生可以预演手术过程，优化手术器械的放置，以确保手术的安全性和有效性。除此之外，术前切口和机械臂臂形设置为进一步执行手术的安全性提供了有效保障。下面将对这三项技术进行详细介绍。

1. 基于 CT 和 MRI 图像的三维模型重建技术

由 CT 和 MRI 技术扫描获得的医学影像是进行术前规划的必要信息，虽然它们具备不同的成像原理和扫描特性，但跨越成像模态的图像序列配准融合则可以在同一图像上展现整体融合信息，得到更加准确的诊断结果以及更加具体的治疗方案。基于融合影像序列的三维模型重建主要涵盖图像预处理、组织分离以及三维模型计算等步骤，其中三维模型计算是将二维图像数据转换为三维空间模型的关键步骤，包括体素化、表面重建和体积渲染等技术。

术前重建的器官模型能直观地显示器官内部复杂的脉络结构，并准确重现器官间的三维空间关系，为诊疗医生提供术前规划标注信息、测量病灶区域以及术前诊疗风险评估提供便利。除此之外，借助高精度的三维模型，医生能够更加全面地观察病患的器官形变情况和病灶形态，辅助医生制定精准的手术方案。图 5-67a 所示为未经过配准的 CT 和 MRI 影像，5-67b 所示为配准后的结果，5-67c 所示为基于腹部 CT 重建的三维模型。

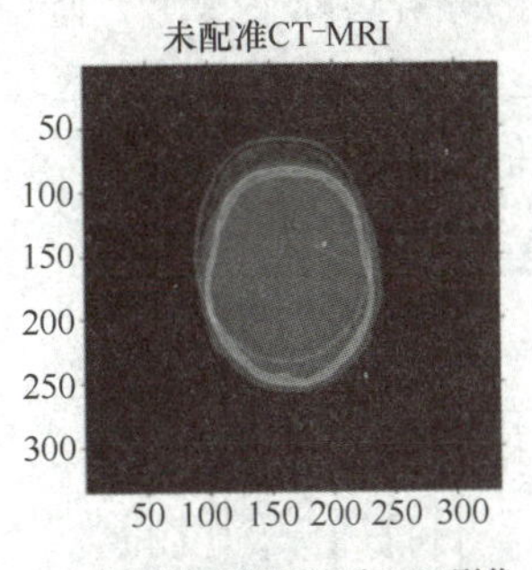

a) 未经过配准的CT和MRI影像

CT-MRI配准结果

50 100 150 200 250 300

b) CT和MRI影像配准后结果

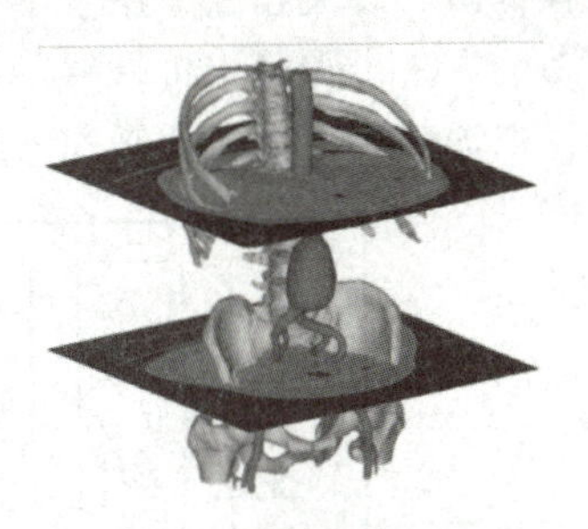

c) 基于腹部CT重建的三维模型

图 5-67　基于 CT 和 MRI 图像的三维模型重建技术

2. 术前虚拟仿真技术

腔镜手术需要外科医生根据显示屏幕所呈现的二维影像去重现和理解患者体内复杂的三维空间结构信息。这种手术通常要求在病人的腹部或者其他部位切开小口，然后通过这些切口插入长条形的手术器械进行操作。由于整个过程在显示屏上显示，医生无法直接看到手术器械和组织，只能依靠插入体内的腔镜和显示屏的帮助来完成操作。这不仅增加了操作的难度，还对外科医生的空间想象能力和操作技能提出了更高要求。

术前虚拟仿真系统的引入提供了革命性的解决方案。通过虚拟仿真系统，手术诊疗方案可以在手术前进行全面、详细的模拟。外科医生能够在仿真环境中与病患的三维模型进行交互，从而更好地了解手术过程中可能遇到的各种情况。这种系统不仅仅是一种简单的视觉模拟，还整合了视觉和触觉反馈，使得外科医生能够在虚拟环境中获得更为真实的操作体验。触觉反馈技术能够提供类似真实手术中触碰组织和器官的感觉，从而提高训练的实际效果。图 5-68 所示为术前虚拟手术平台示例。

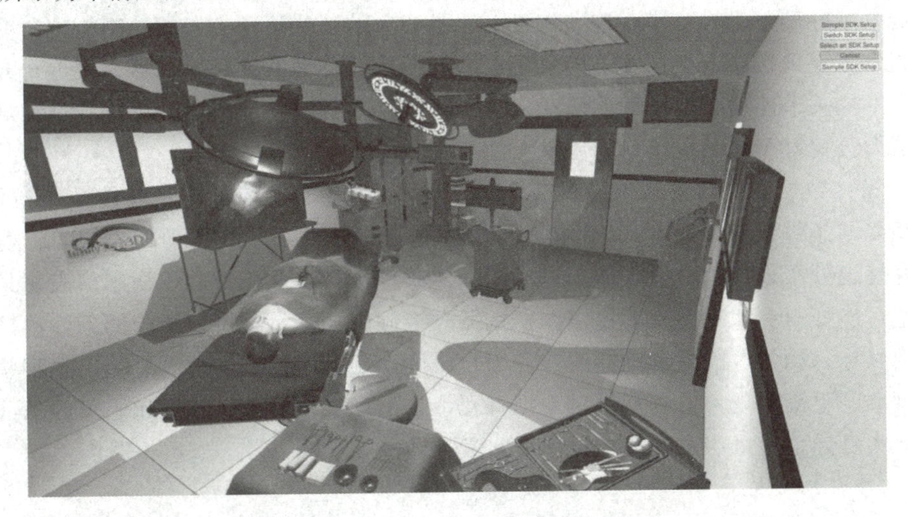

图 5-68　术前虚拟手术平台

3. 手术切口和臂形设置技术

腹腔微创手术机器人的机械臂形态直接决定了其在手术中的性能表现，这种机械臂的配置是根据手术切口的具体位置来设定的。图 5-69 所示为机械臂形态设定及切口位置选择的流程框图。该流程图适用于多种类型的手术，比如肾移植手术、部分肝切除手术等。使用框图中的方法步骤确定机械臂的形态设置和切口位置之前，需要建立患者的手术切口区域模型，牵涉到病人的人体结构参数、切口尺寸以及切口具体位置等信息。

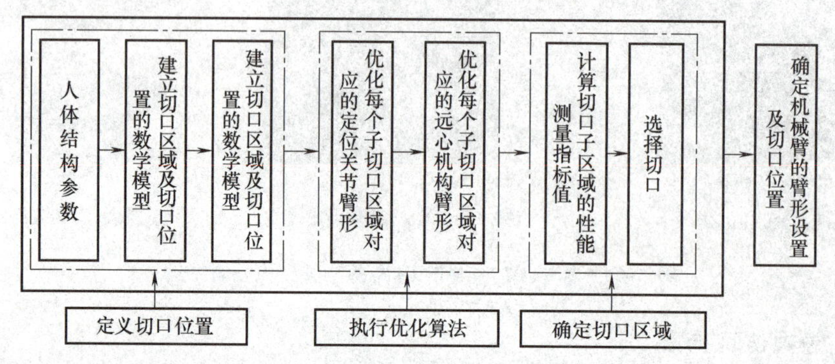

图 5-69 臂形设置及切口选择流程图

多数机器人性能指标和臂形设置评价均依赖于雅可比矩阵。雅克比矩阵是机器人正运动学的基础，它将关节转速映射为笛卡儿空间的速度和角速度，将机器人末端的运动分量与各关节速度关联起来，其数学表达形式为

$$\boldsymbol{\nu}=\mathcal{J}(\boldsymbol{\vartheta})\dot{\boldsymbol{\vartheta}} \tag{5-36}$$

式中，$\boldsymbol{\vartheta}$ 是操作臂关节角矢量；$\boldsymbol{\nu}$ 为笛卡儿速度矢量；$\dot{\boldsymbol{\vartheta}}$ 为笛卡儿速度矢量，其维度大小为 6×1。雅可比矩阵特性直接决定了机器人末端的操作状态，下面以可操作度和条件数为例介绍相关性能测量指标。

（1）可操作度　可操作度是评估机器人姿态优劣的指标之一，该值越高，机器人便具有越好的运动灵活性。可操作度是对机器人与奇异位置距离的间接度量，当可操作度值为零时，机器人刚好处于奇异位置。这一位置下，机器人的某些运动方向的控制能力会受到限制或完全丧失，导致机器人在这些方向上无法进行精确地移动。并且，机器人接近奇异位置时也可能会发生关节速度突然增大的情况，表现为机器人猛地移动或突然停止，这种现象常会导致机器人失控甚至是难以预料的后果。

（2）条件数　条件数的取值范围在［1，∞），它是描述雅可比矩阵性质的指标之一。雅可比矩阵的条件数越接近 1，表示矩阵的性质越良好，反映了其各项较为均匀，机器人在此时的性能也处于最佳、最稳定的状态。相反，条件数越高，矩阵趋于病态，表明某些方向上的操作可能变得更加敏感或不稳定。在机器人控制中，保持雅可比矩阵的条件数接近 1 是一个重要目标，因为这能保证机器人在各个自由度上的响应性能均匀，避免出现某些方向上控制精度急剧下降的现象。特别是对于具有冗余自由度的机器人，雅可比矩阵的条件数可以通过其最大奇异值与最小奇异值的比率来定义，即

$$k=\sigma_{\max}/\sigma_{\min} \tag{5-37}$$

式中，$\sigma_{\max}$ 为最大奇异值；$\sigma_{\min}$ 为最小奇异值；k 为条件数。当雅克比矩阵的条件数等于 1

时，说明雅克比矩阵是正交矩阵，这种情况下机器人的运动性能处于最佳状态。此时，任何关节的运动都可以有效地转换为末端执行器的运动，且没有方向上的变形或放大效应。而当雅克比矩阵的条件数趋向于无穷大时，说明雅克比矩阵趋近于奇异状态或接近奇异点，此时机器人某些关节的运动可能会导致末端执行器的运动大大放大或者几乎没有效果，从而导致不稳定和难以控制的运动。

5.6.2 高端手术机器人安全控制子系统

由于微创手术机器人操作关系到患者生命健康，因此在其设计过程中，首先需要考虑其安全性问题。本节首先介绍当前机器人产品中已有的安全控制策略，比如设备安全检查、电源安全控制以及异常行为检测等，随后介绍学术领域广泛研究、但尚未产品化应用的虚拟夹具技术。

1. 常规安全控制方法

手术机器人常规安全控制方法贯穿整个诊疗过程：从术前启动器械设备到术中手术执行阶段，都有相关安全控制算法或控制程序为其提供安全保障。根据安全事件的严重程度，采取的措施包括提供警示信息、取消操作和临时断电等。安全控制过程还需要医务人员和机器人进行交互，共同保证微创手术正常开展。

（1）手术开始时的安全检查　在打开机器设备时，微创手术机器人安全控制系统便已经开始实施系统检测和各种必要的安全检查。启动系统时，机器人需要确保影像处理平台（包括光纤和辅助线缆）、患者和医生平台系统的各种线缆都连接到系统部件上，并且应该避免连接处出现接触不良以及漏电情况。同时，在启动程序期间，系统将会执行整体性测试。在该期间，患者手术平台机械臂和医生控制台手动控制器会执行各种动作。以医生控制台为例，手动控制器将会执行自我检查，只有手动控制器到达初始位置，系统才可以进行后续的工作。

微创手术机器人也需要在电源安全控制上进行设置，其中，影像处理平台、患者手术平台或医生控制台可以作为独立的运作单元单独启动，并且不和其他系统发生连接。例如，医生控制台接通电源而其他处理系统和平台未通电的情况常被称为是单机使用模式，在该种模式下，医生仅能通过控制台查看往期手术资料、病患信息以及执行仿真手术培训等，操作上也只能调整人体工学设置。患者手术平台独立接通电源时系统器械不进行接合操作，手术室内的显示屏展示手术平台机械臂的视觉反馈信息。安全控制子系统也提供了紧急断电的功能，这一操作能够将患者手术平台上从手端机械臂的电源完全断开。紧急断电常被视为不可恢复性故障，系统必须经过重启后才可正常使用。

（2）手术进行过程中的安全控制　手术进行过程中的安全控制为微创机器人手术的正常开展提供了额外的保障。在机械臂的控制方面，为了防止机械臂意外移动，安全控制子系统会针对意外的装配连接件异常移动情况进行监控，一旦装配连接件移动超出警告区域，该机械臂的移动操作将被取消，并消除可能施加在患者身上任何过度的力。若手术进行过程中，整个子系统或任一部件难以正常供电或者检测温度过热时，将临时启动休眠程序，待医务人员确认并排查解决相关故障后才可正常启动，并执行后续手术操作。结束手术流程后，医生可以通过安全控制子系统的事件日志访问功能查看并记录系统故障原因。

2. 虚拟夹具技术

虚拟夹具是一种先进的控制技术，其通过在医疗机器人的主控触觉设备上提供虚拟力反馈信息，帮助医生执行安全且精确的手术操作。这种控制技术能够根据任务需求和周围环境控制机器人的动作，调整机器人的运动，从而提供必要的辅助。

虚拟夹具可以分为导引式虚拟夹具和禁入区虚拟夹具。导引式虚拟夹具的目的是使设备往建议方向移动，并且限制设备往不建议方向的移动，可以将该种夹具进一步细分为阻抗型和导纳型。阻抗型夹具的实现通常需要对施加在控制机械臂上的力进行精确计算和控制，这增加了系统设计和实现的复杂性，也提高了控制算法的复杂程度，因此常用的选择是导纳型的导引式虚拟夹具。导纳型虚拟夹具控制原理可使用 $\boldsymbol{v}=\boldsymbol{K}_a\boldsymbol{f}$ 表示，其中 $\boldsymbol{f}$ 表示用户施加的力矢量，$\boldsymbol{K}_a$ 是导纳增益矩阵，$\boldsymbol{v}$ 表示输出的速度矢量，这种夹具控制方法也可被称为比例速度控制。

禁入区虚拟夹具可以约束夹具不进入指定区域，例如控制手术机械臂执行任务，但是在附近区域中存在不可触碰的患者组织，即可将该部分组织区域划分为禁入区，让操作医生不会将机械臂操作到禁入区内。由于远程操作回路的时间延迟以及控制呈现的效果不佳，即使设立了禁入区，手术器械仍可能误入该区域。

主从控制式的手术机器人反馈给主手端的内窥镜视野受限，医生可能因视觉判断失误而使手术动作过大，导致对周围组织的损伤。因此，为解决这一问题，可以引入力觉虚拟夹具技术，该技术能够对手术器械的移动进行安全限制。通过设置约束或指导，确保手术器械在预定的范围内活动，从而减少误操作带来的安全风险。医生在使用主从控制模式的微创手术机器人进行虚拟夹具辅助的操作时，根据反馈力生成空间的不同，分为主手空间虚拟夹具和从手空间虚拟夹具。

顾名思义，主手空间和从手空间虚拟夹具控制技术分别在主手操作空间和手术器械末端位置创建虚拟夹具，主手位置信息在前者中直接用于反馈力生成与手术器械的控制，而在后者中用于设定手术器械的期望位置。主手空间下的虚拟夹具力反馈过程在主手端即可完成，机械臂末端手术器械的运动和力反馈没有直接联系，这种控制方式下虚拟夹具的反馈延迟较小，应用也非常灵活。相反，从手空间虚拟夹具力反馈的生成涉及较长的路径，力反馈延迟较大，虚拟夹具的实时操作性和控制稳定性较低。主手空间虚拟夹具控制结构和从手空间虚拟夹具控制结构各自在使用过程中的优缺点见表 5-4，不同的手术需要选择合适的控制结构以满足不同的操作需求。

表 5-4　主手空间虚拟夹具控制结构和从手空间虚拟夹具控制结构优缺点

操作空间类型	主手空间虚拟夹具	从手空间虚拟夹具
优点	力反馈和手术器械运动的过程相对独立 手术器械在偏离或进入保护路径或区域前，可以提前终止其运动 力反馈延迟较小	反馈力仅与手术器械末端的位置有关 可以实现主手重定位功能
缺点	无法实现主手重定位功能	力反馈延迟较大

虚拟夹具技术仍处于学术界广泛研究阶段，其中，触觉反馈的精度和及时性是当前技术发展的瓶颈之一。高精度的触觉反馈能够显著提高医生的操作体验，但这需要先进的传感器技术和高性能的计算机处理能力。另外，虚拟夹具的稳定性和安全性也是亟须解决的问题，特别是在微创手术这种高风险环境中，任何微小的误差都可能带来严重的后果。

5.7 高端手术机器人研究新进展与发展启示

5.7.1 高端手术机器人研究新进展

高端手术机器人的发展是人类追求科技创新和医疗技术进步的典范，在过去的30年里手术机器人从实验室走向临床应用并取得巨大突破，已被广泛应用到泌尿外科、普通外科、心胸外科、妇科、耳鼻喉科、神经外科、骨科和肿瘤外科等众多科室。在全球范围内，手术机器人因其稳定灵活、精准安全，广受医学界和学术界的关注，据估计现已有超3%的手术由机器人辅助进行。然而，目前临床应用的手术机器人还是依赖医生操作的辅助系统，尚未达到机器人系统的终极愿景，即能够感知周围环境并以完全自主的方式执行动作。借鉴汽车自动驾驶的分类方式，杨广中等人将手术机器人的自主性分为0到5级：无自主、机器人辅助、任务自主、有条件自主、高度自主和完全自主（图5-70）。

图5-70　手术机器人的自主级别分类

第0级：无自主。机器人的运动完全由外科医生控制，例如具有运动缩放功能的操作手术机器人，机器人的输出完全复制外科医生手部操作。

第1级：机器人辅助。机器人在执行任务期间提供一些机械引导或辅助，外科医生全阶段持续控制系统，例如带有虚拟固定装置或主动约束的手术机器人。

第2级：任务自主。机器人能够根据外科医生提供的规范完成特定手术任务，允许外科医生离散脱离控制，转由机器人自主执行指定任务，同时外科医生可进行监控和干预。

第3级：有条件自主。系统具有感知能力，可以理解手术场景、规划和执行特定任务，并在执行过程中更新计划。这种类型的手术机器人可在没有密切监督的情况下执行任务。

第4级：高度自主。系统可以解释术前和术中信息，设计一系列手术任务规划，并自主执行手术任务规划，外科医生可在离散控制模式下监督系统。

第 5 级：完全自主。机器人可以自行进行手术，无须人工干预，属于真正的“机器人外科医生”，目前没有系统达到此级别。

根据最新统计，大多数（86%）手术机器人已处于 1 级辅助阶段，约 6%的手术机器人达到 3 级有条件自主阶段，随着自动化技术和人工智能技术的发展，手术机器人的自主化智能化成为必然趋势，也成为医疗行业研究的热门话题。在无自主和机器人辅助阶段，大量学者围绕机器人的机械结构、环境感知、人机交互、智能控制、远程操控等方面开展了广泛研究，期望以人机互补的方式来增强外科医生的能力。例如，利用巧妙的机械结构模仿医生手部动作提升操作的灵活性，运用人手运动缩放和震颤补偿技术保证手术操作执行的精准性，通过高清三维立体展示、虚实融合以及手术视野放大等功能提升手术人机交互的舒适性，引入触觉反馈系统或虚拟视触觉系统以保证手术感观的一致性，通过构建虚拟夹具、人工势场法等方法来增强手术操作的安全性。

近年来，人工智能领域技术的突破性进展，为手术机器人的自主化带来更多的可能。学者们围绕机器学习（ML）、深度学习（DL）和计算机视觉（CV）等人工智能技术，尝试解释手术的复杂场景，使机器人能有效感知和理解特定任务，并促进机器人自主决策和执行，实现真正意义上将医生从烦琐的手术任务中解放出来。例如，2021 年，Su 等人采用 Mask R-CNN 方法对双目相机获取的图像进行血液区域轮廓检测，确定出血区域的空间轮廓及坐标，再由机器人自主规划路径并移动抽吸头到达指定位置，将血液从组织表面吸至血液容器完成自主式血液清除。2022 年，Li 等人开发了一款自主持镜手术机器人，通过用机器人代替助手医生扶持腹腔镜的方式，可以有效缓解视觉画面的不准确和不稳定性，团队结合 YOLOv3 算法及视觉跟踪空间矢量方法，能够持续识别、定位和跟踪多个手术器械的运动。2022 年，Saeidi 等人展示了智能组织自主机器人 STAR 在自主手术方面取得的进步，将先进的 3D 成像、组织形变跟踪、机器视觉、机器学习算法和实时运动控制相结合，用于手术任务规划和执行，通过体内实验对照验证了 STAR 在一致性和准确性方面均超越专家外科医生和机器人辅助系统。2023 年，Ge 等人设计了一款自主肿瘤切除系统 ASTR，集成了自主控制策略、软组织切除规划器和腹腔镜真空抓取机器人，实现在人工监督下猪舌组织中肿瘤的自主切除。2024 年，Zhang 等人提出了一种机器人辅助工作流程，将 OCT 和显微镜图像与卷积神经网络（CNN）相结合，以自动分割手术工具和视网膜组织边界，并建立模型预测控制，以生成遵循运动学约束的最佳机器人运动轨迹，用于视网膜下注射的高精度自主针头导航。人工智能技术提高了自主手术机器人的可能性，为外科手术的智能化提供了有效的解决方案。未来，机器人势必将像人类外科医生一样实时理解和适应复杂的手术环境，并通过不断学习和进化，达到更高的手术精度和更低的手术风险，真正将人类从烦琐和危险的手术任务中解放出来，为患者带来更好的治疗体验。

5.7.2 高端手术机器人发展启示

高端手术机器人是现实需求驱动的典型装备。为了进一步追求外科手术的微创化精准化，人们需要将手术设备通过越来越狭小的创口深入人体内部，这就造成了医生操作的阻碍，主刀医生无法直接通过眼睛观察病变组织，更无法直接用手接触到病变组织。如何让手术操作更加简单、更加符合人类直觉，高端手术机器人就是在这一现实需求的驱动下诞生的。高端手术机器人本质上就是一款延伸医生手和眼的工具，将医生的操作转化为更加深入体内的更加直观的机器人动作，从而使得医生能够完成原本无法完成的手术操作，实现临床手术模式的变革发展。

（1）高端手术机器人经过了漫长的技术积累才逐渐成熟　手术机器人从概念提出到真正进入临床，成为一款被市场所接受产品，经历了几十年的时间。在此过程中，决定手术机器人能否走向临床的有两个关键点：一是操作模式的定义，手术是一种极为复杂的操作，如何以一种正确的操作模式为机器人下达行为指令，并最大限度地保障手术的安全性和手术质量，不给医生带来负面影响，为此科学家定义了主从操控这一模式，保证机器人能够在医生掌控下开展手术；二是技术成熟度的提升，手术机器人作为一种面向人体开展手术的高端装备，其精度、时延、负载能力、稳定性等技术指标必须达到临床可用的基线，而这一基线是由医学决定的，技术必须发展达到这一基线，才能够被应用于临床，而这些则依赖于电动机、控制等基础技术能力的整体提升，最后在基础技术达到要求后再集成创造出临床可用的高端手术机器人系统。由此可见，模式的创新与技术的积累在手术机器人发展过程中同等重要。

（2）高端手术机器人在发展的过程中不断融入新的技术　手术机器人的发展一方面催生了一系列新技术的诞生，同时也在不断地吸纳新理论新技术，推动自身的迭代升级。例如，为了让医生在操作手术机器人的过程中，具备更加真实的操作手感，手术机器人将触力感知与力反馈技术融入自身技术体系之中，进而将机器人与组织的交互力反馈到医生的操作主手上；为了辅助医生手术操作，将人工智能技术融入手术机器人体系之中，推动手术机器人智能化自主化发展。此外，智能传感技术、新材料技术、精密控制技术等都在手术机器人发展过程中得到了应用与创新。这些新技术的融入是以手术机器人服务临床需求为基本原则的，新技术融入以后产生的新功能新形态必须对临床诊疗有益，能够以提升诊疗质量、增加手术效率、降低手术风险为目标，只有这样手术机器人的创新才能被临床医生所接受。

（3）高端手术机器人形态功能随着需求的变化而变化　高端手术机器人作为一种需求驱动的高端装备，其功能形态的定义必须以满足临床需求为核心。医学外科作为一个不断发展的学科门类，其临床需求也在不断发展演进，而且外科作为一个学科门类的统称，其下还有诸多细分领域，每个科室、每个术室其临床需求与操作特点也都各不相同。因此，手术机器人专科化的发展趋势就是在这一规律驱动下形成的。基于不同科室临床需求所定义出来的手术机器人功能形态也各不相同，包括但不限于外观形态、机械结构、驱动方式、操作模式、指标要求等。因此，高端手术机器人重新定义了临床手术的模式，而临床的新需求也推动着机器人的发展与进步，两者相辅相成、互动发展。

本章小结

高端手术机器人是一种集多项现代高科技手段为一体的先进医疗设备，它在现代医疗中扮演着重要角色，其能够帮助医生观察患者体内环境并完成精准的手术操作。本章介绍了手术机器人的发展历程和发展规律，以达芬奇手术机器人为例简要介绍了手术机器人的工作原理，并详细剖析了高端手术机器人系统中手术端子系统、医生控制子系统、影像处理子系统以及其他子系统的构造原理。

思考题

1. 感知体内环境一直是制约手术机器人智能化发展的重要瓶颈，目前存在两条路径帮助机器人感知体内环境：①研发更加先进精确的体内传感器，通过硬件手段获取体内信息；②研发诸如深度估计、三维重建算法等更加先进的体内感知算法，通过软件手段恢复体内信息。请思考哪条路径应该优先发展？

2. 手术机器人基于主从控制算法已经极大提升了微创手术的精确度和安全性。想象未来几十年，随着人工智能、5G 网络、检测技术和虚拟现实技术的发展，手术机器人会实现哪些更高层次场景的远程手术？思考新型材料使用、主手结构设计、手术路径规划和力反馈系统等前沿科技成果会对主从控制的手术机器人有哪些方面的提升？

3. 随着生成式人工智能技术的发展，如何利用大语言模型（例如 GPT-4）提升手术机器人在术前规划、术中指导和术后评估等方面的智能化水平？探讨大语言模型在手术机器人中的潜在应用。另外请分析大语言模型对医生和机器人的互动方式及其对手术安全性和效果的影响。

参考文献

[1] PETERS B S，ARMIJO P R，KRAUSE C，et al. Review of emerging surgical robotic technology [J]. Surgical endoscopy，2018，32：1636-1655.

[2] Shin C，Ferguson P W，Pedram S A，et al. Autonomous tissue manipulation via surgical robot using learning based model predictive control [C] //2019 International conference on robotics and automation (ICRA). IEEE，2019：3875-3881.

[3] MORRELL A L G，MORRELL-JUNIOR A C，MORRELL A G，et al. The history of robotic surgery and its evolution：when illusion becomes reality [J]. Revista do Colégio Brasileiro de Cirurgiões，2021，48：e20202798.

[4] SIMAAN N，YASIN R M，WANG L. Medical technologies and challenges of robot-assisted minimally invasive intervention and diagnostics [J]. Annual Review of Control，Robotics，and Autonomous Systems，2018，1：465-490.

[5] D' ETTORRE C，MARIANI A，STILLI A，et al. Accelerating surgical robotics research：A review of 10 years with the da vinci research kit [J]. IEEE Robotics & Automation Magazine，2021，28 (4)：56-78.

[6] DIMAIO S，HANUSCHIK M，KREADEN U. The da Vinci Surgical System [M] //ROSEN J，HANNAFORD B，SATAVA R M. Surgical Robotics：Systems Applications and Visions. Boston，MA；Springer US. 2011：199-217.

[7] KALAN S，CHAUHAN S，COELHO R F，et al. History of robotic surgery [J]. Journal of Robotic Surgery，2010，4：141-147.

[8] JACKSON R W. Presidential guest Speaker's address：Quo Venis Quo Vadis：the evolution of arthroscopy [J]. Arthroscopy：The Journal of Arthroscopic & Related Surgery，1999，15 (6)：680-685.

[9] Shetty B R，Ang M H. Active compliance control of a PUMA 560 robot [C] //Proceedings of IEEE International Conference on Robotics and Automation. IEEE，1996，4：3720-3725.

[10] HARRIS S，ARAMBULA-COSIO F，MEI Q，et al. The Probot—an active robot for prostate resection

[J]. Proceedings of the Institution of Mechanical Engineers, Part H: Journal of Engineering in Medicine, 1997, 211 (4): 317-325.

[11] PRANSKY J. ROBODOC - surgical robot success story [J]. Industrial Robot: An International Journal, 1997, 24 (3): 231-233.

[12] FURUKAWA T, OHGAMI M, KITAJIMA M, et al. Present state and future prospect of robotic surgery [J]. Journal of the Robotics Society of Japan, 2000, 18 (1): 8-11.

[13] MARESCAUX J, RUBINO F. The ZEUS robotic system: experimental and clinical applications [J]. Surgical Clinics, 2003, 83 (6): 1305-1315.

[14] SUNG G T, GILL I S. Robotic laparoscopic surgery: a comparison of the da Vinci and Zeus systems [J]. Urology, 2001, 58 (6): 893-898.

[15] WILLIAMSON T, SONG S-E. Robotic surgery techniques to improve traditional laparoscopy [J]. JSLS: Journal of the Society of Laparoscopic & Robotic Surgeons, 2022, 26 (2).

[16] YU F, LI L, TENG H, et al. Robots in orthopedic surgery [J]. Annals of Joint, 2018, 3 (3).

[17] DOULGERIS J J, GONZALEZ-BLOHM S A, FILIS A K, et al. Robotics in neurosurgery: evolution, current challenges, and compromises [J]. Cancer Control, 2015, 22 (3): 352-359.

[18] KERIC N, EUM D J, AFGHANYAR F, et al. Evaluation of surgical strategy of conventional vs. percutaneous robot-assisted spinal trans-pedicular instrumentation in spondylodiscitis [J]. Journal of robotic surgery, 2017, 11: 17-25.

[19] TOGNARELLI S, SALERNO M, TORTORA G, et al. A miniaturized robotic platform for natural orifice transluminal endoscopic surgery: in vivo validation [J]. Surgical endoscopy, 2015, 29: 3477-3484.

[20] 郑忠伟，严航，莫春林，等. 适配达芬奇手术机器人的多通道单孔腹腔镜手术穿刺器的现状及展望 [J]. 中国医疗器械信息，2023，29 (19)：87-91.

[21] GUELI ALLETTI S, ROSSITTO C, CIANCI S, et al. The Senhance™ surgical robotic system ("Senhance") for total hysterectomy in obese patients: a pilot study [J]. Journal of robotic surgery, 2018, 12: 229-234.

[22] SUN J, WANG S, YU H, et al. Design and Analysis of a New Remote Center-of-Motion Parallel Robot for Minimally Invasive Surgery [C]//Intelligent Robotics and Applications: 10th International Conference, ICIRA 2017, Wuhan, China, August 16 - 18, 2017, Proceedings, Part Ⅱ 10. Springer International Publishing, 2017: 417-428.

[23] 冯帆帆. 微创手术机器人远心机构优化设计与反向驱动控制研究 [D]. 哈尔滨：哈尔滨工业大学，2023.

[24] NIU G, PAN B, FU Y, et al. Development of a new medical robot system for minimally invasive surgery [J]. IEEE Access, 2020, 8: 144136-144155.

[25] KIM C S, PARK C W, KIM B S, et al. Design of robotic surgical instrument for minimally invasive surgical robot system [C]//2012 12th International Conference on Control, Automation and Systems. IEEE, 2012: 1720-1723.

[26] 牛国君，潘博，付宜利. 腹腔微创机器人远心定位机构优化设计 [J]. 机器人，2016，38 (03)：285-292.

[27] SHU KAI S, FU XIN D, RONG YU G, et al. Structure Design and Kinematics Analysis of a Laparoscopic Surgery Robot with 7-DOF [C]//2023 International Conference on Advanced Robotics and Mechatronics (ICARM). IEEE, 2023: 983-987.

[28] 赵万博，陈赛旋，姜官武，等. 新型线驱动式微创手术器械结构设计与运动学分析 [J]. 工程设计学报，2023，30 (06)：657-666.

[29] 王超. 单孔微创手术机器人设计与研究［D］. 长春：吉林大学，2023.
[30] 唐刘. 手持式多自由度微创手术器械的设计与优化［D］. 成都：电子科技大学，2023.
[31] 赵旭东. 腹腔微创手术机器人手术器械的结构设计［D］. 哈尔滨：哈尔滨工业大学，2010.
[32] 刘芬，宋立强，黄芳，等. 微创手术机器人主操作手设计与优化［J］. 机械传动，2024，48（05）：54-61+74.
[33] 牛国君，曲翠翠，潘博，等. 腹腔微创手术机器人的主从控制［J］. 机器人，2019，41（04）：551-560.
[34] 倪志学. 腹腔微创手术机器人控制系统研究［D］. 长春：吉林大学，2021.
[35] LI Y，YAN Z，WANG H，et al. Design and optimization of a haptic manipulator using series-parallel mechanism［C］//2012 IEEE International Conference on Mechatronics and Automation. IEEE，2012：2140-2145.
[36] KIM U，SEOK D Y，KIM Y B，et al. Development of a grasping force-feedback user interface for surgical robot system［C］//2016 IEEE/RSJ International Conference on Intelligent Robots and Systems（IROS）. IEEE，2016：845-850.
[37] TORABI A，KHADEM M，ZAREINIA K，et al. Manipulability of teleoperated surgical robots with application in design of master/slave manipulators［C］//2018 international symposium on medical robotics（ISMR）. IEEE，2018：1-6.
[38] XU W，ZHANG J，LIANG B，et al. Singularity analysis and avoidance for robot manipulators with non-spherical wrists［J］. IEEE Transactions on Industrial Electronics，2015，63（1）：277-290.
[39] 桑宏强，张文刚，刘芬. 微创手术机器人主从运动控制系统设计［J］. 控制工程，2020，27（04）：715-721.
[40] 王涛，潘博，付宜利，等. 微创手术机器人力反馈主手重力补偿研究［J］. 机器人，2020，42（05）：525-533.
[41] CHENG L，FONG J，TAVAKOLI M. Semi-autonomous surgical robot control for beating-heart surgery［C］//2019 IEEE 15th International Conference on Automation Science and Engineering（CASE）. IEEE，2019：1774-1781.
[42] WANG L，YANG J，YU L，et al. Elimination method of Master-Slave Jitter for laparoscope arm［C］//2018 IEEE International Conference on Mechatronics and Automation（ICMA）. IEEE，2018：1100-1105.
[43] YU Y，GUO J，GUO S，et al. Modelling and analysis of the damping force for the master manipulator of the robotic catheter system［C］//2015 IEEE International Conference on Mechatronics and Automation（ICMA）. IEEE，2015：693-697.
[44] ABHISHEK GUPTA，MARCIA K. OMALLEY. Disturbance-Observer-Based Force Estimation for Haptic Feedback［J］. Journal of Dynamic Systems，Measurement，and Control，2011，133（1）.
[45] PUANGMALI P，LIU H，SENEVIRATNE L D，et al. Miniature 3-axis distal force sensor for minimally invasive surgical palpation［J］. Ieee/Asme Transactions On Mechatronics，2011，17（4）：646-656.
[46] LIN W C，SONG K T. Instrument contact force estimation using endoscopic image sequence and 3D reconstruction model［C］//2016 International Conference on Advanced Robotics and Intelligent Systems（ARIS）. IEEE，2016：1-6.
[47] 韩泽杰，李健祺，金国斌，等. 基于肝脏物理模型的虚拟手术交互仿真研究［J］. Chinese Medical Equipment Journal，2022，43（2）.
[48] 黄飞扬，夏邦传，吴锋. 三维医学影像处理系统在胫骨平台粉碎性骨折术前设计中的应用［J］. 现代医学与健康研究电子杂志，2024，8（02）：56-59.
[49] 严衍新. 医用内窥镜的研究与设计［D］. 吉林：长春理工大学，2023.

[50] 胡海彦，余旭初，杨韫澜，等. 拜尔滤色阵列航摄数字相机色彩插值算法研究［J］. 测绘与空间地理信息，2019，42（02）：12-15.

[51] 李汉超，刘士兴，鲁迎春，等. 光电二极管低噪声放大电路的设计［J］. 合肥工业大学学报（自然科学版），2014，37（08）：950-953.

[52] NAKAMURA J. 数码相机中的图像传感器和信号处理［M］. 北京：清华大学出版社，2015.

[53] MAZZOLA S. ISA extensions in the Snitch processor for signal processing［D］. Politecnico di Torino，2021.

[54] PINJARE S，KUMAR A. Implementation of neural network back propagation training algorithm on FPGA［J］. International journal of computer applications，2012，52（6）.

[55] 刘杰. 基于偏振成像的双目立体视觉应用技术研究［D］. 北京：中国科学院大学，2021.

[56] DIANA M，MARESCAUX J. Robotic surgery［J］. Journal of British Surgery，2015，102（2）：e15-e28.

[57] 陈鑫，王乙，许亮文，等. 元宇宙在智慧医疗中的应用研究［J］. 计算机技术与发展：1-8.

[58] MINFEN X，LIQIANG W，BO Y. Auto white-balance algorithm of high-definition electronic endoscop［J］. 红外与激光工程，2014，43（9）：3110-5.

[59] Tchaka K，Pawar V M，Stoyanov D. Chromaticity based smoke removal in endoscopic images［C］//Medical Imaging 2017：Image Processing. SPIE，2017，10133：463-470.

[60] BATIĆ D，HOLM F，ÖZSOY E，et al. EndoViT：pretraining vision transformers on a large collection of endoscopic images［J］. International Journal of Computer Assisted Radiology and Surgery，2024：1-7.

[61] YAO Z，JIN T，MAO B，et al. Construction and multicenter diagnostic verification of intelligent recognition system for endoscopic images from early gastric cancer based on YOLO-V3 algorithm［J］. Frontiers in Oncology，2022，12：815951.

[62] ADHAMI L，COSTE-MANIèRE È. Optimal planning for minimally invasive surgical robots［J］. IEEE Transactions on Robotics and Automation，2003，19（5）：854-863.

[63] QIN Y，GENG P，YOU Y，et al. Collaborative preoperative planning for operation-navigation dual-robot orthopedic surgery system［J］. IEEE Transactions on Automation Science and Engineering，2023，21（3）：2949-2960.

[64] GHOSHAL S，BANU S，CHAKRABARTI A，et al. 3D reconstruction of spine image from 2D MRI slices along one axis［J］. IET Image Processing，2020，14（12）：2746-2755.

[65] YI Z-Q，LI L，MO D-P，et al. Preoperative surgical planning and simulation of complex cranial base tumors in virtual reality［J］. Chinese medical journal，2008，121（12）：1134-1136.

[66] WANG W，SONG H，YAN Z，et al. A universal index and an improved PSO algorithm for optimal pose selection in kinematic calibration of a novel surgical robot［J］. Robotics and computer-integrated manufacturing，2018，50：90-101.

[67] Sun L W，Yeung C K. Port placement and pose selection of the da Vinci surgical system for collision-free intervention based on performance optimization［C］//2007 IEEE/RSJ International Conference on Intelligent Robots and Systems. IEEE，2007：1951-1956.

[68] CRUCES R C，WAHRBURG J. Improving robot arm control for safe and robust haptic cooperation in orthopaedic procedures［J］. The International Journal of Medical Robotics and Computer Assisted Surgery，2007，3（4）：316-322.

[69] SU H，YANG C，FERRIGNO G，et al. Improved human - robot collaborative control of redundant robot for teleoperated minimally invasive surgery［J］. IEEE Robotics and Automation Letters，2019，4（2）：1447-1453.

[70] LIU X J, WANG J, PRITSCHOW G. Kinematics, singularity and workspace of planar 5R symmetrical parallel mechanisms [J]. Mechanism and machine theory, 2006, 41 (2): 145-169.

[71] KUCUK S, BINGUL Z. Comparative study of performance indices for fundamental robot manipulators [J]. Robotics and Autonomous Systems, 2006, 54 (7): 567-573.

[72] ANGELES J, LóPEZ-CAJúN C S. Kinematic isotropy and the conditioning index of serial robotic manipulators [J]. The international journal of Robotics Research, 1992, 11 (6): 560-571.

[73] Abbott J J, Marayong P, Okamura A M. Haptic virtual fixtures for robot-assisted manipulation [C] //Robotics Research: Results of the 12th International Symposium ISRR. Berlin: Springer Berlin Heidelberg, 2007: 49-64.

6

第 6 章 计算机断层扫描仪构造原理

导语

如何创造出一台高端医疗装备？其基础和发展驱动力是什么？这个问题很难回答，也没有标准答案。CT（Computed Tomography，CT）是迄今为止最重要的医疗装备发明之一，经过 50 多年的发展，目前已经比较成熟，其诞生和发展过程，或许能够给我们带来一些启示。本章将以 CT 为案例，简要介绍其发展过程、工作原理和关键零部件，重点解析各种设计方案的出发点。通过分析 CT 构造原理和设计方案，挖掘高端医疗装备创造与发展的共性规律，为研制新的高端医疗装备提供借鉴。

6.1 概述

本节先简要回顾首台 CT 的发展历程及其时代背景，之后介绍各代 CT 的优缺点及其迭代升级方案，以期从历史经验中了解高端医疗装备的一些发展规律。

6.1.1 首台 CT

CT 发展的源头是 X 射线成像。首次发现 X 射线及其透视能力的是德国物理学家伦琴（Wilhelm Conrad Röntgen）。1895 年，伦琴开始研究真空管中的高压放电效应。11 月初，伦琴在重复阴极射线管试验时，发现阴极射线管能够在涂有氰亚铂酸钡的纸屏上产生荧光效应。11 月 8 日，伦琴重复实验，无意间在一个阴极射线不能到达的地方看到微光，反复实验后确认，是还没盖上的氰亚铂酸钡纸屏在发光，他敏锐地推断可能发现了一种新的射线。伦琴将该射线命名为 X 射线。之后几个星期，他吃住在实验室，潜心研究 X 射线，发现 X 射线沿直线传播，不随磁场偏转且穿透能力强。在研究 X 射线对不同材料的穿透性时，突然发现在氰亚铂酸钡纸屏上呈现出了一幅手的骨架，他一度以为自己出现了幻觉。12 月 22 日，伦琴请他夫人进入实验室，用 X 射线照射他夫人的手，再次得到手的骨架，如图 6-1 所示。12 月 28 日，伦琴在《*Physical-Medical Society*》发表论文“一种新射线：初步报告”。X 射线被报道后，当时的医学界立即认识到它的重大医学价值，大量医生开始采用 X 射线进行疾病诊断。1901 年，伦琴因发现 X 射线获得首届诺贝尔物理学奖。

在伦琴发现 X 射线后不久，英国物理学家约翰·弗莱明（John Ambrose Fleming）根据“爱迪生效应”在 1904 年发明了世界上第一个电子管——真空二极管。“爱迪生效应”是爱

图 6-1　伦琴在维尔茨堡大学的实验室和第一幅 X 光片——伦琴夫人的手

迪生（Thomas Alva Edison）在尝试延长碳丝灯泡寿命时无意发现。爱迪生当时突发奇想，在灯泡中另外引入一根铜线，铜线与灯泡中的碳丝不相连。在灯泡寿命测试过程中，虽然碳丝仍然消失，灯泡寿命也没有增加，但是在铜线中测量到了电流。弗莱明在爱迪生电光公司担任技术顾问时了解到该现象。在马可尼无线电报公司改进无线电报接收机中的检波器时，想到用“爱迪生效应”进行检波。他在灯泡中放置了两块金属片，对应发射电子的阴极和接收电子的阳极，其中阴极靠近灯丝，在加热情况下发射电子，阳极接受电子，反向则不导通，形成了一个二极管。1906 年，美国科学家李·德福雷斯特（Lee De Forest）在真空二极电子管里加入一个栅板，发明了真空三极电子管，实现信号放大，为世界上第一台通用计算机“ENIAC”奠定基础，也为 CT 的发明创造了条件。

由于 X 射线成像是将三维人体沿着 X 射线方向压缩到一个二维图像上，很多组织重叠在了一起。因为吸收率相近的组织在 X 射线二维成像中互相重叠，难以区分人体内的各组织。所以如何通过穿透人体的 X 射线获取人体结构每个点的吸收率成为核心关键问题。

在解决这个问题之前需要进一步了解 X 射线基本原理。X 射线与物质存在三种相互作用：光电效应、康普顿效应和相干散射。当 X 光子能量大于但不显著大于电子结合能时，主要发生光电效应。1905 年，爱因斯坦（Albert Einstein）成功解释了光电效应，并首先提出了能量量子和光粒子的概念，因此获得 1921 年的诺贝尔物理学奖。如果 X 光子能量显著大于电子结合能则发生康普顿效应。一次康普顿相互作用将产生一个“反冲”电子、一个正粒子和一个散射光子。康普顿（Arthur Holly Compton）因此发现获得了 1927 年的诺贝尔物理学奖。X 光子与组织相互作用后保留了大部分能量，在穿透人体之前还能继续接受碰撞。由于康普顿效应发生概率取决于材料的电子密度，而不是原子系数，因此难以用于区分不同组织，在成像过程中需要去除此干扰。相干散射没有能量转化为动能，不发生电离，在三种相互作用中占比较少。基于这些基础研究，可以精确地获取 X 射线衰减值与人体各组织衰减系数之间的关系。

检测组织的衰减系数可以转化为已知多个线积分求解二维函数分布的数学问题。1917 年，奥地利数学家约翰·拉东（Johann Karl August Radon）证实：如果射线从不同方向穿透同一层结构的投影值（线积分）已知，就能够计算出该层的材料属性分布。但是该研究并没有得到广泛关注。1956 年，布雷斯韦尔（Ronald Newbold Bracewell）应用拉东变换成功绘制出了太阳微波辐射分布图像。由于太阳微波接收天线只能聚焦并测量某一窄条发射的微波，测量得到的是总发射量。重建太阳微波辐射分布图像正是逆拉东变换过程，与 CT 重建原理十分相似。但当时并没有意识到该射电天文学的研究可以用于人体的断层扫描成像。

1961年，美国神经外科医生奥尔登多夫（William Henry Oldendorf）设计了非常类似CT原理的实验，如图6-2所示。为了确定能否通过出射强度识别高密度物体中的内部结构，奥尔登多夫在一个10cm×10cm×4cm的塑料方块中插入铁钉和铝钉作为被测标本。钉子处在两个同心圆环上，模拟头颅骨的拱顶，外围是一圈铁钉，内圆是一个铁钉和一个铝钉，相距1.5cm，离圆心较近。标本放在一个模拟列车上，通过时钟电动机驱动列车以88mm/h的速度沿一短轨道缓慢行驶。所有部件安装在一个留声机旋转台上，旋转速度为16r/min。采用碘-131源发射平行校正射线束，保持γ射线束始终穿过旋转中心。信号通过碘化钠晶体光电倍增管检测器检测。旋转台每旋转一周，标本中每根钉子通过γ射线两次。由于移动速度小于旋转速度，外围的铁钉引起投射束强度变化较快，形成高频信号；靠近旋转中心钉子的平移引起射线束强度变化较慢，形成低频信号。奥尔登多夫通过一个低通滤波器将低频信号从高频中分离出来。由于整个扫描过程约需要1h，也没有合适的方法存储数据，只重建了一条穿过旋转中心的线，没有进行二维结构重建。

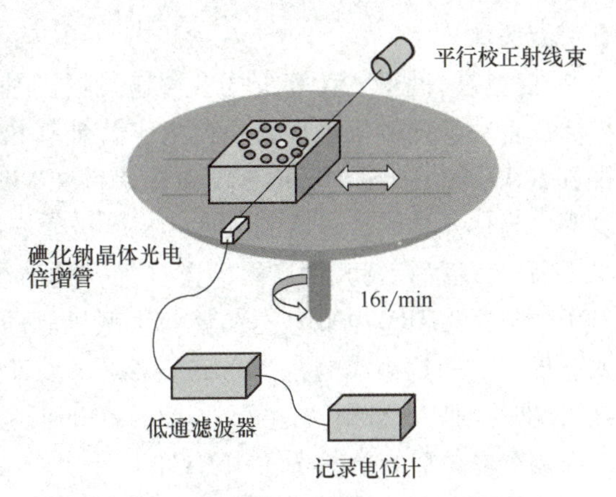

图6-2 奥尔登多夫的实验装置

1963年，美国物理学家科马克（Allan MacLeod Cormack）提出了从X射线投影重建出二维图像的精确数学方法，并进行了模拟实验，验证算法的有效性。科马克任职于塔夫斯大学，主要研究核物理和粒子物理。1955年，科马克辞去自己的医学物理工作，之后在Groote Schuur医院每周用一天半的时间进行同位素应用研究工作。在分析辐射治疗时，科马克想重建出组织的衰减系数来提高辐射治疗的精确性。1956年，他在哈佛大学推导了图像重建的数学理论。1957年回到南非，他使用了一个直径20cm、厚度为5cm的圆盘做标本，圆盘中心是一个直径1.13cm的纯铝圆柱，周围是铝合金圆环。圆盘外面是一个橡木圆环。放射源是钴-60，探测器是一个盖革-米勒计数器。每隔5cm平移通过γ射线束，形成线性扫描。由于圆盘是对称的，只需要在一个方向进行平移扫描。整个实验装置如图6-3所示。科马克通过线积分对X射线入射、出射的强度变化进行描述。在极坐标系上建立数学模型，利用傅里叶变换等计算不同部位的吸收率，重建出了铝和木头的吸收系数。1963年，他用不对称的铝-塑料标本重复了他的实验。标本内部填充了树脂模拟软组织，树脂中有两个圆盘表示肿瘤。该实验仍然采用γ射线束，每隔7.5°在180°范围内做25次线性扫描。其研究成果分别在1963年和1964年发表在《*Journal of Applied Physics*》上，但是当时并没

图6-3 科马克的实验装置

有引起关注。

在这段时间里，计算机技术快速发展。基于弗莱明发明的真空电子管，1946 年美国宾夕法尼亚大学研制了世界第一台电子管计算机 ENIAC。1947 年，巴丁（John Bardeen）、布拉顿（Walter HouSer Brattain）和肖克利（William Shockley）发明了晶体管。巴丁和布拉顿发明半导体晶体管，肖克利发明 PN 二极管，他们因此获得 1956 年诺贝尔物理学奖。1953 年 11 月，曼彻斯特大学启用了实验型“曼彻斯特大学晶体管计算机”。1958 年 12 月 18 日，IBM 公司推出 IBM7090 型全晶体管大型机。1958 年，基尔比（Jack Kilby）采用锗晶片发明了世界上第一块集成电路，开启了集成电路计算机时代，因此获得 2000 年的诺贝尔物理学奖。CT 的创始人豪斯费尔德（Godfrey Newbold Hounsfield），在 1958 年主导设计了英国第一个商用全晶体管计算机 EMIDEC1100。

豪斯费尔德毕业于法拉第电气工程学院，在电子与音乐工业公司（Electric and Musical Industries，EMI）担任电气工程师一职。豪斯费尔德完成 EMIDEC1100 设计后，开始自由探索研制 CT。豪斯费尔德并没有了解科马克的研究，而是将扫描区域离散化，通过平移和旋转扫描得到不同区域的 X 射线累计衰减强度变化，构建线性方程组求解每个方块的衰减系数，获取断层扫描图像。为验证这一想法，豪斯费尔德采用镅源的 γ 射线来模拟 X 射线，用一个车床平移假体进行线性扫描，通过纸带记录数据，装置如图 6-4 所示。由于镅源的 γ 射线强度较低，第一次实验用时 9 天，产生 28000 多个数据，用一台计算机花费 2 天半的时间完成计算。之后他采用 X 射线进行扫描，不断改进样机，在 1971 年研制出了世界上第一台 CT。同年，CT 进行了临床测试，成功扫描出患者的脑内肿瘤，为诊断囊性额叶肿瘤提供了有效依据。豪斯费尔德宣布研究成果后震惊世界。豪斯费尔德在一个生产唱片和电子产品部件的公司发明了 CT，使得 EMI 连续垄断 CT 市场两年，如此卓越成就让人敬佩，因此大家将 CT 值的单位命名为 HU（Hounsfield Unit），即豪斯费尔德。科马克和豪斯费尔德也因发明 CT 获得 1979 年的诺贝尔生理医学奖。

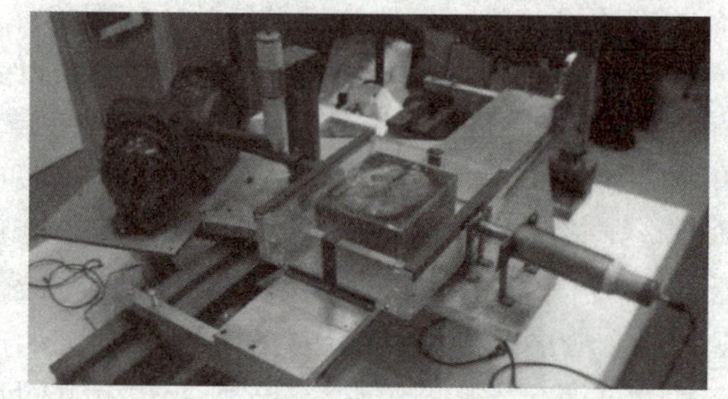

图 6-4　豪斯费尔德设计的 CT 实验装置

6.1.2　各代 CT 仪

1971 年第一台商用 CT 仪诞生后，大批的科学家和工程师开始钻研 CT 仪技术，西门子等诸多厂商加入到 CT 仪的研制工作中，相关技术不断迭代更新，CT 仪进入了十多年的快速发展期。1974 年仅有 60 台 EMI CT 仪被安装使用，1980 年超过万台 CT 仪被投入使用。从中可以了解企业在 CT 仪发展过程中的作用。

大家根据扫描方式将这段时期的 CT 仪划分为五代，下面进行详细介绍。

1. 第一代 CT 仪

豪斯费尔德在 EMI 研制的扫描仪被称为第一代 CT 仪，主要用于头部扫描（对扫描时间要求低），扫描方式是平移或旋转。X 射线束被准直成类似笔芯的线束，准直后宽为 3mm（扫描平面内）、长为 13mm（垂直于扫描平面）。第一代 CT 同一时间只有一个笔形束被测量，X 射线管和探测器在一条直线上，连成一个整体，环绕头部进行平移扫描，获取单个测量数据。完成 160 次平移扫描后，X 射线管和探测器绕中心旋转 1°达到下一个扫描角度，再进入下一次扫描，如图 6-5a 所示。第一代 CT 图像矩阵分辨率为 80×80，共有 6400 个像素值（未知变量），测量数据需要大于像素个数才能解算出每个像素值。

2. 第二代 CT

第一代 CT 的扫描时间长，扫描一个层面需要 3~5min，重建一幅图像耗时 5min，在计算上一幅图像同时进行下一次扫描，如此扫描 10 个层面需要近 1h。不同于肺、心脏、腹部等，头部组织相对固定，受呼吸运动影响较小，因此第一代 CT 尚能满足头部临床扫描的需求。但是，病人的运动和呼吸会严重影响图像质量，不适合人体其他部位的扫描。因此，首个需要解决的问题就是缩短数据采集时间。其改进思路相对直观，即增加 X 射线探测器和 X 射线束的数量，一次扫描获取多个数据。单个 X 射线管可以发射多个 X 射线束，形成扇形束，因此只需要一个 X 射线管。第二代 CT 仍采用平移或旋转扫描方式，由于探测器的增加，平移扫描后旋转角度可以增大，从而缩短扫描时间。如图 6-5b 所示，一台有 9 个探测器的 CT 仪，笔形束之间的角度为 1°，每次移动扫描能够获取 9 个不同角度的投影数据，X 射线管和探测器每隔 9°进行平移扫描，扫描时间显著缩短。在 1975 年，EMI 推出了一台有 30 个探测器的 CT，20s 内能够完成一次扫描，扫描时间间隔在多数人能够屏住呼吸的范围，是 CT 人体扫描的一个重要里程碑。

3. 第三代 CT

第二代 CT 使用连续扇形 X 射线替代了笔形束，在增大扫描范围的同时，产生了更多的散射线，并且要求每个探测器性能和灵敏度必须一致。虽然扫描速度提高了，但总体扫描时间还是较长，不适合腹部等较大人体部位的扫描，且不可避免地产生运动伪影，需要进一步提高扫描速度。限制第二代 CT 的扫描速度的一个主要原因是平移扫描。因此，应采用旋转扫描替换平移扫描，将大量探测器布置在以 X 射线管为圆心的圆弧上，范围覆盖整个检测体的截面，旋转扫描时 X 射线管和探测器相对位置保持不变，如图 6-5c 所示。1975 年，美国的 GE 公司推出了这种旋转-旋转扫描方式的 CT 仪，称为第三代 CT，每周扫描时间 2s 左右。限制扫描速度的另一个主要原因是当时的 X 射线管和探测器信号都是通过电缆进行传输的，电缆长度限制了相邻层面数据获取，只能是顺时针旋转和逆时针旋转交替进行，机架的重量又大，严重限制机架的加速和减速过程。1985 年，佳能公司采用集电环技术替代电缆实现供电和信号传递，推出首款集电环 CT。集电环主要由一个导电环和一个碳刷组成，其中碳刷可以保持不动，导电环旋转，从而实现静止部件和旋转运动部件之间电信号的相互传递。采用集电环技术后，机架可以保持恒定速度旋转，减少了机械磨损，扫描时间可以缩短到 0. 5s。

4. 第四代 CT

第三代 CT 存在探测器稳定性和采样不足等问题，催生出第四代 CT。1976 年，美国科学工程（AS&E）公司研制出了第四代 CT，如图 6-5d 所示。该设计将 600 个探测器排列成一个闭合的圆环，扫描过程中探测器保持静止状态，X 射线管围绕人体进行旋转，单层数据采集时间缩短到 2s。第四代 CT 探测器的一个优点是相邻采样间隔只取决于测量速度。高采样密度可以减少混叠伪影，部分没有任何吸收的 X 射线可以用于动态标定探测器，提高探测器的稳定性。但是第四代 CT 的设计也带来了缺点，第四代 CT 不能用后准直器来消除散射影响。更严重的问题是，为环绕病人一圈，需要使用大量的探测器，特别是多排 CT 的情况，最多可达 72000 个，加大了设备成本，扫描过程中探测器也没有得到充分的应用。与第三代 CT 相比没有明显优势，已经逐步被淘汰。

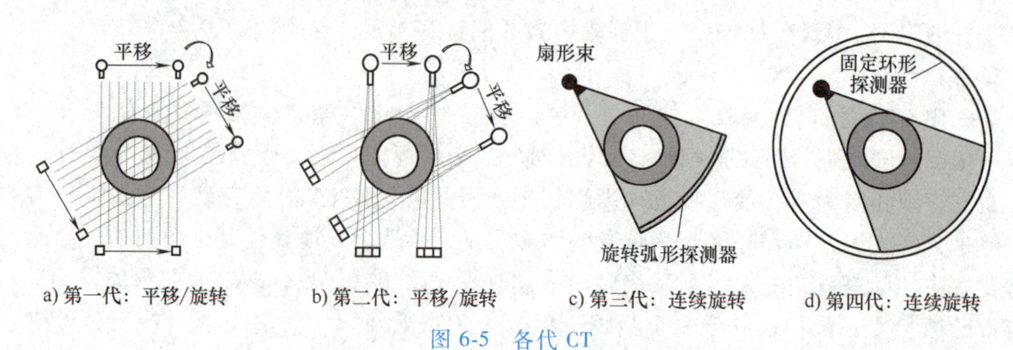

图 6-5　各代 CT

5. 第五代 CT

虽然第四代 CT 进一步缩短了扫描时间，但是心脏每分钟跳动超过 60 次，因此不适用于心脏检查。为了扫描心脏，完整的数据采集必须在 20~50ms 内完成。如何进一步提高扫描速度？如果 X 射线管也能相对静止，消除机架的转动，那么扫描速度就能提升。第五代 CT，也称电子束 CT，消除了扫描过程中的机械运动，X 射线源的旋转转变为电子束扫描运动，其扫描时间可达 50ms，且能够在没有延迟的情况下反复扫描。第五代 CT 的 X 射线管是一个大型扫描电子束 X 射线管，发射电子束后，电子束经线圈聚焦后由偏转线圈控制（类似阴极），使其旋转，轰击四个平行的钨靶环（类似阳极）来获取 X 射线源。扇形 X 射线束被准直到双列探测器中来采集扫描数据。四个靶环一次可以进行四次扫描，获取 8 个截面图像，扫描时间显著减少，可以用于心脏、心血管等部位的扫描。然而，第五代 CT 采用了静态探测器，也存在散射辐射问题。X 射线的功率要求更高，需要管电流达到 1A 以及发生器功率高于 100kW。探测器在扫描过程中同第四代 CT 一样没有充分利用，导致成本较高。上述因素使得人们对第五代 CT 的认可度不高，限制了其临床应用。

6.1.3 螺旋 CT

历经近 20 年的发展，CT 的扫描速度和成像质量得到显著提升，但其扫描模式仍是切片式单次扫描，即扫描一个切片后，病人移动一定间隔，再接着扫描另一个切面。这种扫描模式可分为扫描阶段和移动阶段。在扫描阶段，病人处于静止状态，X 射线管和探测器以一定的速度绕病人进行旋转。利用集电环技术，电动机可以连续旋转，不再需要扫完一圈后停止。进入移动阶段，X 射线关闭，检查床带着病人移动到下一个扫描位置。看似简单的过程却带来两个问题。其一，检查床需要在 1s 左右的时间内把一个大质量物体平稳精确移动几毫米，快速的加减速对电动机的控制要求极高，导致扫描时间难以缩短；其二，人体组织器官是非刚性的，在加减速过程中难免会引起体内器官的移动，会产生运动伪影。

单次扫描时间较长导致肺、心脏等整个器官扫描困难，同时也会影响造影剂的使用。由于造影剂在体内注入和流失时间在几秒或几十秒，造影剂一旦注入病人体内，需要在其注入特定动脉或静脉的最佳成像阶段内完成全部扫描。如果扫描时间较长将导致造影增强的图像质量下降，而单次扫描模式浪费大量的时间在移动病人上。单次扫描时间也影响病人单次屏气扫描所能覆盖的体积，使得器官扫描需要多次屏气扫描。然而，病人每次屏气运动几乎不可能完全一致，导致切片之间的不匹配，三维重建精度下降。因此，需要进一步缩短扫描时间。

通过前面的分析可知，扫描时间长主要还是由于移动阶段的加减速过程。那么是否可以让病人一直匀速直线运动，中间不停止呢？病人一直移动完全是可以实现的，但是扫描的路径就变成了螺旋式，如图6-6所示。这违背了CT图像重建算法的基本原理，即扫描要严格在同一个二维平面里，扫描过程中病人应保持不动，否则会产生运动伪影。那么出路在哪里呢？早期很多研究者都选择抛弃螺旋式扫描的方式，甚至称螺旋扫描为“产生CT伪影的方法”。但是德国物理学家卡伦德尔（Willi Alfred Kalender）等少数研究人员却不这么认为。

1979年卡伦德尔在威斯康星大学取得医学物理专业博士学位。1976年至1995年一直在西门子医疗系统实验室研究CT技术，于1983年研制了世界上第一个双能量CT。1987年，研发了金属伪影消除技术。1988年，卡伦德尔教授带领团队开始研究螺旋CT。因为单次扫描模式的移动阶段在物理上限制了扫描时间，检查床带着病人匀速直线运动进行连续扫描是必然选择，出路就是采用数学方法解决螺旋扫描产生的运动伪影问题。如果忽略螺旋扫描不在同一个二维平面导致的不一致性，进行360°扫描，仍采用单次扫描模式下同样的重建方法，观察到不一致性最大的地方是最开始的投影和最后结尾的投影，相差了一个进床距离d。卡伦德尔等人为减少不一致性，设计了360°LI算法。该方法将重建平面建立在两次旋转的正中间位置，且垂直于检查床的平移轴z，根据螺旋轨迹相距360°的两个投影数据进行线性插值。假定选定的水平位置为z_r，投影角度为α的投影：

$$P_{z_r}(i,\alpha)=(1-\omega)P_j(i,\alpha)+\omega\cdot P_{j+1}(i,\alpha) \tag{6-1}$$

式中，$P_j(i,\ \alpha)$ 和 $P_{j+1}(i,\ \alpha)$ 分别为在第j和$j+1$圈旋转的投影；$\omega=(z-z_j)d$ 是对应权重；z_j 是 $P_j(i,\ \alpha)$ 在z轴的位置。虽然该方法会影响纵向分辨率，但有简单、鲁棒性好的优点。

卡伦德尔教授1989年的第一次临床试验选用了360°LI插值算法，重建的其他步骤基本和切片式单次扫描模式的CT重建方法一致。螺旋CT的首次应用没有达到令人信服的临床效果，其最大扫描时间在12s左右，最大管电流为165mA，扫描了12圈。在进一步改进了软硬件系统后，1990年，西门子推出了第一台螺旋CT SOMATOM Plus，才使得螺旋扫描成为可能。之后，180°LI、180°LX、180°WI、180°WX等各种插值的方法被提出来。虽然采用插值重建的图像质量相比真实的切面扫描要差一点，但是图像质量已经可接受。基于大量的试验和临床测试数据对螺旋CT进行改良，1991年，西门子推出了SOMATOM Plus-S。SOMATOM Plus-S重建的图像清晰，甚至可以用于确定病人的骨骼矿物质含量。

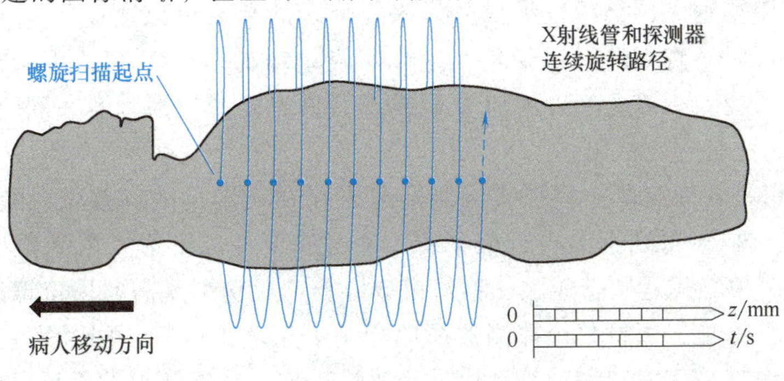

图6-6　螺旋扫描

螺旋 CT 具有明显的临床优势和性能。首先，由病人在机架内连续移动，X 射线管和探测器连续转动，数据是连续采集的，扫描时间缩短，使单次屏气时间内完成整个器官的扫描成为可能。假设检查床以 10mm/s 的速度沿 z 轴移动，采用单排探测器，厚度为 5mm，扫描长度为 200mm 的整个器官，而一般人可以屏气 20~40s，这个时间范围内足够螺旋 CT 完成扫描。特别是之后引入多排探测器，扫描速度可以提高几十倍。其次，检查床一般是匀速运动，使得螺旋 CT 在 z 轴方向的采样是均匀的。相比单次扫描模式，螺旋 CT 的重建没有特别要求切面位置，所有位置的采样方式都相同，可以在任意位置进行 CT 图像重建。在发现疑似病变的地方，可以在其水平方向选择不同的切面位置进行重建，找到病变最清晰最亮的位置。此外，螺旋 CT 能够用不重叠的扫描产生“重叠的图像”，即重建图像的间隔小于切片厚度。重叠图像的优势在于生成 3D 图像。切片单次扫描模式没有重叠，如果需要获取重叠图像，需要在重叠区域进行多次扫描，射线剂量和扫描时间都显著增加。然而，螺旋 CT 是连续扫描，重叠图像与数据获取无关，不会增加病人的辐射剂量。上述优势使得大家普遍开始接受螺旋 CT，螺旋扫描成为绝大多数 CT 的扫描模式。

6.1.4 多排 CT

虽然螺旋 CT 显著地提高了体积覆盖能力，但是 CT 血管造影等临床检查需要更大的覆盖体积和更薄的切片厚度。例如，胸腹大动脉检查需要覆盖整个胸部和腹部，这部分在水平移动方向的长度为 450~600mm，也就是检查床至少需要移动这么长距离。另一个情境是腹部和下肢血管的血流检查，检查需要从腹腔动脉到腓动脉，要求检查床移动 900~1200mm。由于造影稳定的时间有限，为保证造影增强效果，减少呼吸运动带来的伪影，要求在 20~40s 内完成全部检查。单排 CT 旋转一周在 0.5s 左右，如果需要覆盖 600mm 的检查范围，且在 40s 内完成扫描，检查床的移动速度需要达到 15mm/s，那么旋转一周病人移动的距离是 7.5mm，难以获得更小厚度的切片。虽然可以通过延长造影剂的注射时间，降低检查床移动速度等方式来提高精度，但是由于病人最大允许的造影剂总量有限制，病人也难以屏气更长时间，多次屏气运动也不能保证一致，三维重建效果受到影响。此外，还有一个问题是薄准直器带来的 X 射线管可工作时间问题。准直器产生的 X 射线光子与厚度成正比，为保证图像质量，需要增加 X 射线管的电流来补偿 X 射线束的减少。然而，电流大发热就大，易引起 X 射线管的强制冷却，导致可工作时间减少，潜在可能出现扫描中断的情况。

那么如何解决这个问题呢？从分析可知，问题的核心是在保持纵向分辨率的前提下短时间完成大范围的扫描。首先需要提高检查床的移动速度实现大范围覆盖，但是在一个扫描周期检查床移动的距离增大，会导致纵向分辨率降低。那是否可以改变 X 射线束和探测器的宽度来增加分辨率呢？直观的想法就是在这段间隔里增加多个 X 射线束和探测器。由于 X 射线束宽度可以改变，不需要额外增加 X 射线管，只需要增加探测器来同时检测多个切面，因此多排 CT 的想法就呼之欲出。

多排 CT 的想法看似简单，但是实际制造起来存在一定挑战。首先，随着排数的增加，不同排探测器接受的 X 射线不能再近似平行，X 射线束变成锥形，探测器形成的扫描平面也不垂直 z 轴，离中心越远倾斜越大，锥形束效应会产生伪影，需要构建算法进行补偿。其次，探测器的排数增加，每排每个探测器都耦合一个光电二极管，同时采集多个切面数据，需要对探测器、数据采集系统和计算系统进行改进。比如，探测器的设计可以采用排宽一致的矩阵探测器、排宽不等的自适应探测器和两种探测器宽度的混合矩阵探测器，三者设计的优缺点是什么，需要进行验证，找到最优配置。起初大家普遍还是通过限制探测器的排数来解决上述问题。1992 年，Elscint 的双排 CT 进行了首次临床应用，能够同时获得两个切面的图像。1998 年，通用电气、西门子、飞利浦和东芝四家主流医疗器械公司在北美放射学会上展出了 4 排螺旋 CT。2001 年 16 排 CT 问世，2003 年 64 排 CT 投入临床使用。随着技术的发展，CT 的排数不断增加，几乎每隔一年半排数增加一倍，这段时间被称之为“排的战争”。2007 年，东芝推出了 320 排 CT，每个探测器单元宽度为 0.5mm，探测器总宽度第一次达到 160mm。之后，160mm 探测器成为 CT 的主流，称为宽体探测器。但是严重的锥形束效应和各种硬件限制，使得进一步通过增加探测器排数来提升性能变得困难。

多排 CT 的快速发展是其临床优势带来的。排数越多，扫描速度越快，多排 CT 体积覆盖范围就越大，使得外伤、胸腔、儿科等诸多领域可以快速完成检查，还可以进行心电门控等方面的研究。多排 CT 切片可以很薄，*Z* 轴的分辨率提高，便于血管的精准显示，使得肝脏的早动脉阶段、晚动脉阶段、静脉阶段研究成为可能。*Z* 轴分辨率的提高也使得 3D 重建质量提升。多排螺旋 CT 具有螺旋 CT 一样的优点，可以无间断地快速采集大量数据，解决了上述血管造影的问题，使得 CT 血管造影效果大大提升，更适用于小儿、危重及多部位外伤患者检查。多排 CT 还可以用于很多特殊场景，例如心脏和冠状动脉成像、冠状动脉钙化评分、脑及肝脏等 CT 灌注成像，内耳三维成像可展示耳蜗、半规管、听小骨的解剖及病变特点。多排螺旋 CT 大大拓展了 CT 的临床应用范围，也是企业研制多排 CT 的动力。

6.1.5 其他 CT 技术

多排 CT 的扫描速度已经很快，例如西门子 128 层 64 排 CT 仪扫描一圈时间仅需 0.3s，*z* 轴分辨率达到 0.33mm。那是否还有方法进一步缩短扫描时间？其实思路和多排 CT 一致，可以再增加 X 射线管。两个 X 射线管同时扫描，速度自然可以提升，但是实现起来并不简单。单源 CT 的扫描架结构已经非常紧凑，如果再增加 X 射线管，则需要设计紧凑的 X 射线管，优化冷却系统、电子元件的排列等。2003 年，西门子推出了 Straton 零兆金属 X 射线管，其体积是常规玻璃 X 射线管的四分之一。2005 年，西门子展示了世界第一台双源 CT，其获取一个切面的时间为 83ms，首次小于 100ms。2009 年，西门子推出新款双源 CT SOMATOM Definition Flash，扫描架围绕患者旋转 1 周耗时 0.28s，2013 年，推出 SOMATOM Force，1.6t 的扫描架每秒可以围绕病人旋转 4 圈，检查床每秒可以移动 737mm。双源 CT 极短的扫描时间使得病人在不需要服用降心率药的情况下对心脏进行成像，也能减少心律不齐对心脏冠状动脉成像的影响，可以用于冠状动脉粥样硬化、心脏瓣膜疾病、心肌梗死等疾病成像分析。

双源 CT 同时也开启了能量 CT 成像时代，即利用两套 X 射线管-探测器系统分别在两个能量点成像后对图像数据域进行物质分解，实现不同物质成分的鉴别。1973 年，豪斯费尔德就发现不同物质对不同能量的 X 射线有不同的吸收系数，但直到 2005 年双源 CT 诞生，双能 CT 才成为临床可用的技术。双源 CT 由于两个 X 射线管的电压和电流可以分开调制，高低能差别较大，两个能量的重叠很少，可以获得极高的能谱分离度，从而更准确地进行物质的鉴别和定量分析。在此基础之上，增加两个不同的探测器，获得更多能量，实现多能量成像。2007 年，《欧洲放射学》首次报道了双源双能量 CT 的临床应用。当然双能 CT 也有其他实现模式，比如单源 CT 系统可以通过快速切换高低能量管电压或通过能量解析探测器（三明治结构探测器）来实现。在临床研究的推动下，能量 CT 在冠心病、大血管造影、肿瘤早发现等疾病诊断方面发挥了其重要价值。

在这期间还诞生了其他与 CT 相结合的医疗装备，例如 PET-CT（Positron Emission Tomography-CT）、螺旋式断层治疗机，拓宽了 CT 应用范围。PET-CT 结合了正电子发射断层成像和 CT 成像的优点，其中 PET 通过检查注入病人体内的含有放射性同位素标记的生物分子分布，例如葡萄糖。由于肿瘤细胞等活跃细胞会消耗更多的葡萄糖，通过 CT 显示解剖结构，PET-CT 可以辅助医生进行肿瘤定位。PET-CT 通常用于全身扫描，检查肿瘤是否全身转移及转移部位，对肺癌、乳腺癌、淋巴瘤等多种癌症的诊断和治疗具有重要作用。

6.2 工作原理

为研制一台高端装备，首先需要构思其基本工作原理，起初往往是工程师或科学家的奇思妙想，数学、物理等基础研究则为构思提供理论支撑。最开始的原理一般比较简单，在精益求精的过程中，产品不断迭代，逐步变得复杂，性能得以显著提升，形成技术壁垒。本节简要介绍 CT 的工作原理以及后续改进的出发点，通过 CT 工作原理的变化过程，进一步探索高端医疗装备工作原理的演变规律。

6.2.1 基础知识

1. 拉东变换

拉东变换，又称雷登变换，是 CT 成像的数学基础。拉东变换是一种积分变换，它将二维平面函数 f 转化为一个线性函数 $\mathcal{R}f$，其在一特定线条的值等于函数 f 在该线条上的线积分。在推导拉东变换之前，先回顾一下直线的表示和傅里叶变换。

已知一条直线 L 可以表示为 $y=kx+b$，其中 k 是斜率，b 是直线与 y 轴的截距。与直线 L 垂直的单位向量定义为 $\boldsymbol{n}=(\cos\theta,\ \sin\theta)$，其中 θ 是向量 $\boldsymbol{n}$ 与 x 轴的夹角，如图 6-7 所示。原点 O 到直线的距离为 s，直线 L 上任意一点 $\boldsymbol{p}(x,\ y)$ 需要满足如下条件：

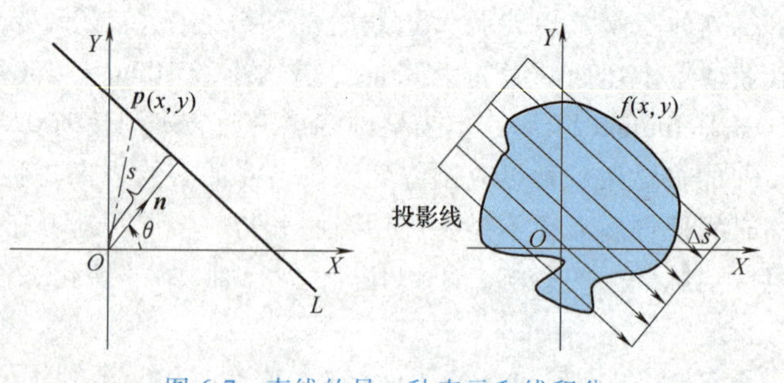

图 6-7　直线的另一种表示和线积分

$$x\cos\theta+y\sin\theta=s \tag{6-2}$$

由此得到了直线的表达式。如果距离 s 增加 Δs，将得到一条平行于直线 L 的新直线。

单变量函数 $f(x)$ 的傅里叶变换定义如下：

$$\tilde{f}(\omega)=\int_{-\infty}^{\infty} f(x)\,\mathrm{e}^{-2\pi \mathrm{j}\omega x}\,\mathrm{d}x \tag{6-3}$$

式中，j表示虚数；ω为频率。二维傅里叶变换为

$$\tilde{f}(\omega_x,\omega_y)=\int_{-\infty}^{\infty}\int_{-\infty}^{\infty}f(x,y)\mathrm{e}^{-2\pi\mathrm{j}(\omega_x x+\omega_y y)}\mathrm{d}x\mathrm{d}y \tag{6-4}$$

对两个函数的卷积$f(t)*g(t)$进行傅里叶变换：

$$\begin{aligned}\mathcal{F}[f(t)g(t)] &= \int\left[\int f(\tau)g(t-\tau)\mathrm{d}\tau\right]\mathrm{e}^{-2\pi\mathrm{j}\omega t}\mathrm{d}t\\ &=\int f(\tau)\mathrm{e}^{-2\pi\mathrm{j}\omega\tau}\int[g(t-\tau)\mathrm{e}^{-2\pi\mathrm{j}\omega(t-\tau)}\mathrm{d}t]\mathrm{d}\tau\\ &=\int f(\tau)\mathrm{e}^{-2\pi\mathrm{j}\omega\tau}\tilde{g}(\omega)\mathrm{d}\tau\\ &=\tilde{f}(\omega)\tilde{g}(\omega)\end{aligned} \tag{6-5}$$

上式表明两个函数卷积的傅里叶变换等于它们各自进行傅里叶变换后再相乘。

在此基础之上推导拉东变换及其与傅里叶变换的关系。假定在二维空间的函数为$f(x,y)$，直线为L，其拉东变换的表达式如下：

$$\mathcal{R}f(L)=\int_L f(x,y)\mathrm{d}s \tag{6-6}$$

式中，ds是直线L的微分。$\mathcal{R}f(\theta,s)$又称为“线积分”。借助狄拉克δ函数（除零以外的点都为零）和式（6-2），式（6-6）转化为

$$\mathcal{R}f(\theta,s)=\iint f(x,y)\delta(s-x\cos\theta-y\sin\theta)\mathrm{d}x\mathrm{d}y \tag{6-7}$$

通过改变s和θ，可以得到整个投影空间中的所有投影线的积分值。如果式（6-7）存在逆变换则说明$f(x,y)$可以由它所有线积分唯一确定，能够通过线积分还原出$f(x,y)$。傅里叶切片定理（Fourier Slice Theorem）是进行逆拉东变换的一个重要理论，其推导过程如下：

$$\begin{aligned}\mathcal{F}[\mathcal{R}(\theta,s)] &= \int\left[\iint f(x,y)\delta(s-np)\mathrm{d}x\mathrm{d}y\right]\mathrm{e}^{-2\pi\mathrm{j}\omega s}\mathrm{d}s\\ &=\int\left[\iint f(x,y)\delta(s-np)\mathrm{d}x\mathrm{d}y\right]\mathrm{e}^{-2\pi\mathrm{j}\omega(s-np+np)}\mathrm{d}s\\ &=\iint f(x,y)\mathrm{e}^{-2\pi\mathrm{j}\omega np}[\delta(s-np)\mathrm{e}^{-2\pi\mathrm{j}\omega(s-np)}\mathrm{d}p]\mathrm{d}x\mathrm{d}y\\ &=\iint f(x,y)\mathrm{e}^{-2\pi\mathrm{j}\omega(x\cos\theta+y\sin\theta)}\tilde{\delta}(\omega)\mathrm{d}x\mathrm{d}y\\ &=\tilde{f}(\omega\cos\theta,\omega\sin\theta)\tilde{\delta}(\omega)\\ &=\tilde{f}(\omega\cos\theta,\omega\sin\theta)\end{aligned} \tag{6-8}$$

根据式（6-8），线积分的一维傅里叶变换等于衰减系数分布函数的二维傅里叶变换$\tilde{f}(\omega_x,\omega_y)$平面上过原点且与横轴成$\theta$角的直线上的值。因此，可以通过计算每个角度下线积分的傅里叶变换，由$\mathcal{F}[\mathcal{R}(\theta,s)]$得到$\tilde{f}(\omega_x,\omega_y)$的极坐标表示，之后把极坐标转化为笛卡儿坐标系，最后进行逆傅里叶变换得到$f(x,y)$。

2. X射线与物质的相互作用

X射线又称为X光，与可见光一样，也是一种电磁波。X射线的波长为0.01~10nm，频率范围3×10^{16}~3×10^{19}Hz。每个光子的能量E与它的频率v成正比例，与波长成反比，系

数 $h=6.63\times10^{-34}$J · s 是普朗克常数。波长越长，光子能量越低，X 射线位于电磁波谱的高能端。X 射线的能量一般用单位 eV 表达，是一个电子经过 1V 电动势加速后具有的动能，其能量等于 $1\mathrm{eV}=1.602\times10^{-19}$J · s，即电荷（$1.602\times10^{-19}$C）与电压的乘积。由于 X 光子是用高速电子撞击靶所产生，X 光子最大可能能量等于电子的全部动能。

波长在 10nm（124eV）到 0.1nm（12.4keV）范围内的 X 射线穿透厚层材料的能力不足，一般称为软 X 射线。波长短于 0.1nm 的叫作硬 X 射线。波长很短的 X 射线穿透性非常强，几乎不能提供低对比度信息，一般不用于 CT 诊断。医学诊断 X 射线的波长大约在 0.01 ~0.1nm 内，对应能量范围为 12.4 ~ 124keV。不同能量的 X 射线与物质发生的相互作用不同。医学诊断 X 射线与物质的相互作用主要有光电效应、康普顿效应及相干散射三种。下面对这三种相互作用进行详细描述：

1）X 射线与物质的光电效应。当 X 光子能量大于电子结合能，入射 X 光子释放能量，从原子内部壳层打出一个电子，X 光子消失，如图 6-8a 所示。打出的电子一般称为光电子。因为与内层相比，外层处于更高能态，内部壳层生成的空穴被一个外层电子填充，导致一次特征辐射。受作用的原子缺少一个电子变成电中性，变成一个正离子。

人体组织的 K 层电子结合能非常小（约 500eV），骨的主要成分之一为钙，其 K 层结合能也只是 4keV。光电子基本上获得了全部 X 光子的能量。由于结合能较低，相互作用中产生的特征 X 射线传播距离一般小于一个典型人体细胞的尺寸。由于在肌肉组织中 1keV 的 X 光子平均自由路径大约为 2.7μm，可以假定病人身体内光电效应产生的所有特征 X 射线都被吸收了。束缚更紧密的电子是引起光电吸收的更重要部分。例如，铅中的 K 壳层的两个电子比 L 壳层的 8 个电子的光电相互作用效率高 5 倍。光电相互作用的概率正比于原子序数 Z 的立方，大约与额外光子能量的立方成反比。当入射 X 光子能量刚好能够打出束缚电子时发生最大吸收。

2）X 射线与物质的康普顿效应。当入射 X 光子能量显著高于电子结合能时，发生康普顿效应：入射 X 光子射入作用物质，撞击一个电子后，打出该电子，入射光子偏转或散射，失去部分初始能量，如图 6-8b 所示。一次康普顿相互作用产生一个正离子、一个“反冲”电子以及一个散射光子。散射光子可能以 0°~180°的角度偏转，其中低能 X 光子射入时散射光子的偏转角大于 90°的概率高，高能光子射入时偏转角多数小于 90°，主要前向散射。由于较大的偏转角，散射光子几乎不提供相互作用位置和光子路径的信息。

X 光子在发生康普顿相互作用后保留了大部分能量，偏转的光子在射出病人前还可能经受另外的碰撞。康普顿相互作用概率由材料的电子密度决定，而不是原子序数 Z。因为与原子序数不太相关且不同组织之间电子密度差别相对较小，所以几乎不提供不同组织之间的对比度信息。CT 一般都通过病人后准直或算法校正的办法来减少康普顿效应的影响。

3）X 射线与物质的相干散射。该相互作用不发生电离，没有能量转换为动能。物质中的电子在 X 射线电场的作用下，入射光子碰撞电子，如果原子对电子的束缚力较强，电子牢固地保持在原来位置上，光子将产生刚性碰撞，每个电子在各方向产生与入射线波长相同的电磁波，散射线之间能互相干涉，故称为相干散射。相干散射主要在前向发生，产生略微展宽的 X 射线束。因为没有能量转换为动能，该相互作用对 CT 影响有限。但有研究显示相干散射可用于骨特性表征。

X 射线与物质发生光电效应、康普顿效应以及相干散射三种相互作用，最终效应是部分

X 光子被吸收或散射，即 X 射线发生了衰减。在低能量端，多数是光电效应，且光电相互作用的能量转换比康普顿相互作用多。在高能端，康普顿相互作用占主导。对于单色（单能）入射 X 射线束及一种密度和原子序数均匀的材料，衰减表达式如下：

$$I=I_0\mathrm{e}^{-(\tau+\sigma+\sigma_r)L} \tag{6-9}$$

式中，I_0 和 I 分别为入射和投射 X 射线强度；L 为材料厚度；τ、σ 和 σ_r 分别为组织的光电、康普顿和相干散射相互作用的衰减系数。简化上式可表达为

$$I=I_0\mathrm{e}^{-\mu L} \tag{6-10}$$

式中，μ 为材料的线性衰减系数，也称为朗伯-比尔（Lamber-Beers）定理。μ 取决于被测物质的物理性质、射线束的能量以及物质的等效原子序数 Z、密度。

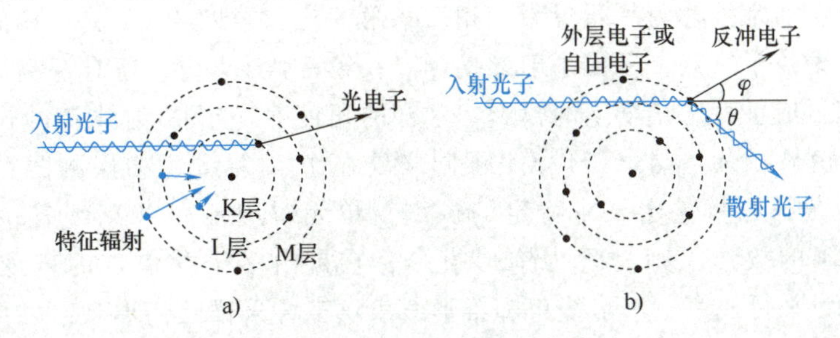

图 6-8　X 射线与物质的相互作用

6.2.2　CT 的基本原理

X 射线沿着特定路径射入一个物体，与之发生光电效应、康普效应及相干散射，从物体射出后强度发生衰减。X 射线的强度可以通过探测器定量测量，测量结果称为一次“观测”。CT 重建的问题就是，如何通过测量的投影值来估计被扫描物体的衰减系数分布。

1. 投影的测量

在介绍 CT 重建算法之前，先分析一下观测值。由于空气的线性衰减系数几乎为零，所以 X 射线在穿过空气时，射线的强度几乎不改变。设投过物体的长度为 Δl。根据朗伯-比尔定理，通过简单的推导，可以得到线性衰减系数 μ 的表达式为

$$\mu=-\ln(I_0/I)/\Delta l \tag{6-11}$$

考虑一个非均匀的物体，被分成了均匀的段，每段的线性衰减系数分别为 μ_1，μ_2，…，μ_N，每段长度均为 Δl。通过推导，得到最后出射 X 射线强度表达式为

$$I=I_0\mathrm{e}^{-(\mu_1\Delta l+\mu_2\Delta l+\cdots+\mu_N\Delta l)}=I_0\mathrm{e}^{-\Delta l\sum_{n=1}^{N}\mu_n} \tag{6-12}$$

根据式（6-11），式（6-12）可转换化为

$$I=I_0\mathrm{e}^{-(\mu_1\Delta l+\mu_2\Delta l+\cdots+\mu_N\Delta l)}=\sum_{n=1}^{N}\mu_n\Delta l \tag{6-13}$$

在 CT 成像中 p 称为投影。当 Δl 趋近于 0 时，累加变成积分，式（6-13）转换为

$$p=\int_L f(x,y)\,\mathrm{d}l \tag{6-14}$$

式中，$f(x,y)$ 为物体在空间位置 x，y 处的衰减系数。式（6-14）说明，投影是 X 射线路径上衰减系数的线积分。CT 重建的问题可表述为：给定多组物体被测量的衰减系数线积分，如何计算出衰减系数的分布？据前面介绍的拉东变换可知，其就是逆拉东变换问题。

然而式（6-14）是理想条件下的建模，在实际 CT 中几乎不可能满足这些条件，这里简要介绍主要误差来源，但后续的重建算法还是按理想条件进行推导。首先式（6-14）假定了入射 X 射线束具有单能特性，即所有从 X 射线管射出的 X 光子具有相同的能量。实际 CT 中，X 射线管的输出能谱较宽，并且 μ 值与 X 能量有关。因此被测量的投影和物体厚度不成线性关系，导致重建图像中出现阴影等伪影。另一个干扰是散射辐射，到达探测器的 X 光子并不完全是原始光子，部分数据是散射辐射产生，给真实的衰减值加上一个偏差，导致重建偏差和伪影。此外，还有数据采集系统的误差、运动的干扰等。

2. 采样几何

第一代和第二代 CT 都是平移-旋转扫描模式，利用一组平行 X 射线进行扫描来获取投影，这种采样类型通常被称为平行投影。相反，第三代和第四代 CT 具有相同的特点，一次单独扫描的采样聚焦于一点，形成了扇形投影。在第三代 CT 中，所有探测器单元收集到的数据汇聚在一起形成了特定角度下的投影，这样的角度对应于 X 射线源的位置。然而，第四代 CT 的情况稍显复杂，与第三代 CT 不同之处在于 X 射线管和探测器在单个投影中角色发生了互换。投影数据是由某个特定的探测器单元对应不同 X 射线管位置的数据组成的。至于多排 CT 的投影，则呈现为锥形投影，它是由多个共焦点的扇形投影组合而成的。图 6-9 所示为平行线束、扇形线束和锥形线束这三种采样几何形状，以帮助理解它们的工作原理。

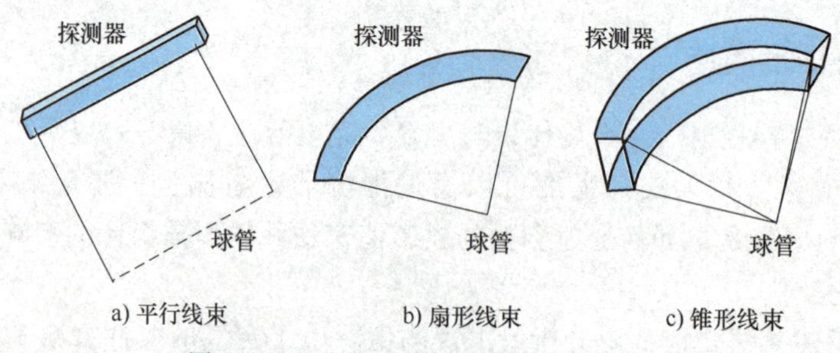

图 6-9　几种不同的数据采样几何方式

3. 几何重建算法

为了探索 CT 图像重建算法，先以一个简单的例子进行说明。假设有一个物质在扫描平面上被均匀划分成 4 个部分，每部分的 X 射线衰减系数分别为 x_1、x_2、x_3、x_4。采集水平、竖直和对角方向上的投影数据，如图 6-10 所示。

先利用水平和竖直方向投影构建一组方程，具体如下所示：

$$\begin{cases}\text{射线 U}: p_1 = x_1 + x_2 \\ \text{射线 V}: p_2 = x_3 + x_4 \\ \text{射线 W}: p_3 = x_1 + x_3 \\ \text{射线 Z}: p_4 = x_2 + x_4\end{cases} \tag{6-15}$$

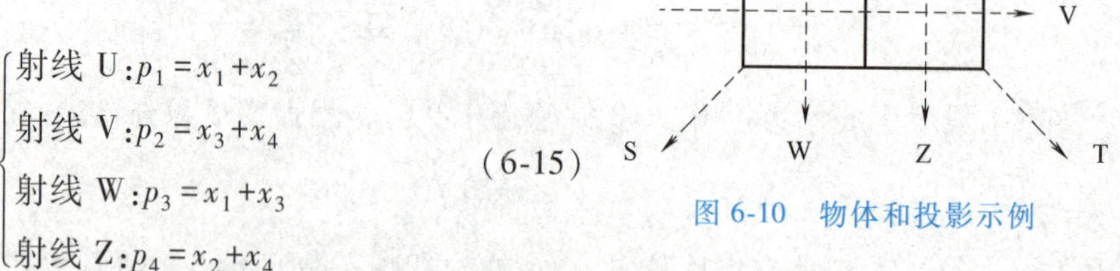

图 6-10　物体和投影示例

根据线性代数的知识，解出 4 个未知数至少需要 4 个独立的线性方程。综合这 4 个方程，可以看到

$$U+V=W+Z \tag{6-16}$$

这表示可以通过已知的3个方程来推导出第4个方程。换句话说，4个方程中的任意3个都是独立的，但第4个方程是可由前三个方程派生得到。在方程数少于未知数的情况下，无法得到唯一的解，必须再另建一个独立方程。为此，利用对角线方向的投影：

$$\begin{cases}\text{射线 T}: p_5 = x_1 + x_4 \\ \text{射线 S}: p_6 = x_2 + x_3\end{cases} \tag{6-17}$$

如果将物质的扫描面划分成$N \times N$个等分，只要有足够多的投影数据，也就是方程数量足够，同样可以求解出每个等分的X射线衰减系数。

豪斯费尔德研发CT原型机时采用了联立方程组的方法，为重建一张CT图像，采集了超过28000个数据。为提高图像分辨率，切面将分成越来越细的等分，方程组的数量也越大，计算量相当大。此外，采集的投影数据存在冗余信息，有许多方程是相关的，为了获得足够数量的独立方程，必须收集远远多于未知变量个数的投影数据。然而，投影测量不可避免地存在误差，在采集的数据很多的情况下，方程组的解可能不一定收敛。因此，需要探索新的算法来解决CT图像重建问题，提高图像质量。

4. 迭代重建法

CT图像重建的一种解决办法是迭代重建技术（Algebraic Reconstruction Techniques, ART），也称为“逐步近似法”。其核心思想如下：首先，在进行CT图像重建之前，采用任意值初始化衰减系数分布，即图像初始值，例如假设衰减系数是均匀分布；然后，将初步计算得到的图像值与实际的CT投影数据进行比较，并根据它们之间的差异进行调整；修正过程不断重复，直到计算出的图像与实际测量值在允许的误差范围内。调整方法包括加法修正、乘法修正、最小二乘法修正等。迭代重建的具体方法根据修正涉及的范围不同而不同，可能涵盖整个分布、单一射线或单个点。

下面以一个二维简化模型来举例说明ART算法。衰减系数分布被表示成向量$\boldsymbol{u}$，与其相关的测量投影值记为$\boldsymbol{p}$，两者关系如下：

$$\boldsymbol{p}=\boldsymbol{A}\boldsymbol{u}+\boldsymbol{e} \tag{6-18}$$

式中，矩阵$\boldsymbol{A}$为系统矩阵，由CT仪扫描系统的几何结构、X射线源的焦点尺寸和形状、探测器的特性等关键物理参数决定；向量$\boldsymbol{e}$为投影测量过程中探测器的电子噪声等误差。基于测量的多个投影值$\boldsymbol{p}$，通过反复调整估计向量$\boldsymbol{u}(0)$，$\boldsymbol{u}(1)$，…，$\boldsymbol{u}(n)$，使得它们逐渐接近于真实的$\boldsymbol{u}^*$。在每一次迭代中，首先计算该迭代的模拟投影值：

$$\boldsymbol{p}(i)=\boldsymbol{A}\boldsymbol{u}(i)+\boldsymbol{e} \tag{6-19}$$

然后，根据计算得到的投影值$\boldsymbol{p}(i)$与实际测量值p之间的差异来调整估计值$\boldsymbol{u}(i)$，以减小两者之间的差异。其中，$\boldsymbol{u}(i)$通常受到一些约束，比如正性约束，因为线性衰减系数必须是正的。此外，优化过程可能还包括其他如平滑性或解的稀疏性等约束，防止过拟合，提高重建质量。

6.2.3 滤波反投影算法

CT图像重建中应用最广的是滤波反投影算法。为方便理解，先回顾一下傅里叶切片定理。给定一个二维函数$f(x, y)$的二维傅里叶变换$F(u, v)$，$f(x, y)$沿着某一方向的一维投影为$p_\theta(t)$。定义$p_\theta(t)$为$f(x, y)$沿着角度θ方向的积分，即：

$$F(u,v)=\int_{-\infty}^{\infty} f(x,y)\delta(s-x\cos\theta-y\sin\theta)\mathrm{d}x\mathrm{d}y \tag{6-20}$$

式中，δ 为狄拉克函数；s 为沿着投影方向的坐标。根据前面的推导可知，$p_\theta(s)$ 的傅里叶变换 $p_\theta(\omega)$ 与 $F(u, v)$ 在 $(u, v)=(\omega\cos\theta, \omega\sin\theta)$ 方向上的值相等，即：

$$P_\theta(\omega)=F(\omega\cos\theta,\omega\sin\theta) \tag{6-21}$$

傅里叶切片定理为 CT 图像重建提供了直接重构的理论框架，但实际操作中面临很多问题。

首先，在傅里叶空间中采样模式并非基于笛卡儿坐标系。单个投影的傅里叶变换对应于二维傅里叶空间中经过原点的直线。因此，来自不同角度的投影采样点位于极坐标网格上，需要通过插值或重新采样到笛卡儿坐标来进行二维傅里叶逆变换。然而，傅里叶空间的每个采样点代表不同的空间频率，频域中任一采样点的误差都会影响通过傅里叶逆变换重构的整个图像质量，难以避免地会出现图像伪影。直接使用傅里叶切片定理进行重建的另一个问题是目标区域重建困难。目标区域重建是为了精确查看物体内部的小区域细节。例如，头骨的 CT 检测，医生可能需要检查如窦部等更精细的结构，常规图像的分辨率可能不足。希望重建算法能够聚焦于目标区域，可以提供更多细节。然而，直接通过傅里叶切片定理进行重建，需要引入大量的零来填充 $F(u, v)$ 进行频域插值，将导致 $F(u, v)$ 异常庞大难以处理。因此需要开发新的算法代替傅里叶切面定理。

滤波反投影算法是通过先对投影数据进行滤波处理，然后执行反投影操作，以此来重构原始图像，可以有效避免直接进行傅里叶域重建中的一些限制和挑战。滤波反投影算法在处理细节区域时提供了更好的灵活性和效率，特别是在目标区域重建方面，能够有效地重建出高分辨率的细节信息。

下面详细推导滤波反投影公式。一个二维的图像函数 $f(x, y)$ 可以通过逆傅里叶变换从它的频域中恢复出来，其数学表达式如下：

$$f(x,y)=\int_{-\infty}^{\infty}\int_{-\infty}^{\infty} F(u,v)\mathrm{e}^{\mathrm{j}2\pi(ux+vy)}\mathrm{d}u\mathrm{d}v \tag{6-22}$$

与傅里叶切片定理推导类似，下面将频域从笛卡儿坐标 (u, v) 转换到极坐标 (ω, θ)，其中 ω 表示频率。坐标变换和微分变换式如下：

$$\begin{cases} u=\omega\cos\theta \\ v=\omega\sin\theta \\ \mathrm{d}u\mathrm{d}v=\begin{vmatrix} \dfrac{\partial u}{\partial\omega} & \dfrac{\partial u}{\partial\theta} \\ \dfrac{\partial v}{\partial\omega} & \dfrac{\partial v}{\partial\theta} \end{vmatrix}\mathrm{d}\omega\mathrm{d}\theta=\omega\mathrm{d}\omega\mathrm{d}\theta \end{cases} \tag{6-23}$$

通过坐标变换，逆傅里叶变换的极坐标表达式如下：

$$f(x,y)=\int_0^{2\pi}\mathrm{d}\theta\int_0^{\infty} F(\omega\cos\theta,\omega\sin\theta)\mathrm{e}^{\mathrm{j}2\pi\omega(x\cos\theta+y\sin\theta)}\omega\mathrm{d}\omega \tag{6-24}$$

将 $F(\omega\cos\theta, \omega\sin\theta)$ 替换为 $P(\omega, \theta)$，$f(x, y)$ 表示如下：

$$\begin{aligned} f(x,y)&=\int_0^{2\pi}\mathrm{d}\theta\int_0^{\infty} P(\omega,\theta)\mathrm{e}^{\mathrm{j}2\pi\omega(x\cos\theta+y\sin\theta)}\omega\mathrm{d}\omega \\ &=\int_0^{\pi}\mathrm{d}\theta\int_0^{\infty} P(\omega,\theta)\mathrm{e}^{\mathrm{j}2\pi\omega(x\cos\theta+y\sin\theta)}\omega\mathrm{d}\omega \end{aligned}$$

$$+\int_0^{\pi}\mathrm{d}\theta\int_0^{\infty}P(\omega,\theta+\pi)\mathrm{e}^{-\mathrm{j}2\pi\omega(x\cos\theta+y\sin\theta)}\omega\mathrm{d}\omega \tag{6-25}$$

由于一组相差180°的平行束采样，投影正好是同一组射线路径，因此存在如下对称性：

$$P(s,\theta+\pi)=P(-s,\theta) \tag{6-26}$$

又因为傅里叶变换对存在以下关系：

$$P(\omega,\theta+\pi)=P(-\omega,\theta) \tag{6-27}$$

将式（6-27）代入式（6-25），得到下面等式：

$$f(x,y)=\int_0^{\pi}\mathrm{d}\theta\int_{-\infty}^{\infty}P(\omega,\theta)\,|\omega|\,\mathrm{e}^{\mathrm{j}2\pi\omega(x\cos\theta+y\sin\theta)}\mathrm{d}\omega \tag{6-28}$$

将 $s=x\cos\theta+y\sin\theta$ 代入上式：

$$f(x,y)=\int_0^{\pi}\mathrm{d}\theta\int_{-\infty}^{\infty}P(\omega,\theta)\,|\omega|\,\mathrm{e}^{\mathrm{j}2\pi\omega s}\mathrm{d}\omega \tag{6-29}$$

内部积分是 $P(\omega,\ \theta)\ |\omega|$ 的逆傅里叶变换，在空间域中代表一个经过滤波的投影，称之为“滤波投影”。用 $g(s,\ \theta)$ 标记式（6-29）的内部积分所代表的 θ 角上的滤波投影：

$$g(s,\theta)=g(x\cos\theta+y\sin\theta)=\int_{-\infty}^{\infty}P(\omega,\theta)\,|\omega|\,\mathrm{e}^{\mathrm{j}2\pi\omega(x\cos\theta+y\sin\theta)}\mathrm{d}\omega \tag{6-30}$$

式（6-28）可以写成如下形式：

$$f(x,y)=\int_0^{\pi}g(x\cos\theta+y\sin\theta)\mathrm{d}\theta \tag{6-31}$$

变量 s 表示点（x，y）到一条通过原点且与 x 轴形成角度 θ 的直线的距离。

式（6-31）表明位于（x，y）位置的函数 $f(x,\ y)$ 可以采用累加通过该点的所有滤波投影来获得。由于 s 代表的是与生成投影采样的射线路径相交的一系列直线，函数 g 的值将沿这些直线均匀地分布到重建图像中，即反投影的过程。式（6-30）表明先要对投影进行滤波，才能进行CT图像重建。$P(\omega,\ \theta)$ 的傅里叶逆变换对应平行投影 $p(s,\ \theta)$。滤波函数 $|\omega|$ 的空间域函数可通过下面逆傅里叶变换得到：

$$\xi(s)=\int_{-\infty}^{\infty}|\omega|\,\mathrm{e}^{\mathrm{j}2\pi\omega s}\mathrm{d}\omega \tag{6-32}$$

分析上式易知 $\xi(s)$ 只有在 $\omega\neq0$ 时才收敛。为此假定投影的频率是有限，处于（$-B$，B）范围内，式（6-32）变成如下形式：

$$\xi(s)=\int_{-B}^{B}P(\omega,\theta)\,|\omega|\,\mathrm{e}^{\mathrm{j}2\pi\omega s}\mathrm{d}\omega \tag{6-33}$$

根据奈奎斯特采样准则，保证无混叠采样情况下投影带宽 B 必须满足下式：

$$B=\frac{1}{2\delta} \tag{6-34}$$

式中，δ 为投影采样间隔（单位mm）。滤波函数可以直接积分出来：

$$h(s)=\int_{-B}^{B}|\omega|\,\mathrm{e}^{\mathrm{j}2\pi\omega s}\mathrm{d}\omega=\frac{1}{2\delta^2}\left(\frac{\sin2\pi Bs}{2\pi Bs}\right)-\frac{1}{4\delta^2}\left(\frac{\sin\pi Bs}{\pi Bs}\right)^2 \tag{6-35}$$

已经知道两个函数的傅里叶变换相乘等于两个函数在空间域的卷积，式（6-29）在空间域的表达式如下：

$$f(x,y)=\int_0^{\pi}\mathrm{d}\theta\int_{-s_b}^{s_b}p(s',\theta)h(s-s')\mathrm{d}s' \tag{6-36}$$

式中，s_b 满足 $p(s',\theta)=0$ 当 $\forall\ |s'|>s_b$。一般计算都需要离散化，令 $s=n\delta$，得到滤波投影的离散表达式：

$$g(n\delta,\theta)=\delta\sum_{k=0}^{N-1}h(n\delta-k\delta)p(k\delta,\theta),n=0,1,\cdots,N-1 \tag{6-37}$$

通过上式可以求取截断滤波后的投影，再将式（6-31）进行离散就可以重建图像。

6.2.4 扇形束重建

前面介绍的都是平行束 CT 图像重建，是早期 CT 的重建方法。目前 CT 中的 X 射线源近似于一个点源，能短时间内对近 1000 个探测器通道进行采样，因此投影会形成一个扇形。扇形束的几何形态有等角和等距两种，区别在于探测器的设计。在等角扇形束的设计中，探测器模块被放置在以 X 射线源点为圆心的圆弧上，探测器单元的角度间隔相同，是最常用的一种结构。而在等距设计中，探测器呈平面形态，而非曲面，采样间隔保持一致，但角度是变化的，优点是 X 射线覆盖区域在整个探测面上分布均匀，可以简化图像重建过程。

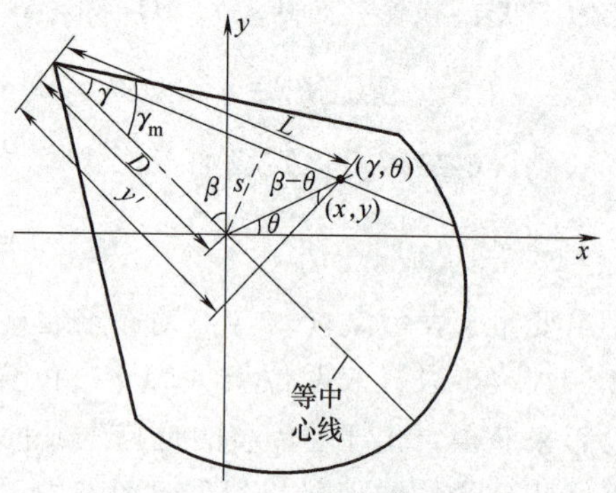

图 6-11　投影示意

由于 X 射线不再平行，前面介绍的重建算法不能直接应用。如果能将扇形束转化为平行束，那么就可以沿用前面的算法，这个过程称为重排。为了推导重建算法，先定义以下变量，如图 6-11 所示，γ 是射线与中心线（连接 X 射线源与旋转中心的射线）形成的角度，被称为探测器角度，确定了扇形中一条射线的位置；β 是中心射线与 y 轴形成的角度，被称为投影角度，表示哪一次观测；D 是 X 射线源和旋转中心间距离。如果满足 $\theta=\beta+\gamma$ 且 $s=D\sin\gamma$，其中 θ 称为投影角度，s 是射线到旋转中心的距离，则扇形束投影中一次投影采样 $q(\gamma,\beta)$ 就属于平行投影中的一次投影采样 $p(\gamma,\theta)$。

对于平行投影，滤波反投影重建公式如下：

$$f(x,y)=\int_0^{\pi}\mathrm{d}\theta\int_{-B}^{B}P(s',\theta)h(x\cos\theta+y\sin\theta-s')\mathrm{d}s' \tag{6-38}$$

改成包含在 2π 内的投影，重建公式如下：

$$f(x,y)=\frac{1}{2}\int_0^{2\pi}\mathrm{d}\theta\int_{-B}^{B}P(s',\theta)h(x\cos\theta+y\sin\theta-s')\mathrm{d}s' \tag{6-39}$$

采用极坐标表示得到下式：

$$f(r,\phi)=\frac{1}{2}\int_0^{2\pi}\mathrm{d}\theta\int_{-B}^{B}P(s',\theta)h(r\cos(\theta-\phi)-s')\mathrm{d}s' \tag{6-40}$$

采用参数（γ，β）表示上式得到：

$$f(\gamma,\beta)=\frac{1}{2}\int_{-\gamma}^{2\pi-\gamma}\mathrm{d}\beta\int_{-\gamma_B}^{\gamma_B}q(\gamma,\beta)h[r\cos(\beta+\gamma-\phi)-D\sin\gamma]D\cos\gamma\mathrm{d}\gamma \tag{6-41}$$

由于所有β函数都是周期为2π的函数，所以定积分的范围改为$0\sim2\pi$：

$$f(\gamma,\beta)=\frac{1}{2}\int_{0}^{2\pi}\mathrm{d}\beta\int_{-\gamma_B}^{\gamma_B}q(\gamma,\beta)h[r\cos(\beta+\gamma-\phi)-D\sin\gamma]D\cos\gamma\mathrm{d}\gamma \tag{6-42}$$

通过观察发现滤波函数不是卷积形式，计算较为复杂，因此进行如下转换。记L为X射线源到重建像素点（γ，ϕ）的距离，穿过（γ，ϕ）的射线所在的探测器角度为γ'，简单的几何推导得到$L\cos\gamma'=D+r\sin(\beta-\phi)$，$L\sin\gamma'=r\sin(\beta-\phi)$。把$r\cos(\beta+\gamma-\phi)$差分为$\beta-\phi$和$\gamma$，在$\gamma'$可得到下面的转换公式：

$$r\cos(\beta+\gamma-\phi)-D\sin\gamma=L\sin(\gamma'-\gamma) \tag{6-43}$$

将其代入式（6-42），得到简化后的重建公式：

$$f(\gamma,\beta)=\frac{1}{2}\int_{0}^{2\pi}\mathrm{d}\beta\int_{-\gamma_B}^{\gamma_B}q(\gamma,\beta)h[L\sin(\gamma'-\gamma)]D\cos\gamma\mathrm{d}\gamma \tag{6-44}$$

再进一步计算滤波函数，根据其定义可以得到：

$$\begin{aligned}h(L\sin\gamma)&=\int_{-\infty}^{\infty}|\omega|\,\mathrm{e}^{\mathrm{j}2\pi\omega L\sin\gamma}\mathrm{d}\omega\\&=\left(\frac{\gamma}{L\sin\gamma}\right)^2\int_{-\infty}^{\infty}|\omega'|\,\mathrm{e}^{\mathrm{i}2\pi\omega'\gamma}\mathrm{d}\omega'\\&=\left(\frac{\gamma}{L\sin\gamma}\right)^2h(\gamma)\end{aligned} \tag{6-45}$$

令$h''(\gamma)=h(L\sin\gamma)$，最终得到扇形束反投影公式：

$$f(\gamma,\beta)=\frac{1}{2}\int_{0}^{2\pi}\mathrm{d}\beta\int_{-\gamma_B}^{\gamma_B}q(\gamma,\beta)h''(\gamma'-\gamma)D\cos\gamma\mathrm{d}\gamma \tag{6-46}$$

离散化可以借鉴平行束重建方法。观察上式可知，扇形束与平行束重建的不同在于滤波前需要计算$D\cos\gamma$，但是其β无关，即和旋转扫描无关，因此可以提取进行计算。第二个是进行了加权计算，因像素大小而不同，L与（γ，β）相关，计算量大，需要设计算法减少计算量，这里不进行详细阐述。

等距扇形束重建类似于等角扇形束重建，由（s，β）确定一次投影。重建推导过程和等角扇形束重建过程差不多，这里只给出最终结果，重建图像用$f(r$，$\phi)$可以表示为

$$f(r,\phi)=\frac{1}{2}\int_{0}^{2\pi}U^{-2}(r,\phi,\beta)\mathrm{d}\beta\int_{-\infty}^{\infty}\left(\frac{D}{\sqrt{D^2+s^2}}\right)q(s,\beta)h(s'-s)\mathrm{d}s \tag{6-47}$$

式中，$U(r,\phi,\beta)=[D+r\sin(\beta-\phi)]/D$，$D$为X射线源到旋转中心的距离。观察可以发现$D/\sqrt{D^2+s^2}$是投影扇形角的余弦，其他方面等距重建和等角重建方法极为相似。

6.2.5 锥形束重建

前面重建的投影数据都是物体一个切面的线积分数据，然而实际中多阵列探测器已经普

遍应用，这种数据采集称为锥形束扫描。与等距和等角扇形重建类似，锥形束扫描的探测器分为曲面和平面两种类型。由于锥形束重建复杂，存在很多算法，这里介绍较为常见的 FDK（Feldkamp-Davis-Kress）算法。FDK 算法是临床和工业应用中广泛采用的标准算法之一，它开启了直接三维成像技术的新篇章。下面对 FDK 的重建公式进行推导。

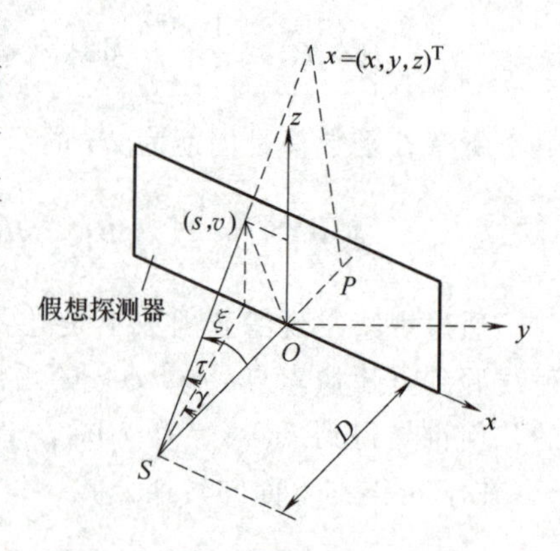

图 6-12　锥形采样几何

图 6-12 所示为一个以 xy 平面为基础的二维扇形束投影扫描平面，其中 γ 角度定义为扇形束的扇角，而 X 射线束沿 z 方向的张角 τ（非零）则是锥角。为了便于推导，在旋转中心建立了一个理想化平面探测器，其垂直于连接 X 射线源与探测器中心点的直线 OS。

根据上节的介绍，可知等距扇形束重建算法的重建公式如下：

$$f(r,\phi)=\frac{1}{2}\int_0^{2\pi}U^{-2}(r,\phi,\beta)\,\mathrm{d}\beta\int_{-\infty}^{\infty}\left(\frac{D}{\sqrt{D^2+s^2}}\right)q(s,\beta)h(s'-s)\,\mathrm{d}s \tag{6-48}$$

设任意待重建点 $x=(x,\ y,\ z)^{\mathrm{T}}$ 和扫描位置 S 的连线与虚拟探测器平面的交点为 $(s,\ v)$，x 的方向即为虚拟探测器平面与 x-y 平面的交线方向，v 表示 z 轴方向。该射线与 x-y 平面的夹角为 τ，与中轴线（SO）的平角为 ξ，在 x-y 平面中投影与中轴线形成的扇角为 γ。式（6-45）的比例因子 $\cos\gamma=D/\sqrt{D^2+s^2}$ 在滤波之前需要乘以 $\cos\tau$，复合比邻因子实际就是 ξ，

$$\cos\gamma\cos\tau=\frac{D}{\sqrt{D^2+s^2}}\ \frac{\sqrt{D^2+s^2}}{\sqrt{D^2+s^2+v^2}}=\frac{D}{\sqrt{D^2+s^2+v^2}}=\cos\xi \tag{6-49}$$

因为倾斜扇形束和非倾斜扇形束存在相似性，得到 FDK 的重建公式如下：

$$f(x,y,z)=\frac{1}{2}\int_0^{2\pi}U^{-2}(r,\phi,\beta)\,\mathrm{d}\beta\int_{-\infty}^{\infty}\cos(\xi)q(s,\beta)h(s'-s)\,\mathrm{d}s \tag{6-50}$$

FDK 重建算法的本质就是利用锥角对相应位置的投影数据校正，使得所有平面都能用滤波反投影算法重建。由于一个单独的圆形轨迹不能提供足够用于精确锥形束重建的投影数据，因此只适用于小锥角情况下的重建。为了解决该问题，很多算法被提出，这里不进行介绍。

6.2.6　螺旋 CT 重建

从前面的介绍，已经了解了 CT 重建的基本原理，但其扫描模式仍是扫描一个切面后，病人移动一定间隔，接着再扫描一个切面。然而，主流的 CT 都是采用螺旋扫描方式，滤波反投影算法不能直接使用，但它是螺旋 CT 重建的基础。螺旋 CT 的核心问题在于解决投影不在一个平面内产生的运动伪影问题。

在介绍螺旋 CT 之前先简要介绍一下截距的概念。为描述螺旋采样的几何特征，定义螺旋线的截距 h 为机架旋转 360°时检查床移动距离 d 与准直孔径 S 之比：

$$h=\frac{d}{S}=\frac{vt}{S} \tag{6-51}$$

式中，v 为检查床移动的速度；t 为机架旋转一圈的时间。螺旋截距直接影响体积覆盖范围，较大的截距则可覆盖更广的体积，但截距越大间隙也可能越大，需要进行取舍。

螺旋 CT 引入了连续移动的扫描方式，破坏了扫描平面内的物体在整个数据获取期间保持静止不变的要求，因此会产生运动伪影。最直接的解决方法就是进行插值，如图 6-13 所示。容易想到的思路是减小螺旋扫描的间距，同时通过加权平均连续一圈的投影数据，再使用前面介绍的重建方法，但是这种方法没有充分发挥螺旋 CT 容积扫描的优势。

改进的方法一般是选择相隔 180°或 360°的投影之间进行插值。360°LI 算法是将重建平面建立在两次旋转的正中间位置，且垂直于检查床的平移轴 z，根据螺旋轨迹相距 360°的两个投影数据进行线性插值。假定选定的水平位置为 z_r，投影角度为 α 的投影：

$$P_{z_r}(i,\alpha)=(1-\omega)P_j(i,\alpha)+\omega\cdot P_{j+1}(i,\alpha+2\pi) \tag{6-52}$$

式中，$P_j(i,\ \alpha)$ 和 $P_{j+1}(i,\ \alpha+2\pi)$ 分别为在第 j 和 $j+1$ 圈旋转的投影；$\omega=(z-z_j)/d$ 为对应权重，z_j 为 $P_j(i,\ \alpha)$ 在 z 轴的位置。该方法的插值权重只与投影角度有关（z 与 β 呈线性关系），与探测器的角度 γ 无关。虽然该方法会影响切片方向的灵敏度，但是简单、鲁棒性好。为提高成像质量，应尽量减少切面的宽度。

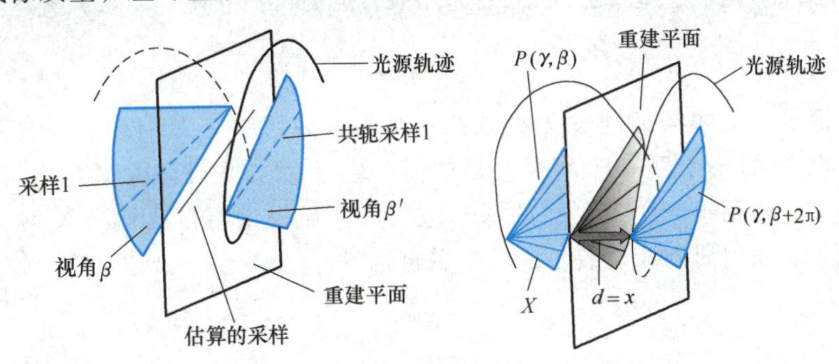

图 6-13　插值示意图

为使灵敏度提高，180°LI 插值算法被提出。通过观察可以发现，在任意 360°旋转投影数据采集过程中，存在两个互相平行但方向相反的投影值测量。设计相应的数据重组方法，利用相反方向测量的投影数据，计算任意角度的投影，从而根据相差 180°的投影数据计算出一个切面的投影数据进行图像重建。各种插值算法的本质就是对投影进行加权，因此插值算法的反投影公式都可以写成下式：

$$f(\gamma,\phi)=\int_{\beta_0}^{\beta_0+\Pi}U^{-2}\mathrm{d}\beta\int_{-\gamma_B}^{\gamma_B}\omega(\gamma,\beta)q(\gamma,\beta)h''(\gamma'-\gamma)D\cos\gamma\mathrm{d}\gamma \tag{6-53}$$

式中，Π 为数据集的角度跨度；$\omega(\gamma,\ \beta)$ 为加权函数。

插值的另一种情况是外插值。为说明该情况，先观察螺旋扫描投影的正弦图。如图 6-14 所示，横轴是探测器角度 γ，纵轴是投影角度 β。每个 2π 投影集合可以分成 $AEA'E'$ 和 $A'E'A''E''$ 两部分。假定重建平面位于数据集的中心位置 DC'，理想情况是所有用于插补的数据位于 DC' 两侧，但是与区域 ABC 相对应的采样点位于 $A'B'C'$ 区域，因此需要外插值，加权函数如下：

$$\omega(\gamma,\beta)\begin{cases}\dfrac{\beta+2\gamma}{\pi+2\gamma}, & 0\leqslant\beta<\pi-2\gamma\\ \dfrac{2\pi-\beta-2\gamma}{\pi-2\gamma}, & \pi-2\gamma\leqslant\beta<2\pi\end{cases} \tag{6-54}$$

由于 $\omega(\gamma,\ \beta)$ 沿 $\beta=\pi-2\gamma$ 进行了羽化处理，需要进行羽化以平滑过渡数据的不连续性。

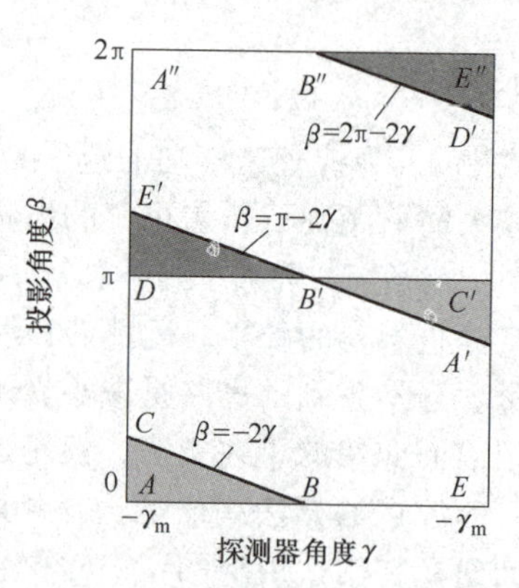

图 6-14　螺旋扫描正弦图

除了上述的插值方法之外，还有很多其他的插值方法和重建平面选择方法。常用线性插值是因为该方法简单而稳定，但不能保持高频信息。傅里叶插值、样条插值等方法被提出，核心还是在于综合考虑空间分辨率、伪影等综合性能。目前，重建平面通常是在两次投影之间建立的，这一过程直观简单。新的算法突破了将投影限制在垂直于 z 轴的单一平面，使得重建平面可以是弯曲的表面或不规则的体积，从而通过优化显著提升图像质量。

6.3 X 射线管与高压发生器的构造原理

上节内容简要介绍了如何通过 X 射线投影计算体内组织对 X 射线的吸收系数。在此基础之上，为了设计 CT 仪，下一个问题就是如何产生 X 射线并设计探测器检测其强度变化。在接下来将简要介绍用于产生 X 射线的 X 射线管与高压发生器以及检测 X 射线强度变化的探测器。以此了解如何研制高端装备的核心关键部件。

6.3.1 X 射线管的发展

X 射线管，又称 X 射线球管，简称球管，是 X 射线 CT 设备中的关键组件，主要用于产生 X 射线信号。在德国物理学家伦琴意外地发现了 X 射线几个月后，英国一名大学生罗素·雷诺斯（Russell Reynolds）在物理学家威廉·克鲁克斯（William Crookes）的帮助下，成功制造了一根 X 射线管。之后，虽然 X 射线管的尺寸和外观发生了较大变化，但其产生 X 射线的基本原理没有改变。克鲁克斯管是早期充气 X 射线管的典型代表，展示了 X 射线管的初期形式。这种真空管内部包含阴极和阳极，在高电压作用下，管内气体发生电离。正离子轰击阴极，促使阴极释放电子，这些电子被加速后撞击靶面，从而产生 X 射线。

早期的 X 射线管功率低、寿命短且难以控制，发热严重，后来很少使用。1897 年，旋转阳极 X 射线管成功问世（图 6-15），并于 1929 年开始应用。在这种设计中，高速电子束从偏离 X 射线管中心轴线的阴极发射出来，撞击到旋转靶面上。旋转的阳极将电子束产生的热量均匀分布在其旋转的圆环面上，增加了被电子束轰击的表面积，优化了热量的分布。

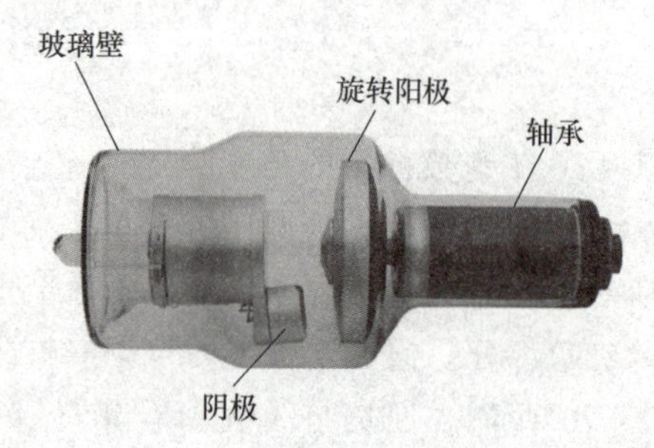

图 6-15　旋转阳极 X 射线管

旋转阳极 X 射线管因其高功率和小焦点的特点，

一经推出便迅速得到发展。到20世纪60年代，旋转阳极的转速已达到9000r/min。20世纪70年代，引入金属陶瓷封装技术，并设计了金属陶瓷外壳的旋转阳极X射线管，显著提升了X射线管在机械和热稳定性方面的性能。到了20世纪80年代，X射线管的设计得到进一步的优化，尤其是在医学成像领域。此外，高频X射线发生器的使用也开始普及，使得成像装备更加紧凑和高效。进入21世纪，多点阵列X光源的概念开始在科学研究中出现，并在2010年左右逐步应用于CT仪。通过在单个X射线管中集成多个发射点，进一步满足了高分辨率和快速成像的需求，显著提高了诊断效率和精度，减少了对患者的危害。

目前应用最广泛的X射线管为旋转阳极X射线管，其基本组成包括阴极、阳极、外壳三个部分。

1. 外壳

外壳的主要作用是为电子在真空环境中提供一个无障碍的加速路径，并保护内部组件不受外部环境的影响，确保整个X射线管的结构完整性与操作安全。外壳分为玻璃外壳和金属陶瓷外壳两种。玻璃外壳主要由硼硅酸盐构成，其不仅提供良好的隔热性能，还具备足够的绝缘性，可以有效阻隔外界的电磁干扰。然而，玻璃外壳的脆性和有限的热稳定性限制了其在高性能设备中的应用。金属陶瓷外壳则是通过将金属与陶瓷的优势结合起来，提供了更强的机械强度和卓越的绝缘性能。陶瓷部分能够承受高温且不易导电，使得整个外壳在承受高电压和高温度时更为安全可靠。此外，金属陶瓷外壳的优良散热性能也显著提高了X射线管的整体耐用性和可靠性，使其成为高端CT仪中的首选材料。

2. 阴极

阴极是真空电子管的负极，主要由灯丝、聚焦杯两部分组成，灯丝负责产生电子，而聚焦杯则负责将这些电子聚焦成高速的细小束流。聚焦的电子束以特定的形状和大小撞击靶面，产生具有焦点的X射线。

灯丝通常由极细的钨丝构成，直径为0.2~0.3mm，呈螺旋状。钨作为一种具有3370℃高熔点的金属，不仅可以在极高温度下工作而不熔化，还具有良好的物理稳定性，不易在强电场的作用下发生形变。这些特性使得钨丝在电子管中发挥着重要作用，能够在加热时有效地发射电子。其螺旋形状设计不仅充分利用了空间，还增强了结构的坚固性，帮助集中电子流，从而提高了电子发射的效率。此外，钨丝内含有微量元素，如钍或其他稀土元素，这些微量元素的加入进一步提高了电子的发射率和灯丝的工作效率，同时也延长了其使用寿命。

在X射线管的操作中，阴极的电子发射率是决定成像质量的一个关键参数。其主要受灯丝的温度和通过灯丝的电流两个因素的影响。在电子发射过程中，灯丝会被加热至极高的温度，这一过程被称为“热电子发射”或“热离子发射”。理论上讲，随着灯丝温度的提高，热电子发射的效率也会增加。为了在X射线成像中产生所需的大电流（100mA~2A），灯丝必须被加热至约2700K。在该温度下，电子发射通过Richardson-Dushman方程描述，该方程体现了温度与电子发射率之间的关系：

$$J=AT^2\mathrm{e}^{-\frac{W}{kt}} \tag{6-55}$$

式中，J为电子发射电流密度；T为灯丝的绝对温度；W为材料的功函数；k为玻尔兹曼常数；A为Richardson常数。然而，维持灯丝在高温状态下的操作对其材料构成极大挑战，温度接近或超过材料的熔点可能导致灯丝熔化。在实际应用中，通常先将灯丝加热至较低的温度（约 1500K），以减少其磨损并延长寿命。此外，为了防止灯丝在过高温度下长时间操作而熔化，曝光时间应尽可能短。

阴极包含一个关键部分称为韦内电极，常见的称呼是“聚焦杯”。聚焦杯的形状类似于一个小碗，其主要功能是将从阴极发射出来的电子束聚集成一个细小的束流，这对于提高 X 射线的成像清晰度和精确度至关重要。

由于电子本身带负电，当它们被加速向阳极移动时，会由于相互之间的排斥力而倾向于扩散，这种现象称为空间电荷效应，它会导致束斑尺寸增大，影响成像质量。为了抵消这种效应，聚焦杯通常会施加一个负电压，这个负电压有助于限制电子束的扩散，并稳定电子束的整体运动，从而保持束流的集中及其形状。大部分 X 射线管设计中，聚焦杯的电位与灯丝的电位是相同的。然而，一些现代设计采用了所谓的偏置聚焦杯，其中聚焦杯的电位低于灯丝电位。这种设计可以进一步减小光斑的尺寸，虽然可能会略微减少束流的强度，但对于需要高分辨率成像的应用来说，这种折中是值得的。

灯丝的物理尺寸也是决定束流斑点大小的重要因素。在 X 射线管中，灯丝的尺寸和形状直接影响了电子束的初始宽度和密度。为了适应不同的成像需求，现代 X 射线管通常配备有两个或三个不同尺寸的灯丝。用户可以根据具体的应用需求选择灯丝，这不仅可以优化成像的质量，还可以提高整个系统的工作效率。例如，在需要较大束斑以覆盖更大区域的应用中，可选择较大的灯丝；而在需要高分辨率和精细观察的场合，则选择较小的灯丝。

3. 阳极

阳极在 X 射线管中通常被称为靶电极，是 X 射线生成的关键零部件。阳极可分为固定阳极和旋转阳极两种类型，每种类型都有其独特的应用和优势。固定阳极 X 射线管的设计较为简单，其阳极靶是固定的，这意味着高速电子流在轰击时只能集中在一个不变的位置上。这种结构虽然使得 X 射线管的功率相对较小、焦点较大，但在某些特定场合仍然具有不可替代的优势。例如，在牙科的 X 射线成像、移动 C 形臂的荧光透视以及其他需要低功率和低负载的普通 X 射线机中，固定阳极 X 射线管因其结构简单和成本较低而被广泛使用。然而，现代的医学 CT 诊断对阳极的负载能力和热管理能力提出了更高的要求。由于固定阳极 X 射线管无法有效分散由电子束撞击产生的热量，靶材往往会过热，从而降低其使用寿命。为了应对该问题，旋转阳极技术应运而生。在旋转阳极 X 射线管中，阳极靶面会高速旋转，电子束撞击的热量可以在更大的靶面上分散，从而有效提高管的功率容量和减少热点的形成。旋转阳极的引入，不仅显著提升了 X 射线管的性能，而且极大地延长了其使用寿命。尽管固定阳极的应用在某些低要求场合仍然存在，但在现代高负载、高频率使用的医学成像装备中，旋转阳极 X 射线管已成为主流选择。

用电子轰击靶材来产生 X 射线的效率极低，X 射线管的输入能量仅有不到 1%的部分转换给 X 射线，超过 99%的能量变成了热。阳极靶撞击点上的温度可达 2600~2700℃（钨的熔点是 3370℃）。相较于固定阳极，旋转阳极提供了一种高效的散热方法。旋转阳极被安置在一个旋转的玻璃外壳中，这个旋转的玻璃外壳就起着阳极的作用。在这种设计中，高速电子束从偏离 X 射线管中心轴线的阴极发射，撞击到旋转靶面上，导致阳极产生热量和电磁辐射。为了防止靶面过热熔化，阳极以非常高的速度旋转，典型值在 8000~10000r/min 之间。当高速电子束撞击靶面时，产生的热量均匀地分散在旋转的圆环形阳极上。通过阳极的旋转，靶面能够承受更大的轰击面积（尽管实际焦点和位置未变），从而显著增加了热量的分布区域，具有功率大、焦点小的特点。其功率在阳极表面一般能够达到10000W/mm。

在现代旋转阳极X射线管中，阳极由一个圆形区域构成，通常采用钼作为基础材料，构成钼合金层。钼层上覆盖1~2mm厚的钨层，并含有5%~15%（质量分数）的铼合金，称为钨铼层，如图6-16所示。合金中铼成分的作用是使材料更加具有弹性，优质的弹性材料不仅能够防止表面破裂，还能延长X射线管的使用寿命。选择钼作为阳极材料的原因在于其热容量是相同质量纯钨的两倍，有助于提高散热能力。

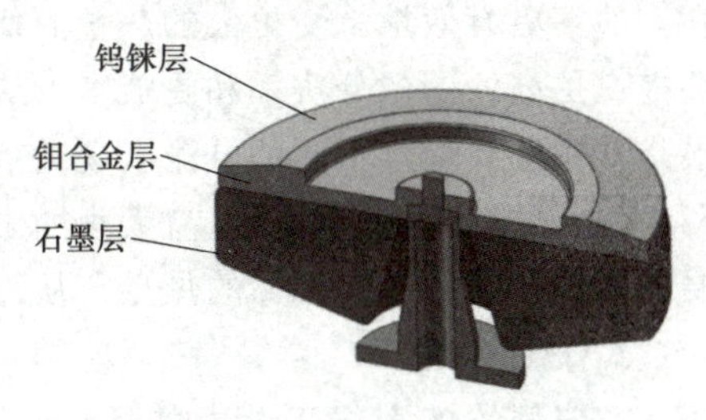

图6-16 旋转阳极结构示意图

高能电子的持续轰击使X射线管在工作时温度极高，因此需要对阳极靶材进行强制冷却。为了满足对高热容量的需求，钼圆盘后面附加了一层石墨材料。相较于同等质量的钼，石墨的热容量是钼的两倍，显著提升了散热能力。尽管如此，X射线管内热量的散发仍然很慢。因此，CT仪中的阳极有一个大的石墨基底以适应大的瞬时X射线管负载。但附有石墨的阳极在温度超过1200~1300℃时，石墨层会变松。

虽然阳极靶采用了高熔点材料，但靶面的冷却依然至关重要。如果冷却不足，靶面温度过高，金属将会熔化，导致无法正常使用。阳极盘通过滚珠与阳极座相连，工作时像电动机的转子一样旋转。由于滚珠与阳极之间的接触面积较小，导致热传导效率较低，因此主要依靠阳极盘通过辐射散热。X射线管被装入管套，并浸没在绝缘油中。绝缘油不仅提供绝缘功能，还起到冷却的作用。阳极产生的热量传导至绝缘油中，然后通过管套的金属壁与空气进行热交换。CT仪中的X射线管通过油管连接到热交换器的油泵，实现油的循环流动。管套内的热油被输送到热交换器，经冷却后再返回管套，以持续冷却X射线管。部分系统还采用冷水进行二级冷却，以提高冷却效率。

6.3.2 X射线管的技术指标

X射线管的技术指标主要包括几何参数（焦点尺寸和靶面倾角）和物理参数（最大热容量和冷却速率等）。

1. 焦点尺寸

焦点尺寸在X射线管的设计中扮演着至关重要的角色，直接决定了X射线成像的清晰度和热管理效率。焦点分为实际焦点和有效焦点。实际焦点是指灯丝辐射的热电子在靶面上形成的轰击区域，而有效焦点则是实际焦点在垂直于X射线管轴线方向上的投影面积。实际焦点的尺寸对X射线管的散热能力和成像的清晰度有直接影响。较大的实际焦点面积有利于散热，但同时会增大有效焦点面积，导致半影区域扩大，从而降低图像的清晰度。相反，减小焦点尺寸能提高图像清晰度，但这会降低X射线管的功率，需要增加曝光时间以达到相同的曝光水平。

当前CT中使用的X射线管的焦点尺寸通常在0.5~2.0mm。为了满足不同功率和焦点尺寸的需求，高功率X射线管通常采用双焦点设计。例如，SOMATOM Volume Zoom X射线管提供了两种不同的焦点尺寸：0.8mm×1.2mm和0.7mm×0.9mm。这种设计允许在不同的成像需求下选择适当的焦点尺寸。通常情况下，大焦点适用于大电流、高功率的情况，因为它们能够更有效地承受更大的热量。而小焦点则适用于小电流、低功率的场景，因为它们能够提供更高的图像分辨率和更清晰的成像效果。这种设计通常包含三根引线的灯丝，其中一根是共用的，通过不同的电流实现大焦点和小焦点的切换。其余两根分别固定连接到大焦点和小焦点的灯丝上，不受电流大小的影响。这样的设计使得用户可以根据特定应用场景的需要灵活选择使用不同尺寸的焦点，从而优化成像质量和辐射剂量控制。

2. 靶面倾角

在典型的 X 射线管设计中，焦点轨迹相对于 CT 机的扫描平面呈现一个特定的角度 α，这个角度通常称为靶面倾角，如图 6-17 所示。根据几何关系，被投影的焦点长度 h 与实际焦点长度 L 之间关系如下：

$$h = L\sin\alpha \tag{6-56}$$

α 在典型的 X 射线管设计中，一般选为 7°，使得实际的焦点长度比投影的焦点长度大 8 倍，通常称此为线性聚焦原理。应用线性聚焦原理的主要优点是扩大了有效曝光区域，但也带来了一些缺点——焦点的大小和形状会随观察位置的改变而改变。虽然从垂直于焦点线的方向观测时，定义的焦点长度是有效的，但从其他角度观察时，可能会出现失真，进而影响 CT 图像的空间分辨率。此外，还有倾斜效应，即 X 射线强度沿垂直于 CT 仪扫描平面方向是不均匀的，这是因为阳极靶面的角度使得穿过钨靶的 X 射线路径长度不一致。由于钨靶本身起到滤波作用，较长路径的 X 射线密度减少。在商用 CT 仪中，由于沿患者纵轴方向的覆盖面积相对较小，这种倾斜效应通常可以忽略。但在多排 CT 中，随着纵向覆盖区域的增长，倾斜效应可能成为显著的问题。

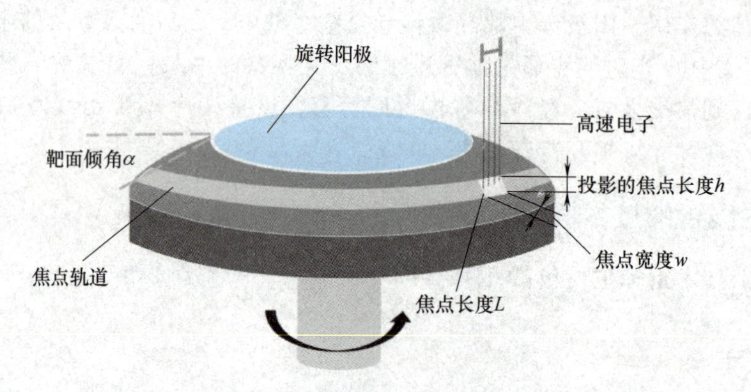

图 6-17　靶面倾角和旋转阳极组件

3. 最大热容量

热量管理的好坏是影响 X 射线管性能的主要问题。在曝光期间，阳极靶面会产生大量热量，这就要求有有效的冷却机制以避免热积累。X 射线管的最大热容量，即在最大冷却率下允许的最大热量，是评价 X 射线管性能的关键指标，因为超过此热容量可能导致阳极熔化。热容量用热单位 HU 表示，1HU = 0.74J。热容量的计算式为管电压（kV）、管电流（mA）与曝光时间（s）的乘积。例如，使用 120kV、300mA，曝光时间为 30s 的设置，X 射线管存储的能量为 1080kJ，相当于 1459kHU。该计算还需考虑整流方式和高压电缆的长度，例如在单相全波整流且电缆长度不足 6m 时，计算式为 HU = kV×mA×s；而当电缆长度超过 6m 并且使用三相整流或近似直流供电时，HU = kV×mA×s×1.35。

4. 冷却速率

冷却速率是评价X射线管性能的一个关键指标，通常以HU/mm（热单位每毫米）来表示。这一指标并非恒定不变，阳极温度越高，其冷却速率也会相应增加；相反，温度越低，冷却速率则会减小。因此，在技术规格中，通常只提供X射线管的最大冷却速率值。技术规格中会分别标明X射线管在装入管套以及管套带有风扇时的最大冷却速率。为了更详细地展示，可以通过绘制生热和冷却曲线来显示X射线管在操作期间温度变化及其随时间的冷却过程。这些曲线能够直观地反映不同工作条件下，X射线管的热管理效率和冷却能力。

6.3.3 X射线管的高压发生器

1. 基本组成

高压发生器的构造主要包含三个核心部分：直流电路、主逆变器以及高压变压器。

直流电路的主要作用是将交流电转换为直流电，以满足各种电子设备的需求。这种转换不仅仅涉及简单的电压转换，还包括复杂的电压调节和电能质量控制，确保输出的直流电源稳定可靠。因为许多敏感的电子设备和精密仪器需要高质量的电源以保持性能和正常运行。在直流电路设计中，整流器是核心组件之一。它负责将交流电转换成直流电。整流器主要有两种类型：半波整流和全波桥式整流。半波整流器较为简单，仅使用一个二极管来进行电能的转换，但其缺点是只能在交流电的一个半周期内进行电能转换，导致输出电压有较大的间断和波动。相比之下，全波桥式整流器使用四个二极管，在交流电的每个半周期都能进行电能的转换，因此输出更为连续和平稳，提高了整流效率。为了进一步提高电压输出的稳定性，直流电路通常还会包含一个滤波电路。滤波电路的主要组件包括电容器和电感，它们的作用是平滑整流后的电压，减少输出电压的波纹，这对于防止电压波动对电子设备造成的潜在损害至关重要。除了整流和滤波，直流电路在高性能应用中还可能包括直流转换器。这种转换器能够对输出电压进行精细调控，以应对负载变动或输入电源的波动。直流转换器通过高效的电力转换技术，确保即使在输入电压波动或负载需求变化的情况下，也能保持输出电压的恒定和稳定。

主逆变器的核心功能是将直流电路提供的直流电转换成高频交流电，这对于众多现代电子系统来说是必不可少的。这种转换过程通过采用先进的高速开关技术实现，其中最常使用的开关器件是绝缘栅双极晶体管和金属氧化物半导体场效应晶体管。这些器件被广泛选用的原因是它们具备快速开关能力和高效率，特别适合于高频操作。其开关损耗相对较低，能有效地降低热损和提高整体能效。两种晶体管都能承受较高的电压和电流，使它们成为处理大功率应用的理想选择。为了确保这些高速开关器件能在最佳状态下运行，需要精确的驱动电路来控制它们的开关时间。驱动电路的设计必须精细，以确保逆变器在正确的时间点开关，最大限度地减少开关时的电能损失，并提高整体的转换效率。此外，逆变器的设计通常会采用脉宽调制技术。这种技术通过调整开关器件的导通和截止时间的比例，来精确控制输出电压的幅度和频率。它的实施不仅能提供更精确的输出控制，而且也使得逆变器能够更灵活地应对不同的负载需求。使用高效的逆变器不仅有助于提高能源利用效率，还有助于延长终端设备的寿命和提高系统的可靠性。

高压变压器是将逆变器输出的高频交流电压转换成更高的电压。它通常包括一次侧和二次侧绕组，其中一次侧接收低压高频交流电，二次侧则提供高压输出。由于高压发生设备涉及高电压和大功率的操作，为了保证设备的正常运行和操作人员的安全，通常会在设备中设计多种安全保护措施。这些措施包括但不限于对X射线管功率的限制，以防止超载运行导致X射线管在短时间内遭受损害。同样，X射线管的灯丝加热电流也受到限制，特别是在低电压和高电流的运行条件下，过热现象更为严重。这不仅会缩短灯丝的使用寿命，而且由于灯丝材料的大量蒸发，还可能导致靶面和管窗的污染。此外，过高的管电压可能会导致高压部件的绝缘击穿，从而引发高压短路，进而威胁到人身和设备的安全。过电压和过电流保护通常是通过从负载回路取样来实现的，然后控制相应的继电器以提供保护。断电保护机制则广泛采用了闸流管、晶闸管以及多种类型的触发器。当控制信号超出设定的阈值时，会导致电路导通或触发器触发，进而驱动相应的继电器，从而实现高压的断开，并通过报警指示来提醒操作者故障的具体位置。高压回路的开关保护是通过在高压变压器的初级回路中安装高压继电器来实现的。其控制回路设计包括了多种保护触点的连锁，例如过高压、过电流、过低压、过功率等保护继电器触点，以及X射线管冷却水压力开关触点和管电压、管电流调整旋钮的零位触点等。任何一个触点未闭合，都会阻止高压的启动，以此确保整个系统的安全运行。

2. 工作方式

在现代CT中，高压发生器主要为X射线管供能。高压发生器主要有两种供能方式：脉冲方式和连续方式。每种供能方式都有其特定的应用场景和优势。

脉冲方式供能的高压发生器能够在极短的时间内向X射线管提供高瞬时功率，从而在每个脉冲期间迅速产生一次高峰值的X射线输出。这种短暂但强力的能量释放是实现精细图像捕捉的关键，适用于捕捉动态过程中的高清晰度图像，如监测心脏的跳动或其他快速运动的体内结构。脉冲发生器还具有另外一些显著优势。例如，在脉冲间的停顿期，系统可以执行多种必要的调整和校准，包括对CT探测器进行零位校正，这对于保持图像质量至关重要，尤其是在长时间的扫描过程中，探测器性能可能会出现漂移。此外，这些停顿期还允许系统进行稳定性调整，保证了成像的连贯性和准确性。在减少患者辐射暴露方面，由于X射线的发射是间断的，只在需要成像的时刻才激活。因此相较于连续供能方式，患者接受的总辐射剂量可以显著降低，这对于需要进行多次扫描或对辐射敏感的患者尤为重要。此外，从设备运行成本和维护角度考虑，脉冲方式供能的高压发生器在整个成像过程中的能耗相对较低。这是因为发生器只在必要时才工作，间断的运行模式减少了能量的持续消耗，有助于降低整体的运营成本。同时，因为X射线管不需要持续承受高温和持续的高负荷，脉冲方式还可以延长X射线管的使用寿命，减少了磨损和故障的可能性。

连续方式供能的高压发生器为X射线管提供一个稳定的电压和电流，从而使其能够持续不断地产生X射线。相比脉冲方式，连续方式的电源输出保持一致且不需要频繁地切换或调节，减少了对设备的电气压力，对发生器的最大功率要求相对较低。由于其操作的简便性和连续性，连续方式供能的高压发生器在许多常规的诊断过程中尤为有用。它允许进行长时间的稳定成像，非常适合用于那些需要持续观察的临床环境，如细致地扫描复杂的骨骼结构、监测肿瘤的变化或长时间的血管成像。因为技术人员不需要处理复杂的脉冲调控，从而提高了成像过程中的效率和可靠性。此外，连续供电模式减少了设备的停机时间和维护需求。因为温度变化较为平稳，有助于预防过热和相关的设备损耗，从而延长X射线管的使用寿命。然而，在连续供电模式下，由于X射线持续产生，患者可能会接受更多的辐射剂量，因此需要更精确的剂量控制和管理，以确保安全性。在实际应用中，连续方式供能的高压发生器由于其操作的连续性和稳定性，被广泛应用于那些对成像时间和精度要求不是特别高的标准检查中。

6.3.4 X射线管与高压发生器的常见故障

在CT系统中，X射线管作为核心的消耗品之一，其性能及寿命受到多种因素的影响，这些因素包括制造工艺的质量以及实际使用中的条件。X射线管在其使用周期内可能会经历诸如偏焦点辐射、X射线管放电、旋转机械故障和高压打火等多种老化相关问题。偏焦点辐射会导致成像质量下降，因为X射线的发射点发生了微小的偏移。X射线管放电则是由于内部高压环境累积导致的电气放电，这种放电不仅对X射线管本身构成威胁，也可能增加高压发生器的负担。此外，X射线管的旋转阳极如果长时间使用，其轴承可能出现磨损，导致运转阻力增大，这不仅影响X射线管的效率，还可能导致驱动电路过载。随着X射线管的老化，常见的现象之一是打火，这是在X射线管寿命后期，内部的高压环境导致的。其会增加高压发生器的负担，增加故障率。

1. 焦点辐射

在X射线成像理论中，尽管通常将X射线源视为单一的点源，并假设所有X射线均源自X射线管的焦点，实际上情况要复杂得多。由于偏焦点辐射（也称多焦点辐射）的存在，X射线实际上是从靶材上一个较大的区域发出的。这种现象主要由次级电子和场发射电子引起。其中次级电子通常是造成偏焦点辐射的主要原因。

当高速电子束撞击靶材时，部分电子会从撞击区域逸出，这些电子被称为次级电子。次级电子中的许多是背向散射电子，它们在撞击过程中被反弹回到靶材上，但并非总是在原始焦点处撞击。这些背向散射的次级电子可能在靶材内的其他位置撞击，从而在焦点以外的区域产生额外的X射线光子。因此，X射线源在空间上呈现出中心密度较高的点周围环绕着一层较低密度的晕环，这种现象在复杂的CT成像装备中尤为显著。为了有效控制偏焦点辐射，并减少它对图像质量的影响，通常会在X射线管外部安装准直器。准直器可以阻挡那些未直接从焦点发出的射线。通过精确地调节准直器的开口和位置，可以有效地限制只有从焦点附近区域发出的X射线通过，从而减少来自偏焦点区域的不需要的辐射。

2. X射线管放电

由于杂质积累或其他原因，CT仪的X射线管内部可能出现放电，将影响成像过程的稳定性和图像质量。X射线管在放电过程中，可能因内部瞬态效应而引发短暂性短路，这将直接导致管内电流在极短时间内急剧攀升，同时电压显著下降。此急剧的电参数变化会扰乱X射线的稳定生成，进而引发辐射中断或波动，最终对图像数据的采集质量产生不利影响。

为了处理该问题，现代CT仪通常配备X射线管放电探测系统，这个系统专门设计用来实时监控X射线管的电压和电流输出情况。一旦探测到电压和电流的异常变化，探测系统会迅速响应，自动断开X射线管的电源，以阻断进一步的电气损伤和放电风险。断电后，系统会在极短的时间内（通常是几毫秒）自动恢复电源，希望尽快将设备恢复到正常工作状态，从而减少对扫描操作和患者治疗的影响。在X射线管放电的瞬间，由于X射线的产出暂停或减少，图像生成会受到直接影响，可能导致图像中出现明显的条纹或噪声增加。这些影响在数据重建时尤为明显，因为常用的滤波过程可能会无意中放大由于放电产生的噪声，从而在最终的图像中产生条纹伪影。这些条纹伪影不仅影响图像的视觉质量，而且可能干扰临床诊断。现在一些先进的校正系统能够识别因放电影响而产生的数据异常，并尝试通过软件算法校正这些错误，以减少对最终图像质量的影响。如果 X 射线管因老化或持续的使用不当而频繁发生放电，CT 系统的软件可能会自动终止扫描操作，以保护患者免受不必要的辐射暴露，并尽量保护图像质量。在这些情况下，维护团队需要对 X 射线管进行彻底检查，可能需要清理或更换 X 射线管以消除放电的根本原因。

3. 旋转机械故障

X 射线管中的阳极组件是确保设备能够高效产生 X 射线的核心部分。这些组件包括轴承、转子轴、转子螺柱、转子以及阳极本身，它们共同工作，以维持 X 射线管的高性能和持续的操作效率。在 X 射线成像中，当电子以高速撞击阳极靶面时，会在靶面产生大量热量，需要高效的热管理系统来处理。转子（阳极盘）通过转子轴和轴承实现高速旋转。转子的快速旋转对于分散由电子撞击产生的热量至关重要，从而维持靶面的温度在一个安全和理想的工作范围内。然而，持续的高速旋转也导致阳极组件，尤其是转子和轴承的机械磨损和应力疲劳。随着时间的推移，这种机械磨损可能导致多种性能问题，如转子的抖动、阳极启动困难等问题。这些问题不仅影响 X 射线设备的稳定性和精确性，还可能触发 X 射线管的报警系统，提示设备存在功能障碍。

在面对这些性能下降的问题时，常规的解决方法是更换受损的元件，尤其是轴承和转子。尽管这可能涉及显著的维护成本及复杂的技术操作，但它是确保 X 射线设备持续稳定运行、维持高质量成像输出的必要措施。此外，定期的预防性维护和检查是防止严重磨损和提前发现潜在问题的关键。通过定期检查 X 射线管的关键组件，如转子和轴承的磨损程度，可以预防性地进行更换，从而避免设备突然故障，确保医疗诊断的连续性和可靠性。

4. 高压打火

在 X 射线管的运作中，阳极和阴极之间施加的高电压是生成 X 射线的关键因素。虽然阳极和阴极之间的距离足够远，通常不会直接发生电弧放电（打火），但由于高压的特性以及操作环境中的各种因素，打火现象仍有可能发生。特别是随着设备的长期使用，X 射线管内部的条件可能发生变化，增加了打火的风险。例如，X 射线管的冷却系统通常使用特定的冷却油来散发由于高速电子撞击阳极而产生的热量。然而，冷却油在长时间接触高温后可能会逐渐发生炭化，这种炭化不仅会降低油的绝缘性能，还可能导致油中产生微小的气泡，进一步恶化绝缘效果。此外，如果冷却油老化或劣质，绝缘能力也会下降，增加打火的可能性。

打火现象如果发生，不仅会干扰 X 射线的正常生成，还可能对 X 射线管的结构造成损伤，影响设备的稳定性和成像质量。高压电缆和连接头是常见的打火点，应定期检查电缆连接头是否固定紧固且无损伤，及时进行调整或更换，以保证连接的稳定性和绝缘性。密封垫圈在防止冷却油泄漏和维持良好的绝缘环境中起着重要作用。任何损坏或老化的密封垫圈都应更换，以确保绝缘层的完整性。此外，还需定期检查 X 射线管内部，确保没有灰尘、污垢或其他可能导致电导的物质堆积。通过实施这些维护和预防措施，可以显著降低因高压打火而导致的设备故障和成像质量下降的风险，从而延长 X 射线管的使用寿命。

6.4 X射线探测器的构造原理

6.4.1 探测器的发展历程

在医学成像领域，X射线探测器技术的演变无疑是推动医疗诊断前进的关键因素之一。自1895年X射线被发现以来，探测器技术的不断进步极大提升了成像质量和诊断能力。与其他成像技术（如MRI和超声）相比，X射线探测技术的高分辨率和快速响应时间使其在急速发展的医疗领域中占据了独特地位。

20世纪初的气体探测器通过X射线与气体分子的电离作用来探测射线，尽管它们提供了基本的成像能力，但由于对气体纯度和压力的高要求，限制了其广泛应用。随着半导体技术的发展，20世纪50年代固体探测器开始崭露头角。硅探测器以优越的能量分辨率和出色的线性响应，特别适合于低能X射线的检测，如常规X光和乳腺摄影中的应用。随着锗探测器的引入，高能X射线的探测能力得到了显著提升，虽主要应用于核医学和科研领域，但为高分辨率成像的进步提供了重要支持。

到了20世纪80年代，碲锌镉（CdZnTe）探测器的发展不仅显著提升了医学成像装备的性能，而且由于其无须低温冷却的特性，大大简化了设备的操作和维护。这种材料的探测器能在常温下运行，提供了高能量分辨率和优秀的探测效率，尤其在CT和其他复杂医学成像技术中得到了广泛应用。

进入21世纪，光子计数探测器的诞生标志着医学成像技术的重大突破。这些探测器能够精确记录每一个入射的X射线光子并测量其能量，与传统的积分型探测器相比，它们提供了更高的灵敏度和更低的噪声水平。光子计数探测器在CT和其他高分辨率成像技术中的应用不断扩大，实现了更高的空间分辨率和更低的辐射剂量。CdTe和CdZnTe光子计数探测器因其高能量分辨率和高效率，进一步优化了放射治疗和病变检测的成像质量。

X射线探测器技术的演进不仅推动了成像技术的革新，更为早期疾病的检测和精确治疗提供了可靠的技术支持。

6.4.2 探测器的功能与类型

X射线探测器检测穿透人体的X射线的强度，将其转化为电信号，通过集电环传输到计算机。X射线出射强度取决于体内X射线的衰减程度，这一衰减程度又与透过的人体组织的密度紧密相关。具体来说，高密度组织（如骨骼）将吸收更多X射线，导致较弱的信号输出；而低密度组织（如脂肪）吸收较少X射线，因此产生较强的信号。在CT过程完成后，探测器收集的投影数据，反映了各个组织的衰减系数，随后利用图像重建算法，转换为二维图像。这一过程中，图像的灰度值与组织的衰减系数之间建立起线性关系，从而实现对人体内部结构的可视化。

X射线探测器的类型主要有气体探测器、固体探测器和光子计数探测器三种。气体探测器的主要特点是采集由空气中电离作用所引起的电子和离子，并记录下由于它们的电荷而引起的电压变化。然而，由于其体积较大且探测效率较低，逐渐被固体探测器所取代。固体探测器是一种用于收集荧光的设备，通过闪烁体材料吸收 X 射线并将其转化为荧光信号，然后利用光电二极管将荧光信号转换为电信号，也称闪烁探测器，因其灵敏度高、分辨率高、噪声低、寿命长的优点，目前在国内被广泛采用。光子计数 X 射线探测器具备将每个入射光子视为独立事件进行分析的能力，能分辨并计数来自广泛能量谱的 X 射线，并将其分类到相应的能量区间。这赋予了探测器能谱分辨的功能，进而实现了多能谱成像技术，该技术被视为 X 射线成像领域未来发展的重要方向。

1. 气体探测器

气体探测器一般采用惰性气体或稀有气体的混合气体进行填充。气体探测器的结构如图 6-18 所示。其电离室由陶瓷材质夹层构成，边缘部分利用薄钨片加固，而 X 射线的主入射面则采用薄铝板设计，保证各分隔板之间实现有效连通。为实现电离过程的加速，施加 500V 的直流电压于各中心收集电极，随后通过连接至前置放大器的引线传导信号。电离室内填充有高压氙气，以便在 X 射线照射下促进气体电离，正离子随后被中心电极捕获，并通过前置放大器进行信号放大，进一步传递至数据采集系统。考虑到电离过程可能引发的高温，隔板及收集电极均选用钨制材料，其与 X 射线入射方向相一致，充当后准直器角色，有效避免受测体散射线的干扰。

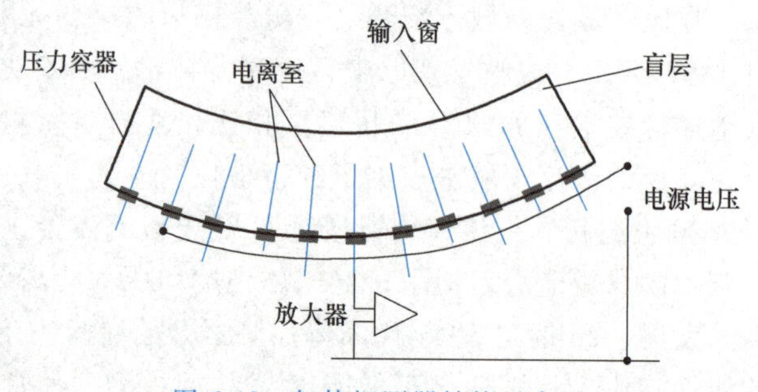

图 6-18　气体探测器结构示意图

尽管气体探测器在光子转换效率上不如固体探测器，但使用高压氙气可以在一定程度上提高这一效率。然而，钨片的力学强度限制了可施加的最大压力，从而对转换效率的提升有一定的限制。得益于电离室之间以极薄的钨片分隔，气体探测器在几何效率方面能够超越固体探测器。实际上，考虑到气体探测器内部各电离室形成的连续结构，这确保了气压、密度、纯度和温度等条件的统一，较高的一致性水平使得其在总剂量效率上与固体探测器相当。

气体探测器在数字成像方面的主要局限性是其较低的量子检测效率（Detective Quantum Efficiency，DQE）。这一不足主要源于氙气的低密度特性，导致部分 X 射线光子在通过电离室时未能引起电离现象。同时低 DQE 意味着浪费大量的光子，这些光子只对患者剂量有贡献，而不利于图像噪声。虽然通过提升电离室内的气体压力能在一定程度上补偿这一缺陷，但这种方法对于增强电离效率的作用有限。因此 CT 制造商逐渐用固体探测器取代气体探测器。然而，气体探测器的低成本是其显著优势，基于成本效益的考虑，气体探测器可以用于低成本的单排 CT。

2. 固体探测器

物质在瞬间接受 X 射线辐照时会短暂发光。通过光电倍增闪烁晶体和光电倍增管，可以将这些光信号转化为电信号，从而构建一种称为固体探测器的设备，亦称为闪烁探测器。固体探测器能够探测带电粒子和中性粒子，不仅能测量粒子的强度，还能分析其能量和种类。因此，固体探测器因其灵敏度高和测量精准的特点，在 CT 设备中被广泛采用。

固体探测器主要由闪烁晶体、光电倍增管和电子设备组成，如图 6-19 所示。当入射粒子进入闪烁晶体时，会使闪烁晶体内的原子和分子发生电离和激发。激发态的原子和分子在返回基态时会发出光子，这种现象称为荧光。这些荧光光子撞击到光电倍增管的光电阴极上，产生光电子。光电子在光电倍增管内被倍增，最终被阳极收集，输出电压或电流脉冲，最后被电子设备记录。具体来说，固体探测器包含一层反射层，通常采用涂有白色氧化镁粉末的铝盒，使闪烁晶体发射的荧光光子反射至光电阴极。在闪烁晶体与光电倍增管之间安置有机玻璃光导层，并涂抹硅油，确保光学耦合的有效性。闪烁晶体作为一种将射线粒子的能量转化为光能的设备，在其内部通常掺杂有少量激活剂。这些激活剂在晶体中创建正空穴，从而当晶体遭受X射线照射时，内部原子与分子的激发导致束缚电子转化为自由电子并被激活剂所形成的正空穴捕捉。当被激发的原子和分子返回到基态，相应的电子也复归原位，并在此过程中释放光子。

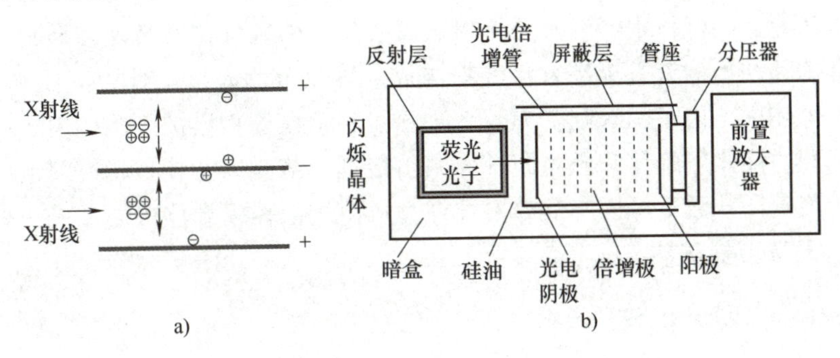

图6-19　固体探测器原理及构造图

光电倍增管是一种专门的光电转换设备，其主要功能是将光子转换成电子信号，如图6-20所示。与光电管、光电池等其他光电转换设备相比，光电倍增管具有显著的优势，它能够将微弱的光信号按比例转换为显著放大的电信号，充分展示其倍增效果。光电倍增管的工作原理基于光电效应、次级电子发射和电子光学，通常由光电阴极、倍增极和阳极三个主要部分组成。光电阴极负责接收光子并发射光电子，通常通过真空蒸发技术将Sb-Cs等光电材料涂覆在管端的透明内表面上，光电阴极的材质直接影响光电倍增管的光谱响应范围。电子倍增极负责逐级放大光电子，通过聚焦系统使光电阴极发射的光电子依次击中各级倍增极，其中每级倍增极间的电压逐级递增，使电子数逐步增加直至阳极收集。倍增极的数量一般在9级到14级之间，因而阳极最终收集到的电子数目相当可观。倍增极通常也采用Sb-Cs等光电材料制造。阳极作为最终电子收集并输出信号的部分，通常选用电子逸出功较高的材料。光电倍增管的性能受外部环境因素的影响很大。为了抵御外界磁场和电场的干扰，通常在光电倍增管外部覆盖一个与阴极电位相同的合金罩进行屏蔽。在强辐射场环境下工作时，光电倍增管可能受到各种辐射效应的影响，需要对环境进行适当的辐射屏蔽。

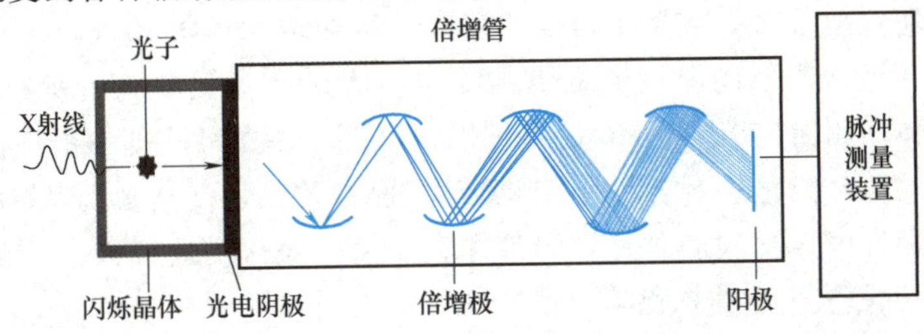

图6-20　光电倍增管结构示意图

固体探测器是一大类探测器，其中X射线平板探测器（Flat Panel Detector，FPD）专为捕捉X射线而设计，具有两种主要的技术实现方式。直接转换技术中，X射线与探测器的光电转换层（如碲化镉或碲化锌）直接作用，产生的电荷被直接读取并转换成图像信号，这种类型的探测器因其极高的图像分辨率和快速响应速度而被广泛使用。另一种是间接转换技术，其中间接转换FPD首先将X射线转换为可见光，通过一个如碘化铯的闪烁层实现，然后通过一个光电层（通常是氧化铟锡（ITO）上的氨基蒽光电二极管阵列）检测并转换成电信号。这种探测器在处理大面积成像时效果显著，且成本相对较低。

众多物质可在粒子入射后发生激发光现象，根据其化学性质，可将这些闪烁体分为无机和有机闪烁体两大类。无机闪烁体主要由含有少量激活剂的无机盐晶体组成。这些激活剂加入纯无机盐晶体后，能显著提升其发光效率。典型的无机闪烁体包括铊激活的碘化钠、碘化铯等。在气体和液体闪烁体中，通常使用氙、氪、氦等惰性气体及其液态形式。有机闪烁体则主要由具有苯环结构的芳香族碳氢化合物构成，可以分为有机晶体、液体和塑料闪烁体。在有机晶体闪烁体中，由于具有强荧光效率，蒽、芪、萘等物质被广泛应用，尽管这些物质难以制成大体积。液体闪烁体和塑料闪烁体则由溶剂、溶质以及波长转换剂组成，区别在于塑料闪烁体的溶剂在常温下呈固态。放射性样品可溶于液体闪烁体中，形成一种能高效探测低能射线的“无窗”探测器。

6.4.3 探测器的技术指标

1. 探测器的特性

探测器的主要特征包括效率、稳定性和响应性。

(1) 效率　探测器效率指的是将射入的X射线转换成有用信号的比例。在理想情况下，探测器效率应为100%，这样可以完全截获所有射线束，提高计数系统的性能并减少患者的辐射暴露。计算机需要校正射线束的非单色性。当探测器效率低于100%时，校正变得更加困难，因为许多高能光子会穿过传感器而未被检测到。

1）量子探测效率。量子探测效率（QDE），是衡量探测器在X射线束照射下吸收辐射能力的指标。它表示射入探测器的辐射被成功吸收的百分比，其数学表达式如下：

$$\mathrm{QDE}=\frac{\int_0^{E_{\max}}\Phi(E)\left(1-\mathrm{e}^{-\mu(E)\Delta}\right)}{\int_0^{E_{\max}}\Phi(E)\,\mathrm{d}E} \tag{6-57}$$

式中，$\Phi(E)$ 为X射线光谱，即X射线光子的能量分布；$\mu(E)$ 为探测器的线性衰减系数，即探测器材料对不同能量X射线的吸收效率；Δ 为探测器的厚度。显然，QDE的取值范围为0~1。分析表明，随着探测器厚度和线性衰减系数的增加，QDE也随之提高。由于设计参数和体积的约束，探测器的厚度通常受到限制，而 $\mu(E)$ 仅取决于所用探测器的材料。对于高压氙气气体探测器，QDE为60%~70%。尽管量子探测效率能够准确描述X射线到达探测器后的吸收效率，但它并不能反映实际到达探测器的光子百分比。例如用于阻挡散射线的准直器会影响到有用X射线的到达。因为准直器会覆盖探测器表面的一部分区域，所以即使QDE很高，也不代表总体探测器效率高。

2）几何探测效率。几何探测效率用来描述有效探测器面积与总探测器面积的比值，其最大化是通过优化探测器的有效宽度和减少失效空间来实现的。有效宽度是指探测器实际用于捕获X射线的区域，而失效空间指探测器组件间以及准直器间未被利用的部分。高几何探测效率意味着有更大比例的X射线被探测到，从而减少了对患者的辐射剂量，同时保持了图像质量。探测器设计的一个重要考虑是孔径的大小，这会直接影响到能捕获的X射线的数量。大孔径能捕获更多的X射线但可能降低图像分辨率，而小孔径虽然有利于高分辨率成像但可能减少接收到的射线量。此外，探测器间隙和准直器的优化配置对于最大化几何探测效率也至关重要，以确保尽可能多地捕获有效的X射线信号。

3）总的检测效率。CT仪的总体检测效率是几何探测效率和吸收效率的乘积，体现了探测器对通过患者身体的X射线的捕捉能力。几何探测效率关注的是探测器如何最大限度地捕获X射线的分布范围。吸收效率侧重于探测器材料吸收X射线的能力。高吸收效率的探测器能够有效地将更多穿过的X射线转化为电信号，这依赖于探测器材料的选择以及它的物理属性，如密度、原子序数和厚度。探测器材料必须被精心选择，以确保对于X射线有足够的响应，同时又不至于因过于厚重而阻碍信号的产生。理想的材料通常具有较高的原子序数，可以提供更好的X射线吸收特性。总检测效率的优化是一个平衡过程，涉及对探测器设计的精细调整和对材料性能的深入了解。探测器的总体检测效率越高，所需的X射线剂量就越低，患者接受的辐射则越少。

（2）稳定性　探测器的稳定性直接关系到扫描结果的准确性和可靠性。稳定性可以从一致性和可还原性两方面来衡量。一致性意味着探测器在连续操作或不同时间点的表现应保持不变，即使在长时间运行或多次使用后也应如此。这要求探测器的响应对于相同的X射线暴露量必须是可预测且可重复的。任何由于设备老化、环境因素或组件磨损引起的偏差都可能影响图像的质量和诊断的准确性。可还原性指的是在任何时点重新进行相同的扫描都能获得一致的结果。这不仅需要探测器本身的高度精确性，还需要系统软硬件的所有组成部分都能维持高标准的一致性。为了保证稳定性，探测器的校准成了一个不可或缺的常规过程。

（3）响应性　响应性是指探测器接收、记录和处理信号所需的时间。优质的探测器应该能够迅速对信号做出反应，快速处理完毕，并立即准备好接收下一个信号。某些探测器可能存在余晖或磷光等问题，这会影响信号的处理。因此，在短时间内接收到射线时，快速响应能够有效减少余晖的影响。选择合适的闪烁物质并进行软件校正可以帮助避免余晖引起的畸变和伪影。

2. 探测器的空间布局

在单排螺旋CT（Single-Slice Helical CT，SSCT）仪中，探测器有两种不同的布局方式：一种是旋转的扇形束，另一种是固定的探测器环，如图6-21a和图6-21b所示。与探测器环系统相比，扇形束装置在相同的分辨率、探测器数量和价格下，具有更高的剂量利用率，并且更有效地抑制散射线，但探测器环系统却需要更多的探测器来实现相同的功能。

在多排螺旋CT中，探测器通常以二维弧形排列，并采用固体探测器，如图6-21c所示。此外，这些系统沿用了第三代CT仪的旋转-旋转结构设计。在进一步说明多排螺旋CT的探测器配置前，先介绍一下“排”和“层”这两个概念及两者的区别。“排”指的是探测器沿着患者体轴（z轴）的排列数量，这代表着CT设备探测器的物理配置，即探测器行的数目；而“层”则表示CT图像获取系统一次能够同步获取的图像层数，它依赖于数据采集系统的通道数或者是在机架旋转过程中能够同步获取的切片层数。因此，“多排”是“多层”

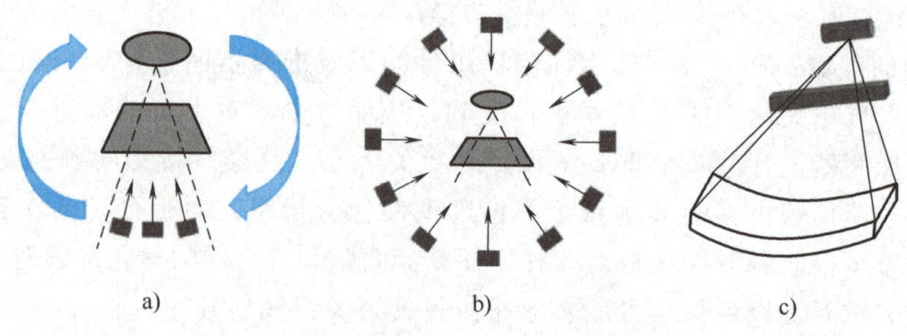

图 6-21　单排和多排螺旋 CT 仪的排列方式

成像能力的物理基础，但两者的数量不一定对等。例如，西门子、飞利浦和通用电气的 16 层 CT 仪实际上配置了 24 排探测器，西门子的 32 排探测器系统能够通过图像重建技术产生 64 层图像。

多排螺旋 CT（Multi-Slice Helical，CT，MSCT）的探测器排列一般分为三种类型：矩阵探测器阵列、自适应探测器阵列以及混合矩阵探测器阵列，如图 6-22 所示。在矩阵探测器阵列中，探测器在 z 轴方向均匀分布排列，如图 6-22a 所示。例如，在 GE LightSpeed 中，探测器在 z 轴上均匀分布成 16 排，每排的投影宽度为 1.25mm，通过组合排列来选择不同的层厚。当选择 4×2.5mm 模式时，两个相邻的探测器组合成一个信号输出通道。这种类型的设备探测器起准直作用，被准直的探测器宽度通常被称为探测器孔径。需要说明的是，探测器孔径指的是在等中心点投影的 X 射线束宽度，而不是探测器的实际物理宽度。实际探测器的物理宽度要大于探测器的孔径值。在自适应探测器阵列中，z 轴方向的探测器大小不相等。例如，西门子开发的一款 CT 仪中，探测器单位的大小分别为 5mm、2.5mm、1.5mm 和 1mm，如图 6-22b 所示。排厚由前准直器和后准直器共同确定，例如，在 4×1mm 模式中，中间两排由探测器单元决定（每个 1mm 宽）。边缘两排的布局较为复杂，内侧边缘由探测器单元的位置确定，而外侧边缘则取决于前准直器的设置。图 6-22c 所示为混合矩阵探测器阵列的排列方式。在这种配置中，中心的四排探测器宽度为 0.5mm，两侧各有 15 排宽度为 1mm 的探测器分布。

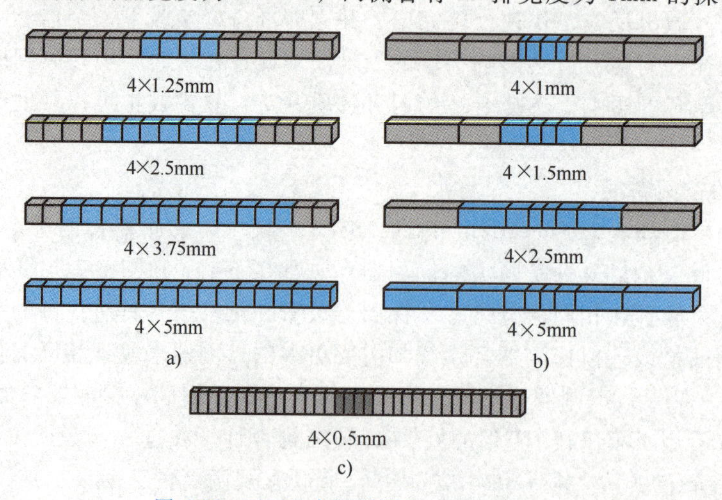

图 6-22　MSCT 中探测器的三种排列方式

三种探测器排列类型各有其优缺点。在自适应探测器阵列中，通过减少排厚和探测器数量，探测器间的缝隙被缩小，从而提高了光子吸收效率。一般来说，探测器数量越多，剂量利用率就越低。当固定探测器阵列中增减探测器数量比较方便灵活时，设备的升级也更加方便。

6.4.4 探测器相关故障及维护

1. 探测器偏移、非线性和辐射损伤

探测器中出现的暗电流现象也被称为探测器偏移。暗电流是在探测器内部产生的一种电流，特别是在光电探测器（如 CMOS 图像传感器）中，即使在完全没有光照的情况下，这种电流仍然会存在。这种现象源于探测器内部的热能效应，与外界光照无关，因此探测器的偏移程度受到环境温度和时间的影响。在多通道探测器中，每个通道的偏移值可能会有所不同，这主要是由于制造上的差异和通道间温度分布的不均匀所致。虽然单个通道的暗电流会随机波动，但如果这种波动相对于探测到的信号非常小，就不会显著影响图像。然而，通道之间的不一致性，特别是当这种不一致性在所有帧中保持恒定时，可能会在图像中引起环形或条形伪影。尽管单个通道内的暗电流波动不大，但通道间不一致的偏移仍会对图像质量产生负面影响。这些伪影是由于在图像重建过程中相邻通道之间的偏移差异被放大了。可通过实际的投影值减去没有 X 射线曝光的情况下探测器各通道的平均输出来校正偏移。此外，环境温度变化等因素可能导致探测器的偏移随着时间而变化，因此需要定期校准探测器，以保证校正的准确性。

在理想条件下，探测器的输出应该与到达的 X 射线光子数量成正比。然而，随着探测器和数据采集系统的老化，这种线性关系在实际情况下可能会变得不稳定，特别是在信号输入范围内。这种非线性会导致环形伪影和条纹伪影。此外，辐射损伤和滞后现象也是影响固体闪烁晶体探测器性能的重要因素，它们会使探测器信号退化。为了应对这些问题，需要定期对探测器进行性能测试和校正，以补偿辐射损伤和滞后现象的影响。这可能包括校正探测器增益的变化，以确保获得高质量、无伪影的图像。通过这些措施，可以延长探测器的使用寿命，维持其在高性能水平上的运行。

2. 初始速度和余晖

探测器的“初始速度”和“余晖”是描述光电探测器性能的两个重要参数。初始速度是指探测器在接收到 X 射线光子后，能够迅速响应并产生信号的能力。初始速度表现为一个快速衰减的分量，其时间常数非常短，通常在几毫秒量级。这个参数对于需要快速响应的应用非常重要，如动态成像，因为它决定了探测器恢复到可以检测下一个信号的准备状态所需要的最短时间。快的初始速度有助于提高图像的空间分辨率。与初始速度相对，余晖则指具有非常长衰减时间常数的发光分量，其衰减时间可以长达几百毫秒。余晖现象意味着探测器在接收到初始光脉冲后，其发光或信号输出不会立即停止，而是会缓慢衰减。在某些情况下，这种延迟的衰减会影响到连续或快速序列的成像任务，因为来自上一次激发的余晖可能会与之后的信号重叠，导致图像模糊或出现伪影。如何限制闪烁材料自身的初始速度和余晖，从根源上消除伪影的影响，是目前主要的研究问题。现下的一些研究尝试在闪烁晶体中掺杂稀有元素，取得了比较好的效果。

3. 探测器空间响应的不一致性

当探测器输出不因 X 射线光子的照射位置变化而变化时，称其在空间上的响应是一致的，即具有一致性。在具有一致性的前提下，探测器的响应曲线应呈矩形。但在实际应用中，探测器的响应往往存在不一致性。探测器空间响应的不一致性指的是不同探测器单元或同一探测器单元在不同条件下对空间分辨率的响应存在差异，一般是由探测器的老化、探测器单元间的机械压力等原因造成。探测器性能退化会导致探测器在 x 和 z 方向上的响应差异。以尺寸约 1mm 的小型探测器为例，光子由光电二极管接收，并通过反射材料向各个方向反射。反射材料的退化会对 1mm 区域内的探测器响应产生影响。假设为单层扫描模式，则探测器单元在 z 方向的尺寸通常会超过 30mm，该方向的响应漂移尤为明显。如果反射材料部分出现缺陷，会立即影响相邻探测器单元的响应，而不会波及数毫米外的探测器。探测器响应的退化会影响图像的均匀性、对比度和空间分辨率，同时也可能在 z 方向产生伪影。为了减轻这些影响，可以改进探测器的设计和生产工艺以确保其在寿命期间具有稳定的输出。

6.5 图像表征与校正系统构造原理

前面已经了解了如何产生 X 射线以及高精度检查 X 射线强度变化。但是该如何显示 CT 图像呢？特别地，CT 成像的过程存在一定的外部干扰和感知误差，影响成像质量，那么如何评价 CT 成像质量并进行校正？评价指标反映设备性能，也为设备的短期发展提供方向，是高端装备必不可少的部分。本节进一步介绍 CT 的成像系统、主要性能参数和伪影校正方法。

6.5.1 数据采集与图像显示

1. CT 成像过程

CT 仪的扫描和数据采集是通过 CT 成像系统发出特定形状的射线束，穿透人体后被探测器接收，产生图像信号的过程。这些扫描数据与最终图像的空间分辨率及伪影密切相关。射线束的形状、大小、路径和方向对图像质量至关重要。例如，笔形 X 射线束以直线平移方式透过人体，探测器捕获透过人体后的衰减射线信号。X 射线管和探测器每次旋转 1°进行下一次采集，重复这一过程直至完成 180°一个层面的数据采集，然后进入下一个层面，直至完成所需检查部位的所有层面扫描。当前的 CT 仪通常使用容积数据采集法，特别是在螺旋 CT 中。螺旋 CT 扫描期间，患者保持静止，而扫描床在 X 射线管曝光时持续单向移动采集数据。形成 CT 图像需要大量采样数据，每次采样数据由衰减射线组成。在数据采集过程中，必须注意 X 射线管与探测器的对准、旋转采样、射线滤波以及探测器接收的衰减射线等因素，以确保图像质量和准确性。

2. CT 图像显示

CT 值，也称 HU 值，用以量化组织对射线的吸收程度。CT 值一般情况下是以水的衰减系数作为基准的相对值。其计算方式如下：

$$\mathrm{CT}=\frac{(\mu-\mu_{\mathrm{w}})}{\mu_{\mathrm{w}}}\times k \tag{6-58}$$

式中，μ 为待测物质的线性衰减系数；μ_{w} 为水的线性衰减系数；k 为常数，通常设定为

1000。水的吸收被视作参考点，其 CT 值被定义为 0。

CT 值的大小直接反映了不同组织对射线的线性衰减系数。例如，软组织的衰减系数接近水，CT 值接近 0HU，而肌肉的略高于水，通常在+50HU 左右，脂肪的则低于水，通常在-100HU 左右。在 CT 成像中，通过比较各种组织（包括空气）与水的衰减系数，为它们分配相应的 CT 值，从而形成一个相对的吸收系数标尺。致密骨和空气分别被设定为标尺的上限（+1000）和下限（-1000），其他组织则表现为中间灰度。人体大多数组织的 CT 值都落在-100 至+100 的范围内，详见表 6-1。

表 6-1 人体常见组织的 CT 值

组织	CT 值/HU	组织	CT 值/HU	组织	CT 值/HU	组织	CT 值/HU
致密骨	>250	渗出液	>15	脾脏	35~55	肌肉	35~50
松质骨	30~230	漏出液	<18	肾脏	20~40	蛋白质	28~32
钙化	80~300	脑积液	3~8	胰腺	25~55	脑灰质	32~40
血液	50~90	水	0	甲状腺	35~50		
血浆	25~30	肝脏	45~75	脂肪	-100~-50		

为纪念亨斯菲尔德的贡献，这一尺度单位被命名为 HU，现已成为 CT 值的标准测量单位。需要注意的是，线性衰减系数受到射线能量等多种因素的影响。射线能量的变化会导致穿透后光子衰减系数的差异，因此 CT 值的计算通常基于特定的射线能量，如 73keV 时的电子能。在实际 CT 中，常使用较高的千伏值（如 120~140keV），以减少光子能的吸收衰减，降低骨骼与软组织间的对比度，并增加穿透率，从而提高探测器的响应系数和图像质量。此外，为了确保 CT 值的准确性，CT 仪还采用了包括 CT 值校正程序在内的多种措施。

3. 多维可视化

CT 利用 X 射线在不同密度的组织中穿透深度不同的原理，获取人体断层图像。通过对这些断层图像进行重建，可以生成三维或多维（如四维，时间序列数据）图像，以便更直观地展示复杂的内部结构，多维可视化已成为诊断和治疗规划中的重要工具。利用多平面重建、最大强度投影和体积渲染等技术，医生可以从多个角度和维度详细评估患者的解剖结构。这些技术可以用于血管成像、手术规划和肿瘤评估等领域。例如，多平面重建技术能提供不同方向的图像，有助于复杂结构的精确评估；最大强度投影技术能突出显示高密度结构，特别适合血管成像；而体积渲染技术则通过不同颜色和透明度显示组织，有效辅助手术规划和复杂结构的视觉化。这些可视化技术不仅提升了诊断的准确性，还改善了治疗计划的制定和执行效率。

6.5.2 性能参数

CT 图像的质量受多种性能参数的影响，这些参数决定了图像能在多大程度上真实反映组织结构、识别细小病变以及最小化患者的辐射暴露。

1. 空间分辨率

空间分辨率又称高对比度分辨率或几何分辨率，指在高对比度情况下（CT 值大于 100 HU）图像对物体的空间维度（即几何大小）的区分能力。这反映了对小型病变或结构细节的识别能力，是衡量 CT 图像质量的重要参数之一。具体来说，在一定的扫描参数下，空间分辨率决定了CT图像中可以区分的最小组织直径。当不同组织之间的密度差异较大时，更高的空间分辨率使医生能够观察到更细小的病变。其通常以毫米为单位或者以每厘米线对数（lp/cm）来度量，一个线对是一对尺寸相同的黑白条纹，一个代表10lp/cm的条形图案是一组等间距的尺宽0.5mm的梳状条纹，如图6-23所示。线对数越高，空间分辨率也就越高。

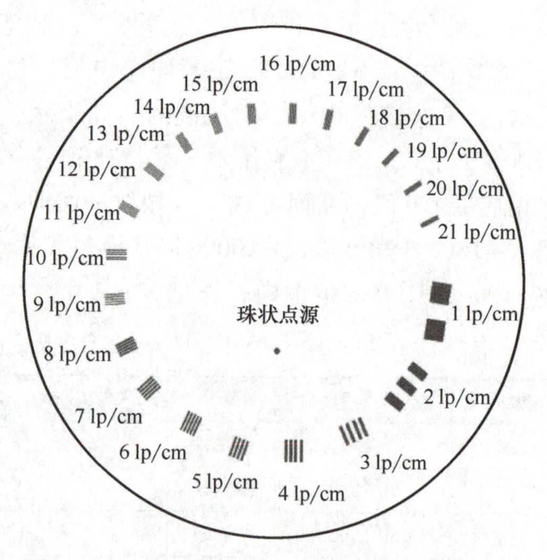

图6-23 带有1~21lp/cm栅格和一个点源的CATPHAN模体空间分辨率模块

空间分辨率主要受探测器尺寸、X光束的几何焦点尺寸、层厚、图像重建算法性能和像素大小等因素的影响。更小且密集的探测器单元、较小的X光束焦点和更薄的层厚都有助于提高空间分辨率，使图像细节更精细。像素大小的调整，尽管可以提高分辨率，但需要在降低噪声和提升图像质量之间找到平衡。

2. 密度分辨率

密度分辨率又称低对比度分辨率，指在低对比情况下（CT值相差小于10HU），对两种组织之间最小密度差别的分辨能力。通常用百分比每毫米（%/mm）或毫米每百分比（mm/%）来表示。CT设备的密度分辨率一般为0.2%~0.5%/(1.5~3mm)。密度分辨率在观察软组织病变和实质性脏器病变方面尤为重要。密度分辨率的影响因素众多，包括探测器敏感性、管电流、层厚、重建算法、螺距、噪声水平及患者尺寸等。小螺距、层厚和低噪声均可提升密度分辨率，但需在保证诊断需求的同时控制剂量，并考虑层厚对小病灶检测的影响。平滑算法通过降低噪声也有助于提高分辨率。提升密度分辨率的策略包括增加X射线光子数量以减少噪声，调整扫描参数以适应不同层厚，以及优化重建算法来平衡密度与空间分辨率。例如，迭代重建技术通过减少伪影和噪声，改善了低对比度区域的图像质量。因此，需要通过日常质控措施来保证CT值的准确性和一致性，从而提高不同患者体型下的扫描效果。提高密度分辨率关键在于扫描参数的优化和先进图像重建技术的应用，以确保在一定噪声背景下检测到最小的对比度差异。

3. 时间分辨率

时间分辨率，作为衡量CT仪扫描速度的关键指标，其定义为获取图像重建所需数据的采样时间，即机架完成一次旋转的最短时长。该速度主要取决于机架的旋转时间，并受到数据采样与重建方式的影响。早期的非螺旋CT，采集一个层面的时间长达2s甚至更久，而现代多排螺旋CT已将这一时间缩短至毫秒级，实现了显著的提升。

时间分辨率受机架旋转时间、射线覆盖、采集方式和螺距等因素影响。提升时间分辨率的主要策略包括提高机架转速和增加辐射源数量。随着技术发展，CT仪的转速从16层的0.5s提升到NeuViz Epoch+无极系列CT的0.235s，这不仅涉及驱动力的增强，还需解决由高速旋转引起的机械和采样挑战。时间分辨率的提高减少了由患者移动引起的伪影，对动态增强扫描尤为重要。在功能性器官成像中，高时间分辨率允许医生更准确地评估器官功能，通过捕捉对比剂在器官内的动态变化，为临床诊断提供关键信息。

4. 噪声

噪声，是指均匀物质影像中给定区域CT值对其平均值的变异，通常用给定区域CT值的标准偏差表示，比如<0.35%，同样需要标明具体扫描条件。在CT成像中，噪声是影响图像质量的关键因素之一。它通常表现为图像上的随机变化或粒状外观，可以降低图像的清晰度和对比度，进而影响诊断的准确性。噪声的表达式如下：

$$\text{Noise}(\sigma)=\sqrt{\frac{\sum(x_i-x)^2}{n-1}} \tag{6-59}$$

式中，n为感兴趣区域内像素的个数；i为第i个像素；x为区域内所有像素值的平均值。噪声水平指CT值总数的百分比。若±1000CT值的标准差是3，那其噪声水平=3/1000×100%=0.3%。图像的信噪比（Signal to Noise Ratio，SNR）是衡量图像质量的另一个重要参数，是图像信号的平均值与噪声的标准差之比。提高SNR通常能够改善图像质量，使得细节更加清晰可见。

在CT仪中，噪声水平主要受光子数量、物体大小与射线衰减、扫描层厚与空间分辨率、滤波函数选择以及窗设置的影响。合理调整扫描剂量、选择适当的电压、调节层厚、挑选合适的滤波函数，以及优化窗宽和窗位，都是控制噪声并优化图像质量的关键步骤。此外，矩阵大小、散射线和电子噪声等因素也需考虑。通过综合调整各参数，在确保图像质量的同时，最大限度地减少噪声影响。

5. 剂量

CT仪涉及使用X射线，患者会受到一定程度的辐射暴露。过量的电离辐射可破坏人体的某些大分子结构，损伤细胞，进而损伤人体。合理的剂量应确保足够低以保护患者免受不必要的辐射，同时保证足够的图像质量以进行准确诊断。CT仪扫描剂量的测量主要包括CT剂量指数（CT Dose Index，CTDI）、剂量-长度乘积（Dose Length Product，DLP）、有效剂量（Effective Dose，ED）和体型特异性剂量评估值（Size-Specific Dose Estimates，SSDE）。

CTDI指在CT检查中，受检者在接收的射线平面内的辐射剂量，通常用16cm（表头部和四肢）和32cm（表体部）的圆柱形水模体进行测量（单位：mGy）。这是国际上最广泛使用的CT剂量指标，我国也采用此概念作为国家标准。目前公认的CTDI有CTDI_{100}、加权CT剂量指数（CTDI_W）和容积CT剂量指数（CTDI_vol），其中CTDI_{100}最常用，适用于评估和比较不同CT仪的性能。CTDI_{100}指CT仪旋转一周时，将平行于旋转轴（z轴，即垂直于断层平面方向）的剂量分布$D(z)$，从−50mm到+50mm沿z轴进行积分，除以层厚T与扫描断层数n的乘积之后所得的商：

$$\text{CTDI}_{100}=\frac{1}{nT}\int_{-50}^{50}D(z)\,\mathrm{d}z \tag{6-60}$$

由于在同一模体内不同位置的辐射剂量存在差异，因此引入加权CT剂量指数CTDI_W，以更准确地描述整体的辐射剂量水平。CTDI_W描述CT仪扫描某一断层平面上的平均剂量状况：

$$\text{CTDI}_\text{W}=\frac{1}{3}\text{CTDI}_{100}^{\text{central}}+\frac{2}{3}\text{CTDI}_{100}^{\text{peripheral}} \tag{6-61}$$

式中，$\text{CTDI}_{100}^{\text{central}}$是中心CT剂量指数，即在CT时中心位置（即探测器正下方）接收到的辐射剂量，测量时通常使用100mm的标准探测器；$CTDI_{100}^{peripheral}$ 周边CT剂量指数，即在CT时探测器周边位置（离中心位置较远的地方）接收到的辐射剂量，也使用100mm的标准探测器进行测量。

容积CT剂量指数（$CTDI_{vol}$）是更具代表性的参数，表示扫描容积内的平均剂量，其考虑了扫描长度和螺距的影响：

$$CTDI_{vol}=\frac{1}{D}CTDI_{w}=\left(N\frac{T}{\nabla d}\right)\times CTDI_{w} \tag{6-62}$$

式中，D 为螺距；∇d 为X射线管每旋转一周检查床移动的距离；N 为一次旋转扫描产生的断层数；T 为扫描层厚。

DLP是考虑了扫描长度的CTDI：DLP=$CTDI_{vol}$×扫描长度。它给出了整个扫描区域内的总剂量，是评估患者整体辐射暴露水平的一个有用指标。ED特指在全身非均匀照射情况下，考虑的影响是随机性的（如辐射引发的癌症），对人体所有组织或器官的当量剂量的加权和，其单位是mSv。计算式为ED=DLP×k，其中 k（单位为mSv/mGy·cm）取决于扫描区域及患者年龄。SSDE则是基于患者体型的CT剂量估算值，它通过CT操作界面上显示的容积CT剂量指数 $CTDI_{vol}$ 和体型相关转换系数来计算。剂量主要受扫描参数（管电压(kV)、管电流（mA)、扫描时间、螺距等)、扫描范围和患者体型的影响。通过限制扫描长度、降低管电压和管电流、缩短扫描时间、增加螺距等方式可以减少CT辐射剂量。然而，如果过分追求降低辐射剂量，可能会损害图像质量。剂量减少通常会导致CT图像质量下降。因此，平衡剂量与图像质量的关系是研究和应用CT低剂量技术的关键。放射学界普遍遵循ALARA（As Low As Reasonably Achievable，尽可能低的辐射剂量原则）最优化原则，旨在保证满足临床诊断需求的良好CT图像质量的同时，尽可能地降低检查剂量。

6.5.3 伪影产生与校正

1. 伪影的定义与形貌

尽管CT具有显著的诊断价值，它在成像过程中也会产生所谓的“伪影”，这些伪影是指图像上的非真实特征，它们不代表被扫描对象的实际情况，可能会干扰图像的准确解读。一般来说，CT伪影可以分为四个主要类型：条状、阴影、环状和带状以及其他伪影。条状伪影在图像中往往表现为横穿图像的直线，这些直线可能亮或暗，而且由于重建滤波器的特性，它们常常成对出现。这些条状伪影的产生与断层重建中使用的斜变滤波器有关，该滤波器作为微分算子会在投影数据不连续的地方导致过冲和下冲，反投影过程中将这些效果映射为图像中的亮线和暗线。阴影伪影则表现为图像中的模糊区域或阴影，而环状和带状伪影则分别以环形或带状模式出现在图像中。尽管这些伪影很少会导致误诊，但是当伪影数量多且幅值高时，会影响图像质量，使得图像难以辨识和信赖。

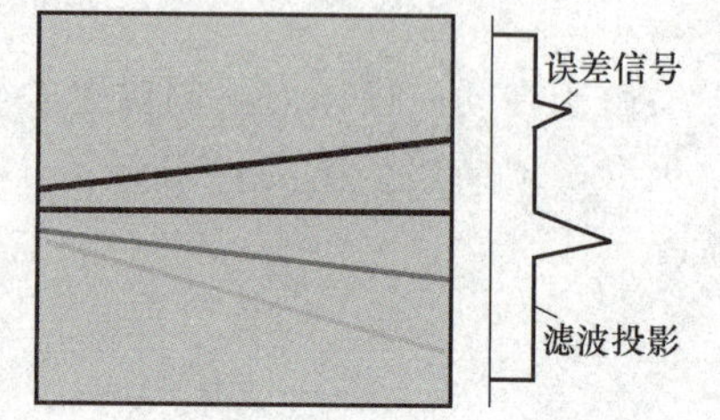

图6-24 条状伪影成因的图解说明

在图像处理中，条状伪影通常是由测量不一致引起的，如图6-24所示（除了混叠条纹以外）。这种不一致性可能源自数据采集过程中的一些问题，比如患者的心脏运动、机械设备的故障，或是观测数据之间的突变。在没有异常的情况下，滤波反投影算法会将每个投影数据点映射到图像空间中的对应直线上，而相邻直线的正负贡献相互抵消，从而在最终的图像中不会形成直线图案。然而，如果投影数据集出现不一致性，那么重建过程就无法正确地组合这些正负贡献，进而在图像中产生直线或条纹状图案。

阴影伪影经常出现在高对比度物体附近。例如，它们经常出现在骨结构或气囊附近的软组织区。它们可能是亮的或暗的，取决于问题的性质。阴影伪影导致图像中不可预测的 CT 值偏，如果没有被正确地识别，就会产生误诊。阴影伪影经常看上去像病理表现，并导致误诊断。阴影伪影的产生原因也有投影测量中的不一致性。不像条状伪影，阴影是由偏离真实测量结果的一组通道或投影观测导致的，如图 6-25 所示。因为信号中没有明显的不连续性，这些误差（除真实衰减的测量结果以外）产生的图像没有清晰边界。根据错误通道的数量和误差大小，阴影伪影可以限于局部，或者影响更大区域。有时阴影伪影覆盖整个器官，导致 CT 测量的偏差。

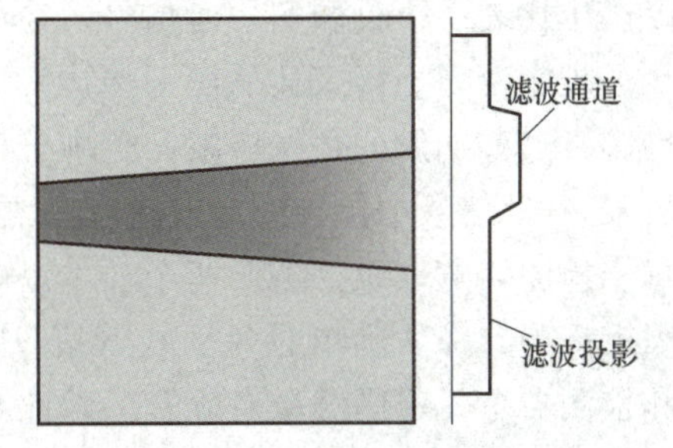

图 6-25 阴影伪影成因的图解说明

环状和带状伪影，看起来类似叠加在原始图像结构上的环或带。它们可以是完整的环形或弧形。完整的环或带危险程度较小，因为它们与人体组织不相似。相反地，部分环可能看上去像特定的病理表现。例如，穿过一个主动脉的暗弧可能看上去像主动脉切口。环状或带状伪影的一个特殊情形是中心模糊，它是一个半径很小的环或带。中心模糊需要特别关注，因为它可能类似病理组织，容易导致误诊。环状和带状伪影主要是第三代 CT 的现象，它们是由大范围内投影观测中单个或多个通道的误差导致的。前面已经指出，在一次孤立观测中的误差被反投影过程映射为一个条纹（直线）。如果同样的误差重复出现在一定范围的观测中，条纹尾巴将被抵消，并产生一个弧。因为人类视觉系统很容易辨认出环和带，一个不到 1% 的投影误差就可以导致图像中能察觉到环。当然，噪声的存在显著影响环的可分辨能力。通常，图像中噪声成分越高，环状伪影越不可能分辨。

接下来分析一下环状伪影敏感度与错误通道位置之间的函数关系。首先考查平行投影的特性。由于只试图考查一个通道的误差，可以忽略其他通道读数（将它们设为 0），并让感兴趣的通道投影等于误差 e。如前讨论，这样一个图案的反投影图像形成了一个中心在旋转中心的环，并与错误通道的投影射线相切。结果，沿着环的圆周积分的总强度 Q 等于通道误差强度 e 和观测次数 n 的乘积。图像中环的强度 c 的表达式如下：

$$c=\frac{Q}{2\pi r} \tag{6-63}$$

式中，c 为环状伪影的强度；Q 为沿着环的圆周积分的总强度；r 为环的半径。而总强度 Q 为 e 与 n 的乘积。因此，可以得到环状伪影的强度与错误通道位置之间的关系：

$$c=\frac{en}{2\pi r} \tag{6-64}$$

一个固定通道误差 e 产生的环状伪影的强度，与环半径成反比。尽管这只限于平行束投影，但对于扇形束几何也存在一定程度的类似关系。因此，环状伪影的敏感度在探测器横向是不均匀的。如果将同样误差引入到不同位置的投影采样，对于靠近中心通道的误差，环状伪影的幅度最高，而靠近周边的通道上的误差（r 值大）则最低。

2. 与系统设计相关的伪影

在与系统设计相关的诊断伪影中，混叠是指由于对波进行的数据采样不足而引起的数据歧义所导致的图像伪影。要了解 CT 中的混叠，必须掌握空间频率的概念。任何物体的大小都可以用其与正弦波波长的关系来表示。数据计算需要对离散数据进行采样，并且采样频率对于真实表示波至关重要。必须使用高频波（短波长）来表示具有锋利边缘的小物体，要正确表示该波需要进行高频采样。每个探测器分别采样到达探测器的 X 射线强度的连续波，以产生代表一个投影的一组信号。检测器的整个阵列代表时域中的一个视图样本。

投影混叠是指直接从高频物体发出的径向暗条纹和亮条纹的图案。图像中的物体会导致伪影，这些伪影的边缘清晰，轮廓分明，包含强大的高频成分，超过了成像系统的奈奎斯特极限。CT 信号中包含的最大频率受焦点大小和检测器单元大小的限制。从数学上可以证明，每个检测器宽度至少需要两个样本以防止混叠。在第四代 CT 仪中，这没有问题，因为每个固定探测器都从旋转的 X 射线管接收大量不同角度的样本。但是，在第三代 CT 仪中，焦点和检测器单元都围绕患者旋转，因此它们处于固定关系。每个检测器宽度只有一个样本，第三代 CT 仪的缺点是总存在样本不足的问题。

部分容积效应发生于物体部分地伸入扫描平面的情况，随着切片厚度增加（例如从 1~10mm），发生部分容积的可能性增加。在临床设置中，使用较厚切片主要是基于覆盖范围或噪声的考虑，这个选项对单排 CT 尤其重要。例如，为避免病人运动导致图像恶化或随后要进行造影剂吸收，希望在一次屏气内或一个固定时间内完成整个器官扫描。如果期望连续容积覆盖，在给定的机架速度下，检查床能够平移的速度很大程度上取决于切片厚度。对于大尺寸的器官（例如 20cm 或更大），为了容积覆盖，操作者经常不得不牺牲切片厚度指标。

由于在 z 方向（垂直于扫描平面）X 射线束分布的发散性，部分侵入物体的影响与角度有关。图 6-26 说明了这个依赖性。在该例中，一个部分侵入物体位置偏离旋转中心。当机架旋转以至于物体靠近探测器时，X 射线束剖面轮廓相当宽，并且一部分物体在视场之内。然而当 CT 系统旋转到对面，物体完全在 X 射线束路径之外。这个现象显然导致投影数据集中的不一致性。物体越偏离旋转中心，问题变得越突出。部分体积的表达式如下：

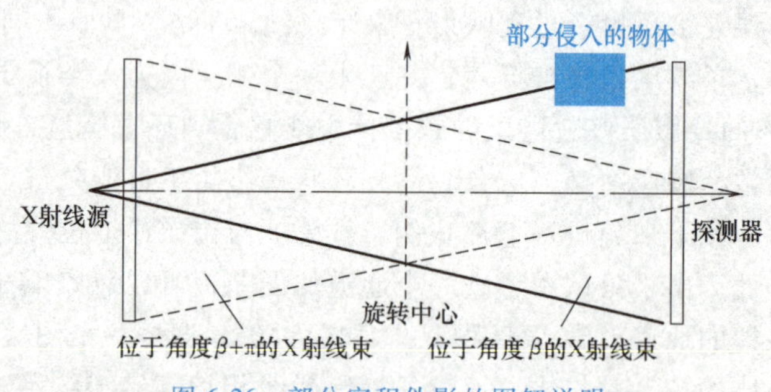

图 6-26　部分容积伪影的图解说明

$$P(\beta,\gamma)=P_i(\beta,\gamma)\left\{\frac{z}{z_0}-0.5P_i^2(\beta,\gamma)\left(\frac{z}{z_0}\right)^2\left[\left(\frac{z}{z_0}\right)^2-1\right]+\cdots\right\} \tag{6-65}$$

式中，z_0 和 z 分别为切片厚度及进入切片的部分体积数量。误差的线性成分导致图像中 CT 数偏移，而非线性部分产生条纹。

散射是当一个 X 光子与一个电子碰撞，部分能量转移到电子，使它脱离原子束缚，其余能量被一个光子带走。因为在该过程中动量守恒，散射光子通常偏离初始光子路径，如图 6-27 所示，入射光子部分能量传给反冲电子，其余的以散射光子形式被散射。由于散射效应，并不是所有到达探测器的 X 光子都是初始光子，这取决于 CT 系统设计，部分被探测到的信号来源于散射。这些散射光子使被探测信号偏离了 X 射线强度的真实测量结果，并导致重建图像中 CT 值偏移或阴影（或条纹）伪影。

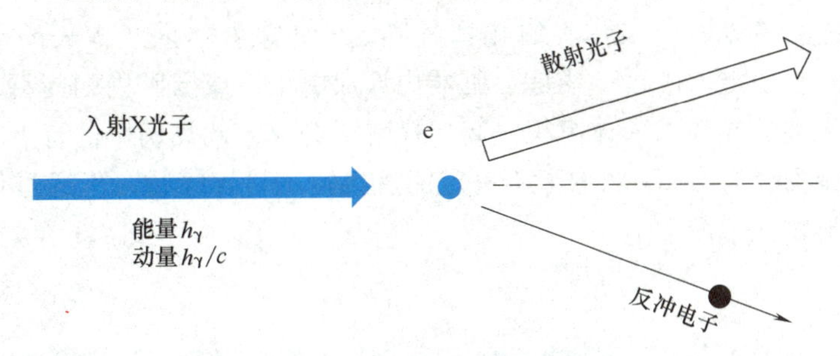

图 6-27 散射的图解说明

3. 与核心部件相关的伪影

把 X 射线源看作单独一个点，即所谓的 X 射线焦点，所有从 X 射线管发出的光子被假定来自那个位置。然而事实上，光子是从靶上一个更大的区域发出的，这被称为偏焦辐射，或焦点外辐射。偏焦辐射由中心在 X 射线焦点的阴影区域来描述。偏焦辐射主要由两个效应引起：二次电子和场发射电子，通常二次电子是主要来源。当高速电子束轰击靶，电子又从碰撞区域发射出。这些高速二次电子（背散射电子）大多数返回靶上焦点以外的点位置，并在它们的碰撞点产生 X 光子。因此，从 CT 成像的角度来看，X 射线源可以抽象为被低强度光晕围绕的高强度中心斑点。

前文介绍过，当 X 射线管中存在杂质时，可能导致管内放电。为防止连续放电，通常在 CT 系统的电源单元内有管内放电探测电路。当 X 射线管内发生放电时，一般会出现电流的显著增加以及电压显著下降。一旦探测到管内放电事件，X 射线管的电源暂时被关闭，以防止进一步形成电弧。经过一段较短时间（典型的，在毫秒范围内），电源单元回到它的正常工作条件。因此在管内放电期间，输出 X 光子会显著减少或者逐渐减少。当管内放电是一个孤立事件时，数据获取和重建继续进行，扫描机中内置了复杂的补偿方案可以保证生成图像的质量。如果管内放电事件重复发生，系统自动取消扫描，防止图像质量降低，以及避免病人遭受不必要的剂量。管内放电现象类似于极低 X 射线剂量扫描。最坏情形下，实际上测量的只是数据获取系统中的噪声，因为几乎没有 X 光子被发射到病人。当被作为断层重建一部分的滤波过程放大时，就可以观察到与管内放电相关的条状伪影。

在一些场合，条纹伪影是由机械故障或缺陷造成的，这可能是机架刚度不足、机械安装误差或者 X 射线管转子摇摆的结果。在所有这些情形中，实际 X 射线束位置偏离重建算法假定的理想位置。一个典型 X 射线管阳极组件是由轴承、转子轴套、转子轴、转子以及阳极组成。为了分散大量电子轰击产生的高密度热量，转子轴以高达 10000r/min 的速度旋转。如此高转速加上高温（几百摄氏度）将引起机械装置的显著磨损。经过一段长时间使用后，X 射线管转子不能维持同样的稳定性和准确性。由于高转速，X 射线管转子摇摆一般在高频率处发生。

4. 与患者相关的伪影

患者造成的伪影多数为运动伪影。在 CT 过程中，如患者体位或脏器位置发生变化，可能造成图像传输的数据排列紊乱，重建的图像结构模糊、无法识别。运动伪影又分为自主运动伪影和生理性运动伪影。自主运动伪影指患者可以控制的运动所致的伪影，如呼吸运动、体位移动等；生理性运动伪影是指人体内随机的、不由患者自主控制的运动所导致的伪影，如心脏、肺脏、肠管等的运动。

另有部分伪影为患者体内或体表的异物所造成。如患者体内或体表的金属和石膏固定物、节育环、耳环、项链、硬币、钥匙、脏器内形成的结石或肠腔内的粪石等，伪影的产生主要是密度差别极大的异物和人体组织一起扫描时所造成，此类伪影的特点是沿着高密度物体周围呈放射状排列，有时 CT 图像上不一定能直接显示目标异物，但通过仔细观察伪影的形状，即可判断异物的来源。

6.6 其他关键部件的构造原理

前文主要分析了 CT 的关键核心部件，但是只了解了上述内容，并不足以研制出一台 CT 仪，比如如何精准地控制探测器的旋转以及患者的移动？这部分的组件往往被人忽略，然而这些组件却制约着 CT 的性能，例如螺旋 CT 的基础——集电环。在设计高端装备时，需要深刻理解每个部件对整个装备的影响，才能够敏锐地把握各种技术创新会如何影响装备的性能，从而更好地进行集成创造。

6.6.1 集电环

集电环是允许电力和数据在固定部件和旋转部件之间连续传输的电气装置，其主要由旋转环、固定刷、外壳、绝缘材料等构成。旋转环是集电环的主要旋转部件，一般由导电材料制成，负责传输电力和信号。固定刷是与旋转环接触的静态部件，通常由金属或合金制成，其个数和粗细需要与集电环进行匹配。固定刷一直保持不动，旋转环在它们上面滑动，形成稳定的电气连接，将电力从系统的静态部分传输到旋转部分。外壳主要为了防止灰尘、水分和其他环境因素对集电环内部组件造成损害。绝缘材料用于隔离集电环的不同部分，防止电气短路。

如图 6-28 所示，在 CT 设备中，旋转环一方面与 X 射线管直接连接为 X 射线管提供稳定的电力以产生 X 射线，使其可以全速旋转而不间断；另一方面，实时传输探测器的电信号到计算机，从而根据从患者体内射出的 X 射线强度重建图像并显示。集电环实现了机架旋转部分与静止部分之间的电力和信号传输，使得 CT 能够连续进行，为第三代 CT 和螺旋 CT 奠定了技术基础，成为 CT 不可缺少的部件。

图 6-28　集电环

CT 设备中主要使用低压集电环和高压集电环两种类型。低压集电环通过外部供电，电压较低，有助于实现良好的绝缘和稳定的数据传输性能。由于电流较大，这种集电环需要极低的接触电阻，通常采用低电阻率材料。虽然这种设计成本较低，但内置的发生器与 X 射线管的旋转增加了设备的重量和旋转力矩，这可能会限制扫描的速度。

高压集电环则直接从外部高压发生器输送高电压至机架内，供 X 射线管使用。这样的配置避免了增加旋转架的重量，并减少了由于电流高而引起的温升问题，提高了扫描速度。然而，这种系统的技术要求高，尽管可以制造大功率发生器，但高压放电和绝缘处理的难度可能引起噪声，影响数据采集的准确性。

由于碳刷长期与集电环接触，它们可能会逐渐磨损变短或出现接触不良，这时需更换碳刷。碳刷的磨损也会在集电环上积累碳粉，可能导致短路或放电。可定期用无水酒精清洁集电环和碳刷，并调整碳刷弹簧压力以保证接触良好。检查或维护集电环时，应确保转动方向与电动机旋转方向一致，避免逆转。操作时需注意集电环带高压电，应采取防电击措施。同时，使用时环境中空气湿度应控制在 70%以下，防止碳粉累积过多引发电气干扰或短路。

6.6.2 准直器

在 CT 系统中，准直器具有两个主要功能：①减少患者不必要的辐射剂量；②确保高质量的图像输出。准直器分为两类：①前准直器；②后准直器。前准直器位于 X 射线源与患者之间，其作用是将 X 射线束在 x 轴方向上限制在较窄的范围内，如图 6-29 所示。准直器的结构通常由以下部分组成：①静态部分，这是准直器的主体，通常固定在 X 射线源的周围或内部。这一部分定义了射线束的初始形状，起到了初步整形的作用。②动态部分：即可以调整的准直板，用于精细控制射线束的宽度和形状。在很多 CT 系统中，准直板可以根据具体需求进行调整，以适应不同的扫描区域和患者体型。③驱动机构：这部分包括用于移动准直板的电动机和传动系统。驱动机构的精准性允许快速而准确地调整准直板的位置，允许快速和精确地调整准直板的位置。

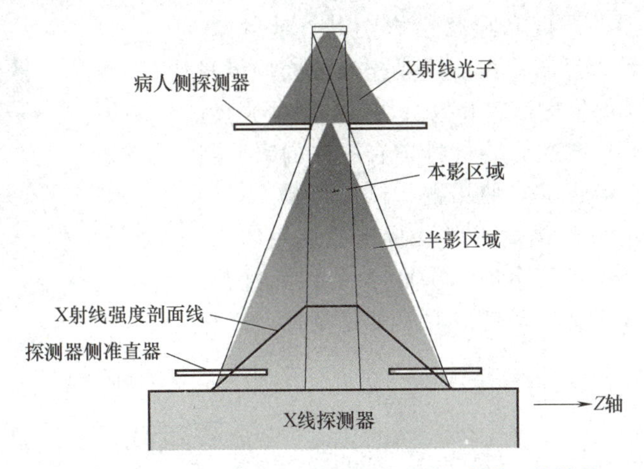

图 6-29 前准直器和后准直器以及本影-半影区的说明

在单排 CT 中，前准直器不仅减少了患者接受的辐射剂量，还决定了成像平面的切片厚度。然而，在多排 CT 中，切片厚度主要由探测器的孔径确定。由于前准直器阻挡了几乎 99%的 X 射线，因此 X 射线管的工作效率极低。由于几何学的限制，在 CT 中，X 射线束通过前准直器后在 z 轴方向被分成两个区域：本影和半影。本影区域内的 X 射线束是均匀的，因为在此区域内 X 射线源没有被准直器遮挡，允许从任何一点完整看到 X 射线焦点。相反，半影区则表现出非均匀性，X 射线焦点在这里总是被前准直器部分遮挡。在单排 CT 中，这两个区域的半高宽和1/10高宽定义了层厚，设计前准直器时必须确保切片方向灵敏度曲线符合规范。在多排CT中，本影和半影的相对大小对扫描机的剂量利用率极为关键，大多数商用多排CT仅利用本影区的X射线束进行成像，以减少对患者无用的剂量。

后准直器通常分为两种类型：平面内和垂直平面。平面内准直器（通常是栅格形式）主要用于第三代CT仪，以去除散射X光子，但由于第四代扫描机具有较宽的接收角，这种技术并不适用。后准直器由多块高吸收系数的薄板组成，安置在探测器前方并对准X射线源。这些准直板的作用是阻挡路径偏离原始X光子（初级光子）的散射光子，从而阻止这些光子进入探测器，提高成像质量。

6.6.3 过滤器

在CT系统中，从X射线管发出的X光子具有宽广的能谱，其中包含许多低能X射线。然而，这些低能X射线对探测信号几乎没有贡献，但是却大量地被病人所吸收。因而需要尽量去除低能X射线以减少病人的吸收剂量，为此，大多数CT仪都采用附加X射线的过滤器来改善射束质量。

过滤器的工作原理基于物理学中的质量吸收系数概念，这个系数衡量不同材料对X射线的吸收能力。当X射线束通过过滤器时，它主要吸收那些低能量X射线，这些射线易被人体吸收而对成像贡献甚微。这个过程称为“束硬化”，通过过滤低能X射线，过滤器不仅降低了患者的辐射剂量，还减少了成像中的伪影和噪声，提高了图像的对比度和清晰度。此外，过滤器的设计还采用不同厚度的材料，以确保X射线束穿过患者身体的不同部位时提供一致的成像效果。

CT系统中的过滤器设计要考虑到多种因素，首先是厚度和形状，过滤器的厚度和形状会影响其过滤效果。如图6-30所示，通常，过滤器被设计成楔形或变厚度形状，以匹配X射线源的发散形状和提供均匀的射线强度。其次是材料选择，不同的过滤器材料具有不同的吸收特性。最常见的是铝，但也可以使用铜、钨等材料。材料的选择取决于期望的束硬化效果以及特定的应用需求。在连续使用时，过滤器可能会因为吸收X射线而加热。因此，过滤器的材料需要具有良好的温度稳定性，以保持其性能不受影响。

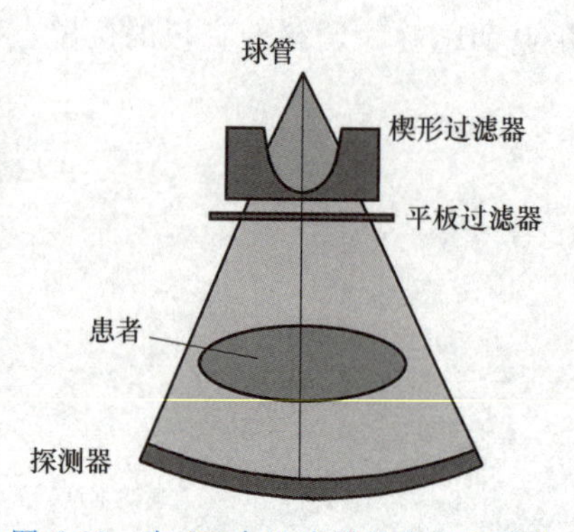

图6-30 在CT中过滤器的位置和形状

6.6.4 检查床

检查床（也称为扫描台）是CT系统中一个重要的组成部分，它不仅在扫描过程中为患者提供稳定的支撑，还确保患者能够精确地移动到所需的扫描位置。检查床的设计和构造必须考虑到患者的安全、舒适度以及与CT成像系统的兼容性，以实现高质量的成像效果。CT检查床通常由床面板、移动机构、定位系统和控制单元四个主要部分构成。检查床必须足够稳固，以承载患者的重量并抵抗在移动过程中可能出现的振动。床面板的设计通常较为平坦且宽敞，以适应不同体型的患者。并且应具有高精度的驱动和控制系统，使得检查床能够按照预设的程序精确移动，保证扫描过程的重现性和准确性。精确的移动对于实现高质量的断层成像尤为关键。此外，考虑到患者在扫描过程中可能需要较长时间保持静止的姿势，检查床的设计会注重患者的舒适度。床面板的材料和形状设计旨在减少患者的不适感，同时便于医护人员进行操作。

为进一步优化患者体验和扫描效率，现代CT检查床还集成了更多先进技术，如可调节的硬度和温度控制功能，这些都可以通过遥控系统进行调整，以适应患者的不同需求。此外，某些高端模型甚至包括自动传感技术，能够根据患者体型自动调节床面的位置和高度。这种智能化设计不仅增强了患者的安全性和舒适度，还提高了图像采集的效率和质量，确保每次扫描都能达到最优的成像标准。

6.6.5 机架

机架是CT系统的骨架，它具有精密的机械结构，用于支撑和固定CT系统的关键组件，如X射线源、探测器阵列。机架不仅保证了整个系统的稳定性和安全性，而且对于实现高质量的成像也至关重要。机架的结构通常由高强度的合金或钢材制成，以支撑重量并吸收运动中产生的振动。精细的工程设计还包括了防振机制和精确的控制系统，这些都是为了减小在高速扫描时可能出现的微小移动或振动，进一步提升成像的精度和清晰度。有效的振动控制不仅改善图像质量，也增加设备的可靠性和寿命，保证长期运行中的性能稳定性。

机架主要包括基座、支架、旋转环、控制系统和安全装置。基座和支架可以提供整个机架的基础支撑，确保系统的稳定。基座通常由重型材料制成，如钢或铝合金，以承受重量和操作过程中产生的力。旋转环是机架的核心部分，支撑着X射线源和探测器。它能够围绕患者进行360°旋转，进行全方位的扫描。旋转环的设计需要精确和稳定，以确保扫描过程中图像的一致性。此外，为了便于对腰椎或脖颈等特定器官进行特定方向的扫描，机架必须具备倾斜功能，并配备相应的控制按钮来调整其倾斜角度。检查床的移动精度直接影响到成像层面的准确对准和图像质量。控制系统包括用于调节旋转环、检查床和其他机架组件位置的电动机和传动系统。控制系统需要响应迅速且精确，以适应不同的扫描需求。安全装置主要有紧急停止按钮、限位开关等，确保操作过程中的安全。

CT仪机架的设计对机械设计提出了极高的要求，特别是在处理旋转过程中产生的巨大离心力方面尤为关键。机架内旋转部件的质量通常为400~1000kg，为了使这些重量级的组件能够以每秒2圈甚至更快的速度安全旋转，采用了多种驱动方式以确保旋转的速度和一致性。钢带驱动是一种既经济又节能的方式，但由于机械摩擦产生的噪声较大，不适合进行长时间的快速扫描。除此之外，钢带驱动对机架内X射线管的体积有严格要求，从而限制了其广泛应用。气垫驱动通过在运动的摩擦表面间创造一个气流层，实现了机架的零摩擦运动。这种设计使得机架几乎能够在空中悬浮，从而实现稳定且高精度的旋转。悬浮效果通过向集电环腔内注入压力空气来实现。这种驱动方式需要将X射线管、高压发生器、冷却系统和数据采集系统整合到一个紧凑、模块化的设计中，不仅确保了快速旋转，还消除了传统钢带驱动方式中不可避免的振动问题，从而避免了图像质量的衰减。此外还有磁悬浮驱动技术，可以避免机械摩擦带来的故障，提供了快速、稳定且强大的驱动能力，特别适合于长时间的快速扫描。采用磁悬浮技术开发的直接驱动方式相比于传统的钢带驱动，在高速旋转时，提供了更高的稳定性并减少了机架的运行磨损，确保了数据采集的精确度。

6.7 CT研究新进展与发展启示

6.7.1 CT研究新进展

通过前面的介绍，大家基本了解了CT的发展历程和基本构造原理。新的问题是：CT技术还能怎么发展，最前沿的CT技术有哪些？

在CT技术的发展历程中，静态CT被认为是第六代CT。2020年，纳米维景在第106届北美放射学会大会上展示了其最新的全球首创的多源静态CT技术及产品：静态CT“复眼24”，如图6-31a所示。静态CT采用了革命性的无集电环多源成像方式，具有超高速、超低辐射剂量和超高清图像的特点，将CT技术带入介观成像的新时代。不同于螺旋CT，静态CT“复眼24”采用了独特的双环结构设计，包括一个射线源环和一个探测器环。探测器环配备了多个光子流探测器，而射线源环则由分布式X射线管或阵列式一体化射线源组成。通过时序控制，射线源环的X射线源焦点轮流发射X射线，并由探测器环采集图像，模拟了螺旋CT的射线源旋转投影效果，使得时间分辨率不再依赖于机械旋转速度。纳米维景的静态CT技术在扫描速度方面有显著提升，达到了传统CT的十倍以上。由于采用无集电环设计，设备无须旋转，探测器接收的信号更加全面，获得的图像无拖尾且更为清晰。静态CT实现了高精度成像，空间分辨率达到21lp/cm@10%MTF，扫描层厚仅为0.165mm。与传统CT主要用于组织器官的解剖成像不同，静态CT凭借其更高的空间分辨率，使得组织细胞的生物学成像成为可能。它可以进行0.165mm@2048×2048超大矩阵扫描和重建，图像像素信息量是传统CT的16倍，能够更真实地反映疾病和病灶的本质。同时，其时间分辨率也大幅提高，最快扫描速度为0.08s/圈，有效避免了运动伪影，提供更精确的临床图像。此外，静态CT能够实现低剂量成像和静音扫描，相同图像质量下的扫描剂量可降低40%以上，产生的噪声小于60dB，显著减少了检查过程中的噪声干扰。

通过高精度成像，静态CT可以在早期发现更小的病灶，显著提高疾病的早期诊断能力。在2024年第89届中国国际医疗器械博览会上，“复眼24”展示了首批志愿者图像。对于肺结节的检测，常规CT对6mm以下的结节图像精度不足，而静态CT则能够清晰显示3~6mm微小结节的结构和特征，为临床提供有价值的诊断依据，如图6-31b所示。凭借其高精度、大矩阵成像和高时间分辨率的特点，静态CT有望实现癌症的超早期筛查和精准诊断，大幅提高恶性疾病的生存率。目

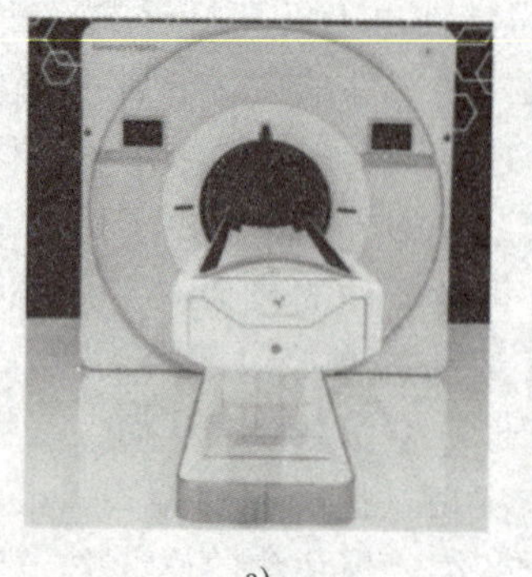

a)

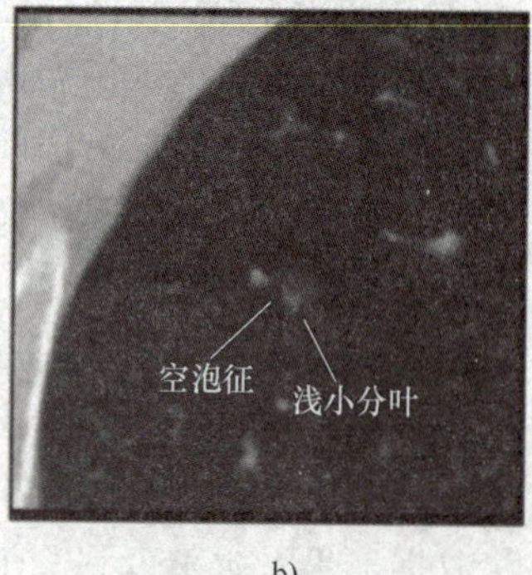

b)

图6-31 静态CT“复眼24”及其基于志愿者右肺上叶4mm肺结节的成像

前，“复眼 24” 静态 CT 的三类医疗器械注册处于临床试验阶段，距离产品上市只有一步之遥。

对于 CT 的整机设计，西门子在 2021 年给出了另一份答案，光子计数 CT（Photon Counting CT，PCCT)，其 z 轴分辨率达到 0.2mm，切面内的空间分辨率达到 0.11mm，如图 6-32a 所示。PCCT 的核心是光子计数探测器（Photon Counting Detector，PCD)，其他 CT 普遍用的是能量积分探测器（Energy Integrating Detector，EID)。EID 通过闪烁体将 X 射线投影吸收并转化为可见光，光电二极管吸收光子并产生一个与该探测单元内沉积总能量成正比的电信号，其中包含了电子噪声。由于低能量光子带有较多的低对比度信息，探测器单元内的总沉积能占比少于高能量光子，经过能量加权后会降低图像信噪比。另外，EID 单元间的隔膜具有一定厚度，X 射线经过隔膜会被直接吸收，形成无效感光区，使得探测器难于感知该部分 X 射线。PCD 则是采用半导体感知 X 射线，例如碲化镉、碲锌镉等。PCCT 在半导体上施加大电压，光子撞击探测器时会产生电子-空穴对，在强电场下分离，向阳极移动的电子产生一束短电流脉冲，脉冲幅度与 X 射线光子的吸收能成正比，通过光子数量及能量分布识别单个 X 射线光子产生的电荷和能级，实现 X 射线信号的转换，如图 6-32b 所示。PCD 一般整合了光电倍增管、高压电源、分压电路及光子计数电路，其工作流程包括光电倍增管产生的电流脉冲首先通过放大器进行放大，随后由比较器筛选出超过特定阈值的脉冲，并由脉冲整形器转换为标准化的脉冲信号输出，这些信号之后可以直接由计数器进行统计。PCCT 可以设置远高于电子噪声的多个阈值进行不同能域的数据读取，并且 PCD 单个探测单元间没有隔膜，进而可以大幅度降低图像噪声，提高空间分辨率。

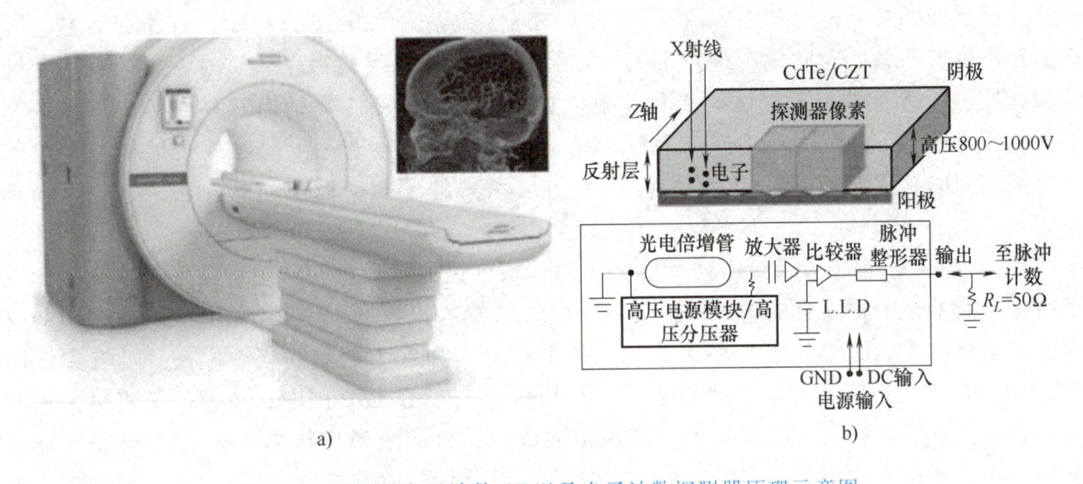

图 6-32 西门子光子计数 CT 以及光子计数探测器原理示意图

西门子其实 2003 年就开始了 PCCT 的研究，2009 年开始研制原型机，2016 年进行临床验证，经历近 20 年的研究，2021 年 NAEOTOM Alpha PCCT 方才取得医疗器械注册证。我国的企业也积极开展 PCCT 的研制，2024 年东软医疗自主研发的光子计数 CT 技术成功获取了首张人体图像。PCCT 潜在可以用于心血管、肿瘤、呼吸系统等成像，例如儿童冠状动脉造影成像，肺小结节识别。

除了改进探测器，还可以从哪些方面改进 CT 呢？近十年来，深度神经网络技术快速发展，在图像和文本的智能处理、识别、生成等方面取得巨大进展。那深度神经网络技术是否可以用于 CT 且有优势呢？首先，深度神经网络技术可以用于 CT 图像的智能诊断，目前在恶性肺结节等方面已经和放射科医生水平相当，甚至超越。那深度神经网络技术还可以用于 CT 的哪些方面呢？前文介绍了 CT 的滤波反投影算法和迭代重建算法，但是在实际应用中受到噪声等干扰，影响图像质量，且图像过于平滑。GE 公司基于 30 多年来积累的海量影像数据，通过深度神经网络技术持续训练高射线剂量条件下的高清真实影像数据，重建低射线剂量条件下扫描出来的影像，开发了业界首个还原原始图像的深度学习 CT 重建算法。同时，GE 结合材料学、高能物理、电子光学等技术，研制了高能宽体量子 X 射线管 QuantixTM 160，双平板设计使得电子束的发射面积比普通 X 射线管提高了 4 倍，强大的功率使其可以适用于任意体型低 *kV* 软组织和血管成像。将两者结合，GE 在 2019 年发布了 APEX CT，是首个获得医疗器械认证的深度神经网络 CT 重建系统。其配置了 160mm 宽体探测器，单圈旋转覆盖范围达 160mm，可以在 0.28s 内完成心脏等器官检查，对疑难冠脉病变、血管变异等诊断具有重要意义。佳能医疗等公司也同样采用深度神经网络技术改善 CT 成像质量，例如佳能医疗的 Clear-IQ 引擎（AICE）用于提升 CT 图像的分辨率。

除此之外，很多公司、高校、院所等都基于不同的临床需求和前沿技术对 CT 进行改进，CT 也将在市场和新技术的推动下，不断迭代升级，从而更好地辅助医生进行疾病诊断，惠及广大患者。

6.7.2 CT 发展启示

至此已经相对较为详细说明了 CT 的发展过程和基本构造原理，那可以得到什么启示呢？先简要回顾一下前面的内容。首先，CT 的诞生离不开 X 射线的发现，而 X 射线是伦琴在重复阴极射线管实验时无意中发现的。伦琴在测量 X 射线的物理性质时，意外看到手的骨架，发现了 X 射线的透射性，之后 X 射线被用于医学诊断。但是当时并不了解 X 射线与物质的作用原理。在爱因斯坦成功解释了光电效应，康普顿进一步发现 X 射线能量与电子结合能之间的关系后，人们才对 X 射线有了更深入的了解，以上这些是发明 CT 的物理基础。

在 CT 诞生之前，有很多研究人员对 X 射线成像进行了改进，希望可以呈现出人体的三维结构，而不是一幅重叠的图像。但受限于当时的技术和基础，并没有取得突破。多数的研究者还是通过实验的方法进行相关验证，并没有将其抽象为数学问题。拉东并没有想发明 CT，但是在研究数学的基本定理的时候，解决了 CT 成像的数学问题，遗憾的是当时大家没有注意到该方法。科马克起初是为了实现精准放疗，希望求解出体内组织对 X 射线的吸收系数，在这个过程中得到了 CT 成像的求解方法。这说明在构建高端装备的基本原理时，首先需要具备相应的数理基础，同时在构思的过程中应尝试将其抽象成一般的数学问题，明确问题后开展合作进行攻关。

然而，即使有了物理和数学基础，没有计算机仍然无法研制出 CT。CT 发明的前 20 多年，正是计算机技术迅猛发展的时期。但是当时的计算机极为庞大，能接触到计算机的人其实并不多。豪斯费尔德在这个时期主导设计了英国第一个商用全晶体管计算机，为其之后研制 CT 奠定了基础。然而，豪斯费尔德却是电子与音乐工业公司的工程师，与医疗设备没有太多关系，但是公司却允许豪斯费尔德进行自由探索。豪斯费尔德在没有实验条件的情况下，创造条件，采用车床等移动假体，验证了 CT 仪的扫描方案。豪斯费尔德发明了 CT 原型机，公司又果断进行支持，从而发明了世界首台CT。这个过程充分说明，高端装备的原始创造离不开当时的技术基础，同时自由探索的环境是创新的前提，多学科知识的交叉可以激发创新思维。作为高端医疗装备的设计师更需要掌握前沿技术和多学科知识。

首台CT发明之后，各大公司开始进入CT领域，这时期计算机、材料、控制等技术飞速发展，在不断追求扫描时间等性能指标以满足临床需求的过程中，研究人员攻坚克难研制出了螺旋CT、多排CT、能谱CT、光子计数CT、静态CT等，完成了一次又一次的技术飞跃。其间卡伦德尔教授等人敢于打破传统CT切片式单次扫描模式的思维习惯，发明了螺旋CT，使得CT进入另一个发展阶段。金属陶瓷封装技术的发明，显著地提升了X射线管的性能。光子计数探测器进一步提升了CT仪扫描的分辨率。人工智能技术的发展，颠覆了CT重建算法。这个过程充分说明高端装备的发展离不开公司的运营和工程师的创造，只有通过不断吸收前沿技术，在市场的驱动下投入大量资金，进行迭代升级，才能实现技术的进步。

时至今日，颠覆性的科学基础是什么？当下时代的科技前沿又是什么？哪些临床需求急需解决且在一定的时间内能够被解决呢？

本章小结

本章在第1节中详细介绍了X射线的发现过程和首台CT的发展历程及时代背景。同时根据临床需求介绍了各代CT、螺旋CT和多排CT的优缺点及其改进方法，并简述能谱CT、光子计数CT等其他CT技术。在第2节工作原理中，从基础的CT重建方法开始逐步介绍了滤波反投影算法、扇形束重建算法和锥形束算法，在此基础之上说明螺旋CT的360°LI和180°LI线性插值方法。在后续章节中，分别阐述了X射线管、高压发生器、X射线探测器等核心零部件的功能、指标及其故障维护方法。同时，介绍了CT成像的空间分辨率、时间分辨率等性能指标，描述了伪影产生的原因及其校正方法。通过本章内容可以发现，初始阶段CT的发明与个人创造相关，具有一定的偶然性，但之后CT发展离不开公司的集成创新。在临床需求的推动下，工程师深入剖析技术路线的优劣，不断追求极致，再突破现有框架，探索新的方法。因此，原始创造和集成创新对高端装备的研制缺一不可。

思考题

1. CT经历了五代的发展，探索了各种扫描方式，螺旋CT打破之前五代的扫描模式，不再限制扫描必须在一个二维平面里。那是否还有其他扫描方式？请尝试构建一种新的扫描模型及其图像重建方法，分析新提出的扫描方式相比其他扫描方式有哪些优缺点。

2. 螺旋扫描如果直接采用滤波反投影算法会有运动伪影，本章介绍了360°LI和180°LI线性插值方法。请尝试构建一种新的方法，解决螺旋扫描带来的运动伪影问题。

3. 临床需求和性能指标在CT发展过程中发挥了什么作用，两者的关系是怎样的？

参考文献

[1] CORMACK A M. Early two-dimensional reconstruction and recent topics stemming from it [J]. Science, 1980, 209 (4464): 1482-1486.

[2] CORMACK A M. Representation of a function by its line integrals, with some radiological applications [J]. Journal of Applied Physics, 1963, 34 (9): 2722-2727.

[3] CORMACK A M. Representation of a function by its line integrals, with some radiological applications. Ⅱ [J]. Journal of Applied Physics, 1964, 35 (10): 2908-2913.

[4] HOUNSFIELD G N. Computerized transverse axial scanning (tomography): Part 1. Description of system [J]. The British Journal of Radiology, 1973, 46 (552): 1016-1022.

[5] 余晓锷，卢广文. CT设备原理. 结构与质量保证 [M]. 北京：科学出版社，2005.

[6] TAYLOR A. On a new type of rotating anode X-ray tube [J]. Proceedings of the Physical Society, 1948, 61 (1): 86-94.

[7] ZINK F E. X-ray tubes [J]. Radiographics, 1997, 17 (5): 1259-1268.

[8] MURPHY E L, GOOD JR R H. Thermionic emission, field emission, and the transition region [J]. Physical Review, 1956, 102 (6): 1464-1473.

[9] BEHLING R. X-ray sources: 125 years of developments of this intriguing technology [J]. Physica Medica, 2020, 79 (7): 162-187.

[10] FUNG K K, GILBOY W B. Anode heel effect on patient dose in lumbar spine radiography [J]. The British Journal of Radiology, 2000, 73 (869): 531-536.

[11] JIANG H. 计算机断层成像技术：原理、设计、伪像和进展 [M]. 张朝宗，等，译. 北京：科学出版社，2006.

[12] 余晓锷，龚剑. CT原理与技术 [M]. 北京：科学出版社，2014.

[13] ZHANG Y Y, LI CK, LIU D Y, et al. Monte Carlo simulation of a NAI (T1) detector for in situ radioactivity measurements in the marine environment [J]. Applied Radiation and Isotopes, 2015, 98: 44-48.

[14] CRAWFORD C R, KAK A C. Aliasing artifacts in computerized tomography [J]. Applied Optics, 1979, 18 (21): 3704-3711.

[15] GLOVER G H, PELC N J. Nonlinear partial volume artifacts in x - ray computed tomography [J]. Medical Physics, 1980, 7 (3): 238-248.

[16] ENDO M, TSUNOO T, NAKAMORI N, et al. Effect of scattered radiation on image noise in cone beam CT [J]. Medical Physics, 2001, 28 (4): 469-474.

[17] SHEPP L A, HILAL S K, SCHULZ R A. The tuning fork artifact in computerized tomography [J]. Computer Graphics and Image Processing, 1979, 10 (3): 246-255.

7

第7章

磁共振成像装备构造原理

章知识图谱

说课视频

导语

磁共振成像装备不仅是当前临床医学诊断的重要影像学工具之一，也是基础生命科学研究的关键仪器，被誉为现代医学影像技术“皇冠上的明珠”。磁共振成像装备产业是一个典型的多学科交叉、知识密集型、资金密集型产业，从磁体、线圈等金属原材料的加工，到磁体、梯度、射频系统中核心零部件的制备，再到谱仪系统的开发、序列的设计以及影像的分析、处理与显示，最后到临床应用，整套装备先进的技术研发和生产制造构成了一个复杂的系统工程。为了加深读者对复杂高端装备构造原理的理解，本章将系统地介绍磁共振成像装备的技术原理与构造设计。本章第1节主要对磁共振成像的基础知识和发展历程进行简要概述；第2节主要介绍磁共振成像的物理原理和技术方法；第3节到第5节分别对磁共振成像装备的核心分系统，即磁体系统、射频系统、梯度系统的技术原理和构造设计展开介绍；第6节介绍谱仪系统、控制台系统的构造原理。

7.1 概述

7.1.1 磁共振成像简介

磁共振成像（Magnetic Resonance Imaging，MRI）是一种医学成像技术，在临床中得到了广泛应用。MRI提供了一种与X射线等传统成像技术截然不同的技术路线，不仅擅长捕获体内软组织如大脑、脊髓、内脏、肌肉等部位的图像，同时也能够有效地成像肩膀、髋关节、脊柱等骨骼结构，其图像的清晰度和细节程度远超其他成像方法。这种独特的能力使MRI成为诊断多种疾病的金标准，特别是神经系统疾病、肌肉骨骼系统疾病等。

相比于X射线成像，MRI有其独特的优势。首先，它不涉及任何形式的电离辐射，对患者的安全性更高，特别适合需要重复成像的患者。其次，MRI能够从多个角度和方向获取图像，为医生提供了全面的视图，以便更好地评估病变的性质和范围。此外，MRI在软组织对比度方面的优势使其能够清晰地区分不同类型的组织，对于诊断某些类型的疾病至关重要。

MRI的临床应用范围广泛，不仅限于疾病的诊断。在治疗规划方面，也能精确定位软组织病灶，帮助制定最佳治疗方案。功能性磁共振成像（functional Magnetic Resonance Imaging，fMRI）还能够监测大脑活动，为研究大脑功能和神经科学提供有力工具。此外，MRI对于病程进展监测、治疗效果评估以及长期随访方面也发挥着重要作用。

MRI利用磁场和射频对人体进行扫描，生成高质量的图像，从而无创地查看人体内部结构和功能。MRI的物理基础是核磁共振（Nuclear Magnetic Resonance，NMR）现象。基本原理是，某些原子核（如人体中的氢原子）大部分处于低能态，在外加磁场作用下会重新排列。当施加额外的电磁场使低能态的原子核转向高能态，这些原子核回到平衡态时便会释放出射频，即NMR信号。特制的扫描仪能捕获并转换这一信号，生成人体内部的细节图像。

7.1.2 磁共振成像发展历程

20世纪初开始，许多科学家致力于核物理的研究。其中，NMR相关研究先后产生了11项诺贝尔奖（表7-1）。这些卓越的研究工作为医学MRI设备的发明奠定了理论和技术基础。

表7-1 MRI相关诺贝尔奖

年份	获奖者	获奖原因	类别
2003	劳特伯、曼斯菲尔德	在磁共振成像方面的发现	生理医学奖
2002	维特里希	开发了确定溶液中生物大分子三维结构的核磁共振光谱学方法	化学奖
1991	恩斯特	对开发高分辨率核磁共振光谱学方法的贡献	化学奖
1989	拉姆齐	发明了分离振荡场方法，及其在氢激微波和其他原子钟中的应用	物理学奖
1977	范弗莱克	对磁性和无序系统电子结构的基础理论研究	物理学奖
1966	卡斯特勒	发现并开发了用于研究原子核磁共振的光学方法	物理学奖
1964	汤斯	在量子电子学领域的基础研究工作，该工作促成了基于激微波-激光原理的振荡器和放大器的构建	物理学奖
1955	兰姆、库施	关于氢光谱精细结构的发现；精确地测定出电子磁矩	物理学奖
1952	珀塞尔、布洛赫	开发了核磁精密测量的新方法，以及凭此所得的发现	物理学奖
1944	拉比	用共振方法记录原子核的磁性	物理学奖
1943	施特恩	开发了分子束方法并发现了质子磁矩	物理学奖

1913年，奥托·施特恩（Otto Stern）通过分子束方法测量了质子的磁矩，这是对原子核磁性的早期探索之一。施特恩的实验不仅证明了原子核具有量子性质，还为后续的NMR研究提供了理论和实验基础，因此，他在1943年获得诺贝尔物理学奖。1938年，伊西多·拉比（Isidor Isaac Rabi）完成了第一个分子束NMR实验，开创了利用磁场和电磁波研究原子核性质的新领域。拉比的实验不仅展示了如何通过调整外加磁场和电磁波频率来操控原子核的磁性状态，还揭示了NMR谱学的潜力。因此，他在1944年获得了诺贝尔物理学奖。

1946年，爱德华·珀塞尔（Edward Purcell）和费利克斯·布洛赫（Felix Bloch）几乎同时但在不同的实验室独立发现了NMR现象。珀塞尔在哈佛大学的工作展示了水和其他物质中的氢原子能够吸收特定频率的电磁波，并随后发射出电磁波，证明了原子核在外加磁场中的磁性行为。布洛赫在斯坦福大学的实验中发现了相同的现象，并提出了一组描述核磁矩动态行为的微分方程，称为“布洛赫方程”。布洛赫方程不仅描述了核磁矩的进动频率，也解释了磁化强度如何随时间变化，以及如何受到磁场变化和射频脉冲的影响。这一突破为探索物质内部结构提供了新方法，因此，他们在 1952 年获得了诺贝尔物理学奖。

然而，从 1946 年发现 NMR 现象，到真正将其应用于医学诊断，经历了很长的时间。美国纽约州立大学的雷蒙德·达马迪安（Raymond Damadian）早期研究细胞内外钾离子和氢原子的 NMR 信号差异。他发现细胞内钾离子和氢原子的弛豫时间较外界溶液明显缩短，并预测癌细胞由于结构紊乱和钾含量升高将有更长的弛豫时间。1971 年，达马迪安在《Science》上发表了论文“*Tumor Detection by Nuclear Magnetic Resonance*”，首次提出利用正常组织与肿瘤组织核磁弛豫时间的差异来区分正常组织和肿瘤组织，从而进行疾病的诊断，将 NMR 技术引入了医疗领域。

美国纽约州立大学的另一位科学家保罗·劳特伯（Paul Lauterbur）也关注到了达马迪安的研究，但他敏锐地观察到这种方式难以用于临床决策，而如果能够精准定位 NMR 信号的来源，进行物体的成像，就可以有效地进行临床诊断。1973 年，劳特伯在《Nature》上发表论文“*Image Formation by Induced Local Interactions：Examples Employing Nuclear Magnetic Resonance*”，首次提出并展示了利用 NMR 信号重建图像的可能性，这项工作不仅是 MRI 领域的一次重大突破，也是现代医学诊断技术发展历程中的一块重要里程碑。劳特伯的工作基于一个关键的原理，即通过在 NMR 实验中引入梯度磁场，可以实现空间编码，从而确定 NMR 信号来源的具体位置。这一点是医用 MRI 技术从单纯的 NMR 谱学向成像技术转变的关键。

同样在 1973 年，英国诺丁汉大学的科学家彼得·曼斯菲尔德（Peter Mansfield）也发表了采用 NMR 技术获得固体图像的论文。曼斯菲尔德在兴奋于 MRI 应用前景的同时，敏锐地认识到成像速度仍是应用这项技术的最大阻碍。1977 年，曼斯菲尔德发明了平面回波成像法（Echo Planar Imaging，EPI），通过在单次激发后快速改变梯度磁场的方向，以产生一系列快速的回波信号，能够在 30ms 之内精准地完成一幅高分辨率图像的采集，这比之前的方法要快得多。这种方法为观察快速生理过程提供了可能，如脑部、心脏、血管等部位的动态成像。由于劳特伯和曼斯菲尔德在医学 MRI 技术发展中的杰出贡献，他们共同获得了 2003 年的诺贝尔生理医学奖。

值得一提的是，瑞士科学家理查德·恩斯特（Richard Ernst）的工作对于提高 MRI 技术的图像质量和扫描速度起到了至关重要的作用。1962 年，恩斯特发现 NMR 的低灵敏度制约了其应用范围，他博士毕业后投身于瓦里安公司参与高分辨率 NMR 的应用研究。1964 年，恩斯特完成了脉冲傅里叶 NMR 实验，使用射频脉冲同时进行多个频率的激发，提高 NMR 信号的信噪比，从而将 NMR 分辨率提高数十倍。1974 年，恩斯特首次实现了二维 NMR，将 NMR 应用范围进一步拓宽到大分子分析领域。恩斯特的工作直接促进了 MRI 技术的发展，利用相位和频率编码以及傅里叶变换来优化扫描过程中的信号采集效率，实现在更短的时间内产生高质量的图像。1991 年，恩斯特获得诺贝尔化学奖。

随着 MRI 的原理和技术的飞速发展，MRI 设备也在不断演进。1983 年 8 月，西门子公司推出了世界上第一台商用医学 MRI 设备，并在美国马林克罗特研究所投入使用，标志着

MRI 设备从实验室走向临床应用的重要转折点。随后，通用电气、飞利浦等公司相继开发商用 MRI 设备，成为医院的重要诊断工具。1984 年，专用于 MRI 的钆喷酸葡胺（Gadolinium-DTPA）对比剂问世，并于 1988 年在全球范围内得到广泛临床使用，MRI 技术因而得到进一步推广。20 世纪 90 年代初，fMRI 技术出现并推向全世界，杰克·贝利沃（Jack Belliveau）展示了第一张通过 fMRI 得到的人类大脑活动变化的清晰图像。在 21 世纪初，弥散张量成像（Diffusion Tensor Imaging，DTI）和磁共振波谱（Magnetic Resonance Spectroscopy，MRS）技术都取得了显著发展，使得神经元纤维通路绘制和组织代谢变化测量成为可能。

自 20 世纪 80 年代以来，MRI 设备在硬件和成像技术方面均有长足进步。由于磁场强度越高，成像分辨率、信噪比和对比度越高，因此 MRI 设备的发展以磁场强度的提升为主线，从最初的低场强磁体（0.35T 至 0.5T）逐渐提升至超高场（7T 以上），人体成像分辨率从 1mm 提升至 0.3mm，显著增强了成像的灵敏度和分辨率。同时，MRI 设备的磁场均匀性、梯度磁场强、梯度切换率也在不断提升。通过引入并行成像技术、全身扫描技术等多种先进技术，MRI 的扫描速度和用户友好性也得到了显著提升。

7.1.3 现代磁共振成像装备

现代 MRI 设备可分为用于扫描人体和扫描动物两大类。用于扫描人体的设备可进一步分为两类：临床 MRI 设备和用于基础研究的 MRI 设备。临床设备又分为全身扫描和局部扫描两类。目前市场上主流的临床全身设备按磁场强度可分为以下三类：

1）低场设备：永磁设备和少量电磁设备，磁场强度为 0.2T、0.3T、0.35T、0.4T 和 0.5T。

2）高场设备：超导设备，磁场强度为 1.5T 和 3.0T。

3）超高场设备：超导设备，磁场强度为 4T、5T、7T、8T、9.4T 和 11.75T。这些设备能够提供更精细的人体内部图像，特别适用于神经系统疾病（如阿尔茨海默病和帕金森病）的诊断。

局部扫描设备根据用途可分为如下两类：

1）专科诊断设备：包括乳腺机、四肢机、头部机等。乳腺机的磁体与 1.5T 超导全身系统相似，但磁体较短；四肢机磁体较小，主要用于四肢关节扫描；头部机磁体孔径较小，场强从 0.15T 到 1.5T。

2）手术介入设备：主要用于监视开颅手术，识别和区分肿瘤和正常组织，场强从 0.15T 到 1.5T 不等。

基础研究设备主要是高场和超高场 MRI 设备。3T 全身扫描设备既可用于临床诊断，也可用于基础研究。由于 3T 以上设备缺乏通用 RF 体线圈，因此 4T 以上设备主要用于扫描人脑，服务于认知科学研究。其中 5T 和 7T MRI 设备的应用相对较为广泛，能够捕捉到更细微的解剖结构和病理变化，适用于需要高精度成像的神经科学、脑部疾病、细微结构、代谢过程等研究。

动物设备按场强包括 4.7T（200MHz）设备、7T（300MHz）设备、9.4T（400MHz）设备、11.7T（500MHz）设备等。净磁孔直径为 16~40cm，主要用于药物实验和其他安全性实验。

医用 MRI 技术自 20 世纪 70 年代开始发展，至今不足 50 年。这是一个发展迅速且充满活力的学科领域，每年都有大量新技术和革命性成果问世。MRI 装备在硬件方面不断追求极限工作条件和更有针对性的诊断需求。高磁场强度方面，医院主流设备场强已超过 1.5T，5T、7T 系统也已商业化，并在脑神经疾病检查、脑功能和脑科学研究方面得到广泛应用；低磁场强度方面，部分科研机构研究 μT 量级的超低场 MRI 设备，以满足牙齿种植和装有心脏起搏器等特殊患者的检查需求。在软件方面，fMRI 序列、弹性成像序列和波谱成像序列已在部分商用机型上配置，以满足医学诊断的特殊需求。压缩感知技术应用于 MRI 快速成像，大幅加快了扫描速度，使 3D 扫描变得临床化和常规化。智能化是 MRI 设备的重要发展方向，MRI 影像人工智能擅长从海量多模态影像数据中挖掘有效特征，不仅提升了成像效率和质量，还能模拟医生的诊断过程，辅助医生做出最终诊断。

7.2 物理原理与装备结构

7.2.1 物理原理

1. 原子核的磁性

原子一度被认为是物质不可再分的基本单元，实际上是由一个位于中心的原子核和围绕其轨道运动的电子构成的（图 7-1）。原子核主要由质子和中子组成，这两者质量相近，合称为核子。尽管原子核的体积极小，但其质量大约是环绕其外的电子的 3680 倍。质子带有正电荷，而中子不带电，电子则带有负电荷。

氢元素存在三种同位素，即氕、氘和氚，可以表示为$^{1}_{1}H$（或^{1}H）、$^{2}_{1}H$、$^{3}_{1}H$。其中以氕的相对丰度最高，由于其不含中子，又把这种氢原子核称为氢质子。

原子核具有自旋（Spin）现象，自旋类似地球自转，带正电的原子核在自旋过程中会感生出一个磁场，其方向遵循右手螺旋法则，从而产生局部磁场（图 7-2）。

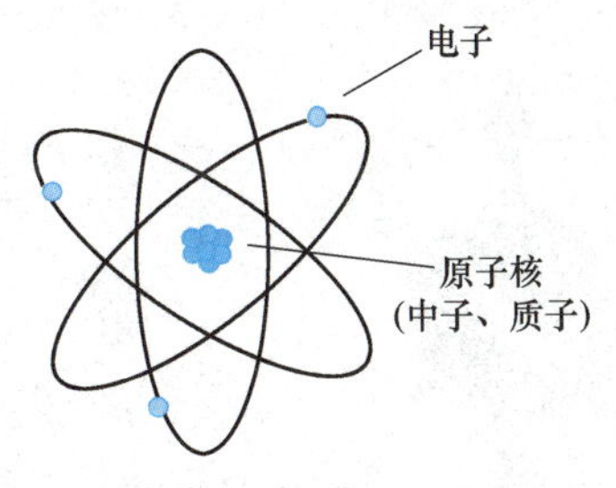

图 7-1　原子结构示意图

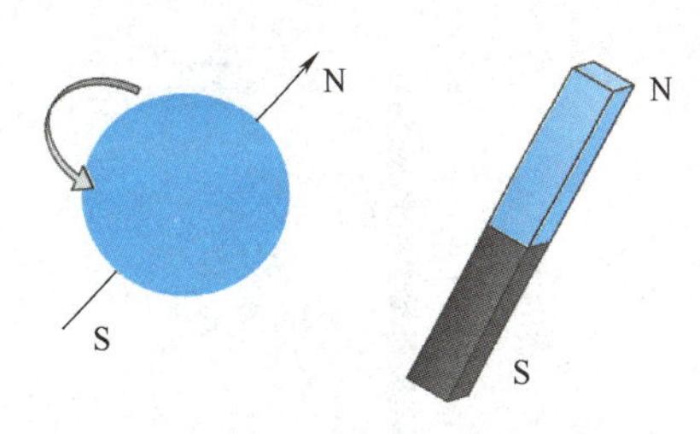

图 7-2　原子核自旋产生局部磁场

由于自旋，原子核能产生微弱的磁场，从而使原子核具有磁性特性。特别是那些带有奇数质子或中子的原子核（如氢原子^{1}H）具有较强的磁性。在外部磁场的作用下，这些原子核的磁矩沿着外部磁场方向进行排列。在医学成像中，主要使用氢原子核^{1}H，因其在自然界中丰度高且磁化率显著，适合产生共振。人体含水和脂肪较多，这些组织富含氢质子，成为 MRI 信号的主要来源。特殊情况下，也可用其他磁性原子核如$^{31}_{15}P$ 和$^{19}_{8}F$ 进行特殊的科研分析。

在没有外部磁场的情况下，人体内的氢核自旋方向是随机的，因此宏观上不会形成磁场。然而，当存在一个稳定的外加磁场（B_0）时，氢质子会显示出两种能级：低能级（spin-up）和高能级（spin-down）。在低能级状态下，氢质子的磁场方向与外磁场一致；而在高能级状态下，其磁场方向则与外磁场相反（图 7-3）。按照玻尔兹曼分布，处于低能级的氢质子的数量略多于高能级的。当外磁场的强度增加时，两种能级之间的数量差异变得更加显著。例如，在 9.4T 的外磁场中，低能级的氢质子比高能级的多 0.0031%。

由于氢核数目庞大，净多出的低能级核的微小磁场合成了一个可测得的宏观净磁化矢量 $\boldsymbol{M}_0$，其方向与 B_0 一致（图 7-4）。而且，$\boldsymbol{M}_0$ 的大小随 B_0 增大而增大，这也解释了为何临床上 3.0T 的 MRI 的信噪比高于 1.5T。

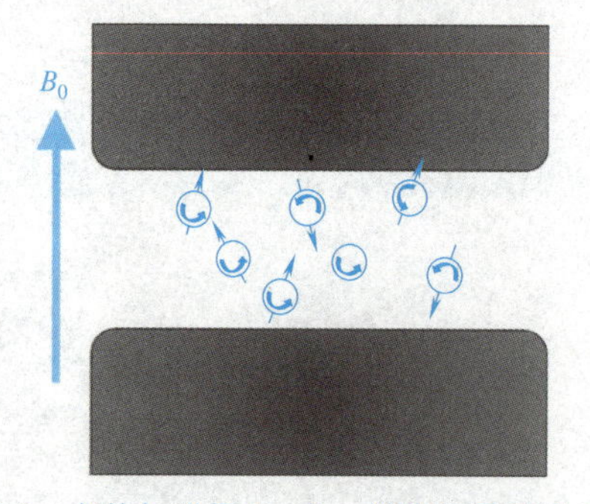

图 7-3 在外加磁场 B_0 中，部分氢质子感生的磁场方向和 B_0 相同，另一部分则相反

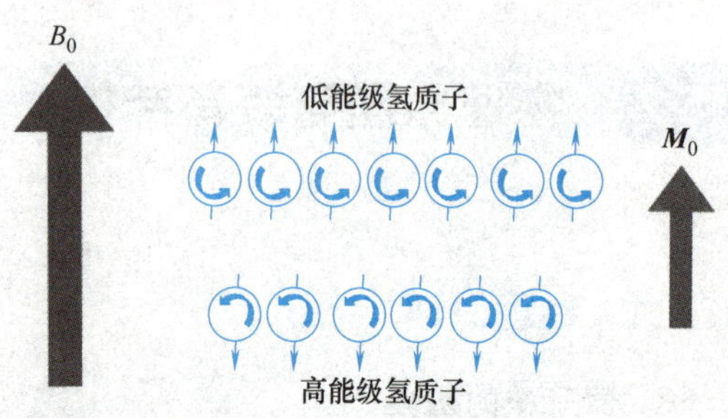

图 7-4 在外加磁场 B_0 中，氢质子发生有序排布，产生一个净磁化矢量 $\boldsymbol{M}_0$

在微观层面上，氢质子在外磁场 B_0 的影响下不仅自旋，还围绕磁场方向进行旋转，这一现象称为进动（Precession），类似地球绕太阳公转（图 7-5）。因此，在外加磁场的作用下，氢质子的磁化矢量不完全与 B_0 方向一致，而是呈一定角度，形似陀螺围绕轴向摆动。

宏观上，如图 7-6 所示，由于低能级质子的数量多于高能级，大量氢质子的进动在 B_0 方向上形成了一个宏观净磁化矢量 $\boldsymbol{M}_0$。而在垂直 B_0 方向（横向），质子的磁化矢量分布不一，故不形成净磁化矢量。

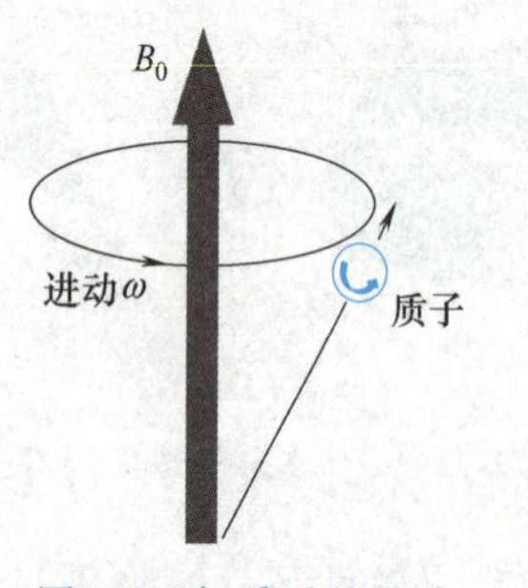

图 7-5 氢质子的进动

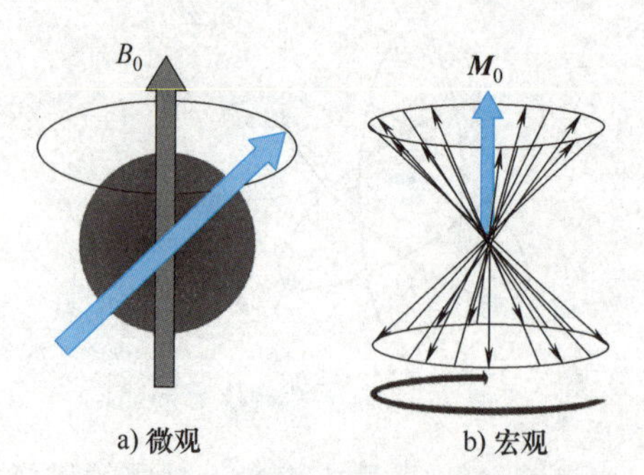

图 7-6 氢核在 B_0 下的微观和宏观表现

爱尔兰裔英国物理学家拉莫尔爵士（Sir Joseph Larmor）于 1897 年提出了描述氢质子进动频率的拉莫尔方程：

$$\omega=\gamma\times B_0 \tag{7-1}$$

式中，ω 为角频率；γ 为旋磁比，对于氢质子，$\gamma=2.67\times10^8\text{rad/(s}\cdot\text{T)}$。该方程表明，

氢质子的进动频率与磁场强度呈线性关系。

该方程也可写为线频率 f 的形式：

$$f=\gamma^{*}\times B_0 \tag{7-2}$$

$$\gamma^{*}=\gamma/(2\pi) \tag{7-3}$$

因此，氢质子旋磁比又可写作 $\gamma^{*}=42.577\text{MHz/T}$。例如，在 1.5T 磁场中，氢质子的进动频率为 42.577MHz/T×1.5T≈63.87MHz；而在 3.0T 磁场中，进动频率为 42.577MHz/T×3.0T≈127.74MHz。

拉莫尔方程是 MRI 中极为重要的方程，直接关联到氢质子与静磁场强度 B_0 之间的关系，这一点对理解后续的共振激发尤为重要。

2. NMR 原理

人们的身体虽不自发产生磁场，但体内丰富的氢质子在外加静磁场下会排布有序，感应出微弱磁场。这种因外磁场影响而产生的磁场称为感生磁场，可以通过检测这一磁场来获取人体的 MRI 信号。根据法拉第电磁感应定律，闭合电路若切割磁场将产生电流。实际操作中，用接收线圈作为闭合电路来探测感应电流，从而反映人体的 MRI 信号。

然而，因人体感生磁场强度极弱且与外加磁场同向，难以直接在纵向上探测该信号。只有当人体感生的磁场方向与外加磁场垂直时，才能有效探测到信号，这是通过 NMR 实现的，是 MRI 的关键。

共振指物理系统在固有频率相同的振动环境中吸收能量的过程。例如，当敲击一个与另一音叉共振频率相同的音叉时，后者也会开始振动并发出声音（图 7-7）。

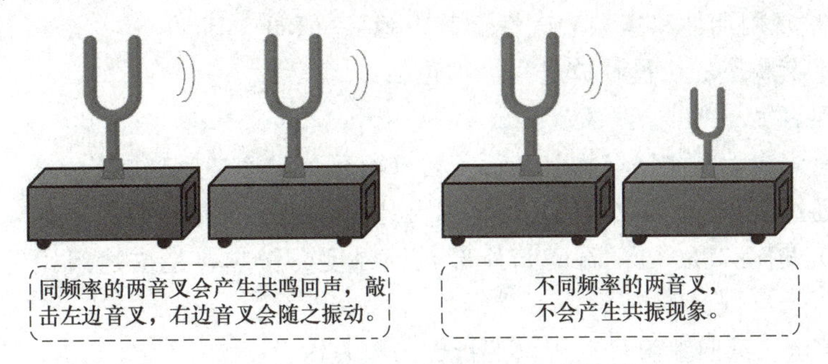

图 7-7 声音频率相同，音叉产生共振

在外加磁场 B_0 中，通过发射与氢质子拉莫尔频率 ω_0 相等的射频（Radio Frequency，RF）脉冲，氢质子吸收能量并发生能量跃迁，这一现象称为 NMR。RF 脉冲是一种电磁波，其本身传播过程中也会产生一个磁场，表示为 B_1，其能量与波长成反比，与频率成正比。假设 RF 脉冲的频率为 ω_1，则 NMR 产生的条件是 $\omega_1=\omega_0$，使用射频产生共振的过程称为激发。

MRI 常用的 RF 脉冲频率范围是 8.5MHz（42.577MHz/T×0.2T）~127.7MHz（42.577MHz/T×3.0T），与调频广播频率范围（76~108MHz）有很大的重叠，因此需要严格的屏蔽避免外界电磁波干扰。另外，与 X 射线和 CT 检查不同，RF 脉冲属于非电离辐射，故 MRI 检查无辐射风险。

当 RF 脉冲的频率与氢原子核的进动频率相一致时，氢核能够吸收能量，从而从低能态跳转到高能态，使高低能级核数目差距缩小。同时，RF 脉冲还使得氢质子在水平方向上相位一致，形成聚相（Re-phase）效应。综合两方面影响，$\boldsymbol{M}_0$ 逐渐由纵向偏转至水平面，形成横向分量 $\boldsymbol{M}_{xy}$（图 7-8）。长时间的 RF 脉冲作用可以使更多氢质子获得能量，增加高能级氢质子数量，从而改变宏观磁化矢量的方向。这种现象来源于氢核同时受静磁场 B_0 和射频场 B_1 影响，其实际运动是绕两个轴的进动，称为章动（Nutation）。

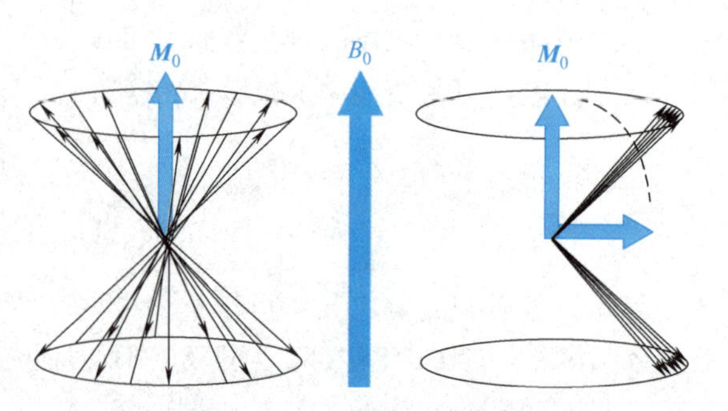

图 7-8　吸收能量后，高能级氢质子数越来越多

用翻转角（Flip Angle）来表示 RF 脉冲的能量或效果，例如，90°RF 脉冲能使磁化矢量完全转至水平方向，而 180°RF 脉冲则使磁化矢量反转至负向。随着 RF 脉冲持续作用，氢核绕 B_1 场转动的角度（即翻转角）不断变大，翻转角 θ 是和 RF 脉冲产生的 B_1 场大小及脉冲持续时间（τ）相关的：

$$\theta=\omega_2\times\tau=\gamma\times B_1\times\tau \tag{7-4}$$

式中，$\omega_2=\gamma\times B_1$ 为氢核绕 B_1 场旋转的频率。通过调节 RF 脉冲的持续时间 τ，可以控制翻转角度 θ，从而精确调控水平方向的磁化矢量分量 $\boldsymbol{M}_{XY}=\boldsymbol{M}_0\times\sin\theta$。

3. 弛豫

NMR 现象产生于施加与质子进动频率相一致的射频脉冲，该操作能够改变人体的宏观磁化矢量方向。因宏观磁化矢量与主磁场方向不同，通过接收线圈能够探测到 NMR 信号，该信号包含振幅、频率和相位等特征参数，通过分析这些参数，可以解读信号内含的信息。

NMR 信号呈现周期性和指数衰减性。其中弛豫（Relaxation）是一个核心概念，描述了从激发状态到平衡状态的能量释放过程。这包括：

（1）纵向弛豫　又称 T_1 弛豫或自旋-晶格弛豫（Spin-lattice Relaxation），是指激发的氢质子将能量传递给周围的晶格结构，从而使宏观磁化矢量逐渐回到初始状态（$\boldsymbol{M}_0$）。纵向弛豫的速度可以通过 T_1 时间常数来描述，该常数指宏观磁化矢量恢复至原始水平 63%所需的时间。组织的 T_1 值受其结构、温度和外部磁场强度的影响，是描述组织特性的重要参数（表 7-2）。

如图 7-9 所示，纵向弛豫可以用以下指数函数表达：

$$\boldsymbol{M}_z(t)=\boldsymbol{M}_0\times(1-\mathrm{e}^{-t/T_1}) \tag{7-5}$$

式中，$\boldsymbol{M}_z$ 代表在时间 t 的纵向磁化矢量分量。例如，经过一个 T_1 时间后，组织的纵向磁化矢量恢复到了约 63%，两个 T_1 时间后恢复到约 87%，三个 T_1 后恢复到约 95%，大约五个 T_1 后，几乎完全恢复。

表 7-2　37℃下不同组织在 1.5T 及 3.0T 中的 T_1 值

组织	1.5T 中的 T_1 值/ms	3.0T 中的 T_1 值/ms
脑灰质	920	1200
脑白质	780	1010
脑脊液	2400	3120
脂肪	252	292

（续）

组织	1.5T 中的 T_1 值/ms	3.0T 中的 T_1 值/ms
血液	1200	1550
肝脏	500	641
骨骼肌	870	1161

（2）横向弛豫　横向弛豫描述了水平方向磁化矢量的衰减过程，称为自旋-自旋弛豫（Spin-spin Relaxation）或 T_2 弛豫。这一过程不涉及能量交换，而是因自旋质子间相互作用导致的散相（De-phase）。横向磁化矢量随时间指数性衰减（图 7-10），其表达式为

$$\boldsymbol{M}_{XY}(t)=\boldsymbol{M}_0\times e^{-t/T_2} \tag{7-6}$$

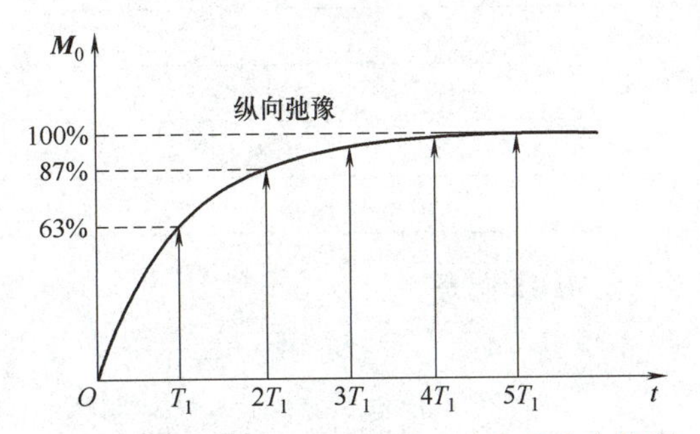

图 7-9　大约 5 个 T_1 后，纵向磁化矢量完全恢复

式中，$\boldsymbol{M}_{XY}$ 为 t 时刻水平方向的磁化矢量的分量；T_2 为横向弛豫时间常数，代表横向磁化矢量衰减为最大值的 37%所需要的时间，大约 5 个 T_2 后，横向磁化矢量基本消失。T_2 值反映了组织的物理特性，不同组织的 T_2 值不同，通常固体和大分子组织的 T_2 较短，而液体如纯水的 T_2 较长。T_2 值对主磁场强度的大小不敏感。

在 MRI 中，信号主要来源于横向磁化矢量。当 RF 脉冲作用时，质子相位一致，形成聚相状态，横向磁化矢量达到最大。RF 脉冲结束后，弛豫过程开始，质子相位逐渐散失，导致横向磁化矢量衰减。

散相主要由两个因素引起：一是每个自旋质子周围磁场的轻微差异，使得进动频率不同，产生相位差异；二是主磁场的空间不均匀性，增大了质子间的进动频率差异。第一种情况下，横向磁化矢量按 T_2 指数函数衰减。第二种情况下，衰减速度加快，不满足 T_2 衰减曲线，称为 T_{2^*} 或者 T_2star 弛豫，如图 7-11 所示。理论上，完全均匀的主磁场将导致满足 T_2 弛豫的信号。实际上，主磁场的微小非均匀性使横向磁化矢量衰减更快，即 $T_{2^*}<T_2$。

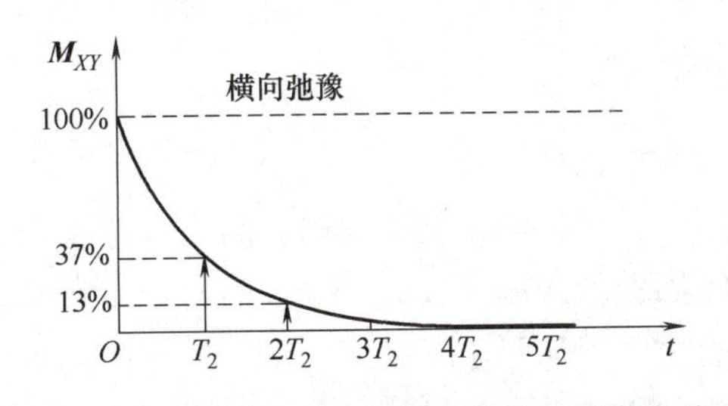

图 7-10　大约 5 个 T_2 后，横向磁化矢量完全消失

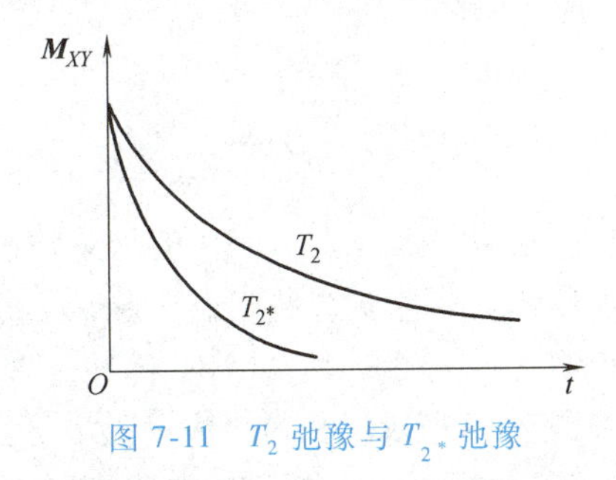

图 7-11　T_2 弛豫与 T_{2^*} 弛豫

（3）T_1 值与 T_2 值　需要注意的是纵向弛豫（T_1）和横向弛豫（T_2）虽是独立过程，但它们几乎是同时发生的。通常，横向弛豫速度快于纵向弛豫，即组织的 T_1 值大于 T_2 值。在许多情况下，横向磁化矢量已完全衰减而纵向磁化矢量尚未完全恢复，此时，可通过多次应用 RF 脉冲来达到信号的饱和。表 7-3 列出了常温下 1.5T 中部分组织的 T_1 值及 T_2 值。

表 7-3　常温下 1.5T 中部分组织的 T_1 值和 T_2 值

组织	T_1 值/ms	T_2 值/ms
液体	4000	2000
脑灰质	920	100
脑白质	780	90
脂肪	252	80
肝脏	500	45
肌肉	870	45
肌腱	400	5
蛋白质	250	0.1~1.0

4. MRI 信号

(1) 自由感应衰减信号　自由感应衰减信号（Free Induction Delay，FID）是通过无干预下 RF 脉冲激发后自然形成的 MRI 信号。采用与人体内氢质子进动频率相同的 RF 脉冲，激发氢质子共振，进而导致宏观的磁化矢量从纵向逐渐偏转到水平方向，并在水平方向通过切割线圈产生感应电流。记录线圈中的电流或电压变化，便获得了 MRI 信号（图 7-12）。

在横向弛豫过程中，磁化矢量以 T_{2^*} 为指数衰减，使得 FID 信号逐渐减弱并最终消失。因此，FID 信号是一个既具有周期性又呈指数衰减的函数。为了描述信号随时间的衰减，通常采用包络线的形式。如图 7-13 所示，实线表示 FID 信号，虚线则代表其包络线，反映 MRI 信号的特征。

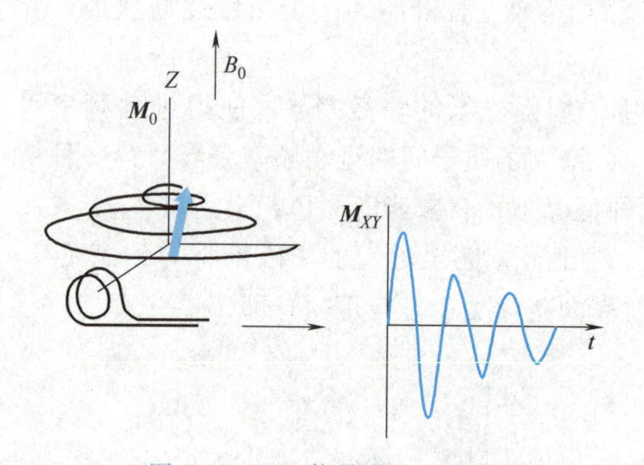

图 7-12　FID 信号产生示意图

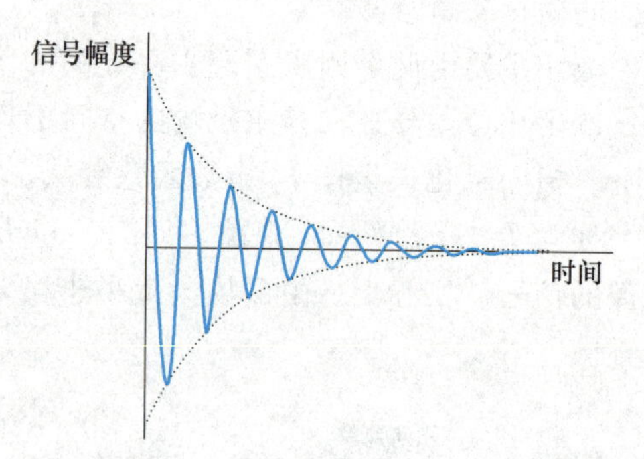

图 7-13　FID 信号，虚线表示信号的包络线

(2) 自旋回波信号　FID 信号衰减速度快，未能充分空间定位及编码，且易受主磁场不均匀性影响。为克服这些限制，临床上引入了自旋回波（Spin Echo，SE）信号。该信号的生成机制为：通过一个 180°RF 脉冲重聚质子相位，产生 MRI 信号。

如图 7-14 所示，信号生成过程如下：$t=0$ 时刻，施加 90°RF 脉冲，将纵向磁化矢量从 Z 方向翻转至水平方向，使得所有质子相位一致。随时间推移，由于 T_2 弛豫和磁场不均，质子相位开始散相。在 $t=\tau$ 时刻，不同质子进动频率差异引起位置偏差，局部磁场越高，质子的进动频率越快，假设 1 号位置的质子进动频率最慢，而 4 号最快。这时，施加 180°RF 脉冲，使质子位置水平方向上翻转，速度最慢的 1 号质子被移到最前面，最快的 4 号质子被移到最后面。再次经相同时间 τ，即 $t=2\tau$ 时，所有质子再次相位重聚，产生自旋回波信号。

如图 7-15 所示，自旋回波信号可以分为散相（90°RF 脉冲至 180°RF 脉冲间）和聚相（180°RF 脉冲至信号产生）两部分。尽管 180°RF 脉冲可抵消主磁场不均引起的失相位，但自旋回波信号仍逐渐衰减，$t=2\tau$ 时刻的信号强度 $\boldsymbol{M}_0'$小于激发初始信号 $\boldsymbol{M}_0$，这是由组织固有 T_2 弛豫所致。

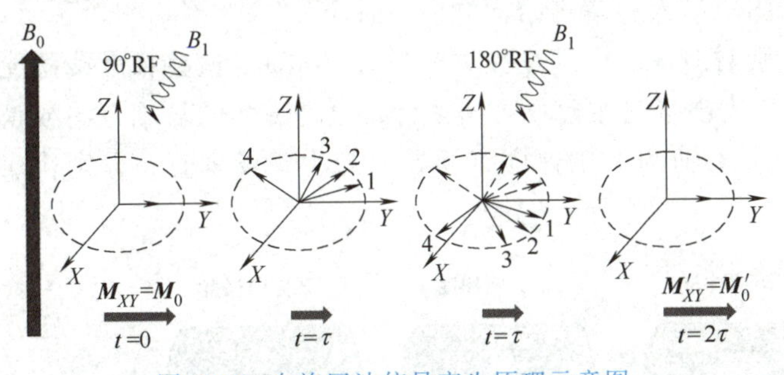

图 7-14　自旋回波信号产生原理示意图

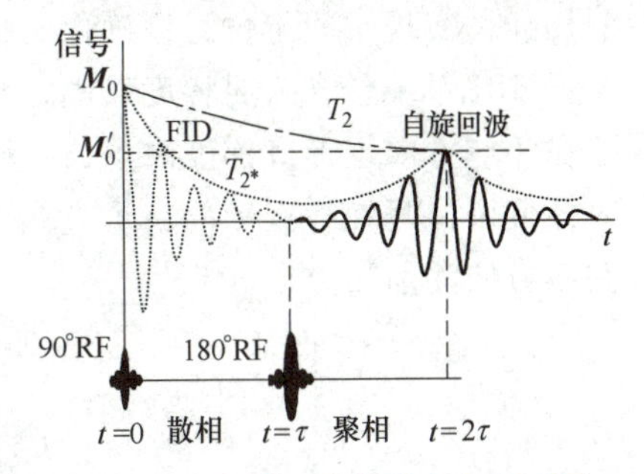

图 7-15　自旋回波信号产生的过程

（3）梯度回波信号　梯度回波（gradient echo，GE）信号是一种在无须 180°RF 脉冲的情况下产生的“延迟的”FID 信号。这种信号通过引入梯度磁场人为造成磁场不均匀来实现，与自旋回波信号相比，这种方法在技术上更灵活。

如图 7-16 所示，首先，射频脉冲将磁化矢量翻转到水平方向，在 $t=0$ 时所有质子相位一致。随着时间推移，由于 T_2 弛豫及主磁场不均，质子之间的相位开始散相。在 $t=t'$时刻，人为施加一个梯度磁场，导致磁场在空间上的不均匀性，使得不同位置质子的进动频率发生变化，相位逐渐拉开。梯度作用一段时间 τ 后，改变梯度磁场的方向，再经过同样的一段时间 τ 后，不同位置的质子相位再次重聚，产生梯度回波信号。

如图 7-17 所示，梯度回波信号的产生依赖于两个梯度磁场：散相梯度（Dephasing Gradient）和聚相梯度（Rephasing Gradient）。散相位梯度加速质子的失相位过程，以 $T_{2^{**}}$ 表示信号加速衰减，而聚相位梯度则补偿这一失相位作用，使质子在所需时刻重聚。尽管这种方法能有效控制相位重聚，但主磁场的微弱不均匀性并未得到补偿，因此梯度回波信号是以 T_{2^*} 为指数衰减。与之相对，自旋回波信号通过 180°RF 脉冲纠正主磁场不均匀性，其衰减指数为 T_2，这是梯度回波信号与自旋回波信号的主要区别。

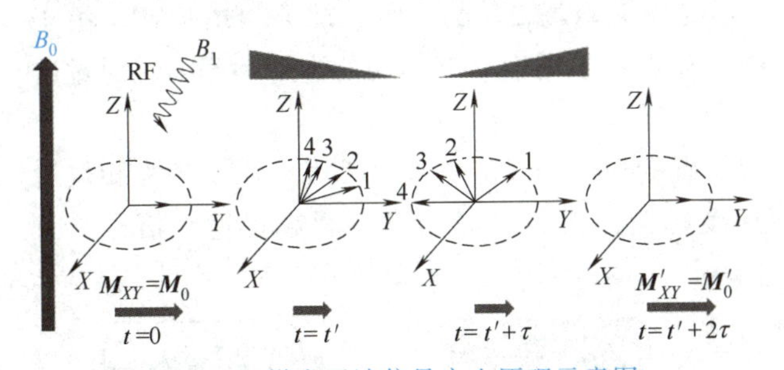

图 7-16　梯度回波信号产生原理示意图

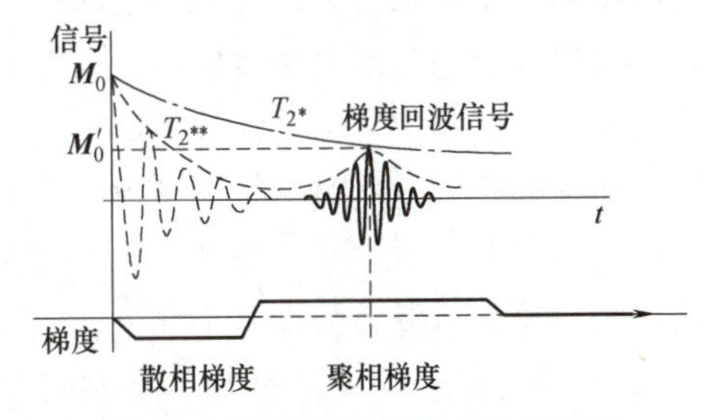

图 7-17　梯度回波信号产生的过程

此外，通过结合多个重聚脉冲和多次梯度磁场切换，可以生成同时包含自旋回波和梯度回波特性的复合信号。这些不同的物理程序使得 MRI 技术能够适应各种临床和研究需求。

5. 空间定位

在了解了弛豫及 MRI 信号的产生后，接下来讨论如何进行空间定位。尽管系统接收到了 MRI 信号，但这个信号覆盖了人体内所有氢质子，未能提供足够的信息以区分不同位置的质子。为了解析这些信号并实现影像成像，需要引入梯度系统。

（1）梯度系统　梯度系统主要由梯度线圈、梯度放大器、模数转换器和梯度控制器等部分组成，用于产生所需的梯度磁场。梯度系统通过不同方向和大小的电流来控制梯度磁场的切换，实现空间定位，以确保影像图像与人体解剖结构的一一对应。

MRI 系统包含 3 对梯度线圈，分别对应 X、Y、Z 3 个方向（图 7-18）。这些梯度线圈能够在相应方向上形成梯度磁场，Z 轴梯度磁场与主磁场方向平行，也是磁体的长轴方向或是人体仰卧位睡在检查床的头足方向，而 X 轴和 Y 轴梯度磁场方向与主磁场垂直，分别代表左右方向和前后方向。

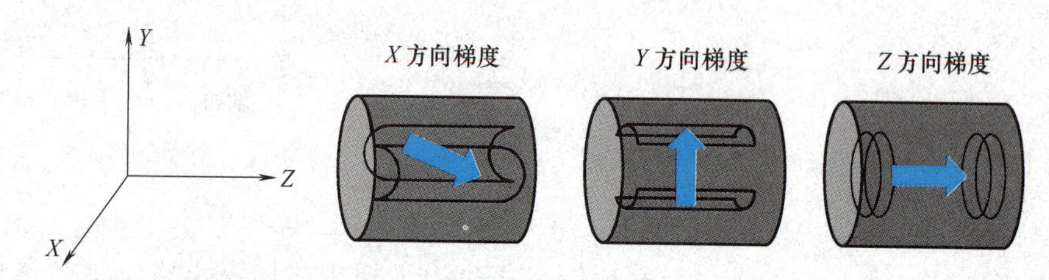

图 7-18　MRI 系统的 3 对梯度线圈形成 3 个方向的梯度

例如对于 Z 轴梯度磁场，如图 7-19 所示，$-Z$ 位置的梯度磁场与主磁场反向，大小为 -20mT；$+Z$ 位置的梯度磁场与主磁场同向，大小为 20mT。从 $-Z$ 到 $+Z$ 方向，梯度磁场强度线性增加。

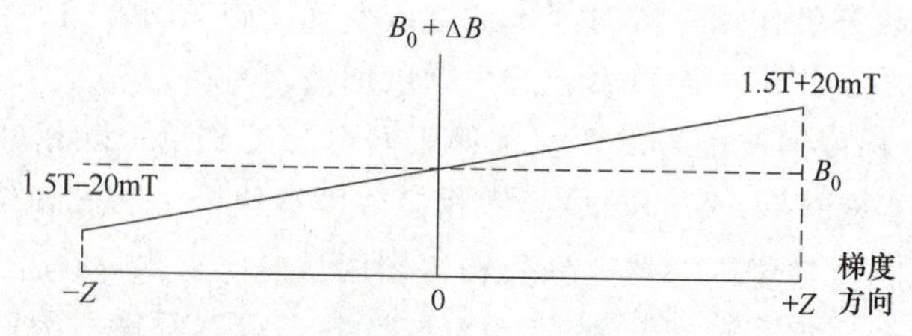

图 7-19　不同空间位置对应不同的梯度磁场

通过改变梯度磁场的强度，可以调整质子的进动频率，根据拉莫尔方程 $\omega=\gamma\times B'$，质子的进动频率不仅取决于静磁场 B_0 的强度，还受梯度磁场 ΔB 的影响，即 $B'=B_0+\Delta B$。由于不同位置质子的梯度磁场 ΔB 不同，因此磁场强度 B' 不同而具有不同的进动频率 ω，通过这种方式可以区分质子的具体位置。

梯度磁场的引入不仅帮助区分不同空间位置的质子，还能够加速平面内质子的失相位过程，磁场越不均匀，质子在水平方向散相速度越快，则 MRI 信号衰减得越迅速，信号的衰减程度与梯度磁场的强度呈正比。

（2）层方向定位　MRI 广泛用于断层扫描，精准的层面选择是实现有效成像的关键步骤。断层扫描首先需要选择具体的扫描层面，这包括方向、位置和厚度。例如在横轴位扫描中，如图 7-20 所示，使用梯度系统，Z 轴梯度线圈激活后，会形成从脚到头线性增大的梯度

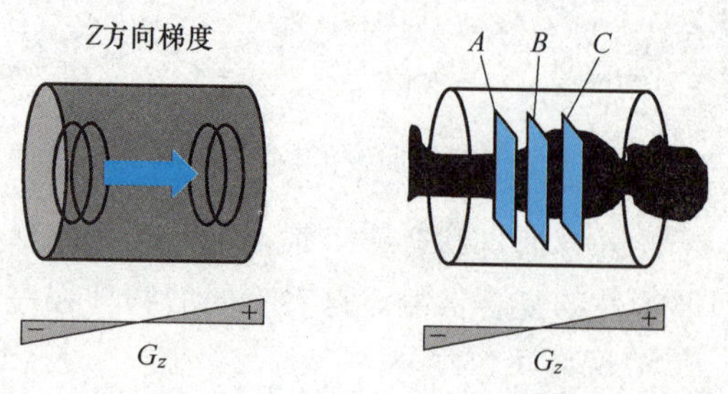

图 7-20　层面选择示意图

磁场。根据拉莫尔方程，不同层面的氢质子进动频率不同。通过匹配 RF 脉冲频率与特定层面的进动频率，可以选择性地激发该层的氢质子，从而生成信号。例如，设定 RF 脉冲的频率等于 ω_A，则只有 A 层面的质子会被激发。

MRI 技术支持在任何方位进行扫描，包括横轴位、矢状位和冠状位。通过同时激活多对梯度线圈并组合使用，还可以实现包括斜位在内的任意方向的层面选择（图 7-21）。这种灵活性正是 MRI 的显著优势之一。

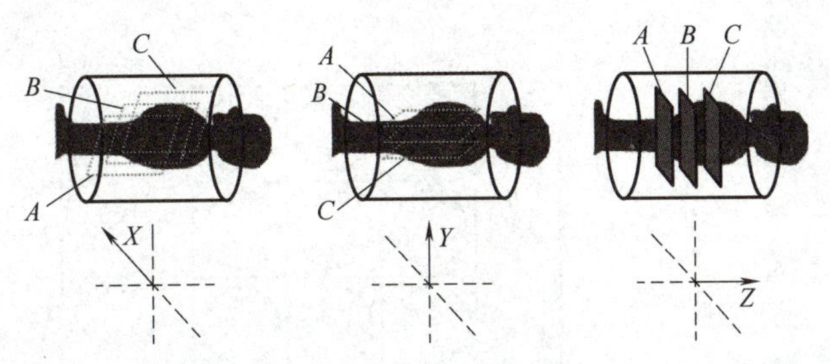

图 7-21　X、Y、Z 三个梯度磁场支持三个方向选层，组合使用可以进行任意方向选层

（3）平面内定位　在完成层面定位后，接下来需要在选定的二维平面内进行像素级的空间定位。这一步骤需要正确地应用梯度磁场，如果两个方向的梯度磁场同时作用，则会引起信号编码混乱。如图 7-22 所示，假设首先通过 Z 方向的层面选择梯度激发了一个特定层面，将一个三维体积切成了一个二维平面。接下来的步骤是在这个二维平面内进行质子的空间定位。理论上，如果同时在 X 方向和 Y 方向施加梯度磁场进行编码，由于质子所处的磁场强度是静磁场 B_0 与两个方向梯度磁场的叠加结果，这可能导致在 3×3 的矩阵中，不同空间位置的质子进动频率并不一一对应，甚至可能造成编码混乱，即不同空间位置的质子进动频率相同。

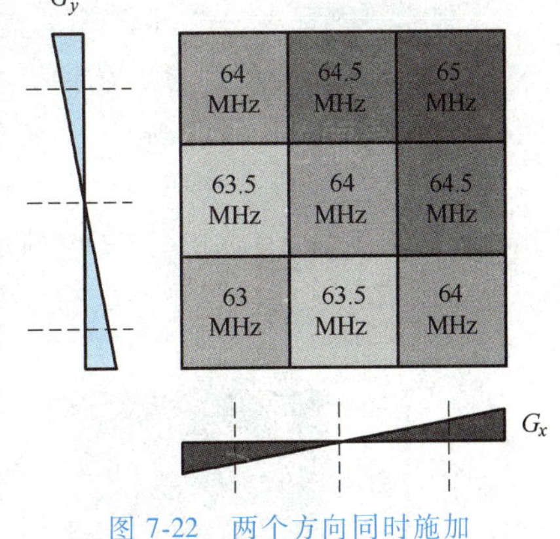

图 7-22　两个方向同时施加梯度造成编码混乱

因此，为了有效地进行空间定位，应该分别在两个方向进行编码。通常，将一个方向称为频率编码方向，而另一个方向则称为相位编码方向。

1）频率编码。在一个方向（如 X 方向）施加梯度磁场，从而形成质子进动频率的线性变化，这使得系统可以通过频率差异识别该方向的空间位置。如图 7-23 所示，在 X 方向施加频率编码梯度后，不同列的质子将呈现不同的进动频率，系统通过这些频率差异可以确定每列的具体位置。

2）相位编码。在完成频率编码后，对于剩下的一个方向还需要进行相位编码，这是实现完整二维空间定位的关键步骤。

相位编码主要是在信号采集前施加。与频率编码不同，相位编码梯度不在信号采集过程中持续存在，而是在每次信号采集之前短暂施加并随后关闭。这样做的目的是产生一个瞬间的梯度影响，使得不同行的质子在相位上产生差异，而不影响其进动频率的持续性。

如图 7-24 所示，在相位编码方向上（如 Y 方向），在每次信号采集前短暂打开相位编码

梯度 G_y。起初，所有质子的相位是相同的，当相位编码梯度施加后，不同行的质子因进动频率产生差异，经过时间 τ，它们的相位发生变化。随后关闭相位编码梯度，进动频率会恢复为初始的一致状态，相位差异却被保留下来。信号采集时，这些保留的相位差异使得不同行的质子可以被区分。

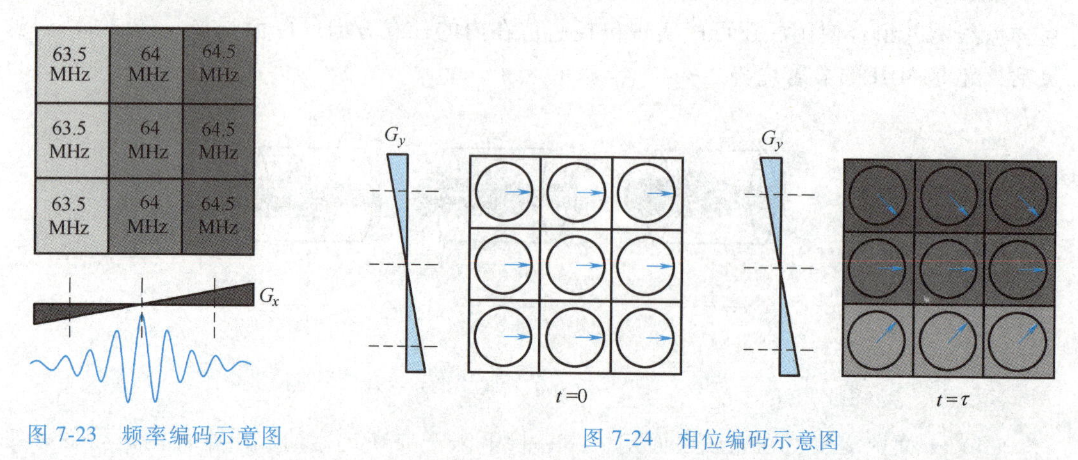

图 7-23　频率编码示意图

图 7-24　相位编码示意图

3）编码步骤。对于二维图像的空间定位，MRI 采用相位编码和频率编码的组合方法来区分平面内不同位置的像素。在频率编码方向，每个像素对应一个特定的频率；在相位编码方向，每个像素具有不同的相位（图 7-25）。

MRI 信号主要包含频率、相位和振幅等信息（图 7-26）。采集信号时，虽然可以使用傅里叶变换来解析频率信息，但相位的解析则相对复杂。因为相位不同的信号叠加后，只能得到一个相位信息，所以需要多次相位编码。

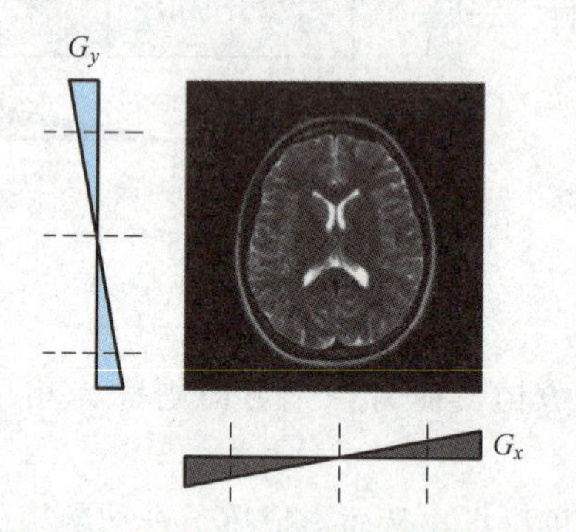

图 7-25　通过相位和频率编码实现平面内定位

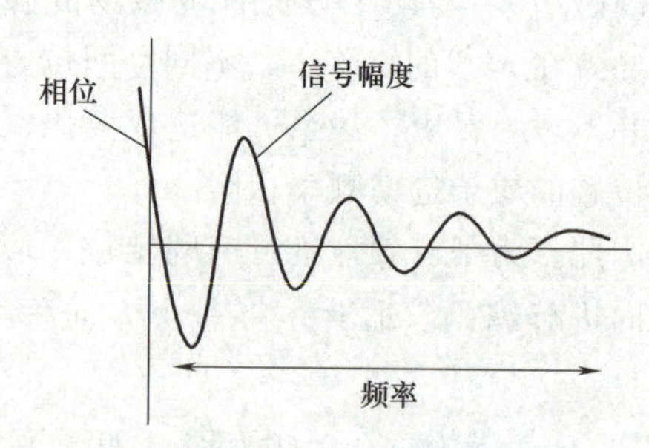

图 7-26　MRI 信号中的信息

如图 7-27 所示，在多次相位编码中，相位编码方向有多少个像素，就需要重复多少次。而每次相位编码的梯度强度都略有不同，以确保每次质子之间具有不同的相位差异。例如，对于一个 256×256 的图像，需要 256 次相位编码。每次编码调整梯度磁场的大小，而频率编码可以保持不变。经过这 256 次编码后，就获得了含有 256 个不同相位信息的信号，每个信号包含 256 个不同频率的信息。对所有信号进行傅里叶变换解析，可获得完整的二维频率与相位信息，从而对应到每个像素的空间位置。

需要注意的是，在标准的表示方法中，通常使用 G_s、G_ϕ、G_f 来分别代表层面选择梯度、相位编码梯度和频率编码梯度。只有进行头颅横断面扫描，才有选层梯度 G_s 对应 G_z，

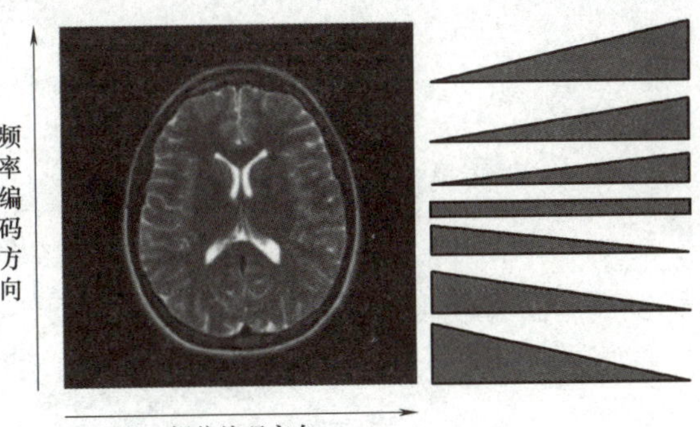

图 7-27 相位编码梯度的变化

相位编码梯度 G_ϕ 对应 G_y，频率编码梯度 G_f 对应 G_x。

6. K 空间

K 空间（K-space）是一种抽象的数学概念，也是 MRI 图像重建的一个关键概念，通常也称为傅里叶空间，它是存储 MRI 信号原始数据的虚拟空间。如图 7-28 所示，MRI 信号在经过模数转换器（A-D 转换）转化为数字信号之后，这些数据被存储于 K 空间。接着，对这些 K 空间中的数据应用傅里叶变换（Fourier Transform，FT），即可实现 MRI 图像的重建。其中，FT 过程是可以逆转的，即从 MRI 图像可以通过 FT 返回到 K 空间。

傅里叶变换是将时间或空间域的函数转换为频率域的函数的数学运算。在 MRI 中，采集到的信号包含了不同的频率成分，而傅里叶变换能够解析出这些复杂信号中的频率信息。

在 K 空间，原始数据本质上是一组频率数据。如图 7-29 所示，其中 K_x 和 K_y 是 K 空间的两个正交方向，分别代表频率编码和相位编码方向。每次 MRI 信号采集会获得一条图中的线，称为 K 空间线或相位编码线，这条线包含了多个频率信息和一个相位信息。

以重复时间 TR 为间隔，每进行一次相位编码采集，K 空间便相应地填充一步。当所有的相位编码步骤完成后，K 空间的填充也随之完成，此时就可重建出 MRI 图像。K 空间矩阵的大小由频率编码方向的采样点数 K_x 及相位编码步数 K_y 确定。而信号的振幅，即信号强度，反映在 MRI 图像中即为灰度高低。

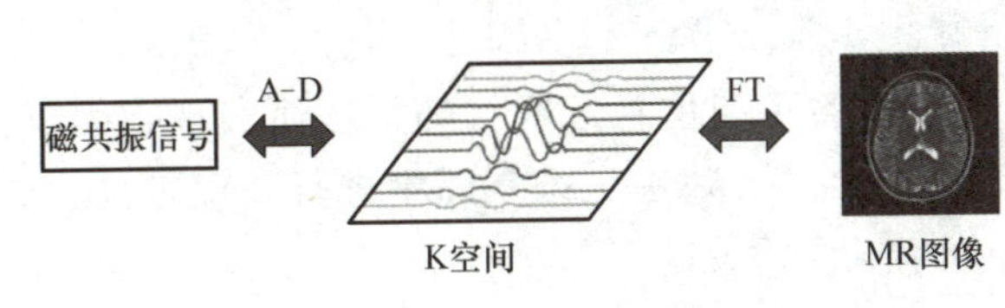

图 7-28 MRI 图像的重建

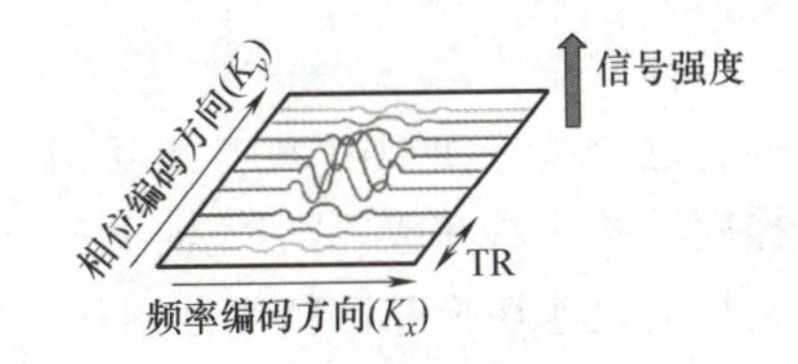

图 7-29 K 空间示意图

7.2.2 装备结构

如图 7-30 所示，图 7-30a 为 MRI 主机剖视图，图 7-30b 为梯度线圈示意图，G_x、G_y、G_z 分别代表读出、相位编码和层面选择方向的梯度磁场线圈。在使用 MRI 进行成像的过程中，成像对象被置入磁体后，MRI 诊断人员选定成像序列（硬件工作顺序）。在 CPU 控制下，MRI 主机组成硬件（各组线圈）按照预定时间顺序分别启动，并以不同的持续时间工作，最终获得不同对比度和不同速度的 MRI 图像。

1. 磁体系统

磁体系统负责生成一个强大且稳定的静态磁场，这是产生 NMR 现象的基础。磁体系统的性能直接影响成像的质量和效率。现代 MRI 装备使用的磁体通常为 1.5~3T，有些研究级别的装备甚至可达 5T 或 7T。强磁场能够显著提高图像的分辨率和质量。

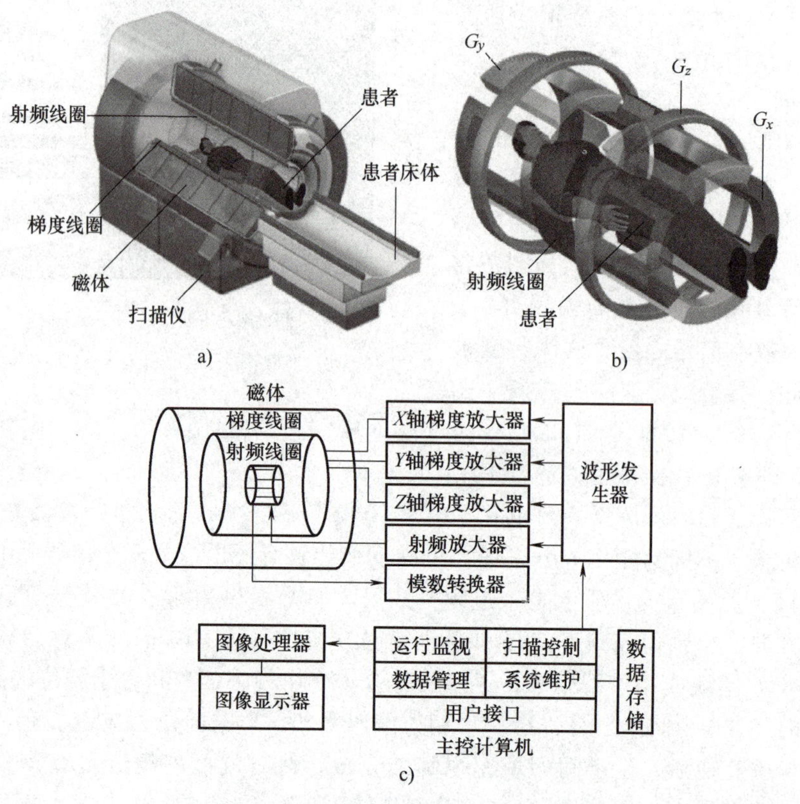

图 7-30　MRI 主机硬件组成与工作流程图

2. 梯度系统

梯度系统由一组梯度线圈构成，负责在主磁场中叠加一个线性变化的磁场，即梯度磁场。这个系统使 MRI 装备能够对被扫描区域内的不同位置进行编码，从而实现空间定位。梯度系统能够在 X、Y、Z 轴上独立地调节磁场强度，以在三维空间中进行精确定位。梯度磁场的快速切换和高精度控制是实现高分辨率成像的关键。

3. 射频系统

射频系统包括射频发射系统和射频接收系统。射频发射系统产生射频脉冲，来激发体内氢原子核的 NMR。射频接收系统则负责检测由体内原子核发射出的微弱 MRI 信号。这些信号经放大和处理后用于重建成像。

4. 谱仪系统

谱仪系统负责控制和协调 MRI 装备中各个组件的工作时序，以及各种波形和信号的产生、发送、接收与处理。谱仪的前端通常与运行用户操作系统软件的操作计算机相连，后端与各种功率放大器和辅助控制部件相连。

5. 控制台系统

控制台系统是操作员控制 MRI 装备进行扫描和图像重建的界面。它允许用户设置扫描参数、启动和停止扫描、查看扫描进度，以及进行图像的后处理。控制台通常包括计算机、显示器和输入设备。现代控制台系统通常配备有友好的用户界面和强大的数据处理能力，使得操作更加便捷和高效。

7.3 磁体系统的构造原理

7.3.1 磁场、电磁现象和人体磁化

1. 磁场与电磁现象

地球具有一个固有磁场，其磁性南北极在地理南北极附近。在这个地磁场的影响下，指南针能够指出地理方向。电与磁之间有着紧密的联系，例如，当电流通过导线时，导线周围会生成磁场，这会影响指南针的方向。导线的不同形状将产生不同类型的磁场。直线导线周围将形成圆环状磁场，而电流通过螺线管时，在其内部会产生一个均匀和平行的磁场（图 7-31）。MRI 技术就是基于这些原理，以创造一个均匀而稳定的磁场环境来进行成像（图 7-32）。

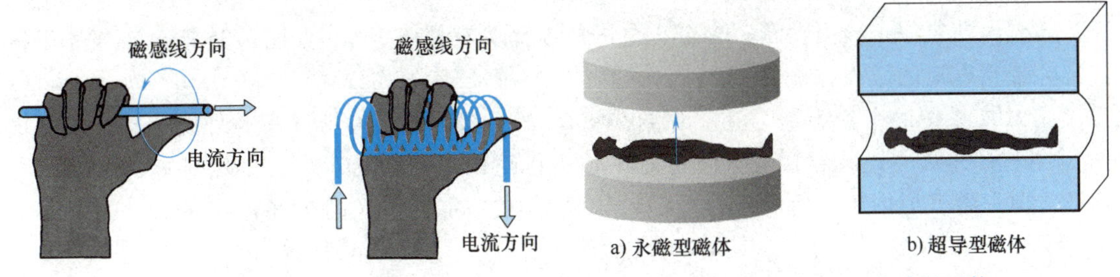

图 7-31 右手螺旋法则

图 7-32 MRI 系统中的磁体

磁场的强度用磁感应强度 B 表示，其单位是特斯拉（T）或高斯（Gs），1T 相当于 10000Gs。根据毕奥-萨伐尔定律，一条无限长的直导线通电 5A 时，导线 1cm 处的磁感应强度为 1 高斯。MRI 系统根据磁场的强度分为三个等级：高场、中场和低场。低场 MRI 的磁场强度不超过 0.3T，中场介于 0.3T 至 1.0T 之间，而高场则是超过 1.0T。

右手螺旋法则是一种常用于确定通电直导线周围磁场方向的方式。根据该法则，如果右手的拇指指向电流流动的方向，那么其余四指环绕直导线的方向即为磁场的方向。对于通电螺线管，其磁场方向与螺线管的轴线平行，可以通过右手握住螺线管并让四指指向电流方向来确定磁场方向。

磁场的改变能在导体中引发电流。当导线穿越磁力线时，导线的两端会出现电动势差；如果这条导线构成了一个闭环，并且磁通量发生变化，那么就会在导线中产生感应电流。该现象构成了电磁感应的基本原理，并且是理解电磁学的一个关键部分。值得注意的是，感应电流的强度与磁通量变化的速度成正比关系，即磁通量变化得越快，感应电流就越强（图 7-33）。

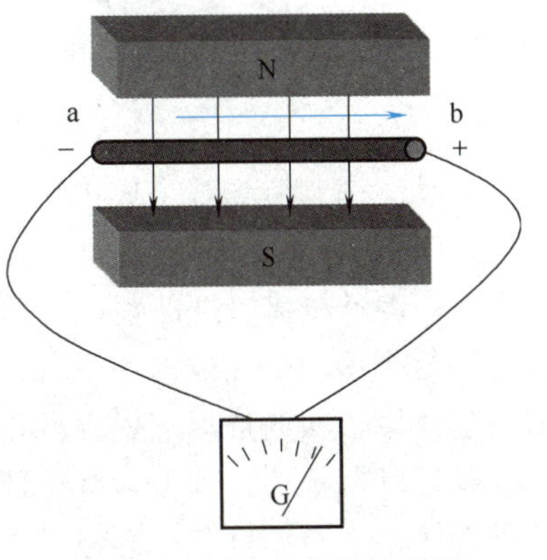

图 7-33 磁场中直导线切割磁力线产生感应电压

磁场会对小磁针施加力的作用，使其总是沿着磁力线排列并保持平衡状态。如果小磁针与磁力线成一定角度，受外部磁场影响的磁性物质将自动调整方向，直到

与磁力线平行。这体现了磁场与磁性物质之间的相互作用（图 7-34），有助于理解磁场与人体之间的作用。

MRI 系统按照磁场生成的方式可以分为常导型、永磁型和超导型。常导型 MRI 系统利用普通导电材料的电磁体产生磁场；永磁型系统通过永久磁体生成所需的磁场；而超导型 MRI 系统则使用超导材料在极低温条件下产生高强度的磁场。每种系统在设计、成本和操作方面各有优势和限制。磁体对人体的作用是 NMR 现象的基础，另外，MRI 序列的设计也与磁场强度密切相关。

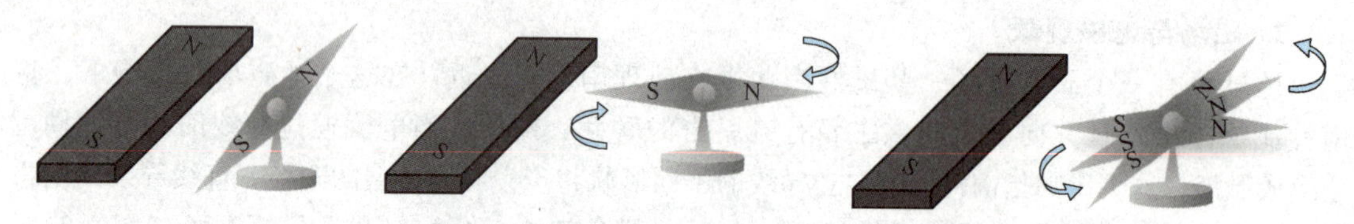

图 7-34 磁场环境下磁针沿磁力线取向

2. 磁场与氢原子核运动方式

人体内的氢原子核因含有一个带正电的质子而具有核磁矩 μ。如图 7-35 所示，氢原子核被视为带有磁矩的微小粒子。

在 MRI 系统的主磁场中，氢核沿主磁场 B_0 的方向排列。由于氢核的自旋运动，主磁场 B_0 对氢核产生磁力矩，导致氢核绕主磁场轴进行陀螺式的进动运动。虽然氢核的主轴与主磁场方向一致，但由于自旋，磁力矩方向与 B_0 存在一定夹角（图 7-36）。

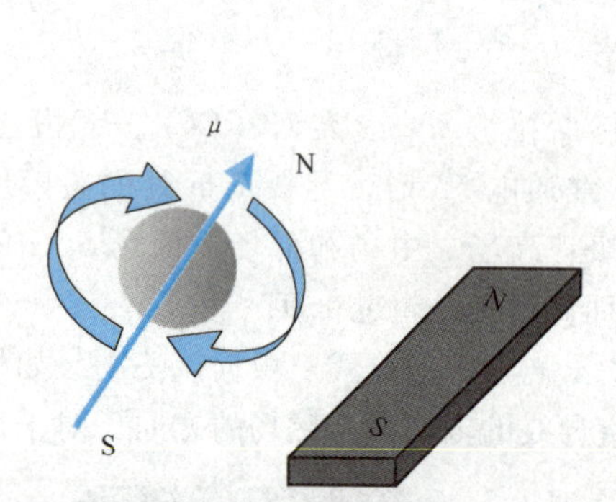

图 7-35 带正电的原子核自转会形成一个具有 N 极和 S 极的小磁棒的效果

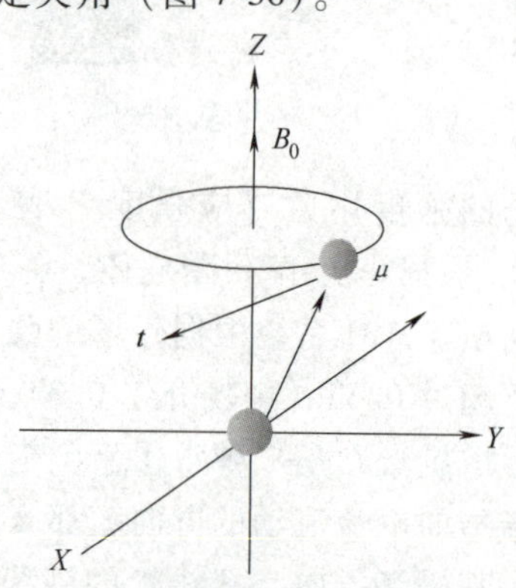

图 7-36 核磁矩 μ 在磁场 B_0 中受到磁力矩 t 的作用

进动频率与磁场强度成正比，这一现象由拉莫尔方程描述：

$$\omega = \gamma B_0 \tag{7-7}$$

式中，ω 表示拉莫尔进动频率（Larmor Frequency）；γ 为旋磁比（Gyromagentic Ratio）。在外加磁场的作用下，人体内的所有带有奇数正电荷的原子核，包括氢原子核，都会出现进动现象。这些原子核的进动频率遵循拉莫尔定律，即使它们的旋磁比有所不同。

除了氢原子核，其他含有奇数核子的原子核在磁场中同样显示出类似的特性，并且它们的进动频率亦遵循拉莫尔方程。表 7-4 列出了一些常见核子的旋磁比。而含有偶数核子的原子核通常不显示 NMR 现象，因为它们的自旋磁场会相互抵消。能够显示 NMR 现象的原子核只能是含有奇数核子的原子核，例如氢（^{1}H）、碳（^{13}C）、氟（^{19}F）、磷（^{31}P）等。

表 7-4 不同场强的进动频率

原子核	进动频率/MHz				
	旋磁比 γ/(MHz/T)	场强(0.2T)	场强(0.5T)	场强(1.0T)	场强(1.5T)
^{1}H	42.58	8.50	21.30	42.60	63.90
^{13}C	10.17	2.14	5.35	10.73	16.10
^{19}F	40.04	8.01	20.03	40.10	60.10
^{31}P	17.24	5.05	8.62	17.26	25.90

核磁矩的进动运动可以类比为环形电流，会在局部区域产生磁场（图 7-37）。在磁场环境中，人体内的氢核可被视为一个微小的磁针。当进入磁场后，氢核将按照磁力线的方向排列，其进动轴与外加磁场平行。不过，氢核的方向可以是沿着磁力线的正向（$+m$）或者反向（$-m$）排列（图 7-38）。

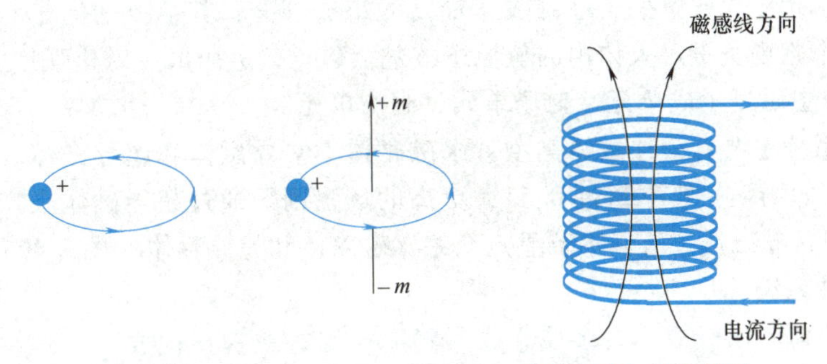

图 7-37 带正电的核磁矩进动时产生类似环形电流的效果

当处于顺磁力线（$+m$）方向时，核磁矩的数量较多，从而在此方向形成了净磁化强度矢量 $\boldsymbol{M}_0$（图 7-38）。随着外磁场强度的增加，$+m$ 与 $-m$ 之间的数量差异扩大，导致进动频率 ω 提高，并增强了局部磁场强度 $\boldsymbol{M}'$，进而使 $\boldsymbol{M}_0$ 增强。MRI 测量的核心对象即为净磁化强度矢量 $\boldsymbol{M}_0$，因此，在高磁场的环境中，体素的信号强度得以增强，从而显著提升了图像的信噪比（SNR）和整体图像质量。这也是 MRI 设备通常采用高场强磁体的原因。

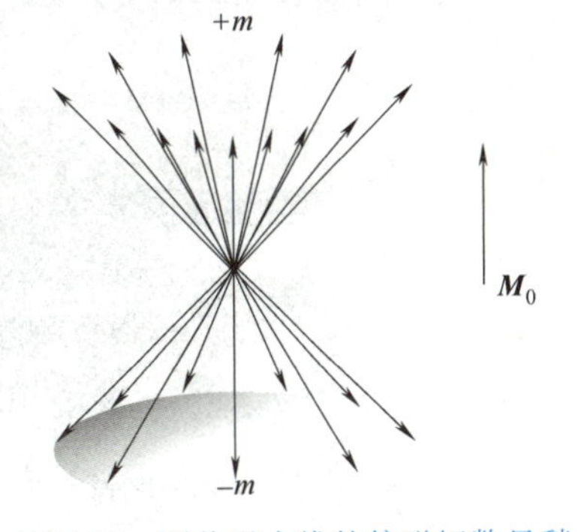

图 7-38 顺着磁力线的核磁矩数目稍多于逆着主磁场方向的核磁矩

3. 磁化强度矢量 $\boldsymbol{M}_0$

在数字医学影像技术中，体素是图像的基本单元。如图 7-39 所示，体素内的信号强度是图像表现的关键决定因素。例如，在 CT 成像中，体素吸收 X 射线的程度直接影响信号强度和图像对比度；而在 MRI 成像中，主要的测量对象是磁化强度矢量 $\boldsymbol{M}_0$。$\boldsymbol{M}_0$ 是一个具有明确大小和方向的矢量，与之对比的是，质子密度则表现为一个标量。在大部分 MRI 成像序列中，图像的信号强度和对比度反映的本质即为 $\boldsymbol{M}_0$ 的物理属性，包括质子密度、横向弛豫时间（T_2）、纵向弛豫时间（T_1）、扩散等。

对于单位体素内的氢原子核（核磁矩），在外磁场的作用下会沿顺磁力线方向和逆磁力线方向排列，形成该体素的磁化强度矢量 $\boldsymbol{M}_0$。在均匀的外界磁场中，体素内的质子数量会

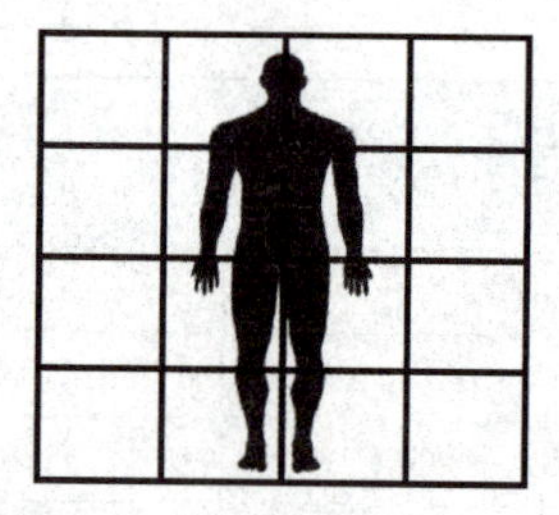

图 7-39 MRI 成像将人体分割为多个大小相同的一定体积的单元

影响高低能级的核磁矩差异。含水分子较多的组织中，核磁矩数量较多，顺磁和逆磁排列的核磁矩数目差异较大，因此 $\boldsymbol{M}_0$ 较大，相应的信号强度也较高。

7.3.2 磁体系统分类与评价指标

磁体系统是 MRI 设备中最核心且成本最高的组成部分，其主要功能是产生一个均匀的主磁场 B_0。这个磁场负责对人体内的氢原子核进行磁化，进而形成磁化强度矢量 $\boldsymbol{M}_0$。磁体系统主要包括：主磁场生成单元、匀场单元、制冷单元等。

目前 MRI 系统主要有三种磁体类型：永磁磁体、常导磁体和超导磁体。其中永磁磁体和常导磁体产生的场强一般不超过 0.5T，更高的场强则需通过超导磁体来产生。由于目前临床上很少使用常导磁体，所以本节重点介绍永磁磁体和超导磁体（图 7-40）。

1. 永磁磁体系统

（1）永磁磁体　永磁磁体由多块永磁材料通过堆叠或拼接构成，其磁块的排列需满足成像空间的需求，并需要确保磁场的均匀性。永磁磁体的主要优点在于其不需要电力供应和制冷系统，从而大大降低了日常维护的成本。

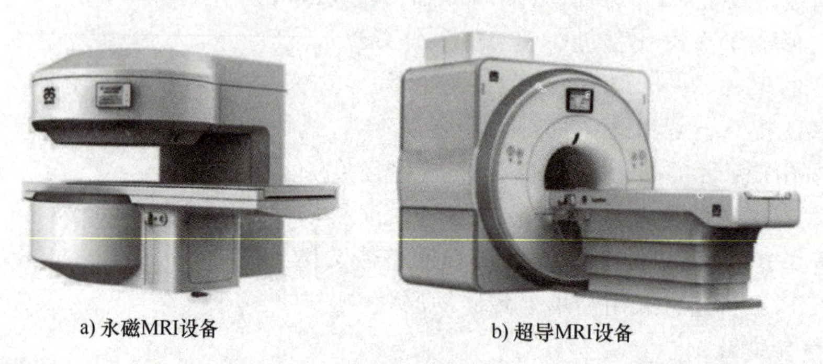

a) 永磁MRI设备　　b) 超导MRI设备

图 7-40 MRI 设备

设计永磁磁体的关键在于磁路的设计，其决定了磁场的强度、磁材料的选择、磁体的重量以及体积等关键因素。磁体内部的磁钢材料通常安装在钢制框架的上下梁内侧，磁感线垂直地从一个极面穿过内腔到另一极面，并沿侧钢梁返回，这样的布局能够将周围的杂散磁场尽可能减小。另外，在路径中间的磁感线会向外凸出，为了提升磁场的均匀度，设计过程中需要调整磁极表面的形状或使用较弱的磁块来限制磁感线的扩散。在永磁磁体的设计中，经常利用有限元计算方法来优化设计参数。

在设计完成后，通过专门的工装、制造工艺和调试工艺完成磁体制造。磁钢材料一般选用钕铁硼，扼铁材料一般选用低碳铸钢。为了防止涡流在磁体中形成大回路，去涡流材料一般选用电阻率高且磁导率优良的硅钢片或非晶材料，并采用片状结构，涂有绝缘漆。随着技术的进步，磁体的结构也从传统的四柱形式演变到对称双柱，然后发展为目前常见的非对称双柱和C形开放式磁体。永磁磁体的磁场方向一般为垂直方向，如图7-41所示。

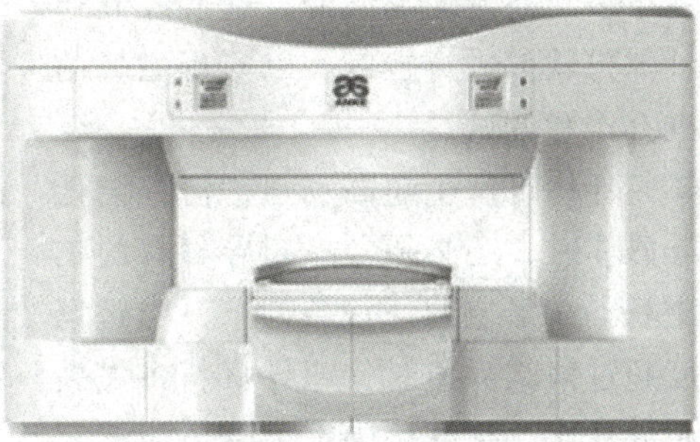

图7-41　典型的双柱形永磁磁体

（2）永磁磁体主要参数　永磁磁体的主要参数包括以下几点：

1）主磁场强度。这是表征磁体性能的最基本参数。

2）磁场均匀性及其均匀区大小。均匀性越差，影像质量则越低。

3）磁场稳定性。反映磁体材料受环境影响的程度。

4）磁体开口尺寸。即有效孔径，决定了可容纳的检查对象大小。

5）重量和体积。重量和体积越小，磁体的成本越低，但场强也越低。

6）散逸磁场。指的是磁体周围的磁场强度，需控制在一定范围内以保证安全。

7）剩磁。这是永磁磁体的特性，根据磁滞曲线，磁性材料的充放磁是非线性的，从而在施加梯度磁场时产生剩磁现象，对快速成像序列的影响尤为严重。

（3）日常维护　永磁磁体的维护较为简单，将磁体置于带有空调的屏蔽室中，仅需确保温控单元的正常运作以及室内温度和湿度的稳定，便可满足使用需求。此外，所有MRI系统都需要考虑屏蔽室周边环境的因素。铁磁性物质的存在可能导致图像出现伪影，同时，电缆和变压器等设备产生的电磁干扰也会对图像质量产生影响。

永磁磁体的造价较低，对于大部分诊断用途的成像质量足够高，能耗低，维护成本低，漏磁场小，可以在较小的空间内进行安装，其材料还可以回收利用。然而，永磁磁体的缺点主要在于磁场强度受限和重量较重。最近几年，由于成本效益高，低场开放型永磁MRI系统越来越受到市场的青睐。这种偏好不仅源于成本效率，还得益于设备制造商在提升磁场均匀性和稳定性、优化图像处理算法等方面持续的技术创新和改进，极大地增强了图像的质量。

2. 超导磁体系统

超导磁体系统可分为两大类：传统的圆柱形超导磁体和开放式超导磁体。超导磁体系统主要由主磁场产生单元、匀场单元以及制冷单元组成。其中，主磁场产生单元主要包括超导主线圈和超导磁屏蔽线圈；匀场单元则由超导匀场线圈构成，并可能搭配有无源匀场贴片；制冷单元包含杜瓦、冷屏以及冷头等。

随着MRI技术的不断发展，超导磁体的结构也经历了重大的改进。早期超导磁体设计已逐步被现代更加紧凑的设计所取代，大幅缩短磁体的长度，从而降低了成本，提高了患者在扫描过程中的舒适度，还有效减少了患者幽闭恐惧症的发作概率。目前典型的磁体总体结构如图7-42所示。

（1）主磁场产生单元　圆柱形超导磁体的主超导线圈一般由多个平行排列、采用螺线管设计的线圈组成。为了解决螺线管线圈在靠近两端部分磁场减弱的问题，设计中通常会在两端区域增加线圈数量以加强磁场，这样有助于提升整体磁场的均匀性。此外，磁体内部还

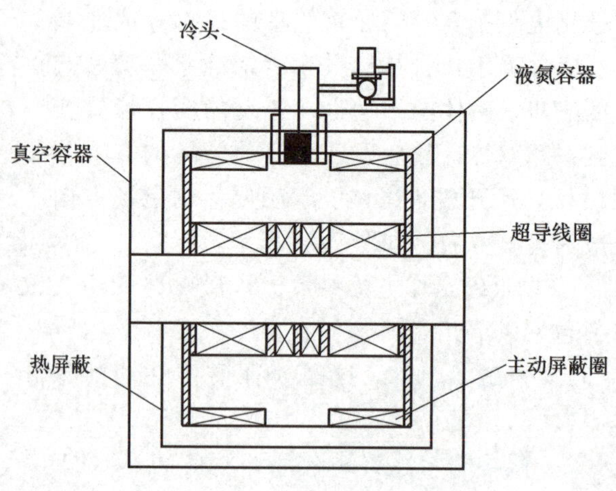

图 7-42　目前典型的磁体总体结构

配备了多组高阶匀场线圈，这些线圈通过计算机软件进行控制，以实现磁场的精准补偿和调试。

超导体可产生超高场强，但在设计超导磁体时，还必须考虑超导材料的临界磁场。在给定的环境条件下，当磁场强度超过该临界值时，超导材料将失去其超导性质，这直接决定了磁体能够实现的最大磁场强度。

（2）匀场单元　虽然超导磁体的主线圈设计精确，但在其制造和使用过程中还是会存在多种因素可能会影响到磁场的均匀性。这些因素主要包括：绕制过程中的工艺误差、材料在冷却过程中的热胀冷缩现象，以及励磁过程中超导线圈承受的力学应力，这些因素都可能导致线圈的几何位置出现畸变。同时，磁体周围的铁磁性材料的存在也可能对磁场产生干扰。

为了优化磁场的均匀性，超导磁体一般采用两种匀场补偿方法：无源匀场贴片补偿和主动匀场补偿。无源匀场贴片是一种成本相对较低且操作简单的方法，适合用于需要进行小范围磁场调整的情况，一般通过软件计算磁体内侧需要贴片的位置和数量，再安装贴片，是一种被动匀场过程。相比之下，主动匀场补偿则具有更高的灵活性和精确性，通过软件动态控制高阶匀场补偿线圈，可以随时进行匀场调节。

（3）制冷单元　MRI 系统中的超导磁体放置在一个低温真空容器中，其中真空夹层的设计和制造质量对设备的运行成本和性能有着直接的影响。真空夹层采用多层超绝缘材料并维持真空状态，有效减少了通过传导、对流和辐射方式的热量传递，从而减缓液氦的损耗，降低运行成本。同时，为进一步降低热损失，支架和蒸发管等关键部件选用了低导热性能的材料。

超导 MRI 的冷却系统包括冷头、氦压缩机和水冷机组等部件，这套系统不断为磁体提供所需的冷量，维持其在低温超导状态下运作。此外，冷却系统还为梯度线圈及梯度射频放大器等关键部件提供冷却水，确保设备在长时间运行中的性能稳定。相比之下，低场 MRI 设备通常采用永磁磁体，一般仅需要为梯度线圈配置水冷系统，而其他部件的散热依赖于风冷系统。

3. 磁体的评价指标

近年来，MRI 系统磁体的发展主要集中在超导和永磁这两个方向。超导 MRI 能够实现更高的磁场强度，而永磁 MRI 则具有高成本效益和开放性等优势。磁体系统的评估通常基于以下五个核心指标：

（1）磁场强度　以特斯拉（T）为单位，磁场的强度是评价 MRI 设备性能的关键因素。磁场越强，所得图像的质量和信噪比越高，磁场强度与图像信噪比近乎成正比。我国是永磁体所用稀土材料的主要产地，并在永磁 MRI 系统的自主研发方面取得一定成就。

（2）磁场均匀性　以百万分之几（ppm）为单位，更高磁场均匀性意味着更高的制造成本和更优的图像质量。

(3) 磁场的稳定性 以百万分之几每小时（ppm/h）计，指的是磁场在受到外界干扰（如铁磁性物质接近、匀场电源漂移等）时的变化率。超导磁体通常在持续电流模式下运行以确保磁场随时间的稳定性。相比之下，永磁体由于温度稳定性较差，需依赖温控回路来维持稳定性。

(4) 磁体开放度 磁体孔径和间隙分别反映了超导磁体和永磁磁体的有效检查空间，并直接关系到患者的舒适度。永磁磁体的开放度通过磁体间隙来表示，即安装外罩后为患者留下的有效空间，在开放度上具有显著优势。而超导磁体的设计也趋向于更短的磁体和更大的孔径，从而提供更大的开放度。

(5) 主磁体的有效范围和逸散度 主磁体的有效范围是指磁极之间的有效距离。逸散度则描述磁场对周围铁磁性物质的影响程度，通常需要采取特定的屏蔽措施来控制。

7.4 射频系统的构造原理

射频系统是MRI装备中的关键部件，主要承担着发射和接收射频波的重要任务。它通过射频脉冲激发人体内的氢原子核，使之达到高能状态。当这些氢原子核恢复到基础状态时，射频系统便会捕捉到相应的信号，这些信号是图像重建的信息来源。射频系统的性能直接决定了成像的对比度、清晰度和速度，没有射频系统的支持，MRI系统将无法触发氢原子核的激发，也无法接收到成像信号，因而无法进行成像任务。

7.4.1 射频系统的原理

射频（Radio Frequency）在MRI系统中的主要功能是促使体内的氢原子核从较低的能量状态迁移到较高的能量状态。当射频脉冲停止后，这些氢原子核会逐渐恢复到它们的原始能量状态，并在这个过程中放出能量，形成可被检测的信号。MRI系统接收这些信号，并分析其强度和相位，来重建出体内结构和功能的详细图像。

1. 射频系统的工作基本原理

由于磁化强度矢量 $\boldsymbol{M}_0$ 的强度显著低于主磁场，必须使用与共振频率相匹配的射频脉冲，这样的脉冲能将 $\boldsymbol{M}_0$ 偏转至垂直于主磁场的方向进行测量。当 $\boldsymbol{M}_0$ 向 XY 平面翻转并穿过感应线圈时，便会生成一个可以检测的电信号，信号的强度与 $\boldsymbol{M}_0$ 的大小成正比。因此，施加射频脉冲是实现 $\boldsymbol{M}_0$ 翻转并激活感应线圈，从而产生电信号的关键步骤。在任何成像序列中，MRI系统都要首先启动射频线圈来测量 $\boldsymbol{M}_0$。

射频作为电磁波的一种形式，具有电磁波的典型特征，包括波长、频率、强度（又称振幅）、相位、带宽等属性。射频在电视信号传输、手机通信等多种应用领域得到了广泛的应用，其频率介于300kHz到30GHz之间，也是无线电波频谱中的一部分。

2. 射频系统中的射频产生

当按照预定的设计将交变电流以特定频率通过线圈输入时，线圈内部将出现周期性的电流变化。根据右手螺旋法则，线圈中会产生一个与电流频率相同的交变磁场 B_1，其变化情况如图 7-43 所示。在 B_1 的作用下，磁化矢量 $\boldsymbol{M}_0$ 发生偏转，磁化矢量与感应线圈相交，进而产生感应电流。

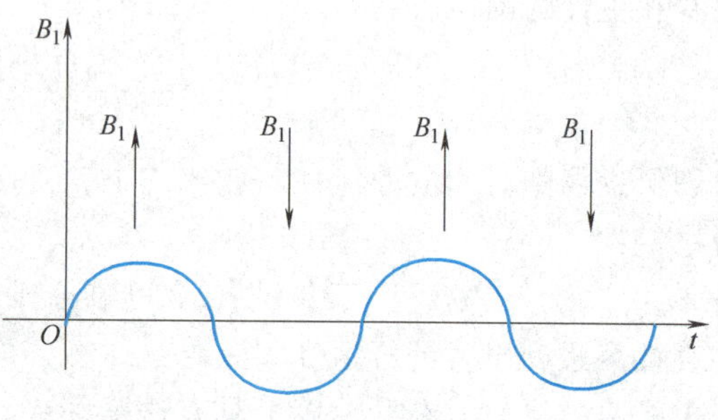

图 7-43　电磁波中交变的磁场示意图

射频线圈的种类不同，其产生的 B_1 磁场在频率和其他特性上也存在差异（图 7-44）。

B_1 磁场特征包括中心频率、振幅和带宽，这些参数在 MRI 中至关重要，影响着空间定位和图像的对比度。B_1 磁场通常以脉冲形式用于成像过程，其中脉冲的持续时间和间隔决定了射频在频率域中的带宽以及其波形的特性，如图 7-45 所示。射频脉冲存在多种类别，涵盖从基本的矩形脉冲到复杂的 SINC 脉冲、Shinnar-Le Roux 脉冲和变速脉冲等。在 MRI 中，常用的射频脉冲类型包括温和的软脉冲和强度较高的硬脉冲。

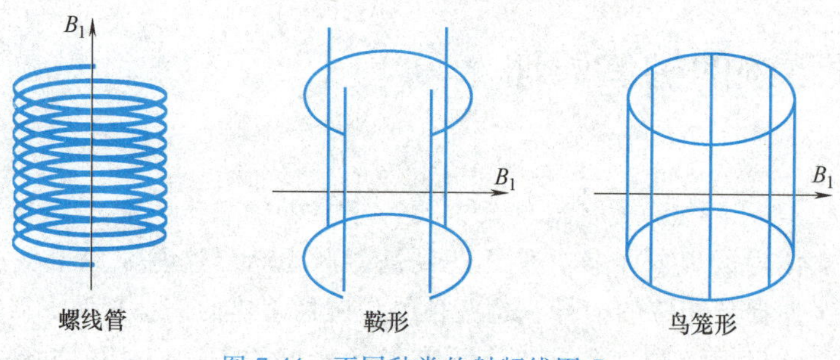

图 7-44　不同种类的射频线圈 B_1

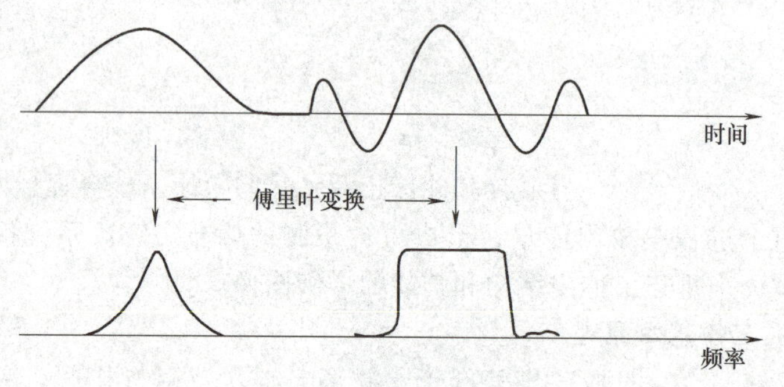

图 7-45　频率域的带宽图和波形图

针对矩阵脉冲，随着持续时间 t_w 的增加，其在频率域中的 $1/t_w$ 值减小，其频率域的波形与 X 轴的交点降低。针对理论上无限长的 SINC 脉冲，其频率域表现为完美的矩形波形。根据傅里叶变换的原理，脉冲的持续时间越长，频率域的 $1/t_w$ 值越接近坐标原点，这意味着更窄的带宽，这种类型的脉冲被称为软脉冲，因为它能在特定的频率范围内维持较稳定的射频强度，如图 7-46 所示，其正弦函数射频脉冲在频率域形成矩形波形。理论上，为了形成完美的矩形波形，B_1 的强度在频率中心两侧应无限延伸，但实际中由于硬件的限制，时域波形的缩短通常会导致频率域波形的畸变。

硬脉冲往往脉冲持续时间较短，$1/t_w$ 的值较大，扩展了射频激发的频率范围。这类射频脉冲不针对特定区域，往往用于同时激发线圈中的多种组织，因此它们在三维成像技术中

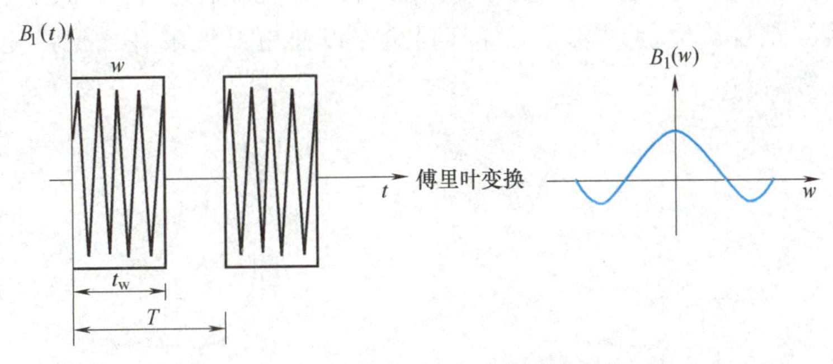

图 7-46　软脉冲 SINC 函数波形变化

更加有效，被称为非选择性射频脉冲。其对多种频率的覆盖能力使得硬脉冲具备实现更加全面且均匀成像的能力。

3. 射频系统中的射频与磁化强度矢量 M_0

射频（RF）的效果取决于两个主要因素：首先，RF 的频率必须与目标原子核的拉莫尔频率相匹配；其次，RF 线圈生成的 B_1 磁场须与主磁场 B_0 相互垂直。如图 7-43，RF 线圈生成的交变磁场呈线偏振形态，这种线偏振的电磁波可以进一步分解为两个旋转方向相反，但大小相等的圆偏振波。这种波的叠加和分解构成了 MRI 的基础。

在 B_0 的影响下，M_0 在 B_1 的作用下将重新定向以适应 B_1 的方向，随着 B_1 以 ω 频率进行旋转，M_0 也会向 XY 平面按照图 7-47 所示路径移动。此外，当体素内的核磁矩受到射频圆偏振波的影响时，其在两个相反圆锥上的分布变得不均匀，如图 7-47 右图所示。当射频波的频率与核磁矩的进动频率相匹配时，才会观察到这种分布的改变。

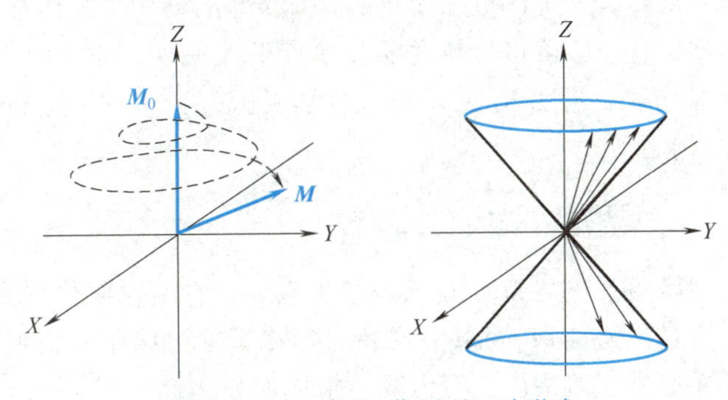

图 7-47　M_0 在 B_1 作用下运动形式

4. 射频系统中的射频翻转角与旋转生标系

在射频（RF）激发的影响下，所有核磁矩向量的和在 XY 平面上形成分量 M_{xy}，同时 Z 轴上保留分量 M_z。随射频强度的增强或作用时间的延长，这两个分量的值发生改变。射频作为一种携带能量的电磁波，其影响符合量子理论：特定频率的射频对体素中氢质子产生作用，低能级质子吸收能量并跃迁至高能级，从而减小了低能级与高能级质子数量的差异，引起 M_0 的减小。在射频磁场 B_1（沿 X 轴方向）的作用下，M_0 朝 Y 轴偏转，在 XY 平面形成的分量 M_{xy} 逐渐增大。

翻转角（Flip Angle，FA）为 XY 平面上形成的 M_{xy} 分量与 Z 轴上的 M_z 分量的合成向量与主磁场 B_0 之间的夹角。这个角度反映了射频脉冲对核磁矩向量的影响程度。当核磁矩在主磁场中以特定的拉莫尔频率旋转时，从系统外部观察到的核磁矩的变化如图 7-48a 所示。在射频脉冲初始相位设置在 X 轴的情况下，当射频脉施加在 XY 平面上时，M_0 在 B_0 的作用下继续围绕 B_0 旋转，同时 B_1 按照正弦或余弦波形变化。这种变化与线偏振向圆偏振的转换有关，圆偏振的 B_1 在 XY 平面内以拉莫尔频率旋转，引起 $\boldsymbol{M}_0$ 类似于旋转摇摆的动态效应。这种动态过程需要结合旋转坐标系进行详细讨论，以便更好地解释磁化强度矢量的动态变化，如图 7-48b 所示。

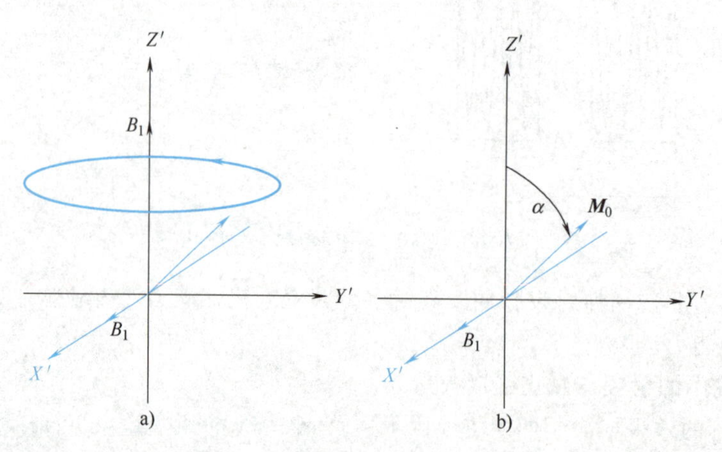

图 7-48　旋转坐标系

在旋转坐标系中，如果将观察者设定在系统的 X 轴位置，当 B_1 以氢质子的拉莫尔进动频率旋转时，可以更加简化的描述 $\boldsymbol{M}_0$ 的动作。具体来说，主要表现为 $\boldsymbol{M}_0$ 从 Z 轴向 Y 轴的偏移，这意味着该偏转主要在垂直于 X 轴和 Z 轴的平面上进行。偏转角度 θ 是射频作用时间 T 和射频强度 B_1 的函数，数学表达为 $\theta=B_1T$。这种情况下，可以更加直观且简易的分析 $\boldsymbol{M}_0$ 的运动。

7.4.2　射频系统的组成

射频系统在 MRI 技术中至关重要，它的主要作用是激活并捕获 MRI 信号。射频系统通过使磁化矢量 $\boldsymbol{M}_0$ 翻转并在特定频率下穿过线圈，实现 $\boldsymbol{M}_0$ 的动态变化监测，从而捕获产生 MRI 信号。该系统主要由两个组成部分构成：

（1）射频发射系统　由发射线圈和发射通道组成。发射线圈生成与主磁场 B_0 垂直的高频射频磁场 B_1，此磁场用于激发被检测的生物体或样品产生可测量的磁化强度矢量。发射通道包括发射控制器、混频器、衰减器、功率放大器和转换开关等关键组件，这些设备确保射频系统在拉莫尔进动频率范围内有效运行，并保障信号的有效接收。发射通道由发射控制器、混频器、衰减器功率放大器、发射及接收转换开关等组成，用以保证射频发射系统在拉莫尔进动频率范围内高效率工作。

（2）射频接收系统　由接收线圈和接收通道两部分组成。接收线圈的主要职责是捕获处于激发状态的样品释放的 MRI 信号，并确保这些信号被有效地接收。此外，接收线圈与主磁场 B_0 呈垂直排列，这一设计提高了信号的接收效率。接收通道包括低噪声放大器、衰减器、滤波器、相位检测器和 A-D 转换器等关键元件，这些设备共同工作处理原始信号，支持计算机进行 MRI 图像的精确重建。这种配置确保了从接收到的 MRI 信号中获得高质量的图像数据。

射频发射和接收线圈之间的功能切换通过转换开关实现。为了优化系统性能，绝大部分 MRI 系统都配置了独立的发射和接收线圈。系统的初步设计和功能布局如图 7-49 所示。

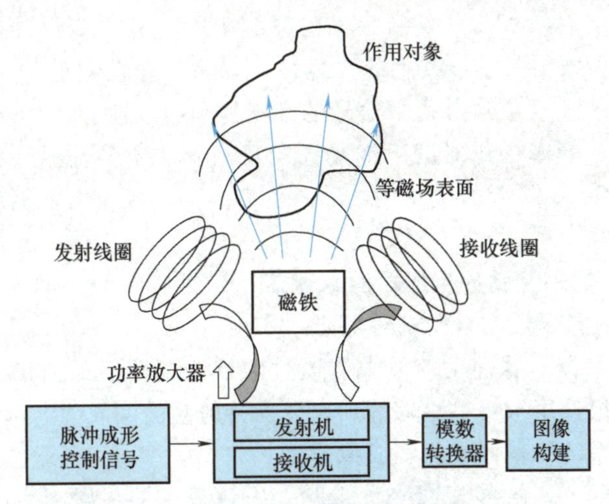

图 7-49　射频发射系统结构

随着数字电路和数字频率技术的发展，现代射频系统采用数字频率合成和数字接收的方式，简化了电路，提高了系统性能。典型的数字射频系统框图如图 7-50 所示。

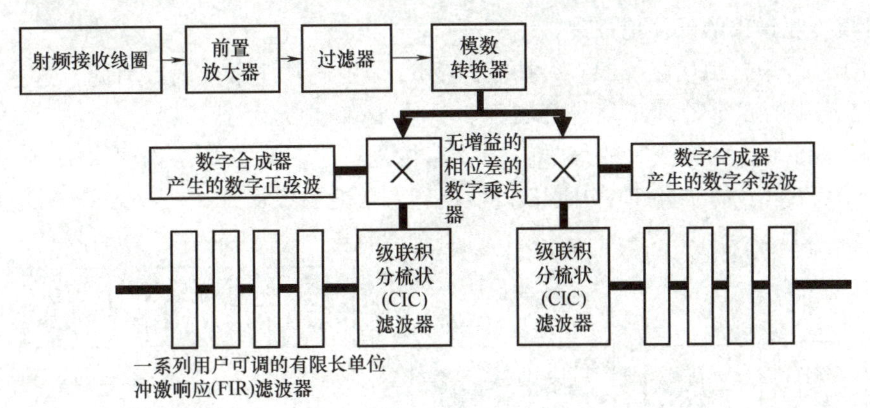

图 7-50　数字射频系统框图

1. 射频发射系统的硬件组成

射频发射系统由多个精密组件组成，包括射频振荡器、频率合成器、滤波放大器、波形调制器、阻抗匹配网络以及射频发射线圈，用于生成和发送射频脉冲。如图 7-51 所示，该系统用于产生特定频率的射频脉冲，这些脉冲将激发体内氢原子核使其达到高能态。同时，该系统还精确地控制成像序列中射频脉冲的时序，以确保达到预期的成像效果和对比度。该系统对于维护图像的质量、对比度和扫描效率起着至关重要的作用。

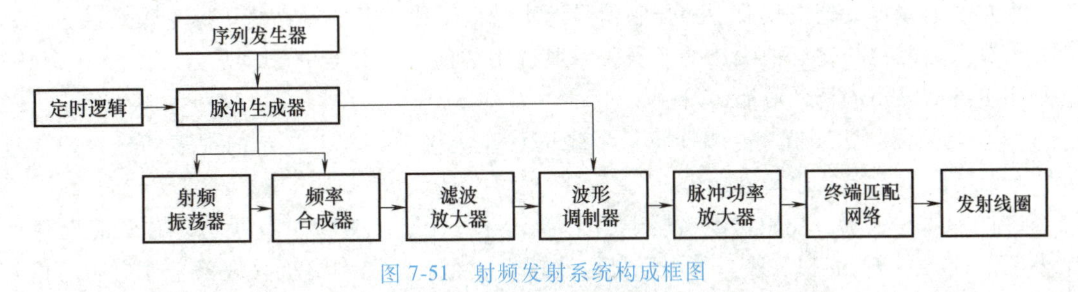

图 7-51　射频发射系统构成框图

（1）射频振荡器　射频振荡器是射频发射系统中的核心，能提供稳定的射频电源和脉冲程序器的时钟信号，以确保信号频率的稳定性。通常，振荡器的输出电压为1V_{p-p}，稳定性达到0.1~0.01ppm，实现成像过程中信号的准确性和一致性。

（2）频率合成器　频率合成器用于生成稳定且精确的射频信号，包括中频信号、与中频混频的信号、具有90°相位差的中频信号以及控制整个射频部分的时钟信号，确保系统精度和稳定性。

（3）RF波形调制器　在脉冲生成器的脉冲信号控制下，产生RF脉冲序列所需的波形，并将波形多级放大以提高幅度，满足成像需求。

（4）脉冲功率放大器　脉冲功率放大器通过阻抗匹配网络的协助，确保信号能有效地传输至射频线圈。该组件用于提供足够的功率以支持射频波的发射，满足成像过程中的技术需求，从而确保发射系统的整体效能和成像质量。

（5）阻抗匹配网络　阻抗匹配网络用于匹配射频放大器、射频线圈和低噪声放大器的阻抗，确保最大功率传输并最小化信号损失，同时进行协调发射与接收。

（6）射频发射线圈　射频发射线圈将射频信号转换为电磁波，以实现对体内样本的激发并形成MRI信号。

2. 射频接收系统的硬件组成

在MRI系统中，由接收线圈直接捕获的MRI信号通常非常微弱。因此，这些信号需要经过接收通道中的多个处理步骤进行增强，具体步骤包括放大、混频、滤波、检波和A-D转换。在此基础上，将增强后的信号输入计算机进行进一步处理。如图7-52所示的流程，这一流程确保了信号的质量和可用性，以便进行有效的图像重建。

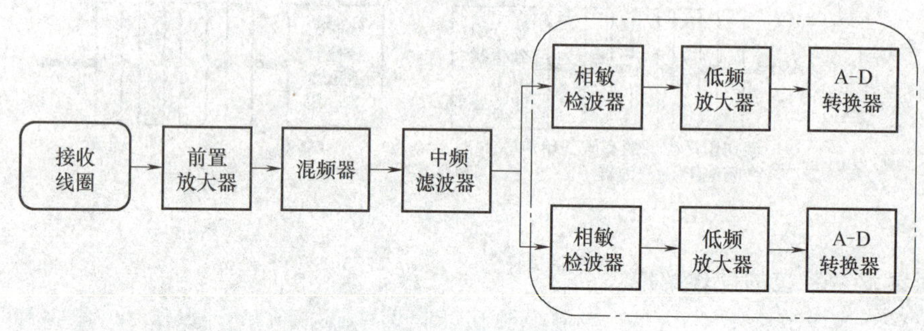

图7-52　接收通道框图

（1）射频接收线圈　射频接收线圈的主要功能是将被扫描体发出的MRI信号转换为电信号。

（2）前置放大器　前置放大器的作用是放大接收到的信号，同时尽可能减少额外的噪声。理想的前置放大器应仅放大信号和信号源本身的噪声。其关键性能指标是噪声系数，其定义为输入信噪比与输出信噪比的比值。一般选用的前置放大器的噪声系数应小于0.5 dB，常采用本身低噪声的场效应晶体管。

（3）混频器与滤波器　混频器将信号频谱移动到中频，获得稳定的中频信号，并通过滤波电路滤除不需要的频率组合。

（4）相敏检波器　相敏检波器用于从中频信号中提取低频的MRI信号。该设备利用两个参考信号之间90°的相位差，采用正交检波技术，有效消除频谱折叠现象。处理后的信号在输入 A-D 转换器之前，会经过进一步的滤波和放大操作。

（5）低频放大与低通滤波　在射频接收系统中，由于检波器输出的信号电平较低，需使用集成运算放大器对低频信号进行放大，以满足 A-D 转换器的要求。同时，为去除高频噪声，采用体积小且具有放大功能的有源低通滤波器进行滤波。

（6）A-D 转换器　A-D 转换器将接收到的模拟 MRI 信号转换成数字格式，使接收的信号可以用于图像重建。为避免在转换过程中的信号失真，采样频率设置应至少是信号最高频率的两倍。MRI 信号通常被量化为 16 位的数字格式，确保了图像的灰度级数和清晰的分辨率。

7.4.3　射频系统的射频线圈基本设计

射频线圈在 MRI 系统中起着关键作用，主要分为射频发射线圈和射频接收线圈。发射线圈的主要功能是将射频电信号转化为射频磁场 B_1，而接收线圈则是将旋转的磁矩 M_1 转化为电信号。由于单一线圈难以同时满足发射和接收的要求，因此通常不采用收发共用线圈的设计。以下分别介绍射频发射线圈和接收线圈的设计原则。

1. 射频发射线圈的基本知识

（1）基本的射频线圈　最基础的射频线圈通常由单个圆形线圈构成，其在轴心方向上生成的射频磁场 B_1 会随距线圈平面的距离增加而衰减。线圈的灵敏度和穿透深度主要由其半径 r 决定。

为了最大化射频发射线圈产生的磁场强度，线圈必须在给定射频频率下达到共振状态。发射线圈与电容组成一个并联谐振电路，如图 7-53 所示，其中线圈电感 L 与电容 C_2 并联，在谐振条件下共同产生共振信号。

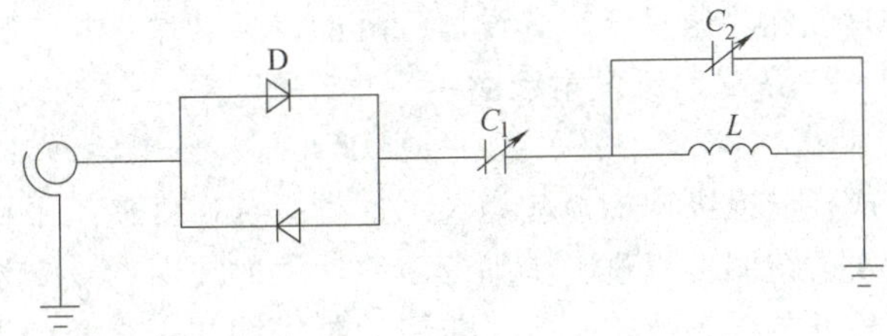

图 7-53　射频发射线圈电路图

电路的品质因数 Q 主要由线圈的电阻 R 和电感 L 确定。为确保发射线圈在 MRI 系统的主频率下有效工作，如果功率放大器的输出阻抗与谐振电路不匹配，可通过引入可变电容 C_1 调整以实现阻抗匹配。

正交平板式发射线圈的优势在于其设计简洁且适应性强。由于线圈是正交放置的，它们可以分别独立地控制和调节磁场的方向，这样的配置增加了操控的灵活性，使得这种线圈能够适应各种不同的成像需求。例如，在进行特定部位如脑部或心脏的成像时，能够根据需要调整磁场的方向和强度，以获得最佳的成像效果。

（2）发射线圈的电路分析　由于发射线圈的尺寸与发射信号的波长相近，精确分析通常需要使用分布参数电路或直接计算空间电磁场。然而，在特定频率下，发射线圈电路可以近似视为电容、电感和电阻的并联组合，以简化分析并获得实际应用中可靠的结果。为提升发射效率，射频发射线圈应在信号源的工作频率附近实现谐振，并与信号源阻抗匹配。相应的 LC 并联谐振电路由串联的电感 L 和电阻 R 与电容 C 组成，如图 7-54 所示。

在电路的谐振状态下，阻抗会因为线圈的品质因数 Q 和内阻 R 的变化而变化，且这种变化是以平方关系呈现。较高的品质因数意味着电路的阻抗选择性更强。因此，品质因数越高，电路能够在谐振频率下更有效地选择和过滤信号，减少能量损失。

（3）发射线圈的电磁场分析　发射线圈的电磁场分析依据毕奥-萨伐尔定律进行。该定律阐述了电流与磁场之间的关系：在空间中任意点 P 处产生的磁感应强度 B，是由各个电流元 Idl 所产生的磁感应强度矢量和所构成的。具体来说，磁感应强度与电流元的大小和它们与点 P 之间的角度 θ 的正弦值成正比，而与它们之间的距离 r 的平方成反比。相关的表达式如下：

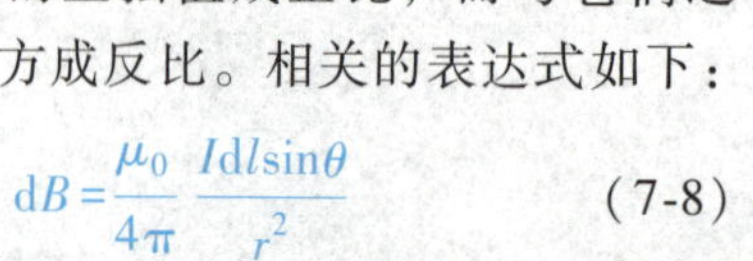

$$dB=\frac{\mu_0}{4\pi}\frac{Idl\sin\theta}{r^2} \tag{7-8}$$

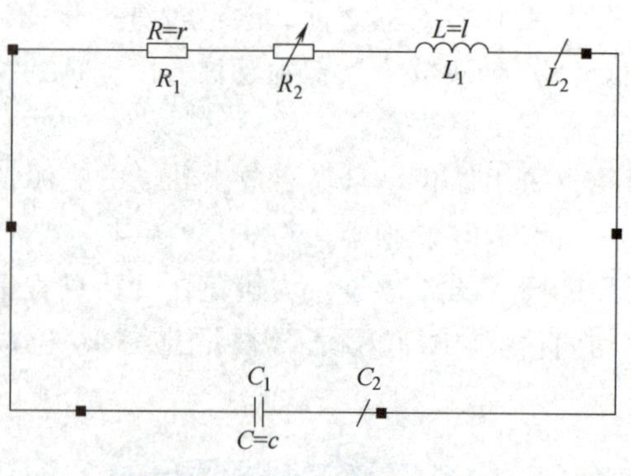

图 7-54　射频线圈等效电路

式中，μ_0 为真空磁导率。利用毕奥-萨伐尔定律，可以对射频发射线圈的不同绕线方式下产生的磁场分布进行精确计算。该计算通常通过编程或使用商业仿真软件来实现，以确保各种设计参数对磁场产生的实际效果的准确预测和调整。

（4）发射线圈的主要评价指标　发射线圈的两个主要指标是效率和均匀性。效率与线圈的结构和品质因数 Q 有关，Q 值越高，通频带越窄。线圈还需在被激发样品范围内产生均匀的射频磁场。

综上所述，在设计射频线圈时，需要控制线圈结构的尺寸大小，以防止自激振荡频率与工作频率过于接近，同时还需要在均匀性和尺寸之间找到平衡点，以确保线圈在实际应用中的有效性。通过合理的设计，既能避免频率干扰，又能保证线圈的功能性和实用性。

2. 永磁射频发射线圈

永磁 MRI 系统采用了一种开放式设备架构，其磁场特别设置为垂直于上下磁极。为了生成横向或纵向的射频磁场，这类系统通常使用平板式发射线圈。根据具体功能分类，平板式发射线圈可以进一步细分为线性发射线圈、正交发射线圈以及多通道发射线圈。在这样的永磁开放式系统中，主要使用的是线性和正交两种类型的发射线圈。

由于系统的开放式结构，发射线圈被设计成平面形式，不适合采用传统的螺旋管线圈。该系统配置了两套发射线圈，分别安装在上磁极和下磁极的位置，并且靠近梯度线圈。这种配置方式旨在优化磁场分布，提高系统的整体性能和稳定性。上下磁极位置的发射线圈通过这种布置可以有效地增强磁场梯度。每套线圈都可以采用正交线圈的设计。

每个发射线圈的激励信号之间存在 90°的相位差，四个发射线圈的相位依次为 0°、90°、180°和 270°。正交线圈设计保证了在任何时刻磁场强度保持不变，仅在方向上变化（图 7-55）。与此相对，常规线圈产生的磁场强度会随着方向的变化而变化。平面发射线圈产生的射频磁场的示意图如图 7-56 所示。

3. 永磁系统射频接收线圈

永磁 MRI 系统的设计为开放式，主磁场方向与人体方向垂直，如图 7-57 所示。这种结构设计允许使用灵敏度更高的螺旋管形式的射频接收线圈，该线圈比其他类型的线圈灵敏度高出约 1.5 倍，从而在同等场强条件下获得更强的信号。

接收线圈有多种类型，主要包括全容积线圈、部分容积线圈、表面线圈、腔内线圈和相控阵线圈。这些类型各有其特点和用途。全容积线圈覆盖整个目标区域，部分容积线圈覆盖特定区域，表面线圈用于接近表面的检测，腔内线圈用于体内检测，而相控阵线圈则用于提高信号的分辨率和灵敏度。每种线圈根据其设计和应用场景，具有不同的特点和用途。

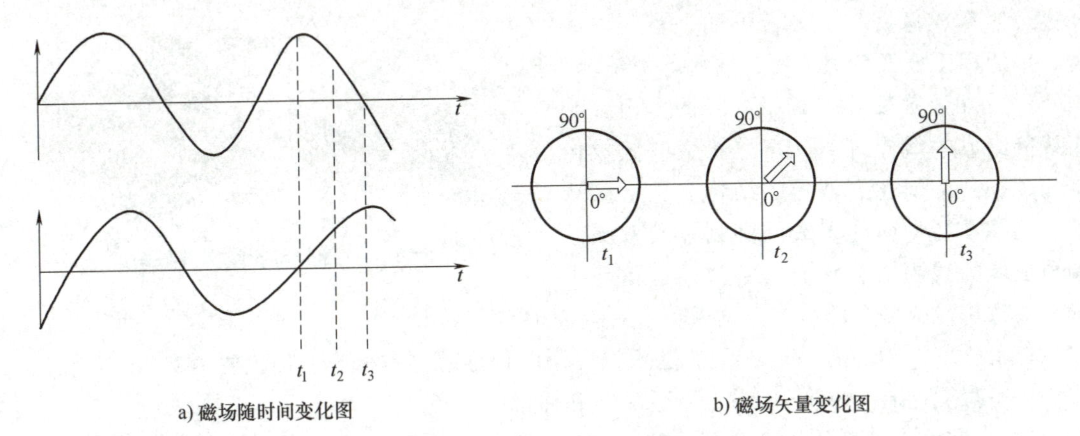

图 7-55　正交线圈磁场变化图

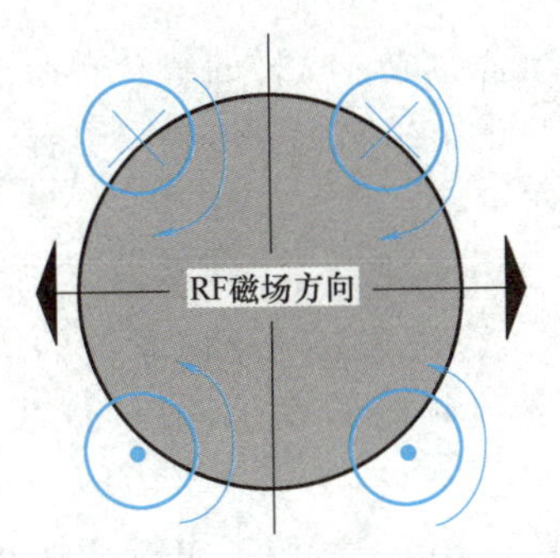

图 7-56　平面发射线圈产生的 RF 磁场示意图

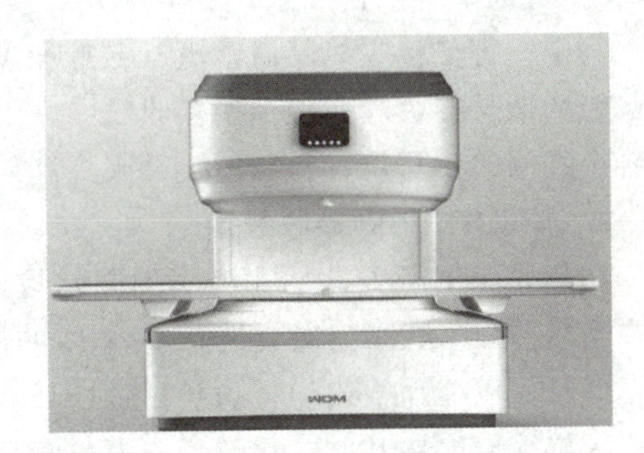

图 7-57　永磁系统结构示意图

（1）全容积线圈　这类线圈设计用以覆盖整个成像部位，能够提供均匀的接收场，主要用于大范围成像或中央部位成像的接收线圈，包括体线圈、头线圈和膝线圈等。这些线圈专门设计用于覆盖较大的区域，从而在成像过程中提供更全面的检测，如图 7-58 所示。

（2）表面线圈　表面线圈用于紧贴成像部位，因此其接收场不均匀，接收信号的强度随着距离线圈轴线的接近而增强。这种线圈适合成像表面比较浅的组织和器官，如颞颌关节、眼部和耳部等，表面线圈示意图如图 7-59 所示。

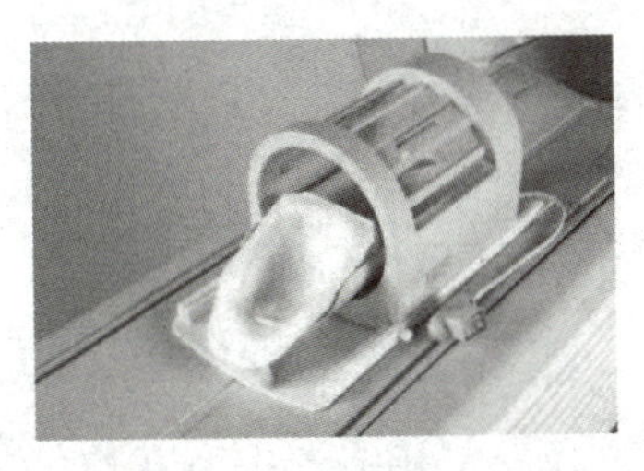

图 7-58　全容积线圈外形图

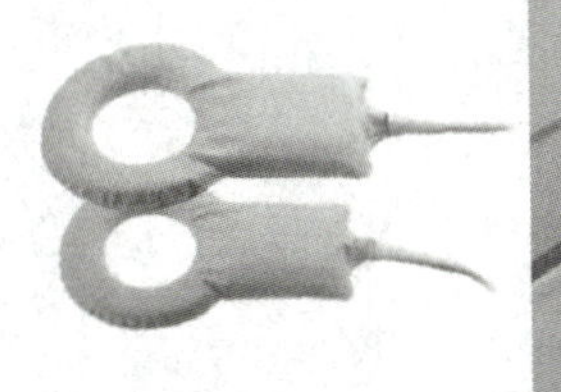
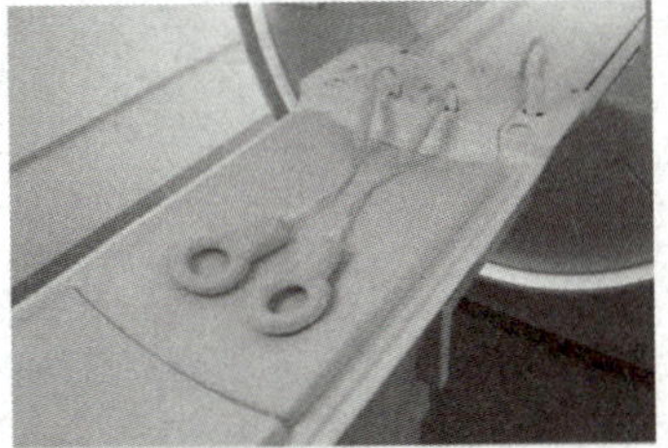

图 7-59　表面线圈外形图

（3）部分容积线圈　部分容积线圈结合了全容积线圈和表面线圈技术，通常用于肩部、乳腺和骨盆等特殊解剖位置的成像，也适用于大范围成像。典型的部分容积线圈如图 7-60 所示。

（4）腔内线圈　腔内线圈也被称为体内线圈，可以插入人体的各种腔道内进行近距离的高分辨率成像。其中最常见的是直肠内线圈，广泛用于成像食道、胃和膀胱等部位。

(5) 相控阵线圈　相控阵线圈是由多个小线圈组成的线圈阵列，可以扩大有效成像空间，提高信噪比。常见的结构有长形多线圈阵列、不同平面的多线圈阵列以及双颗颌关节成像的线圈对。它们具备多通道信号采集与图像拼接或联合的能力，通常用于高档 MRI 设备。

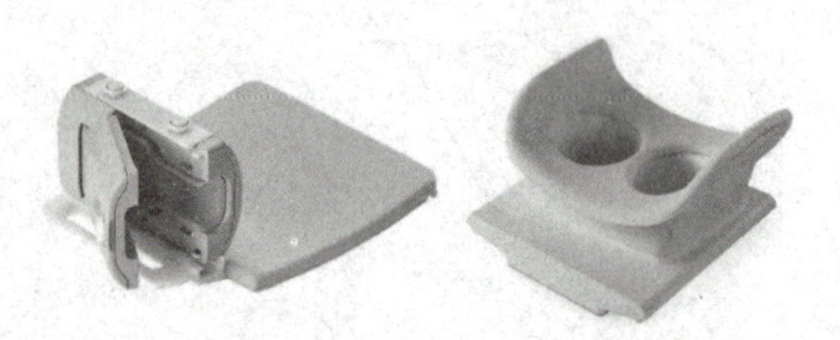
图 7-60　部分容积线圈外形图

在永磁型 MRI 系统中，接收线圈根据应用的扫描部位被分为三种主要类型：

1）螺旋管型：颈部、关节、颞颌关节和体部。

2）正交型：头部、体部和膝关节。

3）相控型：头部、颈部、体部和胸腰部。

其中，正交接收线圈通常由马鞍形和螺旋管形线圈结合而成，这样的组合有助于优化成像区域的信号接收。而相控型接收线圈则由两个或更多的正交或螺旋管形线圈组合，通过调整各个线圈的相对位置和相位关系来提高信噪比和成像质量。

4. 永磁系统射频接收线圈

在超导 MRI 系统中，主磁场的方向与人体长轴一致，这种布局与永磁系统的线圈设计存在本质差异。为了有效地激发人体内的磁化强度 $\boldsymbol{M}_0$，射频磁场 B_1 必须与静磁场 B_0 垂直，并且尽可能地生成均匀的射频磁场。

螺旋管线圈在开放式永磁系统中与躯干同轴安放（图 7-61），适用于 MRI 频率相对较低的情况下（小于 30MHz）。但在超导系统中，传统的螺旋管形式的线圈无法在高频磁场环境下使用，因此需使用特别设计的线圈在柱形结构中产生均匀磁场。鞍形线圈适用于不超过 25MHz 的频率和直径不超过 30 cm 的场景（图 7-62）。然而，当频率增高或直径增大时，导线长度将接近射频波长，难以产生均匀的磁场。

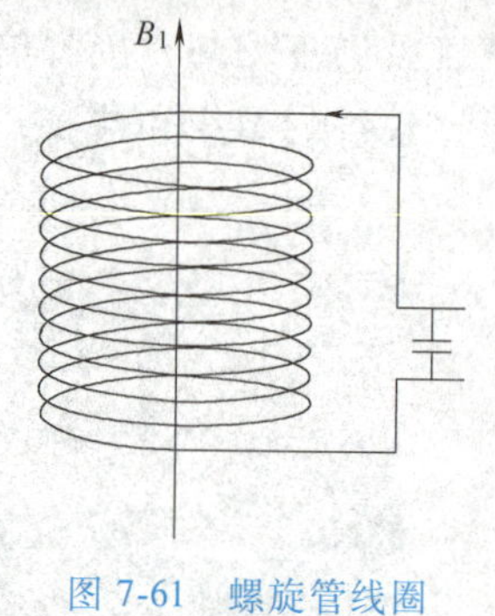

图 7-61　螺旋管线圈

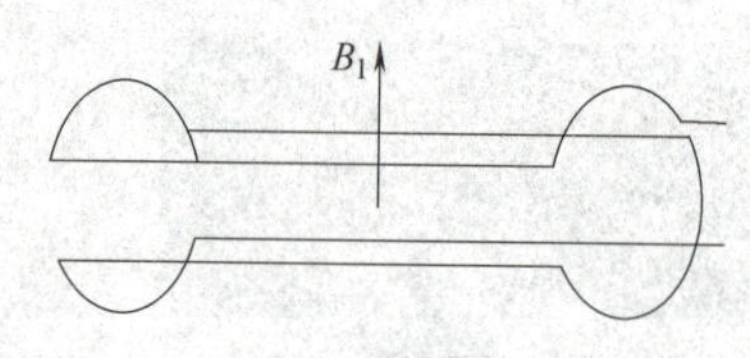

图 7-62　鞍形线圈

在频率超过 25MHz 的情况下，鸟笼式线圈成为更优的选择，它能够产生高度均匀的射频磁场（图 7-63）。这种线圈的结构类似于鸟笼，由两个导体圆环和多根均匀分布的直导体组成，每个导体中间连接一个电容，形成高效的传输结构，线圈的等效电路如图 7-64 所示。

高频鸟笼式线圈的设计特点包括在两端圆环间均匀分布电容，而直导体部分仅包含电感元件（图 7-65）。在超导 MRI 系统中，这种典型的集线圈通常用于信号的发射和接收，尽管距离人体较远可能导致信噪比较低。

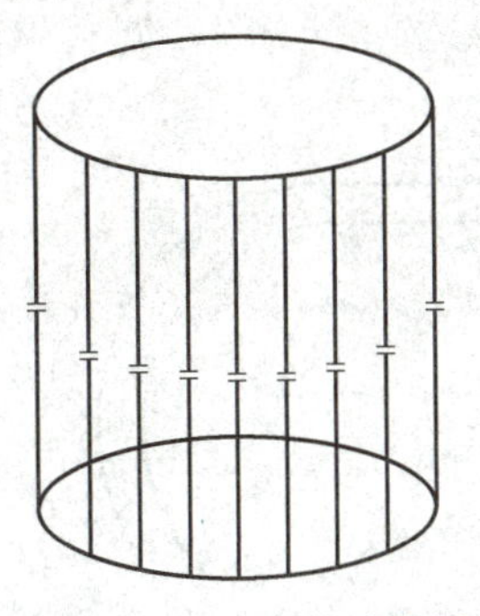

图 7-63　低频鸟笼式线圈

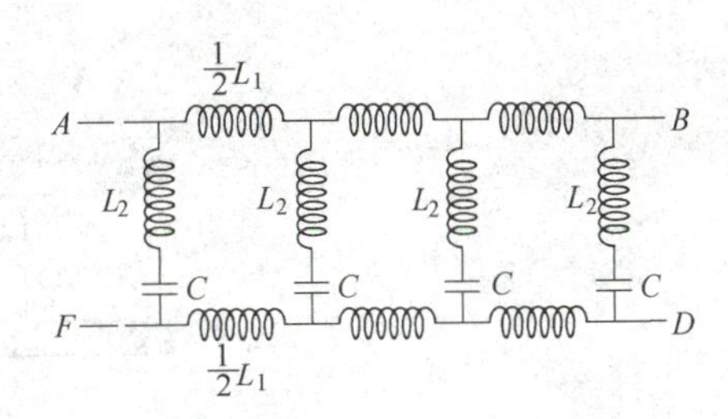

图 7-64　低频鸟笼式线圈的集总元件等效电路

5. 超导系统接收射频线圈

在超导 MRI 系统中，射频接收线圈的配置与永磁系统相似，包括全容积、部分容积、表面和相控阵线圈。这些线圈根据覆盖的体积大小和信号接收范围的需求进行分类。此外，线圈还可以按功能划分为双功能线圈和单功能线圈，前者既能发射信号又能接收信号，而后者则专门用于接收信号。线圈性能在很大程度上依赖于其几何形状和所用导线的材料。

在超导 MRI 系统中，常规螺线管线圈无法满足主磁场与患者平行的情况，因此常使用鞍形线圈（图 7-66）。鞍形线圈相较于螺旋管线圈在相同条件下的信噪比约为螺旋管线圈的 $1/\sqrt{3}$ 倍。为了提高成像的信噪比，可以采用两个正交放置的鞍形线圈，这种配置有助于增强信噪比和改善磁场的均匀性。图 7-67 所示是超导系统的等效电路。

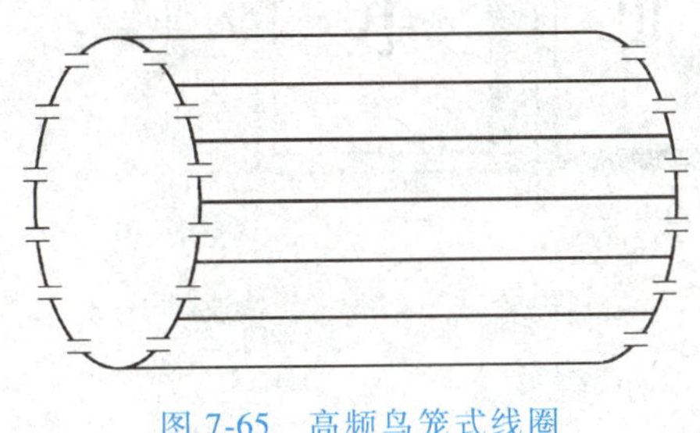

图 7-65　高频鸟笼式线圈

图 7-66　超导 MRI 体鞍形线圈

（1）双功能线圈　这类线圈既能发射也能接收 MRI 信号。与专门用于发射的线圈不同，该接收线圈需要具有较高的品质因数（Q 值）和较低的电阻值以优化接收效果。高 Q 值意味着更窄的带宽，有助于提高信号的质量。为了适应不同的操作模式，双功能线圈通常配备 Q 开关，该开关能够在发射期间维持低 Q 值，在接收期间切换至高 Q 值，从而最大化每种模式下的性能。

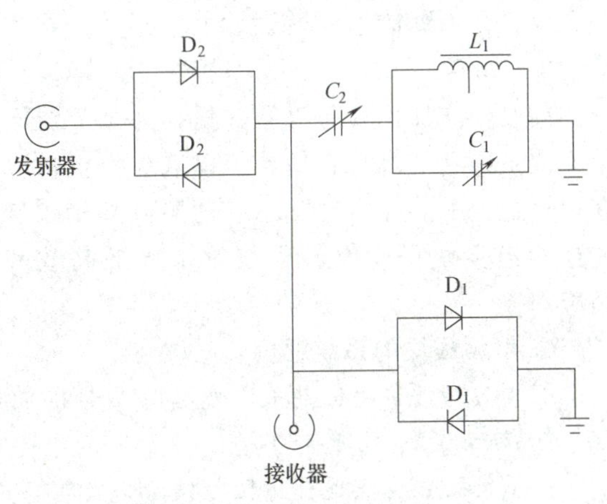

图 7-67　射频发射和信号接收电路

（2）表面线圈及相控阵线圈　表面线圈紧贴成像部位，形状与人体吻合（图 7-68）。

它通常由一到两圈高纯度铜管制成，电阻和电感很小，通过调节电容 C_1 调整谐振频率，使其接收 MRI 信号最强。

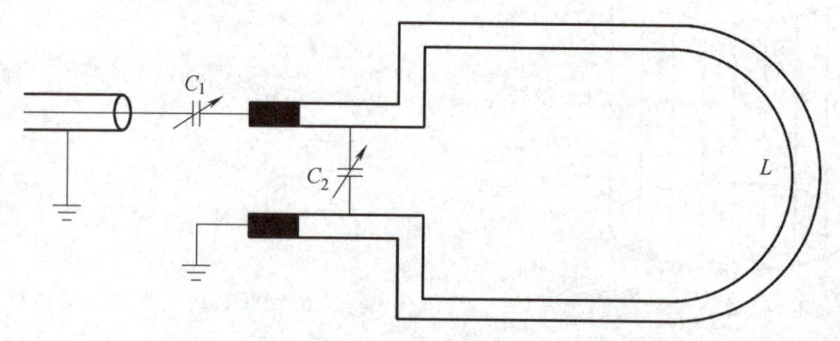

图 7-68　脊柱表面线圈等效电路图

相控阵线圈是由多个表面线圈组成的阵列，能够在更广阔的视野和更深的成像范围内提供高信噪比。如图 7-69 所示，一个标准的四单元线性脊柱相控阵线圈配置包括四个矩形线圈，这些线圈并列排列，且相邻线圈之间有部分重叠，目的是减少线圈间的互感作用。每个线圈均直接与前置放大器及 A-D 转换器相连。临床研究显示，由边长 12cm 正方形线圈组成的相控阵线圈的信噪比是同等尺寸 15cm×30cm 矩形表面线圈的两倍。

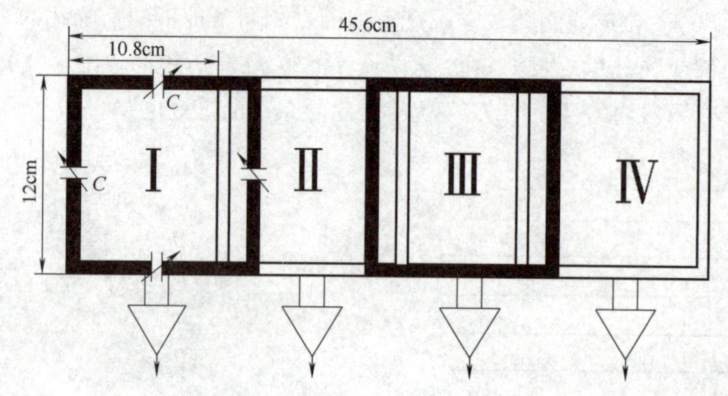

图 7-69　脊柱相控阵线圈示意图

为了更好地满足临床成像需求，MRI 设备制造商正在不断改进线圈设计，包括减小线圈单元的尺寸并增加数量，以覆盖更大的成像区域。同时，增加接收通道的数量，为每个线圈单元提供独立的模数转换器，以减少模拟信号在传输过程中的叠加损失，如图 7-70 所示。这些技术进步使得成像过程与效果更加高效和精确。

图 7-70　相控阵线圈

6. 射频线圈的系统评价

射频线圈评价指标的关键是确保 MRI 的质量。评价指标包括灵敏度（Sensitivity）、均匀度（Uniformity）、信噪比（SNR，Signal-to-NoiseRatio）、填充因数（Fill Factor）以及品质因数（Q Value）。信噪比衡量接收信号与背景噪声的比例，直接影响图像的清晰度和分辨率。灵敏度反映线圈捕获微弱信号的能力，确保有效接收到细微变化。均匀性指线圈在扫描区域内信号强度的一致性，是图像质量均衡的关键。填充因数表示线圈与被扫描对象的适配程度，优化填充因子可显著提升信噪比。Q 值反映线圈在共振频率下的性能，虽然高 Q 值能够提高频率选择性，但会导致更窄的通频带。

设计和选择射频线圈时需综合考虑以上指标以确保捕获高质量的 MRI 图像：

1）灵敏度：灵敏度为线圈捕获微弱信号的能力，决定了其对信号变化的检测效率。高灵敏度线圈可以增强信号检测，并保持图像质量。

2）均匀度：均匀度用于评估线圈在扫描区域产生的信号强度的一致性。理想的线圈应在其范围内产生均匀磁场，确保图像的准确性。几何设计对磁场的均匀性至关重要。

3）信噪比：评估接收信号与背景噪声比例的关键指标，它直接影响到图像的清晰度和分辨率。信噪比高的线圈能够更好地捕捉图像细节。

4）品质因数：Q 为谐振电路特性阻抗与回路电阻之比，即 $Q=\rho/R$。品质因数越高，表明线圈在频率选择方面的性能越高，能够清晰地区分不同频率的信号，但其通频带较窄。在设计射频线圈时，需要在频率选择性和通频带宽度之间找到平衡点，以确保成像的全面性和精确性。

5）填充因数：填充因数 η 为被检体体积 V_S 与线圈容积 V_C 的比值，这一比例指标衡量了线圈与被测物体的匹配程度。高填充因数意味着线圈能够更紧密地包绕被检体，从而提高信噪比，这对于获取高质量图像至关重要。

6）有效范围：有效范围为线圈可有效激发或接收信号的空间区域。增大有效范围通常会降低信噪比，需在尺寸和性能之间权衡。

7）线圈调谐：线圈的失谐现象主要由负载变化和磁场影响引起，失谐导致谐振频率下降。可通过调整电容值或改变二极管电压来精确调谐线圈，使其谐振频率与系统工作频率匹配。

8）线圈系统的耦合：指发射和接收线圈在相同频率下相互干扰，可能损坏接收线圈或增加患者的射频能量。有效管理耦合是保证安全的重要步骤。通过调整接收线圈与发射线圈的几何布局，或使用电子开关实现动态去耦合，可减少干扰，提高成像质量。

7.5 梯度系统的构造原理

7.5.1 梯度系统的原理

1. 梯度磁场

在 MRI 中，虽然主磁体和射频线圈可以使磁化向量 $\boldsymbol{M}_0$ 发生偏转，从而被设备检测到，这一信号实际上是成像区域内所有组织的 $\boldsymbol{M}_0$ 信号的综合。在均匀的磁场中，由于信号不携带空间位置信息，无法确定特定体素内 $\boldsymbol{M}_0$ 的确切大小。此时，梯度线圈就尤为重要，它可以提供所需的空间定位信息。

梯度线圈产生的磁场是 MRI 信号实现信号空间定位的关键。在技术层面，这种磁场沿 X、Y、Z 三轴线性变化，且其方向与主磁场一致，确保了成像区域的精准空间方向定位。

一般来说，*XYZ* 坐标系是依据主磁场的方向设置的。例如，在超导型 MRI 设备中，*Z* 轴指向主磁场磁力线的方向，*X* 轴从左肩到右肩，*Y* 轴则指向鼻尖，所有的坐标原点都设在均匀磁场区的中心，如图 7-71 所示。G_x 代表梯度线圈沿 *X* 方向产生的线性变化磁场，与主磁场 *Z* 方向相同，如图 7-72 所示。

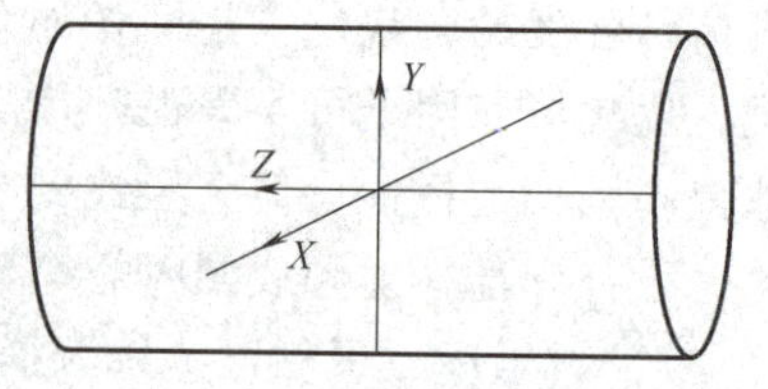

图 7-71　*X*、*Y*、*Z* 坐标方向示意图

原子 NMR 发生的关键在于原子核的自旋频率需与射频频率相一致，而这一频率会随磁场强度变化。因此，在射频频率保持不变的前提下，通过设置空间位置变化的磁场强度，可以实现 MRI 的空间定位，如图 7-73 所示。

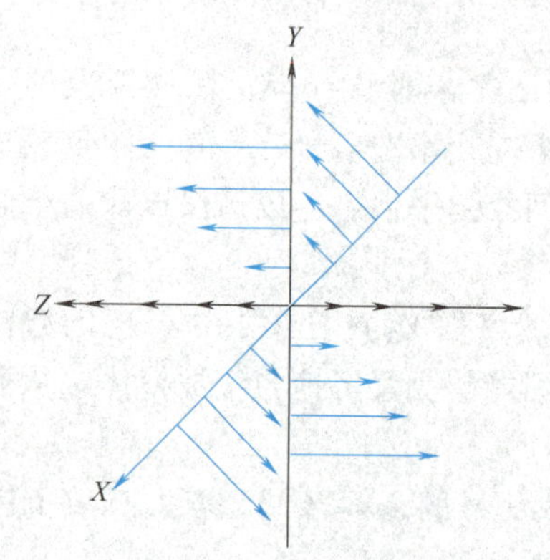

图 7-72　*X*、*Y*、*Z* 三个方向梯度磁场分布示意图

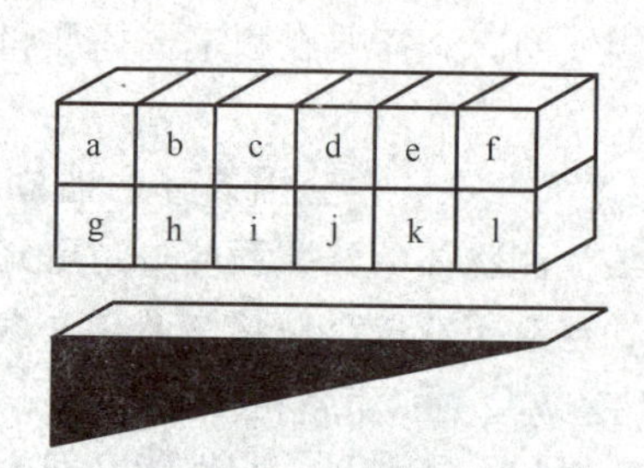

图 7-73　梯度线圈在各体素内沿 a 到 f 方向产生的线性梯度 *G* 导致磁场线性变化

接下来具体分析施加梯度磁场对成像体素的外部和内部磁场环境的影响。以 a 列和 b 列体素为例，主要变化包括：体素 a 中氢核的自旋进动频率高于体素 b 中的，即 $\omega_a>\omega_b$；根据拉莫尔方程，梯度磁场下不同体素内核磁子的角动量也不同，从而导致不同体素的磁化矢量有所不同，$\boldsymbol{M}_a>\boldsymbol{M}_b$。因为成像用梯度磁场强度远小于外部磁场，对 $\boldsymbol{M}$ 的影响几乎可以忽略不计。

射频脉冲频率与核磁子的进动频率 ω 相同时，$\boldsymbol{M}_0$ 会发生偏转并可检测。如图 7-73 所示，如果施加的射频覆盖 a 平面内体素（a 和 g）的频率范围，只有该平面内的核磁子会被激发。关键在于，其他列内的 $\boldsymbol{M}_0$ 不会受到影响。这种频率与梯度磁场的精确匹配，确保了 MRI 系统只激发二维空间的一个特定列或三维空间的一个特定层面。

以梯度磁场 G_z 为例，产生该场的梯度线圈与水平磁场方向的梯度线圈相结合，嵌入在成像磁体系统中。通电激活这些线圈后，相对的两个线圈在轴线方向产生与电流方向相关的梯度磁场。如图 7-74 所示，在同时启动 RF 与层面选择方向的 G_z 后，MRI 系统检测到信号。这是因为施加的额外梯度磁场能够从控制层面选择方向上每个层面内核磁矩的进动频率，从而使得仅当射频频率覆盖到特定频率范围时，特定层面的核磁子才会被激发。

2. 层面内激发

（1）激发层面的位置设定　在 MRI 中，沿主磁场 B_0 方向应用的梯度磁场被称为选择层梯度，通常记为 G_z。此梯度磁场引起沿其方向的质子在不同的空间位置 *Z* 具有变化的磁场强度，表示为 B_0+ZG_z，其中 *Z* 为沿梯度方向的相对空间位置，而 G_z 代表在磁体有效成像范

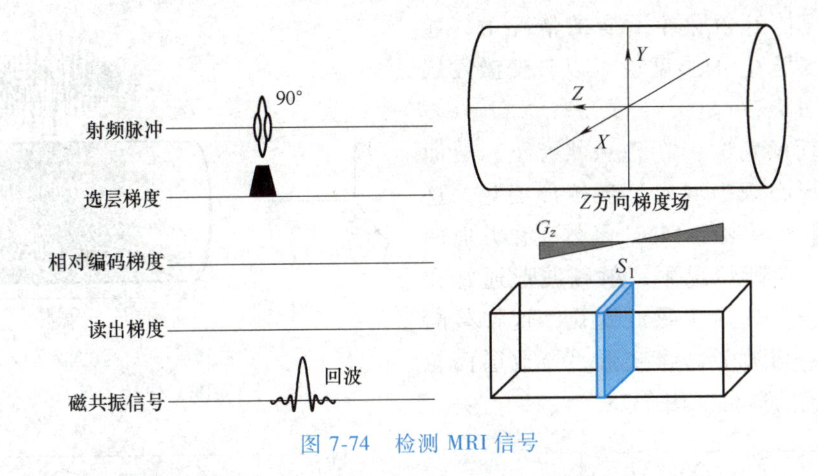

图 7-74　检测 MRI 信号

围内形成的线性磁场梯度值。这导致氢质子的进动频率在空间上形成相应的分布，进动频率为

$$\omega_z=\gamma\times(B_0+ZG_z)=\omega_0+\gamma ZG_z \tag{7-9}$$

式中，G_z 为根据成像层面的特性（如层厚、选层位置）进行设定的，ω_z 的变化体现了层面位置 Z 的改变。通过下式可以确定 Z 的位置：

$$Z=(\omega_z-\omega_0)/(\gamma G_z) \tag{7-10}$$

显然，Z 的位置由梯度磁场 G_z 和射频脉冲的频率 ω_z 共同决定。

（2）层面的厚度　选定层面的厚度和形态主要受到梯度磁场强度 G_z 和射频脉冲的带宽影响。在一定厚度 ΔZ 内，质子的进动频率范围为 $\Delta\omega_z=\gamma G_z\Delta Z$。已设定 G_z 的情况下，通过施加以 ΔZ 中点频率为中心频率，带宽为 $\Delta\omega_z$ 的射频脉冲，可选择特定的激发层面。层厚可以通过调节射频脉冲的带宽或改变 G_z 的强度来调整，层厚的计算式为

$$t_h=1/(\gamma G_z T_0) \tag{7-11}$$

式中，t_h 为层厚；T_0 为射频脉冲从峰值到第一次零点的时间。以时域上呈 SINC 波形的射频为例（图 7-75），其在频率域上产生矩形波形。

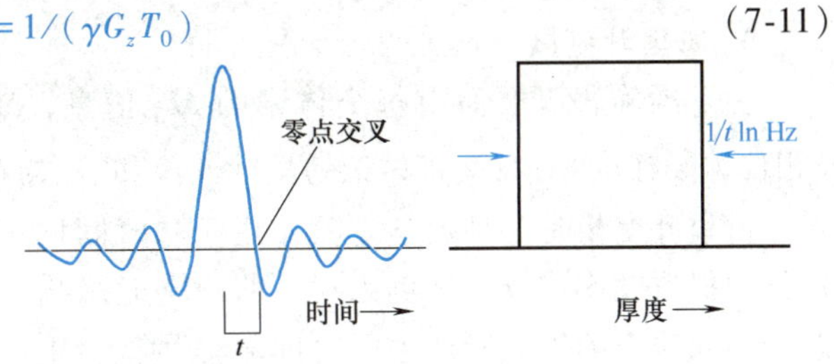

图 7-75　时域上呈 SINC 函数变化的射频波形在频率域上得到矩形波形

当固定层面选择方向的梯度磁场时，通过改变射频的 T_0，可以调节被激发层面的厚度（图 7-76）。

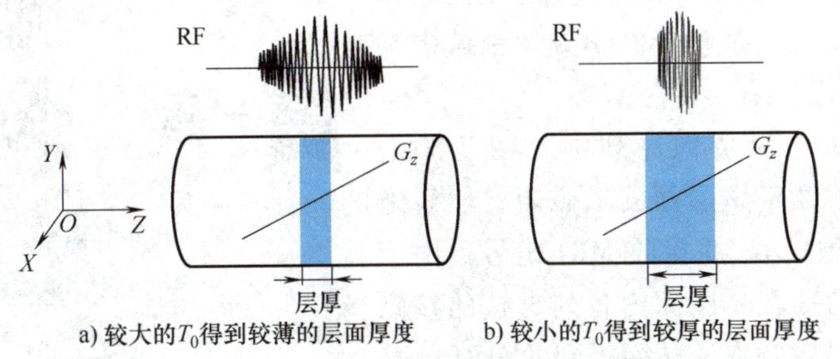

图 7-76　沿主磁场方向，即层面选择方向施加固定的梯度磁场，改变射频的 T_0，从而调节被激发层面的厚度

同样，保持射频脉冲不变的情况下，通过调节梯度磁场 G_z 的强度也可以改变激发层面的厚度（图 7-77）。

（3）层面的轮廓　在理想状态下，层面内的射频波形在频率域应呈现矩形变化。这要求射频波形在时域呈 SINC 函数变化并向两侧无限延伸。实际情况中，射频波形通常在有限的时域内呈现为正弦波变化，这种截断会在频率域造成波形边缘变形，导致层面轮廓呈现非理想的形状（图 7-78）。

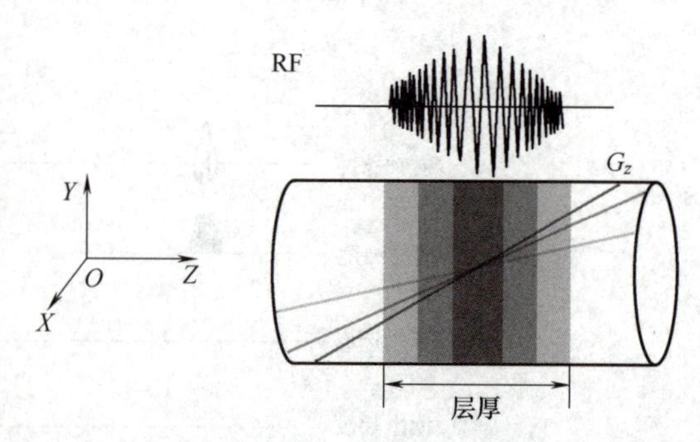

图 7-77　在保持射频脉冲不变的情况下，通过增强梯度磁场 G_z 强度，使激发层面的厚度变薄

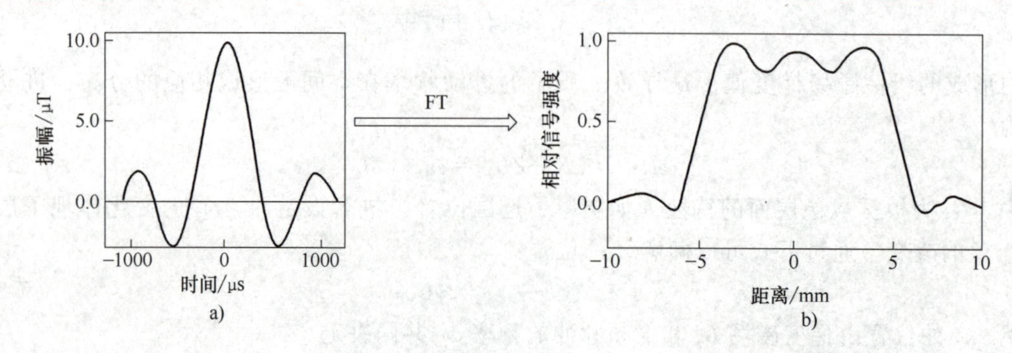

图 7-78　非理想的层面轮廓图

为了得到标准的矩形频率域射频波形，射频波形需要在时域上呈 SINC 函数变化且向两侧无限延伸。图 7-78a 所示的截断会使图 7-78b 中频率域上波形发生边缘变形，导致层面轮廓呈现非理想的近似梯形变化。

3. 傅里叶变换

为了准确获取层面内每个体素的 $\boldsymbol{M}_0$ 信息，MRI 系统还采用了 G_x（读出梯度）和 G_y（相位编码梯度）。在此将讨论傅里叶变换和 G_x 的功能。

傅里叶变换是一种数学工具，用于从时间域信号中提取频率成分。举例来说，假设同时敲响两个不同频率的钟，所产生的时间域信号将会重叠。运用傅里叶变换，这种重叠信号能被拆分为各自的频率组成部分（图 7-79）。傅里叶变换在 MRI 信号的空间定位以及整个医学成像领域中都具有重要作用。

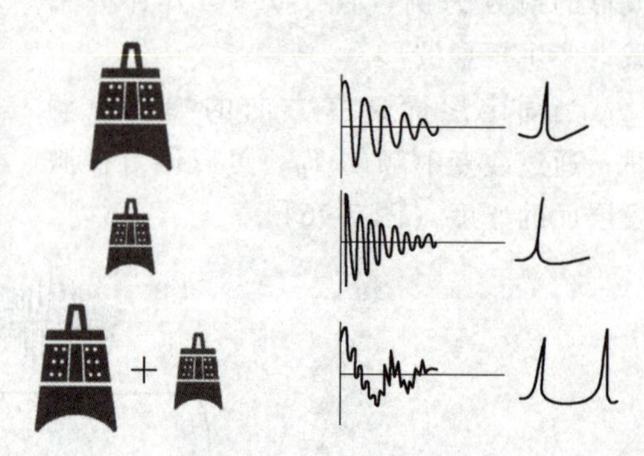

图 7-79　大钟和小钟敲响产生的时域声波信号经 FT 处理后，在频率域表现为单一频率波峰。当两者同时敲响，记录的混合信号在经过 FT 处理后，其频率域波峰位置保持不变

在选定层面的一维成像序列中（图 7-80），首先通过射频激发激活该层面的核磁矩，然后施加 X 方向的梯度磁场 G_x 并接收 MRI 信号。由于 X 方向梯度磁场的存在，层面内各列氢核的核磁矩会具有不同的进动频率，从而得到的 MRI 信号反映了空间上的频率差异，表达式为

$$\Delta\omega_X = \gamma X G_x \tag{7-12}$$

式中，X 表示体素在读出方向上的相对位置。通过傅里叶变换，可以从这些数据中提取出层面内 X 方向上不同列的 MRI 信号。

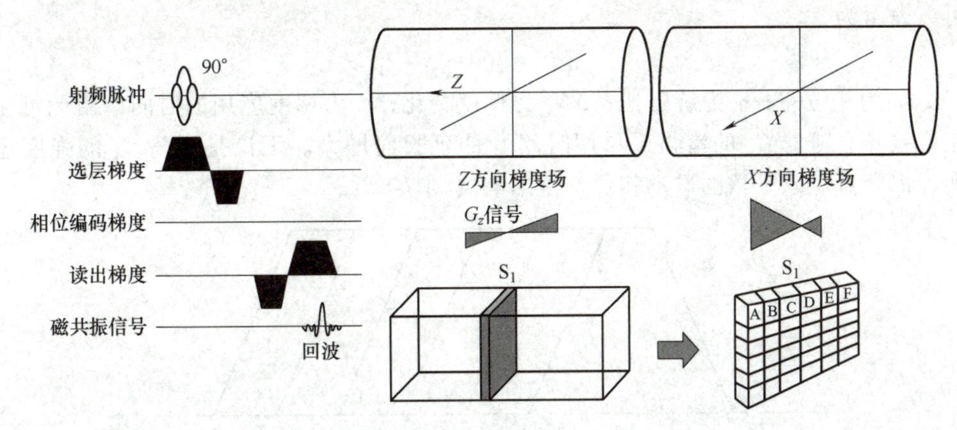

图 7-80　层面被激发后，读出方向上施加梯度磁场，同时监测 MRI 信号

在 G_x 作用下，激发层面 S_1 内不同列的核磁矩进动频率不同，如 A 列与 B 列，因此收集的 MRI 信号实际上是这些不同频率成分的组合。通过傅里叶变换，可以进一步提取激发层面内不同列体素的信息。

采用模数转换器把收集的模拟 MRI 信号转为数字形式，然后应用傅里叶变换分辨出层面内各列的 MRI 信号，能够反映每列的 $\boldsymbol{M}_0$ 磁化向量强度（图 7-81）。尽管如此，每列中单个体素内的具体信号大小仍然是未知的。

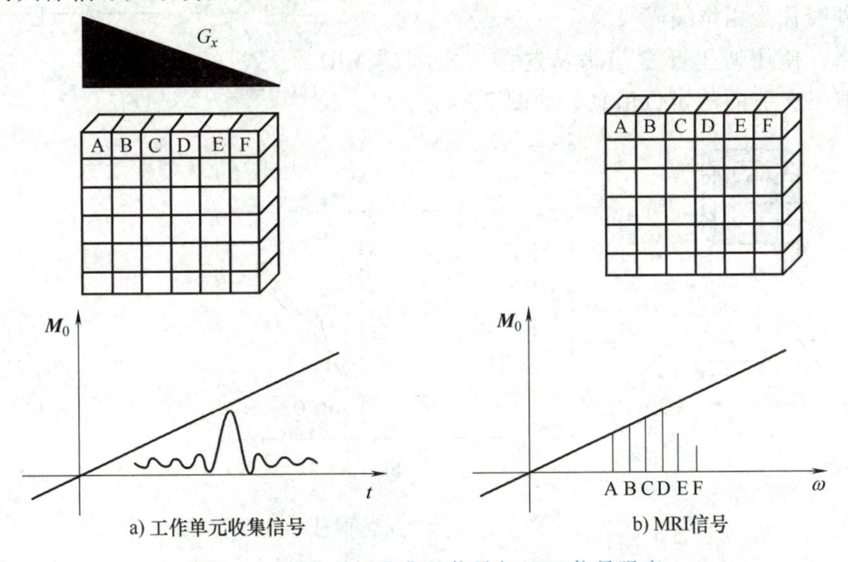

图 7-81　工作单元收集的信号与 MRI 信号强度

4. 空间定位

（1）相位编码梯度　为了实现在成像层面以外的空间维度的定位，已经能通过 G_x 梯度获得 X 方向上的定位信息，进一步，通过在 Y 方向施加相位编码梯度（G_y），可以获取 Y 方向上的定位信息。简单地增加 G_y 梯度，整个序列期间并不足以实现这一点，相位编码的关

键在于通过多次重复采集，每次改变 G_y 的强度，从而实现不同的空间编码。

在整个序列过程中，G_y 的变化通过调整梯度强度来实现。类似于 G_x，G_y 导致同一层面不同行氢原子核具有不同进动频率。这种频率差异导致了不同行氢原子核间的进动相位差异，可以表示为

$$\Delta\Phi_y = 360°\gamma\Delta G_y t_1 \tag{7-13}$$

式中，$\Delta\Phi_y$ 为相位差；γ 为旋磁比；ΔG_y 为梯度变化；t_1 为梯度应用的时间。由此可见，行间的相位差异会随着 G_y 的增强或作用时间 t_1 的延长而增大。无论是调整 G_y 的强度还是作用时间，都会对氢原子核的进动相位产生影响（图 7-82）。

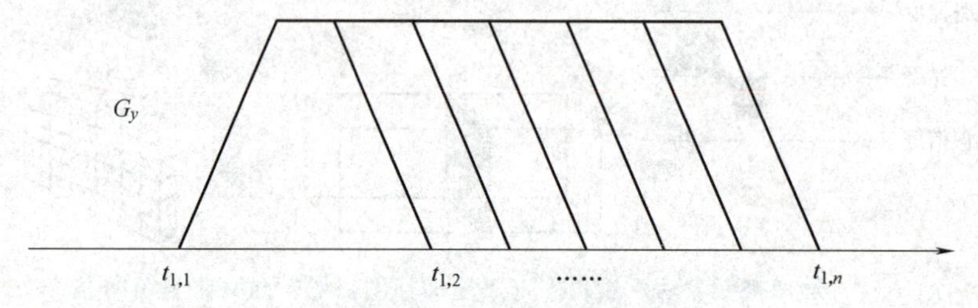

图 7-82　相位梯度编码的基本示例

相位变化会直接影响最终采集的 MRI 信号强度，如图 7-83 所示。随着 G_y 强度的增大，信号强度逐步降低。

图 7-83 所示横坐标表示时间，纵坐标表示信号强度，各个信号按 G_y 的施加顺序排列，便于执行傅里叶变换，这种线称为相位编码线。

接下来，使用傅里叶变换来从这些采集到的 MRI 信号中提取出 Y 方向的定位信息，如图 7-84 所示。

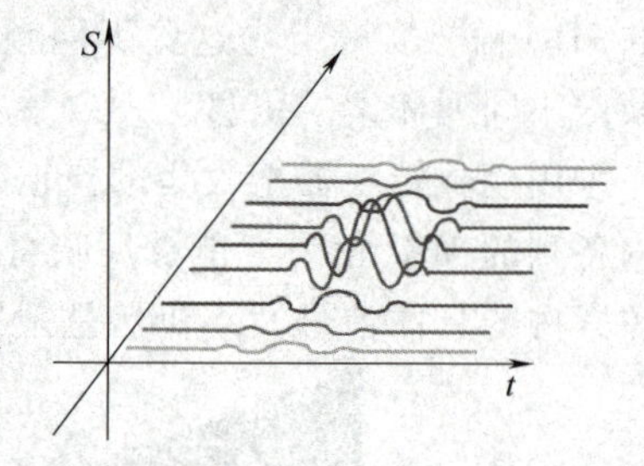

图 7-83　G_y 与 MRI 信号强度间的关系图

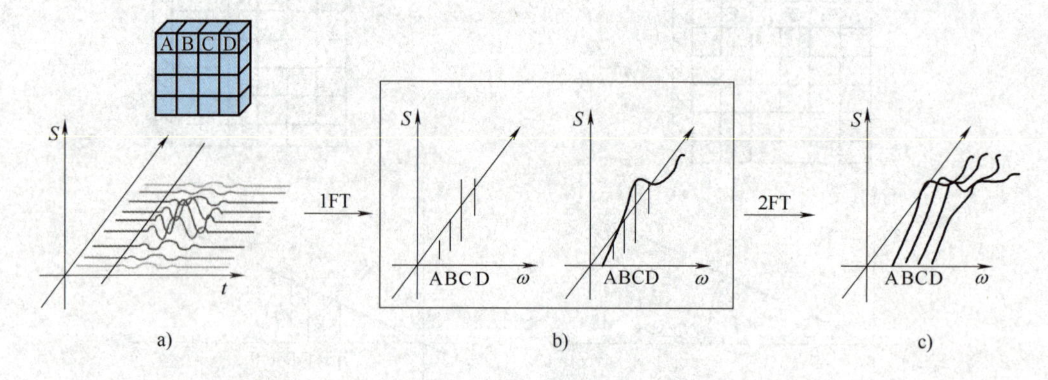

图 7-84　获取定位信息

图 7-84a 为采集的相位编码线，经过傅里叶变换后，得到图 7-84b 里展示的频率域中的 MRI 信号分布。将 X 方向的同频率信号连接在一起，并进行第二次傅里叶变换，便可获得图 7-84c 中 Y 方向的定位信息。

（2）读出编码梯度　在接收 MRI 信号时，系统以一定的时间间隔采集信号，每个采集点代表一次 MRI 信号。采集点数决定了频率方向上的空间分辨率，如 256 或 128 等。由于

MRI 系统识别相邻体素频率差异有下限，在不增加梯度持续时间的条件下，提高分辨率需要增加梯度幅度，以确保相邻体素之间有足够的频率差。

同时，采样间隔与图像噪声成反比关系，间隔增大则噪声降低，信噪比提高。通常以带宽（Band Width，BW）的形式来描述 MRI 信号读出的采样间隔，即 $BW = 1/t$。噪声与读出带宽的平方根呈正比关系。在高场 MRI 系统中，通常不会通过减少采样带宽来增加信噪比，而在低场系统中，调整带宽是提高图像质量的有效方法。

7.5.2 梯度系统的组成

梯度系统是 MRI 装备中不可或缺的关键硬件组件之一，其主要作用是产生梯度磁场以实现 MRI 信号的空间编码。此外，实现多种图像对比度，如流动补偿和扩散加权成像，同样需要梯度系统的精确调控。梯度系统主要包括梯度波形生成单元、信号放大单元和梯度线圈单元。

1. 线圈单元

梯度线圈单元负责梯度磁场的产生，这些线圈可以根据输入电流的不同，在特定空间内生成需要的磁场梯度。根据使用的磁体类型（永磁或超导）不同，梯度线圈的设计也会有所区别。

（1）永磁型 MRI 装备的梯度线圈设计

在永磁型 MRI 中，磁体通常为开放式结构，其梯度线圈设计为平面形，分为上下两部分，分别靠近上、下磁极板。

1）*Z* 轴梯度线圈。永磁型 MRI 的主磁场方向为垂直方向，*Z* 轴梯度线圈包含两个环形线圈，分别贴近上下磁极板，如图 7-85 所示。

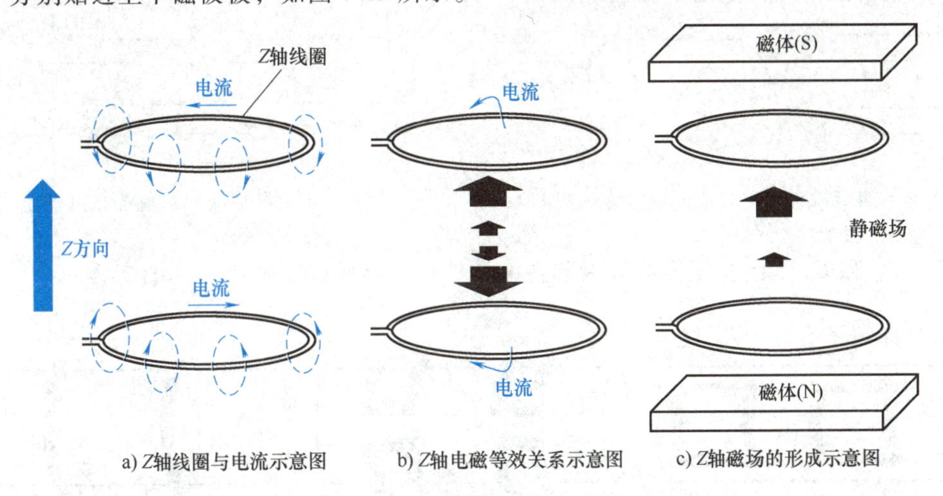

a) Z轴线圈与电流示意图　b) Z轴电磁等效关系示意图　c) Z轴磁场的形成示意图

图 7-85　*Z* 轴梯度线圈与磁场

通过两个电流方向相反的环形线圈生成 G_z 梯度磁场，当两线圈距离设置为其半径的$\sqrt{3}$倍时，可以获得最均匀的梯度磁场，称为麦克斯韦对线圈。

2）*X* 轴、*Y* 轴梯度线圈。*X* 轴和 *Y* 轴梯度线圈设计相同，每个线圈分为上下两部分，采用 Gorley 型线圈，如图 7-86 和图 7-87 所示。此设计提供了比传统 Anderson 直线形线圈更高的精度和线性。

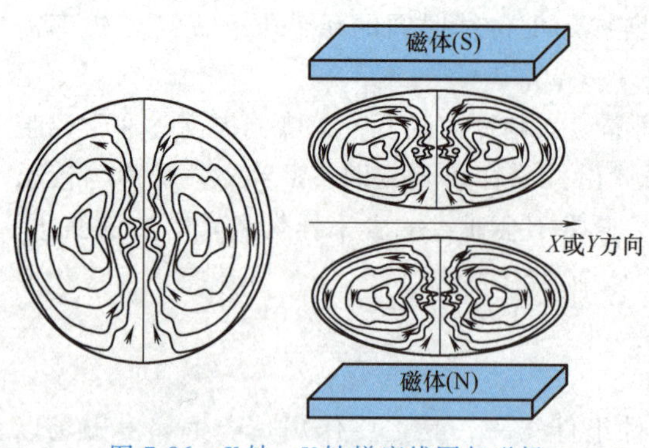

图 7-86　X 轴、Y 轴梯度线圈与磁场

图 7-87　X 轴、Y 轴梯度线圈示意图

G_x 和 G_y 的生成需要非轴对称线圈，通常结合类直线系统或鞍形线圈来实现。G_x 和 G_y 可以使用相同的线圈结构，互相之间只需将线圈旋转 90°来区分。设计 G_x 和 G_y 的主要方法有电流密度法和分离导线法。

（2）超导梯度线圈　图 7-88 所示为由两对鞍形线圈组成的梯度磁场线圈设计。线圈的半径为 a，长度为 l，角度为 φ，且在 Z 轴方向的间距为 d，其中 $d/a=0.755$，$l/a=3.5$，$\varphi=120°$。这种鞍形线圈的圆弧形设计有助于减少对样本入口的空间限制。其回路设计与 Z 轴平行，从而不会在 Z 方向产生磁场，避免了对梯度磁场的影响。在 $0.31a$ 的球体积内，线性非均匀度控制在 3%以内。

图 7-89 所示为四对鞍形线圈组成的梯度磁场线圈，其参数 $d_1/a=0.375$，$d_2/a=1.60$，$l/a=3.5$，$\varphi=120°$。通过增加线圈对数，梯度磁场的线性度得到了提升，使得具有 3%以内的线性非均匀度的球体直径扩大至 $0.36a$。

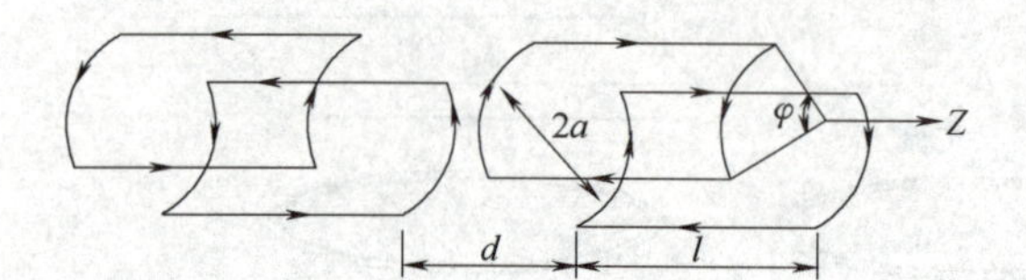

图 7-88　两对鞍形线圈组成的梯度磁场线圈

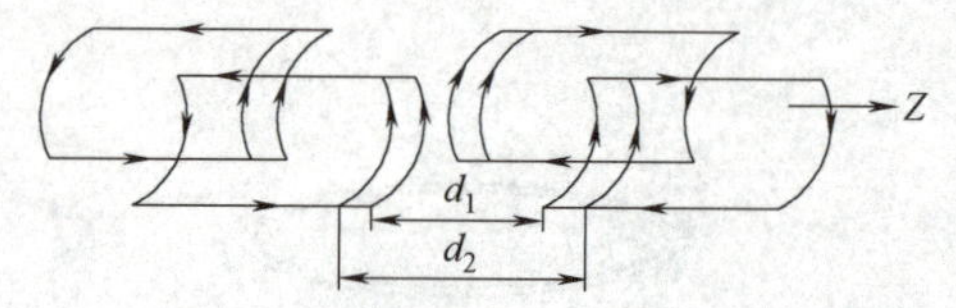

图 7-89　四对鞍形线圈组成的梯度磁场线圈

G_X、G_Y 和 G_Z 三组梯度线圈被封装在由玻璃纤维制成的大圆筒内（图 7-90），位于磁体内部。

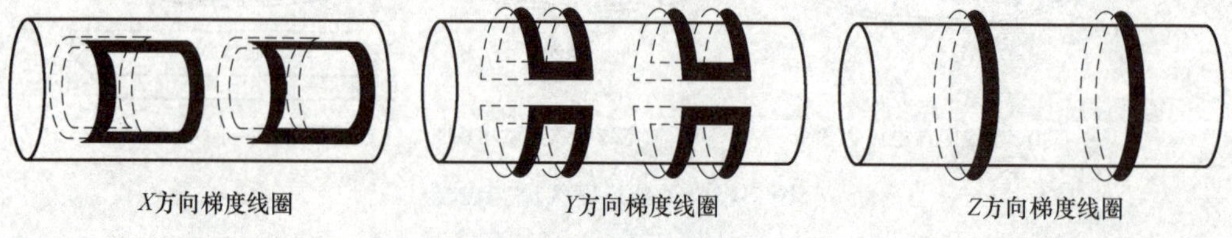

图 7-90　三组梯度线圈

激活后，这些线圈在 X、Y、Z 三个方向分别产生梯度磁场。其中 Z 方向是主磁场 B_0 的方向，常用于层面选择（表示为 G_S 或 G_Z）；Y 方向作为相位编码方向（表示为 G_P 或 G_Y）；X 方向则是读出方向（表示为 G_R 或 G_X）。

1）Z 轴梯度线圈。Z 方向梯度磁场通常由一对麦克斯韦尔线圈产生，这对线圈具有相同的半径，当两线圈的间距等于其半径时，线性度达到最佳。逆向电流的设计使得两线圈在中间平面产生零磁场，这种配置广泛用于产生 Z 向梯度磁场。

图 7-91 和图 7-92 分别为 Z 向梯度线圈的设计图和由 G_z 产生的磁场。两端的线圈产生的磁场方向相反，其中一端增强了 B_0 的效果，另一端则削弱了 B_0。

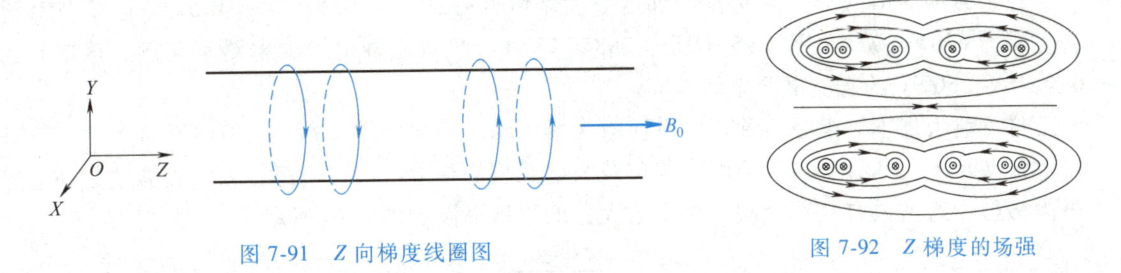

图 7-91　Z 向梯度线圈图

图 7-92　Z 梯度的场强

2）X 轴梯度线圈。为产生与 G_z 正交的 G_x 磁场，基于比奥-萨伐尔定律，可以通过四根通电导线来实现。在固定的几何形状下，产生的磁场仅与线圈中的电流有关。这种鞍形线圈的设计现已被广泛采用。

3）Y 轴梯度线圈。基于对称性原理，通过将 G_x 线圈旋转 90°便可得到 G_y 线圈，因此 G_x 和 G_y 基于相同的线圈设计。图 7-93 所示为 G_y 线圈及其产生的梯度磁场。

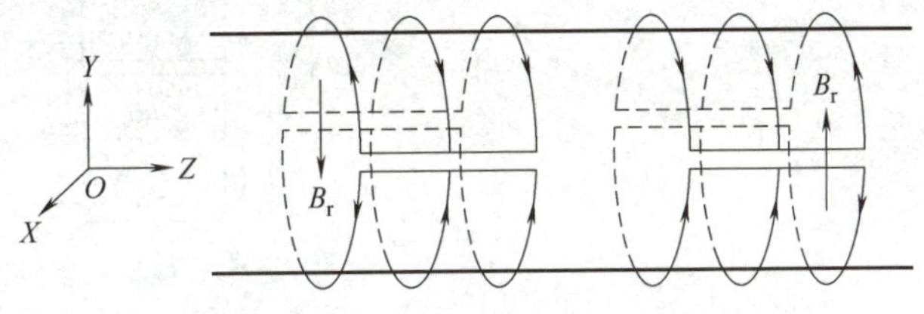

图 7-93　Y 向梯度线圈及磁场

2. 梯度波形发生单元

梯度波形发生单元，也称为梯度波形发生器，是成像谱仪中的一个关键部件，主要负责在脉冲序列中生成所需的梯度波形。该单元由序列存储器、序列控制器、波形存储器、数字信号处理 DSP 单元、数据存储器 DPRAM 以及介质访问控制 MAC 单元等部件组成，这些部件按照图 7-94 所示互相连接。

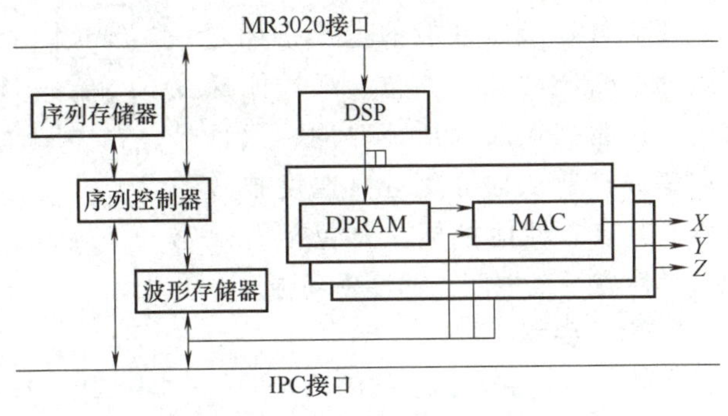

图 7-94　梯度波形发生器结构框图

在运行期间，序列控制器会按照程序指令对通道进行调度，并从波形存储器中调取相应波形数据，以产生基本的梯度波形。为了实现任意方向的层选择，基础的梯度波形数据会在 MAC 单元中与 DPRAM 中选定的传输矩阵进行合并计算，从而输出各通道的梯度波形。这些波形数据通过 16 位 DAC 以最高 1MHz 的采样率转换为模拟信号，并最终通过继电器输出三个通道的梯度 $G_x/G_y/G_z$ 信号。

3. 磁场梯度信号放大单元

在 MRI 系统中，梯度线圈的设计主要关注线圈效率、电感和指定区域内的梯度均匀性。梯度线圈的传统设计方法是采用分离的绕组结构，基于亥姆霍兹原理设计；而现代设计则更倾向于采用分布式电流线的线圈，采用逆向工程方法设计。

梯度信号放大单元位于 MRI 设备的控制柜内，这一单元负责产生 X、Y、Z 三个正交方向的梯度磁场。梯度波形发生器输出的梯度脉冲信号分别被送入三个独立的放大器中，放大后的信号直接驱动相应的梯度线圈，梯度放大器的供电需要由梯度放大器电源提供。

在永磁型 MRI 设备中，标准的梯度放大器输出为 300V/150A，对于 1.5T 超导型 MRI 设备，则为 670V/600A。图 7-95 所示为 288V/130A 梯度放大器电源的电路示意图，该电路由 6 个 48V、600W 的直流电源串联组成。

梯度放大器本质上是一种音频电流放大器，输入信号范围一般为-10V 到 10V 之间，输出电流在几十到几百安培范围内，其负载为电感型的梯度线圈，电感量在几百微亨，而直流电阻极低，通常只有几百毫欧。梯度放大器的原理框图如图 7-96 所示。

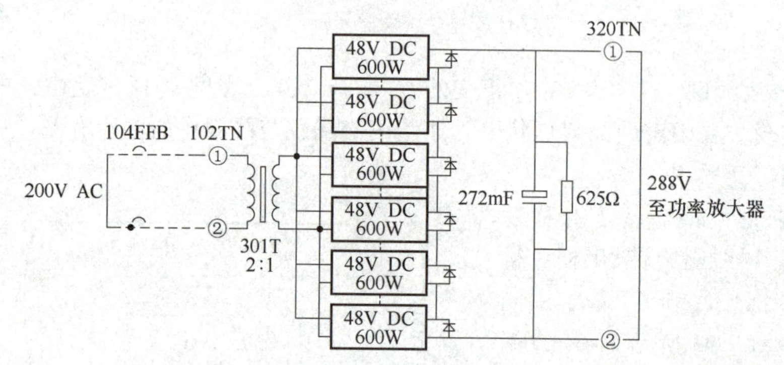

图 7-95 梯度磁场的电源

7.5.3 梯度系统的性能指标

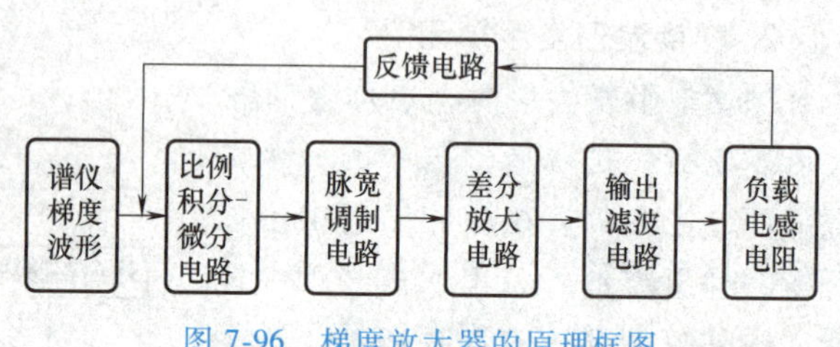

图 7-96 梯度放大器的原理框图

评估 MRI 装备性能的重要指标之一就是梯度磁场的各项参数。高性能梯度磁场不仅能缩短成像所需时间，而且是获取诸如扩散成像等先进对比度技术的基础。其核心性能指标主要包括有效容积、梯度磁场线性度、梯度磁场强度、变化率以及启动时间等。

1. 有效容积

有效容积指的是梯度线圈所覆盖的空间区域，在该区域内，梯度磁场能够达到预设的线性标准。这个有效区域通常位于磁体的中心，与主磁场的有效区域同心。例如，在鞍形梯度线圈中，有效容积大约是总容积的 60%。更大的均匀容积意味着三维空间内更广的无失真成像区域。

2. 梯度磁场线性度

梯度磁场线性度衡量梯度场在成像区域内是否能均匀递增。线性度的优劣直接影响空间定位的精准度、选层、层厚控制，以及翻转激发等，同时也减少图像的几何失真。

3. 梯度磁场强度

梯度磁场强度反映了梯度磁场可以达到的最高强度（G_{max}），通常以毫特斯拉每米（mT/m）计。梯度磁场的强度主要由梯度线圈中的电流和梯度放大器的能力共同决定。更强的梯度磁场意味着可以获得更薄的扫描层厚和更小的体素，进而提升空间分辨率。

然而，梯度磁场的剧烈变动可能对人体产生不良影响，尤其是可能刺激周围神经，因此梯度磁场的强度与变化率应保持在安全限制之内。此外，选择性能参数时还需考虑与主磁场强度的协调和整体 MRI 系统的成本。

7.6 其他关键分系统的构造原理

7.6.1 谱仪系统的构造原理

谱仪是 MRI 系统中的关键部件，主要功能是控制各硬件部件的工作时间序列，并负责波形的生成、发送、接收及信号处理。这一设备在 MRI 系统中起到枢纽作用，其前端与操作计算机相连，后端则接入功率放大器和其他辅助控制装置。

1. MRI 谱仪的基本概念

谱仪最初在核磁共振成像（Nuclear Magnetic Resonance Imaging，NMRI）中用于分析物质，自 1952 年首台商用高分辨率谱仪问世以来，其角色已从单一的分析工具转变为 MRI 系统中的中枢控制单元。谱仪的供应主要来自两个来源：一是专门生产 MRI 系统的大型公司，如市场领先者 GE、Siemens 和 Philips 等，这些企业不仅自行开发谱仪，还针对其系统进行专门优化；另一类是专门的谱仪制造商，如 Oxford Instruments 和 MRSolutions 等几家国际公司。尽管国内对于自主研发谱仪的能力一直较弱，主要依赖于进口或合作模式，但近些年，随着电子技术的发展和研究的深入，国内的高校和科研机构在谱仪研究领域已开始显现进步。

谱仪的核心功能涵盖：

1）从主控计算机接收成像序列及参数，生成相应的序列脉冲及全部硬件开关信号。

2）产生射频激励波形，同时调整波形的频率、相位和幅度。

3）基于成像序列和环境补偿需求，计算三维梯度（*X*、*Y*、*Z* 轴）信号波形。

4）控制射频和梯度信号的时序，并通过功率放大器驱动线圈产生磁场。

5）对接收线圈感应的 MRI 信号进行模数转换和预处理，将空间数据传输至图像重建计算机，进行傅里叶变换以生成图像。

2. MRI 谱仪的基本设计结构

MRI 谱仪作为一种高端科技装备，整合了物理、电子和计算技术。它根据用户指令控制功率放大器和线圈，执行完整的扫描序列。此外，谱仪管理整个 MRI 系统的时序指令以及各种波形信号的生成、发送、接收和处理。谱仪在 MRI 系统中的具体位置如图 7-97 所示，它的作用对于整个成像过程至关重要。

各种 MRI 系统厂商都有专用的 MRI 谱仪系统，其结构和性能各有不同，但基本工作原理和结构相似，通常由以下功能单元组成。

（1）扫描控制部分　扫描控制部分作为 MRI 系统中的重要组件，主要负责与主控计算机的通信。它接收并解释来自用户的控制指令、成像序列和参数，进而将这些信息分配给相应的硬件模块。此部分不仅生成硬件的触发信号，还协调各模块的同步运行。扫描控制部分

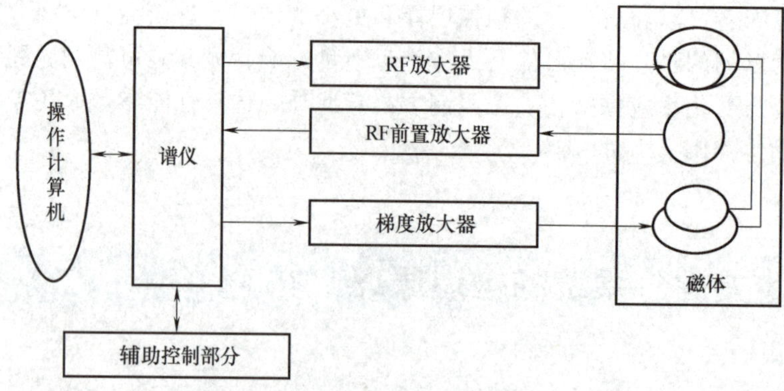

图 7-97　在 MRI 系统中谱仪的位置示意图

同样负责射频接收部分传输的 MRI 信号数据，将数据缓存，并回传至图像重建计算机进行后续的图像处理。

此部分通常包括以下几个关键模块：主控模块、网络接口模块、序列解释与参数分发模块，以及时序脉冲模块。其中，时序脉冲模块负责产生触发信号，确保谱仪内各模块能够精确、稳定且协调地工作，这些设计需要满足高度的独立性、随机性、精确性和稳定性标准。

（2）射频信号生成部分　射频信号生成部分是由频率合成器、波形发生器和正交调制器等组件构成，这一部分在扫描控制部分的参数设定和时序触发的条件下，负责产生具有指定频率、带宽、相位和幅度的射频脉冲信号。这些信号在射频功率放大器的增强下，通过射频线圈在被成像物体中产生射频磁场，进而激发氢核产生共振，用于成像（图 7-98）。

射频发生配置模块接收参数，并对以下几个关键模块进行配置以确保其按照成像规范正常运作：基带信号存储模块用于存储所需的基带波形；频率合成模块提供必要的高频载波信号；信号调制模块将基带信号与载波信号结合，形成数字射频调制信号。该信号在经过数字模拟转换器（DAC）转换为模拟信号之后，通过过滤和放大处理，并通过射频功放增强，最终驱动发射线圈产生 MRI 成像所需的射频脉冲激励信号。

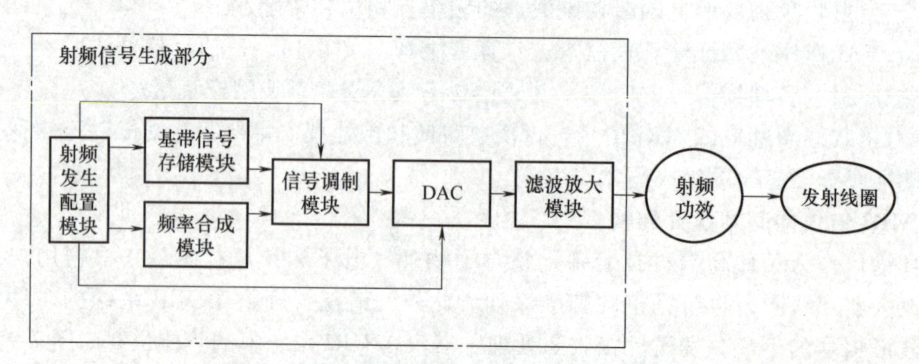

图 7-98　射频信号生成部分设计结构图

（3）梯度波形生成部分　梯度波形生成部分由控制模块和梯度波形生成与输出模块组成，这一部分通过梯度功率放大器连接至梯度线圈，负责计算和输出用于空间编码的梯度波形信号，从而驱动梯度线圈产生梯度磁场。其主要组件包括梯度计算模块、并-串转换模块、数字模拟转换器（DAC）以及接口电路。输入端从扫描控制部分接收参数和触发信号，而输出端则通过功率放大器与线圈相连。

梯度计算模块作为系统的核心，依据成像序列和参数来计算梯度波形的实际输出。这一模块拥有高速和高精度的运算能力，可执行角度旋转变换、涡流补偿以及匀场补偿等功能。梯度磁场的线性度是影响成像定位精度的关键因素，因此，梯度计算模块的设计和性能直接决定了成像的准确性和图像质量。

（4）射频信号接收部分　射频信号接收部分主要由控制模块和信号处理模块组成。信号处理模块包括信号的滤波、放大、解调、采集以及传输等关键功能。接收线圈感应到的高频调制信号首先需要被解调成基带信号，以便于进一步的处理和分析。

在具体操作中，控制模块负责管理整个接收过程，确保信号的准确捕获和有效处理。滤波和放大功能用于优化接收信号的质量，通过滤除不需要的频率成分并增强信号的有效部分来实现。解调功能则将高频调制信号转换为更易于处理的基带信号。之后，信号采集模块对解调后的信号进行数字化，最终信号通过传输模块发送到图像重建计算机，用于后续的图像重建过程。这一系列精确的处理流程是获取高质量 MRI 图像的基础。

3. MRI 谱仪的性能和相关技术指标

MRI 系统中的谱仪对系统功能和成像质量起着至关重要的作用。谱仪的关键性能指标包括工作频率及其范围、射频（RF）发射和接收系统的通道数、频率和相位控制的精确性、系统的稳定性、可靠性、信噪比以及其他相关的辅助控制功能等。这些性能指标综合决定了 MRI 系统的总体性能，对成像的质量和精度产生直接影响。因此，在设计和评估 MRI 系统时，验证谱仪是否符合这些关键性能指标至关重要。

目前谱仪的发展趋势包括：

1）全数字化谱仪，提高信号处理的灵活性和精确度。

2）增加通道数，以支持更复杂的成像技术和更高的图像质量。

3）适用于更高场强的高频率波段的谱仪。

4）功能更完善，工作频率和相位控制的精度更高，以提高成像的精细度和适应性。

5）随着电子元器件集成度的提高和大规模集成电路技术的发展，谱仪正在向更小型化方向发展。

6）随着 MRI 系统结构的发展，谱仪结构也会变化。

7.6.2 控制台系统的构造原理

控制台系统作为连接用户与 MRI 系统的关键界面，服务对象涵盖扫描技师、诊断医生、系统维护人员及开发人员。它不仅充当用户与 MRI 各子系统间通信的枢纽，也是操作其他硬件的接口，支撑日常的工作流程。其主要功能包括：控制用户与 MRI 子系统之间的通信，通过控制谱仪来运行扫描软件以满足用户所有的应用要求。具体功能如下：扫描控制、参数计算、患者数据管理、图像归档、图像显示与分析、拍摄、系统维护（质量保证）等。

1. 日常应用功能部分

（1）患者登记　尽管放射信息系统的广泛应用减少了操作技师手动输入患者信息的需求，患者信息登记仍是 MRI 控制台系统中的基本功能。该功能允许手动输入患者数据，并选择适当的检查方法，确保每次扫描都基于准确和更新的信息进行。

（2）扫描检查　扫描检查界面整合了必需的序列列表和扫描参数选择功能，同时提供图像预览和多功能工具栏。通过这一界面，技师或医生可以轻松选择适当的扫描序列，并在必要时调整患者检查床的位置，以确保扫描的精确性和舒适性。

（3）图像浏览　控制台软件装备了图像浏览工具，其中包含基本的图像处理功能。其让技师能够方便地浏览、放大、缩小图像，以及进行图像尺寸测量等操作，不仅提高了工作效率，也增强了图像的诊断价值。

（4）归档和管理　图像归档和管理是 MRI 控制台系统的重要功能，确保生成的图像和相关数据能够安全存储和高效管理。系统提供自动和手动归档方式，自动归档在扫描完成后立即存储数据，手动归档允许技师根据需求选择归档时间，所有数据均加密存储，防止未经授权的访问。内置的数据管理工具方便技师和医生对图像进行分类、标签和检索，并支持数据备份和恢复，确保数据的安全性和可靠性。

2. 维护功能部分

维护功能模块是 MRI 系统操作软件的核心部分，其为系统维护人员提供了一系列工具，用于监控 MRI 系统的各个部件的运行状态，并在发生故障时，通过分析错误信息来判断故障的具体位置和原因。此模块不仅记录完整的系统运行信息，还便于医院的设备维护人员进行定期审查和经验积累，从而在 MRI 系统出现问题时，能够更准确地诊断故障原因，确保设备的稳定运行。

线圈作为 MRI 系统的核心配件，其性能直接影响图像的质量。线圈如果出现故障，可能会导致图像质量下降或产生伪影，影响诊断的准确性。在某些情况下，如果线圈连接出现问题，系统可能会提示无法进行扫描，并指示用户检查线圈连接，确保所有连接都正确无误，以维持扫描操作的正常进行。这种监控和故障诊断机制是确保 MRI 系统高效、安全运行的关键。

3. 控制台系统的发展趋势

随着医学影像存档与通信系统（PACS）以及计算机技术的快速发展，大多数顶尖医院已能将 MRI 扫描图像上传至 PACS 系统，实现图像的集中存储。这种集中存储不仅优化了图像管理过程，还使得系统维护和故障诊断可以通过远程服务完成，减少了工程师的现场服务需求，提高了维护效率和系统的可用性。

从设计层面来看，未来的控制台软件将采用 64 位体系结构，以增加内存访问量，克服 32 位系统的内存限制。这将显著提升程序的运行效率，尤其是在处理大量数据和复杂图像时更为明显。此外，未来的软件设计将充分利用多处理器和多核心技术，加快图像重建速度。通过并行编程技术，未来的控制台软件将能够更有效地进行多任务处理，提高整个系统的响应速度和处理能力。

这种技术进步不仅提高了医疗影像处理的效率和质量，也为医疗工作提供了更高的灵活性和精确度，有助于提升整体医疗服务水平。

7.7 磁共振成像装备研究新进展与发展启示

7.7.1 磁共振成像装备研究新进展

MRI 不断发展，每年的国际医学磁共振学会（International Society for Magnetic Resonance in Medicine，ISMRM）和北美放射学会（Radiological Society of North America，RSNA）都有大量的 MRI 新技术及突破成果发表。近年来，MRI 的研究主要在超高场（UHF）MRI 系统、超低场（ULF）MRI 系统、人工智能（AI）、运动校正、超快速功能 MRI（fMRI）、实时 MRI、混合成像、弥散加权成像（DWI）以及对比剂等方面取得了新进展。

在 MRI 系统硬件方面，UHF MRI 系统的分辨率极高，能够对精细解剖结构和复杂神经病变进行成像，其利用超过 5T 或 7T 的磁场强度，降低了噪声，提高了信噪比，并增强了图像采集和处理能力。UHF MRI 系统目前主要应用于神经影像学领域，实现了大脑的皮层和皮下结构的精细成像，从而支撑复杂神经疾病的研究。ULF MRI 系统的磁场强度低于 0.1T，在经济性、便携性、安全性等方面具有显著优势。其利用高灵敏检测线圈、图像重建算法、深度学习等技术达到近似高端系统的性能，使得 MRI 系统运行限制减少，扫描成本大幅降低，能够惠及更多人群，覆盖更广泛的地域。

在 MRI 系统软件方面，随着 AI 与 MRI 从图像采集到数据分析等各个方面的深度交叉融通，MRI 的准确性和效率得到了显著提升，并推动了个性化医学的发展。一方面，AI 通过深度学习算法从不完整的数据中重建高质量图像，缩短了扫描时间，提高了患者的舒适度和诊断效率；另一方面，AI 算法能够自动检测 MRI 影像中的异常区域，辅助临床医生更精准快速地诊断疾病，还可以精确映射体内解剖和功能变化。运动校正技术基于实时运动跟踪系统和运动校正算法，能够有效减少 MRI 影像中的运动伪影，即使是对于难以保持静止的患者，也能获得高质量影像。此外，运动校正可以提高脑部成像细节的清晰度，在神经影像学领域的应用尤为重要。

在 MRI 成像技术方面，超快速 fMRI 技术能够在毫秒级监测神经的动态变化，为脑活动和神经疾病进展研究提供了有力支撑，该技术通常基于 UHF MRI 系统，并在快速成像、并行传输、数据处理等方面进行改进。实时 MRI 技术能够以高帧率连续成像，实现动态生理过程的感知，从而可以跟踪心脏的复杂运动并评估血流情况，以支撑心脏病的诊断，其在介入放射学和神经学中的应用也不断增加。混合成像技术将 MRI 与其他成像方式相结合，提供更全面的解剖和功能信息，例如，PET-MRI 提高了肿瘤和心脏病的检测效率，帮助识别神经退行性疾病的早期迹象。DWI 通过测量组织内的水分子扩散，通常用于观察组织微结构和细胞密度，已成为检测和评估各种器官肿瘤、脓肿及多发性硬化等病症的关键技术，在心脏病学和脊柱成像中也得到了进一步的应用。

对比剂的发展也极大提升了 MRI 的成像能力。传统的钆基对比剂具有安全性问题，例如对于肾功能不全的患者，可能引发肾源性系统性纤维化等潜在风险。氧化铁纳米颗粒和锰基化合物等新型对比剂，不仅毒性较低，还可以更清晰地区分正常和异常组织。另外，锰基对比剂还能够探查细胞和代谢过程，在功能和分子成像中具有潜在应用价值。靶向对比剂能特异性结合疾病的分子标志物，能够在细胞和分子水平上更早期、更准确地诊断动脉粥样硬化和阿尔茨海默病等病症，从而推动了精准成像的发展。

7.7.2　磁共振成像装备发展启示

MRI 装备经历了长周期的发展历程，实现了从基础研究到临床应用的跨越，其研发高度依赖于物理、医学、工程、信息等跨学科交叉融合和持续的科技创新。MRI 装备的发展历程不仅体现了高端装备从无到有的原生动因，也揭示了高端装备演进过程的一般发展规律。

MRI 的原始创造是由潜在需求驱动的。20 世纪 70 年代初，当时的医学诊断方法主要包括活检、X 射线，然而，活检是侵入性的，X 射线存在辐射危害。美国科学家雷蒙德·达马迪安（Raymond Damadian）正是在这样的背景下，开始了医用 MRI 的探索。达马迪安具有数学学士学位和医学博士学位，主要使用 NMR 研究细胞内的钾离子。他发现细胞内钾离子和氢原子的弛豫时间较外界溶液明显缩短，由此预测癌细胞由于结构紊乱和钾含量升高将有更长的弛豫时间。1971 年，他在《*Science*》上发表了论文“Tumor Detection by Nuclear Magnetic Resonance”，首次提出利用正常组织与肿瘤组织核磁弛豫时间差异来区分这两种组织，这带来了一种更安全的非侵入式医学诊断方法。MRI 的诞生揭示了原始创新的动力往往源于潜在需求，而跨学科的交叉是实现创新突破的关键。

MRI 装备的发展依赖于原始科学发现和颠覆性技术创新。NMR 现象是 MRI 技术的物理根基，其理论和技术不断发展创新，相关研究工作先后产生了 11 项诺贝尔奖。NMR 早期主要用于化学和物理学研究，直到颠覆性技术创新的出现：保罗·劳特伯（Paul Lauterbur）通过梯度磁场实现空间成像，以及彼得·曼斯菲尔德（Peter Mansfield）发明平面回波成像技术以实现图像的快速采集，极大地推动了医用 MRI 装备的发展。由此可见，原始科学发现和颠覆性技术创新是高端装备发展过程中最具影响力的科技创新活动。

MRI 装备的发展过程也遵循着高端装备发展的共性规律。例如，为了追求更高的 MRI 图像分辨率，研究人员不断研发出更强大的超导磁体和更先进的超导材料，这不仅直接促进了凝聚态物理、高能物理、材料学、工程学等领域的发展，还进一步推动了粒子加速器、磁约束聚变装置、超导磁储能装置等复杂装置的技术升级。再如，压缩感知技术能够通过少量的随机采样数据重构出原始信号，最早在军事、天文学、图像处理等领域得到了广泛应用，它给 MRI 带来了扫描速度的巨大飞跃，压缩感知技术本身也在此发展过程中不断演进创新。此外，随着 MRI 技术的进步，MRI 能够检测脑部血氧水平的变化，推动了功能性 MRI 的发展，开拓了 MRI 在神经科学领域的应用，而神经科学更精细化的发展需求带动 MRI 装备不断升级，进一步促进了心理学、行为科学、人工智能等多领域的发展。

数字化、网络化、智能化是 MRI 装备发展的时代要求。当前，影像归档和通信系统（PACS）、医学数字影像和通信协议（DICOM）、Health Level 7（HL7）、快速医疗互操作性资源（FHIR）等技术和标准，共同支撑起多模态医学影像诊断数据的海量存储、跨域交换和高效管理。云计算技术显著推动了医学影像分析处理模式创新，助力实现数据资源的高效利用和数据服务的公平可及。医学影像人工智能快速发展，在辅助诊断、图像重建、图像融合、报告生成等方面得到广泛应用。未来，新一代信息技术、医疗大数据、以及生成式人工智能将持续地数智化赋能 MRI 装备研发和制造，不仅能够推动 MRI 装备技术的不断进步，还必将引领 MRI 装备的产业转型升级和发展模式变革。

本章小结

MRI 装备是临床医学诊断的重要基础装备，对于保障人民群众生命安全具有重大意义。本章从科学原理、技术方法、工程实现等多个角度，详细探讨了 MRI 装备的构造原理。学习本章后不难发现，MRI 装备积累了大量基础研究，在此基础上逐渐转化为临床应用，其研发高度依赖于物理、医学、工程、信息等学科的交叉融合与创新。20 世纪 70 年代，在人类迸发无创化、高精度获取体内组织医学图像需求之时，恰逢NMR理论和技术趋向成熟，二者碰撞催生出“从无到有”的医学MRI技术。产业界进一步发挥强大的工程和制造能力，持续推动医学MRI重大装备的迭代研发，及其在诸多临床诊疗场景中的推广应用。跨学科广泛交叉、科学技术工程产业深度融合，必将显著推动国产MRI装备研发与应用。

思考题

1. 核磁共振是磁共振成像装备的物理基础。请解释核磁共振现象的基本原理，并讨论主磁场强度如何影响图像质量。

2. 磁体系统、射频系统和梯度系统是磁共振成像装备的核心组成部分。请概括这三个系统的作用和工作原理，并分析这些系统如何协同工作以生成磁共振影像。

3. 数字化、网络化、智能化将如何推动MRI产业升级？探讨生成式人工智能在MRI装备研发、制造、临床诊疗中的潜在应用。

参考文献

[1] 汤光宇，李懋. 磁共振成像技术与应用［M］. 上海：上海科学技术出版社，2023.

[2] DAMADIAN R. Tumor detection by nuclear magnetic resonance［J］. Science，1971，171（3976）：1151-1153.

[3] LAUTERBUR P C. Image formation by induced local interactions：Examples employing nuclear magnetic resonance［J］. Nature，1973，242（5394）：190-191.

[4] MANSFIELD P. Multi-planar image formation using NMR spin echoes［J］. Journal of Physics C：Solid State Physics，1977，10（3）：L55.

[5] 张英魁，黎丽，李金锋. 实用磁共振成像原理与技术解读［M］. 北京：北京大学医学出版社，2021.

[6] 韦斯特布鲁克，罗斯，塔尔伯特. 实用磁共振成像技术［M］. 4版. 赵斌，王翠艳，译. 天津：天津出版传媒集团，2018.

[7] 韩丰谈，朱险峰. 医学影像设备学［M］. 2版. 北京：人民卫生出版社，2010.

[8] 韩鸿宾. 磁共振成像设备技术学［M］. 北京：北京大学医学出版社，2016.

[9] 俎栋林. 核磁共振成像仪：构造原理和物理设计［M］. 北京：科学出版社，2015.

[10] GLOVER G H. Overview of functional magnetic resonance imaging［J］. Neurosurgery Clinics，2011，22（2）：133-139.

[11] COLLINS C M. Electromagnetics in magnetic resonance imaging：physical principles，related applications，and ongoing developments［M］. New York：Morgan & Claypool Publishers，2016.

[12] JIN J. Electromagnetic analysis and design in magnetic resonance imaging［M］. Oxford：Routledge，2018.

[13] KATSCHER U，VOIGT T，FINDEKLEE C，et al. Determination of electric conductivity and local SAR via B1 mapping［J］. IEEE transactions on medical imaging，2009，28（9）：1365-1374.

[14] KIMBERLY W T, SORBY-ADAMS A J, WEBB A G, et al. Brain imaging with portable low-field MRI [J]. Nature Reviews Bioengineering, 2023, 1 (9): 617-630.

[15] WILLINEK W A, GIESEKE J, KUKUK G M, et al. Dual-source parallel radiofrequency excitation body MR imaging compared with standard MR imaging at 3.0 T: initial clinical experience [J]. Radiology, 2010, 256 (3): 966-975.

[16] Yan X Q, GORE J C, GRISSOM W A. Self-decoupled radiofrequency coils for magnetic resonance imaging [J]. Nature Communications, 2018, 9 (1): 3481.

[17] IBRAHIM T S, KANGARLU A, CHAKERESS D W. Design and performance issues of RF coils utilized in ultra high field MRI: experimental and numerical evaluations [J]. IEEE Transactions on Biomedical Engineering, 2005, 52 (7): 1278-1284.

[18] VAUGHAN, J. Thomas, John R. Griffiths. RF coils for MRI [M]. New York: John Wiley & Sons, 2012.

[19] LEDLEY R S. Digital Electronic Computers in Biomedical Science: Computers make solutions to complex biomedical problems feasible, but obstacles curb widespread use [J]. Science, 1959, 130 (3384): 1225-1234.

[20] LIU J, PAN Y, LI M, et al. Applications of deep learning to MRI images: A survey [J]. Big Data Mining and Analytics, 2018, 1 (1): 1-18.

总结与展望

高端装备作为制造业的巅峰产物，其研发制造几乎涉及所有工科技术方法和一些理科的核心基础理论。本书作为高端装备智能制造系列教材的核心专业课教材，重点以光刻机、航空发动机、高端手术机器人、计算机断层扫描仪、磁共振成像装备等5类高端装备为案例，阐述高端装备的构造原理与发展规律。

本书内容涉及学科之多、覆盖范围之广，在高等院校本科生、研究生教材中可谓是前所未有，其学习和理解也有着较大难度。第1章绪论部分重点介绍的是高端装备的基本概念和高端装备的基本发展规律和构造理论。第2重点介绍高端装备构造的基础理论，涵盖了材料科学与工程的先进材料技术、仪器科学与技术专业和控制科学与工程专业的精密测量与控制技术、机械工程专业的精密制造与装配技术、计算机科学与技术专业的装备控制软件系统技术等。第3章介绍光刻机的构造原理，涉及微电子学专业的有关知识、光学的相关理论与技术和精密控制领域的一些核心理论。第4章介绍航空发动机的构造原理，涵盖了动力工程及工程热物理专业的一些关键知识和机械工程专业的一些核心技术。第5章介绍高端手术机器人的构造原理，以机器人学的有关理论为核心，结合机械、控制、计算机、传感器等相关技术进行呈现。第6章介绍计算机断层扫描仪的构造原理，包含了物理学中的一些基础知识、放射医学和影像医学与核医学的专业知识等。第7章介绍磁共振成像装备的构造原理，阐述了原子与分子物理学中的概念原理、电磁学的关键技术以及影像医学的核心知识。

本书学习的核心目标是通过这些跨领域知识的汇聚，打破学科专业的壁垒，为学生建立一个高端装备相关理论技术的框架体系，让学生明白各类不同的技术在构建高端装备过程所扮演的角色，使其摆脱学科的束缚，站在人类科技发展与进步的全局视角感悟高端装备构造的核心原理。因此，在学习过程中，应当更加注重知识点之间的关联关系，其重要性甚至超过了知识点本身。建立知识体系之后，还应当进一步按照自身的兴趣与规划自主学习相关领域的知识，进而逐步融入高端装备智能制造产业中，发挥其自身的能力和优势。

在完成本书核心知识的学习之后，高端装备构造原理的理解运用还需要感悟一系列战略性与思想性问题。如何理解高端装备诞生的原生动因？如何把握高端装备的演进发展规律？如何规划高端装备研发的技术路径？如何认识并运用高端装备创新的思想方法？思考这些问题的过程本身就是深入理解高端装备构造原理的过程，问题本身并没有标准答案，但是对推动高端装备的发展和创新至关重要。

1. 高端装备诞生的原生动因。

每一类高端装备都集成了多学科多领域的先进技术，是人类科技能力的集中体现，是人类智慧的集大成者。然而，高端装备诞生的过程各不相同，有的是基于现实需求，有的来自潜在需求，有的是顺势而为，有的则是梦想驱动。需要注意的是，高端装备的诞生是一个从构想提出到产品落地的过程，这个过程往往需要一个较长的时间，短至数年，长至数百年。例如，飞机的诞生过程其实就可以包括从早期人类对飞行的尝试、再到滑翔机的发展、最后直到莱特兄弟成功试飞“飞行者一号”。在此过程中，有科学家、工程师、梦想家的勇敢投入与探索，有科学技术的不断积累与完善，也有社会发展的历史机遇与挑战。

为何高端装备能够在这样一个漫长的诞生过程中吸纳如此多的社会资源，吸引各个领域的专家学者投身其研发过程，吸引众多企业主动融入其产业链中？要回答这些问题，就需要理解高端装备诞生的原生动因是什么。因此，感悟高端装备诞生的原生动因，能够帮助理解推动高端装备发展的动力源泉在哪。应当从人类科技进步和社会发展的大视角，俯瞰高端装备在此过程中所起到的关键作用，明晰高端装备诞生的原生动因。

2. 高端装备的演进发展规律。

高端装备的演进发展过程是一个不断创造新理论新技术的过程，也是一个不断吸纳新理论新技术的过程。在此过程中，高端装备系统由简单向复杂不断演变，技术成熟度和技术复杂度不断提升，系统性能也在此过程中持续改进。在高端装备演进发展过程中，原始科学发现和颠覆性技术创新是最具影响力的科技创新活动。原始科学发现侧重于对自然现象和基本原理的探索，它致力于揭示未知世界，拓展人类的认知边界，它们为高端装备的演化发展提供了理论基础和指导原则。颠覆性技术创新则侧重于将科学发现的新理论新方法转化为现实生产力，它致力于创造新产品、新工艺、新模式，是推动高端装备演化发展的动力引擎，能够打破现有技术路径的桎梏，引领高端装备的代际跃升。

这些科学发现和技术发明是如何驱动高端装备演化发展的？科研机构、企业、资本等在此过程中扮演了什么样的角色？如何才能有效推动高端装备的创新发展？要回答这些问题，就需要理解高端装备的演进发展规律。因此，思考高端装备的演进发展规律，能够帮助理解决定高端装备的演化发展速度的关键因素是什么？需要从“科学-技术-工程-产业”科技战略供应链的视角，分析科技战略供应链中的各研发主体在其中所承担的任务和不同主体间的互动关系，进而归纳出高端装备的演进发展规律。

3. 高端装备研发的技术路径。

高端装备的研发过程是一个由简到繁、逐步递进的过程，任何复杂的高端装备在概念验证阶段都是由一个科学家或是一个科研团队所完成的，其团队规模、资源都较为有限，此时高端装备的技术路径相较于成熟的高端装备产品要简单得多。当高端装备确定了其核心原理或核心技术之后，就需要融入大量其他技术来保障装备的可操作性、可靠性、维修性、安全性、环境适应性等，使得高端装备由概念验证走向产品成熟。

如何选择需要整合技术，不同的技术在高端装备中发挥着什么样的作用？如何通过系统集成达到整体性能最优？如何把控各类技术的成熟度使得技术研发进度与产品研发进度相匹配？要回答这些问题，就需要理解高端装备研发的技术路径。因此，思考高端装备研发的技术路径，不仅仅能够更加了解高端装备运行的内在机理，还有助于找出高端装备发展创新的突破口。应当从学科交叉融合的视角，理解不同学科的理论知识在高端装备中发挥的作用，进而明晰高端装备研发的技术路径。

4. 高端装备创新的思想方法。

高端装备的研发与制造是一个由诸多团队、大量专业人员共同参与、共同协作的社会性生产活动，是在一个由人、物、信息共同组成的社会系统中，有序运作所产生的结果。创新是这个社会系统运行过程中，最为关键最能产生价值的核心环节，是科技竞争力的重要体现。在此过程中，不仅仅需要掌握基本原理和技术，更重要的是明白高端装备创新的思想方法，既需要以辩证思维和系统思维理解高端装备的创新机理，又需要融入前沿的人工智能思想方法和科技战略供应链的思维范式推动高端装备的创新发展。

如何打造有利于高端装备创新发展的产业生态？如何组织能够引领高端装备创新的科研团队？如何培养有能力、有动力开展高端装备创新工作的人才？如何形成具有中国特色的高端装备领域的科技创新优势？要回答这些问题，就需要感悟高端装备创新的思想方法。因此，感悟高端装备创新的思想方法，能够有助于认识人、社会、经济、生态与高端装备发展间的互动关系，有助于更好地谋划高端装备创新发展的路径和创新人才培养的模式。从历史案例中分析各类高端装备的发展过程，从成功的经验和失败的教训中总结高端装备创新的思想方法。